Der Wille zur Freiheit

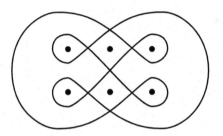

Egon Balas

Der Wille zur Freiheit

Eine gefährliche Reise durch
Faschismus und Kommunismus

Aus dem Amerikanischen von
Manfred Stern

 Springer

Egon Balas
Carnegie Mellon University
Tepper School of Business
Pittsburgh, PA, USA

Übersetzer
Manfred Stern
Halle, Deutschland

Englische Originalausgabe *Will to Freedom – A Perilous Journey Through Facism and Communism*. 2000. Syracuse University Press, © Egon Balas

ISBN 978-3-642-54015-8   ISBN 978-3-642-23921-2 (eBook)
DOI 10.1007/978-3-642-23921-2
Springer Heidelberg Dordrecht London New York

Die Deutsche Nationalbibliothek verzeichnet diese Publikation in der Deutschen Nationalbibliografie; detaillierte bibliografische Daten sind im Internet über http://dnb.d-nb.de abrufbar.

Mathematics Subject Classification (2010): 01A60, 01A70, 90C05, 90C10

Einbandentwurf: deblik, Berlin

Gedruckt auf säurefreiem Papier

Springer ist Teil der Fachverlagsgruppe Springer Science+Business Media (www.springer.com)

Für Edith

Egon Balas ist Universitätsprofessor und Thomas Lord Professor für Operations Research an der Tepper School of Business der Carnegie Mellon University. Er hat mehr als 200 Artikel in Fachzeitschriften veröffentlicht, darunter Arbeiten mit 50 Koautoren aus zahlreichen Ländern.

Balas erhielt 1980 den Humboldt-Forschungspreis und 1995 den John-von-Neumann-Theorie-Preis, die höchste Auszeichnung in seinem Beruf. 2001 erhielt er als erster Amerikaner die von den European Operational Research Societies (EURO) verliehene Goldmedaille und 2006 wurde er in die Operational Research Hall of Fame aufgenommen. Balas ist Mitglied der National Academy of Engineering der USA und Auswärtiges Mitglied der Ungarischen Akademie der Wissenschaften. Ihm wurde die Ehrendoktorwürde der Miguel Hernandez Universität (Spanien, 2004), der University of Waterloo (Kanada, 2005) und der Universität Liège (Belgien, 2008) verliehen.

Vorwort zur deutschen Übersetzung

Ich habe dieses Buch in den Jahren 1996–1997 geschrieben und es wurde im Jahr 2000 von Syracuse University Press unter dem Titel *Will to Freedom. A Perilous Journey through Fascism and Communism* herausgegeben. Eine Paperbackausgabe mit demselben Titel erschien 2008 ebenfalls bei Syracuse University Press.

Die rumänische Übersetzung (2002) und die italienische Übersetzung (2004) haben ebenfalls diesen Titel. Die ungarische Übersetzung ist 2002 unter dem Titel *A szabadság vonzásában* erschienen, der sich etwa durch „Im Zauber der Freiheit" ausdrücken lässt. Der Titel der französischen Ausgabe (2003), *La liberté et rien d'autre*, bedeutet „Die Freiheit und nichts anderes". Die Veröffentlichung der ungarischen Übersetzung lag zeitlich kurz vor meiner Wahl zum Auswärtigen Mitglied der Ungarischen Akademie der Wissenschaften und ging – auch aus diesem Grund – mit zahlreichen Rezensionen, Signierveranstaltungen und Interviews in Budapest einher. Der französischen Übersetzung folgten Buchpräsentationen und Diskussionen in Paris und Grenoble sowie ein Artikel und ein Interview in der Literaturbeilage von *Le Monde*.

Ich denke, es ist der Mühe wert, ein paar Worte darüber zu sagen, wie es zur vorliegenden deutschen Übersetzung gekommen ist. Ein lateinisches Sprichwort lautet *Habent sua fata libelli*, Bücher haben ihre Schicksale. Nachdem *Will to Freedom* erschienen war, meinten mehrere meiner deutschen Kollegen, die das Buch gelesen hatten, dass es einem breiteren deutschsprachigen Publikum zugänglich gemacht werden sollte. Sie versuchten deswegen, verschiedene Verlage für eine Übersetzung zu gewinnen. Mehrere Jahre lang blieben diese Versuche erfolglos, offenbar weil der Memoiren-Markt gesättigt war. Dann aber informierte mich im Sommer 2010 mein Freund und Kollege Michael Jünger, dass er die Gelegenheit hatte, etwas länger über mein Buch mit Martin Peters (Springer-Verlag) zu sprechen, der Interesse an einer Lektüre meiner Erinnerungen zeigte. Einige Wochen danach erhielt ich im Namen von Martin Peters eine E-Mail von Ruth Allewelt, in der sie mir mitteilte, dass Springer eine deutsche Übersetzung meines Buches beabsichtige.

Michael Jünger (Universität zu Köln) war also eine der Schlüsselpersonen beim Zustandekommen der deutschen Übersetzung. Ich habe ihn oben als Freund und Kollegen bezeichnet, aber in Wirklichkeit sind wir beide „wissenschaftliche Verwandte" im folgenden Sinne. Michael war zu Beginn der achtziger Jahre in Augsburg Promovend bei Martin Grötschel. Dieser wiederum war Anfang bis Mitte der siebziger Jahre in Bonn tätig und erhielt für seine Dissertation vielfältige Anregungen von Manfred Padberg, der damals in Berlin arbeitete. Die Zusammenarbeit zwischen Padberg und Grötschel führte zu drei bahnbrechenden Veröffentlichungen über die polyhedrale Struktur des Problems des Handelsreisenden. Manfred Padberg wiederum war in der Zeit 1968–1971 mein erster (und berühmtester) Doktorand an der Carnegie Mellon University.

Und jetzt einige Worte zur Übersetzung selbst. Ich freue mich sehr, dass Manfred Stern (Halle a. d. Saale) als Übersetzer gewonnen wurde. Obwohl mein eigenes Deutsch bei weitem nicht perfekt ist, beherrsche ich es ausreichend, um die Qualität eines Textes zu beurteilen, und ich finde die Übersetzung ausgezeichnet. Manfred und ich haben eng zusammengearbeitet – und ich bin kein leichter Kunde, wenn es um Übersetzungen geht: Mein Ziel ist, dass nicht nur die bloße Bedeutung beibehalten wird, sondern auch die Konnotation und die Resonanz dessen, was ich sagen möchte. In den Monaten unserer Zusammenarbeit hatte ich reichlich Gelegenheit, Manfreds Fertigkeiten und seine Erfindungsgabe zu schätzen, auch bei komplizierteren Sachverhalten einen geeigneten Ausdruck zu finden. Dabei half auch der Umstand, dass Manfred Ungarisch kann und somit außer dem englischen Original auch die ungarische Version verwenden konnte, die selbst eine ziemlich gute Übersetzung ist.

Dank für Korrekturen geht an Jürgen Köhler (Hochschule Magdeburg-Stendal) und an Richard Wiegandt (Alfréd-Rényi-Institut, Budapest), ebenso auch an Frank Holzwarth (Springer-Verlag) für ständigen LATEX-Support.

Und schließlich möchte ich hinzufügen, dass wir auch von zahlreichen treffenden Bemerkungen Michael Jüngers und Renate Scheibels (Bonn) profitiert haben, die so freundlich (und so neugierig) waren, die Übersetzung zu lesen.

Pittsburgh, Pennsylvania   *Egon Balas*
Sommer 2011

Vorwort zur amerikanischen Ausgabe

Dieses Buch erzählt die Geschichte meines Lebens bis zum Zeitpunkt meiner Aus-
wanderung nach Amerika. Es ist eine ungewöhnliche Geschichte für den westlichen
Leser; vieles könnte den Eindruck erwecken, es handele sich um einen Roman. Aber
dieser Eindruck entsteht nur bei denen, die noch nicht erfahren haben, dass das
Leben Ereignisse bereithält, die unwahrscheinlicher sind als alle frei erfundenen
Geschichten.

Seit ich mit meiner Familie im Frühjahr 1967 in die Vereinigten Staaten einge-
wandert bin, forderten mich Freunde in Abständen immer wieder dazu auf, ein Buch
wie dieses zu schreiben. Jedes Mal, wenn ich eine Episode aus meinem früheren Leben erzählte – sei es von der ungarischen kommunistischen Untergrundbewegung
während des Krieges oder von meiner Verhaftung, von meiner Zeit im Gefängnis
und meiner Flucht während der Naziherrschaft oder von den frühen Nachkriegsjahren, in denen ich als rumänischer Diplomat in London tätig war, oder von meinen
Jahren der Einzelhaft in einem rumänischen kommunistischen Gefängnis –, immer
stellte mir jemand die Frage: „Aber warum schreibst du das nicht auf?" Bill Cooper,
mein damaliger Kollege an der Carnegie Mellon University, war der Erste, der mich
dazu drängte. Andere folgten ihm, und bald schloss sich auch meine Frau Edith
dieser Aufforderung an.

Viele Jahre hindurch habe ich mich dagegen gesträubt. Ich meinte, dass ich
wichtigere Dinge zu tun hätte – meine Forschungsarbeit hatte Vorrang. Ich hatte das
Gefühl, meine Aufgabe sei es, neue Sätze zu entdecken und zu beweisen, so lange
ich kann. Aber Edith war damit nicht einverstanden. Wichtiger als neue mathematische Ergebnisse, die ich vielleicht noch finden könnte, sei – nach Ediths Meinung –
die Vermittlung der universellen menschlichen Erfahrungen, die ich in meinem Leben vor der Emigration in die Vereinigten Staaten gemacht habe. Im vergangenen
Jahr gab ich schließlich dem Drängen nach: Hier ist das Ergebnis.

Aber wie steht es mit meinem Leben in Amerika? Ist die Geschichte der letzten
dreißig Jahre nicht wert, erzählt zu werden? Oh doch, sie ist es. Aber das ist eine
ganz andere Geschichte.

Pittsburgh, Pennsylvania   *Egon Balas*
19. August 1997

Danksagungen

Ich habe die erste Version dieses Buchs, die beträchtlich länger als die letzte war, zwischen Herbst 1996 und Sommer 1997 geschrieben. Vor allem gelang es meiner Frau Edith, mich davon zu überzeugen, die Sache anzupacken. Nachdem ich begonnen hatte, wurde sie die hauptsächliche Testperson für meine Erinnerungen, und sie war natürlich meine erste Leserin. Ihre aufschlussreichen Kommentare hatten einen großen Einfluss auf meine Arbeit. Meine Töchter Anna Balas Waldron und Vera Koutsoyannis waren meine nächsten Leserinnen. Sie beide und mein Schwiegersohn Sherwood (Woody) Waldron halfen mir, mein Manuskript zu verbessern. Zahlreiche Freunde, Kollegen und andere, die sich für meine Geschichte interessierten, gaben nützliche Kommentare: Susan Mates, Judith Lave, Allan Meltzer, Rina und Julius Youngner, Gissa Weingartner, Karl Weber und Eileen Kiley. Experten auf dem Gebiet der osteuropäischen Geschichte, Politik und Wirtschaft wie István Deák, Robert Levy und Michael Montias sowie zwei anonyme Leser trugen zur Verbesserung der Genauigkeit meines Berichtes bei und gaben mir wertvolle Hinweise. Zusätzliche redaktionelle Verbesserungen kamen von Kenneth Neal und Carol Sowell. Barbara Carlson half mir bei der Erstellung des Personen- und Sachverzeichnisses. Für die Aussagen und Ansichten, die im Buch zur Sprache kommen, bin ich allein verantwortlich.

Inhaltsverzeichnis

Einleitung

Das ist die Geschichte der ersten vierundvierzig Jahre meines Lebens. Bei der Lektüre wird sich der Leser vielleicht gelegentlich fragen, wie einem einzigen Menschen so viele außergewöhnliche Dinge widerfahren konnten? Hierauf gebe ich drei mögliche Antworten. Zunächst ist es so, dass alle oder zumindest die meisten Dinge, die ich erlebt habe, auch anderen zugestoßen sind, die zur gleichen Zeit am gleichen Ort waren; ungewöhnlich ist nur, dass ein und dieselbe Person alle diese Vorfälle erlebt hat. Zweitens ist das Leben eines Individuums immer mehr oder weniger unvorhersehbar. Das gilt insbesondere für Zeiten von Krieg oder Revolution, und mein damaliger Lebensabschnitt umfasste beides. Und drittens sind einige meiner Erfahrungen zweifellos auf meine Einstellung zum Leben zurückzuführen, nämlich auf die Tatsache, dass ich meistens die Rolle eines aktiven Teilnehmers bevorzuge, statt als unbeteiligter Zuschauer dazustehen. Würde ich an Astrologie glauben, dann müsste ich sagen, dass ich unter einem sehr günstigen Stern geboren bin; nicht wegen der Dinge, die mir zugestoßen sind – und die oft furchtbar waren –, sondern weil es mir immer irgendwie gelungen ist davonzukommen.

Obwohl meine Geschichte sicherlich die Grundlage für ein literarisches Werk sein könnte, bin ich kein Romanautor, und dieses Buch ist keine Fiktion. Beim Schreiben des Buches tat ich mein Bestes, die Fakten so zu benennen, wie sie sind, und die Ereignisse so zu schildern, wie sie sich abspielten – ohne dabei etwas zu beschönigen und ohne von der Realität abzuweichen. Zu fast allen Episoden meiner Geschichte gibt es Zeugen, die noch am Leben sind, und wo es mir nützlich erschien, habe ich mich an sie gewandt, damit sie meine Erinnerungen bestätigen. Wenn ich mir einiger Details nicht sicher bin, dann erwähne ich es.

Aber wenn es mir beim Schreiben dieser Erinnerungen nicht um den literarischen Erfolg ging, was waren dann meine Motive? Um es einfach auszudrücken: ich wollte Zeugnis ablegen. Ich wollte bezeugen, was geschah und wie es geschah – in der Hoffnung, dabei zu erläutern, warum es geschah. Zwar ist meine Geschichte einerseits einzigartig, aber andererseits ist sie die Kombination vieler typischer Geschichten. Die dreißig Jahre meines Lebens zwischen Mitte der dreißiger und Mitte der sechziger Jahre verkörpern gleichsam das Schicksal einer gewissen Gruppe von Menschen, die während des Kriegs politisch aktiv wurden, um den Nazis Widerstand zu leisten; nach dem Krieg waren diese Menschen unter den Kommunisten politisch aktiv, um eine bessere Gesellschaft aufzubauen; dann entdeckten sie zu ihrem Entsetzen, dass das System, in das sie eingebunden waren, immer albtraumhafter wurde; sie gerieten in Widerspruch zu diesem System und wurden – mit ganz wenigen Ausnahmen – zerschmettert, in ihrer Persönlichkeit zerstört und ausgegrenzt. Ich zähle mich selbst zu den glücklichen Ausnahmen, deren Leben eine andere Wendung genommen hat.

Die Geschichte jener Jahre zeichnet sich durch schnelle und faszinierende Wendungen der Ereignisse aus. Im Gegensatz hierzu sind die ersten Seiten meiner Erinnerungen nicht so ereignisreich wie die späteren Kapitel, denn ganz am Anfang schildere ich meine Kindheit und gebe einige Hintergrundinformationen. Einige Freunde hatten vorgeschlagen, ich solle lieber mit Episoden beginnen, die den Leser mitreißen und die späteren dramatischen Ereignisse vorausahnen lassen – Kindheitserinnerungen sollten erst an anderer Stelle eingeflochten werden. Ich habe über diesen Vorschlag nachgedacht. Tatsächlich hätten meine Erinnerungen in meiner Gefängniszelle im Malmezon beginnen können – dem rumänischen Gegenstück zur Lubjanka –, wo ich in der Zeit von 1952 bis 1954 insgesamt 745 Tage in Einzelhaft verbrachte und eine Menge Zeit hatte, mein ganzes Leben durchzugehen und zu überdenken. Ich hätte an dieser Stelle meine Kindheit und spätere Ereignisse einschieben können, zusammen mit gelegentlichen Abstechern, wie ich in der Zelle mit meiner Einsamkeit zurechtkam und mein Gefängnisleben organisierte. Die Geschichte hätte auch 1944 mit meiner ersten Verhaftung durch die ungarische Gendarmerie beginnen können, als ich für mehrere Monate verhört und gefoltert worden bin. Anschließend hätte ich Verurteilung, Gefängnis, Flucht und Illegalität beschreiben können – die Zeit, in der das Damoklesschwert ständig über meinem Kopf schwebte. Diese Umstände hätten reichlich Anlass dafür geliefert, in den Erinnerungen noch weiter zurückzugehen, bis zu meiner damals gar nicht allzu lange zurückliegenden Kindheit.

Ich habe einige erstklassige Filme gesehen und einige ausgezeichnete Bücher gelesen – sogar einen hervorragenden autobiographischen Roman –, in denen sich die Handlung in einer Folge von aufblitzenden Bildern der Vergangenheit entfaltet, an die zu einem späteren Zeitpunkt erinnert wird, wobei auch nachfolgende Ereignisse eingestreut werden. Manche dieser Filme und Bücher haben mir sehr gefallen, aber nicht deswegen, weil sie in der Zeit hin und her sprangen – ich muss eher sagen, dass sie mir trotzdem gefallen haben. Ich stelle den künstlerischen Wert solcher Techniken nicht in Abrede und bin mir der Tatsache bewusst, dass diese Herangehensweise für viele Zuschauer oder Leser ein attraktiverer Weg ist, sich in eine Handlung zu vertiefen. Dennoch meine ich, dass ich meine Lebensgeschichte nach meinem eigenen Geschmack darlegen muss, nicht nach dem Geschmack von anderen. Ich bevorzuge es, die Dinge mehr oder weniger in der Reihenfolge zu erzählen, in der sie sich abgespielt haben.

Aber nun lassen Sie mich mit der Geschichte anfangen.

Fotos

.

Boriska um 1919
Ignác und Egon um 1926
Egon im Sommer 1927
Egon im Juni 1941
Bobi um 1943
Egon 1946
Edith 1946
Zusammen in England, Anfang 1949
Sanyi Jakab um 1949
Egon und Edith im Jahr 1950
Anna (rechts) und Vera vor Egons Freilassung 1954
Egon mit Anna und Vera Ende der fünfziger Jahre
Egon im Jahr 1985
Edith, Egon und Anna im Jahr 1998
Edith, Anna und Vera im Jahr 1998
Egon und seine drei Enkelsöhne im Jahr 1998

Teil I
Juni 1922–April 1945

Kindheit und Jugend

1

Ich bin am 7. Juni 1922 als ältester Sohn von Ignác (Ignatius) Blatt und Boriska (Barbara) Blatt, geb. Hirsch, auf die Welt gekommen; geboren wurde ich in eine Mittelstandsfamilie ungarischer Juden in Siebenbürgen (Transsilvanien), das 1918 die nordwestliche Provinz Rumäniens wurde. Die ersten zwei Jahrzehnte meines Lebens verbrachte ich in der Provinzhauptstadt, die auf Rumänisch Cluj, auf Ungarisch Kolozsvár und auf Deutsch Klausenburg heißt.

Transsilvanien ist im Westen hauptsächlich durch Bram Stokers *Dracula* bekannt. Zwar bieten die (häufig als Östliche Alpen bezeichneten) Karpaten, die Siebenbürgen im Norden, Osten und Süden umgeben, einen angemessen furchterregenden Hintergrund für eine Vampirgeschichte, jedoch hat Stokers Roman keinerlei Wurzeln in der örtlichen Folklore – Vampire sind dort unbekannt. Der Name Transsilvanien ist lateinischen Ursprungs und bedeutet „das Land jenseits der Wälder". Am Anfang der Christlichen Zeitrechnung bildete Transsilvanien einen Teil von Dakien (lat. Dacia), dem Königreich auf beiden Seiten der Karpaten, dessen Eroberung durch die Römer zu Beginn des zweiten Jahrhunderts in den Flachreliefs der Trajanssäule in Rom so lebendig porträtiert wird. In meiner Heimatstadt, deren römischer Name Napoca war, gibt es zahlreiche Ruinen einer Festung aus jenen Zeiten. Die Römer zogen sich nach einhundertsiebzig Jahren aus Dakien zurück und sollten niemals wiederkehren. Aber sie hinterließen der ortsansässigen Bevölkerung ein wunderbares Geschenk: Jahrhunderte später sprachen die walachischen Stämme, die in dem Gebiet lebten, eine Sprache, deren lateinischer Ursprung ganz offensichtlich ist. Ihre Grammatik und ihr Vokabular stehen dem Lateinischen mindestens ebenso nahe wie das Französische, Italienische, Spanische und Portugiesische.

Wenig ist über die Geschichte meiner Heimatregion in der Zeit zwischen dem Abzug der Römer und dem Ende des ersten Jahrtausends bekannt, als die Magyaren aus Zentralasien kamen und sich in den Ebenen der ehemaligen römischen Provinz Pannonien im Westen von Siebenbürgen niederließen. Ihr König Stephan (der ein christlicher Heiliger wurde, weil er sein Volk taufte) gründete ein Reich, das als Ungarn bekannt wurde und dessen Grenzen auch Siebenbürgen einschlossen. Als Ungarn im fünfzehnten Jahrhundert unter König Matthias dem Gerechten

E. Balas, *Der Wille zur Freiheit*, DOI 10.1007/978-3-642-23921-2_1,
© Springer-Verlag Berlin Heidelberg 2012

eine bedeutende europäische Macht mit Budapest als einem wichtigen Zentrum der Weltkultur wurde, erlebten Siebenbürgen und seine Hauptstadt Klausenburg eine Blütezeit. Matthias selbst stammte aus Siebenbürgen; er wurde in meiner Heimatstadt in einem Haus geboren, an das ich mich gut erinnere, da man es zu einem kleinen Museum umgestaltet hatte, das ich häufig besuchte. Die „Brüder von Klausenburg", die im frühen fünfzehnten Jahrhundert die berühmte Statue des heiligen Georg in Prag geschaffen hatten, waren weltbekannte Künstler.[1] Eine Kopie der Statue steht auf einem öffentlichen Platz meiner Heimatstadt.

Zwischen der Zeit von König Matthias und dem späten 19. Jahrhundert hatte Siebenbürgen eine stürmische Geschichte. Ungefähr hundertsiebzig Jahre lang war es unabhängig; danach wurde es als Teil des Habsburger Reiches wieder in Ungarn eingegliedert, wenn auch mit einem Sonderstatus. Während dieser Zeit durchlief es eine beträchtliche Entwicklung, einschließlich einer gewissen Industrialisierung gegen Ende des 19. Jahrhunderts und zu Beginn des 20. Jahrhunderts. Auch kulturell erlebte Siebenbürgen eine Blütezeit. In meiner Heimatstadt wirkten einige weltbekannte Wissenschaftler, darunter die beiden berühmten Mathematiker Bolyai (Vater und Sohn). Der Sohn, János (Johann) Bolyai, schuf um 1820 die erste nichteuklidische Geometrie. Um 1900 entdeckte der Mathematiker Gyula (Julius) Farkas, Professor der Universität Klausenburg, einen berühmten Satz, das nach ihm benannte Farkas-Lemma, das nach dem Zweiten Weltkrieg dazu beitrug, die Grundlagen der linearen Programmierung[2] zu legen.

Das Rumänien, das nach dem Ersten Weltkrieg entstand, erbte Siebenbürgen, das Banat und die Bukowina von der k. u. k. Doppelmonarchie Österreich-Ungarn, Bessarabien von Russland und die Süddobrudscha von Bulgarien. Die Bevölkerung Rumäniens überschritt die siebzehn Millionen und wurde damit mehr als verdoppelt. Es gab zahlenmäßig große Minderheiten, darunter fast zwei Millionen ethnische Ungarn, neunhunderttausend Juden, ungefähr achthunderttausend Deutsche, außerdem Zigeuner, Griechen, Türken, Bulgaren und Ukrainer.

In meiner Kindheit war Cluj-Kolozsvár-Klausenburg eine Stadt mit ungefähr einhundertzehntausend Einwohnern, etwa die Hälfte von ihnen Ungarn und ungefähr ein Drittel Rumänen. Die Juden bildeten etwas mehr als ein Zehntel der Einwohner und es gab einige tausend Deutsche und Zigeuner. Klausenburg war eine ziemlich malerische Stadt mit mitteleuropäischem Flair, im Tal des Flusses Someş (Szamos auf Ungarisch), teils auf Hügeln gebaut, die einen herrlichen Ausblick boten. Auf dem größten Platz stand die schöne katholische Kirche St. Michael aus dem dreizehnten Jahrhundert; außerdem gab es in der Stadt eine ziemlich neue griechisch-orthodoxe Kathedrale, mehrere protestantische Kirchen und mindestens drei Synagogen. Es gab eine ausgezeichnete Oper, ein Ballett, ein Sinfonieorchester und zwei Theater, ein rumänisches und ein ungarisches. Die Universität war wegen ihrer Fakultät für Mathematik und Naturwissenschaften ebenso bekannt wie die Medizinische Universität und deren Kliniken. In dem schönen Stadtpark befand sich ein See mit weißen Schwänen. Im Sommer konnten man dort rudern und im Winter Schlittschuh laufen. Die Stadt hatte einen reich ausgestatteten prächtigen

---

[1] Dieses Werk der Brüder Georg und Martin von Klausenburg, das bronzene Reiterstandbild des heiligen Georg, befindet sich auf der Prager Burg.
[2] Auch als lineare Optimierung bezeichnet.

botanischen Garten. Es gab ein großes Freibad mit zwei Schwimmbecken und in einem Teil des Kanals, der durch das Gelände verlief, konnte man ebenfalls schwimmen. Es gab zwei Fußballstadien und drei Tennisanlagen. Die Stadt war auch ein Industriezentrum mit der größten Schuhfabrik in Südosteuropa, einigen kleineren Textilfabriken, einem mittelgroßen Stahlwerk, mehreren metallurgischen Werken und einer Tabakfabrik. Der Personenverkehr erfolgte mit dem Bus – das Auto war ein Luxusgegengstand, den sich nur wenige leisten konnten. Man konnte auch in Pferdedroschken fahren.

Da meine Eltern, Großeltern, Onkel und Tanten alle starben, bevor ich mich für meine Familiengeschichte interessierte, beschränkt sich mein Wissen über sie auf meine frühen Erinnerungen und auf das, was ich in den Gesprächen am Familientisch erfuhr – als es diesen noch gab. Meine Großeltern väterlicherseits – Mór (Moritz) Blatt und Fanni, geb. Farkas – lebten in dem Dorf Şintereag (Somkerék auf Ungarisch), unweit von Bistriţa (Beszterce, Bistritz), wo Bram Stoker Graf Draculas Schloss entstehen ließ. Mein Großvater war mit einem Grundbesitz von ungefähr 50 Morgen der vermögendste unter den verschiedenen kleinen Landeigentümern des Dorfes. Es handelte sich hauptsächlich um Ackerland, aber auch ein Weinberg und ein Obstgarten gehörten dazu. Großvater hatte etwa fünfzehn bis achtzehn Rinder und vielleicht hundert Schafe. Er beschäftigte ziemlich viele Landarbeiter, einen Schäfer und mehrere Diener im Haus. Von Mitte März bis Mitte November stand Großvater jeden Morgen zwischen halb vier und vier Uhr auf und beaufsichtigte persönlich alle Arbeiten. Meine Kindheitserinnerungen an ihn – wir waren üblicherweise zu jedem Passahfest auf dem Gut und ich verbrachte dort auch manche Sommerferien – sind jene eines starken Mannes, der wild dreinschaute, wenn er wütend war (was oft vorkam), wobei seine Augen funkelten. Er war Jäger und lief gerne mit seinem Gewehr herum. Meine Großmutter war eine sehr ernsthafte Frau mit einem wissbegierigen Verstand, und sie fragte mich immer, was ich in der Schule gelernt habe. Im Gegensatz zu den meisten städtischen Juden von Transsilvanien hatten sich meine Großeltern nicht in die ungarische Kultur assimiliert. Sie sprachen Jiddisch miteinander, mit ihren Kindern und mit den anderen Juden des Dorfes, obwohl sie Ungarisch (vor 1918) und Rumänisch (nach 1918) in ihren Kontakten mit den Behörden und beide Sprachen bei ihrem Umgang mit den ortsansässigen Bauern verwendeten. Sie waren orthodoxe Juden und die Religion war wesentlicher Bestandteil ihrer Lebensweise. Während für meinen Großvater die Religion ein Komplex von Ritualen und Regeln war, deren tiefere Bedeutung ihn nicht zu beschäftigen schien, interessierte sich meine Großmutter für den Talmud (eine Sammlung uralter jüdischer Überlieferungen), über den sie auch einiges wusste. Sie forderte mit Nachdruck von sich selbst und von allen anderen um sie herum die Befolgung religiöser Bräuche. Sie war eine äußerst willensstarke Frau. Im Familientratsch hieß es, dass zwar mein Großvater die Flinte hatte und wild herumbrüllte, wenn ihn die Wut packte, dass sich aber meine Großmutter mit ihrem Willen und ihrer Klugheit üblicherweise in wichtigen Angelegenheiten durchsetzte.

Mein Vater hatte zwei jüngere Brüder: David und Elek (Alec). Der jüngste Bruder, Elek, der ihm sehr nahe stand, war der Einzige, der eine Universität besuchte, und es hieß, er sei ein kluger Kopf gewesen. Er studierte Jura, und anhand der umfassenden Bibliothek, die er hinterließ (er starb in Budapest an einer Blutvergiftung, als ich sechs Monate alt war), kann man schlussfolgern, dass er ein tiefes Interesse an Politik und Philosophie hatte. Nach einer Familienüberlieferung beschrieb Joseph Fischer, der damals führende Rechtsanwalt Transsilvaniens, Elek als jemanden, den man nie als Gegner haben sollte, da sein Verstand so scharf wie eine Rasierklinge sei.

Mein Vater besuchte keine Universität. Er war der älteste Sohn und half meinem Großvater einige Zeit lang, das Gut zu verwalten. Aber bald begann er mit dem Rinderhandel, der während des Ersten Weltkriegs ein ziemlich lukratives Geschäft wurde und ihm einiges Geld einbrachte. Nach dem Krieg, als Siebenbürgen an Rumänien fiel, tat er sich mit seinem Bruder Elek zusammen, und sie gingen ins Bankgeschäft. Einige Jahre lang waren sie erfolgreich, und mein Vater wurde als reicher Mann angesehen, als er 1919 heiratete. Aber am Ende des Jahres 1922, in dem ich geboren wurde, war Onkel Elek tot. Auf sich allein gestellt war mein Vater nicht mehr erfolgreich, und als ich sechs Jahre alt war, ging er bankrott. Er verlor alles. Von da an lebte unsere Familie von einem sehr schmalen Geldbeutel.

Meine Mutter hatte einen ganz anderen familiären Hintergrund. Ihre Eltern – Vilmos (Wilhelm) Hirsch und Regina (geb. Grüner) – lebten in Dej (Ungarisch: Dés), einer Stadt mit etwa vierzigtausend Einwohnern, wo mein Großvater Direktor der örtlichen Zweigstelle einer Bank war. Sie waren städtische, assimilierte Juden, die Ungarisch sprachen und niemals Jiddisch; sie hielten sich mehr oder weniger flüchtig an ihre religiösen Vorschriften. Ich erinnere mich an meinen Großvater als einen gut gekleideten Herrn mit tadellosem Auftreten; es war immer ein Genuss, sich mit ihm zu unterhalten, und es war bekannt, dass er jeden mit „Güte" behandelte. Meine Großmutter war eine gepflegte Frau, die im Alter von mehr als sechzig Jahren immer noch attraktiv aussah; früher war sie eine Schönheit mit einem Puppengesicht.

Meine Mutter Boriska und ihre jüngere Schwester Pirike hatten keine sehr glückliche Kindheit und Jugend. Ihre hübsche, kokette ältere Schwester Erzsike und ihr jüngerer Bruder Pali waren die Lieblinge meiner Großmutter und die zwei mittleren Schwestern fühlten sich fast wie Stieftöchter. Nachdem Erzsike verheiratet worden war, war mein Vater Ignác zur Stelle und begann, Boriska den Hof zu machen. Meine Mutter war etwa zweiundzwanzig und Ignác fast fünfunddreißig. Schnell gewann er Boriskas Achtung, nicht jedoch ihre Liebe. Sie hatte intellektuelle Ambitionen, liebte Musik, spielte Klavier, war eine eifrige Leserin, diskutierte mit Vorliebe über zeitgenössische Romane und wäre gerne auf Reisen gegangen. Ignác teilte keine dieser Leidenschaften, versprach aber, ihr diese zugänglich zu machen. Boriska hätte gerne auf ihre Jugendliebe gewartet, aber der junge Mann war in der Armee. Abgesehen davon, dass sie sich schon lange nicht mehr getroffen hatten, verfügte der junge Mann über keinerlei finanzielle Mittel und konnte deswegen keine Familie gründen. Andererseits übten die Eltern meiner Mutter einen ziemlich starken Druck aus, damit sie „ja" zu meinem Vater sagt. Schließlich war Ignác trotz seines ländlichen Hintergrunds und seiner mangelnden Stadterfahrungen ein sehr gut situierter Mann in einer Position, die ein sicheres und wohlhabendes Zuhause bieten würde. Das Wichtigste war jedoch, dass er offensichtlich in Boriska verliebt war: Er erklärte, dass er keinerlei Mitgift wolle, was für die Familie eine gewaltige Entlastung bedeutete. Also ging Boriska, wie damals zahlreiche andere Mädchen, auf eine Ehe ein, die oberflächlich viele der wünschenswerten Zutaten hatte, der aber das Gefühl einer leidenschaftlichen Liebe fehlte.

Abb. 1.1 Boriska um 1919

Abb. 1.2 Ignác und Egon um 1926

Das junge Paar zog nach Klausenburg, wo mein Vater in „guter Umgebung" ein schönes Haus in einer ruhigen Straße kaufte, ganz in der Nähe des Stadtparks, in dem sich auch ein See befand. In diesem Haus wurde ich, Egon Blatt, geboren und aufgezogen. Ich habe relativ wenige Erinnerungen an meine frühe Kindheit. Als ich dreieinhalb Jahre alt war, bekamen meine Eltern einen zweiten Sohn, Robert („Bobi"). Ich dürfte über die Ankunft meines Bruders wenig begeistert gewesen sein: Eine meiner frühesten Erinnerungen ist, dass man mich einmal zur Strafe in die dunkle Waschküche im Keller einsperrte, weil ich nicht zuließ, dass meine Mutter den kleinen Bobi stillte. Aber später bin ich mit meinem Bruder sehr gut ausgekommen, besonders auch deswegen, weil er in allen möglichen Ballspielen hervorragend war.

Als ich sieben war, schickten mich meine Eltern in die Grundschule Nummer 7, eine der besseren rumänischen staatlichen Schulen. Sie hätten mich auch in eine ungarische Konfessionsschule schicken können – Ungarisch war ja schließlich meine Muttersprache – oder in die jüdische Grundschule, in der die Lehrer ein sehr rudimentäres Rumänisch mit ungarischem Akzent sprachen, wie sie es als Erwachsene gelernt hatten. Dort wäre meine Unkenntnis des Rumänischen nicht weiter aufgefallen. Aber meine Eltern wollten, dass ich die Amtssprache richtig erlerne, und sie hatten das Gefühl, dass ich an einer staatlichen Schule eine bessere Ausbildung erhalten würde. Sie hatten Recht – die staatliche Schule war viel besser. Um

Abb. 1.3 Egon im Sommer 1927

mich auf den Schock vorzubereiten, plötzlich in eine Rumänisch sprechende Umgebung zu kommen, stellten meine Eltern ein junges Mädchen ein, das mich in der Sprache während des Sommers unterrichten sollte, bevor die Schule begann. Das half ein bisschen, aber in den ersten drei Jahren tat ich mich beim Lernen gar nicht hervor. Die Lehrerin, Frau Wild, war eine sehr strenge ältere Dame, für die Disziplin an erster Stelle stand. Als sie mich einmal dabei erwischte, dass ich mit meinem Nachbarn redete, während sie unterrichtete, verließ sie das Katheder, kam zu meiner Bank und schlug mich mehrmals auf die Schultern und den Nacken. Es war keine Überraschung, dass meine Zeugnisse mehr Kritik als Lob enthielten. Das war doppelt unangenehm, weil ich auch keine guten Leistungen bei den Privatlehrern aufweisen konnte, die mein Vater einstellte, um mir Religionsunterricht zu erteilen.

Meine Eltern hatten in religiösen Fragen vollkommen unterschiedliche Auffassungen: Mein Vater wuchs in einer orthodoxen Umgebung auf, meine Mutter hingegen in einer assimilierten Familie, in der sie sich durch Lektüre die Werte der Aufklärung, der Philosophie des Rationalismus im Europa des 18. Jahrhunderts zu eigen machte. Meinem Vater zuliebe befolgte sie die rituellen Vorschriften, deren Einhaltung er forderte, aber sie tat es widerwillig und ohne Überzeugung. Was mich anging, erwartete mein Vater, dass ich viel bete. Ich sollte hebräische Texte lesen, deren Bedeutung ich nicht verstand, die Gebetsriemen jeden Morgen anlegen, an Feiertagen in die Synagoge gehen und stundenlang mit ihm beten, während die anderen Kinder draußen im Hof spielen durften. Von Anfang an hatte ich eine Abneigung gegen diese Rituale, später lehnte ich sie als töricht und sinnlos ab und schließlich konnte ich sie nicht mehr ausstehen. Meine Mutter versuchte, meinen Widerstand zu mildern; sie argumentierte, dass es nicht darauf ankäme, was ich glaube – ich solle diese Dinge meinem Vater zuliebe tun, da sie für ihn so wichtig seien und da er mich so sehr umsorge. Ich ging ungern und nur äußerst widerstrebend darauf ein. So ist es nicht verwunderlich, dass mich meine Religionslehrer – es waren mehrere, denn keiner hielt es länger als ein paar Wochen aus – ständig tadelten. Die Schulzeugnisse schienen jetzt die Einschätzung der Religionslehrer zu bestätigen: Ich war entweder unfähig oder nicht willens, irgendetwas zu lernen oder mich disziplinarisch unterzuordnen. Mein Vater war natürlich ziemlich aufgebracht und meine Mutter musste alle ihre diplomatischen Fähigkeiten aufbieten, um mich vor einer gründlichen Tracht Prügel zu retten. In der vierten Klasse, meinem letzten Jahr an der Grundschule, wendete sich mein Schicksal zum Besseren. Wir bekamen eine neue Lehrerin, Frau Zimberiu, die Frau des Direktors. Sie war eine urteilsfähige Frau, die sich klar ausdrückte und deren Interessen über disziplinarische Probleme hinausgingen; ihr Hauptanliegen war es, uns nützliche Dinge beizubringen. Meine Lage änderte sich mit einem Schlag. Von da an brachte ich ausgezeichnete Zensuren nach Hause und meine Eltern wurden davon überzeugt, dass sie ein ungewöhnlich intelligentes Kind hatten. Ich hatte mir endlich etwas Respekt verschafft.

Während meiner ersten Schuljahre änderte sich unser Haushalt radikal. Wie schon erwähnt, meldete mein Vater Bankrott an und unsere Familie verlor alles mit Ausnahme des Hauses, in dem wir wohnten. Das waren die frühen Jahre der Weltwirtschaftskrise und die Zeiten waren ungünstig für jedes neue geschäftliche Unternehmen, ganz zu schweigen von Unternehmen ohne Kapital. Mein Vater hätte sich nach einer Arbeit umschauen können, was er ja vielleicht auch tat, aber er fand keine. Stattdessen begannen meine Eltern mit massiven Einsparungen. Mein Bruder und ich hatten ein Kindermädchen, das entlassen wurde. Dem Koch wurde gekündigt. Unsere Familie zog sich auf zwei Zimmer zurück (Schlafzimmer und Kinderzimmer), und wir behielten das Badezimmer. Der Rest des Hauses – mehrere Zimmer im Erdgeschoss, Kellerzimmer für Hausangestellte und sonstige Räume – wurde vermietet. Einige der Kinder unserer Mieter wurden meine ersten Spielkameraden. Ein junger Zimmermann, der eines der Kellerzimmer mietete, brachte mir das Fahrradfahren bei. Ein halb ungarischer, halb deutscher Schuster, der ein anderes Zimmer im Kellergeschoss mietete, entpuppte sich später als gefährlicher Schachspieler, der mich viele Jahr lang schlug, sogar nachdem ich einer der besten Spieler meiner Klasse geworden war.

Meine Eltern betrachteten diese Maßnahmen als zeitweilig, aber – wie die Franzosen sagen – *c'est le provisoire qui dure* (was provisorisch ist, dauert lange) und wir lebten insgesamt elf Jahre unter diesen Bedingungen. Die einzige Veränderung kam, als ich im Alter von fünfzehn Jahren die Unterstufe abschloss: Ich bekam ein eigenes Zimmer, das wir von da an nicht mehr vermieteten. In all diesen Jahren war das Geld, das durch die Vermietung hereinkam, das Haupteinkommen unserer Familie. Aber es reichte nicht und gegen Ende der dreißiger Jahre musste mein Vater das Haus verkaufen.

Unterdessen versuchte mein Vater mehrere Male, eine Erwerbstätigkeit zu finden. Für eine Weile übernahm er die Verwaltung des großväterlichen Gutes, verbrachte die meiste Zeit in Somkerék und kam nur jedes zweite Wochenende nach Hause. Allem Anschein nach machte er seine Arbeit gut: Er errichtete einen Milchbetrieb, kaufte eine moderne Ausrüstung zur Herstellung von Butter und Käse und verkaufte die qualitativ hochwertigen Erzeugnisse überall in der Region. Aber er kam nicht immer mit meinem Großvater aus und der alte Mann bevorzugte die Gesellschaft seines jüngeren Sohnes David, den er viel leichter im Griff hatte. Außerdem hatte David sechs Kinder, lebte in tiefer Armut und verrichtete nur niedrige Arbeiten. Nach ungefähr einem Jahr wurde entschieden, dass David – weil er an größerer Not litt – die Leitung des Bauernhofes übernehmen solle. Mein Vater wandte sich dann anderen Unternehmungen zu. Eine Zeit lang tat er sich mit einem Chemiker zusammen und gründete in unserem Haus eine kleine Margarinefabrik, in der die beiden die einzigen Arbeiter waren; aber nach ungefähr einem Jahr ging auch diese Sache Pleite. Danach schloss sich mein Vater mit zwei Brüdern zusammen, die wie er selbst einige Sachkenntnis von ländlichen Produkten hatten. Sie eröffneten einen Eiergroßhandel: Sie kauften von den Bauern die Eier auf und lieferten sie an Kleinhändler. Meiner Meinung nach lief auch dieses Unternehmen nicht viel länger als ein Jahr.

Meiner Mutter gelang es, eine Arbeit als Kassiererin im örtlichen Stahlwerk zu finden, als ich acht oder neun war. Es war eine harte, unangenehme Arbeit, und meine Mutter hatte eine sehr lange Arbeitszeit. Sie war immer erschöpft, wenn sie nach Hause kam, aber unsere Familie brauchte das Einkommen dringend. Sie arbeitete zwei oder drei Jahre, und der Verlust ihrer Arbeitsstelle war ein solcher Schlag für sie, dass sie versuchte, Selbstmord zu begehen. Das war damals unbegreiflich für mich, aber später verstand ich, dass der Verlust der Arbeit nur der Auslöser für die verzweifelte Tat war, deren eigentliche Ursache in einem allgemeineren Gefühl der Niedergeschlagenheit lag. Es geschah an einem Nachmittag, als mein Bruder und ich zu einer Geburtstagsfeier eingeladen waren. Meine Mutter sah uns an, bevor wir gingen, dann nahm sie mich beiseite und bat mich, ihr zu versprechen, dass ich mich um Bobi kümmern und ihn schützen würde. Ich verstand nicht, was sie damit meinte. Ich sagte ihr, dass wir vorhätten, Freunde zu besuchen; dort würde es keine Schlägerei geben und Bobi würde meinen Schutz gar nicht benötigen. Sie sagte, dass sie nicht nur an diesen einen Nachmittag denke; dass ich der größere und stärkere Bruder sei und Bobi meinen Schutz brauche. Ich war noch immer durcheinander, habe ihr aber natürlich versprochen, Bobi zu schützen. Als wir am Abend heimkamen, konnten wir im Haus ein merkwürdiges Kommen und Gehen beobachten. Meine Mutter war krank und durfte nicht gestört werden. An den Mienen der Anwesenden merkte ich sofort, dass etwas Ernstes geschehen war. Den vielen verstohlenen Gesprächen entnahm ich schließlich, was vorgefallen war. Meine Mutter hatte eine tödliche Dosis von Medikamenten eingenommen und wäre sicher gestorben, wenn ihre Mutter, die damals in Klausenburg wohnte, nicht zufälligerweise zu Besuch gekommen wäre. Sie rief den Krankenwagen und meine Mutter wurde gerettet.

* * *

In Alter von elf Jahren kam ich nach Abschluss der Grundschule auf das Liceul Gheorghe Barițiu, eines der zwei großen staatlichen rumänischen Jungengymnasien der Stadt. Das rumänische Wort *liceu* entspricht dem französischen *lycée* (das l am Ende der Form *liceul* bezeichnet den Artikel) – das rumänische Bildungssystem folgte strikt dem französischen Modell. Das Gymnasium dauerte acht Jahre und nach dem vierten Jahr musste man ein „kleines Abitur" ablegen. Wer diese Prüfung bestand, konnte für die nächsten vier Jahre zwischen zwei Möglichkeiten wählen: der naturwissenschaftlichen Richtung und der humanistischen Richtung. Am Ende des achten Jahres erfolgte mit dem Abitur eine schwere Abschlussprüfung, die wie im Französischen den Namen *bacalaureat* trug. Das Liceul Gheorghe Barițiu war in Bezug auf Aufnahmeprüfungen, Prüfungskriterien und Disziplin viel strenger als das andere Jungengymnasium. Die Disziplin wirkte nicht gerade anziehend auf mich, aber das weithin bekannte hohe Niveau (das natürlich mit einer ebenso hohen Durchfallquote einherging) schien die Nachteile des Zuchtmeistergeistes aufzuwiegen. Es gab noch eine dritte Möglichkeit, nämlich eine der Universität angegliederte halbprivate Schule, wohin alle reichen Kinder gingen. Meine Eltern boten mir an, die Gebühren zu bezahlen, wenn ich diese Schule besuchen möchte, aber ich wusste, dass das für sie schwer gewesen wäre. Ich glaubte auch nicht, dass die Schule besser sei, sie war höchstens weniger streng. In dem Gymnasium, auf das ich ging, mussten wir die ganze Zeit (nicht nur in der Schule) eine Uniform tragen, und auf einen Ärmel der Uniform war eine Zahl genäht. Da die Zahl in den sieben Jahren, in denen ich die Schule besuchte, die gleiche blieb, erinnere ich mich heute noch daran: Ich war der Schüler Nr. 173 von insgesamt etwa neunhundert. Es gab drei Parallelklassen, die ein unterschiedliches Niveau aufwiesen. Die schriftliche Aufnahmeprüfung war schwer, aber ich schaffte es, in eine der stärkeren Klassen zu kommen. Die Aufnahme ins Gymnasium änderte mein Leben beträchtlich. Der reichhaltige Lehrstoff eröffnete nicht nur den Weg zu neuem Wissen, sondern erhöhte auch mein Verantwortungsgefühl. Zum ersten Mal musste ich neue Herausforderungen bewältigen und mich unter oft schwierigen Umständen bewähren.

Obwohl ich erst elf war, betrachteten mich meine Eltern als reif für mein Alter. Ich hatte meine Reife bereits ein Jahr früher bewiesen, als ich Scharlach bekam – eine ansteckende Krankheit, die damals sechs Wochen Isolierstation bedeutete – und vor die Wahl gestellt war, ob ich zu Hause oder in einem Krankenhaus behandelt werden möchte. Meine Eltern waren bereit, alles Notwendige zu tun, um mich zu Hause behandeln zu lassen. Unser Hausarzt schickte sie aus meinem Zimmer und sagte mir, dass er mich zwar gerne zu Hause behandeln würde, dass dies aber ein Problem für meine Eltern werden könnte, da dann die Mieter mit kleinen Kindern wahrscheinlich aus Furcht vor einer Ansteckung wegziehen würden und damit die Mieteinnahmen verloren wären. Außerdem war das Krankenhaus, das zur Universitätsklinik gehörte, ein sehr gutes, das sich auf diese Art von Krankheit spezialisiert hatte. Der Arzt sagte, dass es seiner Meinung nach sowohl für mich als auch für meine Eltern besser wäre, wenn ich ins Krankenhaus ginge, und er schlug vor, ich solle meinen Eltern sagen, dass ich es so möchte. Ich nahm seinen Vorschlag an – sehr zur Erleichterung meines Vaters –, und wurde am nächsten Tag, obwohl sich meine Mutter dagegen sträubte, für sechs Wochen ins Krankenhaus geschickt. Es war ehrlich gesagt nicht ganz mein Fall, aber ich war stolz darauf, so wie ein Erwachsener eine verantwortungsvolle Entscheidung getroffen zu haben.

Dank dieses Präzedenzfalls hatte ich das volle Vertrauen meiner Eltern, als das Schuljahr begann, und sie gaben mir Geld, damit ich mir die Bücher und Lehrmaterialien kaufe, die ich brauchte. Ich musste deswegen mehrmals in Schreibwarengeschäfte und Buchhandlungen gehen und war stolz darauf, dass ich alleine gehen durfte, während die meisten meiner Klassenkameraden in Begleitung ihrer Eltern waren. Bei einem dieser Wege ging ich eine ruhige, abgelegene Straße entlang und sah dort eine kleine Ansammlung von Leuten. Ich blieb stehen, um zu beobachten, was dort los war. Eine Gruppe von ungefähr zehn Bauern hatte sich um einen jungen Mann herum versammelt, der Anfang zwanzig war. In der linken Hand hielt er ein kleines Holzbrett (wahrscheinlich der Deckel einer Zigarrenschachtel), auf dem sich zwei identische Fingerhüte und eine kleine graue Kugel befanden; die Kugel hatte einen Durchmesser von vielleicht zweieinhalb oder drei Millimetern. Mit der rechten Hand bewegte der junge Mann die Fingerhüte, ohne sie richtig hochzuheben, aber so, dass er die kleine Kugel mal mit dem einen Fingerhut bedeckte, mal mit dem anderen. Die Leute um ihn herum folgten jeder seiner Handbewegungen und versuchten zu erraten, wo sich die Kugel im gegebenen Augenblick befand. Nach einigen Minuten verstand ich, dass das Spiel auf eine Art Wette hinausläuft: Zunächst vereinbarte man den Einsatz (der Hütchenspieler legte das Minimum auf zwanzig Lej fest – genauso viel wie eines meiner Schulbücher kostete), dann „deponierte" der Mann seinen eigenen Einsatz und den seines

Gegenspielers gut sichtbar auf dem Brett. Danach bewegte der Hütchenspieler die Fingerhüte eine Weile hin und her, wobei er die Kugel mal mit dem einen Fingerhut, mal mit dem anderen bedeckte. Schließlich hielt er an und sein Gegenspieler sollte erraten, unter welchem Fingerhut sich die Kugel befindet. War die Vermutung richtig, dann hatte der Gegenspieler die Wette gewonnen; andernfalls war sein Geld verloren.

Als ich den Bewegungen der Fingerhüte folgte, schien es mir ziemlich klar zu sein, wo sich die Kugel zum gegebenen Zeitpunkt befand. Ich konnte jedoch nicht verstehen, warum es keine Interessenten für eine meiner Meinung nach so leichte Wette gab. Das machte mich misstrauisch. Ich hatte den Verdacht, dass der Mann irgendeinen unentdeckbaren Trick anwendet, um sich den Gewinn zu sichern. Andererseits, schlussfolgerte ich, müsse er jemandem gestatten, zumindest die *erste* Wette zu gewinnen, um andere zu ermutigen, ebenfalls ihr Glück zu versuchen. Ich überzeugte mich rasch davon, dass er tatsächlich so vorging; daher beschloss ich, dass es mir wohl nicht zum Schaden gereichen würde, von der Situation zu profitieren. In meiner Tasche hatte ich etwa sechzig oder siebzig Lei für Bücher und Schreibwaren. Ich nahm zwanzig Lei heraus und legte sie tapfer auf das Brett. Der Hütchenspieler setzte dagegen. Dann begann er, die Fingerhüte herum zu bewegen – genau so langsam und nachvollziehbar wie vorher, so dass ich mühelos verfolgen konnte, wo sich die Kugel befand. Das bestätigte meinen Verdacht, dass der Mann vorhatte, den ersten Spieler gewinnen zu lassen. Als er mit dem Herumgeschiebe aufhörte, fragte er mich, wo die Kugel sei. Ohne auch nur im geringsten zu zögern zeigte ich auf den Fingerhut, unter dem die Kugel meiner Meinung sein musste. Langsam hob er den Fingerhut hoch – dort war absolut nichts. „Nein", sagte er, „die Kugel ist hier" – und da war sie auch: unter dem anderen Fingerhut! Ich fühlte mich wie von einer Schlange gebissen.

Die Überraschung war so verheerend, dass ich den Kopf verlor. „Noch einmal!", sagte ich und zog die nächsten zwanzig Lei aus der Tasche, obwohl mich einer der Zuschauer am Ärmel zupfte, so als ob er mich warnen wollte, weiter zu spielen. Der Hütchenspieler mit dem Brett setzte erneut dagegen und wiederholte seine vorhergehende Vorstellung. Dann hielt er an und fragte mich, wo die Kugel sei. Ich tippte auf einen der Fingerhüte; er hob ihn hoch – und wieder war nichts darunter. An dieser Stelle überschlugen sich die Ereignisse. Ich langte nach dem anderen Fingerhut und hob ihn plötzlich hoch – dort war die Kugel auch nicht. Empört über diese Täuschung begann ich zu schreien: „Schwindler! Dieb! Gib mir mein Geld zurück!" Einige der Umstehenden waren auf meiner Seite und forderten den Mann auf, mir mein Geld zurückzugeben. Im Bruchteil einer Sekunde packte dieser seine Sachen zusammen, steckte das Geld ein und rannte in Richtung Straßenende. Ich setzte ihm nach, andere folgten mir, und ich schrie die ganze Zeit „Dieb! Haltet den Dieb!" Die Straße mündete in eine belebte Kreuzung und ich hätte den Mann wahrscheinlich aus den Augen verloren, wenn meine Schreie nicht die Besitzer des Schreibwarenladens an der Ecke aufmerksam gemacht hätten: drei junge Brüder, die mich am Tag zuvor kennengelernt hatten, als ich bei ihnen Schreibmaterial einkaufte. Sie schnappten den Betrüger, verprügelten ihn, nahmen ihm das Geld weg und jagten ihn mit der Warnung fort, nie wieder in das Stadtviertel zurückzukommen. Ich bekam mein Geld zurück und vergaß den Vorfall nie wieder.

Die Fächer, die ich in der Schule am liebsten hatte, waren Mathematik, Französisch, Latein, Alte Geschichte und Geographie. Botanik und Zoologie mochte ich nicht, aber im dritten Jahr hatten wir Physik, die sofort mein Lieblingsfach wurde und es zusammen mit Mathematik bis zum Schulabschluss blieb. Das zeitraubendste Fach war Rumänisch, aber es wurde in einer so engstirnigen und beleidigend nationalistischen Weise unterrichtet, dass ich jede Minute davon verabscheute. Es sei daran erinnert, dass es sich um die Jahre 1933–1935 handelte, die Zeit, in der Hitler in Deutschland an die Macht kam und sich der Faschismus in ganz Mittel- und Osteuropa ausbreitete.

Hier ist ein Vorfall, der sich irgendwann 1933 oder 1934 in meiner Heimatstadt abspielte und die damalige Stimmung widerspiegelt – ich kann mich gut daran erinnern. Ein Jude namens Mór (Moritz) Tischler, Eigentümer mehrerer großer Wälder, ging vor Gericht, um auf Entschädigung gegen seine Nachbarn zu klagen, eine Gruppe von Bergbauern, die eine riesige Anzahl von Bäumen aus seinem Besitz gestohlen hatten; sie hatten die Bäume einfach gefällt und abtransportiert. Der Prozess erregte ein beträchtliches öffentliches Aufsehen, denn die Eisengarde (Garda de Fier), die Rumänische Nazipartei, hatte eine große Gefolgschaft unter den Bergbauern, die den Diebstahl begingen. Die pronazistische Presse beschrieb das Ereignis als Prozess des reichen, habgierigen Juden gegen die armen und ausgebeuteten rumänischen Bauern. An dem Tag, an dem Tischler als Zeuge gerufen war, erschoss ihn ein Hauptmann der Eisengarde im Gerichtssaal. Ein Teil der Presse zeigte sich durch den Mord geschockt, aber ein anderer Teil feierte den Hauptmann als Volkshelden. Der Mörder spazierte aus dem Gerichtssaal, ohne sich jemals für seine Tat verantworten zu müssen – zwar wurden einige Verfahren gegen ihn eingeleitet, aber es kam nie zu einer Verhandlung.

Das Gymnasium und seine Lehrer waren ein Spiegelbild der deutlich geteilten allgemeinen politischen Stimmung des Landes. Die Lehrer für rumänische Sprache und Literatur standen irgendwie immer auf der rechten Seite des politischen Spektrums, ließen sich meistens von einem engstirnigen, aggressiven Nationalismus und von Vorurteilen gegen „Fremde" – das heißt, Ungarn und Juden – leiten.

Ich erinnere mich an die Namen aller meiner Gymnasiallehrer. Den größten Respekt hatte ich vor dem Französischlehrer Voiculescu. Er war ein starker Befürworter des Gedankens der Aufklärung. Mit seiner Hilfe kam ich dazu, in den Werken von Rousseau und Voltaire zu lesen. Ich lernte den Stadtplan von Paris buchstäblich auswendig. Ich wusste, wo alle bedeutenden Denkmäler standen und wie sie aussahen. Inmitten der zunehmend antisemitischen und nationalistischen politischen Atmosphäre schwoll mir die Brust vor Begeisterung über die Idee von „egalité, liberté, fraternité." Ich wusste fast nichts über Weltpolitik – und hatte in diesem Alter auch kein besonderes Interesse daran, aber als ich 1935 erfuhr, dass ein Jude (der Sozialist Léon Blum) Premierminister Frankreichs wurde, war ich überglücklich, dass so etwas geschehen konnte. Die Ideen der Französischen Aufklärung trugen auch dazu bei, meiner frühen Opposition gegen die Religion eine feste Form zu geben. Ich erinnere mich deutlich daran, wie tief mich Voltaires Worte „Si Dieu n'existait pas, il faudrait l'inventer" („Wenn Gott nicht existierte, müsste man ihn erfinden") berührten. Zwar machte ich Mathematik und später Physik sehr gerne, der stärkste charakterbildende Einfluss kam jedoch von den Fächern Französisch, Latein und Alte Geschichte, in denen ich einen Einblick in die klassische Literatur und Philosophie bekam. Ich war von Anfang an gut im Gymnasium und beendete das erste Jahr als Klassenbester. Im darauf folgenden Jahr stand ich an zweiter Stelle und im dritten Jahr war ich wieder Klassenbester und hatte das beste Zeugnis der ganzen Schule. Das war 1935, und es war ungewöhnlich für jemanden mit einem Namen wie Egon Blatt so etwas zu schaffen. Das gelang mir, ohne als Streber dazustehen und ohne in den vielen disziplinarischen Zusammenstößen, die sich zwischen der Klasse und den strengeren Lehrern zusammenbrauten, den Klassenzusammenhalt zu gefährden. Damit erwarb ich mir den Respekt meiner Klassenkameraden, einschließlich derjenigen, die keine Juden mochten.

Im Sommer des Jahres 1935 begann ich, Geld zu verdienen, indem ich meinen Klassenkameraden und anderen Schülern Nachhilfeunterricht erteilte – eine Nebentätigkeit, die ich während meiner gesamten Gymnasialzeit ausübte. Mein erster Nachhilfeschüler war ein Mitschüler, der in Französisch durchgefallen war und die Nachprüfung im Herbst bestehen musste oder andernfalls sitzenbleiben würde. Ich gab ihm den ganzen Sommer über Nachhilfestunden und im Herbst bestand er seine Prüfung mühelos. Mit dem nächsten Nachhilfeschüler, meinem Klassenkameraden Otto, war ich weniger erfolgreich. Ich unterrichtete ihn etwa drei Jahre lang in allen Fächern. Zwar war er weder intelligent noch fleißig, und zu allem Überfluss war er auch noch Jude. Dennoch schafften Otto und ich es irgendwie, dass er alle Fächer bestand; aber es gab einen Vorfall, der mir ziemlich peinlich war. Otto tat sich in keinem Fach hervor, aber in Mathematik war er besonders schwach. Unser Mathelehrer in der vierten Klasse des Gymnasiums hieß Sverca. Er war ein ungewöhnlich begeisterter und begabter Pädagoge, der alles tat, um den Lehrstoff jedem verständlich zu machen. Eines Tages, nach wiederholten aber vergeblichen Versuchen, Otto an der Tafel an die Lösung einer Aufgabe heranzuführen, platzte Sverca einmal der Kragen: „Jesus, hier ist etwas, das ich in meinem ganzen Leben noch nicht gesehen habe – ein dummer Jude!" Ich brauche wohl nicht zu sagen, dass Otto deswegen zutiefst demoralisiert war. Ich musste hart arbeiten, um ihn zu überzeugen, dass man in Mathematik schlecht sein kann, ohne dumm zu sein.

Die Bücher, die ich zum Privatvergnügen las, formten mich in entscheidender Weise. Ich habe das vollständig meiner Mutter zu verdanken. Im Alter von etwa zehn Jahren war ich ein eifriger Leser einer bekannten Serie von kurzen Abenteuergeschichten, die jede Woche in einer Broschüre von fünfzehn bis zwanzig Seiten erschienen. Ich hatte nicht das Bedürfnis, irgendetwas Längeres oder weniger Aufregendes zu lesen. Meine Mutter unternahm mehrere erfolglose Versuche, mich zu einer anderen Lektüre zu überreden; schließlich verfiel sie auf die Strategie, in der Bibliothek eine Menge Bücher zu entleihen und diese zu Hause in unseren Zimmern herumliegen zu lassen. Ich begann, Karl May zu lesen, und für eine Weile verliebte ich mich in seine Romane. Ähnlich wie James Fenimore Cooper verfasste er Wildwestromane, machte aber seine Sache viel besser. Ich identifizierte mich bald mit Mays Hauptfigur Old Shatterhand, dem edelmütigen und unbeugsamen Kämpfer, der selbst in den gefährlichsten und scheinbar aussichtslosen Situationen nicht in Panik gerät – ein Mann, auf den seine Freunde immer zählen konnten und der

bereit war, sein Leben für Gerechtigkeit und Aufrichtigkeit einzusetzen. Im Rückblick denke ich, dass mir Mays Romane halfen, ein Wertesystem zu entwickeln,
das die Jungen meines Umfelds im Allgemeinen nicht teilten – ein Wertesystem, in
dem Charakter, Gerechtigkeit, Mut und Standhaftigkeit mindestens auf einer ebenso
hohen, wenn nicht höheren, Stufe standen wie die intellektuellen Fähigkeiten. Ich
war dreizehn als ich Mays *Winnetou* las, einen Roman, dessen Held ein edelmütiger
Indianer dieses Namens ist. Ich erinnere mich daran, dass ich das Buch nachts um
zwei in der Badewanne las und weinte, als Winnetou am Ende starb.

Meine Mutter hatte jedoch größere Pläne: Sie wollte mich von den reinen Aben-
teuerromanen weglocken und an die Belletristik heranführen. Ich erinnere mich gut
daran, wie es zum Durchbruch kam. Ich muss zwischen zwölf und dreizehn Jahren
alt gewesen sein und war an Grippe erkrankt. Meine Mutter entschied, dass es jetzt
an der Zeit sei zu handeln: Sie ging in die Stadt und brachte eine Jugendausgabe des
Buches *Der Graf von Monte Christo* von Alexandre Dumas mit. Ich wollte nichts
davon wissen. Der Titel war abstoßend, das Buch ein dicker Wälzer und ich malte
mir aus, dass ich viele Seiten lesen müsste, bevor irgendetwas Aufregendes geschehen würde. „Nein, danke", sagte ich. „Vielleicht lese ich es ein anderes Mal, aber
jetzt möchte ich bei meinen Abenteuergeschichten bleiben." Wir feilschten noch eine Weile und dann machte mir meine Mutter folgenden Vorschlag: Da ich ohnehin
Fieber habe, sei es nicht gut für mich, zu viel zu lesen. Deswegen würde sie mir etwa
eine halbe Stunde lang aus dem neuen Buch vorlesen. Das wäre es dann auch und
ich würde den Rest gar nicht lesen müssen. Ich freute mich, dass ich mit einer so
kurzen Vorlesezeit davongekommen war und ging auf den Vorschlag ein. Sie las aus
dem ersten Kapitel bis zu der Stelle, als Dantès bei seiner Hochzeit festgenommen
wurde und man ihn brutal von der Seite seiner bezaubernden Verlobten Mercedes
wegschleppte. Hier machte meine Mutter das Buch zu und sagte „Gute Nacht, mein
Lieber. Du musst wirklich nicht weiterlesen." Aber natürlich hatte mich die Sache
bereits gepackt. Übrigens machte die Geschichte des Grafen von Monte Christo –
zunächst die Jugendausgabe und später die Vollversion – aus irgendeinem Grund
einen ungewöhnlich starken Eindruck auf mich. Es war so, als ob ich irgendwie gespürt hätte, dass der Roman entscheidende Ereignisse meines zukünftigen Lebens
erahnen lässt.

Nachdem ich begonnen hatte, wirkliche Literatur zu lesen, bot sich mir eine reiche Auswahl. In der gesamten Geschichte haben Schriftsteller und Dichter
eine entscheidende Rolle in der ungarischen Gesellschaft gespielt und die durchschnittliche Qualität der ungarischen Schriftsteller (ich denke hier – unabhängig
vom Inhalt – an Dinge wie Stil, sprachliche Reichhaltigkeit und Metaphorik) stand
im Allgemeinen auf einem hohen Niveau. Ungarische Übersetzungen der Klassiker und der Weltliteratur waren somit normalerweise ausgezeichnet. Leider galt das
nicht für die rumänischen Übersetzungen, zu denen ich über meine Schule Zugang
hatte. Ich erinnere mich, dass ich begonnen hatte, Jules Vernes *Fünf Wochen im
Ballon* in Rumänisch zu lesen, das Buch aber dann zur Seite legte und stattdessen
die ungarische Version weiterlas. Die Leihbibliothek, deren Mitglied meine Mutter
war, trug den Namen Libro und hatte einen Katalog von ungefähr zwanzigtausend
sorgfältig ausgewählten Büchern, die eine gute und repräsentative Stichprobe der

klassischen und zeitgenössischen Weltliteratur darstellten. Von Balzac über Victor Hugo und Zola bis zu Romain Rolland, von Goethe über Thomas Mann, Franz Werfel, Stefan Zweig bis Jakob Wassermann, von Tolstoi, Turgenjew über Dostojewski bis hin zu Scholem Alejchem und Isaac Babel, von Pirandello zu Ignazio Silone – alle bekannten kontinentaleuropäischen Schriftsteller des neunzehnten und zwanzigsten Jahrhunderts lagen in hervorragenden ungarischen Übersetzungen vor. Die englische und die amerikanische Belletristik waren vertreten durch Charles Dickens, Bernard Shaw, H. G. Wells, Rudyard Kipling, Mark Twain, Jack London sowie Hemingway, Faulkner, Dreiser, Steinbeck, Maugham und andere. Die meisten dieser Bücher machten in unserem Haus die Runde – meine Mutter brachte regelmäßig ein bis zwei Bücher mit nach Hause, die sie für ein paar Tage oder Wochen ausgeliehen hatte. Als ich ungefähr zwölf Jahre alt war begann ich, diese Bücher zu lesen; wahrscheinlich beeinflussten sie meine Lebensanschauung mindestens ebenso stark, wie die philosophischen Schriften, die ich einige Jahre später las.

Als ich zwölf oder dreizehn war, offenbarte mir meine Mutter ein Geheimnis ihres Lebens. Sie hatte mir bereits die Gefühle erklärt, die sie für meinen Vater empfand, den sie sehr achtete, aber nie liebte. Jetzt erzählte sie mir, dass sie sich kurz nach der Hochzeit mit Ignaz wie verrückt in dessen Bruder Alec verliebt habe. Es handelte sich offensichtlich um eines jener unwiderstehlichen wechselseitigen Gefühle, die der Stoff großer Romane sind. Bald hatten sie eine leidenschaftliche Affäre, die erst endete, als Alec im Alter von zweiunddreißig Jahren starb. Ich war damals sechs Monate alt. Auf meine zögerliche Frage, was denn das alles für mich bedeute, schwieg sie eine Weile und sagte dann: „Von mir aus kannst du dich als Alecs Sohn betrachten." Da meine Frage sie offenbar in Verlegenheit gebracht hatte, bat ich sie nie um eine genauere Erklärung. Bald jedoch konnte ich mich davon überzeugen, dass es keine Notwendigkeit für eine genauere Erklärung gab: Wenn ich mir Alecs vergrößertes Foto anschaute, das an der Wand unseres Wohnzimmers hing, entdeckte ich mit der Zeit viele meiner eigenen Gesichtszüge. Als ich mich bei einem anderen Anlass über die religiöse Bigotterie und die Engstirnigkeit meines Vaters beklagte, entgegnete mir meine Mutter, er sei zwar borniert und könne oft herrschsüchtig auftreten, habe aber auch sehr edelmütige Charakterzüge. Als Beispiel führte sie an, dass ihre gehässige Schwester Erzsike ein knappes Jahr nach Alecs Tod, – bei einem Abendessen in Anwesenheit mehrerer Mitglieder der Familie meiner Mutter – folgende Bemerkung fallen ließ: „Hast du schon gehört, Ignaz? Böse Zungen behaupten, dass der Egon Alecs Sohn sei." Hierauf antwortete mein Vater: „Es interessiert mich nicht, was diese Leute reden, Erzsike. Außerdem gibt es in dem Dorf, aus dem ich komme, das Sprichwort: Es macht nichts, welcher Hahn es gewesen ist – wenn meine Henne das Ei gelegt hat, ist es mein Ei." Meine Mutter sagte mir, dass sie meinem Vater für seine großzügige Einstellung für immer dankbar sei, und sie erinnerte mich manchmal daran, wenn ich mich über ihn beklagte.

Meine Mutter war ein geradliniger Mensch und konnte Anmaßungen und Heucheleien nicht leiden. Sie verachtete auch hinterlistiges und heimtückisches Verhalten. Wir spielten gelegentlich Schach miteinander, und ich erinnere mich an eine Situation, in der sie nach einem ihrer Läufer griff, um meinen Springer zu schlagen, dann aber mit ihrer Hand über dem Läufer noch zögerte. Es war ein schlechter Zug und ich wollte sie dazu bringen, diesen Zug zu machen. Deswegen machte ich ein Gesicht, als ob mir der Zug nicht gefallen würde. Sie machte den Zug, ich schlug ihren Läufer und dann platzte es aus ihr heraus: „Das war hässlich, gemein und niederträchtig von dir; mach so etwas nie wieder mit jemandem!" Ich muss damals etwa zwölf Jahre alt gewesen sein, es war ein scheinbar unbedeutender Vorfall, aber die Sache machte einen tiefen Eindruck auf mich. Bis heute erinnere ich mich daran und an das Schamgefühl, das mich überkam.

Im Sommer 1935 wurde ich *Bar Mitzwa*, also Sohn der Pflicht, das heißt, ich erhielt meine Religionsmündigkeit. Ich erinnere mich, dass das für mich eher eine Last als eine glückliche Feier war. Um die Wünsche meines Vaters zu erfüllen, lernte ich viele der Zeremonien, die ich an diesem Tag verrichten musste, darunter auch Singen in der Synagoge, was ich gerne ausgelassen hätte (ich hatte eine schreckliche Singstimme). Jedoch hatte etwas, das an diesem Tag geschah, einen bedeutsamen Einfluss auf die nächsten vier Jahre meines Lebens: Meine Großmutter mütterlicherseits, die nach dem etwa zwei Jahre zuvor erfolgten Tod meines Großvaters nach Klausenburg umgezogen war, schenkte mir zum Geburtstag eine Tischtennisplatte. Ein paar Monate zuvor hatte ich begonnen, mit einigen Freunden Tischtennis zu spielen, und meine Großmutter kannte meine diesbezügliche Leidenschaft. Jetzt, als die neue Tischtennisplatte auf unserem Hof stand, konnte ich viel mehr spielen und wurde bald immer besser in diesem Sport.

Pingpong oder Tischtennis war ein Sport, der damals in Europa weit verbreitet war. Im Tischtennis gibt es ebenso wie beim Tennis eine offensive und eine defensive Spielweise und üblicherweise waren die Meister die besten der Angriffsspieler: Ihre Schläge hatten die Stärke und den Effet, den man am schwersten kontern konnte. Aber um 1936 kam es im Tischtennis zu einer Revolution. Bei der Weltmeisterschaft errang das rumänische Team mit seinen drei Spielern aus Klausenburg – Goldberger, Paneth und Vladone – die Silbermedaille, und zwar mit einer vollkommen neuen, ausschließlich defensiven Spielweise: Sie konterten jeden Ball und gewannen dadurch, dass sie den Gegner ermüdeten. Ihre unerwartete Strategie brachte die weltweite Community der Tischtennisspieler derart durcheinander, dass die International Table Tennis Federation beschloss, die Spielregeln zu ändern, indem sie das Netz um etwa anderthalb Zentimeter niedriger machte, um das Offensivspiel gegenüber der defensiven Spielweise zu favorisieren. Der Grund, auf den man sich bei dieser Entscheidung berief, war die angebliche Notwendigkeit, das Aufkommen von Langeweile im Tischtennis zu verhindern. Natürlich war der zweite Platz in der Weltmeisterschaft eine große Sache und viele Jungen in Klausenburg begannen, sich für das Spiel zu interessieren.

Ich bekam meinen Pingpongtisch im Juni und Ende September gewann ich bereits gegen alle Nachbarkinder, die mich vorher immer besiegt hatten. Zum Herbstanfang hätte ich normalerweise aufhören müssen, aber einer der älteren Jungen (älter bedeutet hier fünfzehn Jahre), der beste Spieler in der Umgebung, war Mitglied eines Tischtennisklubs und bot mir an, mitzukommen, so dass ich im Winter weiterspielen konnte. Meine Eltern waren zunächst etwas dagegen, denn das Training dauerte von acht bis zehn Uhr abends, und ich kam erst gegen halb elf oder elf Uhr nach Hause; dennoch waren sie schließlich einverstanden. Meine Mutter überzeugte meinen Vater, dass es keinen Grund gäbe, mich von meinen Wünschen abzuhalten, solange ich zur Klassenspitze gehöre und mit Nachhilfestunden sogar Geld verdiene.

Ich lernte, Tischtennis auf Wettkampfniveau zu spielen und nahm in der Zeit von 1936 bis 1938 an vielen Stadt-, Regional- und Landesturnieren teil. Die Teilnahme an Wettkämpfen war für Schüler meiner Schule verboten – dieses Verbot musste man jedoch nicht allzu ernst nehmen, solange der eigene Name nicht in der Presse erschien. Also trat ich bei Turnieren unter einem Decknamen an. Ich wählte den Namen Balázs, einen üblichen ungarischen Familiennamen, der den gleichen Anfangsbuchstaben hat, wie mein richtiger Familienname. Ich erreichte mehrere zweite und dritte Plätze, wofür ich in den Zeitungen als E. Balázs aufgeführt wurde. Gelegentlich übte ich mich auch im Schlittschuhlaufen, Schwimmen und Tennis. Ich begann im Alter von zwölf Jahren Tennis zu spielen und spielte jedes Frühjahr und jeden Sommer; in meiner Heimatstadt gab es jedoch keine Hallentennisanlage und deswegen blieb Tischtennis bis zum siebzehnten Lebensjahr meine Hauptleidenschaft im Sport. War ich ein talentierter Tischtennisspieler? Im Rückblick kann ich das nicht wirklich von mir behaupten, aber ehrgeizig war ich schon. Mit einem starken Willen kann man viel erreichen. Mein dreieinhalb Jahre jüngerer Bruder Robert, dem ich Tischtennis beibrachte, war begabter. Er kam zwar nicht ganz an mich heran, aber doch sehr dicht.

Einmal, es war 1937 oder 1938, hatte ich die Gelegenheit, mit Ernst Diamantstein zu spielen, dem talentiertesten Tischtennisspieler, den ich jemals gekannt habe. Er war ein Mann um die dreißig, der Tischtennis zum eigenen Vergnügen spielte und nicht regelmäßig für Turniere trainierte, wie das die anderen Spieler taten. Aber als er wirklich einmal drei oder vier Monate lang trainierte, wurde er Landesmeister. Danach hörte er auf, regelmäßig zu spielen, besuchte aber gelegentlich den Klub und spielte mit denen, die sich gerade dort aufhielten. Er spielte vollkommen einseitig: unabhängig von der Spielweise seines Gegners griff er immer an. Daher verlor er nur dann Punkte, wenn er selbst einen vermeidbaren Fehler beging. Das war ganz anders als die defensive Spieleinstellung, die in Klausenburg dominierte und den Rumänen Ruhm bei der Weltmeisterschaft brachte. Diamantstein war nicht nur ein äußerst talentierter Sportler, sondern strahlte auch eine gewisse Lebensweisheit aus. Als wir gegeneinander spielten, lag meine Hauptstärke in der Defensive (das war ja die Klausenburger Spezialität), aber ich versuchte energisch, einen starken Angriff zu entwickeln. Mein bester Schlag war zwar der Vorhandspin, aber ich versuchte auch, meine Rückhand zu verstärken. Wir spielten ein Match, das er natürlich ohne große Schwierigkeiten gewann. Danach setzten wir uns hin und unterhielten uns. Er sagte zu mir: „Egon, du hast eine ausgeglichene Spielweise, und ich kann keinen deiner Schläge besonders kritisieren. Ich möchte dir aber Folgendes sagen: Ein guter Tischtennisspieler zu sein, ist *eine* Sache, aber es ist etwas anderes, ein großer Spieler, ein Meister zu sein. Hierzu musst du etwas können – Vorhand oder Rückhand, Offensive oder Defensive oder was auch immer –, das kein anderer besser kann als du selbst; etwas, in dem du klar und unangefochten der Beste bist." Ich habe diese Weisheit mein ganzes Lebens lang nicht vergessen und erkannt, dass sie auch außerhalb der Grenzen unseres ursprünglichen Gesprächsthemas gültig ist.

Mein Interesse für Tischtennis beeinträchtigte meine schulischen Leistungen nicht. Ich war auch weiterhin mal Klassenbester, mal Zweiter, und verstärkte meine Aktivitäten im Nachhilfeunterricht, den ich nun von Französisch auf Mathematik und Latein ausdehnte. Ich begann sogar, die rumänische Dichtung zu schätzen, insbesondere die Werke von Mihail Eminescu, des bedeutendsten rumänischen Dichters des 19. Jahrhunderts. Als Mitglied des literarischen Schulzirkels wagte ich es, ein bekanntes Gedicht von Gheorghe Coşbuc öffentlich zu rezitieren. (Das war wirklich kein Erfolg: In der Mitte des Gedichts verhaspelte ich mich und war erleichtert, als ich es geschafft hatte). In der fünften Klasse des Gymnasiums begannen wir, Englisch zu lernen. Ich beschloss, diese Sprache über das in der Schule angebotene Niveau hinaus zu lernen, und verwendete mein Nachhilfeeinkommen dazu, für den Rest meiner Gymnasialzeit privaten Englischunterricht zu nehmen. Um diese Zeit, als ich fünfzehn war, lernte ich klassische Musik kennen, und schätzte besonders Beethovens Fünfte und Neunte Sinfonie. Schon einige Jahre zuvor hatte ich mit dem Klavierspiel begonnen, war auch gar nicht schlecht darin und empfand einige Freude am Spiel. Ich spürte jedoch, dass es nicht viel Sinn hat, täglich stundenlang zu üben, wenn man kein stärkeres Interesse hat und nicht mehr Talent besitzt als ich in mir fühlte – und so hörte ich nach ein paar Jahren mit dem Klavierspielen auf. Während dieser Jahre und danach hörte ich gelegentlich meiner Mutter beim Klavierspielen zu, hauptsächlich aber meiner Tante Pirike in Dej, wo ich oft meine Sommerferien verbrachte. Sie spielte meistens Chopin – Klavierkonzerte, Walzer und Masurkas –, aber auch Grieg, Liszt und andere. Ich fand Gefallen an vielen dieser Werke, aber Chopin war mein Lieblingskomponist. Ab dem zwölften Lebensjahr ging ich regelmäßig in die Klausenburger Oper. Ich ging meistens mit ein oder zwei Freunden zusammen in die Oper, aber statt Karten zu kaufen – was für uns viel zu teuer war – gaben wir den Platzanweisern ein paar Lei Trinkgeld. So kamen wir kurz vor Programmbeginn in den Saal, und konnten dort stehen oder sitzen, wo wir einen freien Platz fanden. Ich fand mehrere der klassischen Opern schön, aber am meisten beeindruckte mich Gounods *Faust*. Das muss zumindest teilweise am philosophischen Gehalt des Werkes gelegen haben. Die Botschaft des Mephistopheles, des Rebellen und ewigen Kritikers, der die hässliche Realität bei ihrem Namen nennt, traf genau das, was mich berührte. Ich war offenbar für romantische Handlungen empfänglich und mich faszinierten Geschichten, in denen es um Schicksal, Verhängnis, höhere Berufung und so weiter geht.

Obwohl ich als junger Teenager keine Ahnung von politischen Problemen hatte und mich auch nicht dafür interessierte, wusste ich natürlich von den sozialen Konflikten, und meine Mutter förderte bewusst meinen Sinn für soziale Gerechtigkeit. 1939 musste mein Vater das Haus verkaufen, in dem wir wohnten. Wir hatten das Recht, dort noch eine gewisse Zeit (vielleicht ein weiteres Jahr) als Hauptmieter zu bleiben und einen Großteil des Hauses an dieselben Mieter weiter zu vermieten, die schon vorher dort wohnten. Eines Tages fiel ein sintflutartiger Regen. Im Abwasserkanal der Straße kam es zu einer Verstopfung und das Wasser stand auf unserer Straße einen halben Meter hoch. Wir wohnten im oberen Stockwerk und hatten keinerlei Wasserschaden, aber die Kellerräume waren überflutet und die Möbel und Habseligkeiten der dort wohnenden Mieter wurden ruiniert. Wir hatten keine Versicherung gegen Wasserschäden und natürlich waren die Mieter verärgert und besorgt. Die Stimmung im Haus war angespannt. Meine Mutter wandte sich an mich und sagte, dass es nett wäre, wenn ich einen Eimer nähme und in den Keller ginge, um den Leuten zu helfen, das Wasser herauszuschöpfen. Das machte ich natürlich und schämte mich, dass ich nicht selbst daran gedacht hatte. Zuerst wurde ich mit eisigen Blicken empfangen, aber nachdem ich zusammen mit den anderen drei Stunden lang ordentlich gearbeitet hatte, wurden die Mieter freundlicher zu mir. Am nächsten Tag stellten sie eine Delegation zusammen, um den Eigentümer zwecks Reparatur der Kellerböden und Kellerwände anzusprechen. Obwohl unsere Familie keinen Schaden davongetragen hatte, schlug meine Mutter vor, ich solle mich der Delegation anschließen und gegenüber dem Eigentümer die Forderungen der Mieter unterstützen. Die Mieter stimmten nachdrücklich zu und ich ging zusammen mit ihnen, um den Eigentümer zu sprechen. Ich war noch nie in einer ähnlichen Situation und dementsprechend ziemlich nervös. Ich hatte keine Vorstellung, was man sagen soll, wenn sich der Eigentümer einfach weigert, irgendetwas zu tun. Der Eigentümer war etwas überrascht, mich unter den Kellermietern zu sehen, aber zum Glück reagierte er positiv und schon kurze Zeit später begannen die Reparaturarbeiten.

Meine Beziehungen zum anderen Geschlecht waren ziemlich komplex. Weibliche Schönheit wirkte verführerisch auf mich, obwohl ich mir das nie eingestanden hätte. Ab meinem neunten Lebensjahr war ich immer mal wieder in Mädchen verliebt, die nichts davon wussten und denen gegenüber ich meine Gefühle nie zum Ausdruck gebracht hätte. Mein Bruder war der Einzige, dem ich mich anvertrauen konnte; er wusste immer, wer meine „Flamme" war. Meine erste Liebe dauerte etwa zwei Jahre, bis ich elf Jahre alt war. Eine andere Liebe begann im Sommer 1933 und dauerte mindestens drei Jahre. Es waren Mädchen, die ich kannte und bei Zusammenkünften gelegentlich traf, aber ich vermied stets sorgfältig, ihnen meine Gefühle zu offenbaren. Warum? Ich konnte es damals nicht erklären, aber jetzt interpretiere ich es so, dass ein Eingeständnis jener Gefühle auch das Eingeständnis von Schwäche und Verwundbarkeit bedeutet hätte. Noch schlimmer aber wäre eine mögliche Zurückweisung gewesen. Meine Einstellung änderte sich erst, als ich genügend Selbstvertrauen gesammelt hatte, um die Gefahr einer Ablehnung optimistischer zu beurteilen.

Was nun den wirklichen Sex angeht, unterdrückte ich für eine Weile mein Verlangen, das mit meinem zwölften oder dreizehnten Lebensjahr kam und ziemlich stark wurde, als ich fünfzehn Jahre alt war. Ich wartete auf ein Wunder, mit dessen Hilfe ich eine richtige Freundin kriegen würde. Das wäre wirklich ein Wunder gewesen, denn in jenen Tagen und in diesem Teil der Welt wären anständige Schülerinnen mit niemanden ins Bett gegangen. Mein Vater, mit dem ich bis dahin höchstens über Alltagsdinge Gespräche hatte, war offensichtlich dazu bewogen worden, mich über all das aufzuklären, was ich über dieses Thema wissen musste. Er war sichtlich verlegen, als er das Thema eines Tages anschnitt, als ich fünfzehn oder sechzehn war. Er sagte mir, dass ich früher oder später mit Frauen zu tun haben würde, und wenn das geschieht, dann solle ich nicht darauf achten, wie hübsch ihr Gesicht sei, sondern wie sauber sie sich hielte. Ich solle mich von unanständigen Frauen fern halten und versuchen, eine ordentliche Frau zu finden. Trotz des peinlichen Tons dieses Monologs hätte ich einen nützlichen Rat geschätzt, wie man bei einer Dame ankommt, die die von meinem Vater bevorzugten Qualitäten besitzt. Aber weder er noch irgendeiner meiner Freunde gaben mir einen solchen Rat. Meine Einweisung fand schließlich statt, als ich zwischen sechzehn und siebzehn Jahre alt war; es ging so vor sich, wie bei den meisten meiner Freunde und Klassenkameraden: Man nahm mich in ein Bordell mit. Obwohl ich keines der drei oder vier verfügbaren Mädchen attraktiv fand – sie machten alle einen sehr vulgären Eindruck –, wollte ich nicht aus dem Abenteuer aussteigen. Ich wählte schließlich diejenige, die am wenigsten aggressiv, vielleicht sogar etwas scheu war. Sie freute sich offenbar über meine Wahl, die sie wohl nicht erwartet hatte – und sie verhielt sich zu mir sehr freundlich (meine Freunde sagten ihr, dass ich eine Jungfrau sei). Ich sah sie nie wieder.

* * *

Von meinen frühen Teenagerjahren an wusste ich, dass meine beruflichen Interessen in Richtung Mathematik, Physik und Technik wiesen. In der siebenten Klasse im Gymnasium „Gheorghe Barițiu" entwickelte ich ein starkes Interesse für Physik. Insbesondere faszinierten mich wissenschaftliche Revolutionen des 20. Jahrhunderts wie die Relativitätstheorie und die Quantenmechanik. Ich ging in die Bibliothek und las viel über Einsteins Spezielle Relativitätstheorie. Ich durchlebte noch einmal das aufregende Michelson-Morley-Experiment,[3] dessen Ergebnis sich nicht im Rahmen der Newtonschen Physik erklären ließ. Dieses Experiment war der Auslöser für Einsteins Theorie. Archimedes fragte nach einem festen Punkt, um die Welt aus den Angeln zu heben – Einstein verwendete das Ergebnis des Michelson-Morley-Experiments als festen Punkt, auf dem er eine neue, revolutionäre Theorie aufbaute. Ich war von der Tatsache fasziniert, dass ein einzelnes, isoliertes Experiment, dessen Ergebnis der anerkannten Weisheit widersprach, so weitreichende Konsequenzen haben konnte. Ich spürte den Reiz des Sprichworts „Tatsachen sind ein hartnäckig Ding" und fühlte mich von Einsteins umstürzlerischer Kühnheit angezogen. Ich konnte es nicht erwarten, mir das mathematische Wissen anzueignen, das zum Verständnis der neuen Physik erforderlich ist – nicht nur zum Verständnis der Relativität, sondern auch der Teilchenphysik, der Heisenbergschen Unschärferelation und so weiter. Um dieses Vorhaben umzusetzen, machte ich sogar den entscheidenden Schritt, das Tischtennisspielen aufzugeben. Hätte ich meinen geistigen Interessen von 1939 weiter nachgehen können, dann wäre ich wahrscheinlich Physiker geworden. Aber über dem Meer, das das Boot meines Lebens trug, brauten sich gewaltige Stürme zusammen.

---

[3] Mit diesem berühmten Experiment sollte ursprünglich bewiesen werden, dass sich die Lichtgeschwindigkeit in Abhängigkeit davon ändert, ob sich das Licht parallel zur Erdachse oder senkrecht zu ihr ausbreitet. Das unerwartete Ergebnis des (1887 durchgeführten) Versuches war, dass die Lichtgeschwindigkeit unverändert blieb.

Bis in die späten dreißiger Jahre wusste ich fast nichts über Politik und hatte auch überhaupt kein Interesse daran. Natürlich wusste ich einiges von Hitler und vom wachsenden düsteren Einfluss des Nazismus, aber das war weit weg und berührte weder mich noch meine Welt direkt. Schließlich durfte ich, ein Jude, im Frühjahr 1940 immer noch Klassenbester werden. Jedoch machten ab 1938 einige Lehrer offen antisemitische Bemerkungen vor der Klasse, und man konnte den allgemeinen Trend im Land kaum übersehen. Meine Reaktion war ein allmählich stärker werdendes Bewusstsein meiner jüdischen Herkunft. Früher war das weder für mich noch für andere eine wichtige Sache, aber jetzt wurde es für meine Existenz wesentlich. Je mehr die Juden Objekte von Hass und Verachtung wurden, desto stärker verspürte ich einen gewissen Stolz, jüdisch zu sein und dem Volk anzugehören, das der Menschheit Moses, die Zehn Gebote, die Bibel, Jesus Christus und in jüngerer Vergangenheit Philosophen wie Spinoza, Staatsmänner wie Disraeli und Wissenschaftler wie Einstein gegeben hat. Dies hatte nichts mit Religion zu tun, die ich auch weiterhin ablehnte, ganz gleich ob es sich um die jüdische, katholische oder griechisch-orthodoxe Religion handelte. Ich fühlte mich als ethnischer Jude, als Sohn des jüdischen Volkes, ich hatte jüdisches Blut in meinen Adern. Es störte mich überhaupt nicht, dass auch die Nazis die Juden auf diese Weise definierten – ebenso machten es ja auch viele Zionisten. Zunächst wirkte der Zionismus attraktiv auf mich. Ich las über Herzls Buch *Der Judenstaat* – nicht jedoch das Buch selbst –, und die darin entwickelten Ideen begeisterten mich bis zu einem gewissen Grade. Aber als ich mir die Aktivitäten der Zionistischen Organisationen in Klausenburg ansah – die größte dieser Organisationen waren die Habonim, ein sozialdemokratisch ausgerichteter Bund, dem einige meiner Freunde angehörten –, fiel mir auf, dass sie keinerlei Mittel gegen Hitler aufzubieten hatten. Sie befassten sich mit Fragen der Bildung und anderen ähnlichen Aktivitäten. Im Gegensatz hierzu trainierten Hitler und seine Gefolgsmänner ihren Pöbel im Gebrauch von Waffen. Aus diesem Grund fühlte ich mich eine Zeitlang von der militanteren zionistischen Ideologie der Revisionisten angezogen, den rechtsgerichteten Anhängern von Jabotinsky, die in Klausenburg von der Betar genannten Organisation vertreten wurden. Aber als ich versuchte, an einer ihrer Versammlungen teilzunehmen, ließen sie mich nicht ohne Kippa hinein, und ich weigerte mich, die Kopfbedeckung aufzusetzen. Das bedeutete mehr oder weniger das Ende meiner Sympathien für diese Organisation. In diesem politisch ungebundenen Seelenzustand sah ich mich mit zwei historischen Ereignissen konfrontiert, die mein Leben bis zum Ende des Jahrzehnts entscheidend formten.

In der zweiten Augusthälfte des Jahres 1939 machte ich erstmals in meinem Leben einer Dame den Hof. Sie war Ende zwanzig oder Anfang dreißig, kam auf Urlaub in die Stadt und suchte einen Tennispartner. Man stellte sie mir vor und wir spielten auch einmal miteinander. Es machte uns beiden Spass und wir begannen, täglich miteinander zu spielen. Obwohl ich ebenfalls Urlaub hatte, gehörte es nicht zu meinem Lebensstil, täglich Tennis zu spielen. Aber die Dame war sehr attraktiv. Ich wusste, dass sie (eine jüdische Frau) mit einem rumänischen Richter in einer anderen Stadt verheiratet war, aber das störte mich nicht, da ich keine Absicht hatte, sie zu heiraten. Zunächst schien es unwahrscheinlich, dass ich als siebzehnjähriger

Junge irgendwelche Erfolgsaussichten bei einer mindestens zehn Jahre älteren ver-
heirateten Frau haben könnte, aber nach zwei Wochen ließen sich die Aussichten
vielversprechend an. Sie willigte ein, sich mit mir in der Stadt zu treffen, und wir
hatten lange Gespräche, küssten und streichelten uns. Und dann plötzlich die Nachrichten: Hitler hat Polen angegriffen. Die Dame telefonierte mit ihrem Mann und
kehrte am gleichen Nachmittag nach Hause zurück. Das war das letzte Mal, dass
ich sie sah.

Der Ausbruch des Zweiten Weltkriegs war schockierend und erschreckend, aber
es war gleichzeitig eine aufregende Nachricht: Großbritannien und Frankreich –
die jahrelang jeder Forderung Hitlers nachgegeben hatten, ihn das Saarland wieder
besetzen ließen und hinnahmen, dass er Österreich durch die Farce des „Anschlus-
ses" annektierte, nachdem sie die Tschechoslowakei in München verraten und
verkauft hatten –, fanden schließlich die Kraft, nein zu sagen und dass es jetzt reiche. Sie beantworteten Hitlers neuesten Aggressionsakt mit der Kriegserklärung an
Deutschland. Endlich schien es, dass der Triumphmarsch des Nazismus gestoppt
werden könne. Wir rechneten jedoch nicht damit, dass Hitlers Kriegsmaschine Polen innerhalb von zwei Wochen ohne größere deutsche Opfer niederwalzen würde.
Wir ahnten auch nicht, dass sich Nazi-Deutschland im darauf folgenden Frühjahr
Norwegen, Dänemark, Belgien, Luxemburg, Holland und Frankreich innerhalb von
jeweils einigen Tagen oder Wochen einverleiben würde und aus diesen Feldzügen
stärker als je zuvor hervorgehen würde. Insbesondere war die leichte Eroberung
Frankreichs ein schrecklicher Schlag für mich. Die Nachrichten über die militärische Auflösung, die allgemeine Panik und den fehlenden Willen, Widerstand zu
leisten und weiterzukämpfen – all das war eine bittere Enttäuschung. Es hatte den
Anschein, als ob sich die von den Nazis gegebene Charakterisierung der westlichen
Demokratien als schwach, korrupt und dekadent – mit anderen Worten „verfault" –,
als richtig erwiesen hatte.

Im September 1940 verfügte Hitler per Dekret, dass die nördliche Hälfte Transsilvaniens (fast ein Fünftel des rumänischen Territoriums mit einer Bevölkerung
von mehr als zwei Millionen, einschließlich Klausenburg und sechs oder sieben
weitere größere Städte) an Ungarn abzutreten ist. Diese Entscheidung, die von der
ungarischen Presse als Wiener Schiedsspruch und von der rumänischen Presse als
Wiener Diktat bezeichnet wurde, war ein De-facto-Ultimatum an die rumänische
Regierung, der man zehn Tage gab, der Anordnung Folge zu leisten. Angesichts
der leichten Siege Hitlers über größere, stärker entwickelte Länder kam es für niemanden überraschend, dass die rumänische Regierung einknickte. Weniger als zwei
Jahre zuvor, Ende 1938, hatte Hitler – nach der Zerschlagung der Tschechoslowakei im Kielwasser des Münchener Abkommens –, durch ein ähnliches Wiener Diktat
angeordnet, die Südslowakei mit einer Bevölkerung von etwa einer Million an Ungarn abzutreten. Beide Maßnahmen waren schlaue politische Schachzüge Hitlers,
denn in beiden Fällen hatten die Gebiete eine überwiegend ungarische Bevölkerung
(in Nordsiebenbürgen war es mehr als die Hälfte) und die ungarische Öffentlichkeit
feierte den Anschluss begeistert. Außerdem wurde die Übertragung der Gebiete von
denjenigen, die mit den Friedensverträgen von Versailles-Trianon nicht einverstanden waren, als Wiederherstellung der mehr oder weniger ethnischen Grenzlinien

angesehen, also als eine Korrektur der Landkarte, die nach dem Ersten Weltkrieg infolge dieser Verträge entstanden war. Weder in der Tschechoslowakei noch in Rumänien gab es seitens der betroffenen Regierungen irgendeine Art von Widerstand. Die rumänische Regierung überlebte die Demütigung nicht – sie stürzte einige Tage später und wurde durch noch weiter rechtsgerichtete Kräfte ersetzt, die erpicht darauf waren, mit den Deutschen zusammenarbeiten.

Ungarns (als Reichsverweser titulierter) Herrscher war Miklós (Nikolaus) Horthy, Admiral der nicht existenten ungarischen Marine. (Infolge des Vertrages von Trianon hatte Ungarn seinen Zugang zur Adria verloren.) Nach der 1919 erlittenen Niederlage des ungarischen kommunistischen Regimes unter Béla Kun, das einige Monate an der Macht war, wurde Horthy Staatsoberhaupt. Horthy führte die rechtsgerichtete Gegenreaktion gegen die kurzlebige rote Regierung und konsolidierte allmählich die aus verschiedenen Parteien bestehende Regierungskoalition, welcher der Landadel der Gutsbesitzer, der Klerus, die Industriellen und das Offizierskorps angehörten. Ungarn hatte ein Parlament mit einer legalen Opposition, zu der die Partei der Kleinlandwirte und die Sozialdemokratische Partei gehörten, wobei aber „Recht und Ordnung" ein besonders starkes Gewicht hatten. Die kommunistische Partei war illegal und ihre Mitglieder wurden, wenn man sie ergriff, zu langen Haftstrafen verurteilt. Die Polizei und vor allem die Gendarmerie waren für ihre Brutalität berüchtigt. In den dreißiger Jahren erlangten verschiedene faschistische und halbfaschistische Gruppen Einfluss auf das Kleinbürgertum und die Bauern, aber auch auf das Offizierskorps und Teile der Intelligenz. Das politische Erstarken dieser Gruppen wurde durch die Unzufriedenheit über den Friedensvertrag von Trianon angeheizt, durch den Ungarn mehr als die Hälfte seines Vorkriegsterritoriums und seiner Vorkriegsbevölkerung verloren hatte und der Millionen Ungarn unter fremde (rumänische, jugoslawische und tschechoslowakische) Oberhoheit geraten ließ. Wie ein Lauffeuer breitete sich der Antisemitismus aus, der im Kielwasser von Hitlers Erfolg in Deutschland Millionen von armen oder arbeitslosen Menschen die Aussicht auf Arbeitsmöglichkeiten und auf Geschäfte bot, die den Juden weggenommen wurden.

In Ungarn hatten die Juden lange Zeit eine Führungsrolle beim Aufbau der Industrie des Landes und in der Wirtschaft gespielt. In den zwanziger und dreißiger Jahren spielten sie eine bedeutende Rolle in den akademischen Berufen und im intellektuellen Leben der Nation. Mehr als die Hälfte der in Privatpraxen niedergelassenen Ärzte, nahezu die Hälfte der Rechtsanwälte und über ein Drittel der Journalisten waren jüdischer Herkunft. Aber die Zahlen erzählen nicht die ganze Geschichte. Jüdische Intellektuelle, Dramatiker, Dichter, Schriftsteller und Wissenschaftler trugen wesentlich dazu bei, dass das geistige und kulturelle Leben Ungarns ein weltweit anerkanntes hohes Niveau erreichte. Mitte bis Ende der dreißiger Jahre emigrierten infolge der zunehmend antisemitischen Stimmung und wegen der rechtsgerichteten Regierungspolitik ungarisch-jüdische Wissenschaftler in Scharen in den Westen. Ihre Präsenz in den Vereinigten Staaten geht etwa aus Namen wie denen des Mathematikers John von Neumann und der Physiker Edward Teller, Leo Szilard und Eugene Wigner hervor, um nur diejenigen zu nennen, die beim Bau der Atombombe eine führende Rolle spielten.

Im September 1940, als Admiral Horthy auf seinem weißen Pferd in Klausenburg einzog, wurde er von der ungarischen Bevölkerung mit Begeisterung und patriotischer Inbrunst begrüßt. Von einer Welle des ungarischen Nationalismus getragen wurde Horthy als Befreier der Südslowakei und Nordsiebenbürgens bejubelt. Die Tatsache, dass er diese Gebiete ohne Kampf zurückgewonnen hatte, wurde zu seinen Gunsten ausgelegt. Kaum jemand sah den Preis voraus, den Ungarn wegen seiner Teilnahme am deutschen Kriegsabenteuer dereinst zu zahlen hätte. Was die rumänische Bevölkerung von Klausenburg betraf, so ging der überwiegende Teil des Mittelstandes zusammen mit der rumänischen Verwaltung weg, alle wichtigen rumänischen Institutionen wurden entweder evakuiert oder geschlossen. Mein Gymnasium wurde geschlossen und die meisten meiner rumänischen Mitschüler zogen mit ihren Eltern weg. Diejenigen, die ungarischer oder deutscher Abstammung waren, wurden in eine der ungarischen Schulen verlegt. Für die Juden gab es jedoch den *numerus clausus*, durch den ihre Anzahl in jeder Klasse auf sechs Prozent beschränkt wurde, was ungefähr dem prozentualen Anteil der Juden an der Landesbevölkerung entsprach. Getaufte Juden und Halbjuden genossen Vorteile bei der Aufnahme in die Schule und die Zulassungkriterien beruhten nicht auf Zensuren, sondern auf Beziehungen und auf dem sozialen Status.

Andererseits erhielten die ortsansässigen jüdischen Gymnasiallehrer Anfang Oktober 1940 die behördliche Erlaubnis, ein jüdisches Gymnasium zu organisieren. Dorthin gingen die meisten von uns und es war eine wunderbare Erfahrung, dort zu lernen. Einige Lehrer stammten aus der Umgebung, aber die meisten von ihnen kamen aus Budapest und brachten von dort die Atmosphäre eines führenden europäischen kulturellen und intellektuellen Zentrums mit. Einige der Lehrer waren für ihre Stellen überqualifiziert: Sie hatten in Fachzeitschriften publiziert und wären Universitätsdozenten geworden, wären sie nicht zufällig jüdischer Abstammung gewesen. Die Schule war weltlich, Religion war eines der Unterrichtsfächer. Die Unterrichtssprache war Ungarisch und unser Lehrplan in der letzten Klasse entsprach dem der ungarischen Gymnasien. Es gab beträchtliche Unterschiede zum rumänischen Lehrplan; unter anderem war Deutsch die erste Fremdsprache und wir mussten sie in kurzer Zeit lernen. Die wichtigste Neuheit war jedoch das Fach „Ungarische Literatur". Zwar fand ich einen großen Teil der Pflichtliteratur langweilig, aber es gab auch einige Meisterwerke, die mich tief beeindruckten. Das gilt insbesondere für Imre Madáchs Drama *Die Tragödie des Menschen*, das er in der zweiten Hälfte des neunzehnten Jahrhunderts schrieb. Es handelt sich um ein historisch-philosophisches Werk, das um die Grundgedanken von Goethes *Faust* angelegt ist. Ich meine, dass Madáchs Drama dem deutschen Meisterwerk nicht nachsteht, sondern diesem in mancher Hinsicht sogar überlegen ist. Mir gefielen auch die Werke einiger Dichter des zwanzigsten Jahrhunderts.

Im Dienst der Sache

2

Im Oktober 1940 fand ein entscheidendes Ereignis in meinem Leben statt. Eines Tages kam Ignaz auf mich zu, der ältere Bruder eines meiner früheren Mitschüler, und sagte, er wolle mit mir reden. Wir machten einen Termin aus, der meine erste Begegnung mit dem Marxismus werden sollte. Ignaz klang nicht besonders überzeugend, aber er gab mir Broschüren und Bücher mit, deren Botschaft auf fruchtbaren Boden fiel. Ich verschlang gierig alles, was mir in die Hände fiel, und innerhalb einiger Wochen war ich mehr oder weniger bekehrt.

Auf diese Weise lernte und verinnerlichte ich die Lehre, gemäß der die Geschichte der Menschheit eine Geschichte von Klassenkämpfen ist. Ich fand besonders die Idee überzeugend, dass die Menschen im Prozess ihres täglichen Broterwerbs gewisse Beziehungen miteinander eingehen, die vorgegeben und unabhängig von ihrem Willen sind: die sogenannten Produktionsverhältnisse, die ihrerseits wiederum den jeweiligen Stand der Technik widerspiegeln; und diese Verhältnisse bestimmen – mehr als alles andere – nicht nur die Stellung der Menschen in der Gesellschaft, sondern auch ihr Denken, ihre Anschauungen und ihren Glauben. Ich akzeptierte die Auffassung, dass der Kapitalismus eine auf Ausbeutung beruhende Produktionsweise ist, und ich machte mir diese Auffassung zu eigen: In der Gesellschaft herrschen die Besitzenden, die alle Macht in den Händen halten, die Armee und Polizei kontrollieren, aber auch den Klerus und die Bildungseinrichtungen, wohingegen die Arbeiter und die landlosen Bauern keine Macht haben und ausgebeutet werden. Ich fing an zu glauben, dass dieser Kapitalismus Unterdrückung, Ungleichheit, Gier, Ausbeutung und alle Arten von Hass hervorbringe: Nationalismus, Rassismus und Antisemitismus. Und ich begann zu hoffen, dass der Tag kommt, an dem sich die ausgebeuteten Arbeiter politisch organisieren und in einer Revolution erheben, die dem Kapitalismus und damit allen Formen der Ausbeutung ein Ende setzt. Ich begeisterte mich für die klassenlose sozialistische Gesellschaft, die aus der Revolution hervorgehen und ein Beispiel sozialer Gerechtigkeit sein würde, deren Leitprinzip „Jeder nach seinen Fähigkeiten, jedem nach seiner Leistung" lautet. Mit der Zeit, so sagt die marxistische Lehre, werde die vollständig entwickelte kommunistische Gesellschaft einen Überfluss schaffen, der es möglich

E. Balas, *Der Wille zur Freiheit*, DOI 10.1007/978-3-642-23921-2_2,
© Springer-Verlag Berlin Heidelberg 2012

mache, dieses Prinzip durch ein vollkommeneres zu ersetzen, das da lautet „Jeder nach seinen Fähigkeiten, jedem nach seinen Bedürfnissen".

Im Europa des Jahres 1940 war der Nazismus nach marxistischer Auffassung nichts anderes als eine besonders verwerfliche und bösartige Form des Kapitalismus und eng mit diesem verwandt. Der deutsch-sowjetische Nichtangriffspakt war ein Manöver, das der Sowjetunion angeblich aufgezwungen wurde, weil sich die Westmächte weigerten, sich mit ihr gegen Hitler zu verbünden; einziger Zweck des Paktes sei es, Zeit für die Sowjetunion zu gewinnen, um sich auf den sehr wahrscheinlichen, wenn nicht unvermeidbaren Krieg vorzubereiten. Kommunisten mussten sich und die Arbeiterklasse für die zukünftige Revolution organisieren.

Warum war im Jahr 1940 die Botschaft des Marxismus so überzeugend für einen achtzehnjährigen osteuropäischen Juden? Inmitten des Durcheinanders und der Orientierungslosigkeit, den die wachsende Stärke und der Erfolg des Nazismus auf der einen Seite und die erbärmliche Niederlage der Demokratie auf dem europäischen Kontinent auf der anderen hervorgerufen hatten, bot der Marxismus eine logisch zusammenhängende Theorie der Entwicklung der Gesellschaft und der Geschichte der Menschheit an und gab auch präzis die Richtung vor, in der die Lösung gesucht werden musste. Auf der intellektuellen Ebene wurden die vollkommene Unverständlichkeit der Gegenwart und die Ungewissheit der Zukunft durch eine scheinbar wissenschaftliche und rationale Erklärung der allgemeinen Entwicklungstendenz ersetzt, die das Ergebnis objektiver Kräfte sei, die ihrerseits unabhängig vom Willen der Individuen wirkten. Was die emotionale Seite anbelangt, wurde das Gefühl der Isolierung, des Ausgeliefertseins und der verzweifelten Hoffnungslosigkeit durch ein Zusammengehörigkeitsgefühl ersetzt, durch eine Art Gemeinschaft der fortschrittlichen Kräfte der Menschheit, deren endgültiger Sieg – trotz zeitweiser Rückschläge – durch den unaufhaltsamen Lauf der Geschichte gewährleistet sei. Insbesondere für einen Jugendlichen, der sich danach sehnte, etwas gegen die Kräfte der Dunkelheit zu tun, sich am weltweiten Kampf gegen diese Kräfte zu beteiligen und die Gelegenheit zu bekommen, sich selbst zu beweisen und eine mutige Tat zu vollbringen, bot der Marxismus die Möglichkeit, sich für die Sache einzusetzen.

Meine – durch ein persönliches Treffen ausgelöste – Beteiligung an der Bewegung begann mit einigen Gesprächen, einer Menge Lektüre und weitete sich dann wie ein Schneeballsystem aus. Einige Wochen nach meiner ersten Begegnung mit dem Marxismus hatte ich genug gelesen und fühlte mich selbstbewusst genug, einen Vortrag vor dem Literaturzirkel meiner Schule zu halten. In meinem Vortrag ging es um das Schicksal des Judentums. Im Grunde genommen fasste ich den marxistischen Standpunkt zusammen, dem zufolge die jüdische Frage nur eines der sozialen Probleme des Kapitalismus sei und der Antisemitismus eine der ideologischen Manifestationen des Systems. Eine Lösung des Problems im Rahmen dieses auf Ausbeutung beruhenden Systems sei unmöglich. Die Ankunft des Sozialismus, des auf dem Prinzip der internationalen Zusammenarbeit der Arbeiter beruhenden Systems („Proletarier aller Länder, vereinigt euch!"), werde dieses Problem und alle anderen sozialen Missstände des Kapitalismus aus der Welt schaffen. Meine Hauptquelle für den Vortrag war das Buch *Der Untergang des Judentums* des bekannten

österreichischen Marxisten Otto Heller, das ich in der deutschsprachigen Originalausgabe gelesen hatte. Wenn ich zurückdenke, dürfte die oben skizzierte Auffassung
keine große Überzeugungskraft gehabt haben, aber anscheinend hatte mein Vortrag
doch eine ziemliche Wirkung auf meine Zuhörer: er kam mit großem Erfolg bei
meinen Mitschülern und einigen linksgerichteten Lehrern an; das zionistische Lager
lehnte die Aussage natürlich ab.

Dank dieses Vortrags – der, wie ich später herausfand, auch außerhalb der Schu-
le in linksgerichteten Kreisen zirkulierte –, wurde ich bald eingeladen, an einem
Diskussionsforum von fünf oder sechs jungen Intellektuellen teilzunehmen, alles
Universitätsstudenten der höheren Studienjahre und fünf bis acht Jahre älter als ich.
Das war eine große Ehre für mich, gab meinem Selbstvertrauen einen gewaltigen
Auftrieb und erwies sich als aufregende intellektuelle Erfahrung. Das Diskussionsforum wurde von Zoltán Király geleitet, einem sehr klugen Kommunisten, der
bis zu den tragischen Tagen von München an der tschechoslowakischen Universität Brno (Brünn) Chemie studierte. Die Diskussionsthemen waren eher theoretisch
als politisch angelegt; Foren mit einer offen politischen Tagesordnung wären von
den Behörden umgehend verboten worden. Wir diskutierten unter anderem einige Bücher der ungarischen Marxisten Aladár Mód und Erik Jeszenszky über den
dialektischen und historischen Materialismus sowie ein Buch des britischen Wissenschaftlers J. B. S. Haldane über Marxismus und Biologie. Király lud von Zeit
zu Zeit auch Nichtmarxisten zu Vorträgen über aktuelle philosophische Ideen ein,
die wir dann diskutierten. Ich erinnere mich bis heute an einen Vortrag, den ein
ortsansässiger bekannter junger Philosoph über Heidegger hielt.

Einige Monate nach meiner ersten Begegnung mit Ignaz erzählte er mir, dass
er mich nicht nur aus eigenem Antrieb angesprochen habe, sondern mit wichtigen
„anderen Personen" in Kontakt stehe, die an mir interessiert seien. Er forderte mich
auf, darüber nachzudenken, ob ich mich nicht – statt an philosophischen Debatten –
an einer realen Aktion beteiligen wolle; ich solle mir das gründlich überlegen, da
ein solcher Einsatz auch mit schwerwiegenden Gefahren einhergehen würde. Es gäbe bei diesen Vorhaben keine intellektuelle Erfüllung wie in den Debattierzirkeln;
im Gegenteil: die Arbeit wäre illegal und von großer praktischer Bedeutung, weswegen sie vollständig geheim gehalten werden müsse – ich müsse alles vermeiden,
was den Verdacht der Behörden erregen könnte. Mit anderen Worten: Ich müsse
allmählich meine Beteiligung an Királys Diskussionszirkel abbauen und bald ganz
ausscheiden. So sehr ich die prickelnde intellektuelle Atmosphäre des Zirkels auch
genoss und so sehr ich bedauerte, bald Abschied nehmen zu müssen, zögerte ich
keinen Augenblick mit meiner Antwort: Ja, ich wollte eine reale Tätigkeit – Taten
und keine Worte –, und ich war bereit, den Gefahren ins Auge zu sehen.

Bald nachdem ich Ignaz meine Zustimmung gegeben hatte, stellte er mich einem
Mann Anfang dreißig vor, den er mit großer Verehrung als Vollblutrevolutionär cha-
rakterisierte. Sein Name war Jenő (Eugen) Weinmann. Ignaz sagte mir, dass ich ein
besonders großes Glück habe, Weinmann bereits in einer so frühen Phase meiner
Karriere in der Bewegung kennenzulernen. Nachdem mich Ignaz mit Weinmann
zusammengebracht hatte, teilte er mir mit, dass wir uns nicht mehr treffen dürften
und dass Weinmann von nun an meine „Verbindung" sei. Und damit verschwand

Ignaz tatsächlich aus meinem Leben. Er starb 1943 oder 1944 im ungarischen Arbeitsdienst. Király, der Leiter des oben genannten Diskussionszirkels, erlitt dasselbe Schicksal.

Ich wurde Weinmann im Februar oder März 1941 vorgestellt, und von da an trafen wir uns regelmäßig etwa einmal pro Woche. Weinmann hatte einen starken geistigen Einfluss auf mich. Er war ein gereifter marxistischer Intellektueller, aber im Gegensatz zu den Leuten in Királys Zirkel war er an der politischen Theorie des Marxismus interessiert und nicht so sehr an dessen philosophischen Aspekten oder an seiner Wirtschaftstheorie. Darüber hinaus hatte Weinmann profunde Kenntnisse in der marxistischen Politiktheorie. Er nahm sich vor, aus mir einen Berufsrevolutionär zu machen, was schon damals mein Hauptziel geworden ist. Gemeinsam lasen wir die politischen Aufsätze von Marx – *Das kommunistische Manifest, Die Klassenkämpfe in Frankreich 1848–1850, Der achtzehnte Brumaire des Louis Bonaparte* – und diskutierten sie ausführlich. Wir analysierten auch die aktuelle internationale Lage. Im Winter 1940–1941 wuchsen die Spannungen in den Beziehungen zwischen Nazideutschland und der Sowjetunion, und die Möglichkeit eines Krieges im Osten war real. Weinmann erläuterte mir detailliert die innenpolitische Lage in Ungarn, die Konstellation der politischen Parteien und Strömungen sowie zahlreiche andere Aspekte des politischen Lebens des Landes. Gleichzeitig übertrug er mir Aufgaben, um zu testen, ob ich zuverlässig war und die aktuellen politischen Geschehnisse verstanden hatte. Ich musste eine Reihe von ungarischen Zeitungen verschiedener politischer Ausrichtungen oder Parteien lesen und mündlich darüber berichten, wie die Blätter die aktuellen Ereignisse wiedergaben; dabei musste ich interpretieren, wie sich die verschiedenen Artikel zu einer gegebenen Frage äußerten, und so weiter.

Gleichzeitig erhielt ich umfassende Instruktionen über den Charakter geheimer revolutionärer Aktivitäten und über den Aufbau des ungarischen Polizeiapparates, der versuchen würde, uns festzunehmen. Die Polizei selbst war der am wenigsten gefährliche Teil dieses Apparates. Viel schlimmer waren die für ihre Grausamkeit berüchtigten Gendarmen, bei denen es sich im Prinzip lediglich um eine ländliche Polizei handelte (im Gegensatz zur regulären Polizei, deren Tätigkeit sich auf die Städte beschränkte); aber die Gendarmen hatten auch städtische Einheiten, die ausschließlich zur Bekämpfung politischer Unruhen jeder Art eingesetzt wurden. In Dingen, die sich auf die kommunistische Bewegung bezogen, unterstand die Gendarmerie der sogenannten „Defensiven Abteilung" (DEF) des militärischen Generalstabs für Spionageabwehr. Aus diesem Grund war der Zweig der Gendarmerie, der die Kommunisten bekämpfte, ebenfalls unter dem Namen DEF bekannt. Diese Gendarmen waren hocheffizient, äußerst brutal und gut trainiert in den verschiedensten Foltermethoden. Am häufigsten waren systematische Schläge auf die Fußsohlen, eine schrecklich schmerzhafte Folter, die aber den Gefangenen nicht tötete. Die Verhaltensmaßregeln der Bewegung im Falle einer Verhaftung waren streng: Man musste alles abstreiten, durfte keinerlei illegale Tätigkeit zugeben und vor allem niemals andere mit hineinziehen. Jedes Geständnis, das zur Verhaftung eines anderen führte, galt als Verrat.

Meine Treffen mit Weinmann begannen üblicherweise mit der Wiederholung unserer Tarnlegende für den Fall, dass wir aus irgendeinem Grund festgenommen würden – wie und wo wir uns das erste Mal trafen, was der Zweck unseres Treffens war, worüber wir sprachen und so weiter. Wir bereiteten detaillierte Antworten auf diese und viele andere Fragen vor – Antworten, von denen wir auch unter größtem Druck in keinem Falle abweichen durften. Weinmann warnte mich von Anfang an und wiederholte die Mahnung immer wieder: Ich hätte mich einer gefährlichen Sache angeschlossen und wenn ich mich zu schwach fühlte, dem Druck oder möglicherweise einer Folter zu widerstehen, dann sollte ich lieber aussteigen. Ich weiß nicht, wie ich in normalen Zeiten auf solche Warnungen reagiert hätte, aber 1941 betrachtete ich mich als stolzen Soldaten einer weltumspannenden Armee, die gegen die Nazis kämpfte, und ich war bereit, notfalls für die Sache zu sterben.

Während ich mich in die marxistische Ideologie vertiefte, versuchte ich auch – gemäß dem Prinzip „Kenne deinen Feind" –, den Nazismus zu verstehen und das Geheimnis seines politischen Erfolgs zu ergründen. Ich las Hitlers *Mein Kampf* und blätterte Hefte der Wochenzeitung *Der Stürmer* durch. Ich sah mir Nazipropagandafilme an, in denen Menschenmassen unter einem Meer von Hakenkreuzfahnen vorbeizogen. Ich hörte die Leute, wie sie die Devise „Ein Volk, ein Reich, ein Führer!" skandierten. Ich hörte das Lied der SA „Wenn das Judenblut vom Messer spritzt...". Und ja, ich sah mir den grauenhaft effektiven antisemitischen Propagandafilm *Jud Süß* an, als er irgendwann Anfang 1941 in Klausenburg im Kino gezeigt wurde. Ich ging in den Saal, obwohl das Kino von faschistischen Banden in Pfeilkreuzler-Uniform kontrolliert wurde.[1] Hätte mich jemand im Publikum erkannt, dann wäre ich bestenfalls gründlich verprügelt worden. Selbstverständlich verstärkte die äußerste Widerwärtigkeit aller Dinge, die mit den Nazis zu tun hatten, meine Entschlossenheit, gegen diese Abscheulichkeit zu kämpfen.

In der Zwischenzeit kam es in Ungarn zu bedeutenden politischen Veränderungen. Im Dezember 1940 schloss Ungarn – auf Initiative des Ministerpräsidenten Graf Pál Teleki – mit seinem südlichen Nachbarn Jugoslawien einen Freundschafts- und Nichtangriffsvertrag. Keines der beiden Länder nahm am Krieg teil, und der Vertrag sollte ihren gemeinsamen Status als nicht kriegführende Staaten unterstreichen. Teleki hätte keinen unglücklicheren Zeitpunkt wählen können. Hitler, der vor dem Angriff auf die Sowjetunion mit der Sicherung seiner Südflanke befasst war, hielt das jugoslawische Regime für nicht kooperativ und beschloss, es zu eliminieren. Keine vier Monate nach Unterzeichnung des ungarisch-jugoslawischen Vertrags erhielt Jugoslawien ein Ultimatum von Deutschland. Jugoslawien lehnte ab, worauf Deutschland einmarschierte und das Land besetzte. Kurz bevor das geschah, ließ Hitler die ungarische Regierung wissen, dass er von Ungarn eine Beteiligung an der deutschen Invasion erwarte; im Gegenzug würde er Ungarn als Belohnung die Bácska geben, ein früheres ungarisches Gebiet, das nach dem Frieden von Trianon an Jugoslawien abgetreten werden musste. Obwohl Ungarn die

---

[1] Die Pfeilkreuzler waren eine ungarische nationalsozialistische Partei.

Bácska seit langem begehrte, war Ministerpräsident Teleki – ein altmodischer Aristokrat und Ehrenmann – über das deutsche Angebot entrüstet, das ihn zum Bruch eines Vertrages aufforderte, auf dem die Tinte noch nicht getrocknet war. Aber die überwiegende Mehrheit der herrschenden Elite des Landes hatte keine solchen Skrupel und war über die Aussicht auf eine neue territoriale Eroberung erfreut. Isoliert und bitter enttäuscht erschoss sich Teleki und am darauf folgenden Tag marschierte die ungarische Armee zusammen mit Hitlers Wehrmacht in Jugoslawien ein. Bárdossy, der neu ernannte Ministerpräsident, hatte eine deutschfreundlichere Gesinnung.

Im Dezember 1940 wurde ich Albert Molnár vorgestellt, einem marxistischen Intellektuellen, der mehrere Jahre in der Sowjetunion gelebt hatte und um 1936 vor dem Sturm flüchtete, der sich zusammenbraute und sich später in der „Großen Säuberung" entlud. Molnár ließ sich in Klausenburg nieder und arbeitete dort als kleiner Angestellter bei einem Privatunternehmen. Er hatte einen Freundeskreis sowie Anhänger, vor denen er Vorträge über verschiedene kulturelle Themen hielt, hauptsächlich über Kunst und Literatur. Molnár besaß erstaunlich umfassende und profunde Kenntnisse auf diesen Gebieten und fesselte sein Publikum mit Vorträgen über ein breites Themenspektrum – von Shakespeares Stücken bis hin zu Inhalt und Form in der Kunst. Als er hörte, dass meine Hauptinteressen in Richtung Mathematik und Physik gehen, konfrontierte er mich mit einem mathematischen Problem der Ökonomie: „Gegeben seien eine aus fünf Produktionsbereichen – Landwirtschaft/Bergbau, Bauindustrie, Stahlindustrie, Maschinenbau und Konsumgüterindustrie – bestehende Volkswirtschaft sowie Spezifikationen für die Gesamtnachfrage nach den Konsumgütern und für den Bedarf, den jeder Produktionsbereich gegenüber jedem anderen hat. Man berechne den (direkten und indirekten) Gesamtverbrauch, den jeder einzelne Produktionsbereich in Bezug auf die Produkte der jeweils anderen Produktionsbereiche hat." (Zur Herstellung von Maschinen braucht man Stahl, zu dessen Erzeugung wiederum Bergbauprodukte und Maschinen benötigt werden, wobei im Bergbau ebenfalls Maschinen erforderlich sind; der Gesamtverbrauch an Stahl durch den Maschinenbau ist demnach größer als der direkte Verbrauch in der letzten Phase der Maschinenherstellung und so weiter.) Ich fand dieses Problem faszinierend und kämpfte mit dem zugehörigen simultanen Gleichungssystem. Da ich aber nichts über Matrizenalgebra wusste, gelang es mir nicht, den richtigen Ausdruck für die erforderliche inverse Matrix zu finden. Etwa fünfzehn Jahre später entdeckte ich, dass ich auf Molnárs Anregung mit nichts anderem gespielt hatte als mit einer Miniaturversion des Input-Output-Modells von Leontief. Molnár muss auf die Problemstellung aufmerksam geworden sein, als er noch in der Sowjetunion war. (Leontief veröffentlichte seine bahnbrechende Untersuchung – die ihm später den Nobelpreis einbrachte – 1937 im Westen, aber die Ursprünge seines Systems gehen auf seine Erfahrungen mit den sowjetischen Planungsmodellen der zwanziger Jahre zurück.)

Ich war sehr an den Erfahrungen interessiert, die Molnár in der Sowjetunion gesammelt hatte, und fragte ihn dazu aus. Seine Ansichten waren die eines marxistischen Kritikers von Stalin. Obwohl sich Molnár nicht als Anhänger Trotzkis betrachtete, war er ein scharfer Kritiker der undemokratischen Methoden Stalins und sah die Moskauer Prozesse[2] als Schauprozesse an, deren Opfer sich aus dem einen oder anderen Grund Stalins persönlichen Zorn zugezogen hatten.

Viele Jahre später fragte ich mich oft, warum mir Molnárs Erfahrungen und Ansichten nicht die Augen dafür geöffnet hatten, was das wahre Wesen des kommunistischen Systems ist? Es gibt keine einfache Antwort auf diese Frage, die ich später in einem allgemeineren Zusammenhang diskutieren werde. An dieser Stelle möchte ich nur sagen, dass ich die kommunistische Lehre als wohlbegründete Theorie ansah, die sich nicht einfach dadurch entkräften ließ, dass das sowjetische Modell einige Abweichungen aufwies. Außerdem konnte nichts, was ich erfuhr, etwas an der Tatsache ändern, dass die Kommunistische Partei in meiner Umgebung praktisch die einzige Kraft war, die aktiv gegen die Nazis kämpfte. Molnár gab mir auch ein Exemplar eines unveröffentlichten Buches, das er geschrieben hatte. Auf ungefähr 150 Seiten gab er eine zutiefst pessimistische Beurteilung der allgemeinen Aussichten auf Freiheit und Demokratie. Sein Hauptargument war, dass die Kommandowirtschaften und reglementierten Gesellschaften Nazideutschlands und der Sowjetunion viel geeigneter für die Kriegsführung seien als die freien Marktwirtschaften und demokratischen Gesellschaften des Westens: Während die westlichen Gesellschaften durch Meinungsverschiedenheiten, Selbstzufriedenheit und Individualismus geschwächt waren, ließen sich die autoritären Gesellschaften leichter für

Abb. 2.1 Egon im Juni 1941

---

[2] Zwischen 1936 und 1938 tobte in der Sowjetunion eine Welle von Schauprozessen. Bekannte Führer der Oktoberrevolution von 1917 und der Kommunistischen Partei, wie Bucharin, Kamenew, Sinowjew und viele andere, wurden als „Feinde des Volkes" frei erfundener Verbrechen wie Verrat, Sabotage und Spionage bezichtigt. Eine zentrale politische Anklage war der Vorwurf, Trotzkist zu sein, das heißt, Sympathien für die Ansichten Trotzkis zu hegen, des ins Exil verbannten Parteiführers, der Stalin und dessen Politik kritisierte. Die meisten der in diesen Prozessen Angeklagten gestanden ihre angeblichen Verbrechen, wurden zum Tod verurteilt und hingerichtet.

die Durchsetzung nationaler Ziele mobilisieren und organisieren. Das Buch zog den – als „Menschheitstragödie" bezeichneten – Schluss, dass die westlichen Demokratien, wenn sie sich durchsetzen wollen, zuerst so werden müssen wie ihre verhassten Feinde. Wenn ihnen das gelungen ist und sie wirklich die Oberhand gewonnen haben, könnten sie dann jemals wieder frei und demokratisch werden? Das Buch war über alle Maßen pessimistisch und in einer sehr überzeugenden Weise geschrieben.

Im Juni 1941 schloss ich das Gymnasium mit dem Abitur ab. Ich war Klassenbester und das festigte den Respekt, den ich bei meinen Mitschülern hatte. Dieser Umstand half mir später, einige von ihnen für die Bewegung zu gewinnen. Meine Freude und Erleichterung wurden jedoch bald von einem verheerenden Ereignis zerschlagen: Am 22. Juni griff Nazideutschland – unterstützt von Italien, Rumänien und Finnland – die Sowjetunion an. Auf einer zweitausend Kilometer langen Front, von der Halbinsel Kola im Norden bis zum Schwarzen Meer im Süden, ließ Hitler seine gewaltige Kriegsmaschinerie gegen die Sowjetunion losmarschieren, deren Armee auf den Angriff erschreckend unvorbereitet schien. Ungarn schloss sich dem Überfall einige Tage später an und wurde dadurch zur kriegführenden Partei, obwohl sich Horthy vorsichtig verhielt und anfangs nur zwei Divisionen an die Front schickte. Im Gegensatz hierzu beteiligte sich Rumänien mit zweiundzwanzig Divisionen – die führenden Politiker dieses Landes betrachteten den Krieg als Gelegenheit, Bessarabien und die Bukowina zurückzugewinnen, Gebiete, die 1940 an die Sowjetunion abgetreten worden waren.

Niemals vergesse ich die qualvollen Tage, als ich im wahrsten Sinne des Wortes am Radio klebte und die neuesten BBC-Nachrichten über die Lage an der Front hörte. Die Sowjets erlitten riesige Verluste an Flugzeugen, Panzern, Truppen und Gebieten. In wenigen Wochen ging das gesamte Industriegebiet in der Ukraine verloren, und die Deutschen setzten sich in Kiew fest. Im Norden erreichten sie Leningrad und schnitten die Stadt durch eine Blockade von der Außenwelt ab; im mittleren Frontabschnitt drangen sie schnell in Richtung Moskau vor. Armeen von hunderttausenden Soldaten wurden vernichtet, die Soldaten getötet oder gefangengenommen. Ich lernte neue Bedeutungen alter Wörter kennen: *Kessel* war der Ausdruck, den die Deutschen und ihre ungarischen Satelliten in den Nachrichtensendungen immer wieder verwendeten. Die sowjetischen Armeen wurden eingekreist, in einem Kessel eingeschlossen und vernichtet. Es ist eine Ironie des Schicksals, dass einer der deutschen Generäle Kesselring hieß. Ich verfolgte auf der Landkarte sorgenvoll jede Schlacht, so als ob ich selbst daran teilnehmen würde. Orte, von denen ich nie zuvor gehört hatte, wurden plötzlich wichtig für mich, als sie in deutsche Hand gerieten – neue Niederlagen der Roten Armee in einer sich ständig ausweitenden Tragödie. Von Juli bis Oktober waren die Frontnachrichten schrecklich. Der erste Hoffnungsstrahl war Ende Oktober oder Anfang November zu sehen, als der deutsche Vormarsch auf Moskau und Leningrad gestoppt wurde (Leningrad wurde eingeschlossen aber nie eingenommen).

Weniger als zwei Wochen nach dem Naziangriff auf die Sowjetunion begannen die ungarischen Behörden, massiv gegen die kommunistische Bewegung in Nordsiebenbürgen vorzugehen. Anfang Juli 1941 schlug die DEF ihr zeitweiliges

Hauptquartier unweit des Stadtrandes von Klausenburg auf, im Dorf Szamosfalva, und nahm im Umland mehrere hundert Kommunisten fest. Die im Untergrund tätige Parteiorganisation wurde fast völlig zerstört. Sie war vor September 1940 unter dem rumänischen Regime aufgebaut worden, und die Vorschriften der Geheimhaltung – von uns als konspirative Regeln bezeichnet – waren in der rumänischen Bewegung viel lockerer als in der ungarischen. Das war ein Spiegelbild des Unterschiedes in der Brutalität der antikommunistischen Unterdrückung in den beiden Ländern. Ungarn hatte 1919 eine kommunistische Revolution erlebt; daher der zusätzliche Eifer bei der Unterdrückung und das Bedürfnis nach mehr Umsicht in der Untergrundbewegung. Nur sehr wenigen Parteiarbeitern gelang es im Frühjahr 1941, einer Verhaftung zu entgehen. Ich war noch kein Parteiarbeiter und Weinmann selbst spielte, wie ich später erfuhr, eine ziemlich untergeordnete Rolle in der Partei. Nur zwei oder drei ranghöheren Parteiführern gelang es, einer Verhaftung dadurch zu entgehen, dass sie in den Untergrund gingen – das heißt, sie nahmen falsche Identitäten an und lebten in Verstecken. Wer ergriffen wurde, bekam wochenlang Prügel; viele zerbrachen daran und verrieten die anderen. Einige hatten das Glück, dass sie zu einem Zeitpunkt festgenommen wurden, als ihre Geheimnisse bereits bekannt waren; dadurch blieb ihnen die Demütigung erspart, zu Verrätern an ihrer Sache zu werden. Einige widerstanden jedoch und zerbrachen trotz der schrecklichen Schläge nicht. Die meisten der verhafteten Kommunisten wurden zu unterschiedlich langen Gefängnisstrafen verurteilt: Die Anführer erhielten fünfzehn bis zwanzig Jahre, die anderen drei bis zehn Jahre. Vorzeitige Haftentlassungen gab es nicht.

Die Verhaftungen lähmten meine Parteiarbeit. Einige Wochen lang wurden meine Kontakte zu Weinmann im Rahmen einer allgemeinen Vorsichtsmaßnahme ausgesetzt. Als wir unsere Treffen Ende Juli oder Anfang August 1941 wieder aufnahmen, analysierten wir zuerst die Verhaftungen, das Verhalten der Festgenommenen und die Verhörmethoden; danach zogen wir Schlussfolgerungen für die Zukunft. Ich war erstaunt, welch detaillierte Informationen Weinmann über alles hatte, was in der DEF passierte, obwohl bis zum Ende der Prozesse eine vollständige Nachrichtensperre verhängt worden war.

Unterdessen hatte ich die Schule abgeschlossen. Wenn es möglich gewesen wäre, hätte ich gerne ein Ingenieurstudium absolviert, aber Juden erhielten im Allgemeinen keine Studienzulassung. (Physiker oder Mathematiker zu werden, war damals ein unmögliches Vorhaben, das ich nicht einmal zu träumen wagte.) Gelegentlich kam es jedoch vor, dass getaufte Juden zum Studium zugelassen wurden, wenn sie ausgezeichnete Schulergebnisse und die richtigen Beziehungen hatten. Ein guter Freund meiner Mutter und ihrer Familie, ein in Budapest lebender erfolgreicher Ingenieur mit guten Beziehungen, bot an, meine Zulassung zur Technischen Universität Budapest zu arrangieren, wenn ich mich taufen lassen würde. Obwohl ich Atheist war und Religion für mich nichts bedeutete, veranlasste mich meine jüdische Abstammung, dieses Angebot (mit dem gebührenden Dank) abzulehnen. Meine Eltern waren mit meiner Haltung einverstanden, und dieses eine Mal akzeptierte mein Vater meinen Standpunkt. Ich empfand es als zutiefst demütigend, sich zur Erlangung materieller Vorteile taufen zu lassen.

Ein Mathematikdozent der Universität Klausenburg, Teofil Vescan, ethnischer Rumäne und Sympathisant der Kommunisten, bot potentiellen jüdischen Studenten, die keine Zulassung zum Studium erhalten hatten, privat eine kurze Vorlesungsreihe über Differential- und Integralrechnung an. Einer derjenigen, mit denen ich diese Vorlesungen besuchte, war György (Georg) Ligeti, der später ein weltbekannter Komponist wurde. Ligeti besuchte ein anderes Gymnasium als ich, aber wir hatten freundschaftliche Kontakte und diskutierten oft lange miteinander. Zwar war die Musik seine Hauptleidenschaft, aber er hatte auch großes Interesse für neue Ergebnisse der Physik und der Mathematik. Er war ein äußerst eifriger Leser und wusste viel mehr über moderne Naturwissenschaften als ich.

Klausenburg hatte eine Musikfachschule. Das Lehrfach „Blasinstrumente" wurde von einem demokratisch gesinnten Dozenten namens Török geleitet, der auch jüdische Studenten in die Einrichtung aufnahm, wenn sie gute Schulergebnisse hatten. Töröks Haltung war ungewöhnlich. Arbeitslosigkeit hätte die Einberufung zum Arbeitsdienst nach sich ziehen können und deswegen schrieb ich mich in der Schule als Student des Faches „Flötenspiel" ein. Das bedeutete keinen großen Zeitaufwand; ich musste nur zweimal in der Woche den Unterricht besuchen, hatte aber den offiziellen Status eines Fachschulstudenten. Zwar dauerte mein Status nicht lange, führte aber zu einer bedeutsamen Änderung innerhalb meiner Familie. Mein Bruder Bobi, der damals fünfzehn war, interessierte sich für Musik, und da die Anmeldung in der Musikschule nur den Abschluss der Gymnasialunterstufe erforderte, fragte ich Török, ob er einen viel jüngeren, aber ernsthafteren Musikstudenten akzeptieren würde als ich es war. Török war einverstanden, und Bobi schrieb sich als Klarinettenstudent ein. Im Gegensatz zu mir hörte er nicht nach einigen Monaten auf, sondern setzte das Studium bis zu seiner Deportation im Jahr 1944 fort. Er hatte das

Abb. 2.2 Bobi um 1943

Klarinettenspiel so gut erlernt, dass er im Vernichtungslager Auschwitz Mitglied des berühmten Häftlingsorchesters wurde. Dadurch überlebte er zwar das Lager, aber das rettete sein Leben nicht: Er wurde nach der Evakuierung von Auschwitz bei einem Todesmarsch umgebracht.

Nach der Unterbrechung im Frühjahr traf ich mich wieder regelmäßig mit Weinmann und erledigte gewissenhaft die Aufgaben, die er mir übertrug. Allmählich verschoben sich diese immer mehr in Richtung politisch-organisatorischer Aktivitäten. Ich musste die in meiner Umgebung lebenden Menschen sorgfältig mit dem Ziel beobachten, Kandidaten auszuwählen, die man für die Bewegung gewinnen konnte. Hier waren nicht die politischen Ansichten des Betreffenden das Hauptkriterium (diese Ansichten waren wichtig, konnten aber bis zu einem gewissen Grad durch Überzeugungsarbeit geformt werden), sondern seine Persönlichkeit, ebenso wie Ernsthaftigkeit und Zuverlässigkeit sowie sein Ansehen unter Kollegen und seine Fähigkeit, andere beeinflussen zu können.

Meine sozialen Kontakte, die sich bis dahin hauptsächlich auf meine früheren Mitschüler beschränkten, erweiterten sich durch die obligatorische Teilnahme am wöchentlichen „Levente"-Training. Die Levente-Einheiten dienten der vormilitärischen Ausbildung der ungarischen Jugendlichen im Alter zwischen achtzehn und einundzwanzig Jahren (der Wehrdienst begann mit einundzwanzig). 1941 waren die Juden bereits vom regulären Levente-Dienst ausgeschlossen und wurden stattdessen in speziellen jüdischen Levente-Verbänden organisiert. Der Levente-Verband, dem ich angehörte, umfasste alle jüdischen Jungen von Klausenburg, die das oben genannte Alter hatten. Wir mussten einmal in der Woche an der „Ausbildung" oder Übung teilnehmen und schwere körperliche Arbeit verrichten: Wir legten Gräben an, hackten Holz und bauten Straßen. Wir waren mehrere Hundert junge Leute und hatten einen brutalen und feindseligen Levente-Kommandeur, der Bartha hieß. Die Tage, die wir dort verbrachten, waren bedrückend und schrecklich.

Durch meine Einstellung zu den anderen – und gegenüber dem unberechenbaren Kommandeur mit seinen oft launenhaften Arbeitsanweisungen – verdiente ich mir die Achtung der Gruppe und schloss zahlreiche neue Freundschaften. Einer dieser Freunde war Mayer Hirsch, ein Elektriker bei Dermata, der größten Fabrik in Klausenburg, die etwa zweitausend Arbeiter zur Herstellung von Schuhen, Stiefeln und allen Arten von Lederwaren beschäftigte. Es war die größte Fabrik ihrer Art in unserem Teil Europas und sie belieferte die Armee mit Stiefeln, weswegen der Betrieb unter militärische Kontrolle gestellt wurde. Das machte Hirsch zu einer wichtigen Verbindung und ich begann, mich mit ihm auch außerhalb des Levente-Ausbildung zu treffen. Er gehörte der linksgerichteten zionistischen Organisation *Hashomer Hatzair* an, und nach einigen langen Diskussionen gelang es mir, ihn für unsere Sache zu gewinnen. Da er sich von Anfang an zu linken Ansichten bekannte, lautete mein Hauptargument grob gesprochen folgendermaßen: Wenn er sich sofort nach Palästina auf den Weg machte und sich dort dem Kampf gegen den Nazismus anschließen würde, dann wäre das ehrenhaft; das war jedoch nicht möglich und deswegen sei der Traum von einem künftigen Leben in Palästina, während unsere Welt hier in Flammen stand, lediglich ein Vorwand seinerseits, um hier und jetzt nichts tun zu müssen, weil es gefährlich war. Er war ein mutiger Bursche, ein erstklassiger Elektriker, ein harter Arbeiter und er genoss die Achtung seiner Kollegen; deswegen war er ein idealer und höchst wünschenswerter Gewinn für unsere Bewegung. Ein anderer Dermata-Arbeiter, den ich bei der Levente-Ausbildung traf, war Dezső Nussbächer. Er war ein sehr ernsthafter, zuverlässiger und ehrlicher Mann, aber nicht so energisch und aktiv wie Hirsch. Er empfand ebenfalls Sympathien für linke Ideen und ließ sich leicht davon überzeugen, die kommunistische Bewegung aktiv zu unterstützen. Ich traf mich in regelmäßigen Abständen mit diesen beiden Dermata-Beschäftigten (aber nicht mit beiden gleichzeitig – keiner von beiden wusste von der Einbeziehung des jeweils anderen) und diskutierte mit ihnen die Lage in der Fabrik. Meine dritte Anwerbung war György (Georg) László – auch ihn habe ich über die Levente-Gruppe kennengelernt. Er war Textilarbeiter in der Strumpfwarenfabrik „Ady", ebenfalls ein ernsthafter, verantwortungsbewusster junger Mann, der sich leicht davon überzeugen ließ, für uns zu arbeiten. Ich rekrutierte auch zwei meiner früheren Mitschüler, Willy Holländer und Ede Lebovits. Beide spielten in den nächsten Jahren eine wichtige Rolle bei meinen Aktivitäten.

Der Winter 1941–1942 brachte die ersten günstigen politischen und militärischen Entwicklungen des Krieges. Im November wurde die deutsche Offensive im Osten vor Moskau gestoppt. Nicht genug damit, dass die Propagandamaschine der Nazis voreilig mit der Einnahme der Stadt geprahlt hatte; zu allem Überfluss nahm Stalin am 7. November, dem Jahrestag der Revolution, auf dem Roten Platz in Moskau auch noch eine Militärparade ab – sozusagen unter den Augen der deutschen Truppen, die weniger als dreißig Kilometer vor Moskau standen. Das gab nicht nur den sowjetischen Truppen einen ungeheuren moralischen Auftrieb, sondern auch allen denjenigen, die für die Sache der Alliierten standen. Im Dezember traten die Vereinigten Staaten in den Krieg ein und wir hatten kaum Zweifel, dass das ein entscheidender Wendepunkt zugunsten der Demokratien war. Außerdem litten die deutschen Armeen im Osten offensichtlich unter dem ungewöhnlich strengen russischen Winter, und die Rote Armee ging gelegentlich in die Offensive.

Meine Kontakte zu den Fabrikarbeitern machten mir deutlich bewusst, in welcher prekären Lage ich mich als Arbeitsloser befand (auch wenn ich auf dem Papier ein „Musikstudent" war). Nach mehreren Diskussionen mit Weinmann schlug er vor, ich solle versuchen, selbst ein Fabrikarbeiter zu werden; es sei zwar nicht leicht für jemanden, ohne entsprechende Lehrjahre eingestellt zu werden, aber vielleicht ließe sich das hinkriegen. Das würde es mir ermöglichen, in eine Gewerkschaft einzutreten, und überhaupt würde es mich auf natürliche Weise in Kontakt mit „den Massen" bringen, ich wäre einer von ihnen und bekäme dadurch eine Plattform für die revolutionäre politisch-organisatorische Tätigkeit. Ich stimmte zu, aber meine Eltern waren nur schwer zu überzeugen, obwohl sie jeden Pfennig brauchten, den ich verdienen konnte. Mein Vater wehrte sich besonders gegen die Aussicht, dass sein Sohn, dessen Zukunft er sich in leuchtenden Farben ausgemalt hatte, Fabrikarbeiter wird. Meine Mutter verstand, dass etwas mehr dahinter steckte als ich zugab. Obwohl sie nichts über mein Engagement in der Bewegung wusste, kannte sie meine Ansichten und spürte, dass etwas Unausgesprochenes hinter meinem Vorhaben stand. Sie hatte nichts dagegen, weil sie einerseits meine Wertvorstellungen teilte (zumindest im Allgemeinen, denn wir sprachen nie über meine genauen politischen

Ansichten), und weil sie andererseits meiner Urteilsfähigkeit vertraute. Um meinen Vater zu überzeugen, argumentierte ich, dass mir die praktische Erfahrung in einer Fabrik helfen würde, Ingenieur zu werden.

Weinmann kannte den Chefingenieur der Eisenwerke, einer örtlichen Fabrik mit zwei- oder dreihundert Arbeitern. Er bat ihn, mich als anzulernende Kraft einzustellen, was für die ersten sechs Monate einen Niedriglohn bedeutete. Dabei könne man mir Aufgaben in verschiedenen Betriebsabteilungen zuweisen, damit ich den ganzen Produktionsprozess so gut wie möglich kennenlerne. Nach einigen Wochen wurde ich eingestellt und begann am 1. Februar 1942, in der Fabrik zu arbeiten. Als Erstes wurde ich der Dreherwerkstatt zugeteilt, wo ich die Grundlagen der Arbeit eines Drehers kennenlernte. Ich verbrachte etwa zweieinhalb Monate in dieser Werkstatt – genug Zeit, um herauszufinden, dass diese Arbeit eine relativ geringfügige Rolle im Fabrikleben spielte. Die wichtigste Abteilung war die Gießerei, in der die meisten Leute arbeiteten. Im April bat ich also um Versetzung in die Gießerei, wo ich die harte und anstrengende Arbeit des Eisengießens kennenlernte. Ich lernte, wie man einen Metallrahmen um eine aus Holz gefertigte Gussform legt, diesen mit Sand füllt und den Sand dann mit einer schweren, abgeflachten Stahlstange so lange schlägt, bis er hart wird; wie man danach die Form so entfernt, dass im gehärteten Sand ein enger Spalt bleibt, durch den man das heiße Eisen hineinfließen lässt; und schließlich, wie man die Rahmen für den Gießprozess sichert, indem man zwei Zwanzig-Kilo-Metallblöcke daraufsetzt, um zu verhindern, dass die beim Hineingießen des heißen Eisens entstehenden Gase die Rahmen sprengen. Jeder von uns arbeitete allein, und wir mussten innerhalb von drei bis dreieinhalb Stunden so viele Rahmen wie möglich herstellen (zehn bis zwanzig Stück); danach begann das Gießen. Dieser Vorgang wurde während eines achtstündigen Arbeitstages zweimal wiederholt. Sobald das im Schmelzofen aufbereitete heiße Eisen verwendet werden konnte, versammelten wir uns alle vor dem Ofen, und jeder von uns hielt eine leere Schöpfkelle in den Händen, die knapp vier Liter fasste. Der Vorarbeiter öffnete mit einer langen Stahlstange die Öffnung im unteren Teil des Ofens, und das heiße, rot-weiß-glühende flüssige Eisen spritzte heraus, und wir fingen es in unseren Schöpfkellen auf. Man musste sehr geschickt und konzentriert arbeiten, um eine Schöpfkelle nach der anderen zu halten, ohne das geschmolzene Eisen auf dem Boden zu verschütten. Es ging nicht nur darum, Materialverluste zu vermeiden; wir mussten auch darauf achten, dass die heißen Eisentropfen nicht vom kalten Boden zurückspritzten und Hautverbrennungen verursachten. Wir hatten häufig Verbrennungen an den Unterschenkeln, da sich das Hinuntertropfen des Eisens nicht immer verhindern ließ.

Jahre später erinnerte ich mich an mein Leben als Gießereiarbeiter, als ich vom folgenden Wortwechsel hörte, der 1935 im Verfahren gegen die Anführer des rumänischen Eisenbahnerstreiks stattfand. Der Richter wollte die Solidarität der drei Streikführer brechen, von denen einer ein Jude war. Deswegen wandte sich der Richter mit folgenden Worten an einen der beiden anderen: „Finden Sie es eines aufrichtigen rumänischen Patrioten nicht für unwürdig, gemeinsame Sache mit einem Juden zu machen? In was für eine Gesellschaft sind Sie da nur hineingeraten?" Worauf der Mann antwortete: „Euer Ehren, dieser Jude und ich arbeiten zufällig Seite an Seite in der Hauptgießerei. Bei unserer Arbeit kommt es oft vor, dass das heiße Eisen herunterspritzt und uns die Beine verbrennt. Das verbrannte Fleisch meines Freundes riecht genau so wie meines."

Als ich Fabrikarbeiter wurde, trat ich in die Gewerkschaft der Eisen- und Stahlarbeiter ein und suchte nach der Arbeit fast täglich die Gewerkschaftsbüros auf. Die Gewerkschaftsbewegung in Ungarn stand unter sozialdemokratischer Führung und wurde – wie die Sozialdemokratische Partei selbst – offiziell geduldet, aber als unpatriotisch und verdächtig angesehen. Die Anzahl der Gewerkschaftsmitglieder hatte in den zurückliegenden Jahren stark abgenommen; dennoch blieben die Versuche, die Gewerkschaften durch verschiedene rechtsgerichtete Arbeiterorganisationen zu ersetzen, weitgehend erfolglos, und die Gewerkschaften konnten immer noch ein wichtiges Sprungbrett sein, wenn wir eine Massenaktion organisieren wollten. Ich versuchte, mich mit den Arbeitern anzufreunden, die in die Gewerkschaftsbüros kamen. Wir unterhielten uns über berufliche Dinge, Sport und andere harmlose Themen, aber auch über Politik, wobei ich darauf achtete, mich nicht zu verraten.

Das Leben als Fabrikarbeiter war nicht leicht. Ich stand frühmorgens auf, aß etwas zum Frühstück und fuhr dann mit dem Fahrrad zur Fabrik. Zum Mittagessen hatte meine Mutter ein Butterbrot eingepackt. Die Arbeit war anstrengend und ich kehrte am späten Nachmittag rußbedeckt nach Hause zurück. Nachdem ich geduscht und abendgegessen hatte, ging ich entweder zur Gewerkschaft oder zu einem meiner Treffen, von denen ich oft mehrere am gleichen Tag hatte. Jedes dieser Treffen dauerte von einer Dreiviertelstunde bis zu eineinhalb Stunden, und ich hatte wenig Zeit zum Lesen. Dennoch war ich niemals richtig müde. Ich hatte das Gefühl, meine Energie sei unerschöpflich – zweifellos ein Zeichen meiner revolutionären Begeisterung.

* * *

Ungefähr einen Monat nach meinem Arbeitsbeginn in der Fabrik informierte mich Weinmann, dass ich der Parteimitgliedschaft für würdig befunden worden sei. Ich wusste bereits, dass nicht alle Kommunisten Parteimitglieder waren; die Mitgliedschaft war auf die engagiertesten und entschlossensten Kommunisten beschränkt, auf diejenigen, die den Kampf anführten. Ich musste mich jetzt entscheiden, ob ich diesen wichtigen Schritt gehe, der in vielerlei Hinsicht der freiwilligen Meldung zu einer Armee ähnelte. Insbesondere musste ich mir gut überlegen, ob ich im Falle einer Verhaftung darauf vorbereitet war, genügend Kraft zu haben, jedem Druck zu widerstehen und niemals die Partei oder einen meiner Genossen zu verraten. Natürlich war ich zu allem bereit, und zwar schon seit etwa einem Jahr. Und so wurde ich Anfang März 1942 Mitglied der Kommunistischen Partei Ungarns.

Bald danach übergab mich Weinmann einem neuen Parteiverbindungsmann. Als er mir von dem bevorstehenden Wechsel erzählte, fügte er bedauernd hinzu, dass wir uns von da an nicht mehr treffen könnten. „Es tut mir leid", sagte er, „aber das sind die Parteivorschriften". Ich fragte ihn, ob er meinen neuen Kontaktmann kenne; er bejahte das und teilte mir mit, dass dieser ein sehr erfahrener Revolutionär sei, von dem ich viel lernen würde. Weinmann fügte hinzu, er selbst sei im Parteijargon „sauber" (das heißt, bei den Behörden nicht als Kommunist bekannt), wohingegen meine neue Verbindung „schwarz" sei, den Behörden also als Kommunist bekannt und deswegen im Untergrund arbeite. Die Identität des neuen Kontaktmanns würde mir nicht mitgeteilt werden und dieser würde auch nicht erfahren, wer ich bin; wir würden uns zu vereinbarten Zeiten auf der Straße treffen und beim Spazierengehen unterhalten. Die konspirativen Regeln waren sehr streng und mussten buchstabengetreu befolgt werden. Ein für halb sieben verabredetes Treffen bedeutete, dass man sich *genau* um 6.30 Uhr und *genau* am vereinbarten Ort einzufinden hatte – keine Minute früher oder später. Es war verboten, herumzustehen und auf den Kontaktmann zu warten; stattdessen musste man ein bisschen herumlaufen und so tun, als ob man sich zufällig träfe. Unter keinen Umständen durfte man damit mehr als fünf bis sechs Minuten verlieren: War der Kontaktmann nicht erschienen, dann fand immer ein „Kontroll"-Treffen statt, üblicherweise ein oder zwei Wochen später am gleichen Ort und zur gleichen Tageszeit. Konnte man nicht zum Treffen erscheinen oder kam der Kontaktmann nicht wieder, dann war die Sache als abgeschlossen zu betrachten. Kam es zu einer Verabredung mit jemandem, den man vorher noch nicht getroffen hatte, dann mussten beide zur gegenseitigen Kontrolle bestimmte Losungsworte benutzen. Bei der Diskussion politischer Aufgaben durfte man – sogar gegenüber den eigenen Parteivorgesetzten – die betreffenden Personen nicht bei ihrem wirklichen Namen nennen, sondern musste Umschreibungen verwenden wie etwa „unser Freund in dieser oder jener Fabrik". Das allgemeine Grundprinzip lautete, dass niemand mehr als das wissen sollte, was zur effektiven Tätigkeit erforderlich war. Das begrenzte den Schaden, zu dem eine Verhaftung führen konnte – niemand konnte Informationen verraten, die er selbst nicht hatte.

An diesem Frühjahrstag sah ich Weinmann das letzte Mal. Später erfuhr ich, dass er irgendwann Ende 1942 oder im Jahr 1943 zum Arbeitsdienst eingezogen werden sollte. Die Partei gab ihm die Option, stattdessen in den Untergrund zu gehen, und das bedeutete, dass er falsche Ausweispapiere bekommen würde, sein Versteck aber selbst finden müsse. Vielleicht fand er diese Option zu gefährlich für seine Frau und die kleine Tochter, aber es kann auch sein, dass er kein geeignetes Versteck fand: Er bewegte sich hauptsächlich in jüdischen Kreisen und dort waren gute Verstecke ein Ding der Unmöglichkeit. Jedenfalls wählte er den Arbeitsdienst.

Den Arbeitsdienst verrichteten ausschließlich wehrpflichtige jüdische Männer unter dem Befehl eines Hauptmanns oder Leutnants, denen einige Feldwebel oder Gefreite unterstellt waren. Die Lebensqualität beim Arbeitsdienst, nicht selten das Leben selbst, hing von der Person des Befehlshabers ab. Einige Einheiten verloren einen Großteil ihrer Männer aufgrund von Hunger, Kälte, Krankheiten, Prügel und infolge brutaler Morde. Anderen Arbeitsdienstlern war es besser ergangen. Laut einer nach dem Krieg durchgeführten Zählung überlebte etwa die Hälfte der Arbeitsdienstler. Nach dem Krieg erzählte mir ein guter Freund von seinen Erlebnissen im Arbeitsdienst. Der Kommandeur seiner Einheit war der alte Vescan, der Vater des jungen Mathematikers, der 1941 die Privatvorlesungen über Differential- und Integralrechnung gehalten hatte. Vescan sen. war ein sehr anständiger Mann;

die meisten Arbeitsdienstler seiner Einheit überlebten und kehrten Ende 1943 nach Klausenburg zurück – nur um 1944 deportiert zu werden. Ich weiß nicht, wie gut oder wie schlecht es den Arbeitsdienstlern in Weinmanns Einheit erging, aber er und einige andere überlebten und begegneten 1944 irgendwo in der Ukraine der vorrückenden sowjetischen Armee. Leider endete für Weinmann die Begegnung mit den Befreiern tragisch: Seine Gruppe wurde von den Russen beschossen; er wurde getroffen und starb. Solche Vorfälle waren nicht ungewöhnlich. Manche schrieben diese Vorfälle dem Antisemitismus in der sowjetischen Armee zu, denn die Arbeitsdienstler trugen gelbe Armbinden. Vielleicht ist etwas Wahres dran, aber es ist ebenso möglich, dass die vorrückende Rote Armee die Einheiten des Arbeitsdienstes einfach als Helfer der Deutschen ansah. Schließlich war der Verhaltenskodex der sowjetischen Armee in dieser Hinsicht ziemlich streng und kategorisch: Jeder, der dem Feind half oder für den Feind arbeitete – aus welchen Gründen auch immer – war ebenfalls ein Feind. Ein sowjetischer Soldat durfte sich nicht ergeben, sogar dann nicht, wenn er bei der Gefangennahme bewusstlos war. Unter keinen Umständen durfte er für die Deutschen arbeiten. Für einen sowjetischen Soldaten war es auch keine Entschuldigung, dass Gewalt auf ihn ausgeübt wurde: Er musste Widerstand leisten und erforderlichenfalls sterben, so wie seine Kampfgefährten auf dem Schlachtfeld starben. Weinmanns Frau und seine Tochter wurden im Juni 1944 nach Auschwitz deportiert und sofort nach ihrer Ankunft in die Gaskammern geschickt.

Zu meinem ersten Treffen mit meinem neuen Verbindungsmann musste ich an einem Abend um 19.15 Uhr an einer bestimmten Stelle im Stadtpark sein und eine bestimmte Wochenzeitung sichtbar in der Hand halten. Ich musste an der betreffenden Stelle langsam auf und ab gehen, aber höchstens zwei- oder dreimal. Gemäß Anweisung musste ich – wenn jemand auf mich zu käme und fragte, ob ich eine Uhr habe – antworten, dass meine Uhr nicht besonders gut sei, ich aber dennoch die Uhrzeit sagen könne. Wenn der Mann danach sagt, er sei froh, mich getroffen zu haben, dann war er mein Kontaktmann. Andernfalls müsse ich wieder gehen und das Ganze eine Woche später an der gleichen Stelle und zur gleichen Zeit wiederholen. Beim ersten Treffen ging alles glatt. Mein neuer Kontakt war ein gut angezogener Mann Anfang bis Mitte dreißig, er trug einen leichten Mantel und einen Hut. Da ich seinen Namen erst Jahre später erfuhr, werde ich ihn einfach PK (Parteikontakt) nennen. PK beeindruckte mich sehr, aber auf eine andere Weise als Weinmann: Er war offensichtlich sehr klug und erfahren, aber er war auch ein sehr nüchterner und praktisch veranlagter Mann. In seinen Meinungsäußerungen war er erschreckend kategorisch; er strahlte die Autorität von Menschen aus, die genau wissen, was sie tun. Er war nicht sonderlich an theoretischen Fragen interessiert, aber jedes Mal, wenn wir uns trafen, besprachen wir die politischen Vorfälle, die sich seit unserem letzten Treffen ereignet hatten. In unseren Gesprächen ging es hauptsächlich um meine praktische Tätigkeit: Was ist seit unserem vorhergehenden Treffen passiert, worüber berichteten meine zwei Dermata-Verbindungsmänner, welche meiner Arbeitskollegen habe ich privat besucht, und so weiter. Er hörte zu und gab mir dann in seiner sehr spezifischen und konkreten Art weitere Anweisungen: Sag diesem oder jenem dies und das; es ist an der Zeit, ihm mitzuteilen, dass er etwas tun müsse; verfolge das nicht weiter, es sieht nicht erfolgversprechend aus. Bei Gesprächen über die Gewerkschaft, die ich häufig aufsuchte und die er gründlich kannte – einschließlich der persönlichen Eigenschaften der Leute, mit denen ich in Kontakt kam – gab er mir Hinweise folgender Art: Vergeude nicht deine Zeit mit diesem Soundso, er vertritt kommunistische Ansichten, aber er redet viel und tut nichts, er wird keinen Finger für uns rühren; jener Soundso ist Sozialdemokrat, es ist hoffnungslos zu versuchen, ihn zu bekehren, aber er ist ein ehrlicher Arbeiter, der sich uns bei gemeinsamen Aktionen vielleicht anschließt und sobald er sich festlegt, kann man ihm vertrauen. Oder (über den Anführer der Sozialdemokraten in der Gewerkschaft): Er ist ein Schuft; zum Beispiel... und es folgte eine kurze Geschichte, die bezeugte, was er bei einer Gelegenheit getan hatte.

PK meinte, dass es wichtig für mich sei, persönliche Beziehungen zu einigen meiner Arbeitskollegen und zu denjenigen aufzubauen, die ich in der Gewerkschaft traf; ich solle diese Bekannten zu Hause aufsuchen und mit ihnen über ihre Gedanken und Sorgen sprechen. Das machte ich dann auch, nachdem ich mir sorgfältig solche Männer ausgewählt hatte, die nicht von der pronazistischen Propaganda und dem weitverbreiteten Nationalismus infiziert worden waren; es war jedoch schwer, sie für etwas zu gewinnen, das über eine wohlwollende, aber gänzlich passive Sympathie für unsere Sache hinausging. Ein typisches Beispiel für diese Männer war Herr Szabó, ein Bahnhofsarbeiter mittleren Alters, den ich mehrmals zu Hause besuchte. Er hatte keine festgeformten politischen Ansichten, aber er mochte die Nazis nicht, unterstützte die Gewerkschaften und war sehr an meiner Analyse der gegenwärtigen Lage interessiert. Er stimmte zu, dass die Alliierten nach Amerikas Kriegseintritt wirtschaftlich stärker als die Achsenmächte geworden seien und dass dies früher oder später auch zu einer größeren militärischen Stärke führen würde. Ebenso stimmte er zu, dass Ungarn nicht hätte zulassen dürfen, sich von Deutschland in den Krieg hineinziehen zu lassen. Aber obwohl mir Szabó im Prinzip zustimmte, betrachtete er es als äußerst gefährlich und letztlich aussichtslos, Vorstellungen dieser Art in die Tat umzusetzen.

PK war auch die Auffassung, dass einige meiner früheren Mitschüler, mit denen ich in Kontakt geblieben war und die bereit waren, mit uns zu arbeiten, sich dadurch nützlich machen sollten, dass sie Fabrikarbeiter wie ich würden. Willy Holländer erklärte sich dazu bereit und fand Arbeit in einer kleinen Metallwerkstatt. Dort kam er durch Hilfe der Frau eines Arbeitskollegen mit einer Gruppe von Frauen in Kontakt, die in der Tabakfabrik arbeiteten, einem ziemlich großen Betrieb mit etwa sechshundert Arbeiterinnen. Ede Lebovits arbeitete Vollzeit im kleinen Lebensmittelgeschäft seines Vaters und konnte der Arbeit nicht fernbleiben. Deswegen entschied PK, Lebovits einige technische (keine politischen) Aufgaben zuzuweisen. Um das zu tun, musste ich Ede mit einem Losungswort zu einem Treffen mit einem Dritten schicken und meine eigenen Kontakte zu ihm einstellen.

Nach einigen Wochen sagte mir PK, dass es an der Zeit sei, in Klausenburg die Parteiorganisation wieder aufzubauen, die im Frühjahr 1941 zerstört worden war. Alles musste von Grund auf neu begonnen werden: Der neuen Organisation durfte niemand angehören, der 1941 verhaftet worden war oder den die Behörden als Kommunisten kannten. Wir gingen die Liste derjenigen durch, die ich für unsere Sache gewonnen hatte, und entschieden, dass drei von ihnen – Holländer, Hirsch und Nussbächer – die Reife erlangt hatten, Parteimitglied zu werden. Jedoch gab es ein Problem mit Hirsch, der, obwohl 1941 noch Zionist, aufgrund falscher Informationen als Kommunist verhaftet worden war. Zwar hatten die Behörden ihren Fehler entdeckt und Hirsch nach wenigen Tagen wieder freigelassen, aber es war möglich, dass sie ihn in den Unterlagen als verdächtige Person registriert hatten. Aus diesem Grund entschied PK, Hirsch solle nicht Mitglied der Partei werden, aber ich solle mit ihm individuell arbeiten, so wie bisher. Also blieben nur Holländer und Nussbächer übrig. PK wollte sie treffen, bevor wir unseren endgültigen Beschluss fassten, und ich musste eigens hierzu (aber auch für ähnliche künftige Erfordernisse) einen geeigneten Gesprächsort finden. Ich ging zu György László, dem bereits genannten Textilarbeiter, der allein in einem gemieteten Zimmer wohnte, das mir für unseren Zweck geeignet erschien. Er war einverstanden, mir den Schlüssel am Nachmittag vor dem Treffen zu überlassen und erst spätabends wieder nach Hause zu kommen, wo er den Schlüssel dann an einer vereinbarten Stelle finden würde.

Bei unserem Treffen berichtete Willy Holländer über seine Kontakte in der Tabakfabrik. Dort hatte sich ein interessanter Vorfall ereignet. Die Frauen hatten sich in der Fabrik in einer Liste für die Bestellung von Kartoffeln eingetragen (die damals, wie praktisch alles andere auch, rationiert waren) und dafür im Voraus bezahlt. Als die Kartoffeln nicht wie versprochen geliefert wurden, begannen die Frauen auf dem Hof einen spontanen Streik und forderten laut ihre Kartoffeln. Die Fabrikverwaltung rief die Polizei, aber die sonst ziemlich brutalen Polizisten waren nicht gewohnt, mit Frauen umzugehen. Sie versuchten, die Menge durch gutes Zureden aufzulösen, hatten damit aber keinen Erfolg. Die Frauen umringten mehrere Polizisten und schlugen auf sie ein. Am nächsten Tag wurden die Polizisten, die von den Frauen Prügel bezogen hatten, öffentlich auf dem Hof des Polizeipräsidiums gedemütigt – man riss ihnen die Schulterstücke herunter und sie wurden als Strafe für ihre „Weichherzigkeit" entlassen, also dafür, dass sie sich wegen einer Handvoll Frauen zum Gespött gemacht hatten. Den Gendarmen hätte so etwas nie passieren können.

Dezső Nussbächer berichtete über die Lage bei Dermata, die ziemlich düster war: Die von der Allgegenwart des Militärs eingeschüchterten Arbeiter waren vollkommen passiv geworden. Dennoch konnte er einige Leute mit linksgerichteten Sympathien nennen, die sich wenigstens nicht fürchteten, über Politik zu reden, und die für unsere Ansichten empfänglich waren. Nachdem Willy und Dezső mit ihren Berichten fertig waren, diskutierten wir über die aktuelle Lage, und PK umriss die Ziele der Kommunistischen Partei.

Nach diesem Treffen autorisierte mich PK dazu, sowohl Willy als auch Dezső die Parteimitgliedschaft anzubieten, wobei ich die Verantwortung und die Gefahren betonen sollte, die damit einhergingen. Zu meiner Enttäuschung lehnte Dezső ab. Er sagte, dass er zu helfen bereit sei, aber die Parteimitgliedschaft wäre eine zu große Verantwortung für ihn. Ich hakte nicht weiter nach und wir einigten uns, dass wir auch weiterhin so zusammenarbeiten wie bisher. Willy ging jedoch begeistert auf das Angebot ein und erklärte, eher jede Folter zu ertragen als die Partei oder seine Genossen zu verraten. Er war ein starker, gut gebauter und gesunder Mann – aber als er anderthalb Jahre später festgenommen wurde, brach ihn die DEF innerhalb weniger Tage und unter den Schlägen verriet er alles, was er wusste. Ede Lebovits, der andere frühere Mitschüler, den ich angeworben hatte, war unschlüssig, ob er die Risiken eingehen könne. Er sagte, er sei zu jedem Opfer bereit, wisse aber wirklich nicht, ob er einer Folter widerstehen könne, da er so etwas noch nie im Leben durchgemacht habe. Er war sehr dünn, körperlich schwach und sah ungesund aus. Dennoch blieb er, als er – ungefähr zur gleichen Zeit wie Willy – verhaftet wurde, trotz wochenlanger Prügel bewundernswert standhaft.

Das Frühjahr 1942 brachte sowohl gute als auch schlechte Nachrichten. Die gute Nachricht war, dass die Alliierten übereingekommen waren, 1942 in Westeuropa eine zweite Front zu eröffnen. Das war eine ständige Forderung der Sowjets, die wiederholt und mitunter öffentlich betonten, dass sie die Hauptlast der Kriegsanstrengungen zu tragen hätten und dass die Hilfe, die sie vom Westen in Form von Industrieprodukten und militärischer Ausrüstung erhielten, zweifellos nützlich sei, aber wirklich erforderlich sei die Eröffnung einer zweiten Front in Westeuropa. Stalin kündigte das Abkommen in seiner Ansprache zum 1. Mai an, die weltweit im Radio übertragen wurde. Wie sich später herausstellte, sahen sich die Alliierten im Sommer 1942 nicht dazu in der Lage, in diesem Jahr eine Invasion in Westeuropa durchzuführen und anstelle einer zweiten Front beschränkten sie sich darauf, im Herbst in Nordafrika zu landen. Dennoch erhielten unsere Hoffnungen durch die Ankündigung Anfang Mai einen ungeheuren Auftrieb. Bald danach trafen jedoch verheerende Nachrichten von der Ostfront ein: Die Rote Armee, die in der Nähe von Charkow in der Ukraine eine Frühjahrsoffensive eingeleitet hatte, wurde nach einigen Anfangserfolgen von den Deutschen gestoppt. Die Deutschen ergriffen die Initiative, gingen in einer riesigen Zangenbewegung zum Gegenangriff über, kesselten die russischen Streitkräfte ein (ein weiterer Kessel!), zerstörten ganze Armeen und nahmen Hunderttausende gefangen. (Die deutsche Behauptung von einer Million Gefangenen war übertrieben, aber nicht so stark, wie wir damals glaubten.) Dieser entscheidende deutsche Sieg war ein bitteres Erwachen aus unserem verfrühten Glauben, der Krieg im Osten hätte einen anderen Verlauf genommen. Der Schlacht von Charkow folgte ein mehr als zweimonatiges ununterbrochenes Vorrücken der Deutschen an der gesamten Südfront. Der Kohlebergbau und die Industriegebiete der östlichen Ukraine bis zur Don-Biegung fielen in deutsche Hand und die Angriffsspitzen der vorrückenden Truppen erreichten die kaukasischen Ölfelder bei Grozny.

Andererseits wurde bald bekannt, dass die Sowjets im Herbst 1941 mit einer massiven Verlegung ihrer Industriebetriebe aus dem Westteil ihres riesigen Landes in den Ural und in Gebiete jenseits des Urals begonnen hatten – eine industrielle Umsiedlungsaktion, wie sie die Welt noch nicht gesehen hatte. Diese Verlagerung ganzer Fabriken und die außergewöhnliche Konzentration der nationalen Anstrengungen auf die Rüstungsproduktion führten – unter gewaltigen Opfern und unter Zurücksetzung der Konsumgüterindustrie – allmählich zum Erfolg: Ende 1942 übertraf die sowjetische Rüstungsproduktion die der Deutschen. Unterdessen gelang es den Deutschen, von Ungarn eine wesentliche Verstärkung der Kriegsanstrengungen zu erzwingen. Die ungarische Armee an der Ostfront schwoll von den anfänglichen zwei Divisionen auf mehr als 150000 Soldaten an. Sie waren miserabel ausgerüstet, unzureichend ausgebildet und erlitten hohe Verluste. Aus jenen Tagen ist mir das Titelfoto der deutschen Illustrierten *Signal* in Erinnerung. Das Foto zeigte ungarische Soldaten im Kampf und trug die Bildunterschrift „Unsere tapferen ungarischen Verbündeten werfen sich mit ihrem berühmten Schlachtruf «Nobosmeg!» auf den Feind". Das Lustige an der Sache war der „berühmte Schlachtruf", eine deutsche Verballhornung des verbreiteten ungarischen Fluches „Na baszd meg!", der „Fuck it!" bedeutet und eher Frustration ausdrückt als irgendetwas anderes. Aber da es die Deutschen nicht verstanden und die meisten Ungarn die deutschsprachige Illustrierte nicht lesen konnten, wurde daraus kein Skandal.

Das gleiche Frühjahr 1942 brachte auch von der Lage in Ungarn abwechselnd gute und schlechte Nachrichten. Am 15. März, an dem man in Ungarn den Jahrestag der Revolution 1848 gegen Österreich feiert, fand in Budapest eine große Demonstration gewerkschaftlich organisierter Arbeiter und einiger Intellektueller an der Statue Petőfis statt, des großen Dichters und Patrioten, der in dieser Revolution starb. Die Demonstration, die von den – in die Führung der sozialdemokratischen Jugendorganisationen und Gewerkschaften eingesickerten – Kommunisten initiiert wurde, war ziemlich beeindruckend; die Menge rief antideutsche Losungen und Antikriegsparolen, bis sie von der Polizei aufgelöst wurde, die fast hundert Personen verhaftete. Das alles geschah in der Folge eines Regierungswechsels: Ein paar Tage zuvor hatte Horthy einen neuen Ministerpräsidenten, Miklós Kállay, ernannt, der sich den Deutschen viel weniger andienen sollte als sein Vorgänger Bárdossy. Nichtsdestoweniger offenbarten die Ereignisse vom 15. März, dass Kállay nicht beabsichtigte, die offizielle Haltung gegen die Kommunisten aufzuweichen.

In den sechs Wochen nach der Demonstration rollte eine riesige Welle von Verhaftungen durch die Budapester Parteiorganisation. Anfang Juni wurde neben vielen anderen auch Ferenc Rózsa festgenommen, einer der Parteiführer. Da er sich der Folter nicht beugte, wurde er nach etwa zwei Wochen zu Tode geschlagen. Károly Rezi, ein anderer Parteiaktivist, wurde ebenfalls während des Verhörs getötet. Ein Flugblatt der Partei informierte uns kurze Zeit später über diese Ereignisse. Im Oktober 1942 wurde Zoltán Schönherz, der damalige Generalsekretär der Partei, verhaftet und gefoltert; im nachfolgenden Prozess wurde er zum Tode verurteilt. Den Kommunisten wurde inzwischen der Prozess vor Sondergerichten gemacht, die eigens zu diesem Zweck vom Generalstabschef eingerichtet worden waren. Schönherz wurde einige Tage nach der Urteilsverkündung gehängt. Das waren die grausamen und sehr wahrscheinlichen Aussichten, die jetzt auch meine Genossen und mich erwarteten.

Der Sommer 1942 brachte auch einen Wechsel meiner Arbeitsstelle. Meine Arbeit in den Eisenwerken war nicht besonders reizvoll, die Bezahlung war erbärmlich und die politischen Möglichkeiten waren beschränkt. Es war das Beste, was ich zunächst tun konnte, aber mit sechs Monaten Erfahrung konnte ich nun versuchen, eine bessere Stelle zu finden. Einer meiner früheren Mitschüler, dem ich 1940 eine Zeit lang Nachhilfeunterricht in Mathematik erteilt hatte, war der Sohn von Jenő Vadász, dem Eigentümer der metallverarbeitenden Fabrik RAVAG, in der drei- bis vierhundert Leute arbeiteten. Ich kannte Vadász sen., da er mir im Allgemeinen die Nachhilfestunden persönlich bezahlt hatte und sich dabei nach den Leistungen seines Sohns erkundigte. Die Fabrik war eine viel spezialisiertere und modernere Anlage als das Eisenwerk. Die meisten Leute dort standen an der Drehbank, wo Eisen-, Stahl-, Kupfer- und Aluminiumteile in großen Mengen verarbeitet wurden. Ich suchte also Herrn Vadász auf und bewarb mich auf der Grundlage meiner halbjährigen Fabrikerfahrung um eine Stelle an der Drehbank. Ich vermute, dass ihm die Erfahrung, die er mit mir als Mathematik-Nachhilfelehrer seines Sohns gemacht hat, ein weitaus günstigeres Bild von meinen Fähigkeiten vermittelte als meine ziemlich dürftigen Fertigkeiten als Dreher. Jedenfalls stimmte er meiner Einstellung zu und am 1. September 1942 begann ich, bei der RAVAG zu arbeiten. Bald danach geriet Mayer Hirsch, einer meiner zwei Verbindungsmänner bei Dermata, während der Arbeit in eine Auseinandersetzung und beschloss, sich etwas anderes zu suchen. Aufgrund der Wichtigkeit von Dermata war das keine gute Nachricht, aber seine Position dort war inzwischen so exponiert, dass er glaubte, uns dort ohnehin nicht mehr helfen zu können. Er war ein hochqualifizierter Elektriker mit ausgezeichneten Arbeitszeugnissen und meinte deswegen, eine andere Arbeit finden zu können. Ihm gefiel, was ich ihm über die RAVAG erzählt hatte; also versuchte er es zuerst dort und wurde sofort eingestellt. Damit waren jetzt zwei von uns in dieser Fabrik.

Meine Arbeit bei der RAVAG war viel weniger anstrengend als im Eisenwerk, war aber weit davon entfernt, angenehm zu sein. Bei der RAVAG lief die Massenproduktion verschiedener Artikel, die Liefertermine waren knapp gesetzt, und das Arbeitstempo stand im Vordergrund. Ich konnte zwar mit der Drehbank umgehen, war aber alles andere als ein Meister des Faches. Außerdem hatten die Deutschen gerade einen neuen Typ von ultraharten Stahlklingen eingeführt, und ich musste lernen, wie man mit den neuen Werkzeugen arbeitet. Herr Szöllősi, der Schichtleiter, ein politisch rechtsgerichteter, gehässiger und herrschsüchtiger Typ, konnte mich nicht leiden, und ich erwiderte seine Antipathie aufrichtig. All das trug nicht gerade dazu bei, meine Tage erfreulich zu gestalten, aber nach einigen Monaten lief bei mir die Arbeit besser, und Herr Szöllősi zeigte sich entspannter – obwohl ich mich nicht daran erinnere, dass er mir jemals zugelächelt hätte.

Bei den Arbeitern der RAVAG herrschte ungefähr das gleiche politische Durcheinander wie anderswo in der Stadt. Einige waren gewerkschaftlich organisiert, aber passiv; die Mehrheit war von Herrn Szöllősi für eine rechtsgerichtete „gelbe" Organisation angeworben worden, das heißt, für eine von den Behörden kontrollierte pseudogewerkschaftliche Gruppierung. Der Anführer dieser Gruppe von Arbeitern hieß Kádár; er war Soldat an der russischen Front gewesen und brachte Geschichten über das Elend mit, das er dort vorgefunden hatte – ein Beweis, so behauptete er, dass der Kommunismus nicht funktioniere. Obwohl persönliche Erfahrungen immer überzeugend sind, war es nicht allzu schwer für uns, darauf hinzuweisen, dass Krieg und Okkupation überall in der Welt zu Elend führen. Gáspár, ein anderer einflussreicher Arbeiter, war zwar ebenfalls Mitglied dieser Organisation, ging jedoch nie zu deren Besprechungen und interessierte sich für unsere Meinungen und für unsere Interpretationen der aktuellen Ereignisse mindestens ebenso wie für die Auffassungen der Gegenseite. Ich fand ihn aufrichtig und verhältnismäßig mutig, so dass ich begann, eine Beziehung zu ihm aufzubauen. Ich lernte seine Frau kennen, besuchte ihn einige Male zu Hause und schaffte es, ihm unsere Ansichten etwas näher zu bringen.

Irgendwann im Winter 1942–1943 erhielt die RAVAG einen dringenden militärischen Auftrag, der innerhalb von etwa zwei Monaten erledigt werden musste. Das Arbeitstempo hatte bereits sein Maximum erreicht und konnte deswegen nicht weiter beschleunigt werden; deswegen rief uns die Firmenleitung dazu auf, sechs Tage in der Woche zwei Überstunden pro Tag zu leisten. Dies geschah während einer laufenden Lohnauseinandersetzung, in der die Arbeiter eine lang versprochene Lohnerhöhung forderten, die jedoch die Leitung nicht zahlen wollte. Zuerst kam jeder dem Aufruf nach und arbeitete täglich zehn Stunden, aber die Arbeiter murrten immer mehr und wurden immer unzufriedener. In privaten Diskussionen mit Gáspár und einigen anderen Arbeitern gelang es uns, die Idee zu vermitteln, dass wir jetzt die beste Gelegenheit hätten, die zugesagte Lohnerhöhung zu bekommen: Die Firmenleitung brauchte uns jetzt. Mit Kádár, Gáspár und einem dritten Mann an der Spitze begab sich eine Delegation zur Leitung und forderte die versprochene Lohnerhöhung. Das Ansinnen wurde mit der Begründung abgelehnt, dass sich die Nation im Krieg befände und die Wirtschaftslage keinen solchen Schritt gestatten würde. Nach einer hitzigen und aufgebrachten Diskussion kündigten die Arbeiter an, dass sie keine Überstunden mehr leisten würden, bis die Lohnfrage erledigt sei. Am nächsten Tag und mehrere Tage danach setzte Gáspár am Ende des achtstündigen Arbeitstages die Sirene in Betrieb und alle Arbeiten ruhten danach. Szöllősi trat einzeln an einige Männer heran und bot ihnen Geld an, damit sie weiterarbeiteten. Schließlich gelang es ihm, einen einzigen Hilfsarbeiter zu überreden; dieser Mann, ein gewisser Rácz, war schrecklich arm und konnte deswegen der Versuchung nicht widerstehen.

Sobald unser Teilstreik begann, wollte mich PK jeden zweiten Tag treffen, um die Entwicklungen unmittelbar zu verfolgen. Als Rácz der erste Streikbrecher wurde, meinte PK, dass jetzt der psychologische Moment gekommen sei, etwas zu tun: Streikbruch müsse um jeden Preis verhindert werden, denn andernfalls weiteten sich die Bestechungen aus, und andere würden Rácz' Beispiel folgen. Bis zu diesem Zeitpunkt spielten weder Hirsch noch ich eine auffallende Rolle im Streik. Wir hielten keine öffentlichen Reden, diskutierten nicht auf Versammlungen, sondern blieben konsequent im Hintergrund. Formal waren die Streikführer im Allgemeinen die Anführer der rechtsgerichteten Organisation, die üblicherweise im Namen der Arbeiter sprach, und es war wichtig, diese Situation aufrecht zu erhalten. Dennoch musste etwas getan werden, um Rácz davon abzuhalten, Überstunden zu leisten. PK schlug vor, dass eine halb spöttische, halb drohende anonyme Nachricht Wirkung zeigen könnte, so dass Rácz sich seines Verhaltens schämen und gleichzeitig fürchten müsste, verprügelt zu werden. Ich verfasste einen kurzen Spottvers, der namentlich an Rácz gerichtet war; in diesem Vers verhöhnte ich ihn, titulierte ihn als „Kuli" (so wurden die Streikbrecher verspottet) und warnte ihn, dass jeder Kuli eine tüchtige Tracht Prügel in Aussicht habe. Der Vers war im Arbeiterslang abgefasst, voller grammatischer Fehler und mit den ungelenken Buchstaben eines Ungebildeten geschrieben. Unbeobachtet heftete ich den Zettel einige Zeit vor der kurzen Mittagspause an Rácz' Spind, da ich wusste, dass er um diese Zeit dorthin geht und den Vers als Erster sieht. Er las ihn um die Mittagszeit, ging dann direkt zu Szöllősi, zeigte ihm den Zettel und sagte, dass er unter diesen Umständen keine Überstunden mehr machen könne.

Szöllősi war wütend. Er beriet sich mit Vadász; sie riefen die Polizei, zeigten den Vers und baten, den zu ergreifen, der die Arbeiter mit illegalen Drohungen von ihrer Arbeit abschreckt. Szöllősi musste mich als einen der Verdächtigen genannt haben, denn ich erhielt am nächsten Morgen eine schriftliche Vorladung zur Polizeihauptdirektion. Am Nachmittag traf ich mich mit PK. Der freute sich zwar darüber, dass Rácz mit den Überstunden aufgehört hatte, machte sich aber Sorgen wegen der Vorladung. Er fragte mich, was ich der Polizei zu sagen beabsichtige. Ich antwortete, dass ich entschieden abstreiten würde, den Vers geschrieben zu haben oder irgendetwas anderes mit dem Streik zu tun zu haben, außer ein gewöhnlicher verärgerter Arbeiter zu sein, der nicht willens ist, Überstunden ohne die zugesagte Lohnerhöhung zu leisten. Bei dieser Geschichte würde ich bleiben, ganz gleich, was sie mit mir machten. Zu meiner Überraschung sagte PK, dass er das keinesfalls empfehlen würde. Wenn ich bei der Polizei furchtlos und selbstsicher auftrete und mich von ihren Drohungen nicht beeindrucken lasse, dann würde ich mich sofort als Kommunist verraten. Die Polizei würde unsereins am Kampfgeist erkennen. Die Zeit, würdevoll und stolz zu sein, sagte er, ist dann gekommen, wenn du als bekannter Kommunist festgenommen wirst; aber solange sie nicht wissen, wer du bist, musst du dich verstellen und dich wie ein ängstlicher Junge aufführen, der das erste Mal dieser gefürchteten Institution begegnet ist. Natürlich musst du auf jeden Fall sagen, dass du unschuldig bist, aber lass sie wissen, dass du Angst hast, und zeige ja nicht, dass du stark und entschlossen bist. Wenn sie drohen, dich zu schlagen, tue erschreckt und bitte um Gnade. Insbesondere solltest du vorgeben, dass du fürchtest, dein Vater könne von deiner polizeilichen Vorladung erfahren. Und so weiter. So überrascht ich auch war, merkte ich dennoch schnell, dass PK Recht hatte, und ich bereitete mich darauf vor, am nächsten Morgen die richtige Rolle zu spielen.

Auf der Polizeidirektion fuhr man mich grob an, wie ich es denn wagen könne, einen ehrlichen Arbeiter zu bedrohen, der nur seine Pflicht tut. Ich tat so, als wisse ich nicht, worüber sie sprechen. Sie fuchtelten drohend mit einem Gummiknüppel herum, worauf ich erschreckt reagierte und weiter meine Unschuld beteuerte. Als sie mich hinreichend eingeschüchtert sahen, drückten sie mir einen Bleistift in die Hand und befahlen mir, das aufzuschreiben, was sie mir diktierten. Sie begannen, den Vers vorzulesen, und ich schrieb ihn in meiner normalen Handschrift grammatisch fehlerlos auf. Sie sagten „Nein, nicht so, sondern in Druckbuchstaben!", was ich dann auch tat, aber schön ordentlich. Ich war mir sicher, dass es keinen sichtbaren Zusammenhang zwischen meiner Schrift und dem Gekritzel auf dem Zettel an Rácz gab. Anscheinend sahen das die Kriminalbeamten genau so, denn nach der Schriftprobe beschuldigten sie mich nicht mehr der Autorenschaft des Verses. Sie stellten mir noch einige Fragen, wer es wohl gewesen sein könnte. Ich antwortete natürlich, dass ich das nicht wisse, worauf sie mich entließen und mir sagten, dass sie mich erforderlichenfalls erneut bestellen würden. Als ich wieder in der Fabrik war, erfuhr ich, dass die Polizei vorhatte, am nächsten Tag auch Hirsch und Gáspár zu befragen. Ich erzählte Hirsch von meinem Besuch bei der Polizei

und instruierte ihn, wie er sich verhalten solle. Ihre Befragung bei der Polizei klärte die Sache ebenfalls nicht auf, aber die Arbeiter waren wegen der polizeilichen
Vorladungen aufgebracht, insbesondere im Falle von Gáspár, der ein langjähriger
Arbeiter und einer der angesehensten Personen des Werkes war. Aufgrund der Diskussionen kam es häufig zu Arbeitsunterbrechungen und die Produktivität sank. Die
Angelegenheit endete damit, dass Vadász den Arbeitervertretern (Kádár, Gáspár
und einem Dritten) mitteilte, er werde die Überstundenarbeit aufgeben und stattdessen zeitweilige Arbeitskräfte einstellen. Er bot auch eine Teilregelung in Sachen
Lohnauseinandersetzung an, indem er eine geringere Lohnerhöhung in Aussicht
stellte als ursprünglich zugesagt worden war. Eine geringere Lohnerhöhung war
aber immer noch eine Lohnerhöhung, so dass die Arbeiter das Angebot annahmen.

Ende 1942 oder Anfang 1943 berief PK eine Besprechung ein, um das Klausenburger Ortskomitee der Partei zu organisieren. Er erzählte mir, dass der – zum
Zeitpunkt der Verhaftungen im Jahr 1941 unterbrochene – Kontakt zum Zentralkomitee in Budapest im Herbst des gleichen Jahres wiederhergestellt und ein
Regionalkomitee Nordsiebenbürgen gegründet worden sei, das er vertrete. Das Ortskomitee sollte drei Mitglieder haben: mich als Sekretär, Willy Holländer und eine
Frau mittleren Alters, deren Namen ich nicht kannte und deren Aufgabe es war,
technische Angelegenheiten zu erledigen. Ich werde sie Technikfrau nennen. Im
Parteijargon bezog sich „technisch" auf alles, was zur Herstellung von Parteimaterialien erforderlich war, also Schreibmaschinen, Vervielfältigungsapparate und so
weiter. Wie schon unsere früheren Besprechungen fand auch diese in György Lá-
szlós Zimmer statt. Außer Holländer, der Technikfrau, PK und mir gab es einen
fünften Teilnehmer, eine Frau Anfang bis Mitte dreißig, die PK als weiteren Vertreter des Regionalkomitees mitbrachte. Wir drei berichteten – ohne irgendwelche
Namen zu nennen – über unsere Arbeit und die Lage in unseren Zuständigkeitsbe-
reichen. Am Ende zog PK Schlussfolgerungen und gab einige Anweisungen. Nach
dieser Besprechung wurde die Frau vom Regionalkomitee – ich nenne sie einfach
Regionalfrau – mein regelmäßiger Parteikontakt anstelle von PK, mit dem ich mich
aber bei besonderen Anlässen auch weiterhin traf.

Im Februar 1943 brachte ein bedeutsames Ereignis die unwiderrufliche Kriegs-
wende im Osten: Nach dem dreimonatigen unglaublich heldenhaften sowjetischen
Widerstand in Stalingrad an der Wolga, mit Häuserkämpfen hunderttausender von
Soldaten, wurde das Vorrücken der Deutschen nicht nur gestoppt, sondern die gesamte Sechste Armee von Paulus, mehr als zweihunderttausend Soldaten, von den
sowjetischen Truppen, die sowohl vom Norden als auch vom Süden Stalingrads
nach Westen vorrückten, in einer riesigen Zangenbewegung nach deutscher Art eingekesselt. Hitler ordnete den verzweifelten Versuch an, die Einkreisung von der
Westseite her zu durchbrechen, aber der Versuch scheiterte kläglich. Nach mehreren Wochen äußerst verlustreicher Kämpfe ergaben sich die Überreste der Sechsten
Armee von Paulus. Die Bedeutung dieses Ereignisses war kaum zu überschätzen:
Die Wehrmacht erholte sich nie wieder von diesem Schlag. Der lange Vormarsch
in Richtung Osten war schließlich zu einem knirschenden Halt gekommen und
es begann der lange Rückzug nach Westen. Darüber hinaus zahlten sich jetzt
die außerordentlichen sowjetischen Rüstungsanstrengungen aus: Nach Stalingrad

hatten die sowjetischen Armeen gegenüber der Wehrmacht eine ständig steigende Materialüberlegenheit (Panzer, Artillerie und Flugzeuge).

Zur Zeit der Schlacht von Stalingrad hatte Ungarn, das zunächst mit zwei Divisionen oder ungefähr 40000 Soldaten in den Krieg gezogen war, neun Divisionen an der Ostfront: Die gesamte Zweite Ungarische Armee stand in der Don-Biegung und hielt einen Frontabschnitt von etwa 150 Kilometer Länge. Diese Armee wurde von den Sowjets Ende Januar und Anfang Februar vollständig vernichtet, 150000 ungarische Soldaten fanden den Tod oder gerieten in Gefangenschaft. Der Regierung gelang es, das ganze Ausmaß dieser Tragödie eine Zeitlang zu verschleiern, aber die Wahrheit sickerte bald durch. Und so kam es auch an meinem Wohnort, weit hinter dem Frontverlauf, zu einem Stimmungsumschwung: Denkende Menschen der verschiedensten Überzeugungen konnten nicht umhin, sich quälende Fragen in Bezug auf die Zukunft zu stellen, die jetzt auf einmal in einem ganz anderen Licht erschien.

* * *

Einige Monate nach der Zusammenkunft des Ortskomitees, irgendwann im Juli, nahm PK Kontakt mit mir auf, um über einen Brief zu diskutieren, den das Zentralkomitee an alle Parteimitglieder gerichtet hatte. Um den Aufbau einer Nationalen Unabhängigkeitsfront zu erleichtern, die alle diejenigen vereinen sollte, die zum Widerstand gegen Nazi-Deutschland bereit waren, hatte die Kommunistische Partei Ungarns beschlossen, sich freiwillig aufzulösen. Der Brief kündigte die Selbstauflösung der Partei an und forderte alle Kommunisten dazu auf, den Kampf mit der gleichen Entschlossenheit und Hingabe weiterzuführen wie bisher. Einige Wochen später wurde eine neue Partei gegründet, die Friedenspartei, deren erklärtes Ziel es war, Ungarn aus dem Krieg herauszulösen und den Fängen Nazi-Deutschlands zu entreißen. Alle früheren Mitglieder der kommunistischen Partei traten in die Friedenspartei ein. Für uns in Nordsiebenbürgen änderten sich praktisch weder unsere Arbeit noch unsere Ziele; aber an der Spitze, in Budapest, gewann man mit diesem Schritt anscheinend einige neue nichtkommunistische antifaschistische Verbündete. PK war über diesen Schritt alles andere als glücklich, und seine Zweifel stellten sich einige Jahre später als berechtigt heraus: Nach dem Krieg erklärte die Führung der neugegründeten Kommunistischen Partei Ungarns, dass die 1943 erfolgte Selbstauflösung ein Fehler gewesen sei.

Die neue Friedenspartei gab im Sommer 1943 ein gut formuliertes und sehr überzeugendes Manifest gegen den Krieg heraus, und ich wurde damit beauftragt, das Flugblatt in Klausenburg zu verteilen. Da das die wichtigste Aktion der von mir während des Krieges aufgebauten kleinen Organisation war, gehe ich etwas ausführlicher darauf ein. Das Manifest war natürlich illegal, und jeder, den man bei der Verteilung erwischte, wäre sofort von der DEF verhaftet und gefoltert worden. Um die Bedeutung eines solchen Manifests zu verstehen, muss man versuchen, sich das alles durchdringende Propagandasperrfeuer und die allumfassende Desinformationskampagne vorzustellen, denen die ungarische Öffentlichkeit ausgesetzt war. Nachdem Ungarn im Juni 1941 in den Krieg eingetreten war, wurde die Zensur noch viel strenger: In der Presse durften keinerlei Nachrichten aus Quellen der Alliierten erscheinen, ungarischsprachige Rundfunksendungen aus Moskau, London und Washington wurden massiv gestört. Solange die Frontberichte für Deutschland positiv waren, machte sich das Fehlen einer objektiven Berichterstattung kaum bemerkbar. Aber als nach der deutschen Katastrophe von Stalingrad der Krieg einen anderen Verlauf genommen hatte, wurde die Diskrepanz zwischen Propaganda und Realität auffallender, und die Menschen gierten geradezu nach exakten Informationen. Das Manifest der Friedenspartei zeichnete ein umfassendes und suggestives Bild der Weltlage. Es gab eine vollständige und überzeugende Beschreibung des Ausmaßes der deutschen Niederlage bei Stalingrad und deren Konsequenzen für den gesamten Krieg. Das Manifest berichtete von den Erfolgen der Alliierten in Nordafrika und verkündete die baldige Invasion Westeuropas durch die Alliierten. Es befasste sich insbesondere mit der Situation Ungarns in diesem Gesamtbild. Hitler war offensichtlich entschlossen, den Kampf bis zum bitteren Ende zu führen und seine Verbündeten mit in den Abgrund hineinzuziehen, aber Ungarns wahre Interessen erforderten – wie das Manifest ausführte –, dass sich das Land aus der tödlichen Umarmung Deutschlands befreit und seine Unabhängigkeit zurückgewinnt. Das Manifest umriss danach die Ziele der Friedenspartei – die Unabhängigkeit von der deutschen Vorherrschaft, den unverzüglichen Austritt aus dem verhängnisvollen Krieg und die Neuausrichtung des nationalen Weges, um für Ungarns Zukunft das zu retten, was noch zu retten war. Es appellierte auch an die Bürger des Landes, Widerstand gegen die zum Scheitern verurteilte Politik der gegenwärtigen Führung zu leisten und diejenigen Kräfte zu unterstützen, die sich für die Unabhängigkeit der Nation einsetzten.

Meine Aufgabe war es also, die Verteilung dieses Manifests in Klausenburg zu organisieren. Wir entschieden, dass wir realistischerweise die Verteilung von ungefähr tausend Flugblättern planen konnten. Dies musste so geschehen, dass jedes Exemplar von mindestens einer Person oder Familie gelesen wurde. Wir durften das Manifest nicht einfach auf den Straßen und anderen öffentlich zugänglichen Stellen liegen lassen; vielmehr mussten wir die Flugblätter zu den einzelnen Häusern bringen und dort in die Hausbriefkästen werfen oder unter die Wohnungstüren schieben. Ich brauchte fünf Leute, die je zweihundert Exemplare in fünf Stadtbezirken von Klausenburg verteilten – eine Aktion, die sich an einem einzigen Abend innerhalb von vier bis fünf Stunden durchführen ließ, wenn man anderthalb Minuten für ein Flugblatt veranschlagte. Das Ganze musste buchstäblich über Nacht geschehen, denn sobald die Sache herauskam, würden die Behörden eine Fahndung einleiten. Im Interesse einer maximalen Effizienz war es wünschenswert, dass jeder Verteiler einen weiblichen Begleiter hat – ein Liebespaar, das am Abend auf den Straßen spazieren geht und häufig stehen bleibt, erregt mit Sicherheit weniger Verdacht als eine Einzelperson, die dasselbe tut. Die Vervielfältigung der Flugblätter war Aufgabe der Gruppe, die von der Technikfrau geleitet wurde; ein Mitglied dieser Gruppe war – wie ich später entdeckte – mein früherer Mitschüler Ede Lebovits, den ich ein Jahr zuvor mit einem Losungswort zu einem Treffen geschickt hatte. Es war auch die Aufgabe der technischen Gruppe, die fünf Stapel von je zweihundert

Flugblättern an die Verteiler zu liefern. Die Übergabe fand bei fünf genau geplanten Treffen in den frühen Abendstunden statt. Der Übergeber und der Empfänger durften einander nicht kennen und mussten deswegen Losungsworte benutzen.

Ich teilte Klausenburg in fünf geographische Zonen auf: die Innenstadt und vier Wohnviertel. In zwei Wohnvierteln lebten hauptsächlich Arbeiterfamilien (eines der Viertel lag in der Nähe der Dermata-Fabrik, das andere am Bahnbetriebswerk), in zwei weiteren Vierteln wohnten überwiegend Mittelstandsfamilien. In der Innenstadt wohnten ausschließlich Mittelstandsfamilien. Die fünf Stapel zu je zweihundert Flugblättern mussten an fünf verschiedenen Stellen übergeben werden, die nicht zu weit voneinander entfernt sein durften, aber auch nicht zu weit weg von den fünf Verteilungszonen. Ich legte diese Stellen und die Übergabezeiten fest, wobei ich für die Begegnungen Zeitabstände von fünfzehn Minuten plante. Jedes der fünf Verteilerpärchen musste eine Strecke so zurücklegen, dass alle größeren Straßen der zugewiesenen Zone abgedeckt wurden. Damals war das mathematische Modell des Briefträgerproblems (Chinese Postman Problem) noch nicht bekannt, da es erst in den frühen sechziger Jahren formuliert wurde. Wir mussten deswegen selber die Wegstrecken herausfinden, bei denen eine minimale Anzahl von Straßen mehr als einmal überquert wird. Zwei der fünf Verteiler waren Mayer Hirsch und Dezső Nussbächer. Mayer hatte eine feste Freundin, die seine politischen Ansichten teilte, und er hatte keine Bedenken, das Mädchen einzubeziehen. Dezső kannte ein ernsthaftes Mädchen mit linksgerichteten politischen Ansichten; er schaffte es, sie zu überreden, sich ihm anzuschließen. Ich musste also noch drei Leute finden. Zunächst suchte ich Menyhért Schmidt auf, einen ehemaligen Mitschüler, dessen politische Ansichten ich in vielen früheren Diskussionen geformt hatte. Er war einverstanden, Flugblätter zu verteilen, hatte aber keine geeignete Partnerin – ein Problem, das wir nach einiger Suche lösen konnten. Als Vierten wählte ich den Chemiker György (Georg) Havas, ein Mann Anfang dreißig, den ich 1940–1941 in Királys Diskussionsforum getroffen hatte. Obwohl ich ihn mehr als zwei Jahre nicht gesehen hatte, stimmte er bereitwillig zu, uns zu unterstützen, als ich ihm erklärte, dass ich als Kommunist für die Friedenspartei arbeite und die Aufgabe erhalten hatte, die Verteilung des Antikriegsflugblattes der Partei zu organisieren. Er sagte, dass er seine Schwester mitnehmen würde, die zuverlässig sei und bereit, das Risiko einzugehen. Als Fünften warb ich Misi (Michael) Schnittländer an, einen ehemaligen Studenten, der jetzt Ende zwanzig war; ich hatte ihn zuvor zwar nur flüchtig gesehen, aber von meinen Kollegen in Királys Zirkel viel über ihn gehört. Er stimmte ebenfalls zu, sich zusammen mit seiner zuverlässigen Freundin zu beteiligen. Unser Team war jetzt vollständig und einsatzbereit. Ich betrachtete die Beteiligung von Havas und Schnittländer als großen moralischen Erfolg: Beide waren bedeutend älter als ich und kannten höchstens meinen Leumund, mich selbst jedoch kaum; dennoch waren sie bereit, auf meine Anfrage hin und unter meiner Anleitung an einer so gefährlichen Aktion teilzunehmen. Ein Gefühl des Stolzes kam in mir auf.

Ich erinnere mich nicht mehr an das genaue Datum, aber es war Ende Juli oder Anfang August 1943, als wir das Manifest der Friedenspartei in Klausenburg verteilten. Hirsch, Nussbächer und Havas erhielten ihre Flugblätter nach Plan und verteilten sie in der Innenstadt sowie in zwei Arbeitervierteln; aber Schmidt und Schnittländer bekamen ihre Flugblätter nicht. Die Technikfrau, die die Pakete eigenhändig übergab, behauptete, dass der Vierte, also Schnittländer, nicht zum vereinbarten Treffen erschienen sei. Sie habe befürchtet, irgendetwas sei schief gelaufen, weswegen sie beschlossen habe, nicht zur letzten der fünf Verabredungen zu gehen und die verbleibenden zwei Pakete so zu lagern, dass diese bis zum Morgen nicht gefunden würden. Schnittländer beharrte jedoch darauf, dass er zur vereinbarten Zeit am verabredeten Ort gewesen sei. Es ließ sich nicht feststellen, was wirklich passiert war.

Trotz dieses kleinen Malheurs konnten wir die Aktion insgesamt als Erfolg verbuchen. Wir hatten es geschafft, sechshundert Exemplare des Manifests in der Innenstadt von Klausenburg und in zwei wichtigen Arbeitervierteln zu verteilen. Am darauffolgenden Tag nahmen die Leute die Flugblätter mit zur Arbeit und reichten sie heimlich weiter. Obwohl die Zettel später vom Aufsichtspersonal beschlagnahmt wurden, hatten viele Leute die Gelegenheit, die Flugblätter zu lesen, die für viele Tage und Wochen das Gesprächsthema blieben. Bald schwärmte die DEF in Klausenburg aus und leitete gründliche Ermittlungen ein, die im Laufe des Herbstes zu Verhaftungen führten.

Im gleichen Sommer entwickelten sich zwei von Dezső Nussbächers Verbindungen in einem Maße, das es mir erlaubte, mit beiden direkten Kontakt aufzunehmen. Einer von ihnen hieß Hentz, ein Lederarbeiter Mitte vierzig. Als früheres Gewerkschaftsmitglied sympathisierte er mit unserer Sache; darüber hinaus war er bei seinen Arbeitskollegen hoch angesehen. Der andere hieß Galambos, ein Möbeltischler Anfang dreißig, der früher als Kommunist aktiv gewesen war, aber irgendwann den Kontakt zur Partei verloren hatte. Keiner der beiden Männer war jüdischer Abstammung – ein Umstand, der damals ein wichtiger Vorzug war. Sie waren bereit, sich mit mir zu treffen, über die in der Fabrik entstandene Lage zu diskutieren und etwas zu unternehmen, wenn sich dazu eine Gelegenheit böte; sie waren jedoch äußerst vorsichtig und meinten, dass die Zeit jetzt noch nicht reif zum Handeln sei. Ich traf mich regelmäßig einzeln mit jedem der beiden (keiner wusste diesbezüglich vom jeweils anderen) und bereitete sie auf eine aktivere Einbeziehung in naher Zukunft vor.

Um diese Zeit herum bat mich PK, ein weiteres Mitglied des Regionalkomitees zu treffen, einen Intellektuellen der Arbeiterklasse, den er den „Schriftsteller" nannte. Dieser Mann lebte in der Illegalität und ich traf ihn bei einer Verabredung, auf der ich mit ihm ein Losungswort wechseln musste. Er war ziemlich kleingewachsen, um die vierzig, trug einen großen schwarzen Schnurrbart und verhielt sich sehr herzlich und freundlich zu mir. Der Zweck der Begegnung bestand darin, dass wir uns miteinander bekannt machen; vermutlich sollte er mich auch einschätzen. Wir unterhielten uns lange über die politische Lage und er zeigte mir etwas, das er gerade verfasste – eine Art Antikriegsmanifest mit mehr lokalen Bezügen als das Manifest, das wir verteilt hatten. Ich ahnte zu diesem Zeitpunkt noch nicht, welch schreckliches Schicksal ihn in allernächster Zukunft erwartete.

Inzwischen geschah im späten Frühjahr und Sommer 1943 etwas Wichtiges in meinem Privatleben. Meine neue Bekannte, die Regionalfrau, war Anfang bis Mitte

dreißig, gut aussehend, intelligent und – nach ihrer Tätigkeit zu urteilen – außergewöhnlich mutig. Sie lebte in der Illegalität und hatte bereits einige Jahre Parteiarbeit
hinter sich. Wir trafen uns ungefähr einmal in der Woche, und ich berichtete ihr dabei über meine Aktivitäten. Sie war alleinstehend und ich war es auch, und obwohl
sie dreizehn Jahre älter war als ich, fand ich sie sehr attraktiv. Im Juni wurden wir
ein Liebespaar. Das war meine erste ernsthafte Beziehung, und sie füllte eine große
Leere in meinem Leben. Meine Partnerin hatte bereits mehrere Liebesbeziehungen;
mindestens eine dieser Beziehungen hatte sie seelisch zutiefst verwundet. Unsere Beziehung dauerte einige Monate, bis sie festgenommen wurde. Trotz unserer
Intimität kannte ich ihren Namen nicht, und sie kannte auch meinen nicht.

Im Laufe des Jahres 1943 wendete sich der Krieg immer mehr zugunsten der Alliierten. Die wirtschaftliche Überlegenheit des englisch-amerikanisch-
sowjetischen Blocks wurde allmählich zu einer militärischen Überlegenheit, die
sich schließlich auch auf den Schlachtfeldern bemerkbar machte. Nach der anglo-
amerikanischen Landung in Marokko hatte sich das Blatt auch in Nordafrika
gewendet – im Vorjahr hatte Rommel noch spektakuläre Siege über die Briten er-
rungen, aber nun rückten die vereinten britischen und amerikanischen Streitkräfte
unaufhaltsam vor und zermalmten Rommels Armee, deren Überreste hastig über
das Mittelmeer evakuiert wurden. Anfang Juli landeten die Alliierten Streitkräfte in
Sizilien und am Ende des Monats brach Mussolinis Regime zusammen. Der König und einige Militärführer schlossen einen Separatfrieden mit den Alliierten. In
einer spektakulären Aktion entführten die Deutschen Mussolini aus dessen Gefangenschaft und installierten seine Herrschaft im nördlichen Teil des Landes erneut,
aber das war eindeutig ein Rückzugsgefecht – die Überlegenheit der Alliierten an
der italienischen Front war klar für jeden, der die dortigen Ereignisse verfolgte.
Unterdessen intensivierten die Alliierten ihre Bombenangriffe auf deutsche Industriegebiete und Kommunikationszentren; das deutsche Volk, für das die ersten
Kriegsjahre eine Aufeinanderfolge von Triumphzügen waren, erlitt jetzt auch an
der Heimatfront schwere Verluste.

Etwas näher bei uns, im Krieg an der Ostfront, gab es ebenfalls einige ermutigen-
de Entwicklungen. Ende Juni und Anfang Juli kam es zu einer gewaltigen Schlacht
im Gebiet von Kursk, im mittleren Frontbereich. Dort war eine riesige deutsche
Armee für eine Gegenoffensive zusammengezogen worden und stand einer noch
größeren sowjetischen Streitmacht gegenüber, die den Deutschen inzwischen an
Panzern, Flugzeugen, mobiler Artillerie und anderen Waffen zahlenmäßig überlegen
war – die meisten dieser Rüstungsgüter wurden übrigens in der Sowjetunion hergestellt. Der Schlacht tobte mehrere Wochen, führte zu riesigen Verlusten auf beiden
Seiten und endete mit dem deutschen Rückzug in Richtung der früheren polnischen
Grenze. Während der nachfolgenden Monate eroberte die Rote Armee den überwiegenden Teil von Westrussland und einen guten Teil der Ukraine zurück. Anfang
1944 waren die meisten deutschen Eroberungen im Osten verloren gegangen.

Untergetaucht

3

Im Jahr 1943 wurde ich einundzwanzig, das Alter, in dem in Ungarn die Militär-pflicht begann, und ich musste zusammen mit allen anderen jungen Männern meines Alters zur Musterung. Die Juden wurden nicht zum Militär, sondern zum Arbeits-dienst eingezogen, aber ansonsten lief alles so wie bei einer normalen Einberufung. Im Sommer unterzog ich mich der amtlichen medizinischen Untersuchung, wurde für tauglich befunden und erhielt den Namen der Wehrdienststelle, bei der ich mich am 3. Oktober einfinden sollte. Bereits im April oder Mai 1943 teilte mir jedoch PK mit, dass die Partei beschlossen habe, ich solle lieber in den Untergrund (also in die Illegalität) gehen als der Einberufung Folge zu leisten. Das bedeutete natürlich Fahnenflucht und war ein hochriskantes Unternehmen, aber das war auch alles an-dere, was ich tat. In den Untergrund zu gehen hieß, sich falsche Ausweispapiere zu beschaffen und ein halbwegs sicheres Versteck bei jemandem zu finden, der bereit war, eine Unterkunft zur Verfügung zu stellen. Die Partei würde bei der Beschaf-fung einiger Papiere helfen und mir einen monatlichen Zuschuss zahlen, mit dem ich meinen Lebensunterhalt bestreiten könnte, einschließlich der Miete, die an den zukünftigen Vermieter zu zahlen wäre. Für alles andere müsse ich selbst sorgen, zur Vorbereitung bekäme ich einige Monate.

Ich beschloss, ein Student namens Antal Szilágyi zu werden. Das war der Name einer real existierenden Person, ein mit mir etwa gleichaltriger RAVAG-Arbeiter, dessen Geburtsort und Geburtsdatum ich kannte. Ich schaffte es, mir eine Kopie seiner Geburtsurkunde zu besorgen. Außer diesem wichtigen Personendokument erhielt ich von PK einen mit einem Foto versehenen Studentenausweis (hierfür hatte ich ein Foto geliefert, das mich mit einem kleinen Schnurrbart zeigte), der auf den Namen Antal Szilágyi, Jurastudent im ersten Studienjahr, ausgestellt war. Nach dem Krieg fand ich heraus, dass Mihai Pop, ein kommunistischer Medizin-student rumänischer Nationalität, derjenige an der Universität war, der mir meinen gefälschten Studentenausweis besorgt hatte. Als Jurastudent hatte ich den Vorteil, ziemlich selten an Universitätsveranstaltungen teilnehmen zu müssen; das war eine Art Rechtfertigung dafür, viel Zeit zu Hause zu verbringen. Zwar könnten sich die obengenannten Ausweisdokumente im Falle eines Problems als nützlich erweisen,

E. Balas, *Der Wille zur Freiheit*, DOI 10.1007/978-3-642-23921-2_3,
© Springer-Verlag Berlin Heidelberg 2012

aber der damals in Ungarn üblicherweise verwendete Ausweis war die Wohnsitz-
anmeldebescheinigung des Wohnungsamtes. Diese Bescheinigung musste gefälscht
werden. Ich erhielt hierfür einige leere Anmeldeformulare und ein relativ gutes Imi-
tat des Wohnungsamtstempels. PK instruierte mich mündlich, wie man einen mit
Tinte handgeschriebenen Text verschwinden lässt und etwas anderes an dessen Stelle schreibt: welche Chemikalien man sich in der Apotheke kauft und wie man sie
mischt, um eine Flüssigkeit herzustellen, mit der man Tinte auf einem Dokument
verschwinden lassen kann.

Das schwierigste Problem war jedoch, ein relativ sicheres Versteck zu organisieren. Da man mich ja als Deserteur suchen würde, konnte ich nicht arbeiten gehen,
nicht einmal mit einer falschen Identität: Gefälschte Unterlagen wären ein zu großes
Risiko gewesen und außerdem hätte man mich leicht erkennen können. Tatsächlich sollte ich ja die meiste Zeit in meinem Versteck bleiben, und nur hinausgehen,
wenn ich es musste, und selbst dann erst am Abend. Dies bedeutete, dass mein
Vermieter wissen musste, dass ich ein Illegaler war. Ich sprach mit Zoltán, einem
meiner Arbeitskollegen bei RAVAG, der stark mit den Kommunisten sympathisierte, aber nicht die Entschlossenheit hatte, gemäß seinen Überzeugungen zu handeln.
Er war kein Jude, und dieser Umstand versetzte ihn in eine bessere Lage, mir zu
helfen. Es war viel weniger sicher, sich bei Juden zu verstecken. Als ich in dieser
Angelegenheit auf Zoltán zuging, sagte ich ihm, dass die Bewegung ein Versteck
für einen Genossen brauche, eine alleinstehende Person, die einen angemessenen
Betrag für Unterkunft und Verpflegung zahlen würde. Zoltán musste nicht wissen, das es sich bei dieser Person um mich selbst handelte, und deswegen sagte
ich es ihm auch nicht. Ich fragte ihn, ob er jemanden kenne, der mit unserer Sache sympathisiert, und an den man mit einer solchen Bitte herantreten könne. Der
Betreffende müsse natürlich wissen, dass sein Mieter in der Illegalität ist, und deswegen von den Nachbarn nicht allzu oft gesehen werden darf. Zoltán dachte über
meine Frage nach und kam nach einiger Zeit mit dem Namen eines älteren Ehepaars zurück. Er beschrieb sie als sehr anständige und langjährige Sympathisanten
der Bewegung, die aber weder politisch aktiv noch polizeibekannt seien. Sie lebten in einem sehr bescheidenen Haus in einer besseren Gegend, die den von mir
geschilderten Erfordernissen entsprach. Der Mann, Gyula Iszlai, war Maurer, Ende
fünfzig, und arbeitete immer noch, wenn er Arbeit fand; seine Frau hatte ungefähr
dasselbe Alter, arbeitete gelegentlich als Waschfrau und kochte zu Hause. Sie hatten
einen Sohn um die zwanzig, der bei ihnen wohnte und in einer Schneiderwerkstatt
in der Innenstadt arbeitete; die verheiratete Tochter wohnte woanders. Das Ganze
hörte sich einigermaßen vielversprechend an und ich bat Zoltán, das Ehepaar in dieser Angelegenheit anzusprechen (ohne ihnen meinen Namen zu geben), und, wenn
sie einverstanden sind, einen Termin auszumachen, an dem ich sie besuchen könne,
um die Einzelheiten zu besprechen.

Etwa eine Woche später kam über Zoltán eine positive Antwort, und so ging ich
an einem Abend zu dem Ehepaar und stellte mich, ohne meinen Namen zu nennen,
einfach als derjenige vor, der die von Zoltán angedeutete Angelegenheit besprechen
sollte. Da die beiden in der Vergangenheit bereits Kontakt zur Bewegung hatten,
waren sie nicht überrascht, dass ich mich ohne Namen vorgestellt hatte. Zunächst

führten wir ein etwa halbstündiges vertrauensbildendes Gespräch, in dem wir über die politische Lage und den unvermeidlichen Sieg der Alliierten diskutierten und ich den beiden sagte, wie sehr wir ihre Hilfsbereitschaft schätzen. Danach umriss ich unsere Anforderungen an das Versteck. Sie zeigten mir das Haus, in dem sie wohnten – es war das kleinere von zwei einzeln stehenden Gebäuden auf demselben Hof, und sie waren etwa fünfundzwanzig Meter voneinander entfernt. Ein großer Raum diente als Küche und Wohnzimmer, es gab ein nur von der Küche her zugängliches Schlafzimmer und ein drittes Zimmer, das nur von außen zugänglich war. Es war kein Badezimmer vorhanden, hinten im Hof stand nur eine Außentoilette ohne fließendes Wasser. Um sich zu waschen, verwendeten sie Wasser aus einem Hahn in der Küche, dazu Behälter verschiedener Formen und Größen. Das Ehepaar schlief im Schlafzimmer, ihr Sohn Bertalan (Kosename: Berci) schlief im dritten Zimmer. Das war das Zimmer, das sie vermieten würden; sie sagten, dass Berci ebenso gut auch im großen Zimmer schlafen könne und dafür Verständnis haben würde, da die Familie Geld brauche. Was die Verpflegung angeht: Frau Iszlai kaufte ein und kochte für die dreiköpfige Familie, und wenn der Mieter bereit sei, die bescheidenen Mahlzeiten zu essen, dann wäre das für sie in Ordnung. Ich fragte, wer in dem Haus auf der anderen Seite des Hofes wohne, und fand die Antwort zufriedenstellend. Alles in allem schienen die Umstände vom Standpunkt der Sicherheit günstig zu sein, und das war das Allerwichtigste, das Zweitwichtigste und das Drittwichtigste.

Es gab jedoch ein Problem: Zwar sympathisierten der Mann, die Frau und ihre verheiratete Tochter, die in einem anderen Stadtteil wohnte, sehr mit der Bewegung, nicht jedoch ihr Sohn – der war nicht nur desinteressiert an Politik, sondern lehnte auch jede Verwicklung der Familie in politische Dinge ab. Er durfte deswegen nichts vom wahren Hintergrund unseres Geschäftes erfahren, denn andernfalls könnte er eine Belastung oder sogar eine Gefahrenquelle werden. Ich äußerte einige Zweifel, ob sich die Identität des Mieters, der ja einen Großteil seiner Zeit im Hause verbringen würde, vor Berci geheimhalten ließe. Aber Bercis Mutter versicherte mir, dass er das Haus jeden Morgen ganz früh verlasse und erst zum Abendessen zurückkomme; und solange er einen Vorteil in der Vereinbarung sehe, würde ihn der Tagesablauf des Mieters ungefähr genauso interessieren wie das chinesische Alphabet. Bei unserem Gespräch stellte sich heraus, dass Berci einen Teil des Lohnes, den er im Schneiderladen verdiente, seinen Eltern als Kostgeld abgab (zu wenig, wie sein Vater meinte). Um Berci einen Anreiz zu geben, schlug ich deswegen vor, seinen Beitrag als Ausgleich für das aufgegebene Zimmer zu senken und den so entstehenden Differenzbetrag auf den Preis für Kost und Logis draufzuschlagen. Die Eltern akzeptierten meinen Vorschlag und nachdem wir uns auf einen Preis geeinigt hatten – der meinen monatlichen Zuschuss bei weitem nicht ausschöpfte – besiegelten wir unsere Übereinkunft für die Zeit ab dem ersten Oktober und vereinbarten, dass ich den Mieter dann mitbringe. Zum Schluss meines Besuches bat ich die Iszlais, mit niemandem über unsere Abmachung zu sprechen, nicht einmal mit der Tochter, die mit unserer Sache sympathisierte – die Tochter solle nur dann eingeweiht werden, wenn es unbedingt erforderlich sei. Gleichsam als Beispiel nannte ich unseren Freund Zoltán: Zwar würde ich ihm vollständig vertrauen, aber dennoch sei es besser für alle – ihn eingeschlossen –, nichts über unsere Vereinbarung zu erfahren. Ich hatte deswegen vor, ihm zu sagen, dass ich mit den Iszlais ein nützliches Gespräch geführt habe, dass aber für den Genossen, der ein Versteck suchte, schließlich eine andere Lösung gefunden wurde. Das erzählte ich dann Zoltán tatsächlich, als ich ihm in unserem Namen für seine Bemühungen dankte.

Als der Oktober kam, verabschiedete ich mich an meiner Arbeitsstelle und sagte allen, dass ich zum Arbeitsdienst eingezogen werde. Zu Hause hatte ich einige Tage vor meiner Abreise ein langes Gespräch mit meiner Mutter. Ich erinnere mich gut an unsere Unterhaltung, denn es war das letzte Mal, dass wir miteinander sprachen, und es war gefühlsmäßig sehr schwer für uns beide. Meine Mutter stand mir immer sehr nahe. Wir gingen in einen Park, setzten uns auf eine Bank und ich sagte ihr, dass ich mich nicht dem Arbeitsdienst stellen werde, sondern die Stadt verlasse und in die Illegalität gehe. Ich erzählte ihr, dass ich einer Untergrundorganisation angehöre, die für eine gerechte Sache kämpft und auch die Mittel hat, mich in der Illegalität zu unterstützen. Natürlich war sie sehr in Sorge darüber, dass ich mich in eine tödliche Gefahr begebe. Sie weinte still. Ich antwortete, dass wir alle in einer tödlichen Gefahr schwebten, dass die Nazis entschlossen seien, uns alle zu töten, und dass man nicht sagen könne, ob der Arbeitsdienst sicherer sei als die Illegalität. Ich sagte ihr sogar, dass es ganz und gar nicht klar sei, wer sicherer ist: ich, der illegal in den Untergrund geht, oder sie, mein Vater und mein Bruder, die legal zu Hause blieben. Die Deutschen trauten der ungarischen Regierung nicht und es konnte jeden Tag passieren, dass sie Ungarn besetzten und dass dann die ungarischen Juden wahrscheinlich dasselbe Schicksal erwartete wie das der deutschen Juden, der polnischen Juden und all jener in den anderen von den Deutschen besetzten Gebieten – ein Schicksal, von dem wir wussten, dass es schrecklich war, obwohl wir keine Vorstellung vom Ausmaß der Katastrophe hatten. Wenn sich doch meine Ahnungen nur als falsch erwiesen hätten! Aber leider geschah acht Monate später genau das.

Außerdem sagte ich meiner Mutter, dass ein weltweites Ringen stattfindet, in dem sich das Schicksal der Menschheit entscheiden würde, und dass ich mich an diesem Kampf beteiligen wolle. Ich beruhigte meine Mutter, ich hätte nicht die Absicht, zu sterben, und auch die Organisation, der ich angehöre, will nicht, dass ich sterbe, sondern dass ich für unsere Sache lebe und arbeite. Natürlich gibt es Gefahren, aber wenn ich sterben müsste, dann würde ich zumindest wissen, dass ich die Hände nicht in den Schoß gelegt, sondern etwas getan habe. Meine Mutter versuchte, ihre Sorgen und Ängste zu beherrschen und sagte, dass sie sehr stolz auf mich sei. Dann besprach ich mit ihr, was zu tun sei, wenn die Behörden mein Verschwinden entdecken. Mein Vater durfte nicht erfahren, was ich tue, da er es weder verstanden noch akzeptiert hätte. Andererseits wollte ich aber auch nicht, dass ihm andere mitteilen, ich hätte mich nicht bei der Wehrdienststelle gemeldet. Also ging ich in der Nacht vor meiner vermeintlichen Abfahrt zur Wehrdienststelle weg von zu Hause und hinterließ meinen Eltern einen Brief, in dem ich vorgab, die rumänische Grenze überschreiten zu wollen und zu versuchen, nach Palästina zu kommen. (Die Grenze war ungefähr zehn bis fünfzehn Kilometer von Klausenburg entfernt und trotz des damit verbundenen Risikos versuchten viele, zu flüchten.) Ich sagte meiner Mutter, diesen Brief könnten meine Eltern den Behörden zeigen, wenn sich diese nach mir erkundigten. Meinem Bruder Bobi erzählte ich einen Tag vor meiner

Abreise die Wahrheit. Er war erschrocken, sagte mir aber, er sei zuversichtlich, dass ich wisse, was ich tue.

Am Tag, bevor ich von Zuhause wegging, besuchte ich die Iszlais und sagte ihnen, dass ich ihr neuer Mieter sei und am nächsten Abend kommen würde. Ich brachte bereits ein paar persönliche Sachen mit, um dann nicht alles auf einmal schleppen zu müssen. Ich gab ihnen die Details meiner falschen Identität (meinen Namen, wie er in meinen Papieren stand, und meinen Status als Jurastudent), und sie erzählten mir, dass sie mit ihrem Sohn Berci gesprochen hätten und dass alles vorbereitet sei. Einige Tage zuvor hatte mir PK die erste Vorauszahlung in Höhe des Zuschusses für zwei Monate gegeben; ich zahlte den Iszlais jetzt zunächst für einen Monat den Betrag für Kost und Logis. Am nächsten Abend erschien ich in meinem besten Anzug, mit Mantel und Hut, und mit einer einzigen Reisetasche.

Ich gewöhnte mich bald an meine neue Umgebung und Lebensweise. Das Haus der Iszlais lag in Richtung des oberen Endes der Majális utca, einer langen Straße, die in der Nähe der Innenstadt begann und einen ziemlich steilen Hügel hinaufführte. Die untere Hälfte der Straße, bis zum Botanischen Garten, war eine sehr schöne Mittelstandsgegend mit vielen eleganten Villen, die von Gärten umgeben waren. Oberhalb des Botanischen Gartens wurden die Häuser bescheidener, und die Straße verwandelte sich allmählich in eine Gegend, in der die untere Mittelklasse wohnte. Ganz oben war der Házsongárd, ein Friedhof. Das Haus der Iszlais befand sich im ärmeren Abschnitt der Straße. Ich verbrachte den überwiegenden Teil meiner Tage in meinem Zimmer und – bei schönem Wetter – in dem großen und angenehmen Hofgarten. Ich aß zu Mittag allein oder zusammen mit Frau Iszlai, wenn Herr Iszlai und Berci auf Arbeit waren, und wir aßen gemeinsam zu Abend. Ich versuchte, so freundlich wie möglich zu Berci zu sein, der nichts über meine Situation wusste und dem gegenüber ich so tun musste, als ob ich den Tag an der Universität oder woanders verbrachte. Mein einziges Problem mit ihm war, dass er gerne tanzen ging und mich manchmal einlud, mit ihm zusammen zu einem Tanzabend zu gehen. Er konnte einfach nicht verstehen, warum ich mich die ganze Nacht auf eine Prüfung vorbereiten musste, anstatt mich mit ihm beim Tanz zu amüsieren. Ich denke, dass er mich wegen meiner seltsamen Prioritäten für ziemlich töricht hielt; aber hiervon abgesehen kamen wir ganz gut miteinander aus. Berci verriet mir sogar die Geheimwaffe, mit der er seine Tanzpartnerinnen eroberte, wenn er zu einem Tanzabend ging: Er steckte sich die größte Gurke, die er in der Küche finden konnte, in die Hosentasche. Er behauptete allen Ernstes, das habe einen magischen Effekt auf die Mädchen, mit denen er tanzte.

Frau Iszlai stellte mich auch den Molnárs vor, der Familie, die in dem anderen Haus wohnte, dem eigentlichen Hauptgebäude auf dem Grundstück. Der Mann war Postangestellter und seine Frau arbeitete als Nagelpflegerin. Sie hatten eine zwölfjährige Tochter, die Nora hieß und Nachhilfeunterricht in Mathematik brauchte. Obwohl man von mir als Jurastudent nicht erwartete, in Mathematik besonders gut zu sein, übernahm ich dennoch den Nachhilfeunterricht gegen ein bescheidenes Entgelt. Das Ergebnis fiel zur Zufriedenheit aller aus. Noras Zensuren wurden besser und durch den Nachhilfeunterricht hatte ich Zugang zum Radio der Molnárs (die Iszlais hatten keins). Wenn Frau Molnár zu Hause war, hörte ich die deutschsprachigen BBC-Nachrichten und sagte, dass es sich um einen Berliner Sender handelte.

Ich ging nur abends auf die Straße, gut angezogen, den Hut so weit nach unten gezogen, dass es nicht auffällig war, und ich setzte eine Brille auf. Ich ging nie durch überfüllte Straßen, und wenn mir jemand entgegenkam, der mich möglicherweise kannte, dann nahm ich mein Taschentuch und putzte mir die Nase, um mein Gesicht zu bedecken. Die Brille, die ich trug, war aus gewöhnlichem Glas. Ich hatte sie bei einem Optiker bestellt, dem ich erklärte, sie sei für meinen hypochondrischen Großvater, der glaubte, eine Brille tragen zu müssen, obwohl sein Augenarzt anderer Meinung sei. Zuerst wollte der Optiker, dass ich meinen Großvater mitbringe, um ihm seine Manie auszureden. Darauf entgegnete ich, dass mein Großvater nicht mehr gehen könne; nun war der Optiker einverstanden und erklärte sich bereit, die Brille anzufertigen. Meine Stadtausflüge dienten dem Zweck, meine Kontaktleute zu treffen. Diese Treffen liefen genauso ab wie zuvor, nur fanden sie jetzt immer am Abend statt.

Bald nachdem ich in den Untergrund gegangen war, fiel die DEF über Klausenburg her und begann, unsere Bewegung aufzurollen. Als Erstes erreichte mich die Nachricht, dass die Technikfrau verhaftet worden war. Wie ich danach herausfand, hieß sie Ilona Grünfeld und war von einem Mann ihrer Gruppe verraten worden, den ich nicht kannte, der aber anscheinend der DEF als Sympathisant der Kommunisten bekannt war. Er hatte sich der Verhaftung eine Zeitlang durch häufigen Wohnungswechsel entziehen können, aber schließlich ergriffen sie ihn; er wurde brutal geschlagen und gab Ilona Grünfelds Namen preis. Weitere Verhaftungen folgten: Holländer und László wurden festgenommen, wahrscheinlich aufgrund von Grünfelds Schwäche. Schlimmer noch: Meine eigene damalige Parteiverbindung und Geliebte, die Regionalfrau, war zu einer unserer Verabredungen nicht erschienen, und ich erfuhr bald, dass auch sie verhaftet worden war. Ihr Name war Ilona Hovány. Die Nachricht von ihrer Festnahme war ein besonders schwerer Schock für mich. Das andere Mitglied des Regionalkomitees, der „Schriftsteller" in mittleren Jahren, den ich einige Monate zuvor getroffen hatte, wurde ebenfalls verhaftet. Sein Name war, wie sich jetzt herausstellte, Béla Józsa. Schließlich erfuhr ich, dass die DEF einen der verhafteten Führer der Friedenspartei – und der Kommunistischen Partei vor deren Selbstauflösung – von Budapest nach Klausenburg geschafft hat: István Szirmai, der offensichtlich der Beauftragte für die Verbindung mit dem Regionalkomitee von Nordsiebenbürgen war. Meine anderen Verbindungen blieben erhalten. Die zwei meistgesuchten Personen waren der Sekretär des Regionalkomitees und ich selbst. Der Sekretär des Regionalkomitees war kein anderer als mein alter PK, von dem ich jetzt erfuhr, dass er Sándor (Alexander) Jakab hieß. Alles das hörte ich von Ede Lebovits, den ich anrief, nachdem Ilona Hovány nicht zu unserem Treffen erschienen war. Ich bat Lebovits, am nächsten Abend zu einem Gespräch zu kommen. Ede war ziemlich erschrocken, als er meine Stimme am Telefon hörte; er hatte bereits erfahren, dass ich nicht auf der Wehrdienststelle erschienen war, dass die DEF durch die Verhaftungen bereits über meine Aktivitäten informiert war und alle Hebel in Bewegung gesetzt hatte, um mich zu ergreifen. Er kam dennoch zu unserer Verabredung. Da ich nicht sein Parteikontakt war und seine Aktivitäten nicht kannte, fragte ich ihn, ob irgendeiner der Verhafteten ihn kenne. Er antwortete, Ilona Grünfeld sei sein einziger Parteikontakt, er habe ihren Namen erst nach ihrer Verhaftung erfahren, und sie kenne seinen Namen nicht. Es schien also, dass Ede außerhalb der Reichweite der DEF war. Für alle Fälle beschlossen wir aber, uns erst dann wieder zu treffen, wenn ich mit ihm Verbindung aufgenommen habe.

Nachdem ich meinen Kontakt zur Partei verloren hatte, war ich jetzt auf mich allein angewiesen. Wie bereits erwähnt, konnte ich nicht arbeiten gehen, um meinen Lebensunterhalt zu verdienen. Der zweimonatige Zuschuss, den ich von der Partei erhalten hatte, ließ sich so strecken, dass ich damit die Iszlais bis zum Jahresende bezahlen konnte; danach würde ich in der Luft hängen. Ich erwog verschiedene mehr oder weniger riskante Geldbeschaffungsmöglichkeiten, die sich realisieren ließen, sobald die Verhaftungen vorüber waren; aber nach den vielen schweren Schlägen in jenem Herbst hatte ich endlich ein bisschen Glück. An einem Abend Anfang Dezember, als ich gerade von einem Ausgang zurückkam und die Majális utca hinaufging, überholte ich ein Paar, das sich leise unterhielt, und ich fing einige Gesprächsfetzen auf. Obwohl es dunkel war und ich ihre Gesichter nicht sehen konnte, erkannte ich die Stimme des Mannes, die mir vertraut war und die ich schon sehr lange hören wollte. Ich drehte mich um und sagte laut: „Guten Abend, der Herr!" Das Paar hielt an. Der Mann, dessen Gesicht ich nicht sehen konnte, weil er seinen Hut tief nach unten gezogen hatte, flüsterte der Frau etwas ins Ohr, ging dann zwei Schritte auf mich zu, streckte die Hand aus und erwiderte: „Was für eine angenehme Überraschung, mein junger Freund". Es war Sándor Jakab, mein alter PK. Wir verabredeten schnell einen Treffpunkt für den nächsten Abend, und er ging in Gesellschaft der Frau weiter.

Die Dinge, die er mir am nächsten Abend erzählte, waren ein neuer Schock für mich. Sándor Jakab (ich nenne ihn einfach Sanyi) sagte mir, dass viele der Verhafteten – darunter Ilona Grünfeld und Willy Holländer – unter den Schlägen zerbrochen seien und alles sagten, was sie wussten. Béla Józsa dagegen gab nichts preis und wurde totgeschlagen. Später erfuhr ich die genauen Umstände seines Todes. Józsa, den sie zu einem Fleischklumpen geschlagen hatten und der lieber sterben wollte als die Sache zu verraten, für die er kämpfte, verweigerte jegliche Nahrungsaufnahme. Als sie versuchten, eine Zwangsernährung durchzuführen, leistete er Widerstand. Offenbar wurde die Nahrung in seine Lungen gepresst und das brachte ihn um. Bei Ilona Hovány – so erzählte mir Sanyi weiter – stellte sich heraus, dass sie schwanger war, aber sie weigerte sich, der DEF den Namen des Vaters zu sagen. Auch die anderen Gefangenen kannten den Namen nicht. Zu Sanyis Überraschung verriet ich ihm die Lösung des Rätsels: Wenn Ilona tatsächlich schwanger war, dann konnte nur ich der Grund dafür gewesen sein. Es war ein schreckliches Gefühl, da ich mir jetzt vorstellte, wie sehr die Schwangerschaft Ilonas Leiden während der Verhaftung verschlimmern musste. Später, im Frühjahr, erfuhr ich, dass sie einen Sohn zur Welt gebracht hatte, den sie Attila nannte. Vermutlich hatten Ilonas brutale Behandlung durch die DEF und die schrecklichen Bedingungen ihrer anschließenden Gefangenschaft dazu geführt, dass Attilas Gesundheit sehr schwach war – er starb Anfang 1945 bald nach der Befreiung Klausenburgs.

Da die DEF um Weihnachten 1943 immer noch in der Stadt war, stellten wir alle unsere Aktivitäten ein, außer einander und einige andere Leute gelegentlich zu sehen, um zu erfahren, wie die Ermittlungen vorangingen. Sanyi gab mir für alle Fälle meinen Zuschuss für weitere vier Monate. Die Parteigelder kamen von wohlhabenden Sympathisanten und jetzt, da nur noch wir beide auf freiem Fuß waren, litten wir nicht an Geldknappheit.

An einem Abend, irgendwann im Februar 1944, war Ede, meine Hauptinformationsquelle über die Aktivitäten der DEF, nicht zu einem Treffen erschienen. Das war eine sehr ernste Sache, und ich vermutete etwas Böses. Obwohl wir den üblichen „Kontrolltermin" für eine Woche später verabredet hatten, beschloss ich, nicht so lange zu warten, und rief das Lebensmittelgeschäft, in dem er arbeitete, von einem öffentlichen Telefon an, das weit von meinem Wohnviertel entfernt war. Edes Vater nahm den Hörer ab, und als ich mich nach Ede erkundigte, antwortete der Vater mit ängstlicher Stimme, dass Ede die Stadt zusammen mit einem Freund verlassen habe. Es war klar, was das bedeutete: sie hatten auch Ede mitgenommen. Ich hängte den Hörer auf und verließ rasch die Telefonzelle und deren unmittelbare Umgebung. Ich konnte mir nicht vorstellen, wie es die DEF geschafft hatte, auf Edes Spur zu kommen, dessen Name keinem der Verhafteten bekannt war. Nach dem Krieg erfuhr ich, dass die Leute von der DEF – die wussten, dass ich mehrere meiner Freunde für die Bewegung angeworben hatte – Fotos meiner Mitschüler und Freunde besaßen; diese Fotos zeigten sie Ilona Grünfeld und forderten sie auf, den Mann auszuwählen, der mit ihr zusammen in der Technikabteilung arbeitete. Sie identifizierte Ede. Ich informierte Sanyi über Edes Verhaftung. Er hatte seinerseits andere Quellen und fand bald heraus, dass Ede dem Verhör tapfer widerstanden hat: Er führte die Agenten nicht zu dem mit mir vereinbarten Treffpunkt, sondern zu mehreren fiktiven Verabredungen, bei denen niemand erschien. Nach jedem solchen Vorfall verprügelten ihn die frustrierten Agenten fürchterlich und wenn er es nicht mehr aushielt, erfand er ein weiteres Treffen. Das verschaffte ihm einige Tage Atempause, denn er musste ja in der Lage sein, die DEF-Leute zu diesen Stellen zu führen.

Einige Wochen später erfuhren wir, dass die DEF ihre Ermittlungen abgeschlossen hatte und die Fahndungsgruppe nach Budapest zurückgekehrt war. Die Häftlinge wurden vor Gericht gestellt und zu unterschiedlich langen Gefängnisstrafen verurteilt. Soweit ich mich erinnern kann, bekam Szirmai zwanzig Jahre, Hovány fünfzehn und die anderen zwischen fünf und zehn Jahren. Die meisten von ihnen blieben bis zum Sommer 1944 in Klausenburg im Gefängnis. Danach kamen die Männer in Strafkompanien des Arbeitsdienstes. Von dort gelang einigen die Flucht, andere ließen ihr Leben in deutschen Konzentrationslagern. Ilona Hovány, Ede Lebovits, György László und István Szirmai überlebten. Willy Holländer wurde umgebracht.

Ich nahm meine regelmäßigen Besprechungen mit Sanyi wieder auf; bei einer Gelegenheit brachte er eine Frau Ende dreißig mit und stellte sie als weitere Genossin vor, die in der Illegalität tätig war. Sie gehörte der Technikgruppe an und ging in den Untergrund, als ihre Kontaktperson Anfang 1944 von der DEF verhaftet wurde. Sie war eine auffallend kluge und sympathische Frau, die sich in allen menschlichen Angelegenheiten auskannte. Später erfuhr ich, dass sie Regina Josepovits hieß und

Kinderärztin war. Nach dem Krieg wurden wir gute Freunde, aber in der Illegalität traf ich sie nur einmal.

Der 19. März 1944 war ein verhängnisvoller Tag in der Geschichte Ungarns und insbesondere für die ungarischen Juden. Unzufrieden mit der deutschen Kontrolle über Ungarn und der wankelmütigen Haltung des ungarischen Regimes überdrüssig, beschloss Hitler, seinen Satellitenstaat zu besetzen. Er zitierte Ungarns Reichsverweser Horthy zu einem Treffen Mitte März und forderte ihn auf, eine entschieden deutschfreundlichere Regierung einzusetzen. Darüber hinaus erhielt Horthy die Mitteilung von Hitler, dass dieser seine Truppen nach Ungarn entsenden werde, um seinem Beschluss Nachdruck zu verleihen. Als neuen Ministerpräsidenten schlug Hitler Döme Sztójai vor, der bis dahin Ungarns Botschafter in Berlin war. Als Horthy am 19. März zurückkehrte, marschierten die Deutschen bereits in Ungarn ein. Horthy kam dem von Hitler geforderten Regierungswechsel umgehend nach und ernannte Sztójai. Kurze Zeit später, Anfang April, wurden alle ungarischen Juden angewiesen, einen gelben Stern zu tragen, und sie mussten eine Vielzahl anderer erniedrigender und demütigender Einschränkungen erdulden.

Anfang Mai siedelte die Gendarmerie die Klausenburger Juden aus ihren Wohnungen in ein Ghetto um, das in der Nähe des Bahnhofs auf dem Gelände der Ziegelfabrik errichtet worden war. Das Ghetto bestand aus einer Ansammlung von zeltähnlichen Behelfsunterkünften, die innerhalb weniger Tage hochgezogen worden waren. Ungefähr achtzehntausend Juden – aus Klausenburg und aus den umliegenden Dörfern und kleinen Städten – wurden in das Ghetto verfrachtet; in der zweiten Maihälfte und in der ersten Juniwoche wurden sie in Viehwagen der Eisenbahn verladen und zu einem unbekannten Bestimmungsort transportiert. Von meinem Versteck aus konnte ich nur bruchstückhafte Informationen über das einholen, was geschah, aber alles, was ich erfuhr, klang unheilvoll. Das Erste, was man nach der Anordnung der Zwangsumsiedlung in das Ghetto hörte, war ein unter den Opfern verbreitetes Gerücht, dass sie in das Arbeitslager Kenyérmező irgendwo in Westungarn kämen. In Wirklichkeit gab es kein solches Lager, sondern die Juden wurden, wie ich später erfuhr, nach Auschwitz deportiert. Mein Vermieter, der Maurer Iszlai, kam an einem Maitag sichtlich niedergeschlagen mit der Nachricht heim, dass ein deutscher Soldat auf die Frage eines ungarischen Zivilisten, wohin man die Juden bringe, die Antwort gab: „Machen Sie sich keine Sorgen, die sehen Sie nicht wieder." Ich werde später darauf eingehen, was mit den Deportierten von Klausenburg geschehen ist. Obwohl ich damals nicht wusste, wohin sie gebracht wurden, ahnte ich das Allerschlimmste in Bezug auf das Schicksal meiner Familie und meiner Freunde.

An einem Tag Ende Mai sah ich durch die Glasscheibe meiner Zimmertür drei Männer auf den Hof kommen und zu Molnárs Haus gehen. Einer von ihnen war ein deutscher Offizier. Sie schienen von Haus zu Haus zu gehen, denn bevor sie unseren Hof betraten, sah ich, wie sie gerade aus einem anderen Haus herauskamen und die Straße überquerten. Ich konnte mir nicht vorstellen, was sie wollten, aber da die Iszlais nicht zu Hause waren, hielt ich es für besser, ebenfalls nicht zu Hause zu sein. Das Fenster meines Zimmers zeigte nach hinten zum Garten, der ungefähr dreißig Meter lang war und mit einem Graben endete, der das Grundstück vom Botanischen

Garten trennte. Ich schloss meine Tür ab, sprang durch das Fenster (das zum Glück nicht hoch war), rannte durch den Garten und stieg in den Graben an eine Stelle, von der ich das Haus beobachten konnte, ohne selbst gesehen zu werden. Sollte sich etwas Bedrohliches entwickeln, konnte ich immer noch durch den Botanischen Garten flüchten. Die Männer blieben einige Minuten bei den Molnárs, kamen dann wieder heraus und gingen weiter, ohne zu versuchen, die Wohnung der Iszlais zu betreten. Sie gingen zum nächsten Haus. Als die Gefahr vorüber war, kehrte ich auf dem Weg in mein Zimmer zurück, auf dem ich es verlassen hatte.

Ungefähr zehn Tage später hörte ich an einem Morgen, bevor ich mich angezogen hatte, wie sich das vordere Tor öffnete. Ich sprang zur Glasscheibe meiner Zimmertür und sah einen Polizisten direkt zu meinem Zimmer kommen. Die Iszlais waren nicht zu Hause: Die beiden Männer waren auf Arbeit und Frau Iszlai war zum Markt gegangen. Der Polizist klopfte an meine Tür. Ich sagte „Herein!", und er kam in mein Zimmer. Er sah sich um und bat um meine Papiere. Ich übergab ihm der Reihe nach die drei Ausweise, die ich hatte, und fragte ihn gleichzeitig, aus welchem Grund er gekommen sei. Er sagte, dass er mir das erklären würde, aber ich solle mich erst einmal anziehen, weil ich mit ihm kommen müsse. Ich begann, mich anzuziehen, bestand aber darauf, dass er mir Auskunft über den Grund geben solle. Er schien etwas überrascht, weil er an meinen Papieren nichts Auffälliges feststellen konnte; dann befragte er mich über meine Familie und wer mich in Klausenburg kenne. Ich sagte ihm, dass mich viele Leute kennen – meine Studienkollegen an der Universität, zum Beispiel, und mein bester Freund Soundso, der nicht weit weg von hier wohnt. Ich gab ihm einen fiktiven Namen und eine Adresse, die ein paar Kilometer entfernt war, schrieb sie für ihn auf ein Stück Papier und bot ihm an, ihn dorthin zu begleiten (ich hielt es für unwahrscheinlich, dass er mein Angebot annehmen würde). Er fragte mich weiter, was meine Religion sei. Protestantisch, antwortete ich ihm, denn das ging aus meinen Papieren hervor. Ob irgendjemand aus meiner Familie jüdisch sei? Nein, so viel ich weiß, nicht einmal ein entfernter Verwandter, antwortete ich. Welcher Konfession denn meine Großeltern angehörten? Väterlicherseits waren sie Protestanten, mütterlicherseits Katholiken, sagte ich. Warum ich es dann für notwendig hielt, mich zu verstecken? Ich protestierte energisch: Ich versteckte mich überhaupt nicht, hätte auch keinen Grund dazu, außerdem hörte ich regelmäßig Vorlesungen an der Universität, was sich leicht überprüfen ließe. Ich wiederholte dann mein Angebot, direkt zu dem Freund zu gehen, dessen Adresse ich aufgeschrieben hatte. Ob ich Feinde habe, fragte er, die mich bei den Behörden verpetzen wollten? Das wäre eine Möglichkeit, erwiderte ich, aber ich könne da niemanden nennen. Nun, sagte er, es gäbe da einen Nachbarn, der behauptete, dass ich durch das Fenster meines Zimmers hinausgesprungen sei und mich im Graben hinter dem Haus versteckt hätte. Ob es so einen Graben gebe? Oh sagte ich, *das* war es also! Mein Freund und ein anderer Studienkollege haben mich vor einigen Tagen besucht; wir haben verschiedene Spiele gespielt und bei einem dieser Spiele bin ich durch das Fenster gesprungen und zum Graben gegangen. Der Nachbar sei nicht unbedingt mein Feind, sondern nur ein sehr misstrauischer Mensch, der weder die Jugend versteht noch ihre Spiele kennt. Ich sei mir sicher, sagte ich weiter, dass der Herr Polizeibeamte die Weisheit besitze, solche Dinge nicht ernst zu nehmen. Wir diskutierten hierüber ein bisschen und nach einer Weile schien er überzeugt zu sein. Er sagte mir, dass ich ihn nicht begleiten müsse; er würde meine Wohnsitzanmeldung mitnehmen und vom Wohnungsamt überprüfen lassen. Wenn alles seine Richtigkeit habe, brauche ich mir keine Sorgen zu machen. Ich dankte ihm für sein Verständnis, er steckte meine Anmeldung in die Tasche und ging.

Es wäre eine schlichte Untertreibung zu sagen, dass ich mich erleichtert fühlte. Tatsächlich hatte ich das Gefühl, gerade dem Tod ins Gesicht geschaut zu haben und noch einmal davongekommen zu sein. Zur Freude gab es jedoch keinen Anlass, denn die Gefahr war noch nicht vorbei. Ich durfte keine Zeit verlieren. Ich musste mein Versteck verlassen und meine Identität ändern. Und ich musste auch meine Gastgeber instruieren, wie sie sich verhalten sollten, wenn die Polizei zurückkommt, um mich abzuholen; das konnte jederzeit geschehen, sogar noch am gleichen Nachmittag. Ich packte einige unentbehrliche Sachen ein, schloss meine Tür ab und verließ das Haus. Ich wusste, dass Frau Iszlai gegen zehn Uhr dreißig oder elf Uhr vom Markt zurückkommt und wollte sie auf ihrem Heimweg abfangen. Ich postierte mich an einem geeigneten Beobachtungspunkt auf der unteren Hälfte der langen Straße und traf sie dort, als sie nach Hause ging. Ich sagte ihr, was vorgefallen sei, und dass ich deswegen gehen müsse. Natürlich war sie aufgeregt und erschrocken. Ich versuchte, sie zu beruhigen und erklärte ihr, dass die Polizei keine Ahnung in Bezug auf meine Identität habe, sondern dass mich ein Nachbar böswillig angezeigt habe, weil er mich für einen Juden hielt. Wenn die Polizei zurückkommt – womit zu rechnen war –, sollten die Iszlais sagen, dass ich für einige Wochen verreist sei, aber meine Sachen im Zimmer gelassen habe. Sollte die Polizei weitere Fragen über mich stellen, dann sollten die Iszlais außerdem sagen, sie hätten das Zimmer zur Vermietung ausgeschrieben und ich hätte mich daraufhin als Student gemeldet, der ein Zimmer zur Untermiete suche. Meine Papiere waren in Ordnung, so dass sie keine Veranlassung hatten, mich einer Straftat zu verdächtigen. Zwei Wochen später kontaktierte ich, ohne Wissen der Iszlais, deren verheiratete Tochter Annus, die in einem anderen Stadtteil wohnte und mit den Kommunisten sympathisierte. Sie erzählte mir, dass die Polizei tatsächlich nach einigen Tagen zurückgekommen sei und sich ausführlich über mich erkundigt habe. Die Eltern seien bei ihrer Geschichte geblieben und die Polizei sei schließlich mit der Aufforderung gegangen, die Iszlais sollten sich unbedingt melden, wenn ich zurückkehrte. Annus bot mir an, aus dem Haus ihrer Eltern diejenigen meiner Sachen zu holen, die ich brauchen könnte.

Ich befand mich in einer gefährlichen und unsicheren Lage, als ich das Haus der Iszlais verlassen musste. Ich hatte kein anderes Versteck und meine Papiere waren plötzlich keinen Pfifferling mehr wert. Ich musste meinen Namen ändern und eine neue Identität annehmen. Da die neue ungarische Regierung gerade dabei war, die Zurückstellung vom Wehrdienst für die meisten Studenten aufzuheben, beschloss ich, Medizinstudent zu werden – die Zurückstellungen der Medizinstudenten würden wahrscheinlich etwas länger in Kraft bleiben. Ich hatte die Chemikalien mitgenommen, die zur Änderung meines Namens in denjenigen Papieren erforderlich waren, die sich noch immer in meinem Besitz befanden. Und ich hatte einige leere Meldeformulare des Wohnungsamtes sowie einen gefälschten

Stempel. Ich brauchte jetzt nur noch ein ruhiges Plätzchen, um die erforderlichen Änderungen ausführen zu können. Ich ging in Gedanken die Namen derjenigen meiner Kontaktpersonen durch, die immer noch auf freiem Fuß waren, und wollte jemanden auswählen, der mir helfen könnte. Meine Wahl fiel auf Galambos, den Dermata-Arbeiter, den ich bereits früher erwähnt habe. Er war in der Vergangenheit eine Weile als Kommunist aktiv, aber das geschah unter dem rumänischen Regime, und die ungarischen Behörden schienen nichts über ihn zu wissen Ich wusste, dass er verheiratet war, keine Kinder hatte und in einem der besseren Stadtviertel in einer kleinen Zweizimmerwohnung wohnte. Er war natürlich kein Jude. Da wir uns bisher nur auf der Straße trafen und durch Klausenburg spazierengingen, war er wegen meines unerwarteten Besuches ziemlich überrascht. Er stellte mich seiner Frau als Freund vor, und wir gingen in das andere Zimmer, um uns zu unterhalten. Ich schilderte ihm meine Lage und fragte ihn, ob er einverstanden sei, mich unter ähnlichen Bedingungen aufzunehmen wie es bei den Iszlais der Fall war. Er geriet in Panik und sagte, dass es keine Möglichkeit für ihn gebe, das zu tun – die Atmosphäre bei Dermata sei schrecklich und es gebe dort mehrere Arbeiter, die von seinen früheren kommunistischen Sympathien wüssten. Sie könnten ihn bei den Behörden denunzieren und in diesem Fall könnte er gefeuert werden oder es würde noch etwas Schlimmeres geschehen. Es war zwecklos, dass ich ihn weiter bedrängte. Ich sagte ihm, dass ich Verständnis für seine Lage hätte und am nächsten Morgen gehen würde; ich würde aber ein paar Stunden brauchen, um mich um meine persönlichen Dokumente zu kümmern. Zuerst antwortete er, es sei besser, wenn ich die Nacht nicht in ihrer Wohnung bliebe, aber ich entgegnete, dass ich keine Wahl hätte: Es sei jetzt zu spät am Abend, als dass ich mich nach einer anderen Unterkunft umsehen könnte. Wenn er immer noch nicht einverstanden sei, solle er die Polizei rufen und mich der Behörde übergeben. Die plötzliche Änderung meines Tons zeigte Wirkung: Er schämte sich und sagte, dass er lieber ins Gefängnis gehen würde, als so etwas zu tun. Er ging ins andere Zimmer, um die Angelegenheit mit seiner Frau zu besprechen und als er zurückkam, sagte er, dass ich die Nacht über hier bleiben und im anderen Zimmer schlafen könne.

Ich begann sofort, meine Papiere zu präparieren. Um möglichst wenig Tinte zu löschen, wählte ich Antal Somogyi als Namen des Medizinstudenten, in den ich mich verwandeln würde. Es war kein Problem, den Vornamen unverändert zu lassen, denn Antal (Anton) ist ein ziemlich häufiger ungarischer Name. Die Wahl des Familiennamens bedeutete, dass ich lediglich das „zilá" in Szilágyi durch das „omo" in Somogyi ersetzen musste. Nach erfolgreicher Bearbeitung der Angelegenheit war ich ein ganzes Stück erleichtert: Einige Stunden zuvor ging ich noch in ständiger Angst durch die Straßen von Klausenburg, aber jetzt – im Besitz meiner neuen Identität – hatte ich das Gefühl, mich draußen wieder mit größerer Selbstsicherheit bewegen zu können. Es gab nur noch ein Problem. Militärpapiere wurden immer wichtiger, aber ich hatte keine. Der übliche Militärausweis (in Ungarn als Soldbuch bezeichnet) ähnelte einem Reisepass, war nur etwas größer und dünner, da keine Seiten für Visa erforderlich waren. Im Soldbuch standen die persönlichen Daten und der militärische Status des Betreffenden. Ich fragte Galambos nach seinem Soldbuch, das er mir bereitwillig zeigte. Es hätte sich für meine Bedürfnisse ziemlich gut geeignet, denn außer dem Namen mussten nur wenige Dinge geändert werden. Ich klärte Galambos darüber auf, wie man Dokumente präpariert und zeigte ihm, wie er das im Bedarfsfall tun solle. Danach erzählte ich ihm, was er tun müsse, wenn er sein Soldbuch verliert: Einfach sofort den Verlust melden – es gab dafür weder eine Strafe noch eine Untersuchung. Er würde postwendend eine Bestätigung erhalten und innerhalb von sechs Wochen ein neues Soldbuch bekommen. Ich schlug ihm vor, er solle sich in dieser Sache erkundigen; wenn diese Information bestätigt würde und er mir helfen wolle, dann könne er mir sein Soldbuch geben und den Verlust melden. Ich würde meinerseits den Namen im Soldbuch ändern. Er sagte, er glaube mir auch, ohne die Sache zu überprüfen, und übergab mir sein Soldbuch, um zuzusehen, wie ich seinen Namen verschwinden ließ. Ich machte mich unverzüglich an die Arbeit, mit deren Ergebnis wir beide äußerst zufrieden waren. Galambos sagte, dass er den Verlust am nächsten Tag melden würde. Nun besaß ich annehmbare Ausweispapiere als Medizinstudent Antal Somogyi.

Am nächsten Morgen machte ich mich auf den Weg, um ein normal vermietetes Zimmer zu finden. Das bedeutete eine viel gefährlichere Lebensweise als die vorhergehende, denn ich musste mich die ganze Zeit wie ein Medizinstudent verhalten und konnte mich nicht tagsüber in meinem Zimmer verstecken. Ich las die Zeitungsannoncen, in denen Unterkunft und Verpflegung angeboten wurden, und suchte die Wohnungen auf, deren Standorte akzeptabel schienen. Ich inspizierte die Häuser zuerst von außen, und wenn alles seine Ordnung hatte, ging ich hinein. Ich trug immer noch die Brille und einen Hut, und zog mein Taschentuch häufig hervor. Schließlich mietete ich ein Zimmer im Arbeiterviertel, in der Nähe des Bahnhofs – weit weg von der Majális utca, wo ich bei den Iszlais gewohnt hatte, aber auch weit entfernt von der Stadtmitte und von denjenigen Stadtteilen, in denen ich zuvor gewohnt und gearbeitet hatte. Die Umgebung schien in Ordnung, wenn auch nicht hervorragend. Die Familie hatte Verständnis dafür, dass ich mich auf die Prüfungen vorbereitete und deswegen die meiste Zeit lernte; dennoch musste ich häufiger als früher nach draußen gehen und mich der Gefahr aussetzen, erkannt zu werden.

* * *

Nachdem ich das Zimmer gemietet hatte, kaufte ich als Erstes ein paar medizinische Lehrbücher und ließ sie verstreut im Zimmer herumliegen, damit jeder sieht, dass ich studiere. Etwa um dieselbe Zeit beschloss ich, mir eine Pistole zuzulegen. In Ungarn war es natürlich nicht möglich, sich einfach Handfeuerwaffen zu kaufen, aber in meiner Wohngegend gab es viele Zimmer, die für die Wehrmacht requiriert waren, und ich hatte gehört, dass die deutschen Soldaten wenig ungarisches Geld hatten und manchmal ihre Pistolen verkauften. Ich trat an einen der deutschen Soldaten heran, die in meiner Nachbarschaft wohnten, und fing mit ihm ein Gespräch an, so, als ob ich etwas Deutsch üben wollte. Nach einer Weile unterhielten wir uns über den angemessenen Preis einer Pistole und schließlich kaufte ich seine, zusammen mit einem bescheidenen Vorrat an Patronen (vielleicht fünfzehn oder zwanzig). Er brachte mir sogar bei, wie man mit der Pistole umgeht.

In meiner neuen Umgebung konnte ich nicht die ganze Zeit zu Hause bleiben, und deswegen ging ich jeden Tag für mehrere Stunden nach draußen; ich versuchte, Wege und Plätze zu finden, an denen sich möglichst wenig Menschen aufhielten. Das war natürlich ziemlich riskant in meiner Situation, aber ich hatte keine andere Wahl. Ich hatte mich bald an die ständige Gefahr gewöhnt, erkannt und verhaftet zu werden. Mitunter ging ich zum großen Stadtfriedhof – an diesem schönen, aber ziemlich verlassenen Ort konnte ich einige Stunden verbringen, ohne jemandem aufzufallen. Der Friedhof befand sich an einem Hang, von dem aus man einen Blick auf die Stadt hatte. An einem Morgen um den 1. Juni, als ich wieder einmal dort war, heulten die Sirenen los. Die Leute verließen rasch den Friedhof, um einen Luftschutzbunker aufzusuchen. Ich tat so, als ob ich mit den anderen ginge, aber in Wirklichkeit bewegte ich mich nur von einem Teil des Friedhofs zu einem anderen, bis alle Leute verschwunden waren und ich allein war. Bald hörte ich und dann sah ich hoch am Himmel über der Stadt Flugzeuge, von denen ich wusste, dass es amerikanische Bomber waren, kleine silbrige Objekte, die im Sonnenschein glänzten; danach hörte ich die Bomben auf die Stadt fallen. Ich kann das Hochgefühl kaum beschreiben, das der Anblick der amerikanischen Bomber in mir auslöste. Ich fühlte mich, als ob sie die Nachricht gebracht hätten „Ihr seid nicht allein, wir kommen". Einige Stunden später erfuhr ich, dass die Bomben hauptsächlich auf Eisenbahnschienen fielen und im Bahnhofsbereich einschlugen.

Das Haus, in dem ich wohnte, und seine unmittelbare Nachbarschaft erlitten durch den Bombenangriff zwar keine Schäden, aber dennoch blieb ich nur zwei Wochen in meinem neuen Untermietszimmer. Ich hatte mich nämlich allmählich mit meinen Vermietern angefreundet, und sie zeigten mir das Fotoalbum der Familie: Zu meinem Entsetzen entdeckte ich, dass einer der Onkel, der sie gelegentlich besuchte, Schichtleiter in den Eisenwerken war, in denen ich 1942 gearbeitet hatte – er würde mich ganz sicher erkennen, wenn er mich sähe. Ich fing sofort an, mir ein anderes Zimmer zu suchen, und mit derselben Methode wie zuvor machte ich ein Zimmer unter der Adresse Donáth-Straße in einem weit entfernten Stadtviertel ausfindig. Ich zog innerhalb eines Tages aus, nachdem ich den gefährlichen Onkel entdeckt hatte, bezahlte meine Miete und formulierte irgendeine glaubwürdige Entschuldigung, an die ich mich jedoch nicht mehr erinnere.

Mein nächstes Versteck befand sich in einem Stadtteil mit Wohnungen des unteren Mittelstandes. Das ziemlich gut aussehende Haus bestand aus zwei Wohnungen: In der vorderen lebten eine junge geschiedene Dame und ihre Mutter; in der hinteren Wohnung eine Witwe Ende fünfzig oder Anfang sechzig. Diese ältere Witwe vermietete auf der Rückseite des Hauses ein Zimmer mit einem separaten Eingang vom Hof aus. Hinter diesem Zimmer erstreckte sich der Hof in Richtung eines Hügels und ging in einen Garten über, dessen hinteres Ende in ein offenes Gebiet mündete. Die Frau ließ sich leicht davon überzeugen, zur Unterkunft auch Verpflegung anzubieten. Wir einigten uns zu Bedingungen, die finanziell weit weniger günstig waren als bei meinem vorherigen Zimmer, und ich zog ein. Obwohl mein Zimmer einen separaten Eingang hatte, konnte mich die Vermieterin beobachten, da sie sich fast durchgängig zu Hause aufhielt. Deswegen war ich – wie schon bei meinem vorherigen Zimmer – gezwungen, häufig aus dem Haus zu gehen.

Am 6. Juni 1944 landeten die Alliierten in der Normandie. Es muss nicht
besonders betont werden, dass dieses Ereignis einen weiteren entscheidenden Wendepunkt des Krieges bedeutete: Endlich war die oft angekündigte zweite Front in
Westeuropa eröffnet worden. Ich erinnere mich, welche Freude ich beim Hören dieser Nachricht empfand, aber in die Freude mischten sich auch Schmerz und Trauer.
Zu spät! Warum ist es nicht schon etwas früher geschehen? Hätte denn nicht verhindert werden können, dass die Juden zusammengetrieben und deportiert wurden?
Nach dem Bombenangriff Anfang Juni gab es keine weiteren Luftangriffe, aber die
Sirenen heulten oft. Wenn das geschah, mussten alle in einen Luftschutzraum gehen, der sich im Keller des Hauses befand und auch einigen Nachbarn zur Verfügung
stand. So machte ich wohl oder übel Bekanntschaft mit anderen Leuten – ein weiteres hohes Risiko, das ich nicht vermeiden konnte. Einer dieser Nachbarn war ein
Oberst der Gendarmerie. Obwohl er ein regulär uniformierter Offizier und kein Kri-
minalbeamter war, befürchtete ich, dass er mein Foto gesehen hat, da ich seit acht
Monaten auf der Fahndungsliste der Gendarmerie stand. Ich trug meine Brille jetzt
ständig und hatte mir eine andere Frisur zugelegt, aber was hieß das schon ... Ich
beobachtete sein Gesicht aufmerksam, als wir uns das erste Mal trafen und über einige belanglose Dinge sprachen, aber er schien vollkommen ahnungslos zu sein. Eine
andere Bekanntschaft, die mir bald mehr Kopfschmerzen bereitete, war eine Frau in
den Vierzigern, die ein paar Häuser weiter wohnte, aber unserem Luftschutzkeller
zugeteilt worden war. Sie war überaus interessiert, sich mit mir zu unterhalten, und
hatte viele Fragen zu meinem Studium und zu meiner Meinung über den Arztberuf.
Bald fand ich heraus, dass ihr Interesse einen besonderen Grund hatte: Sie war auf
der Suche nach einem Mann für ihre zwanzigjährige Tochter und stellte sich vor,
dass ein Arzt in der Familie keine schlechte Sache wäre. Das Ganze wurde mir klar,
als sie an einem Sonntagmorgen aufgeregt an meiner Tür auftauchte und mir sagte, ihre Tochter Maria sei sehr krank und ich solle sie umgehend untersuchen. Ich
erklärte ihr, dass ich ihr, beziehungsweise ihrer Tochter, gerne helfen würde, wenn
ich könnte, aber ich sei erst im dritten Studienjahr und bis zum Abschluss würde
es noch einige Jahre dauern; im Moment hätte ich aber noch nicht das Recht, als
Arzt zu praktizieren. Wenn ich es aber dennoch täte, würde ich gegen die Gesetze
verstoßen, und ich sei mir sicher, dass das weder sie noch ihre Tochter wolle. Ich
gab ihr den dringenden Rat, einen Arzt zu rufen, aber mein Protest half nicht. Sie
hätte schon lange gemerkt, sagte sie, was für ein ernsthafter Mensch ich sei, der den
ganzen Tag studiere und sachkundig zu allen Fragen Stellung nähme. Sowohl sie als
auch ihre Tochter würden mir vertrauen und hätten gerne meine Meinung über die
Krankheit gehört. Selbst wenn sie später einen Arzt rufen müssten – was sie jetzt
am Sonntag ohnehin nicht tun könnten –, wäre ihnen meine Meinung sehr wichtig.
Natürlich würde sie mich für meine Dienste bezahlen – ein Angebot, das ich sofort
ablehnte. Widerstrebend ging ich hinüber zu Maria, die mit Fieber und Halsschmer-
zen im Bett lag. Ich untersuchte sie nach bestem Wissen und Gewissen so, wie ich
es bei den Ärzten beobachtet hatte: Mit einem Löffelstiel drückte ich ihre Zunge
nach unten und schaute ihr in den Hals, der gerötet war. Ich maß ihre Temperatur
mit dem Familienthermometer und stellte fest, dass diese leicht erhöht aber durchaus nicht gefährlich war. Anschließend horchte ich ihr mit dem Ohr den Rücken und

die Brust ab, so wie es richtige Ärzte tun. Schließlich sagte ich, dass die Symptome darauf hindeuteten, dass sie ziemlich erkältet sei oder sogar eine Grippe habe. Deswegen solle sie damit beginnen, Aspirin und Pyramidon einzunehmen (also nicht rezeptpflichtige Medikamente, die damals in Mitteleuropa gegen Fieber verwendet wurden); am nächsten Morgen solle sie auf jeden Fall einen Arzt rufen, um sicherzugehen, dass sich keine Lungenentzündung entwickelt hat. Ich hatte Glück: Die Untersuchung endete ohne Komplikationen und ein paar Tage später sagte mir die Mutter, dass es Maria besser ginge.

Im Juni und im Juli traf ich Sanyi ungefähr einmal in der Woche, manchmal auch im Abstand von zwei Wochen. Bei diesen Begegnungen tauschten wir Informationen aus und planten verschiedene Aktionen, zum Beispiel die Organisierung einer kleinen Gruppe von meinen Dermata-Kontaktpersonen mit dem Ziel, Sabotageaktionen gegen die Deutschen zu begehen. Es war jedoch zweifelhaft, ob meine Kontaktpersonen so weit gehen würden, ihr Leben zu riskieren, und selbst in diesem Fall wäre die Beschaffung von Sprengstoff das nächste Problem gewesen. Sanyi hatte seine Verbindung zu Budapest verloren, so dass wir keinerlei Anhaltspunkte hatten, welche Art von Aktionen die Partei gegenwärtig bevorzugte; das mit der Sabotagegruppe war unsere eigene Idee. Diese ging jedoch nie über das Entwurfsstadium hinaus, denn der Gang der Dinge brachte es mit sich, dass die Idee bereits vor ihrer Ausarbeitung Schiffbruch erlitt.

Ich erinnere mich an eine unserer Besprechungen aufgrund ihres emotionalen Inhalts besonders gut. Wir trafen uns am späten Nachmittag des 13. Juli im Stadtpark und ich sagte Sanyi, dass es der Geburtstag meiner Mutter sei und dass ich mich niedergeschlagen und ohnmächtig fühle, weil sie und der Rest meiner Familie zusammen mit den anderen Klausenburger Juden abtransportiert worden seien. Hierauf antwortete er mir „Du bist nicht allein" und zeigte mir ein Foto seiner Mutter, die – wie er sagte – ebenfalls abtransportiert worden sei. Das war für mich eine doppelte Überraschung – erstens, weil er ein Foto bei sich hatte, das ihn verraten könnte, und zweitens, weil ich nicht wusste, dass er Jude war. Ich fragte, ob er wisse, wohin die Juden gebracht worden waren. Er wusste es nicht, bestätigte aber meinen Verdacht, dass der Bestimmungsort der Judentransporte nicht Kenyérmező war, wie es gerüchteweise verbreitet wurde, sondern ein Ort außerhalb Ungarns. Sanyi meinte auch, dass wir unsere Lieben höchstwahrscheinlich nie wieder sehen würden.

Bei einem unserer Treffen Ende Juli erzählte mir Sanyi von einem Vorfall, der sich gerade in Budapest ereignet hatte. Endre Ságvári, einer der Führer der Friedenspartei (und vorher natürlich der Kommunistischen Partei), ein Mann Anfang dreißig, der in den Untergrund gegangen wer, saß mit einem Genossen in einem Café in Buda, als plötzlich vier DEF-Agenten auftauchten und die beiden verhaften wollten. Ságvári zog eine Pistole und feuerte auf drei seiner Angreifer, bevor er selbst getroffen wurde (er starb, die Agenten überlebten). Dieser Vorfall markierte eine bedeutsame Wende im Verhalten der Parteimitglieder, nämlich den bewaffneten Widerstand gegen Verhaftungen. Ich war froh, dass ich mir eine Pistole zugelegt hatte.

Gegen Mitte Juli erfuhr ich, dass Manci, die junge geschiedene Frau, die zusammen mit ihrer Mutter in der vorderen Wohnung wohnte, ein kleines

Wochenendhaus in der nahe gelegenen Törökvágás-Straße besaß, die auf einen
Hügel in den Hója-Wald führte. Eine Seitenwand des schon seit geraumer Zeit un-
bewohnten Häuschens hatte große Risse. Ich schaute mir das Haus näher an. Es
stand allein auf einem ziemlich großen Hof und schien trotz der Risse bewohnbar
zu sein. Aus meiner Sicht war das Haus eine viel bessere Unterkunft als mein jetziges Zimmer, denn es bot die Möglichkeit, ein- und auszugehen, ohne von Nachbarn
beobachtet zu werden. Deswegen nahm ich Mancis Angebot an, mir das Wochenendhaus inklusive Verpflegung zu ungefähr demselben Preis zu vermieten, den ich
der Witwe zahlte, die mir mein jetziges Zimmer vermietet hatte. Also zog ich wieder um. Ich bekam meine Mahlzeiten in Mancis Wohnung, wo ich die Möglichkeit
hatte, mit einem ziemlich guten Radio Nachrichten zu hören. Ich wandte den gleichen Trick an wie schon im Haus der Molnárs: Ich gab vor, Berlin zu hören, aber in
Wirklichkeit war es die deutschsprachige Übertragung der BBC-Nachrichten.

So vergingen mehrere Wochen. Ich beschaffte mir ein (auf Ungarisch geschriebenes) Lehrbuch der russischen Sprache und begann zu lernen. Ich fand das kyrillische
Alphabet nicht allzu schwierig und lernte es in ein paar Tagen; die Grammatik erwies sich da schon als härtere Nuss, aber sie war keinesfalls komplizierter als die
deutsche. Ich prägte mir auch ein kleines Vokabular für den Alltagsgebrauch ein.
Mein Hauptproblem war die Aussprache, da die ungarische phonetische Transkrip-
tion des Russischen nur eine ungefähre Vorstellung dessen lieferte, wie die Wörter
tatsächlich ausgesprochen wurden. Ansonsten lebte ich das gefährliche Leben eines
gesuchten Flüchtlings in unsicheren Verstecken. Wenn ich hinausging, bestand jedesmal die Möglichkeit, Bekannten zu begegnen. Ich bewegte mich deswegen mit
äußerster Vorsicht und war ständig auf der Hut, um sicherzugehen, dass ich bei einer Begegnung das Gesicht meines Gegenübers sah, bevor ich selbst gesehen wurde.
Mit dieser Methode gelang es mir oft, unerwünschte Begegnungen zu vermeiden,
aber nicht immer. An einem späten Nachmittag ging ich mal vom Stadtpark über eine lange, schmale Fußgängerbrücke in das Donáth-Viertel, in dem ich wohnte. Noch
bevor ich die Mitte der Brücke erreicht hatte, sah ich, dass mir von der gegenüberliegenden Seite kein anderer entgegenkam als Szöllősi, mein früherer Schichtleiter
bei der RAVAG. Es war zu spät, sich umzudrehen. Ich zog mein Taschentuch heraus
und begann mich zu schneuzen, wobei ich mein ganzes Gesicht bedeckte, bis ich
an ihm vorbeigegangen war. Nichts deutete darauf hin, dass er mich erkannt hatte,
aber es hätte geschehen können. Wenn er mich erkannt und seine Entdeckung wei-
tergemeldet hätte, dann wären die Gendarmen mit Sicherheit auf das Stadtviertel
aufmerksam geworden, in dem ich wohnte. Es schien immer unwahrscheinlicher,
dass ich diese Lebensweise noch lange fortsetzen konnte, ohne entdeckt zu werden.
Ich selbst hielt meine Überlebenschancen für ziemlich gering. Und dann geschah
etwas.

Am 26. August – ich kann mich noch gut an diesen Tag erinnern – ging ich
morgens gegen acht Uhr hinüber zu Mancis Wohnung, um zu frühstücken und die
Nachrichten zu hören. Die Morgenstunden waren für das Radiohören am besten geeignet, denn Manci war auf Arbeit und nur die alte Dame hielt sich zu Hause auf.
Die Nachrichten waren an diesem Morgen besonders positiv: Die Rote Armee hatte am Dnjester die alte rumänische Grenze erreicht, der rumänische Militärdiktator

Marschall Antonescu war drei Tage zuvor unter Mitwirkung des Königs festgenommen worden, und es wurde eine pro-alliierte Regierung gebildet. Rumänien wandte sich prompt gegen die Deutschen und überreichte ihnen ein Ultimatum mit der Forderung, das Land unverzüglich zu verlassen. Die Rumänen kämpften nun an der Seite der Russen gegen die sich zurückziehende Wehrmacht. Innerhalb von drei Tagen hatten die sowjetischen und rumänischen Armeen fast ganz Rumänien jenseits der Karpaten befreit und hielten Bukarest fest in ihrer Hand. All das geschah nur wenige hundert Kilometer von dem Ort entfernt, an dem ich lebte. Am gleichen Morgen zogen an der Westfront die Alliierten in das befreite Paris ein. Zum ersten Mal seit vielen Monaten waren die Nachrichten derart ermutigend und der Zusammenbruch der deutschen Kriegsmaschinerie schien so nahe, dass ich mich Tagträumen von Überleben und Befreiung hingab.

In dieser ziemlich gehobenen Stimmung verließ ich Mancis Wohnung gegen neun Uhr und ging zurück zu dem Haus, in dem ich wohnte. Als ich an der Ecke der Törökvágás-Straße – die den Hügel hinaufführt – abbog und mich dem Haus näherte, bemerkte ich, dass mir vom oberen Teil der Straße drei Männer entgegenkamen. Einer von ihnen war mein Nachbar, der Oberst der Gendarmerie, der mich mit „Guten Morgen, Herr Doktor, diese Herren vom Wohnungsamt suchen Sie" begrüßte. Ich sagte „Guten Morgen" und stellte mich vor; unterdessen ging der Oberst die Straße nach unten und ließ mich mit den beiden anderen Männern zurück. Der eine war hochgewachsen, Ende vierzig, schwergewichtig, hatte fast eine Vollglatze und trug eine Brille mit einer dunklen Fassung; der andere war sogar noch größer und viel jünger, ein schlaksiger Mann Anfang dreißig mit einem schwarzen Schnurrbart. Beide waren gut angezogen. Das Schwergewicht erklärte, sie kämen vom Wohnungsamt und gemäß ihren Unterlagen sei das Haus Nummer 12 (in dem ich wohnte) leerstehend. Sie seien gekommen um herauszufinden, ob das Haus bewohnbar sei, und hätten zu ihrer Überraschung festgestellt, dass dort tatsächlich bereits jemand wohnt. Ob ich wohl die Situation erklären könne? Natürlich konnte ich das und sagte: „Das Haus stand bis vor kurzem wirklich leer, weil es beschädigt war; aber ich habe es vor einigen Wochen gemietet und deswegen wohne ich gegenwärtig hier." Sie antworteten, dass sie überprüfen müssten, warum es im Wohnungsamt keine Registrierung gibt, dass jemand in dem Haus lebt – ob ich aber, da sie nun schon einmal hier seien, erlauben würde, das Haus zu betreten und den Schaden zu inspizieren? Selbstverständlich, entgegnete ich, und führte sie hinein. Wir überquerten den Hof, ich öffnete die Tür mit meinem Schlüssel und wir betraten das Haus.

Als wir im Wohnzimmer waren, begannen meine Besucher, die Risse in der Wand zu untersuchen. Nach einigen Minuten sagte der Glatzkopf: „Ich muss mir ein paar Dinge aufschreiben" und langte in seine rechte Jackentasche. Aber als er seine Hand mit einer schnellen Bewegung herauszog und sich plötzlich direkt zu mir umdrehte, hielt er kein Notizbuch in den Händen, sondern eine Pistole. Er hielt sie mit beiden Händen fest, seine Zeigefinger waren beidseits dicht an den Pistolenlauf gepresst und zeigten auf meinen Magen. Der Mann beugte den Körper leicht nach vorne und schrie „Keine Bewegung!".

Ich rührte mich nicht. Meine Pistole war nicht in meiner Tasche; ich hatte sie im Haus versteckt. Aber selbst wenn ich sie bei mir gehabt hätte, war es unwahrscheinlich, dass ich sie hätte einsetzen können.

„Hände auf den Rücken!", forderte er mich auf. Es blieb mir nichts anderes übrig als ihm zu gehorchen. „Leg ihm Fesseln an", sagte er zu dem anderen Mann, der schnell einen Lederriemen hervorholte und mir damit die Hände und Unterarme hinter dem Rücken zusammenband. Danach sagte der Kahlkopf: „Chef, Sie können herauskommen." Die Tür des Kleiderschranks öffnete sich, und ein kleiner, stämmiger Mann um die fünfzig stieg heraus. Er hatte ein hässliches rundes Gesicht und einen finsteren, stechenden Blick. Gleichzeitig öffnete der jüngere Mann die Haustür und rief „Laci, du kannst reinkommen." Daraufhin kam ein sehr junger Mann – das vierte Mitglied des Trupps – vom Hof herein, wo er sich offenbar versteckt hatte.

Ich hatte bereits die Gefahr gespürt, als die beiden „Herren vom Wohnungsamt" aufkreuzten. Dennoch hätte ich nicht erwartet, jetzt verhaftet zu werden, denn das war nicht die übliche Vorgehensweise. Im Allgemeinen kamen sie vor der Morgendämmerung mit dem Auto, Detektive umzingelten das Haus oder die Wohnung, danach klingelten die Agenten oder klopften an die Tür und drangen erforderlichenfalls gewaltsam ein. Das hatte ich im Kopf, als ich meine Pistole versteckte. Aber offenbar griff die DEF – angesichts der Verschärfung des Kampfes und der erhöhten Wahrscheinlichkeit, dass die Verdächtigen auch bewaffneten Widerstand gegen die Verhaftung leisteten – jetzt auf raffiniertere Methoden zurück. Später erfuhr ich, dass der „Chef" der DEF angehörte. Er hieß András Juhász und war der Leiter der DEF-Abteilung der Gendarmerie von Klausenburg.

Ich war einen Moment überrascht, als der glatzköpfige Mann seine Waffe auf mich richtete, aber mein Schock dauerte nur einige Sekunden. Dann schossen mir drei Gedanken durch den Kopf. Der eine war „Das Spiel ist aus: nimm Abschied vom Leben und vom Traum des Überlebens." Der zweite: „Das ist die Stunde deines Gerichts: nimm dich zusammen, sei stark und sei bereit zu widerstehen." Die dritte Gedanke war unter den gegebenen Umständen belanglos und dauerte auch nur den Bruchteil einer Sekunde: „Also so muss man eine Pistole in der Hand halten."

Nachdem der Chef aus dem Kleiderschrank geklettert war und der vierte Mann vom Hof hereingekommen war, stießen sie mich auf einen Stuhl und begannen, mich zu verhören. Wer ich sei? Antal Somogyi, Medizinstudent. Meine Papiere? In meiner Tasche. Sie hielten die Papiere gegen das Licht und sagten, dass diese gefälscht seien. Nein, antwortete ich, sie sind nicht gefälscht. Dann hielt mir der Chef plötzlich mein Oberschulabschlussfoto vor die Nase; auf der Rückseite des Fotos stand der Name „Egon Blatt" in meiner eigenen Handschrift. „Und wer ist das?" fragte er. An diesem Punkt sah ich ein, dass es keinen Sinn hatte, meine Identität weiter zu leugnen. Also antwortete ich einfach: „Das bin ich." Nun ergoss sich eine Flut von Fragen über mich, von denen ich nur die erste beantwortete, nämlich seit wann ich unter meiner jetzigen Adresse wohne. Ich gab das korrekte Datum an. Auf die nächsten Frage, wo ich vorher gewohnt habe, sagte ich einfach nur „Ich beantworte diese Frage nicht." Die gleiche Antwort gab ich auf alle nachfolgenden Fragen oder ich sagte einfach „Niemals", „Niemand" und so weiter. Sie fragten mich, wann ich meine Genossen zuletzt getroffen habe, mit wem ich in Kontakt sei, wer mir Geld gegeben habe, wie ich mir meine gefälschten Papiere beschafft habe.

Die Fragen prasselten nur so auf mich ein, aber ich verweigerte auch weiterhin die Antworten, weswegen sich die Ermittler immer mehr erregten. Andererseits überkam mich allmählich ein eigenartiges Gefühl des Trotzes, das hauptsächlich in dem Bewusstsein des „Du hast nichts zu verlieren, sie werden dich wahrscheinlich ohnehin umbringen" wurzelte. Auf einmal änderte der Chef seinen Ton und sagte mit einem drohenden Gesichtsausdruck leise: „Wenn du nicht sprichst, dann haben wir auch andere Methoden." Hierauf erwiderte ich: „Ich weiß, dass Sie andere Methoden haben: Sie können mich genauso töten, wie Sie Béla Józsa getötet haben, aber damit erreichen sie nicht viel." Meine Antwort löste gemischte Reaktionen aus. Der Chef entgegnete mit einem drohenden Unterton „Du denkst vielleicht, dass du bereit bist zu sterben, aber es gibt Dinge, die schlimmer sind als der Tod." Der Kahlkopf, der möglicherweise aus Klausenburg stammte, sagte jedoch nervös: „Wer hat dir denn diesen Unsinn über Józsa erzählt? Wir töten niemanden; Józsa starb, weil er die Nahrungsaufnahme verweigert hat." Ich registrierte mit Genugtuung, dass mein Einwand in Bezug auf Józsas Tod offensichtlich einen wunden Punkt berührt hatte. Schließlich standen die Russen auf ihrem Vormarsch ja bereits kurz vor Siebenbürgen. Eine Zeitlang stellten die Agenten noch weitere Fragen und ich erwartete jeden Augenblick, geschlagen zu werden, aber das geschah nicht hier in diesem Haus. Stattdessen schickten sie nach zwanzig oder dreißig Minuten den jüngsten Mann des Trupps weg, um den Wagen zu holen (der wahrscheinlich um die Straßenecke geparkt war). Sie stießen mich auf den Rücksitz, zwängten mich zwischen zwei Agenten und fuhren dann mit mir auf die Klausenburger Gendarmerie-Kommandantur in der Monostori-Straße. Sie hatten einige meiner Sachen in eine Tasche gepackt, zum Beispiel Unterwäsche und Taschentücher, und nahmen auch meinen Mantel und Hut mit.

Wie bin ich aufgeflogen? Wie hat die DEF mein Versteck gefunden? Ich habe niemals Antworten auf diese Fragen gefunden. Es gibt viele Möglichkeiten. Der Gendarmerie-Oberst könnte mein Gesicht anhand meines Fotos doch erkannt haben – das Foto hatte er mit Sicherheit irgendwo gesehen. Oder Szöllősi, mein ehemaliger Schichtleiter, hat mich auf der Brücke erkannt und eine Meldung erstattet; das könnte dann eine engmaschige Überwachung der wichtigsten Straßen und Brücken ausgelöst haben, die das Donáth-Viertel mit den anderen Stadtteilen verbanden. Ede Lebovits und seine Familie wohnten im Donáth-Viertel und das Lebensmittelgeschäft der Familie befand sich unweit meiner letzten Unterkunft. Ich wusste, dass Ede, der in dem Geschäft arbeitete, festgenommen und seine Familie deportiert worden war. Ich wusste jedoch nicht: das Lebensmittelgeschäft war von dem ehemaligen Verkäufer übernommen worden, der mich vielleicht noch von meinen früheren Besuchen her kannte. Dieser Mann könnte mich gesehen, erkannt und angezeigt haben. Oder vielleicht hat mich irgendein anderer erkannt. Hatte die DEF aber erst einmal einen Verdacht, in welchem Stadtviertel ich mich aufhielt, dann konnten sie mich mit Leichtigkeit aufspüren, wenn ich nach draußen ging, was ich ja auch fast täglich tun musste.

Verhaftet

4

Auf der Gendarmerie wurde ich in eine Zelle gesperrt, in der nur eine Holzpritsche stand. Oben, etwas unter der Decke befand sich ein kleines vergittertes Fenster. Man ließ mich nicht lange in Ruhe: Bald wurde ich zum Chef gebracht, der mir mit wichtigtuerischer Miene erzählte, dass ein ziemlich hochrangiger Offizier mit mir reden wolle. Er brachte mich in ein anderes Büro, wo ein etwa sechzigjähriger Mann mit silberweißem Haar an einem Schreibtisch saß. Er trug eine elegante Uniform, wie ich sie bis dahin nur in Filmen gesehen hatte. Er war General, der Kommandant der Gendarmerie von Nordsiebenbürgen. Mit unverhohlener Neugier maß er mich von oben bis unten und sagte dann ohne jede Feindseligkeit in der Stimme: „So, nun bist du endlich hier. Wir haben dich fast ein Jahr lang gesucht. Wo hast du dich versteckt?"

„Es tut mir leid, aber ich kann diese Frage nicht beantworten."

„Du bist Kommunist, nicht wahr?"

„Ja, das bin ich."

„Warum bist du Kommunist und was wollt ihr Kommunisten?"

Ich sagte, dass ich Kommunist sei, weil ich an die Gerechtigkeit der kommunistischen Sache glaube. Ob ich etwas über die Sowjetunion wisse, fragte der Kommandant. Ja, das tue ich. Wie groß ist die Bevölkerung der Sowjetunion? Etwa zweihundert Millionen. Und wieviele Mitglieder hat die sowjetische kommunistische Partei? Etwa vier Millionen.

„Richtig," antwortete er, anscheinend überrascht, dass ich die Zahlenangaben kannte: „Und das nennst du Gerechtigkeit, vier Millionen Menschen herrschen über zweihundert Millionen Menschen?"

Ich sagte, dass die Parteimitglieder eine Avantgarde seien und dass ihre Anzahl nicht die Unterstützung widerspiegele, die das System genoss. Diese Unterstützung spiegele sich eher in der Art und Weise wieder, wie die Soldaten auf dem Schlachtfeld kämpften, und in dieser Hinsicht seien sie gar nicht so schlecht. Diese Frage habe aber keine Bedeutung, setzte ich fort, denn das gegenwärtige Ziel der Kommunisten sei es nicht, den Kommunismus in Ungarn einzuführen – das sei Sache des ungarischen Volkes, wenn diesem die Möglichkeit einer freien Entscheidung gegeben würde. Vielmehr würden die Kommunisten dazu beitragen wollen, Ungarn

E. Balas, *Der Wille zur Freiheit*, DOI 10.1007/978-3-642-23921-2_4,
© Springer-Verlag Berlin Heidelberg 2012

aus dem Krieg herauszuführen, die Unabhängigkeit des Landes wieder herzustellen und das vor dem Zusammenbruch stehende Deutschland daran hindern, Ungarn immer tiefer mit in den Abgrund zu reißen.

Diese Argumentationslinie war nicht nach dem Geschmack des Kommandanten: Er war sichtlich verärgert, drehte sich mit einem feindseligen Blick nach mir um und sagte „Du bist Jude. Wie kommt es, dass alle Kommunisten Juden sind?"

Ich antwortete, dass das nicht so sei, dass es vielmehr eine große Anzahl nichtjüdischer Kommunisten gebe; wenn man aber berücksichtige, wie die Juden behandelt würden, dann sei es gewiss nicht überraschend, dass sich einige von ihnen aus Gründen der Selbstverteidigung der kommunistischen Bewegung anschlössen.

Der Kommandant beendete die Audienz abrupt: „Bringt ihn weg", sagte er zum Chef. Ich wurde aus dem Büro zurück in meine Zelle geführt.

Man ließ mich ungefähr eine Stunde allein und ich bekam in dieser Zeit etwas zu essen. Dann brachte mich der Wärter (ein Gendarm) zum Chef, der mit meinem ersten offiziellen Verhör begann. Ich gab meinen Namen als Egon Blatt mit meinem richtigen Geburtsdatum und Geburtsort an. Er stellte dann im Grunde genommen dieselben Fragen, die er zuvor bereits in dem Haus gestellt hatte, in dem ich festgenommen wurde, aber dieses Mal saß er an einer Schreibmaschine und tippte meine Antworten. Wieder wurde er böse, als ich mich weigerte, seine Fragen zu beantworten. Mehrmals sprang er auf und gestikulierte drohend. Dann trat er einmal vor mich und schlug mir mit der Faust in die Magengrube. Der Schlag schmerzte natürlich, aber zu meiner Überraschung folgten keine weiteren schlimmeren Hiebe und das Verhör endete damit, dass ich das Protokoll unterschrieb, in dem hauptsächlich festgehalten war, dass ich auf verschiedene Fragen die Antwort verweigert hatte. Ich wurde in meine Zelle zurückgebracht und hatte den ganzen Abend und die ganze Nacht Zeit, über meine Situation nachzudenken.

Ich war überrascht, dass man mich nicht gefoltert hatte – aber schon am darauf folgenden Morgen klärte sich das Rätsel schnell auf. Auf jeden Fall war ich fest entschlossen, niemanden zu verraten – ganz egal, was mit mir geschieht, selbst wenn ich sterben müsste. Ich ging in Gedanken alle Informationen durch, die von der DEF nach den Verhaftungen im Herbst 1943 über unsere Aktionen und unsere Organisation zusammengetragen wurden, und versuchte mir vorzustellen, welche Fragen zu erwarten seien. Die Detektive würden ganz sicher nach den Namen der Leute fragen, die im Sommer 1943 das Manifest der Friedenspartei verteilt hatten. Sie wussten, dass ich die Aktion organisiert hatte, und würden mit Sicherheit die Identität der Beteiligten aus mir herauspressen wollen, die alle immer noch auf freiem Fuß waren. Sie wussten, dass ich Kontakte bei Dermata hatte, und würden wahrscheinlich wissen wollen, um wen es sich dabei handelte. Sie hatten mich ja bereits zu meinen früheren Verstecken, zu meiner Geldquelle und zu meinen Papieren verhört. Und schließlich nahmen sie offensichtlich an, dass ich Kontakt zu Sanyi habe, und würden deswegen Druck auf mich ausüben, damit ich sie zu unserem nächsten Treffen führe. Meine erste Verteidigungslinie bestand einfach darin, die Fragen nicht zu beantworten; aber ich war mir nicht sicher, wie lange ich das unter Folter durchhalten konnte. Ich musste mir noch eine zweite Verteidigungsstrategie zurechtlegen, auf die ich zurückgreifen konnte, bevor ich vollständig die Kontrolle über mich verliere. Deswegen dachte ich mir verschiedene fiktive Versionen von Ereignissen aus – grundsätzlich harmlose und mehr oder weniger glaubhafte Lügen –, die ich anstelle der Wahrheit erzählen würde, insbesondere auch in Bezug auf die Namen, die sie ja ganz sicher aus mir herauspressen wollen.

Am nächsten Tag, dem 27. August, kam der jüngere der beiden „Herren vom Wohnungsamt", die mich verhaftet hatten – der mit dem schwarzen Schnurrbart –, in meine Zelle und informierte mich, dass wir bald zum Bahnhof fahren, und von dort mit dem Zug nach Budapest. Urplötzlich wurde mir klar, warum sie mich nicht geschlagen hatten: Ich musste für den „öffentlichen Verkehr" tauglich sein; man wollte keinen Mann zur Schau stellen, der von der DEF „verarztet" worden war. Am frühen Nachmittag fuhren mich der Chef und die beiden „Herren von Wohnungsamt" zum Bahnhof. Bevor es losging, banden sie meine Hände wieder mit einem Lederriemen zusammen, und als wir aus dem Auto ausstiegen, eskortierten sie mich rechts und links, wobei sie mich an den Armen packten. Sie schoben mich in ein Abteil der ersten Klasse, der Chef und der jüngere „Herr vom Wohnungsamt" setzten sich neben mich. Der Kahlkopf verabschiedete sich von seinen Kollegen und ging zum Auto zurück. Meine Hände waren immer noch zusammengebunden, aber diesmal nicht hinter meinem Rücken; sie legten mir meinen Mantel auf den Schoß, um meine gefesselten Hände zu bedecken. Es ging mir durch den Kopf, dass diese Position den Vorteil hat, dass die Agenten es nicht bemerken würden, wenn ich meine Hände irgendwie befreien könnte. Aber ich sah keine Möglichkeit, das zu tun, und selbst wenn es möglich gewesen wäre, hätte ich meine Hände nicht effektiv gegen die bewaffneten Agenten einsetzen können, die mich begleiteten.

Wir fuhren an diesem milden und sonnigen Spätsommernachmittag durch eine herrliche Landschaft und als wir die Berge in Richtung der ungarischen Tiefebene überquerten, verabschiedete ich mich von Siebenbürgen, mit dem mich so vieles verband und das ich wahrscheinlich nie wieder sehen würde. Gegen Abend gingen die Agenten abwechselnd in den Speisewagen und der Jüngere brachte mir etwas zu essen mit. Er sagte, dass er meine Hände losbinden würde, damit ich essen könne, aber zeigte mir gleichzeitig die Pistole in seiner Tasche für den Fall, dass ich versuche „etwas Dummes" zu tun. Wieder ging es mir durch den Kopf, „etwas Dummes" zu tun. Ich versuchte mir vorzustellen, was geschehen würde, wenn ich mich plötzlich gegen das Fenster werfen würde, um es zu zerbrechen und hinauszuspringen, aber das schien ein vollkommen hoffnungsloses Unterfangen zu sein: Das Fenster würde wahrscheinlich nicht zerbrechen, und wenn doch, dann wäre die Öffnung für meinen Körper zu klein; und wenn ich mich aber irgendwie hindurchpressen könnte, ohne dass die Agenten mich am Körper oder an den Beinen packen, dann würde ich kopfüber aus einem Zug fallen, der sich mit einer Geschwindigkeit von etwa sechzig Stundenkilometern bewegt – bestenfalls käme das Ganze einem erfolgreichen Selbstmordversuch gleich. Ich aß also und dann wurden mir die Hände wieder zusammengebunden. Einmal brachten sie mich zur Toilette, aber auch hier bot sich keine Gelegenheit zu einem Fluchtversuch.

Wir fuhren die ganze Nacht und kamen am Morgen in Budapest auf dem Ostbahnhof (Keleti Pályaudvar) an. Es war ein schöner, sonniger Morgen – der Morgen des Tages, der zum schwersten meines Lebens werden sollte. Ein Agent wartete auf uns und brachte uns zu einem Auto. Ich saß hinten mit zusammengebundenen Händen, der hochgewachsene Agent neben mir. Der Chef setzte sich auf den Vordersitz neben den Fahrer. Ich wurde zum DEF-Hauptquartier nach Buda, auf der Westseite der Donau, gebracht. Auf dem Weg dorthin konnte ich das Gesicht des Chefs durch den Rückspiegel sehen. Er und der Fahrer unterhielten sich mit gedämpfter Stimme, so dass ich das Gespräch nicht verfolgen konnte; aber an einer Stelle fragte der Fahrer etwas und deutete mit dem Kopf nach mir. Als Antwort richtete sich der Chef gerade auf, nahm eine würdevolle Haltung ein und zwirbelte seinen Schnurrbart, eine typisch ungarische Geste des Stolzes. Dies war das Gegenteil von dem, mich als ängstlich und unterwürfig zu beschreiben, und in meiner trotzigen Stimmung registrierte ich die Geste des Chefs mit Zufriedenheit, anstatt daran zu denken, was ich für meine Haltung in den bevorstehenden Tagen bezahlen müsste.

Die Fahrt zur DEF dauerte eine halbe Stunde bis vierzig Minuten. Budapest ist eine schöne Stadt, aber ich brauche nicht besonders zu betonen, dass ich unter den gegebenen Umständen keinen Blick für diese Schönheit hatte. Wie ich später herausfand, wechselte die DEF ihr Hauptquartier ungefähr jedes Jahr (zumindest war das in den letzten drei Jahren so geschehen, entweder mit Absicht oder aus Zufall). Zur Zeit meiner Verhaftung befand sich das Hauptquartier am rechten Donau-Ufer in einem niedrigen, geräumigen Gebäude, das man von der Druckergewerkschaft beschlagnahmt hatte. Das Auto bog in einen großen Hof ein, der auf drei Seiten von einer hohen Betonmauer umgeben war; an der vierten Seite stand das niedrige Gebäude. Man brachte mich vom Wagen in das Gebäude. Zuerst führten sie mich in ein kleines Büro, wo meine Sachen inventarisiert wurden und man mir den Gürtel und die Schnürsenkel wegnahm. Sie ketteten mir die Füße an den Knöcheln zusammen, so dass ich meine Beine höchstens dreißig Zentimeter voneinander entfernen konnte, das heißt, ich konnte nur kleine Schritte machen. Außerdem legten sie mein rechtes Handgelenk in Handschellen und ketteten es an meinen linken Knöchel, was meine Bewegungsfreiheit noch weiter einschränkte. Danach wurde ich aufgefordert, meinen Mantel zu nehmen, und sie brachten mich durch den Korridor zu einer kleinen Tür. Als die Tür geöffnet wurde und ich die Schwelle überschritt, bot sich mir ein Anblick wie von einem anderen Planeten.

Ich stand am Rand einer großen rechteckigen Halle von vielleicht fünfzehn Meter Länge und zehn Meter Breite, mit Fliesen auf dem Boden und großen Fenstern in Richtung Hof. Vierzig oder fünfzig Menschen, hauptsächlich Männer, aber auch einige Frauen, saßen auf dem Boden in gleich verteilten und ordentlich formierten Reihen. In den einzelnen Reihen hatten die dort Sitzenden einen Abstand von jeweils ungefähr sechzig Zentimetern, während die Reihen etwa zwei Meter voneinander entfernt waren. Die Gefangenen – es war sofort klar, dass es sich um solche handelte – sahen elend aus. Sie hatten offensichtlich die Bekleidung an, die sie zum Zeitpunkt ihrer Verhaftung trugen. Sie saßen auf ihren Mänteln oder anderen kleinen Kleiderbündeln, in einer starren Körperhaltung, die sich am besten als „Habtacht-Sitzweise" beschreiben lässt: Sie hielten die Arme und Beine in vorgeschriebener, gleichmäßiger Weise; sie sahen unbeweglich nach vorn und sprachen kein einziges Wort. Uniformierte Gendarmen mit Gewehren und aufgepflanzten Bajonetten bewachten die Gefangenen und gingen zwischen den Reihen auf und ab. Drei oder vier der männlichen Gefangenen waren in Ketten wie ich selbst; der Rest war nicht in Ketten gelegt. Ihre Gesichter sahen erschreckend aus. Alle hatten dunkle Ringe unter den Augen, manche hatten Quetschungen und Spuren von Schlägen; sie waren blass und ihre Blicke waren von Schmerzen gezeichnet. Das Leiden war allgegenwärtig. Meine unmittelbare Reaktion war „Nein, unmöglich, man kann es höchstens ein paar Stunden unter diesen unmenschlichen Bedingungen aushalten". Aber ich sollte mich bald an diesen Anblick und an noch viel schlimmere Dinge gewöhnen.

Mir wurde ein Platz auf dem Boden zwischen zwei Gefangenen zugewiesen und man gab mir barsch die Verhaltensregeln bekannt: Ich musste meinen Mantel zusammenfalten und tagsüber darauf sitzen, und zwar in der vom diensthabenden Wachkommandanten der Gendarmerie vorgeschriebenen Körperhaltung. Die Kommandanten lösten sich alle acht Stunden ab. Wir mussten unsere Sitzposition alle dreißig bis fünfzig Minuten ändern, je nachdem, was der Diensthabende befahl: Das Spektrum ging von „Arme über der Brust kreuzen" bis zu „Arme hinter dem Rücken zusammenlegen". Sprechen, herumdrehen, aufstehen oder auch nur ändern der vorgeschriebenen Haltung waren verboten. Die Strafen variierten von ermüdenden und demütigenden Turnübungen bis hin zu Schlägen auf den Kopf oder Nacken. Wir mussten die dreimal am Tag ausgegebenen Mahlzeiten in derselben Sitzposition essen, wobei man uns jedoch erlaubte, die Hände zu bewegen. Es gab keine Dusche und die einzige Waschgelegenheit war ein Wasserhahn neben der Toilette. Unter Aufsicht der Gendarmen gab es drei Toilettengänge: am Morgen, nach dem Mittagessen und vor dem Hinlegen. (Wer öfter gehen musste, hatte Pech: Ein paar Tage später wurde ich Zeuge eines Vorfalls, bei dem ein ungefähr sechzigjähriger Mann darum bat, auf die Toilette gehen zu dürfen; da ihm das verweigert wurde, fragte er noch einmal und sagte, dass er dringend urinieren müsse. Zur Belustigung der anderen Gendarmen gab der Wächter dem Mann eine kurze Schnur und riet ihm, den Penis zuzubinden). Jeden Tag bekamen die Gefangenen für eine halbe Stunde die Erlaubnis, ihre Hemden auszuziehen und nach Läusen zu suchen, die es im Überfluss gab. Alle Gefangenen blieben über Nacht an derselben Stelle und schliefen auf dem gefliesten Fußboden; zur Schlafenszeit erhielten sie die Erlaubnis, sich auf den Boden zu legen, wobei sie ihre Mäntel als Decken und ihre Schuhe, Jacken oder Pullover als Kissen benutzten.

Ich setzte mich vorschriftsmäßig hin und nach kaum einer halben Stunde bekam mich mit, dass man sich trotz des strengen Verbotes mit seinen Nachbarn unterhalten konnte. Hierzu beobachteten wir aufmerksam die Bewegungen der Gendarmen und flüsterten uns etwas zu, wenn sie nicht in der Nähe waren und anderswohin sahen. „Wer bist du?" hörte ich meinen linken Nachbarn flüstern. Ohne meinen Kopf zu bewegen, flüsterte ich meinen Namen und den Ort, von dem sie mich hierher gebracht hatten. Der Mann auf meiner linken Seite war Pali (Paul) Schiffer, ein führender linker Sozialdemokrat Mitte dreißig. Rechts von mir saß eine junge Blondine, Magda Ságvári, die Witwe des bereits genannten kommunistischen Parteiführers, der einige Wochen zuvor bei einem fehlgeschlagenen Verhaftungsversuch getötet worden war. Als Erstes hörte ich bei diesem heimlichen Gedankenaustausch von Pali, dass Magda nichts vom Tod ihres Mannes wisse und es auch nicht erfahren solle, denn das könnte sie demoralisieren.

Pali fragte mich nach den neuesten Nachrichten, und ich erzählte ihm von den rumänischen Ereignissen und davon, dass Paris befreit worden sei. Ich wiederum fragte ihn, was er über die Klausenburger Juden wisse, die abtransportiert worden waren. Er sagte, dass alle in den Provinzen lebenden ungarischen Juden den Deutschen übergeben und deportiert worden seien. Darüber hinaus sei nichts über das Schicksal der Deportierten bekannt. Sie seien entweder umgebracht worden oder würden in deutschen Lagern gefangen gehalten, aber die DEF habe keinen Zugang zu ihnen – Deportation war eine Einbahnstraße. Ich fragte ihn, seit wann er und die anderen von der DEF festgehalten werden. Die Zeiten variierten zwischen einigen Wochen und vier bis fünf Monaten.

Bald ging die links von mir befindliche kleine Tür auf, durch die ich hineingeführt worden war, und der Chef, der mich nach Budapest gebracht hatte, kam herein und ging durch die Reihen auf mich zu. Er wies mich an, aufzustehen und ihm zu folgen. Er führte mich durch dieselbe Tür auf den Flur und von dort in einen anderen Raum mit einer massiven Tür und ebenso dick verglasten geschlossenen Fenstern. Schalldämmung, sagte ich mir. Außer dem Chef waren noch drei Männer im Zimmer. Einer von ihnen war der jüngere Agent, der mich aus Klausenburg hergebracht hatte. Ein anderer Mann, offenbar der Vorgesetzte, war um die vierzig, kräftig gebaut, muskulös, mittelgroß und hatte nur noch spärliche blonde Haare. Er hatte einen brutalen Gesichtsausdruck und eine drohende Körperhaltung. Später erfuhr ich, dass er Papp hieß und Leiter der für meinen Fall (und mehrere andere Fälle) zuständigen Detektivgruppe war. Der vierte Mann hatte blaue Augen und blonde Haare, war sehr groß und sportlich. Sein Name war Ferenc (Franz) Kékkői, aber die Gefangenen nannten ihn unter sich nur „Verő Feri", das heißt „Schläger-Feri", denn Schlagen war seine Aufgabe und sein einziger Beruf.

Detektiv Papp saß hinter einer Schreibmaschine, die auf einem kleinen Tisch stand. Er forderte mich mit einer Handbewegung auf, an den Tisch zu kommen, und begann, das Verhörprotokoll auszufüllen. Er fragte mich nach meinem Namen, nach Geburtsort und Geburtsdatum, nach den Namen meines Vaters und meiner Mutter, nach meinem Wohnsitz und wie lange ich dort gewohnt habe. Ich beantwortete jede dieser Fragen korrekt und gab meinen Namen als Egon Blatt an. Als meinen Wohnsitz gab ich die Adresse an, wo ich festgenommen worden war. Danach fragte er, wo ich vor dem Juni 1944 gewohnt hätte, und ich sagte „Ich beantworte diese Frage nicht". Er erhob sich von seinem Stuhl, ging auf mich zu und trat mich mit einem plötzlichen Schwung seines rechten Beins kräftig in die Hoden. Ich stöhnte auf und meine Knie gaben nach, aber ich brach nicht zusammen. Papp ging zurück zu seinem Stuhl und setzte das Verhör fort. Ich blieb bei meiner ersten Verteidigungsstrategie und weigerte mich, die relevanten Fragen zu beantworten. Er kam mehrmals in unterschiedlicher Form auf die zentrale Frage nach meinem Parteikontakt zurück: Wer ist es? Wann habe ich ihn das letzte Mal gesehen? Wann und wo soll ich mich wieder mit ihm treffen? Und so weiter. Das war offensichtlich die Frage, die sie für die dringendste hielten, und sie hofften, aus mir die Informationen herauszupressen, mit deren Hilfe sie Sanyi festnehmen konnten. Meine Antwort war, dass ich keinen Parteikontakt habe.

Nach einer Weile sagte Papp: „Na gut, wir werden sehen, wie lange du hier den Helden spielst." Er stand auf und nahm mir – zusammen mit dem großen athletischen Mann – die Ketten ab. Danach befahl er mir, Schuhe und Socken auszuziehen und mich auf den Bauch zu legen. Dann bogen sie mir die Füße bei den Knien nach oben, so dass meine Unterschenkel nebeneinander vollkommen senkrecht nach oben zeigten und meine Fußsohlen horizontal dazu nebeneinander nach oben gerichtet waren. Schläger-Feri stellte die Radiomusik laut. Es kam gerade die Ouvertüre zu *Der Barbier von Sevilla* und mir ging für einen Moment die Ironie des Ganzen im Kopf herum: Unter anderen Umständen hätte ich die Musik genossen. Schläger-Feri kam von hinten mit einem schweren Gummiknüppel, den er aus einer Reihe von ähnlichen Werkzeugen ausgewählt hatte, die an einem Wandgestell hingen. Was danach geschah, war furchtbar, aber ich erinnere mich deutlich, dass inmitten des Schreckens meine überwältigende Empfindung die einer vollkommenen Überraschung war. Ich erwartete einen schmerzhaften Schlag, einen, der fürchterlich weh tut und unter dem ich leiden würde. Aber was ich dann spürte war ganz anders als das, was ich erwartete: Ich hatte das Gefühl, als ob man mich aus dem zehnten Stock eines Gebäudes geworfen hätte und ich auf den Fußsohlen gelandet wäre. Ich spürte den Schlag bis ins Mark meiner Knochen; aber ich biss die Zähne zusammen und gab keinen Mucks von mir. Ein zweiter Schlag folgte, dann ein dritter. Die Schmerzen wurden mit jedem Schlag größer. Schließlich konnte ich einen Schrei nicht mehr unterdrücken. Sie hörten einen Moment auf und stopften mir die Socken als Knebel in den Mund; dann machten sie weiter.

Nach zwanzig Schlägen befahlen sie mir aufzustehen. Ich schaffte es kaum, mich aufzurichten – meine Füße waren bis zur Unkenntlichkeit geschwollen. Detektiv Papp befahl mir, auf der Stelle zu laufen. Ich konnte es nicht und ich wollte es nicht einmal versuchen. Aber er langte nach einem kleineren Gummiknüppel, kauerte sich vor mir hin und begann, mir auf die Zehen zu schlagen, wodurch er mich zwang zu springen. So brachten sie mich dazu, auf der Stelle zu laufen. Damals dachte ich, das sei einfach eine zusätzliche Form der Folter. Aber später erfuhr ich, dass es Teil einer ausgeklügeltem Technik war, mit deren Hilfe bleibende Deformationen der Füße verhindert werden sollten. Nachdem ich mehrere Minuten auf der Stelle gelaufen war, wurde ich aufgefordert aufzuhören, und Papp setzte das Verhör fort. Zwar zitterte ich, war schweißgebadet und etwas benommen, aber ich spürte, dass ich mich noch unter Kontrolle hatte. Deswegen blieb ich bei meiner ersten Verteidigungslinie und weigerte mich, von meinen früheren Antworten abzurücken. Sie befahlen mir, ich solle mich wieder so auf den Boden legen wie zuvor. Unwillkürlich krümmte ich die Zehen und Feri warnte mich, dass ich das nicht tun solle, da mir die Zehen brechen würden. Ich bekam weitere zwanzig Hiebe. Da sie mir die Socken von Anfang an in den Mund gestopft hatten, bedeutete es keinen Unterschied, ob ich schrie oder stöhnte. Ich versuchte, mich zu widersetzen und hielt die Füße nicht nach oben, aber sie traten mich in die Seite und schlugen mir mit dem Gummiknüppel auf verschiedene Körperteile, so dass ich mich am Ende in die vorgeschriebene Position zurückdrehte und die Hiebe weiter auf die Fußsohlen trafen. Am Ende dieser zweiten Runde von zwanzig Schlägen befahlen sie mir wieder aufzustehen, schlugen mir erneut mit dem kleinen Gummiknüppel auf die Zehen und zwangen mich dadurch, auf der Stelle zu laufen. Die Detektive machten eine kurze Pause, tranken Wasser und aßen demonstrativ saftiges Obst. Damit wollten sie mich offensichtlich psychologisch unter Druck setzen, denn ich verspürte einen Durst wie nie zuvor in meinem Leben.

Danach versuchten die Agenten eine andere Form der Folter, von der ich schon einmal gehört hatte: Ich bekam den „Geschmack" des elektrischen Stuhls zu spüren, als sie mich durch Elektroschocks mit Hilfe eines Generators quälten, den einer der Agenten auf dem Schoß hielt, wobei er den Griff drehte. Einer der beiden aus dem Generator führenden Drähte wurde mir an einen Knöchel gelegt, der andere nacheinander an den Kopf, an die Rückseite des Halses, das Innere des Mundes und an die Genitalien. Je schneller der Detektiv den Griff drehte, desto stärker wurde der Strom, der durch meinen Körper floss. Ich zitterte und zuckte und inmitten der Krämpfe begriff ich, wie leicht diese „Behandlung" jemanden in Panik versetzen und dazu bringen konnte, die Kontrolle über sich zu verlieren. Aber ich merkte auch, dass dies hauptsächlich eine psychologische Waffe war – mehr dazu bestimmt, die Gefolterten in Angst und Schrecken zu versetzen als ihnen Schmerzen zuzufügen –, denn die Wirkung war ungleich schwächer als die Prügel, die ich auszustehen hatte.

Nach etwa einer halben Stunde Elektroschocks setzten sie das Verhör mit demselben Ergebnis fort wie zuvor. Danach folgte eine weitere Prügelsitzung; aber anscheinend wollte Schläger-Feri eine Pause machen, denn als ich mich wieder auf den Boden legen musste, machte Papp mit den Hieben weiter. Er gab mir die Schläge mit derselben Sachkenntnis wie Schläger-Feri und diese dritte Runde von zwanzig Hieben war nicht leichter zu ertragen als die ersten zwei. Das Laufen auf der Stelle war noch schmerzhafter als vorher, und ich hatte das Gefühl, dass ich bald das Bewusstsein verlieren könnte. Trotzdem blieb ich, als das Verhör wieder aufgenommen wurde, bei meinen früheren Antworten. Obwohl ich eine zweite Verteidigungsstrategie vorbereitet hatte, beabsichtigte ich nicht, diese bereits im ersten Verhör zu verwenden. Irgendwie dachte ich, sie würden nach einer Weile aufhören, mich zu schlagen – sie konnten ja nicht die Absicht haben, mich zu töten, bevor sie die gewünschten Informationen aus mir herausgepresst hatten. Kurze Zeit später hatte sich jedoch Schläger-Feri offenbar ausgeruht und spielte seine Rolle weiter, nachdem ich mich das vierte Mal auf den Boden legen musste.

In diesem Moment spürte ich, dass ich es nicht länger aushalten konnte und beschloss, meine Taktik zu ändern. Aber die Änderung sollte spontan aussehen, so dass ich die ersten Schläge noch auf mich nahm, mich aber dann plötzlich umdrehte und sagte, dass ich bereit sei zu sprechen. Alle vier Agenten standen mit erwartungsvollen Gesichtern um mich herum. Ja, sagte ich, ich hatte einen Parteikontakt, den ich am 27. August (dem Tag, an dem ich nach Budapest gebracht wurde) abends um acht Uhr dort und dort treffen sollte. Falls einer von uns nicht erschien, dann sollten wir uns einen Monat später zur gleichen Zeit und am gleichen Ort treffen. Damit verschob ich das nächste Treffen um einen Monat in die Zukunft. Natürlich hatte ich mir Zeit und Ort nur ausgedacht; meine Absicht war es, Zeit zu gewinnen. Die Agenten reagierten mit Ungläubigkeit auf mein „Geständnis", und einer von ihnen sagte „Du bist zu jung, um uns zu täuschen." Aber ich beharrte darauf, dass ich ihnen die Wahrheit sagte. Sie testeten meine Aufrichtigkeit mit Fragen darüber, wer mein Parteikontakt sei. Ich sagte ihnen, dass ich seinen Namen nicht kenne, bestätigte aber ihre physische Beschreibung von Sanyi und fügte hinzu, dass er sich einen Schnurrbart habe wachsen lassen (was nicht der Wahrheit entsprach). Sie stellten einige Fragen über die Sitzung des örtlichen Parteikomitees im Winter 1942–1943. Außer mir waren alle Teilnehmer dieser Sitzung im Herbst 1943 festgenommen worden. Ich bestätigte in Bezug auf die Sitzung nur Dinge, von denen ich wusste, dass sie der DEF bereits bekannt waren. Ich gab diese Dinge exakt und ohne zu zögern an, und das verfehlte offensichtlich seine Wirkung nicht. Sie kamen auf die Frage meines nächsten Treffens mit Sanyi zurück, wann und wo es stattfinden sollte. Ich wiederholte als Termin den 27. September und gab ihnen nochmals die restlichen Informationen, die ich ihnen bereits mitgeteilt hatte. Ich war erleichtert, als Papp verkündete „Wir brechen dir alle Knochen, wenn er nicht aufkreuzt" – das bedeutete ja, dass sie meine Antwort akzeptiert hatten.

An dieser Stelle gaben sie mir ein Glas Wasser und setzten das Verhör fort. Bezüglich der Frage, wo ich vor dem Juni gewohnt habe, war ich entschlossen, den Namen der Iszlais unter keinen Umständen preiszugeben. Stattdessen gab ich die Adresse einer Familie an, die deportiert worden war; ich sagte, dass ich dort einfach ein Zimmer gemietet hätte und sie keine Ahnung davon gehabt hätten, dass ich in die Illegalität gegangen war. Es folgten noch einige Fragen zu möglichen Freunden, Verbindungen und Helfern. Ich verschwieg natürlich Sanyis Namen, gab aber ansonsten als meine einzigen Kontakte diejenigen Leute an, bei denen ich das Haus gemietet hatte, sowie die Frau, bei der ich ein Zimmer gemietet hatte, bevor ich in das Haus einzog; außerdem nannte ich meine neuen Bekanntschaften vom Luftschutzkeller. Ich fügte noch hinzu, dass keiner dieser Leute wisse, dass ich in der Illegalität war – diese Aussage entsprach der Wahrheit. Welche anderen Kontakte ich gehabt hätte? Wer und wo die Leute seien, die im Sommer 1943 die Flugblätter der Friedenspartei verteilt haben? Ich wusste, dass die DEF aus Grünfeld, die im Herbst 1943 verhaftet und gebrochen worden war, herausgeholt hatte, dass an der Aktion zehn Leute – fünf Paare – beteiligt waren. Obwohl manche der Beteiligten deportiert worden sind, wurden die meisten von ihnen zum Arbeitsdienst eingezogen. Diese hätten von der DEF noch geschnappt werden können, so dass es für mich darauf ankam, die Namen der Betreffenden nicht preiszugeben. Ich antwortete also, dass ich die Verteilung der Flugblätter tatsächlich organisiert habe, und dass wirklich fünf Leute beteiligt waren, manche von ihnen möglicherweise zusammen mit ihren Freundinnen. Ich erinnerte mich sogar an die Zeiten und Orte, wo sie sich trafen, oder wo sie Grünfeld treffen sollten, um den ihnen zugedachten Anteil der Flugblätter entgegenzunehmen und zu verteilen. Ich blieb jedoch dabei, die Namen der Beteiligten nicht zu kennen. Sie seien von Béla Józsa mobilisiert worden, der sie zwecks weiterer Anweisungen zu mir geschickt habe. Ich sagte außerdem, dass ich die Leute über Losungsworte an bestimmten Stellen getroffen und nichts über die Identitäten der Betreffenden gewusst habe. Da Józsa nicht mehr lebte, war das eine harmlose Einlassung, die den Agenten natürlich nicht gefiel. Jedenfalls sagten sie jetzt nur: „Damit kommst du nicht davon, wir werden darauf noch zurückkommen" – anscheinend waren sie jetzt nicht in der Stimmung, die Prügelei fortzusetzen.

Man befahl mir, die Socken und Schuhe wieder anzuziehen. Aber meine Füße passten nicht mehr in die Schuhe und ich war außerstande, sie anzuziehen. Meine Peiniger bestanden darauf, aber ich konnte es nicht. Da packte einer von ihnen einen Schuh und presste meinen Fuß hinein, während mich der andere Agent festhielt; erst einen Fuß, dann den anderen. Es tat schrecklich weh, und ich war davon überzeugt, dass das eine andere Form der Folter war: Sie hätten mich ja mit den Schuhen in den Händen zurückgehen lassen können, was ich auch bevorzugt hätte. Später erfuhr ich jedoch, dass diese Regel ein fester Bestandteil der „Behandlungsvorschrift" war: Das Hineinpressen der Füße in die Schuhe, die dann lange anbehalten werden mussten, galt als Gegenmittel gegen dauerhafte Deformationen der Füße.

Ich wurde wieder in Ketten gelegt und dann auf meinen Platz in den großen Saal zurückgeführt. Ich zitterte und hatte Schüttelfrost; meine Füße waren verschwollen und jeder Schritt wurde zur Qual, was man mir angesehen haben musste. Mir war schlecht, ich fühlte mich elend. Bald hörte ich das erste Geflüster. „Wieviele Schläge?"

„Etwa siebzig", sagte ich.

„Das ist ziemlich viel. Aber der erste Tag ist der schlimmste. Kommt jemand nach dir?" Das war eine höfliche Art zu fragen, ob ich den Namen eines anderen verraten habe. Bald erfuhr ich, dass das Hauptkriterium der Gefangenen für die Einschätzung des Verhaltens darin bestand, wieviele Leute nach dem Verhör eines Gefangenen festgenommen wurden, das heißt, wieviele Leute „nach dem Betreffenden kamen".

„Nein", sagte ich. Bald darauf brachten sie das Abendessen und ich erinnere mich, dass es Trockenbohnen waren. Ich verspürte mehr Brechreiz als Appetit, aber zu meiner Überraschung bestanden nicht nur die Wachen, sondern auch meine Mitgefangenen darauf, dass ich esse. „Du musst bei Kräften bleiben", flüsterte mein Nachbar, „du musst essen". Ich zwang mich dazu, etwas hinunter zu schlucken.

Als die Zeit für den Toilettengang kam, war ich einfach außerstande aufzustehen. Einer der Gendarmen kam drohend auf mich zu. „Soll ich dich nach oben treten? Bist du ein Mann oder was?" Dann wandte er sich meinem Nachbarn zu, der bereits stand: „Hilf dieser Jammergestalt beim Aufstehen". Der Gang zur Toilette, die sich draußen auf dem Hof befand, war an diesem Abend eine Qual für mich, obwohl es in den kommenden Wochen der angenehmste Teil des Tages werden sollte: Beim Einreihen in die Schlange für den langsamen Marsch (es gab nur zwei Toiletten und die Wartezeit dauerte fünfzehn bis zwanzig Minuten) war es möglich, die Plätze zu wechseln und mit anderen Mitgliedern der Gruppe bekannt zu werden; ebenso konnten wir uns auch im Flüsterton unterhalten. Das war unser hauptsächlicher Nachrichtenkanal. Zurück von der Toilette durfte ich endlich meine Schuhe für die Nacht ausziehen. Ich stellte mir ein Kopfkissen her, indem ich die Schuhe in mein Sakko wickelte, legte mich hin und verwendete meinen Mantel als Decke. Ich fröstelte, mir war übel, der ganze Körper tat mir weh und meine Füße waren riesige Schmerzklumpen. Und trotzdem verspürte ich ein seltsames Gefühl der Genugtuung: Ich hatte den ersten Tag überlebt, ohne irgendjemanden zu verraten.

Am darauf folgenden Tag verhörten mich die gleichen Leute – nur der jüngere Agent war dieses Mal nicht anwesend. Sie kamen sofort auf meine nächste

Verabredung mit Sanyi zu sprechen und sagten, dass ich sie belogen hätte. Ich wiederholte, was ich bereits gesagt hatte. Daraufhin nahmen sie mir die Ketten ab, befahlen mir, Schuhe und Socken auszuziehen, stopften mir die Socken in den Mund und begannen, mir mit dem schweren Gummiknüppel auf die Fußsohlen zu schlagen. Dieses Mal waren die Schläge sogar noch schmerzhafter, weil meine Fußsohlen noch ganz geschwollen und voller Blasen waren. Nach zwanzig Schlägen hörten sie auf und zwangen mich, auf der Stelle zu laufen. Ich hatte noch viel größere Schmerzen als am ersten Tag, doch der erste Schock war vorbei und ich sagte mir: Sie haben mir meine Geschichte einmal abgenommen, und sie werden es ein weiteres Mal tun müssen. Und tatsächlich konnte ich in den nachfolgenden zwei Wochen feststellen, dass das Verhör gemäß einem Ritual ablief: Es begann damit, das Opfer mit gründlichen Hieben weich zu klopfen, gefügig zu machen und zum Sprechen zu bringen. Sie leiteten die Schläge mit einer der Fragen ein, die ich ihrer Meinung nach am unglaubwürdigsten beantwortet hatte oder die ihnen am wichtigsten erschien. Jedenfalls platzte nach zwanzig Schlägen auf meine geschwollenen Füße eine fünf Zentimeter große Blutblase und ihr Inhalt ergoss sich auf den Boden. Schläger-Feri griff ungerührt nach einem Erste-Hilfe-Koffer und goss Jod auf die blutende Blase, um sie zu desinfizieren. Desinfektion schien ein routinemäßiger Bestandteil der Folter zu sein – der Gefangene musste für weitere Schläge in Form gehalten werden. Danach verbanden sie mir die Füße, nur um mir den Verband am nächsten Tag zusammen mit den Socken wieder abzunehmen, damit sie mir die nächsten zwanzig Hiebe verabreichen konnten. Es klingt verrückt, aber so war es.

Während der nächsten zweieinhalb Wochen wurde ich fast jeden Tag von denselben drei bis vier Leuten verhört. Das waren schrecklich nervenaufreibende Tage. Langsam öffnete sich die kleine Tür zu meiner linken Seite und einer der Detektive kam herein. Er ließ seinen Blick langsam über die Reihen der Häftlinge schweifen und nahm sich Zeit, sein Opfer auszuwählen. Er genoss offensichtlich die angespannte Atmosphäre des Schreckens, die sein Auftauchen im Saal verbreitete. Danach sagte er in aller Ruhe einen Namen, oft nur einen Vornamen wie „Egon", oder zeigte einfach mit einem Finger auf einen Gefangenen. Das Opfer musste dann aufstehen und dem Detektiv zur Folterkammer folgen. An den Tagen, an denen die Wahl nicht auf mich fiel, verspürte ich eine Art Erleichterung, die sich nur schwer beschreiben lässt. Wenn ich an der Reihe war, lief die Routine mehr oder weniger genauso wie am zweiten Tag: Nach dem Auftakt „Du hast gelogen, als du dies oder das gesagt hast", folgte eine Prügelsitzung von mindestens zwanzig Hieben auf die Fußsohlen. Sobald ich diese Routine mitbekommen hatte, wurde es leichter für mich, die Schläge zu ertragen. Jeder Schmerz ist leichter zu ertragen, wenn du sein Ende voraussehen kannst. Die Agenten „behandelten" mich noch einige Male mit Elektroschock, aber ich reagierte darauf, wie schon gesagt, nicht allzu empfindlich. Die wirkliche Folter waren die Schläge. Was nun die Substanz der Verhöre anbelangt, wendete ich folgende Strategie an: Gib zu, was sie aufgrund vorheriger Verhaftungen ohnehin schon wissen; gib ihnen keine neuen Fakten; nenne keine neuen Namen. Das schwierigste Problem waren natürlich diejenigen Personen, deren Existenz der DEF bekannt war, aber deren Identität ich nicht offenbaren wollte. In diesen Fällen musste ich Geschichten erfinden, aus denen hervorging, warum ich die betreffenden Namen nicht kannte. Jede dieser Geschichten war mehr oder weniger glaubwürdig, aber insgesamt liefen sie auf das hinaus, was meine Folterer oft wiederholten: „Du hast uns keine Namen gesagt, du Bastard."

Zuerst wollten sie wissen, wer mich für die Partei angeworben hat. Ich sagte, dass es Béla Józsa war. Hierzu musste ich eine Geschichte erfinden, wie ich Józsa kennengelernt habe, eine Geschichte, in der keine anderen Personen vorkommen durften. Die Aktionen, an denen bereits früher verhaftete Personen beteiligt waren – Hovány, Holländer und Grünfeld –, gab ich ohne Umschweife zu, nannte aber keine Namen von Leuten, die der DEF nicht bekannt waren. Ich gab an, dass ich deren Namen nicht kenne, da sie von Béla Józsa oder von einem seiner Kontakte rekrutiert worden seien und mit mir über Losungsworte Verbindung aufgenommen hätten. So etwas war natürlich nicht unmöglich, aber der kumulative Effekt der Geschichten machte sie nicht gerade glaubwürdiger. Diese Geschichten betrafen alle Personen, die mich für die Bewegung gewonnen hatten, alle Leute, die das Manifest der Friedenspartei verteilt hatten und 1943 nicht festgenommen worden waren sowie meine Verbindungen bei Dermata und andere Kontakte. Dennoch blieb ich in jedem dieser Fälle bei meiner Geschichte, sobald ich diese erzählt hatte. Mir war klar, dass alles einstürzen würde, wenn ich irgendein Detail änderte, und sei es auch noch so unwesentlich.

Eine der am wenigsten glaubwürdigen Geschichten, die ich rechtfertigen musste, betraf das Soldbuch von Galambos, dessen Namen ich durch meinen damaligen Decknamen Antal Somogyi ersetzt hatte. In meiner Geschichte gab ich an, das Soldbuch zufälligerweise unter einer Bank im Stadtpark gefunden zu haben. Ich war mir der Schwäche dieser Behauptung wohl bewusst, aber mir ist einfach nichts Besseres eingefallen: Hätte ich das Soldbuch nicht zufällig gefunden, dann musste es mir jemand gegeben haben, aber das konnte nicht Józsa gewesen sein, denn das Soldbuch war von 1944 und Józsa war schon früher gestorben. Also blieb ich bei dieser kaum glaubwürdigen Geschichte, und der Tag, an dem sie mich dazu verhörten, war einer der wenigen, an dem ich mehr als zwanzig Hiebe auf die Sohlen erhielt. Dennoch mussten sie am Schluss meine ursprüngliche Version in das amtliche Protokoll aufnehmen, einschließlich der von mir angegebenen Parkbank sowie des Datums und der Uhrzeit, und so weiter. Hieran schloss sich eine genaue Beschreibung des Verfahrens an, wobei ich den ursprünglichen Namen ersetzte, ansonsten aber die Wahrheit sagte. Ich brauche nicht zu betonen, dass das nicht die Art von Geständnis war, auf die ein DEF-Detektiv stolz sein konnte – sie zahlten es mir auch heim, dass sie es schlucken mussten. Eine andere Frage ergab sich, als die örtliche Gendarmerie von Klausenburg einige Tage nach meiner zwangsweisen Überstellung nach Budapest eine gründliche Durchsuchung des Hauses durchführte, in dem ich gewohnt hatte. Dabei fanden sie meine Pistole und schickten sie nach Budapest. Wer mir die Pistole gegeben habe? Ich sagte ihnen diesmal die Wahrheit, nämlich dass ich die Waffe von einem deutschen Soldaten gekauft habe. Obwohl ich keine Details dieser wahren Geschichte verschwieg, fanden sie das Ganze unglaubhaft, und so wurde ich wieder geschlagen (dieses Mal, weil ich die Wahrheit sagte).

Gegen Ende der zweiten Woche kam Detektiv Papp auf mein Treffen mit Sanyi zurück und als ich wiederholte, dass unsere nächste Besprechung für den

27. September geplant war, sagte er mit drohendem Unterton: „Pass bloß auf, die Hälfte der Zeit bis zum 27. September ist schon vorüber. Wenn dein Freund an diesem Tag nicht aufkreuzt, dann möchte ich wirklich nicht in deiner Haut stecken. Das ist jetzt die letzte Gelegenheit für dich, aus dem Grab zu steigen, das du dir selbst geschaufelt hast." Obwohl ich bei dem Gedanken erschauderte, dass Papps Prophezeiungen in Erfüllung gehen könnten, zögerte ich keinen Augenblick, bei meiner Behauptung zu bleiben.

Gegen Mitte September hörten wir, dass in der Nähe von Klausenburg Kämpfe tobten, in Torda, auf der anderen Seite der Grenze zwischen Ungarn und Rumänien. Die Nachrichten erreichten uns auf drei Wegen. So kam es etwa vor, dass wir die Neuigkeiten von zwei jungen weiblichen Gefangenen erfuhren, die in der Küche arbeiteten. Dort hörten sie zufällig Gespräche des freien Personals und konnten gelegentlich einen Blick auf die Zeitungen werfen. Diese beiden Mädchen brachten uns das Essen aus der Küche und flüsterten uns die Nachrichten beim Verteilen der Mahlzeiten zu. Eine zweite Nachrichtenquelle waren die neuen Häftlinge, die alle paar Tage eingeliefert wurden. Wir fragten die Neuankömmlinge in der gleichen Weise aus, wie ich am Tag meiner Einlieferung ausgefragt worden war. Und schließlich kam es vor, dass einige der Gendarmen, die uns bewachten, gelegentlich die Zeitung lasen, während sie auf einem Stuhl vor den Reihen der Gefangenen saßen. Dabei konnten die in der vordersten Reihe Sitzenden zumindest die Schlagzeilen erkennen. Jedenfalls wussten wir mehr oder weniger genau über das Weltgeschehen Bescheid, hauptsächlich über die Geschehnisse an der nahe verlaufenden Ostfront, und kurz nach dem 20. September erfuhr ich, dass nun auch Klausenburg Teil des Kriegsgebiets geworden war. Ich war unsagbar erleichtert, denn nun ließ sich meine Verabredung mit Sanyi, die angeblich für den siebenundzwanzigsten geplant war, nicht mehr überprüfen, und Papps Drohungen waren rein hypothetisch geworden. Die neuen Entwicklungen wirkten sich auf mich jedoch nicht nur in Bezug auf dieses entscheidende Detail aus. Innerhalb weniger Tage stellte ich fest, dass meine Person weniger wichtig geworden war. Die Verhöre wurden von den zwei Detektiven übernommen, die mich von Klausenburg nach Budapest gebracht hatten. Papp und Schläger-Feri befassten sich mit neuen Leuten.

Ich wurde zwar immer noch zu Beginn jedes Verhörs geschlagen, aber die Hiebe waren jetzt viel schwächer. In der Regel waren es immer noch zwanzig Schläge – möglicherweise mussten die Detektive über die Anzahl der verabreichten Hiebe berichten –, aber es gab einfach keinen Vergleich zwischen den Prügelhieben von Schläger-Feri oder Papp und den Hieben vom Chef, der mich nach Budapest gebracht hatte. Damals führte ich diesen Umstand darauf zurück, dass der Chef einige Jahre älter und anscheinend nicht so athletisch wie die beiden anderen war. Später erfuhr ich jedoch, dass dieser Mann, András Juhász, den die Gefangenen nur Pipás („der mit der Pfeife") nannten, derjenige Detektiv war, der Ferenc Rózsa 1943 zu Tode geprügelt hatte – zumindest leitete er das Verhör in der Nacht, in der Rózsa, des Gehens unfähig, zurück in den großen Saal geschleppt wurde. Dort kippten sie ihn auf den Boden, wo er in der Nacht starb. Klausenburg war nicht mehr zugänglich und das war offensichtlich der Grund, warum die Bedeutung der Informationen über meine dortigen Kontakte auf ein Minimum geschrumpft war. In der Tat verschob sich der Fokus meiner Verhöre: Sie versuchten nicht mehr, neue Geständnisse aus mir herauszupressen, sondern knüpften lose Fäden zusammen und machten eine konsistente Geschichte aus der Folge der Episoden, die sie bei den vorhergehenden Verhören protokolliert hatten. Etwa vier Wochen nach meiner Ankunft in Budapest schlossen sie meinen Fall ab und übergaben die Verhörprotokolle dem Ankläger, der meinen Prozess vorbereitete. Dennoch musste ich noch weitere zwei bis drei Wochen bei der DEF bleiben, da die Prozesse nicht für Einzelpersonen, sondern für ganze Personengruppen organisiert wurden. Ich kam in eine Gruppe von etwa fünfzehn bis zwanzig Kommunisten, gegen die ein gemeinsamer Prozess vorbereitet wurde.

* * *

An dieser Stelle ist es angezeigt, einige Worte über den höllischen Ort zu sagen, an dem ich, zusammen mit vielen anderen, gefoltert wurde. Die Gruppe von Detektiven – Gendarmeriebeamte in Zivil –, die uns unter der Bezeichnung DEF bekannt war, bildete eine einzigartig effiziente Organisation. Grausam und inhuman, aber effizient. Die überwiegende Mehrzahl der Kommunisten, die während der Kriegsjahre aktiv waren, wurden nach ziemlich kurzer Zeit verhaftet. Die meisten von ihnen wurden schnell gebrochen, vor Gericht gestellt und dann ins Gefängnis gesteckt. Einige von ihnen konnte man zwar nicht brechen, aber sie wurden auf der Grundlage von Aussagen ihrer Genossen verurteilt und kamen ins Gefängnis. Einige wurden umgebracht, manchmal vielleicht nicht vorsätzlich –, aber zu sagen, dass die Folter die betreffende Person nicht töten, sondern nur brechen sollte, ist kein mildernder Umstand, wenn das Verhör zum Tod eines Gefangenen führte. Es kam selten vor, dass ein Unschuldiger festgenommen wurde, und wenn es doch geschah, wurde der Betreffende innerhalb weniger Tage freigelassen.

Zum Zeitpunkt meiner Einlieferung war István (Stefan) Juhász der für die DEF-Operationen zuständige Leiter (kein Verwandter von András Juhász, der mich verhaftet hatte: Juhász bedeutet „Schäfer" und ist einer der häufigsten ungarischen Familiennamen). Die DEF arbeitete eng mit der politischen Abteilung der Budapester Polizei zusammen; der damalige Leiter dieser Abteilung war Tibor Wayand. Bald nach meiner Festnahme kamen sowohl Juhász als auch Wayand zu mir und taxierten mich in einem kurzen Gespräch, das in meinem Gedächtnis keine Spuren hinterließ. Die Leiter und die Detektive der Organisation hatten militärische Ränge innerhalb der Gendarmerie, trugen aber die ganze Zeit Zivil. Andererseits waren die Wachen uniformierte Gendarmen. Die Anzahl der Detektive war bemerkenswert klein – keine hundert, in den Provinzen waren es vielleicht einige mehr. Nach dem Krieg flohen viele Detektive, unter ihnen auch András Juhász („Pipás"), in den Westen. István Juhász, Papp und Schläger-Feri wurden jedoch ergriffen, zum Tode verurteilt und gehängt. Ich weiß nicht, was mit Wayand geschehen ist.

Der folgende Vorfall illustriert die Effizienz der DEF. In der Zeit, die ich dort im Gefängnis saß, flüchtete ein Gefangener, ein junger Mann um die zwanzig. Er gehörte nicht zu den streng bewachten Insassen, das heißt, ihm waren keine Ketten angelegt worden. Eines Morgens, als man ihn zur Toilette brachte, gelang es ihm irgendwie, sich hinter der kleinen Holzhütte zu verstecken, und als die Wachen mit den anderen Gefangenen zurückgingen, sprang er über einen Zaun und floh. Die Häftlinge der DEF trugen keine Häftlingskleidung, so dass sie wie gewöhnliche Zivilisten angezogen waren. Außerdem war der Entflohene aus Budapest, so dass er sich in der Stadt gut auskannte. Innerhalb von Minuten entdeckte man sein Verschwinden, der Toilettenbereich wurde durchsucht und bald wusste jeder, dass der junge Mann entkommen war. Wir waren natürlich alle überglücklich. Umso größer war unsere Enttäuschung, als sie ihn noch am selben Abend zurückbrachten. Später erfuhren wir, dass die Köpfe der DEF darauf spekuliert hatten, dass der Entlaufene wahrscheinlich zu Fuß eine der Donaubrücken überqueren würde. Er wohnte nämlich in Pest, auf der linken Seite der Donau, und hatte kein Geld für eine Bus- oder Trolleyfahrt. Sie schickten Zweiergruppen von Detektiven zu jeder der fünf oder sechs nächsten Donaubrücken, wo sie sich innerhalb von Minuten unauffällig aufstellten. Eine der Gruppen nahm den Flüchtling etwas später fest, als er über ihre Brücke ging. Er wurde schrecklich zusammengeschlagen, überlebte aber den Vorfall. Um das Ganze in die rechte Perspektive zu rücken, müssen wir hinzufügen, dass Budapest damals ungefähr anderthalb Millionen Einwohner hatte.

Die Gendarmen, die uns bewachten, waren primitiv und äußerst brutal, aber es gab ein paar Ausnahmen. Eine von ihnen, Tóth hieß der Mann, verhielt sich verständnisvoll und drückte manchmal die Augen zu, wenn die Gefangenen die Vorschriften verletzten: Unter seiner Aufsicht durfte man miteinander sprechen, man durfte um ein Glas Wasser bitten und erhielt es auch, und man konnte ihn gelegentlich sogar dazu überreden, jemanden außerhalb der vorgesehenen Zeit zur Toilette zu bringen. Einmal jedoch überbrachte er der Frau eines Gefangenen die Nachricht, dass dieser das Verhör überlebt hatte. Er wurde erwischt und verschwand aus unserem Blickfeld. Später erfuhren wir, dass er zu zwölf Jahren Gefängnis verurteilt worden war. Aber er war eine Ausnahme. Die überwiegende Mehrheit der Gendarmen, die uns bewachten – insgesamt ungefähr fünfzehn – waren der Abschaum der Menschheit, grausame und oft sadistische Tiere.

Was die Gefangenen, meine Genossen, betrifft, so waren anfangs alle aus Budapest und ich war der Einzige aus der Provinz. Wie schon gesagt, war Pali Schiffer am Tag meiner Einlieferung mein Nachbar auf dem Fußboden des großen Saales, in dem wir alle untergebracht waren. Er war ein sehr kluger, kenntnisreicher und belesener Mann mit einer umfassenden Bildung und einem einzigartigen Hang zum Geschichtenerzählen, wie ich später entdeckte, als wir zusammen verurteilt worden waren. László Grünwald, ein Mann Ende vierzig, früheres Mitglied des Zentralkomitees der Kommunistischen Partei und einer der Führer der Textilarbeitergewerkschaft, war ein Jahr vor seiner Verhaftung aus der Partei ausgeschlossen worden, weil er im Zusammenhang mit der Festnahme eines anderen Mitglieds des Zentralkomitees des Verrats verdächtigt wurde. Er hatte eine sehr plausible und überzeugende Erklärung für die Vorfälle, die zu seinem Ausschluss führten, und vertrat die Position, dass der Informationsmangel, der bei der Arbeit des illegalen Zentralkomitees herrschte, notwendigerweise zu Fehlern führen musste wie seinem Parteiausschluss. Er hatte volles Vertrauen, dass er nach dem Krieg im Rahmen einer unvoreingenommenen Untersuchung rehabilitiert werden würde. Mir gefielen seine

Haltung und die Tatsache, dass man ihn trotz Haft und Folter nicht brechen konnte –
ungeachtet der Tatsache, dass er lange Jahre aktiv war und viele Verbindungen hatte.
Ich habe Grünwald als klugen und praktisch denkenden Mann kennengelernt, der in
vielen Lebensbereichen auf einen reichen Erfahrungsschatz zurückblicken konnte.
Obwohl er aus der Partei ausgeschlossen worden war, hatten die Häftlinge großen
Respekt vor ihm, der hauptsächlich auf sein Verhalten bei der DEF zurückzuführen
war. Zum Zeitpunkt meiner Einlieferung war er einer der vier Gefangenen, denen
man Ketten angelegt hatte.

Die größte Achtung wurde – besonders seitens der jüngeren Gefängnisinsassen – Jenő Hazai entgegengebracht, der nur ein Jahr älter als ich war. Er war in
Budapest Leiter einer kommunistisch geführten Arbeiterjugendorganisation. Ungefähr vier Monate vor meiner Einlieferung war er zusammen mit mehreren anderen
festgenommen worden und übte eine Art positiver Führung aus, die dazu beitrug,
die Moral seiner Gruppe aufrechtzuerhalten, obwohl sein eigenes Verhalten beim
Verhör nicht einwandfrei war – er hat Namen genannt und dadurch einige andere
mit hineingezogen. Er war ein sehr kluger und gewandter junger Mann mit einem ausgezeichneten Orientierungssinn und einem Talent, neue Situationen und
Entwicklungen schnell zu erfassen. Mit einem Wort: Er hatte zweifellos starke Füh-
rungsqualitäten. Auch ihm waren Ketten angelegt worden. Seine Verlobte Rózsi
(Rosi) war eine der weiblichen Gefangenen, die in der Küche arbeiteten. Ein dritter
Gefangener in Ketten war Sándor (Alexander) Lichtmann, ein Mann Mitte dreißig, Metallarbeiter (Dreher) und einer der Führer der Budapester Parteiorganisation;
auch er war einige Monate vor mir festgenommen worden. Vor seiner Verhaf-
tung war er der Parteikontakt Hazais und mehrerer anderer Häftlinge gewesen.
Der vierte Gefangene in Ketten war Pityu (Stefan) Deutsch, Mitglied derselben
Jugendorganisation wie Hazai. Ich erinnere mich nicht, warum er in Ketten war.

Ferenc Iliás war ein ausgesprochener Sonderfall. Er war der (kommunistische)
Leiter einer der großen nichtkommunistischen Organisation von Landwirten. Er hatte zahlreiche Verbindungen und wurde viele Wochen lang schrecklich gefoltert. Er
widerstand, und als er spürte, dass er es nicht mehr ertragen konnte, packte er das
Gewehr des bei ihm stehenden Gendarmen und stach sich mit dem Bajonett in den
Hals, um sich zu töten. Er wurde verletzt ins Krankenhaus gebracht und kam einige
Tage später zurück, um weiter verhört zu werden. Dennoch zog er niemanden mit
hinein. Károly (Karl) Fekete sollte eine wichtige Rolle in meinem Leben spielen,
weswegen ich später ausführlicher über ihn sprechen werde. An dieser Stelle möchte
ich nur erwähnen, dass er Mitte zwanzig war, Gold- und Silberschmied, Mitglied der
Kommunistischen Partei, und dass er während seines aktiven Militärdienstes festgenommen worden war. Revolutionäre Tätigkeit während des aktiven Militärdienstes
konnte mit dem Tode bestraft werden, so dass das Gespenst des wahrscheinlichen
Todesurteils die ganze Zeit über seinem Kopf schwebte. Zwei weitere Gefangene,
die indirekt eine Rolle bei meinen Abenteuern nach meiner Festnahme bei der DEF
spielten, waren András Hegedűs, ein kommunistischer Ingenieurstudent, der unter
Lichtmanns Leitung arbeitete und kurz nach mir in der ersten Septemberhälfte verhaftet wurde, sowie István Blahó, ein junger kommunistischer Stahlarbeiter, der vor
meiner Einlieferung bereits ein paar Monate bei der DEF verbracht hatte.

Von den Frauen habe ich bereits Magda Ságvári genannt, Endre Ságváris Witwe (die aber noch nichts von ihrem Witwendasein wusste), und Rózsi, Hazais Verlobte, die in der Küche arbeitete. Eine dritte Gefangene, Zsuzsa (Susanne) Fehér, war die Schwester eines bekannten kommunistischen Führers, der immer noch auf freiem Fuß war; sie war gefoltert worden, man wollte das Versteck ihres Bruders aus ihr herauspressen, aber sie verriet ihn nicht.

Alle diese Gefangenen, insbesondere diejenigen, die sich mehr als drei Monate in den Fängen der DEF befunden hatten, waren physisch in einer ziemlich schlechten Verfassung. Während ich im DEF-Gefängnis war, wurden jede Woche mehrere neue Häftlinge eingeliefert. Einer von denen, die in Ketten gelegt wurden (so dass wir bereits sechs Kettensträflinge waren), war László (Ladislaus) Fischer, ein Möbeltischler Anfang dreißig, der sich offensichtlich im August an einer wichtigen Parteiaktion beteiligt hatte. Er wurde bald nach seiner Einlieferung zum Verhör geschleppt und einige Stunden später in einer ziemlich schlechten Verfassung zurückgebracht. Er flüsterte seinem Nachbarn zu, dass er nicht wisse, wie lange er der Tortur standhalten könne, und dass er niemandem schaden wolle. In der Nacht holte er aus seiner Jacke eine Sicherheitsnadel hervor, die man bei der Leibesvisitation nach seiner Verhaftung nicht gefunden hatte, und stach sich damit mehrere Male in das Handgelenk, bis er eine Vene fand. Er blutete mehrere Stunden, bevor die große Blutlache an seinem Schlafplatz am frühen Morgen entdeckt wurde. Zu dieser Zeit war er bereits bewusstlos, aber noch am Leben. Sie banden sofort seinen Arm über dem Handgelenk ab, um die Blutung zu stoppen, und versuchten, ihn wiederzubeleben, indem sie ihm kaltes Wasser ins Gesicht spritzten. Als der Wiederbelebungsversuch fehlschlug, brachten sie ihn ins Krankenhaus. Dort gelang die Wiederbelebung und man behandelte die Wunde, die er sich beigebracht hatte. Nachdem sie etwas verheilt war, brachte man ihn zur DEF zurück. Unterdessen hatten seine Kontaktpersonen vielleicht von seiner Verhaftung erfahren und sich versteckt oder waren nicht zum vereinbarten Treffen erschienen; vielleicht dämpfte der Vorfall aber auch den Eifer der Vernehmungsbeamten. Auf jeden Fall wurde keiner „nach ihm" eingeliefert, obwohl er noch einige Male zusammengeschlagen wurde.

Ein anderes Verhaftungsopfer der DEF war Ende September Márton (Martin) Schiller, ein Architekt und Parteiführer. Er wurde geschlagen, aber viel weniger schwer, als es nur zwei Wochen früher der Fall gewesen wäre. Zum ersten Mal hatten wir den Eindruck, dass sich die Ereignisse der Außenwelt möglicherweise auf unser Vernehmungspersonal auswirkten.

Eine Gruppe von etwa vierzig Gefangenen wurde gegen Ende September oder Anfang Oktober eingeliefert. Es waren kommunistische Bergmänner aus Tatabánya, Ungarns bedeutender Kohlebergbauregion, die angeklagt wurden, Sabotageaktionen geplant und teilweise auch ausgeführt zu haben. Ihre Führer, Goda und Mannhercz, waren um die vierzig, gut gebaute und muskulöse Männer. Insbesondere Goda war eine imposante Erscheinung. Eine interessante Tatsache in Bezug auf die Gruppe der Bergarbeiter war, dass mehrere ihrer Mitglieder der deutschen Volksgruppe angehörten. Nicht allzu viele ethnische Deutsche in Ungarn waren Kommunisten. Die Einlieferung dieser Gruppe ins DEF-Gefängnis gab uns moralische Unterstützung:

Die kommunistische Bewegung hatte also Anhänger in der Bevölkerung, und dieses Signal dürfte auch unseren Peinigern nicht entgangen sein.

Anfang Oktober zog die DEF an einen neuen Standort östlich der Donau im Stadtteil Pest, und zwar in das beschlagnahmte Gebäude des früheren Rabbinerseminars in der Rökk-Szilárd-Straße. Wir wurden alle in einem großen Raum unter fast den gleichen Bedingungen untergebracht wie im vorhergehenden Gebäude. Hier erreichten uns die Ereignisse des 15. Oktobers. Anfang Oktober 1944 überschritt die Rote Armee die vor 1940 bestehende ungarisch-rumänische Grenze und eroberte die Stadt Szeged, nur 150 Kilometer südöstlich von Budapest. Die Regierung des Reichsverwesers Horthy beschloss, ein ähnliches Umschwenken zu versuchen, wie es die Rumänen mit ihrem Staatsstreich am 23. August getan hatten, aber die Deutschen bekamen Wind von diesen Plänen und verlegten am 14. Oktober massive Truppenverstärkungen nach Budapest. Am darauf folgenden Tag entführten sie Horthys Sohn und stellten dem Reichsverweser das Ultimatum, er solle zurücktreten oder sie würden seinen Sohn erschießen lassen. Ferenc Szálasi, der Führer der Pfeilkreuzler (der ungarischen Nazibewegung), übernahm das Land als Reichsverweser und Ministerpräsident.

Als wir von diesen Entwicklungen erfuhren, fanden wir heraus, dass mehrere der uns bewachenden Gendarmen übermäßig mit den Pfeilkreuzlern sympathisierten und dachten, dass jetzt ihre Zeit gekommen sei. Nachts hörten einige der Gefangenen, wie sich die Gendarmen über den Plan unterhielten, uns in einer patriotischen Initiative als Feinde des Vaterlandes zu liquidieren. Wir beschlossen, etwas zu tun. Eine Delegation der Gefangenen beantragte eine direkte Anhörung bei den Leitern der DEF, informierte sie über die Gespräche der Gendarmen und erinnerte die DEF-Leute daran, dass man sie für unser Schicksal verantwortlich machen würde. Wir fanden nie heraus, welche Maßnahmen man in Bezug auf die Gendarmen ergriff, aber die meisten männlichen Gefangenen wurden einige Tage später in das Militärgefängnis am Margaretenring (Margit Körút) verlegt, einem der größten Budapester Boulevards. Hier sollte uns der Prozess vor einem Sondergericht des Generalstabs gemacht werden. Die weiblichen Häftlinge kamen in das Frauengefängnis in der Conti-Straße; von dort wurden sie zur Verhandlung gebracht.

Im Militärgefängnis wurden wir alle in eine große gemeinsame Zelle gesperrt. Hier durften wir miteinander sprechen und unsere Bewegungen innerhalb der Zelle waren nicht eingeschränkt. Auch hatten wir Pritschen mit Strohmatratzen zum Schlafen und konnten uns jeden Morgen waschen. Wir hatten ein paar Tage Zeit, um uns auf den Prozess vorzubereiten, und vereinbarten, einen einheitlichen politischen Standpunkt zu vertreten: Wir würden nicht bereuen, was wir getan haben, sondern stattdessen die Meinung darlegen, dass unsere Aktionen den wahren Interessen der Nation dienten. Uns wurde ein Verteidiger zugeteilt, der uns riet, Reue zu zeigen, aber wir lehnten seinen Rat ab.

Der Prozess war kurz, die Sache der ganzen Gruppe von fünfzehn bis zwanzig Angeklagten kam in zwei Verhandlungen zur Sprache, die jeweils einen guten halben Tag dauerten, das heißt, für jeden von uns wurden durchschnittlich fünfzehn bis zwanzig Minuten veranschlagt. Wir wussten nicht, mit welchem Urteil wir in der unsicheren politischen Lage zu rechnen hatten: Horthy war gerade zum Rücktritt gezwungen worden und die fanatische faschistische Partei der Pfeilkreuzler hatte gerade die Macht übernommen. Aber zu unserer großen Erleichterung stellten wir fest, dass Horthys Bild immer noch an der Wand des Gerichtssaals hing, in dem uns der Prozess gemacht wurde. Das war ein gutes Omen, denn es bedeutete, dass der Gerichtshof noch nicht vom Gesindel der Pfeilkreuzler übernommen worden war. Wir hielten uns alle an unsere Vereinbarung und beantworteten die Frage mit „nein", ob wir bereuten, was wir getan haben. Aber als Fekete in den Zeugenstand trat und dieselbe Antwort gab, sagte der Richter, dass der Ankläger die Todesstrafe beantragt habe, weil sich Fekete während seines aktiven Wehrdienstes an revolutionären Aktivitäten beteiligt hatte. Der Richter war bereit, Fekete zu einer lebenslangen Freiheitsstrafe zu verurteilen, aber nur dann, wenn er Reue zeigte; andernfalls würde er zum Tod durch Erschießen verurteilt werden. Er gab Fekete fünfzehn Minuten Bedenkzeit und ordnete eine Unterbrechung der Verhandlung an. In Anbetracht der außergewöhnlichen Situation entbanden die erfahreneren Gefangenen Fekete von seiner Verpflichtung, unsere Vereinbarung einzuhalten, und drängten ihn dazu, die Worte der Reue zu sprechen, die der Richter verlangt hatte. So wichtig es auch war, in diesem politischen Prozess eine würdevolle Haltung zu zeigen, so sollte er dafür sein Leben nicht hingeben. Fekete stimmte den Argumenten zu und änderte nach der Unterbrechung seinen Standpunkt, indem er den Wünschen des Richters nachkam und Reue zeigte. Am Ende bekam Károly Fekete lebenslänglich, während die anderen Gefangenen Strafen von zwei bis fünfzehn Jahren erhielten. Insbesondere wurden folgende Urteile gefällt: fünfzehn Jahre für Sándor Lichtmann, vierzehn für Egon Blatt, zwölf für László Grünwald, zehn Jahre für Jenő Hazai und zwei für András Hegedűs. Nach der Urteilsverkündung wurden wir im gleichen Gefängnis in unsere Zellen zurückgebracht; die verurteilten Frauen kamen wieder ins Frauengefängnis. Wir erfuhren später, dass dieser Prozess der letzte des Sondergerichts des Generalstabs war: Innerhalb von einigen Tagen übernahm ein Gericht der Pfeilkreuzler sämtliche Prozesse.

Ich war mehr als erleichtert. Eine Gefängnisstrafe von vierzehn Jahren hört sich heute vielleicht schrecklich an, aber im Oktober 1944 zählte nur eine Frage: War es ein Todesurteil oder nicht? Und es hätte leicht eins sein können. Außerhalb unseres Gefängnisses hatte der Terror der Pfeilkreuzler bereits begonnen. Wir wussten nur allzu gut, dass auf dem Hof dieses Gefängnisses Hinrichtungen stattfanden. Nur einige Tage, nachdem wir dorthin verlegt worden waren, bekamen wir mit, dass man auf dem Gefängnishof einen britischen Spion hingerichtet hatte, der mit dem Fallschirm abgesprungen war. Zumindest wurde es uns so von Quellen mitgeteilt, die ich später beschreiben werde. Erst nach dem Krieg erfuhr ich, dass dieser „britische Spion" niemand anders war als Hanna Szenes, ein ungarisch-jüdisches Mädchen, das in Palästina lebte und sich als junge Zionistin freiwillig für den Auftrag meldete, von der Royal Air Force mit dem Fallschirm in Ungarn abgesetzt zu werden, um dort eine Widerstandsgruppe gegen die Deutschen zu organisieren. Sie wurde gefangen genommen, zum Tode verurteilt und hingerichtet. Wir hatten also keinen Grund, uns vor dem Prozess in Sicherheit zu wiegen, und wir wussten wirklich nicht, was uns erwartete. Wären wir nicht vor das immer noch gegenüber Horthy loyale Gericht gestellt worden, sondern vor ein von Szálasi, dem neuen Staatsoberhaupt, ernanntes Gericht, dann hätte es zweifellos einige Todesurteile gegeben. Zu unserem Glück hinkte das Gericht, das unseren Fall verhandelte, einige Tage hinter den Ereignissen hinterher.

Nach dem Prozess machten wir uns daran, unser Leben im Gefängnis zu organisieren. Die Kommunisten waren nicht die einzigen Gefangenen, aber es gab zwei Zellen, in denen wir die Mehrheit stellten. Es war für uns eine große Freude, dass wir miteinander reden konnten. Ich lernte einige meiner Genossen kennen und freundete mich mit ihnen an, insbesondere mit László Grünwald. Wir hatten lange Diskussionen, in denen ich viele Details über die neuere und neueste ungarische Geschichte erfuhr, über die Lage in den Gewerkschaften und im Land im Allgemeinen sowie über die Erfolge und Misserfolge der Kommunisten. Aber wir diskutierten auch über viele andere Dinge, und ich erweiterte meinen Horizont in mehreren Richtungen. An den Abenden, nachdem wir alle auf unseren Pritschen „zu Bett gegangen waren", erzählte irgendjemand eine Geschichte, und alle anderen hörten zu. Der erfolgreichste Geschichtenerzähler war Pali Schiffer, der sich bis in alle Einzelheiten an viele berühmte Romane der Weltliteratur erinnerte und uns die Handlungen in Fortsetzungen darbot. Einige der Mitgefangenen konnten Gedichte rezitieren, andere kannten revolutionäre Lieder, die wir natürlich nicht allzu laut singen durften. Ich habe häufig gelesen, dass die Gefängnisse die Universitäten der Revolutionäre sind, aber nun fand ich diese Beschreibung treffender als damals beim Lesen.

Die Nahrung war kümmerlich, und wir alle waren die meiste Zeit hungrig. Aber einige der Gefangenen erhielten jetzt Pakete von ihren Budapester Verwandten. Die Empfänger boten freiwillig an, den Inhalt der Pakete gleichmäßig an das ganze „Kollektiv" zu verteilen. Die Verteilung erfolgte durch einen eigens für diesen Zweck ausgewählten Gefangenen. Die Zugaben zu unserer täglichen Essensration waren mengenmäßig nicht wesentlich, aber wir empfanden sie als Köstlichkeiten. Darüber hinaus förderte die Solidarität, die sich in dem Verteilungsprozess ausdrückte, die Moral der Gruppe ungemein. Im Allgemeinen hatten die erfahreneren Gefangenen einen großen Einfluss auf die Moral der Gruppe, indem sie als Vorbilder für ein würdevolles Verhalten ihrer Zellengenossen vorangingen, zur Solidarität in großen wie in kleinen Dingen (etwa beim Verteilen der Nahrungspakete) ansporten, gegen unsere Verzweiflung über unser ungewisses Schicksal ankämpften und keine Untergangsgefühle aufkommen ließen. Die Entwicklung der Gruppenmoral beruhte auf einigen Grundsätzen des sozialen Verhaltens: Jeder musste sich zusammenreißen, regelmäßig turnen, die Hygienevorschriften befolgen, musste die Bekleidung so sauber wie möglich halten und sich durch Ausführen der ihm zugeteilten Aufgaben am Leben des Kollektivs beteiligen. Ich werde später mehr zu diesen Aufgaben sagen. Hier möchte ich lediglich hervorheben, dass das Sauberhalten der Bekleidung und überhaupt das Bemühen, so zivilisiert wie möglich auszusehen, nicht nur aus rein psychologischen Gründen wichtig war, sondern auch als Vorbereitung auf künftige Fluchtversuche. Sollte es uns irgendwie gelingen, aus dem Gefängnis zu fliehen, dann hing unser Überleben draußen ganz entscheidend von unserem Aussehen ab.

Das Gefängnis war nicht geheizt und ab Mitte November war es ziemlich kalt. Während viele der Inhaftierten, geschwächt durch die monatelange Gefangenschaft, an Erkältungen, Grippe, chronischem Durchfall und anderen Krankheiten litten, fühlte ich mich selbst vollkommen gesund. Ich hatte noch nicht genug Zeit im Gefängnis verbracht, um physisch geschwächt zu sein, und war immer noch ganz gut in Form. Aber ich war im August festgenommen worden und trug damals nur einen leichten Mantel; jetzt wurde es in der Zelle jedoch immer kälter und der näher rückende Winter verhieß nicht viel Gutes. Glücklicherweise gab mir Friedmann, einer der Bergmänner von Tatabánya, mit dem ich mich anfreundete, seinen Pullover, da er zwei davon hatte (Friedmann war einer der ethnischen Deutschen, die ich oben erwähnt habe). Das half mir, mich warm zu halten, ohne meinen Mantel in der Zelle zu tragen zu müssen; dadurch konnte ich den Mantel schonen, damit er bei einer möglichen Flucht gut aussah.

Im Gefängnis war auch ein Häftling aus Klausenburg, der das dritte Jahr seiner achtjährigen Freiheitsstrafe absaß. Sein Name war György (Georg) Nonn, und er lebte bis zum Frühjahr 1941 in meiner Heimatstadt, wo er der Leiter einer kommunistischen Gruppe einer Jugendorganisation war. Er zog später nach Budapest um und wurde bei der Verhaftungswelle festgenommen, die im Frühjahr 1942 die kommunistische Organisation der Hauptstadt erschütterte. Er war damals im Sommer verurteilt worden und hatte mehr als zwei Jahre in dem Militärgefängnis verbracht, in dem wir jetzt eingesperrt wurden. Er war klug und gebildet, nicht jüdischer Abstammung, und die Gefängnisverwaltung war auf ihn aufmerksam geworden; zur Zeit unserer Einlieferung arbeitete er als Schreiber im zentralen Büro. Dadurch hatte er Zugang zu Nachrichten, konnte Kontakte mit der Außenwelt organisieren, war über die Beschlüsse der Gefängnisverwaltung informiert und konnte sogar in gewisser Weise beeinflussen, welche Aufgaben die einzelnen Gefangenen innerhalb des Gefängnisses zugeteilt bekamen. In Klausenburg hatte ich ihn nicht kennengelernt – er war gerade von dort weggegangen, als ich Mitglied der Bewegung wurde –, aber hier im Militärgefängnis wurde ich mit ihm bekannt und erzählte ihm von den Dingen, die sich in den letzten zwei Jahren in unserer Heimatstadt ereignet hatten.

Die wichtigste Information, die Nonn uns übermitteln konnte, war die Tatsache, dass Vorbereitungen zur Evakuierung des Gefängnisses für den Fall getroffen wurden, dass sich die sowjetischen Truppen Budapest näherten. Wir erfuhren, dass die Gefangenen mit dem Zug nach Komárom (Komarno) gebracht werden sollten, in eine etwas mehr als hundert Kilometer westlich von Budapest gelegene Stadt, die sich an beiden Ufern der Donau erstreckte. Unsere Gruppe wurde von drei bis vier Leuten geleitet, zu denen Lichtmann und Hazai gehörten; die Führung der Gruppe beschloss, dass wir uns darauf vorbereiten sollten, während der Fahrt zu fliehen. Dieser Entscheidung gingen Diskussionen in kleineren Gruppen voraus; obwohl die überwiegende Mehrheit von uns mit diesem Beschluss einverstanden war, sprachen sich zwei Kommunisten, die bereits mehr als zwei Jahre im Gefängnis saßen, dagegen aus. Diese beiden, Miklós (Nikolaus) Gergely und György (Georg) Kondor argumentierten, dass eine Flucht zu riskant und außerdem unnötig sei, denn wann und wo auch immer uns die Russen einholten, würden uns die Wachen laufen lassen.

Wir anderen waren dagegen der Ansicht, dass die Deutschen oder ihre Verbündeten, die Pfeilkreuzler, wenn sie dazu nur die Gelegenheit bekämen, uns sofort töten würden, noch bevor uns die Russen befreien. Unsere Meinungsverschiedenheiten beruhten vor allem darauf, dass Gergely und Kondor, die bereits zwei Jahre verbüßt hatten, ein persönliches Verhältnis zu den Gefängniswärtern aufgebaut hatten, deren Vorgesetzten Feldwebel Csonka kannten und dazu neigten, ihm zu vertrauen. Wir anderen hingegen nahmen besser wahr, was für eine gefährliche Situation sich nach der Machtergreifung der Pfeilkreuzler zusammengebraut hatte; wir hatten absolut kein Vertrauen in das Wohlwollen Csonkas und seiner Gehilfen. In Anbetracht dieser Uneinigkeit beschlossen wir, unsere Fluchtpläne ohne die beiden anderen voranzutreiben.

Um uns auf die Flucht vorzubereiten, mussten wir an Werkzeuge herankommen, mit denen wir ein Loch in die Wand oder den Boden eines Eisenbahnwagens schneiden konnten. Die Beschaffung von Werkzeugen war möglich, da mehrere Gefangene zur Arbeit in der Gefängniswerkstatt eingeteilt waren, wo sie Zugang zu Werkzeugen hatten. Die Kommunisten waren nicht die einzigen Gefängnisinsassen; es saßen auch gewöhnliche Kriminelle aller Art ein, aber Nonn sorgte dafür, dass möglichst viele aus unserer Gruppe für die Arbeit in den Werkstätten ausgewählt wurden. Ich spielte ebenfalls eine Rolle bei diesen Arbeitseinteilungen. Der Leiter des Werkstattlagers, ein gewisser Leutnant Retkes, brauchte einen Schreiber, und ich bekam den Posten auf Nonns Empfehlung. Retkes war ein grimmig dreinschauender und ungehobelter Mann Ende fünfzig; Herumbrüllen war seine Lieblingsbeschäftigung, die er mit und ohne Grund praktizierte. Aber ich bin bald dahinter gekommen, dass das seine Art war, Dampf abzulassen – so wie der sprichwörtliche Hund, der bellt, aber selten beißt. Ich brachte einige seiner Bestandslisten in Ordnung, er war zufrieden, und wir kamen gut miteinander aus. Als ich für Retkes arbeitete, gelang es mir, mein Sakko gegen eine Uniformjacke auszutauschen, die viel wärmer war. Ebenso gelang es mir, einige spitze und scharfe Werkzeuge zu entwenden: Wenn ich am Abend in meine Zelle zurückkehrte, nahm ich die Werkzeuge aus dem Lagerraum mit und übergab sie dann Hazai, der sie sammelte und versteckte. Da wir Decken inventarisierten, stahl ich eine ziemlich große Anzahl davon und übergab sie einem Mithäftling, einem jungen Schneider, der daraus warme Jacken für zehn bis fünfzehn Gefangene anfertigte. Retkes hat mich nie erwischt, wenn ich Werkzeuge oder Decken mitgehen ließ, denn ich ging dabei mit großer Sorgfalt vor: Ich plante jede dieser Aktionen bis ins allerkleinste Detail, mit glaubhaften Tarngeschichten für den Fall, dass etwas schiefging. Einmal geschah es jedoch, dass ich in der Schublade seines Schreibtischs einen detaillierten Stadtplan von Budapest entdeckte. Ich wollte ihn nicht stehlen, denn das Risiko, entdeckt zu werden, war zu groß (außer mir hatte niemand Zugang zur Schreibtischschublade). Um mich im Falle einer Flucht besser orientieren zu können, begann ich deswegen, den Stadtplan zu studieren, um mir möglichst viele Informationen über die Lage der Stadt, die Radialstraßen, die Ringstraßen, die Boulevards usw. einzuprägen. Ich vertiefte mich derart in den Stadtplan, dass ich nicht bemerkte, wie Retkes plötzlich ins Zimmer kam. Ich dachte, dass nun das Ende meiner Arbeit gekommen sei, aber nachdem er mich minutenlang wild angebrüllt und beschimpft hatte, gelang es mir schließlich

zu erklären, dass ich ein Junge vom Lande sei, der von unserer schönen Hauptstadt zwar schon viel gehört, sie aber noch nie gesehen habe, und dass ich einfach
der Versuchung nicht habe widerstehen können, mir wenigstens auf dem Stadtplan
alles anzusehen. Er schmiss mich nicht raus, war aber von da an mir gegenüber
misstrauisch und ließ mich nie wieder allein in seinem Büro.

An einem Tag öffnete sich die Zellentür unerwartet, und ein neuer, bemer-
kenswerter Gefangener wurde hereingeführt. Er war ein hochgewachsener, gut
aussehender Offizier in voller Oberleutnantsuniform, aber mit heruntergerissenen
Epauletten, wie man es üblicherweise bei degradierten oder verurteilten Offizieren
sieht. Er legte ein äußerst würdevolles und stolzes Benehmen an den Tag. Die Wachen hatten wegen seines Rangs einen riesigen Respekt vor ihm und redeten ihn
mit seinem militärischen Rang an. Als wir ihn nach dem Grund fragten, warum er
hier sei, antwortete er, dass er politische Meinungsverschiedenheiten mit der neuen
Pfeilkreuzlerführung gehabt hätte; obwohl er sich immer als entschlossener Gegner
des Kommunismus betrachtet habe, könne er nicht darüber hinwegsehen, wie das
Land und seine ganze Armee ruiniert würden, nur um die Deutschen zufrieden zu
stellen. Ich brauche nicht hervorzuheben, wie sehr wir uns freuten, einen so hervorragenden „Mitreisenden" in unserer Mitte begrüßen zu können, und wir drückten
unsere Hochachtung für seine Haltung aus. Sowohl von den Wachen als auch von
den kommunistischen Gefangenen respektiert, ritt der Oberleutnant in den ersten
Tagen nach seiner Ankunft auf einer Woge der Popularität. Hinzu kam noch, dass er
ein sehr geselliger, unbeschwerter und angenehmer Mensch war, einen ausgeprägten
Sinn für Humor besaß und ein unermüdlicher und erfolgreicher Geschichtenerzähler
war. Aber einige Tage später erfuhren wir – das heißt, die Leiter unserer Gruppe – zu
unserer Überraschung von Nonn, dass der Oberleutnant weit davon entfernt war, ein
politischer Dissident zu sein, wie er vorgab; vielmehr handelte es sich um einen Betrüger, der zudem nichts mit dem Militär zu tun hatte, sich aber als Offizier ausgab
und diverse schwer durchschaubare und raffinierte Unterschlagungen beging. Nach
einiger Überlegung entschieden die Leiter unserer Gruppe, dass es nicht in unserem
Interesse liege, den „Offizier" seiner angenommenen Identität zu berauben; vielmehr solle das Ansehen, das er bei den Wachen genoss, zu unseren Gunsten genutzt
werden. Folglich teilten wir ihm mit, dass wir genau über ihn Bescheid wüssten,
aber nichts verraten würden, solange er bereit sei, mit uns zusammenzuarbeiten. Er
stimmte bereitwillig zu, und die erste Aufgabe, die er erhielt, bestand darin, seine
Beziehungen zu möglichst vielen Wachen zu festigen und zu pflegen. Um das zu erleichtern, wurde er mit verschiedenen Dingen beauftragt, die einen Kontakt mit den
Wachen erforderten. Das war eine kluge Entscheidung, wie sich später herausstellen
sollte.

Ende November oder Anfang Dezember begann die Evakuierung des Gefängn-
nisses. Am letzten Tag erhielten die Gefangenen ihren Besitz zurück, einschließlich
ihrer persönlichen Ausweispapiere (natürlich nur, wenn diese nicht gefälscht waren, wie etwa in meinem Fall). Die Papiere von Gefangenen mit schweren Strafen
oder jüdischen Namen waren wertlos; aber die Unterlagen von nichtjüdischen Gefangenen mit leichten Strafen waren ziemlich brauchbar. Da mehrere Gefangene
der letztgenannten Kategorie mehr als ein Personaldokument hatten, wurden einige

dieser Papiere an diejenigen von uns übergeben, die sich nicht ausweisen konnten. Auf diese Weise bekam ich die Geburtsurkunde von András Hegedűs, eines nichtjüdischen Ingenieurstudenten meines Alters, der eine zweijährige Freiheitsstrafe erhalten hatte; Hegedűs behielt einige andere seiner persönlichen Dokumente. Hegedűs' Geburtsurkunde war äußerst nützlich für mich, passte perfekt und vor allem war sie echt, keine Fälschung. Ganz ähnlich erhielten auch andere Gefangene, die schwere Strafen absitzen mussten, persönliche Dokumente derjenigen, die mit leichteren Strafen davongekommen waren. Zum Beispiel bekam Károly Fekete, unser Genosse mit der lebenslänglichen Freiheitsstrafe, eines der Dokumente István Blahós, der zu drei Jahren Freiheitsentzug verurteilt worden war.

Am Tag der Evakuierung wurden wir unter militärischer Bewachung zum Ostbahnhof gebracht, zu demselben Bahnhof, an dem ich ungefähr drei Monate zuvor in Budapest angekommen war; dort wurden wir in drei Waggons verfrachtet. Leider gelang es uns nicht, die Dinge so zu arrangieren, dass unsere Gruppe zusammenblieb. Die Einsortierung erfolgte, soweit ich feststellen konnte, in alphabetischer Reihenfolge, und so waren die Gefangenen – Kommunisten, gewöhnliche Kriminelle und Flüchtlinge aller Art – bunt durcheinander gemischt. Ich kam zusammen mit Fekete, Grünwald und anderen in den ersten Waggon. Der Großteil unserer Genossen, einschließlich der Gruppe, die die Werkzeuge hatte, kam in den zweiten Waggon, und einige in den dritten. Als wir alle im Zug waren, wurden die Türen von außen verschlossen. Der Zug fuhr am späten Nachmittag los, sehr langsam, und hielt häufig an. Da wir, die im ersten Waggon saßen, keine Werkzeuge hatten, konnten wir nichts unternehmen, aber wir drückten die Daumen für unsere Genossen in den anderen Waggons. Gegen neun Uhr abends, als es schon dunkel war, befand sich der Zug immer noch in der Umgebung von Budapest. Nach mehreren Stationen hielt der Zug am späteren Abend noch einmal an und wir hörten ein lautes Durcheinander, Schreie und Schritte, die näher kamen. Die Tür wurde geöffnet, Soldaten stiegen in den Waggon und begannen, ihn zu durchsuchen. Es gab einen großen Tumult und wir hörten, dass mehrere der Gefangenen geflohen seien. Da es in unserem Waggon keine Werkzeuge gab, endete die Suche ergebnislos, aber die Wachen waren sichtlich außer Fassung, verärgert und verhielten sich feindselig. Schließlich fuhr der Zug nach etwa einer Stunde weiter und wir kamen am frühen Morgen des nächsten Tages in Komárom an.

Wie wir später erfuhren, hatte sich Folgendes abgespielt: Bald nachdem der Zug abfuhr, gingen im zweiten Waggon die Männer, die die Werkzeuge hatten, in eine Ecke und begannen, ein Loch in den Boden zu bohren. Sie wurden bei ihrer Arbeit behindert, denn einige der nichtkommunistischen Gefangenen wurden misstrauisch und drohten, die Wachen zu alarmieren, wenn irgendjemand versuchen sollte, etwas „Dummes" zu machen. Aber die Arbeit ging dennoch weiter, wobei die anderen kommunistischen Gefangenen sangen, um den Lärm zu übertönen; außerdem blockierten sie den Weg zur kritischen Ecke des Waggons und versperrten die Sicht darauf. Als es dunkel wurde, war das Loch im Fußboden des Waggons groß genug, dass eine Person auf die zwischen den Waggons befindliche Plattform hinausklettern konnte. Auf diese Weise waren noch in den Außenbezirken der Hauptstadt – zwischen Kelenföld und Budaörs –, nacheinander zwölf der kommunistischen Gefangenen aus dem Waggon geklettert und aus dem langsam fahrenden Zug gesprungen. Unter den Entflohenen waren Hazai, Lichtmann, Hegedűs und Schiffer. Sie schafften es, zurück nach Budapest zu laufen, nahmen Kontakt mit ihren Genossen auf, erhielten Ausweispapiere und Verstecke und setzten ihre Parteiarbeit im Untergrund fort. Soviel ich weiß, haben sie alle den Krieg überlebt. Ich habe niemals erfahren, wie ihre Flucht eigentlich entdeckt worden ist, aber offenbar sahen die Wachen den Letzten, der aus dem Zug sprang, oder irgendetwas anderes erregte ihren Verdacht. Jedenfalls hielten sie den Zug an und begannen, die Umgebung und den Zug zu durchkämmen. Keiner der Entflohenen wurde wieder eingefangen.

In Komárom angekommen, erwarteten wir, in ein Gefängnis gebracht zu werden. Aber man dirigierte uns nicht vom Bahnhof in die Stadt, sondern wir erhielten den Befehl, in die entgegengesetzte Richtung zu marschieren, weg von der Stadt in Richtung Süden. Die Wachen, die auf uns aufpassten, waren wütend wegen der Flucht aus dem Zug, für die sie verantwortlich gemacht werden konnten. Sie waren verärgert, zornig und sie sahen bedrohlich aus. Wir dagegen waren deprimiert, da wir gerade eine Möglichkeit verpasst hatten, auf die wir uns wochenlang vorbereitet hatten. Die Landschaft, die wir durchquerten, wurde immer trostloser. Die Feindseligkeit der Wachen erstickte schon im Ansatz jede Frage unsererseits, wohin man uns brachte. Unsere Stimmung war angespannt und wir ahnten nichts Gutes: Wir wären nicht sehr überrascht gewesen, wenn sie uns plötzlich aufgestellt hätten, um uns zu erschießen. Nach einem endlos lang dauernden Marsch kamen wir schließlich zu unserem Bestimmungsort. Es war die berüchtigte Sternfestung, eine gewaltige, fünfeckige ehemalige militärische Festungsanlage, die zu einem Gefängnis umfunktioniert worden war. Ein riesiges Eisentor ging auf, und wir wurden in einen geräumigen Innenhof geführt. Die Gefängniszellen waren in den Befestigungen, die den Hof in einem Kreis umgaben. Der neu ernannte Kommandant der Sternfestung war niemand anders als Hauptfeldwebel Csonka, der frühere Kommandeur der Wachen des Budapester Militärgefängnisses, das wir gerade hinter uns gelassen hatten.

Bevor wir in unsere Zellen geschickt wurden, mussten wir uns alle im Hof aufstellen, um Hauptfeldwebel Csonka zuzuhören, der mit wütend bellender Stimme eine Drohrede hielt. Er versicherte uns, dass wir für die Flucht unserer Genossen büßen müssten. Dann begann er, die Namen der neu angekommen Gefangenen zu verlesen – also unsere Namen –, um festzustellen, wer anwesend und wer geflohen war. Als er anfing, die Namensliste in alphabetischer Reihenfolge zu verlesen, traf ich schnell eine Entscheidung. Als er meinen Namen aufrief, der ziemlich früh im Alphabet kam, blieb ich still. Er blickte auf und wiederholte den Namen langsam und laut: Egon Blatt. Mehrere Sekunden vergingen, in denen mein Herz schneller schlug: Würde sich jemand melden, um mich zu verraten, um dadurch hier, an der neuen Stelle, Pluspunkte zu sammeln? Zu meinem Glück tat das niemand. Schließlich trug Csonka etwas in die Liste ein und rief dann den nächsten Namen auf. Ich stieß einen Seufzer der Erleichterung aus, aber die Gefahr war noch nicht vollständig vorbei. Als Csonka ungefähr die Hälfte der Liste durchgegangen war, verlas er den Namen von András Hegedűs, also des Gefangenen, dessen Geburtsurkunde ich erhalten hatte, und der aus dem Zug entkommen war. Ich trat nach vorn und schrie „hier!". Csonka musterte mich von oben bis unten, wie er es auch mit allen anderen tat, und verlas dann den nächsten Namen. Von da an lebte ich bis zu meiner Befreiung als András Hegedűs. Damals ahnte ich natürlich noch nicht, dass derjenige, dessen Identität ich so bereitwillig angenommen hatte, Mitte der fünfziger Jahre Ungarns Ministerpräsident werden sollte.

An dieser Stelle möchte ich eine Zwischenbemerkung einfügen. Die Gruppe, die sich im Hof der Festung von Komárom der Reihe nach aufgestellt hatte, umfasste zwanzig bis dreißig Leute, die wussten, dass ich Egon Blatt und nicht András Hegedűs war. Dennoch verriet mich keiner von ihnen, weder damals noch später während unseres Aufenthaltes in Komárom. Keiner von ihnen hat versucht, sich durch die Preisgabe meines Namens in die Gunst unserer Peiniger einzuschleichen oder vielleicht sogar seine eigene Haut zu retten. Und das geschah nicht aus Furcht vor Vergeltung meinerseits oder seitens meiner Genossen, denn ein etwaiger Informant hätte die Wahrheit über mich auch insgeheim hinterbringen können. Ich habe während meines Lebens so viele negative Erfahrungen mit der menschlichen Natur gemacht, dass ich es für notwendig halte, die Bedeutung der oben geschilderten positiven Erfahrung besonders hervorzuheben. Es ist wahr, dass die Leute, von denen ich hier spreche, keinen repräsentativen Querschnitt des Menschengeschlechts darstellen: Sie waren einer Sache verpflichtet, sie waren Kommunisten (die nichtkommunistischen Gefangenen kannten meinen wahren Namen nicht). Dennoch war es eine bemerkenswerte Solidaritätsbezeugung von Menschen, die einerseits Kommunisten waren, andererseits ethnisch unterschiedlichen Gruppen angehörten: Unter ihnen waren Ungarn, Juden und Deutsche.

* * *

Die Sternfestung von Komárom war zu der Zeit, als wir dorthin gebracht wurden, der Abladeplatz für die Gefangenen aller ungarischen Gefängnisse, als diese infolge des Druckes der rasch vorrückenden sowjetischen Armeen der Reihe nach evakuiert wurden. Die Kommunisten bildeten nur einen kleinen Teil der Gefängnisinsassen. Außer ihnen und den gewöhnlichen Kriminellen gab es alle Arten von Flüchtlingen, Zeugen Jehovas, Juden und Zigeuner (einige zusammen mit ihren Familien). Viele der Gefangenen waren sehr schwach, manche waren krank. Die Zellen waren ziemlich überfüllt. Wir schliefen in Doppelstockpritschen, die mit Strohmatratzen ausgestattet waren. Ich schlief lieber oben, da dort die Luftzufuhr besser war; es störte mich nicht, hoch- und runterklettern zu müssen. Das Essen war viel schlechter als in dem Budapester Gefängnis, aus dem wir verlegt worden waren. Andererseits gab es einen täglichen Rundgang im Gefängnishof. Um Hygiene scherte sich niemand, es gab keinerlei medizinische Versorgung. Schwere Erkrankungen konnten ohne weiteres zum Tod führen. Ein Mann aus unserer Zelle, der Ende dreißig war, starb an Erysipelas (Wundrose), einer Hautinfektion auf dem Gesicht, die, wenn sie – wie in diesem Fall – nicht behandelt wird, zu einer schweren Blutvergiftung führt. Ein anderer Gefangener, ein junger Kommunist namens Rosenthal, hatte Tuberkulose im letzten Stadium und ihm ging es von Tag zu Tag schlechter. Im Gegensatz zu den anderen erwartete man von ihm nicht, dass er von seiner Pritsche aufstand – er hatte hohes Fieber. Wir schafften es, ihm einige zusätzlichen Decken zu besorgen. Hiervon abgesehen gab es keine weitere Hilfe – von einem Krankenhaus konnte nicht die Rede sein. Nach wenigen Wochen starb er. Meine Pritsche stand nicht weit weg von seiner und ich erinnere mich an das bittere Gefühl der Hilflosigkeit, weil ich ihm nicht helfen konnte.

Im Gefängnis saßen viele Häftlinge ein, es waren mehrere Hundert, und der Bestand änderte sich andauernd. Neue Transporte wurden häufig eingeliefert, und einmal in der Woche wurde ein Transport zusammengestellt und den Deutschen zur Deportation übergeben. Unter denjenigen, die nicht aus dem Zug geflohen waren, der unsere Gruppe nach Komárom brachte, waren László Grünwald, Károly Fekete, István Blahó, Miklós Gergely und György Kondor (die beiden älteren Gefangenen, die dem Fluchtplan nicht zugestimmt hatten), mehrere Bergleute, die mit uns bei der DEF gewesen sind, und der falsche Oberleutnant, der die Hochachtung der Gefängniswachen genossen hatte. Alle paar Tage, vielleicht einmal in der Woche, mussten wir uns alle im Hof versammeln, wo Hauptfeldwebel Csonka einen Transport zusammenstellte, der dann einer Gruppe von deutschen Soldaten in SS-Uniformen übergeben wurde. Wir kannten den genauen Bestimmungsort der Transporte nicht, wussten aber, dass Deportation mit sehr hoher Wahrscheinlichkeit den Tod bedeutete. Csonka wählte die Insassen für den Transport auf der Grundlage mehrerer Kriterien aus: Juden, zu langen Haftstrafen verurteilte Kommunisten und Zigeuner waren seine bevorzugte Auswahl. Er rief alle Namen anhand einer Liste auf, warf einen Blick auf die aufgerufenen Gefangenen und verließ sich bei der Auswahl der zu Deportierenden auf seinen Instinkt. Er kannte einige der Gefangenen sowohl beim Namen als auch vom Sehen her. Zu Csonkas ersten Opfern gehörten Gergely und Kondor, die beiden älteren Gefangenen vom Budapester Militärgefängnis, die Csonka so blind vertraut hatten. Beide waren Kommunisten und Juden. Obwohl ihre Namen ziemlich neutral klangen, wusste Csonka, dass sie Juden waren, und wählte sie deswegen für eine der ersten Deportationen aus. Ich wusste nicht viel über Gergely, hatte mich aber mit Kondor ziemlich angefreundet, der ein sehr talentierter Maler und Designer war, ein ausnehmend freundlicher Mann Ende dreißig oder Anfang vierzig. Er kehrte nie von der Deportation zurück.

Bei einer anderen Gelegenheit rief Csonka von der Liste den Namen Friedmann auf, des deutschen Bergmanns, der mir seinen Pullover gegeben hatte. Friedmann war ein großer, gut gebauter Mann mit einem breitem Gesicht, flacher Nase, blauen Augen und blondem Haar – er sah aus wie ein Deutscher aus dem Bilderbuch – und Csonka wählte ihn nicht. Aber nachdem Csonka einige andere Namen verlesen hatte, rief er Friedmanns jüngeren Bruder auf. Die Liste enthielt keine Informationen darüber, dass die beiden Friedmanns Brüder waren. Der jüngere Friedmann hatte zu seinem Pech nicht das teutonische Aussehen seines Bruders: Er war etwas schlanker gebaut, nicht so groß, hatte rötliche Haare, eine leicht gebogene Nase und eine Menge Sommersprossen im Gesicht. Also beschloss Csonka, ihn auszuwählen: „Hervortreten, Jude". Der jüngere Friedmann entgegnete ruhig, dass er kein Jude sei, aber Csonka ließ sich dadurch nicht beeindrucken. Mehrere andere meldeten sich zu Wort und sagten, dass Friedmann kein Jude sei. Csonka bekam einen

Wutanfall, weil man ihm widersprochen hatte, und brüllte los: „Ich weiß, wer Jude ist, und brauche deswegen keine Belehrung!" Er befahl dem jüngeren Friedmann, in die Gruppe derjenigen zu treten, die für den Transport ausgewählt worden waren. Es folgte ein Augenblick der Stille, als der jüngere Friedmann zu der Gruppe ging; danach trat der ältere Friedmann nach vorn und ging hinüber zu seinem Bruder. Wir sahen beide zum letzten Mal. Ich weiß nicht, wohin ihr Transport gebracht wurde, erfuhr aber nach dem Krieg, dass beide umgekommen sind.

Ich überlebte mehrere solcher Selektionen durch schieres Glück. Natürlich spielte dabei die Änderung meines Namens eine wichtige Rolle: Hegedűs war kein jüdisch klingender Name. Bei einer Gelegenheit sah mich Csonka lange an und fragte mit unschlüssiger Stimme „Bist du Jude?" Ich antwortete halb lachend „Nein, wie sollte ich denn? Mein Name ist András Hegedűs", und das war alles. Andere, sowohl Juden als auch Nichtjuden, wurden in gewissem Umfang zufällig ausgewählt. István Blahó, der junge Stahlarbeiter, der eine Strafe von drei Jahren erhalten hatte, wurde als Jude aufgerufen, der er nicht war. Verzweifelt zeigte er, dass er nicht beschnitten war. Es half nichts: Csonka war nicht daran interessiert, dass man ihm einen Fehler nachwies. Blahó wurde zur Deportation ausgewählt. Auch er ist umgekommen.

In einem Festungsflügel wurden Zigeunerfamilien festgehalten. An einem Tag wachten wir in der Morgendämmerung durch einen schrecklichen Lärm auf, der vom Hof kam: laute Schreie, verzweifeltes Kreischen, jammernde Frauen, weinende Kinder. Die Zigeuner wurden in einer einzigen großen Gruppe deportiert.

Gegen Mitte Dezember erfuhren wir, dass die sowjetische Armee Budapest vollständig eingekesselt hatte. Deutsche und ungarische Truppen setzten in der Stadt ihren Kampf fort, und Budapest wurde erst zwei Monate später befreit. Unterdessen rückte die Rote Armee nach Westen weit über Budapest hinaus vor, und ihre Vortrupps näherten sich Komárom. Wie wir es erwartet hatten, wurden wir – als Gefangene – von unseren Bewachern nicht einfach zurückgelassen: Sobald die Kampfzone nahe genug herankam, schleppte uns die sich zurückziehende Verwaltung mit.

Flucht und Befreiung

5

Gleich nach Weihnachten, am 26. oder 27. Dezember 1944, wurde die Sternfestung von Komárom evakuiert. Da der Bahnhof und die Schienen um ihn herum schwere Schäden davongetragen hatten, war eine Evakuierung mit dem Zug nicht möglich. Wir mussten unsere Sachen nehmen und uns im Gefängnishof in einer Marschreihe aufstellen. Man sagte uns, dass wir zu Fuß zu einem nicht näher angegebenen Bestimmungsort gehen würden. Und sie fügten hinzu: „Wer aus der Reihe tritt oder einen Fluchtversuch unternimmt, wird auf der Stelle erschossen". Ich stellte ziemlich erleichtert fest, dass die Wachen, die uns begleiteten, keine deutschen SS-Soldaten waren, sondern die Gefängniswachen der Sternfestung.

Am Anfang lief auf jeder Seite der Marschkolonne alle drei bis vier Reihen eine Wache, aber mit der Zeit postierten sich die Wachen viel weniger regelmäßig. Ich marschierte mit mehreren meiner Genossen und sprach mit László Grünwald darüber, wie wir möglicherweise zusammen fliehen könnten, wenn sich dazu eine Gelegenheit ergäbe. Wir alle besaßen die persönlichen Ausweispapiere, die wir in Budapest erhalten hatten. Die Führer unserer Gruppe – Grünwald war in der Festung von Komárom ein solcher geworden – baten den „Oberleutnant", die Wachen während des Marsches in ein Gespräch zu verwickeln, damit sie nicht allzu sehr auf die Reihen der Gefangenen aufpassten. Dieser tat das ziemlich erfolgreich und bezog mehrere Wachen um sich herum in lange Gespräche ein.

Der Konvoi begann in Richtung Norden zu marschieren, in die Stadt Komárom hinein und über die Donaubrücke. Auf dem Nordufer, in dem Teil der Stadt, der heute zur Slowakei gehört und Komarno heißt, schwenkten wir nach links und folgten der Straße in Richtung Pozsony (Bratislava auf Slowakisch) und Wien. Am frühen Abend, als wir durch das Dorf Kisaranyos marschierten, etwa zwölf Kilometer westlich von Komárom, wurde es ziemlich dunkel und die Kolonne lockerte sich erheblich auf. Die Reihen wurden unregelmäßig und die Wachen liefen etwas verstreut umher. An einer Stelle wurde die Straße zum Teil von einem Lastwagenkonvoi blockiert, und unsere Marschkolonne war streckenweise gezwungen, auf den Fußweg auszuweichen. Ich verspürte den Drang zu handeln: „Das ist es", sagte ich mir, „das ist die Gelegenheit, auf die wir gewartet haben". Ich sah mich um: Die nächste Wache lief etwa sechs Meter vor mir, die Wache hinter mir war noch weiter weg.

E. Balas, *Der Wille zur Freiheit*, DOI 10.1007/978-3-642-23921-2_5,
© Springer-Verlag Berlin Heidelberg 2012

Ich suchte Grünwald, aber der hatte sich mehrere Reihen nach vorn bewegt, um mit jemand anderem zu reden. Als ich bereit war zu handeln, sah ich plötzlich vor mir, wie Károly Fekete in ein offenes Tor lief und durch den dahinter befindlichen Hof rannte. In einem Sekundenbruchteil beschloss ich, es ebenso zu machen. Ich lief schnell durch dasselbe Tor und rannte über den Hof. Einen Moment lang dachte ich daran, in eine andere Richtung als Fekete zu laufen, um es für die Wachen schwerer zu machen, uns zu verfolgen und einzufangen. Aber ich verwarf diesen Gedanken augenblicklich, da ich instinktiv die Vorteile einer gemeinsamen Flucht erkannte. Also folgte ich Feketes Schritten, sprang über einen Zaun, rannte durch einen anderen Hof und sprang dann über einen anderen Zaun. Dort hielten wir an, kauerten uns nieder, horchten und blickten in die Dunkelheit, aber niemand schien unser Verschwinden bemerkt zu haben. Das vage Geräusch der Marschkolonne verlor sich bald in der Ferne. Wir sahen einander an: Wir waren frei!

Für den Moment jedenfalls. Denn nichts hätte gefährlicher sein können als die Lage, in der wir uns befanden: Junge Männer im Militärdienstalter ohne jede plausible Erklärung dafür, nicht in der Armee zu dienen. Die wenigen übrig gebliebenen ungarischen Gebiete standen unter Kriegsrecht und wimmelten von Gendarmen und Pfeilkreuzlermilizen. Wir kamen schnell überein, zusammen zu bleiben und damit unsere Schicksale aneinander zu binden. Wir tauschten Informationen über unsere Ausweispapiere aus: Ich war András Hegedűs, der Ingenieurstudent, während Karcsi (Diminutiv von Károly) Fekete der Stahlarbeiter István Blahó war. Er nannte mich Andris (Diminutiv von András) und ich nannte ihn Pista (Diminutiv von István). Wir dachten uns schnell eine Geschichte aus, um unsere Situation zu rechtfertigen: Wir würden angeben, Mitglieder eines „Levente" -Trupps, also einer vormilitärischen Formation zu sein, die von Budapest nach Deutschland evakuiert werden sollte, und wir wurden von unserem Trupp getrennt, weil Pista an der damals weitverbreiteten Ruhr erkrankt war und ich mich um ihn kümmerte. Als es Pista besser ging, hätten wir vorgehabt, unseren Weg in Richtung Deutschland allein fortzusetzen und uns unserer Einheit anzuschließen, für die wir eine Nummer und einen Bestimmungsort erfunden hatten – Stuttgart, wenn ich mich korrekt erinnere.

Der Hof, auf dem wir uns befanden, gehörte zu einem Bauernhaus. Es gab einen Stall, mit etwas Heu darin, und wir dachten, die Nacht dort zu verbringen, aber wir beschlossen, dass es besser sei, sich an den Bauern zu wenden, anstatt zu riskieren, später von ihm entdeckt zu werden. Außerdem würden wir ohnehin früher oder später mit den Leuten reden müssen, um zu sehen, wie sie auf uns – auf unser Verhalten und unsere Geschichte – reagieren würden, warum also nicht gleich in den sauren Apfel beißen? Wir betraten das Haus, stellten uns mit den oben genannten Namen vor und fragten höflich, ob es möglich wäre, dass wir die Nacht dort verbringen und unsere Reise am nächsten Morgen fortsetzen könnten. Die Familie reagierte weder freundlich noch feindselig; es war, als ob sie an vorbeikommende Fremde gewöhnt seien. Sie äußerten keine Zweifel an unserer Geschichte und sagten uns, dass sie vorbeiziehenden Soldaten, die um ein Nachtquartier baten, üblicherweise den Stall zur Verfügung stellten. Derzeit seien keine Soldaten dort, so dass wir über Nacht willkommen wären. Wir dankten dem Bauern und gingen hinaus zum Stall. Dort legten wir uns ins Heu und stellten unseren ersten Aktionsplan zusammen. Karcsi hatte eine Adresse in Komárom, die der Tante unseres Mitgefangenen Emil, der sie nicht gerade als kommunistische Sympathisantin beschrieben hatte, die aber ihrem Neffen wohlgesinnt sei, von dem sie wusste, dass er als Kommunist festgenommen und eingesperrt worden war. Wir beschlossen, unser Glück bei dieser Tante zu versuchen – vielleicht könnte sie uns ja verstecken oder helfen, uns zu verstecken, bis die Russen kamen. Nachdem wir das beschlossen hatten, legten wir uns schlafen. Wir schliefen sehr gut im Heu, am Ende eines Tages, der für uns beide einer der turbulentesten unseres Lebens war.

Als wir am Morgen erwachten, sahen wir deutsche Soldaten in den Stall kommen. Das war kein angenehmer Anblick, aber wir verfielen in keine übermäßige Panik, denn es waren keine SS-Männer, und gewöhnliche Wehrmachtssoldaten überprüften normalerweise die Papiere von Ungarn nicht. Die Leute, vor denen wir uns fürchteten, waren die Milizen der Pfeilkreuzler, ungarische Gendarmen und deutsche SS-Soldaten. Ich sprach die Soldaten auf Deutsch an und fragte, ob wir ihnen helfen könnten; gleichzeitig erklärte ich, wer wir seien und was wir im Stall machten. Sie waren freundlich und boten uns Brot mit künstlichem Honig an. In normalen Zeiten hätte mir das sicher nicht übermäßig geschmeckt, aber an diesem Morgen schien es mir das Beste zu sein, was ich seit langem gegessen hatte. Später gingen wir ins Haus, um uns bei unseren Gastgebern für die Unterkunft zu bedanken. Wir boten unsere Hilfe an, wenn es irgendetwas im Haus zu tun gäbe, und hofften insgeheim, dass man uns auffordern würde, ein paar Tage länger zu bleiben, aber es gab nichts zu tun: Bauern sind normalerweise um den Dezember herum wenig beschäftigt. Also verließen wir das Haus und das Dorf und gingen in Richtung Komárom auf derselben Straße, auf der wir den Tag zuvor als Gefangene in einer Marschkolonne gekommen waren.

Der Rückweg nach Komárom war für uns so, als gingen wir auf dünnem Eis, denn unsere zivilen Ausweispapiere und unsere Geschichte würden einer sorgfältigen Prüfung seitens eines Gendarmen oder einer Pfeilkreuzlermiliz vermutlich nicht standhalten, und wir hatten absolut keine Militärpapiere. Wann immer möglich, wählten wir Seitenstraßen, die parallel zur Hauptstraße verliefen, und machten erforderlichenfalls Umwege. Als es dunkel wurde, erreichten wir schließlich den Stadtrand von Komárom. Wir fragten ein oder zwei Mal, um die Adresse zu finden, die wir suchten, und am frühen Abend erreichten wir das Haus ohne Zwischenfälle. Unterwegs sahen wir mehrere Streifen, die Leute anhielten und deren Papiere überprüften, aber wir schafften es, ohne Kontrollen durchzukommen. Im Haus sprach Karcsi mit Emils Tante und informierte sie über ihren Neffen. Was uns selbst betraf, hielten wir es für klüger, nicht sofort die Wahrheit zu sagen, sondern tischten stattdessen unsere fingierte Geschichte als Vorspeise auf, fügten aber hinzu, dass wir nicht so gerne nach Deutschland gingen und lieber hier bleiben würden, wenn wir eine Unterkunft finden könnten. Aber es war vergeblich: In dem Moment, als Karcsi den Namen des Neffen aussprach, der der Tante als verurteilter Kommunist bekannt war, geriet sie in Panik, wie wir deutlich an ihrer angsterfüllten Miene erkennen konnten. Sie sagte, dass wir sofort gehen müssten; sie hätte längere Zeit keinen Kontakt zu ihrem Neffen gehabt und wäre nicht in der Lage, uns irgendwie zu helfen. An dieser Stelle schaltete ich mich ein und versuchte, an sie als Frau zu appellieren: „Wir verstehen das", sagte ich, „und wir werden gehen. Aber Karcsi ist ernsthaft erkrankt; er hat Ruhr, und er kann die Nacht nicht auf der Straße verbringen". Ob wir nicht vielleicht bis zum nächsten Morgen bleiben könnten? Wir würden irgendwo auf dem Fußboden schlafen, wenn sie uns einen Platz anbieten könnte. Sie rief ein männliches Familienmitglied ins Zimmer, informierte ihn über unsere Diskussion und bat ihn um seine Meinung. Er teilte ihre Befürchtung darüber, uns einige Zeit in ihrer Wohnung verbringen zu lassen und beide wiederholten die Aufforderung, dass wir sofort gehen müssten. Als ich wieder auf Karcsis Krankheit zu sprechen kam, sagten sie, dass es an der Straßenecke ein Krankenhaus für die Zivilbevölkerung gebe, und wir könnten um Karcsis Aufnahme bitten, wenn er krank wäre. Da wir keine Wahl hatten, verließen wir das Haus in der angegebenen Richtung und erreichten bald ein Gebäude, das wie das Krankenhaus aussah.

Die Idee, aufgrund von Karcsis angeblicher Ruhr die Aufnahme ins Krankenhaus zu beantragen, erscheint mir heute genauso ausgefallen, wie sie uns damals vorkam. Aber manchmal musst du die einzige Karte spielen, die dir das Schicksal zugeteilt hat. Ohne irgendwo hingehen zu können, ohne Geld für ein Nachtquartier, über unseren Köpfen das Damoklesschwert in Gestalt von zahlreichen Streifen in den Straßen der Stadt – wir sahen weder eine bessere Alternative noch eine besondere Gefahr darin, diesem Vorschlag zu folgen. Also stiegen wir die wenigen Stufen zum Eingang des Gebäudes hinauf und drückten die Klinke des großen Tors nach unten. Das Tor schloss sich hinter uns, aber kaum waren wir drinnen, merkten wir, dass wir vollkommen irregeführt worden waren. Es schien wirklich ein Krankenhaus zu sein, da wir einige Menschen in weißen Kitteln oder mit weißen Armbinden sahen. Aber definitiv war es kein „Zivilkrankenhaus": Jeder, der keine Krankenhausbekleidung trug, gehörte dem Militär an, und der Eingang, durch den wir gerade gekommen waren, wurde von innen von zwei bewaffneten Soldaten bewacht. Natürlich hielten sie uns an und fragten, was wir wollten. Vielleicht hätten wir einfach sagen können „Es tut uns Leid, wir haben uns geirrt" und uns dann umdrehen können, aber wir taten es nicht. Fürchteten wir vielleicht, dass sie Verdacht schöpfen könnten und uns nach unseren Papiere fragen würden? Oder lag es einfach daran, dass wir sonst nirgendwohin gehen konnten? Ich kann mich nicht mehr genau daran erinnern, was unsere Überlegungen waren, aber wir folgten dem *alea jacta est*[1]-Ansatz und sagten, dass wir den diensthabenden Offizier des Krankenhauses sprechen wollten. Wir wurden zu einem Mann Mitte fünfzig geführt, einem Reserveoffizier, der sich unsere Geschichte ohne Feindseligkeit anhörte. Aber als wir an den Punkt kamen, dass Karcsi an Ruhr erkrankt sei und medizinische Versorgung brauche, erklärte er uns, dass der Großteil des Militärkrankenhauses (denn ein solches war es) vor wenigen Tagen westwärts evakuiert worden sei. Er sei mit einem kleinen medizinischen Personal geblieben, um sich um die letzten Dinge zu kümmern, aber auch sie würden in einigen Tagen evakuiert werden. Ärzte seien nicht mehr hier; bestenfalls könne Karcsi Hilfe von einem Sanitäter bekommen. Da er sah, dass wir trotz seiner Argumente bleiben wollten, fügte er hinzu, dass er nicht in der Lage sei, uns

---

[1] Lateinisch für „Der Würfel ist gefallen" (Caesar beim Überschreiten des Rubicon).

hier zu behalten. Wir könnten aber vielleicht mit dem Priester reden, der von dem Priesterseminar zurückgelassen worden war, dem das Gebäude gehörte, bevor es für das Militärkrankenhaus beschlagnahmt wurde; nach der Evakuierung würde das Priesterseminar hierher zurückkehren.

Ermutigt durch den ganz und gar nicht feindseligen, ja sogar fast freundlichen Empfang des Reserveoffiziers, baten wir darum, den Geistlichen zu sprechen. Er war um die vierzig, in ein schwarzes Priestergewand gekleidet, hörte sich unsere Geschichte an, bat um unsere Papiere, studierte sie sorgfältig und fragte, wie lange wir unserer Meinung nach bleiben müssten. Wir sagten, nur ein paar Tage, bis es Karcsi besser ginge; sobald er wieder auf die Füße käme, würden wir gehen. Der Priester sagte, dass wir ein paar Tage bleiben könnten; wir müssten aber gehen, bevor der Rest des Krankenhauspersonals evakuiert wird, was jeden Tag geschehen könne. Ich brauche nicht zu sagen, wie glücklich wir über seine Entscheidung waren; wir bedankten uns herzlich bei ihm. Man teilte uns zwei Betten in einem großen Saal zu und Karcsi legte sich sofort hin. Wir baten um ein Thermometer und er rieb es, bis er es geschafft hatte, die Temperatur auf über achtunddreißig Grad ansteigen zu lassen. Am nächsten Morgen kam ein Sanitäter zu Karcsi, gab ihm einige Medikamente gegen Fieber und Ruhr und ermahnte ihn, sehr viel zu trinken. Damit hatte sich unser Alibi mit der Ruhr abgerundet.

Die wenigen Tage, die wir im Krankenhaus verbrachten, erschienen uns wunderbar. Wir nahmen zum ersten Mal seit vielen Monaten ein Bad. Wir schafften es, einen Großteil unserer Läuse los zu werden, aber nicht alle, da aus den Eiern, die wir nicht sehen konnten, rechtzeitig neuer Nachwuchs schlüpfte. Wir wollten keine Desinfektion unserer Kleidung oder auch nur unserer Unterwäsche beantragen, um keinen Verdacht zu erregen. Das Essen im Krankenhaus war wahrscheinlich schlecht, aber unter den gegebenen Umständen erschien es uns wie himmlisches Manna. Wir hatten viel Zeit, miteinander zu reden und uns besser kennen zu lernen. Karcsi war meistens gedrückter Stimmung. Als ich ihn fragte, warum er traurig sei, wo er jetzt doch nicht nur dem Todesurteil entronnen war, sondern sogar fliehen konnte, erklärte er mir, dass seine Verlobte Edith aufgrund ihrer jüdischen Abstammung deportiert worden sei; wahrscheinlich werde er sie nie wieder sehen. Es war natürlich kein Trost für ihn, dass auch meine Eltern und mein Bruder deportiert worden waren.

Karcsi erzählte mir die Geschichte seiner Parteiaktivitäten im Militär. Ich erinnere mich nur daran, dass er bei der Armee Waffen und Munition entwendet und diese seinen Parteigenossen übergeben hat. Die Geschichte seiner Verhaftung blieb mir jedoch im Gedächtnis. Er war von der Armee desertiert, da er unter dringenden Verdacht geraten war und einer Festnahme entgehen wollte. Er hatte an einem geheimen Treffen mit falschen Ausweispapieren teilgenommen, als die DEF die Versammlung stürmte und alle Anwesenden verhaftete. Karcsi wurde zuerst verhört, und man stellte natürlich sofort fest, dass seine Papiere gefälscht waren. Er wurde brutal geschlagen, man wollte seinen richtigen Namen wissen. Karcsi hatte gute Gründe, seinen Namen nicht zu verraten, denn als Militärangehöriger mit revolutionären Aktivitäten – einschließlich der Beschaffung von Waffen für die Feinde des Regimes – und als Deserteur vom aktiven Dienst konnte er zum Tode verurteilt werden. Außerdem hätte jemand in seiner Situation unter dem damaligen ungarischen Rechtssystem (also im Frühjahr 1944) vor ein Kriegsgericht gestellt werden können – was für ihn die Todesstrafe bedeutet hätte –, das Gerichtsverfahren hätte jedoch innerhalb von zweiundsiebzig Stunden nach seiner Verhaftung stattfinden müssen. Also spielte Karcsi auf Zeit und wollte seine Identität um jeden Preis mindestens drei Tage lang verbergen. Als er merkte, dass er unter den Schlägen bald die Kontrolle über sich verlieren würde, „gestand" er plötzlich, Béla Schwarcz zu sein, ein Jude, der sich versteckt hat. Dieses Geständnis klang überzeugend, und die DEF-Agenten bissen an. Nun wurden auch die anderen Teilnehmer der Geheimversammlung verprügelt. Einige kannten Karcsis Namen gar nicht, andere dagegen schon. Am nächsten Tag gab einer der Gefangenen, der schrecklich geschlagen worden war, Karcsis wirklichen Namen preis: Károly Fekete. Nun war Schwarcz in Ungarn ein typisch jüdischer Name, Fekete hingegen nicht (übrigens bedeutet das ungarische Wort „fekete" nichts anderes als „schwarz"). Wer würde denn im Frühjahr 1944 schon glauben, dass ein Nichtjude vorgibt, Jude zu sein? Natürlich glaubten die DEF-Agenten dem Mann nicht, der sagte, dass Schwarcz eigentlich Fekete sei; sie glaubten lieber dem „Juden", der gestanden hatte, Schwarcz zu sein. Erst nach mehreren Gegenüberstellungen und zwei weiteren Zeugenaussagen ließen sich die DEF-Leute davon überzeugen, dass es sich wirklich um Fekete handelte und nicht um Schwarcz; aber als Karcsi endlich zugab, wie er tatsächlich hieß, war die letzte Frist für das Kriegsgericht verstrichen.

Am 31. Dezember, zwei Tage nachdem wir das Militärkrankenhaus betreten hatten, kam eine Gruppe von Wehrmachtsoffizieren unterer Dienstgrade in das Gebäude; sie baten um Unterkunft für ein paar Nächte, da sie auf der Durchreise seien. Man entsprach ihrer Bitte natürlich und sie wurden in einem der Säle untergebracht. Um Verpflegung baten sie nicht; allem Anschein nach waren sie gut mit Lebensmitteln, Getränken und Zigaretten versorgt. An diesem Abend organisierten der ungarische Reserveoffizier und einige Krankenpfleger eine bescheidene Silvesterfeier, zu der sie alle einluden, einschließlich der deutschen Offiziere und uns. Da ich zu den wenigen anwesenden Ungarn gehörte, die Deutsch verstanden, und da ich der Einzige war, der es einigermaßen sprach, musste ich die meiste Zeit den Dolmetscher spielen. Die Unterhaltung begann mit einigen Neuigkeiten, die uns die Deutschen am Tisch mitteilten; zumeist ging es um den Kampf, der um die eingekesselte ungarische Hauptstadt tobte – die sowjetische Armee hatte die Stadt eine Woche zuvor völlig umschlossen. Zu meiner Überraschung waren sich die Deutschen bei weitem nicht so sicher wie das ungarische Radio und die ungarischen Zeitungen, dass Budapest durch eine baldige gemeinsame deutsch-ungarische Panzeroffensive zurückerobert würde. Die Offiziere – in der überwiegenden Mehrheit Österreicher, wie ich bei unseren Gesprächen während des Abends erfuhr – klangen überhaupt nicht begeistert; sie klagten über die Länge des Krieges und über die Schwierigkeiten, mit denen jeder zu kämpfen hatte. Um Mitternacht stießen sie weder auf den Sieg noch auf Hitler an, und später, als einer von ihnen betrunken war, flüsterte er mir ins Ohr „Hitler kaputt". Für mich war diese Neujahrs-„Feier" niederschmetternd – ich musste die ganze Zeit an meine Familienangehörigen denken, daran, wo sie sein könnten, wenn sie noch am Leben sind, und was sie in diesem Moment fühlten.

Während der paar Tage im Krankenhaus versuchte ich, mit möglichst vielen der Sanitäter und Pfleger zu reden (es waren übrigens alles Männer). Dabei fand ich heraus, dass mehrere von ihnen aus Siebenbürgen kamen. Obwohl ich als András Hegedűs vorgab, aus Budapest zu sein, sagte ich ihnen, dass meine Großeltern aus Siebenbürgen stammten und ich dort viele wunderbare Ferien verbracht hätte; auf diese Weise hatten wir ein angenehmes gemeinsames Gesprächsthema und wurden Freunde. Zwar waren wir weit weg von Siebenbürgen, doch diese jungen Soldaten waren durchaus nicht darauf erpicht, sich noch weiter von ihrer Heimatprovinz zu entfernen, und sahen ihrer Evakuierung mit Bangen entgegen. Während unserer Gespräche stellte sich heraus, dass mehrere erwogen, zu desertieren und nach Hause zurückzukehren, sobald die Front „weitergezogen" sei. Natürlich befürwortete ich diese Neigungen nach Kräften und als Ingenieurstudent, der ein größeres Wissen und mehr Bildung als sie hatte, brachten sie mir ihren Respekt entgegen.

Ich erfuhr bald von meinen neuen Freunden, dass das Krankenhausbüro einen großen Vorrat an Entlassungsformularen hatte. Diese Papiere wurden verwundeten Soldaten nach deren Entlassung aus dem Krankenhaus ausgehändigt und ermöglichten es ihnen, drei bis vier Wochen nach ihrer Entlassung zu Hause zu verbringen und sich zu erholen, bevor sie sich zu ihren Einheiten zurückmeldeten. Jedoch mussten die Bescheinigungen mit zwei Unterschriften versehen sein, nämlich mit der Unterschrift des Krankenhauskommandeurs und mit der Unterschrift eines Militärarztes sowie mit zwei verschiedenen Stempeln: mit einem geraden Stempel, der als Briefkopf für die Bescheinigungen diente, und einem Rundstempel auf oder unter den Unterschriften. Hier kamen mir meine kurzen, aber wesentlichen Erfahrungen im Fälschen von Ausweispapieren ebenso zugute wie Karcsis gründliche Vertrautheit mit den militärischen Vorschriften und Gewohnheiten. Nach einigen Sondierungsgesprächen trafen wir mit zwei meiner neuen Freunde folgende Vereinbarung: Wenn sie uns diese Formulare beschafften, dann würden wir für sie echt aussehende Entlassungspapiere für einen Ort ihrer Wahl anfertigen (die Bescheinigungen mussten den Bestimmungsort enthalten, an dem der genesende Soldat seine Erholungszeit verbringt). Mit Karcsis Unterstützung begann ich, an den Bescheinigungen zu arbeiten. Die Männer, die uns die Formulare übergaben, kannten die Namen und Dienstgrade derjenigen Offiziere, deren Unterschriften erforderlich waren. Wir hatten keine Unterschriftsproben, aber ich produzierte eine glaubwürdige Unterschrift des Kommandeurs und Karcsi unterschrieb mit dem zweiten Namen. Der gerade Stempel befand sich im Büro, also konnten wir ihn als Briefkopf verwenden; es fehlte jedoch der Rundstempel, der tatsächlich der wichtigere war, da mit ihm die Unterschriften beglaubigt wurden. Das erwies sich als Problem, das wir folgendermaßen lösten. An der Stelle, an welcher der Rundstempel stehen musste, drückten wir den geraden Stempel zweimal in Form eines großen X auf das Papier. Danach schrieben wir mit kleiner Handschrift „Rundstempel bei Bombardierung verloren gegangen" daneben und unterzeichneten diese Bemerkung mit dem Namen des Kommandeurs. Die Bescheinigungen sahen sehr amtlich aus und wir hofften, dass damit alles funktioniert. Unsere Freunde, die die Bescheinigungen als Erste erhielten, waren sehr zufrieden. Als Gegenleistung bekamen wir einige Formulare für uns selbst, die wir damals aber noch nicht ausfüllten; wir versahen die Formulare jedoch mit den erforderlichen Stempeln und Unterschriften und teilten die Exemplare zu gleichen Teilen unter uns für den Fall auf, dass wir durch ein unvorhergesehenes Ereignis getrennt würden. Wir steckten die Papiere danach in unserer Bekleidung an eine Stelle, wo man sie im Falle einer Durchsuchung kaum finden würde.

Als Zugabe erhielten Karcsi und ich Soldatenmützen. Des Weiteren tauschte ich meinen gut aussehenden Mantel, der jedoch ein Zivilkleidungsstück war, gegen den Dienstmantel eines der Soldaten ein, dem wir die Entlassungspapiere gegeben hatten. Wir beabsichtigten, das Krankenhaus als genesende Soldaten mit Entlassungspapieren zu verlassen, und deswegen erschien mir ein Soldatenmantel nützlicher. Der junge Soldat hingegen, der in der Hoffnung desertieren wollte, nach Hause zu kommen, fürchtete sich nicht so sehr vor den ungarischen Behörden oder den Deutschen (mit denen er bis dahin keine Auseinandersetzungen hatte), sondern vor der heranrückenden Roten Armee, von der er als Soldat in der Uniform des Feindes entweder erschossen oder gefangen genommen würde. Er betrachtete es deswegen als nützlichen Teil seiner Fahnenfluchtstrategie, sich von allen militärischen Dingen zu befreien, und freute sich, seinen Soldatenmantel gegen meine Zivilmantel einzutauschen. Das waren die Unterschiede zwischen den Sichtweisen zweier Menschen, die sich in einer scheinbar ähnlichen Lage befanden und ähnliche Aktionen erwogen – , aber unterschiedliche Hintergründe, Erfahrungen und Auffassungen hatten. Ich hoffe, dass der junge Soldat erfolgreich gewesen ist – er verließ das Krankenhaus einige Tage später und ich habe nie wieder von ihm gehört.

Karcsi und ich waren jetzt im Prinzip dazu bereit, das Krankenhaus mit ganz guten Militärpapieren zu verlassen. Auf der Grundlage der Informationen, die wir von den Soldaten bekommen hatten, dachten wir uns eine detaillierte Geschichte über den Kampf aus, in dem wir verwundet worden waren. Wir erfanden verschiedene ziemlich schwere Verwundungen, die sich aber nicht so leicht überprüfen ließen, da es sich um innere Verletzungen handelte: Ich hatte eine Gehirnerschütterung und Karcsi ein Lungenemphysem. Wir wussten auch, was unsere Symptome waren und welche Behandlung wir im Krankenhaus erhalten hatten, und wir hatten natürlich die Nummer und die genaue Bezeichnung unserer Militäreinheit. Wären wir festgenommen worden, hätten diese Dinge überprüft werden können, aber das wäre weder leicht noch schnell gegangen (zu unserem Glück gab es noch keine Computer). Alles, was wir brauchten, war ein Platz, an den wir uns zur „Rekonvaleszenz" begeben konnten. Da wir gemäß unseren Ausweispapieren beide aus Budapest waren, das damals eingekesselt und unzugänglich war, konnten wir frei wählen, an welchen Ort wir gehen wollten. Aber wir brauchten natürlich ein Obdach, denn wir hatten kein Geld, um Unterkunft und Verpflegung zu bezahlen. Hier war uns das Glück wieder hold. Ein paar Tage, nachdem wir die Sache mit unserer Entlassungsbescheinigungen erledigt hatten, erschien im Krankenhaus ein Soldat aus einem Nachbardorf, in dem er sich nach seiner Verwundung einen Monat lang zur Rekonvaleszenz zu Hause aufhielt, nachdem man ihn im Krankenhaus behandelt und anschließend entlassen hatte. Er beklagte sich, dass die drei Wochen, die er zur Genesung bekommen hatte, angesichts seiner ziemlich schweren Verwundung nicht annähernd ausgereicht hätten; er bat um eine erneute ärztliche Untersuchung zwecks Verlängerung seiner Rekonvaleszenzzeit. Unsere Freunde sagten ihm, er solle mit mir sprechen und meinen Rat einholen; vielleicht könne ich ihm zu helfen.

Zuerst fand ich es ein bisschen gefährlich, in eine solche Rolle gedrängt zu werden. Wir beide, Karcsi und ich, hielten das Herumdoktern an unseren Bescheinigungen für eine notwendige, aber äußerst riskante Sache, die außerhalb des Kreises der vier von uns, die das Geschäft vereinbart hatten, absolut geheim bleiben sollte. Wir taten alles, um die zwei Soldaten (die in den Regeln der Konspiration nicht bewandert waren) davon abzubringen, mit den Bescheinigungen anzugeben; wir versuchten, sie davon zu überzeugen, die wahre Beschaffenheit der Papiere weder jetzt noch später während ihrer „Rekonvaleszenz" zu offenbaren – auch nicht gegenüber ihren Familienangehörigen oder besten Freunden. Andernfalls würden sie nicht nur Unannehmlichkeiten riskieren, sondern sogar den Tod. Aber nachdem ich mit dem neu angekommenen Soldaten gesprochen hatte – sein Name war Feri (Franz) – änderte ich allmählich meine Meinung. Feri war ein großer, gut gebauter und offensichtlich gut genährter Mann Ende dreißig, verheiratet und Fleischer von Beruf. Er war ein gesetzestreuer Bürger und kein großer Held. Er war zum Wehrdienst eingezogen und an die Front geschickt worden, wo er das Leben wegen der ständigen Gefahr unerträglich fand – Angst war ein Gefühl, an das er sich einfach nicht gewöhnen konnte. Seine Verwundung, die schwer, aber nicht lebensgefährlich war, kam ihm wie ein Geschenk des Himmels vor. Er hatte sich im Krankenhaus ganz wohl gefühlt und die Tage genossen, die er zur Rekonvaleszenz zu Hause verbringen durfte. Aber jetzt, da sein Krankenschein ablief, war er ziemlich verzweifelt darüber, dass er nun bald zu seiner Einheit zurückzukehren müsse und wieder an die Front käme. Er flehte buchstäblich um Hilfe und deutete seine Bereitschaft an, jedem Offizier, der ihm helfen würde, ein halbes Schwein – geräuchert oder auf andere Weise zubereitet – zukommen zu lassen.

Ich zeigte gebührendes Verständnis für seine missliche Lage, erzählte ihm kurz die Geschichte von meinen und Karcsis (das heißt, Pistas) Verwundungen an der Front, und grübelte dann darüber nach, wie das Leben die Menschen mit unterschiedlichen Problemen konfrontiert. Er hatte ein Haus und eine Familie, bei der er seine Rekonvaleszenzzeit verbringen konnte, zu deren Verlängerung er nur eine Bescheinigung benötigte; wir hingegen waren gerade dabei, unsere einmonatige Rekonvaleszenz anzutreten, hatten aber keinen Ort, an den wir gehen konnten, weil unsere Heimatstadt Budapest eingekesselt war. Ich stellte ihn Karcsi vor und wir plauderten alle drei eine Weile, um eine Atmosphäre des Vertrauens zu schaffen. Am Schluss sagten wir ihm, dass es im Krankenhaus keinen Arzt mehr gebe, um ihn zu untersuchen, und selbst wenn es doch noch einen gegeben hätte, sei durchaus nicht klar, ob man diesen schon mit einem halben Schwein dazu bringen könne, dem Vaterland einen so tapferen und starken Soldaten wie Feri vorzuenthalten. Wir boten eine andere Lösung an: Wenn Feri das Risiko eingehen würde, eine Bescheinigung ohne ärztliche Untersuchung zu bekommen – was natürlich nicht ganz legal sei –, dann könnten wir ihm vielleicht ein solches Papier beschaffen, das ursprünglich für jemand anderen vorgesehen war, der sich aber unseres Wissens nie gemeldet hatte.

Wir würden Feris Namen eintragen, sein Dorf Szend (das heute Szákszend heißt) als Bestimmungsort angeben und das Dokument für die amtliche Frist von einem Monat gültig machen. Als Gegenleistung solle er uns erlauben, dass wir unsere eigene Rekonvaleszenzzeit bei ihm zu Hause verbringen dürfen; wir seien auch bereit, bei jeder Arbeit zu helfen, die er für uns hätte. Wir versicherten ihm, dass wir nur bescheidene Schlafgelegenheiten und wenig Verpflegung brauchten; insbesondere versprachen wir, während unseres einmonatigen Aufenthaltes dort nicht mehr als ein halbes Schwein zu essen. Er nahm unser Angebot erfreut an und wartete, bis wir die Sache mit dem Entlassungsschein für den anderen Soldaten „geklärt hatten". Als sein Papier fertig war, fand er es perfekt. Er erzählte uns, dass er mit einem Pferdewagen nach Komárom gekommen sei und uns mit zurück in sein Dorf nehmen könne. Wir stimmten freudig zu. Das war um den 4. oder 5. Januar herum.

Vor Feris Ankunft hatten wir versucht, die Dinge so zu arrangieren, dass wir auch nach der vollständigen Evakuierung des Krankenhauses im Gebäude bleiben könnten. Wir hatten mit dem Priester gesprochen und ihm erklärt, dass wir als junge Levente-Männer nach Deutschland gehen müssten, um unsere Einheit zu finden, aber dass wir es vorziehen würden, hier zu bleiben, da der Krieg ohnehin verloren sei und wir meinten, dass unsere Heimat hier sei und nicht in Deutschland. Der Priester antwortete, dass er unser Dilemma verstehe, und dass jeder seinem Gewissen folgen müsse; er wünschte uns Glück, was auch immer wir täten, aber er könne uns keine Unterkunft im Gebäude anbieten, denn das würde die Integrität des theologischen Seminars gefährden, was er nicht zulassen dürfe. Wir dankten ihm dafür, dass er uns für einige Zeit so gastfreundlich aufgenommen hatte, und versicherten ihm, dass wir seinen Standpunkt verstünden.

$$* * *$$

Auf Feris Einladung hin füllten wir unsere Rekonvaleszenzpapiere auf unsere jeweiligen Namen aus, gaben Szend als unseren Bestimmungsort für einen Monat an und verließen das Krankenhaus auf Feris Pferdewagen. Szend liegt ungefähr vierzig Kilometer südsüdöstlich von Komárom. Wir folgten zunächst der Straße nach Kisbér, achtundzwanzig Kilometer südlich von Komárom, und machten dann einen Bogen nach Osten in Richtung Tatabánya, bis wir Szend nach etwa dreizehn oder vierzehn Kilometern erreichten. Das Pferdefuhrwerk erwies sich als nützlich, denn es war viel weniger gefährlich, als auf Schusters Rappen unterwegs zu sein. Zwar hätten wir dieses Mal selbst zu Fuß nicht das Gefühl gehabt, uns auf dünnem Eis zu bewegen, da wir gute Ausweispapiere in der Tasche hatten; dennoch waren wir immer noch nicht übermäßig zuversichtlich. Vor allem waren wir ein ziemlich merkwürdig aussehendes Paar. Ich hatte einen Militärmantel über einer Uniformjacke und trug eine Militärmütze, aber eine gewöhnliche Hose mit Gürtel und normale Schuhe. Karcsi hatte eine Militärmütze, einen Zivilmantel, den man aber aus einiger Entfernung auch mit einem Militärmantel verwechseln konnte, Schuhe und Gürtel sahen ebenfalls militärisch aus, aber er hatte eine normale Kniehose an und trug eine blaue Socke an einem Fuß, am anderen hingegen eine braune Socke. Für alle Fälle hatten wir uns auch eine wohldurchdachte Geschichte bezüglich unserer Uniformen zurechtgelegt: Diese seien bei unserer Verwundung teilweise – in Karcsis Fall sogar fast vollständig – zerfetzt worden; das Krankenhaus habe uns daraufhin mit Kleidungsstücken versorgt, die gerade verfügbar waren. Alles das änderte jedoch nichts an der Tatsache, dass wir reichlich seltsam aussahen. Hinzu kommt: Wären wir trotz unserer relativ guten Papiere festgenommen und durchsucht worden, dann hätte man die restlichen Bescheinigungsformulare – die gestempelt, unterschrieben, aber nicht vollständig ausgefüllt waren – bei uns finden können, was uns verraten hätte. Außerdem war ich beschnitten, was in diesem Teil der Welt als ein sicheres Zeichen für eine jüdische Abstammung galt. Natürlich hätten wir die unvollständig ausgefüllten Bescheinigungen wegwerfen können, anstatt sie zu verstecken, aber dann hätten wir nach einem Monat vollkommen ohne Papiere dagestanden; und obwohl wir sehr hofften, dass uns die Sowjets noch vor Ende des Monats einholen würden, konnten wir dessen nicht sicher sein.

Die drei bis dreieinhalbstündige Fahrt mit dem Pferdefuhrwerk verlief ohne Komplikationen. Am Abend trafen wir in Szend ein, ohne auf unserem Weg auch nur ein einziges Mal angehalten zu werden. Feris Haus, das sich in der Hauptstraße befand, war eines der besser aussehenden Gebäude des Dorfes. Wir verbrachten unsere erste Nacht in einem der Zimmer innerhalb des Hauses, kamen aber am nächsten Tag in einen Lagerraum, der an die Rückseite des Hauses grenzte. Durch eine kleine Tür, die normalerweise abgeschlossen war, konnte man vom Haus in den Lagerraum gehen. Von dem ziemlich großen Lagerraum ging ein Tor in Richtung Hof; drei Wände des Lagers lagen nach außen und hatten keine Wärmedämmung, weswegen es dort sehr kalt war. Außer einem kleinen Tisch und zwei Holzstühlen gab es dort keine Möbel, aber auf dem Boden lagen mehrere Strohmatratzen, von denen wir zwei in Besitz nahmen; die restlichen waren für mögliche andere Besucher vorgesehen. Im Raum befand sich ein eiserner Ofen mit Holzfeuerung, und Feri erlaubte uns, so viel Feuerholz zu nehmen wie wir brauchten. Am Tag, wenn der Ofen brannte, konnte uns die Kälte nichts anhaben, aber in der Nacht kühlte der Raum nach Erlöschen des Feuers schnell aus, und wir hatten außer den dünnen Decken nur noch unsere Mäntel, um uns zuzudecken. Zweimal am Tag, am Morgen und am frühen Nachmittag, kam Feri durch die kleine Tür vom Haus in den Lagerraum, um uns Essen zu bringen. Uns hätten drei Mahlzeiten am Tag eher zugesagt als nur zwei, aber wir plauderten unsere Wünsche nicht aus. Wir boten an, Hausarbeiten zu übernehmen, erhielten aber lediglich die Aufgabe, auch für die anderen Zimmer des Hauses Brennholz zu hacken. Wir gingen überhaupt nicht ins Dorf hinaus und hielten uns die meiste Zeit drinnen oder manchmal auf dem Hof auf.

Einige Tage, nachdem wir uns in unserer neuen Umgebung niedergelassen hatten, kam Feri leichenblass von draußen in den Lagerraum; zwei Gendarmen mit geschultertem Gewehr begleiteten ihn. Wie wir später erfuhren, hatte irgendjemand im Dorf die Gendarmen informiert, dass Feri nicht zur Armee zurückgegangen sei, sondern sich zu Hause aufhalte, und die Gendarmen kamen, um ihn zu kontrollieren. Als sie ihn fragten, wer sich sonst noch im Haus aufhalte, erzählte er ihnen von uns. Die Gendarmen wollten unsere Papiere sehen. Wir übergaben ihnen unsere Bescheinigungen und erklärten unsere Situation. Sie prüften die Papiere, hatten nichts daran auszusetzen und gingen wieder. Wir waren, gelinde gesagt, nicht nur erleichtert, sondern überglücklich, dass unsere Rekonvaleszenzbescheinigungen diesen Härtetest bestanden hatten. Aber Feri konnte nicht über seinen Schreck hinwegkommen. Drei Tage später zitterte er immer noch und kam außerhalb der „regulären" Essenszeiten in den Lagerraum, um über „die Lage" zu diskutieren, womit er die Gefahr meinte, entdeckt zu werden. Er ließ einige Andeutungen fallen, ob wir nicht früher gehen könnten, aber wir sagten ihm, dass wir keine andere Bleibe hätten, und erinnerten ihn an unsere Abmachung. Und schließlich argumentierten wir, dass sein Rekonvaleszenzpapier um keinen Deut besser sei als unsere Bescheinigungen, so dass wir alle drei im gleichen Boot säßen – mit uns zusammen sei er in keiner größeren Gefahr als ohne uns. Ich kann nicht mit Sicherheit sagen, ob ihn das beruhigt hat, aber jedenfalls hörte er auf, über seine Sorgen zu reden.

Eines Tages ereignete sich etwas, das mir damals unwesentlich vorkam, aber später einige Bedeutung erlangte: Drei oder vier vorbeiziehende ungarische Soldaten fragten Feri, ob sie die Nacht in seinem Haus verbringen dürften; er führte sie in unseren Raum und bot ihnen die noch nicht verwendeten Strohmatratzen zum Schlafen an. Wir verbrachten den Abend mit einem freundlichen Gespräch, in dem sie uns hauptsächlich ihre Frontabenteuer erzählten. Wir lernten viele kleine Details über das Leben an der Front, potentiell nützliche Einzelheiten, wenn wir jemals verhört werden sollten. Wir wiederum unterhielten die Soldaten auf verschiedene andere Arten. Schließlich schilderten wir ihnen unsere Situation entsprechend unseren angenommenen Rollen und sagten auch, dass wir uns beide zu schwach für den Frontdienst fühlten und am Ende unserer Rekonvaleszenzzeit beabsichtigten, um eine Verlängerung zu bitten. Unser Problem sei jedoch, dass wir selbst dann, wenn wir eine Verlängerung bekämen, nicht wussten, wohin wir hätten gehen sollen, um während der zusätzlichen Wochen der Rekonvaleszenz unterzukommen. Einer der Soldaten, der aus Szimő kam – einem Dorf nördlich von Komárom in dem Teil Ungarns, der früher zur Tschechoslowakei gehörte –, sagte uns, dass wir einige Wochen im Haus seiner Eltern in seinem Dorf verbringen könnten; er teilte uns auch eine ganze Reihe von Einzelheiten über sich und seine Eltern mit, damit wir uns glaubhaft auf seine Empfehlung berufen können. Wir bedankten uns bei ihm, dachten aber, dass es nie dazu kommen würde, denn wir erwarteten, dass die Russen bald Szend erreichen würden – sie waren ja nur noch wenige Kilometer von uns entfernt. Der russische Vormarsch geriet jedoch offensichtlich durch die Straßenkämpfe in Budapest ins Stocken, wo fünf deutsche und ein paar ungarische Divisionen heftigen Widerstand während der sechs Wochen leisteten, die auf die Einkesselung der Hauptstadt Weihnachten 1944 folgten. Dennoch rückten die Russen Mitte Januar auf der Linie Tatabánya-Székesfehérvár vor, etwa sechzig Kilometer westlich von Budapest; in dem Gebiet, in dem wir uns befanden, hatten sie das Dorf Oroszlány erreicht, das nur dreizehn Kilometer östlich von Szend lag. Als das geschah, hofften wir, dass sie innerhalb von ein bis zwei Tagen in Szend einmarschieren würden. Stattdessen hatten jedoch deutsche und ungarische Truppen Oroszlány zurückerobert und die Front stabilisierte sich für eine Weile an den Hügeln unmittelbar östlich von Oroszlány.

Anfang Februar mussten wir entscheiden, was wir tun sollten, wenn unsere Bescheinigungen erlöschen. Wir hätten ungefähr achtzig Kilometer in nördliche Richtung nach Szimő gehen können, in das Dorf, in dem die Eltern des Soldaten wohnten, der uns dorthin eingeladen hatte. Aber das wäre ein riskanter Fußmarsch von zwei oder drei Tagen gewesen und dabei hätten wir uns von der Front entfernt. Stattdessen füllten wir unsere nächsten beiden Bescheinigungen für das Dorf Oroszlány aus, das unmittelbar hinter der Frontlinie lag. Wir hatten zwar keine Bekannten dort, dachten aber, wir würden für etwas Arbeit eine Unterkunft bekommen. Wir verabschiedeten uns also am 4. oder 5. Februar von Feri und seiner Frau und machten uns auf den dreistündigen Fußmarsch nach Oroszlány.

Wir gingen auf einer Landstraße, auf der es fast keinen Verkehr gab, und erreichten das Dorf am frühen Nachmittag. Oroszlány war ein Kohlenbergbaudorf mit etwas Landwirtschaft. Wir nahmen mehrere Häuser in Augenschein und wählten schließlich eines aus. In diesem Haus wohnte ein altes Ehepaar mit der Schwiegertochter, der Sohn war in der Armee. Sie waren arme Bauern mit sehr wenig Land; sie lebten von Kartoffeln und Tee und ihr Haus bestand nur aus einer geräumigen Küche, die auch als Wohnzimmer diente, und einem Schlafzimmer. Aber sie waren sehr freundlich und nahmen uns auf, nachdem wir ihnen unsere Situation erklärt hatten. Zwar hatten sie fast keine Arbeit für uns – man musste nicht einmal Feuerholz hacken, da sie mit Kohleöfen heizten –, wussten aber, dass rekonvaleszente Soldaten wie wir das Recht auf Lebensmittelrationen hatten, und sie hofften, dass wir diese bekommen würden. Nach unseren positiven Erfahrungen mit den Gendarmen, die unsere Ausweispapiere in Szend geprüft hatten, fühlten wir uns ermutigt, mit Hilfe unserer Bescheinigungen nach unseren Lebensmittelrationen zu fragen. Wir schafften es, etwas Mehl, Zucker und eine kleine Portion Speck zu bekommen. Damit trugen wir zum Haushalt bei, aber es war sehr wenig. Trotzdem waren unsere Gastgeber sehr freundlich zu uns. Wie die anderen Familienmitglieder auch, bekamen wir morgens Tee mit Zucker, aber ohne Milch, und zweimal am Tag, mittags und abends, gab es gebackene Kartoffeln mit Salz. Das war meistens alles. Wir hatten natürlich kein separates Zimmer und schliefen in der Küche.

Als wir in Oroszlány waren, hatten wir weder Zugang zu einem Radio noch zu anderen Nachrichtenquellen. Erst später erfuhren wir, dass Budapest am 12. Februar nach mehr als sechs Wochen Einkesselung und erbitterten Kämpfen gefallen war. Wir wussten nur, dass die Front in unserem Gebiet ruhig war und die Russen nicht vorrückten. Wir dachten uns, dass sie vielleicht auf das Frühjahr warteten, um eine große Offensive einzuleiten. Nachdem wir ungefähr eine Woche bei der armen Familie verbracht hatten, fanden wir heraus, dass es im Dorf eine Militäreinheit gab, die in der nahe gelegenen Kohlengrube arbeitete. Die Einheit bestand aus Soldaten, die körperlich für den Kampf untauglich waren, einschließlich einiger verwundeter Männer, die hier ihre Rekonvaleszenzzeit hatten. Wir hielten es für angezeigt, uns der Einheit anzuschließen: Das schien uns eine gute Möglichkeit zu sein, unseren Status zu legalisieren und gegen die Zeitbombe immun zu werden, die uns bedrohte: der Ablauf unserer gefälschten Bescheinigungen. Außerdem könnten wir etwas Geld verdienen und somit auch mehr essen. Also verabschiedeten wir uns von unseren freundlichen Gastgebern und gingen los, um unser Glück bei dem

Militär zu versuchen, das in der Mine arbeitete. Wir überreichten dem diensthabenden Offizier der Einheit unsere Papiere; er sah sie sich ziemlich oberflächlich an,
war offensichtlich nicht an unserer Vorgeschichte interessiert und sagte, dass wir
uns seiner Einheit anschließen könnten, wenn wir es wollten – , aber die Bezahlung
sei sehr niedrig, sozusagen nur symbolisch. Wir zogen in die Baracke, in der die
Einheit untergebracht war; dort erhielten wir zwei Betten und am nächsten Morgen
begannen wir mit der Arbeit in der Mine.

Ich wusste schon immer, dass der Kohlebergbau eine schwere Arbeit war, konnte
mir aber nicht vorstellen, dass es so schlimm sein würde. Wir fuhren in einem wack-
ligen Aufzug – eine nach allen vier Seiten offene Plattform – tief in den Schacht
hinein. Die Mine da unten bestand aus einem Geflecht von langen Gängen und
Querverbindungen, von denen einige – die Hauptwege – ausreichend breit und hoch
waren, die meisten waren jedoch kaum einem Meter breit, weniger als zwei Meter hoch und schlecht beleuchtet. Auf dem Boden der Gänge befanden sich Gleise
für die kleinen, zum Teil leeren und zum Teil mit Kohle gefüllten Grubenwagen,
die mit der Hand geschoben wurden. Die Decken der Gänge wurden in Abständen durch Holz abgestützt, meistens durch senkrecht aufgestellte Balken, die einen
Durchmesser von fünfzehn bis fünfundzwanzig Zentimetern hatten.

Am Ende eines jeden Ganges oder einer Querverbindung bauten die Bergmänner
die Kohle ab: Einige von ihnen bohrten mit elektrischen Bohrmaschinen, andere schlugen die Kohle mit großen und schweren Breithacken von der Wand. Die
Soldaten der Militäreinheit arbeiteten neben den professionellen Bergarbeitern. Als
Neulinge hatten wir drei Aufgaben: die Kohle in die Grubenwagen zu schaufeln,
die mit Kohle gefüllten Wagen zu schieben und auf dem Rücken die Holzbalken zu
tragen, die beim Vorantreiben der Gänge aufgestellt werden mussten. Aus meiner
Sicht war das Schieben der Grubenwagen die leichteste Arbeit. Anstrengend war es
jedoch, einen Grubenwagen bergauf zu schieben, was oft vorkam, aber wenigstens
konnte man sich dabei bewegen und atmen. Das Schaufeln war äußerst ermüdend.
Nie in meinem Leben, weder davor noch danach, habe ich Schaufeln der Form und
Größe gesehen wie bei diesem Kohleabbau: Die Metallschaufeln, die wie ein an
den Kanten gebogenes riesiges Feigenblatt aussahen, fassten zehn bis fünfzehn Kilo
Kohle, die wir dann einen guten Meter hoch auf einen Grubenwagen wuchten mussten. Man schaffte das vielleicht eine halbe Stunde lang halbwegs, aber viele Stunden
hintereinander waren unerträglich schwer. Und man konnte zwischendurch nicht
faulenzen: Sie überwachten uns ständig und zählten die Anzahl der Grubenwagen,
die wir beladen hatten. Noch unangenehmer, als Kohle zu schaufeln, war das Tragen
der Balken. Man muss sich nur vorstellen, einen zwanzig bis fünfundzwanzig Kilo
schweren Balken in gebückter Haltung durch die Gänge zu schleppen, dabei auf die
Schienen zu achten und gelegentlich einem Grubenwagen auszuweichen.

Als wir am Abend in die Baracke zurückkehrten, sanken wir völlig erschöpft in
unsere Betten und dachten laut darüber nach, welch angenehme Rekonvaleszenz das
für einen verwundeten Soldaten sei. Am nächsten Morgen konnten wir uns kaum bewegen. Der zweite Tag war genauso hart wie der erste, der dritte wurde erträglicher,
am vierten Tag taten uns die Knochen und Muskeln nicht mehr weh und am Ende
der Woche meinten wir, auch weiterhin im Kohlebergbau arbeiten zu können, bis

die Russen kommen. Jedoch waren wir enttäuscht – aber nicht überrascht –, als wir erfuhren, dass keiner von uns die Norm erfüllt hatte; deswegen verdienten wir kein Geld, sondern bekamen als Gegenleistung nur Unterkunft und Verpflegung.

In der folgenden Woche durften wir die Breithacken verwenden – damit änderten sich die Dinge zum Besseren, denn unser Aufgabenbereich erweiterte sich, und wir hatten Aussicht auf eine höhere Bezahlung (falls wir die Norm erfüllten). Wir hätten uns wahrscheinlich an unsere neue Lebensweise gewöhnt und sogar unseren Lebensunterhalt als Grubenarbeiter verdient, wäre es da nicht zu einer unerwarteten Schicksalswende gekommen: Am Ende der zweiten Woche waren mehrere Bergarbeiter an Typhus erkrankt, und wir erfuhren, dass der ganze Bergbaukomplex am folgenden Montag unter Quarantäne gestellt werden sollte, damit die Krankheit nicht um sich greift. Karcsi und ich diskutierten etwa eine halbe Stunde über die neue Lage und wir kamen schnell zu dem Schluss, dass Quarantäne nicht gerade unser Fall war. Unter anderem malten wir uns aus, dass eine isolierte Gruppe im Notfall leichter zu kontrollieren sei und deswegen schneller evakuiert werden könnte. Eine knappe Stunde, nachdem wir von der Quarantäne erfahren hatten, sagten wir dem lustigen Bergarbeiterleben Ade und machten uns erneut auf den Weg.

Bis Ende Februar waren es jetzt nur noch drei Tage und unsere Bescheinigungen würden in der ersten Märzwoche ablaufen. Ich war der Ansicht, dass wir unsere letzten beiden Blankos ausfüllen sollten, um damit einen Monat in Szimő zu verbringen, also in dem Dorf des Soldaten, der uns die Adresse seiner Eltern empfohlen hatte; ich schlug vor, die achtzig Kilometer nach Szimő zu Fuß zu gehen und zwischendurch in der Nacht ein oder zwei Pausen einzulegen. Aber Karcsi hatte genug davon, auf die Russen zu warten, und ihm war auch das Leben zuwider, das wir führten; da wir so nahe bei der Front waren, schlug er vor, dass wir jetzt ein Risiko eingehen und versuchen sollten, auf die russische Seite zu gelangen. Wir wussten, dass die Front in unserem Bereich von der ungarischen Armee gehalten wurde und keine deutschen Truppen in Sicht waren. Aber wir wussten nicht genug über den Verlauf der Frontlinien, um das tatsächliche Risiko vollständig beurteilen zu können, und deswegen gefiel mir der Vorschlag nicht so gut – es schien mir zu waghalsig zu sein, dieses Risiko einzugehen. Ich argumentierte, dass wir unser Leben nicht riskieren sollten, solange wir Bescheinigungsvordrucke für einen weiteren Monat hätten; wir sollten diesen Schritt erst dann tun, wenn auch unsere letzten Bescheinigungen abgelaufen wären und die Russen uns bis dahin noch nicht eingeholt hätten. Karcsi ließ sich jedoch von meinen Argumenten nicht abhalten, und er verspürte einen starken Drang, gemäß seinem Vorschlag zu handeln. Obwohl ich deutlich spürte, dass ich Recht habe, wusste ich auch, dass rationale Überlegungen nur einen winzigen Bruchteil der Ereignisse und Faktoren berücksichtigen konnten, die unser Schicksal letztlich entscheiden würden. Als ich erkannte, dass rationale Argumente Karcsis Verlangen nach „sofortigen Schritten" nicht zu dämpfen vermochten, stimmte ich ihm zu, so dass wir zusammenblieben. Wir verbrachten eine weitere Nacht im Haus der freundlichen armen Familie und machten uns am nächsten Morgen frühzeitig in Richtung Front auf den Weg.

Wir hatten von Soldaten erfahren, dass die Front etwa sieben bis zehn Kilometer östlich von Oroszlány durch die Hügel führte. Wir wussten, dass Várgesztes, das nächste Dorf südöstlich von Oroszlány, immer noch auf unserer Seite der Front lag, so dass wir unser Wissen verwenden konnten, um unseren Abstecher zu erklären, falls wir unterwegs Streifen begegneten („Wir müssen vom Weg abgekommen sein, als wir versuchten, Várgesztes zu erreichen . . .“). Ich erinnere mich an das Datum des Tages, der leicht unser letzter auf Erden hätte gewesen sein können: Es war der 26. Februar 1945. Wir begannen unseren Marsch auf der Straße, mussten diese aber bald verlassen. Von da an gingen wir zunächst über offene Felder und dann entlang eines Pfades den Hügel hinauf. Wir liefen in Richtung Osten, soweit wir nur konnten. Es lag reichlich Schnee, mindestens sechzig Zentimeter, aber das Wetter war mild und der Schnee begann zu schmelzen, was unseren Fußmarsch sehr langsam und beschwerlich machte. Erst am späten Nachmittag hörten wir von weitem die ersten Schüsse. Von diesem Zeitpunkt an wurden die Ohren unsere hauptsächlichen Führer, und wir setzten unseren Weg in Richtung der Schüsse fort. An einer Stelle, als wir einen Weg hinaufgingen und uns einer Biegung näherten, kamen uns plötzlich zwei ungarische Soldaten entgegen. Sie hatten die Gewehre geschultert und trugen einen erlegten Junghirsch, der an eine Holzstange gebunden war. Als wir uns ihnen näherten, sprach ich sie an und machte – um etwaigen Fragen auszuweichen, wohin wir gingen – einen Witz über das Abendessen, das da auf sie wartete. Aber diese Vorsichtsmaßnahme erwies sich als überflüssig: Die beiden Soldaten waren nicht im Geringsten an uns interessiert.

Wir setzten unseren Weg nach oben fort, bis wir die Schüsse links von uns hörten. Nun verließen wir den Weg und gingen durch den tiefen Schnee in Richtung der Schüsse. Bald war der Gefechtslärm ziemlich nahe – die Front schien keine hundert Meter von uns entfernt zu sein. Um uns herum schlugen verirrte Kugeln in Baumstämme ein. Es war bereits dunkel geworden. Wir warfen uns auf den Bauch und krochen nebeneinander im Schnee in Richtung der Schüsse. Als wir noch im Schnee gegangen waren, sanken unsere Füße bei jedem Schritt ziemlich tief ein und machten ein Geräusch, das wir unter den gegebenen Umständen ziemlich beunruhigend fanden; aber nun, da wir auf dem Bauch robbten, sanken wir überhaupt nicht ein; wir kamen zwar langsamer vorwärts, dafür aber geräuschlos. Nachdem wir vielleicht eine gute halbe Stunde so gekrochen waren – die Schüsse kamen jetzt ganz aus der Nähe – machte Karcsi eine Pause, flüsterte „Schau mal, dort“ und zeigte nach rechts vorne. Ich schaute und sah ein kleines Licht flackern, nicht auf dem Erdboden, sondern höher. Wir blickten weiter in diese Richtung und sahen, wie sich das Licht bewegte, mal nach rechts, mal nach links. Schließlich flüsterte Karcsi: „Ein rauchender Wachposten“. Der Posten war vielleicht zwanzig Meter von uns entfernt. Er konnte uns nicht sehen – und wir hätten ihn nicht gesehen, hätte er nicht die Zigarette im Mund gehabt. Wir waren an einen Bunker gekommen, der von einem Posten bewacht wurde.

Wir wussten, dass die moderne Technik an der Frontlinie nicht mehr die klassischen Schützengräben anlegte – bei der vorherrschenden mobilen Kriegstechnik hatte man hierfür normalerweise keine Zeit –, sondern für jeweils einige Soldaten Bunker errichtete, die nahe genug beieinander standen, um eine „Linie“ zu bilden. Unser Versuch, die Frontlinie zu überqueren, beruhte auf der Idee, zwischen zwei benachbarten Bunkern eine offene Stelle zu finden, die so groß sein musste, dass wir beide unbemerkt auf die andere Seite kriechen konnten. Nach Überqueren der von der ungarischen Armee gehaltenen Linie, so überlegten wir weiter, würden wir in Richtung der russischen Linien robben und zu einem geeigneten Zeitpunkt ein weißes Taschentuch hochhalten. Da wir nun gerade an einen Bunker der ungarischen Linie gekommen waren, beschlossen wir, uns weit genug nach rechts zu bewegen, um den rauchenden Wachposten hinter uns zu lassen. Wir krochen also nach rechts in eine Richtung, die senkrecht zu unserer früheren Richtung verlief, aber noch bevor das flackernde Licht der Zigarette vollständig hinter uns verschwunden war, hielten wir aus einem neuen Grund wieder an: Wir hörten vor uns jemanden sprechen, was auf einen anderen Bunker hindeutete, aus dem zwei Soldaten herausgekommen waren. Pech, dachten wir, versuchen wir also die andere Richtung! Ganz langsam und vorsichtig krochen wir wieder dorthin zurück, woher wir gekommen waren. Der Soldat mit der Zigarette war immer noch dort. Wir robbten weiter, diesmal in die andere Richtung, bis wir das Licht der Zigarette hinter uns gelassen hatten. Zum Glück hatten wir uns an die kriechende Fortbewegungsart gewöhnt; dabei bewegten wir uns geräuschlos und das war für uns der wichtigste lebensrettende Umstand. Plötzlich hielt Karcsi an und fasste mich am Arm. Ohne ein Wort zu sagen zeigte er nach rechts. Zuerst sah ich überhaupt nichts, aber nach einigen Sekunden bemerkte ich zu meinem Entsetzen die Silhouette eines Soldaten, der – Gewehr bei Fuß – knapp zehn Meter von uns entfernt war. Wir pressten uns mehrere Minuten in den Schnee und hofften, der Soldat würde weggehen, was er aber nicht tat. Schließlich begannen wir sehr vorsichtig, rückwärts zu kriechen, weg von der Silhouette; es dauerte eine ganze Weile, bis wir weit genug waren und uns herumdrehen konnten, ohne gehört zu werden. Als wir außer Hörweite waren, sagte Karcsi: „Das Bunkernetz ist zu engmaschig. Die Front befindet sich schon seit Wochen hier, und sie haben offensichtlich genug Zeit gehabt, die Linie auszubauen. Lass uns umkehren!" Ich brauche nicht zu sagen, wie sehr ich damit einverstanden war, und ich fühlte mich auch überglücklich, dass man uns nicht entdeckt hatte. Wir krochen noch eine weitere halbe Stunde, dann standen wir auf und gingen zurück ins Dorf, wo wir ohne weitere Zwischenfälle weit nach Mitternacht ankamen. Unsere Gastgeber waren überrascht, nahmen uns aber wieder auf. Ich erinnere mich nicht mehr daran, wie wir uns herausgeredet haben.

* * *

Nachdem wir uns die Frontlinie genau angesehen hatten, kamen wir auf die Idee, dass wir sicherer zu den Russen gelangen könnten, wenn wir uns einer der Fronteinheiten anschließen würden. Wir wussten aus Gesprächen mit Soldaten im Kohlenbergwerk, dass eine dieser Einheiten, ein Radfahrerbataillon, seine Kommandostelle ganz in der Nähe von Oroszlány hatte. Wir dachten uns, dass die Mitgliedschaft in dieser Einheit keine besondere Spezialausbildung erfordern würde (wir konnten beide Fahrrad fahren), und wir beschlossen, unsere Aufnahme mit der Begründung zu beantragen, dass unsere Rekonvaleszenzzeit in Kürze ablaufen würde und unsere Einheit während der Schlacht um Székesfehérvár vollständig vernichtet worden sei (wir kannten die Nummer einer solchen Einheit), so dass wir dorthin nicht zurückkehren könnten. Ich hatte ein etwas ungutes Gefühl, mich durch meinen Mangel an militärischer Ausbildung zu verraten, aber ich dachte, ich würde einfach die anderen beobachten und dasselbe tun. Wir verabschiedeten uns also erneut von unseren Wirtsleuten in Oroszlány, erschienen auf der Kommandostelle des Radfahrerbataillons und fragten nach dem diensthabenden Offizier. Nach langer Wartezeit kam ein Leutnant zu uns, hörte sich aufmerksam unsere Geschichte an, nahm unsere Bescheinigungen entgegen und verschwand hinter einer Tür. Wir warteten länger als eine Stunde; dann kam der Offizier in Begleitung eines Feldgendarmen zurück, der ein Gewehr mit Bajonett geschultert hatte. Der Offizier überreichte dem Gendarmen unsere Papiere und stellte uns kurz vor: „Das sind die beiden." Der Feldgendarm gehörte einer Gendarmerie-Sonderabteilung an, deren Aufgabe es war, die Armee zu überwachen und das Verhalten der Soldaten zu kontrollieren. Bevor wir irgendetwas fragen oder sagen konnten, verschwand der Offizier hinter der Tür, während der Gendarm unsere Bescheinigungen in seine Tasche steckte und sich uns mit einem resoluten „Gehen wir" zuwandte. „Sicher", sagte ich, „aber dürfen wir wissen wohin?". „Das werdet ihr bald erfahren", antwortete er und forderte uns mit einer Handbewegung auf, vor ihm hinauszugehen. Auf dem Hof band er sein Pferd los, schwang sich in den Sattel und forderte uns auf, neben ihm zu gehen; er hatte den Befehl, uns nach Várgesztes zum Hauptquartier der Gendarmerie zu bringen. Das war das zehn bis zwölf Kilometer südöstlich von Oroszlány liegende Dorf, auf dessen Namen wir uns während unseres fehlgeschlagenen Frontüberquerungsversuches berufen wollten.

Der Weg nach Várgesztes dauerte etwa drei Stunden. Es war ein sonniger Nachmittag, den wir hätten genießen können, wären wir nicht in unserer mehr als gefährlichen Lage gewesen. Wir waren natürlich nicht sicher, ob unser Versuch glücken würde, in das Radfahrerbataillon aufgenommen zu werden, aber wir rechneten definitiv nicht damit, festgenommen zu werden. Obwohl wir über unsere Gedanken nicht diskutieren konnten, als wir neben dem berittenen Gendarmen gingen, kommunizierten wir miteinander durch Zeichen und Gesten. Wir dachten kurz über die Möglichkeit nach, den Gendarmen anzugreifen. Schließlich befanden wir uns ja in einer verzweifelten Lage und wir waren zu zweit gegen einen; außerdem war auf der Landstraße weit und breit niemand zu sehen. Andererseits war der Gendarm auf andere Weise im Vorteil: Im Gegensatz zu uns trieb ihn zwar nicht die Verzweiflung, aber er ritt auf einem Pferd, hatte ein Gewehr mit Bajonett und war für Situationen wie diese trainiert. Also ließen wir diesen Gedanken bald wieder fallen. Nach einer Weile versuchten wir, den Gendarmen in ein Gespräch zu verwickeln. Ich sagte ihm zunächst, welches Glück wir hätten, bei einem so wunderschönen Wetter unterwegs zu sein. Er antwortete irgendetwas, woraus wir schlussfolgerten, dass ihn das Gespräch mit uns nicht störte. Danach erzählten wir ihm langsam und stückweise unsere Geschichte, wie wir verwundet wurden und ins Krankenhaus kamen. Wir versuchten ihm begreiflich zu machen, wie schwer es für uns sei, gerade jetzt nicht zu Hause sein zu dürfen und die Rekonvaleszenzzeit nach unserer Tortur unter Fremden verbringen zu müssen. Schließlich fügten wir hinzu, wie lächerlich es sei, dass es nach der Vernichtung unserer eigenen Einheit so kompliziert ist, an die Front zurückzukehren.

Ich erinnere mich nicht mehr an die Einzelheiten unserer Unterhaltung, aber als wir in Várgesztes ankamen, war der Feldgendarm ziemlich freundlich und mitfühlend. Da das Büro bereits geschlossen war, sagte er, dass er unsere Papiere seinem vorgesetzten Offizier geben würde, einem gewissen Leutnant der Feldgendarmerie, dessen Namen er uns gab, und in dessen Dienststelle wir uns am nächsten Morgen melden sollten. Damit entließ er uns.

Nach diesem äußerst spannungsgeladenen Nachmittag verspürten wir jetzt eine riesige Erleichterung. Unser erster Gedanke war, unsere letzten beiden Bescheinigungen auszufüllen und uns direkt nach Szimő auf den Weg zu machen, anstatt uns am nächsten Morgen bei der Gendarmerie zu melden. Nach kurzer Überlegung entschieden wir uns jedoch anders. Wären wir nämlich nicht bei der Feldgendarmerie erschienen, dann hätten sie sofort angefangen, nach uns zu suchen. Unser Aussehen war unverwechselbar eindeutig, wir waren leicht zu erkennen und für uns war es nicht möglich, irgendetwas zu ändern. Unsere Namen würden unbrauchbar werden. Und wenn wir die Bescheinigungen auf andere Namen ausstellen würden, dann hätten wir keine Zivildokumente zu unserer Rechtfertigung. Hinzu kam: Würden wir uns nicht melden, dann würden sie unsere jetzigen Bescheinigungen genau prüfen, und die Gültigkeit zweier neuer Papiere, bei denen wir den gleichen Trick mit den X-förmigen Briefkopfstempeln anstelle der Rundstempel anwendeten, wäre ein begründetes Verdachtsmoment. Wenn wir uns aber melden, dann hätten wir – wie schon bei früheren Gelegenheiten – eine gute Chance, dass unsere Rekonvaleszenzbescheinigungen zusammen mit den entsprechenden Zivilpapieren und unserer glaubhaft detaillierten Geschichte ausreichen würden, uns laufen zu lassen. So beschlossen wir dann auch vorzugehen.

Wir kamen am Morgen gegen neun Uhr zur Dienststelle. Wir klopften an die Tür des Leutnants; er sagte „Herein", und wir betraten das Zimmer, wo sich der Leutnant gerade rasierte und dabei das Fenster als Spiegel benutzte. Wir sagten ihm, wer wir seien, und er erinnerte sich sofort an unseren Fall. Ohne das Rasiermesser niederzulegen, langte er mit der linken Hand nach seinem Schreibtisch, nahm von dort unsere beiden Bescheinigungen und übergab sie zu uns mit den Worten: „Melden Sie sich in Nagyigmánd." Das war der Name einer mittelgroßen Stadt etwa zwanzig Kilometer südwestlich von Komárom; offenbar handelte es sich um eine militärische Einstellungs- und Umverteilungszentrale, bei der sich Soldaten melden mussten, die ihre Einheiten verloren hatten. Wir dankten dem Leutnant für die Information und entfernten uns schnell. Wir hatten eine weitere Situation überstanden, die für uns auch schlimm hätte enden können.

Nun mussten wir nur noch unsere letzten beiden Bescheinigungen ausfüllen und hoffen, dass wir vor Ablauf eines weiteren Monats befreit würden. Wir machten uns also an die „Bearbeitung" der Papiere und wählten das Dorf Szimő als Ort für den Monat unserer Rekonvaleszenz. Das war das Dorf des Soldaten, den wir in Szend kennengelernt hatten. Wir hatten die Adresse seiner Eltern und die mündliche Nachricht, die wir ihnen überbringen sollten; diese Nachricht enthielt genügend viele Details, mit denen wir bestätigen konnten, dass wir wirklich mit ihm gesprochen hatten.

Szimő (Zemné auf Slowakisch) lag etwa vierzig Kilometer nordöstlich von Komárom und war fast achtzig Kilometern von unserem Standort entfernt; wir hatten also einen Fußmarsch von zwei Tagen vor uns. Wir gingen an einem sonnigen Morgen Anfang März 1945 los und liefen nach Norden in Richtung Komárom. Zu diesem Zeitpunkt verwendeten wir immer noch unsere für Oroszlány ausgestellten Bescheinigungen, die noch ein paar Tage gültig waren. Wir waren vielleicht drei bis vier Stunden auf der Hauptstraße nach Norden in Richtung Komárom gegangen, als wir vor uns ein kleines Militärfahrzeug erblickten, das ein Planenverdeck hatte und am Straßenrand stand; im Fahrzeug saßen der Fahrer und ein hochrangiger Offizier. Als wir den Offizier bemerkten, war es zu spät, der Begegnung auszuweichen, und so gingen wir einfach weiter. Als wir näher kamen, erkannte Karcsi an den Kennzeichnungen, dass es ein Fahrzeug des Generalstabs war; der Offizier war ein Hauptmann und gehörte ebenfalls dem Generalstab an. Als wir an das Auto herankamen, salutierten wir vor dem Hauptmann, der etwas las und unseren Gruß erwiderte, ohne uns Beachtung zu schenken. Wir gingen am Fahrzeug vorbei und setzten unseren Weg ungemein erleichtert fort, als wir plötzlich den Offizier brüllen hörten, dass wir zurückzukommen sollen. Wir gingen zum Fahrzeug zurück, wobei wir uns durchaus bewusst waren, wie lächerlich wir in unserer zusammengewürfelten Kleidung aussahen; dennoch setzten wir die selbstsicherste Miene auf, zu der wir fähig waren. In Habtachtstellung überreichten wir unsere Rekonvaleszenzbescheinigungen, danach unsere Zivilpapiere und erklärten, dass unsere Rekonvaleszenzzeit in zwei Tagen ablaufe und wir auf dem Weg in die militärische Einstellungs- und Umverteilungszentrale Nagyigmánd (in der Nähe von Komárom) seien, und zwar auf Anweisung des Gendarmerie-Leutnants in Várgesztes, dessen Namen wir nannten. Der Hauptmann prüfte unsere Papiere sorgfältig, sah uns von oben bis unten an und schüttelte den Kopf, als ob er sagen wolle „Mein Gott, was ist nur aus unserer Armee geworden?" Dann gab er uns unsere Papiere zurück und entließ uns. Wir setzten unseren Weg fort und kamen ohne weitere Zwischenfälle am nächsten Tag in Szimő an.

In Szimő fanden wir die Familie des Soldaten ohne Schwierigkeiten. Sie hörten sich unsere Geschichte an und waren interessiert daran, was wir über ihren Sohn zu erzählen hatten. Als wir ihnen unsere Situation beschrieben und fragten, ob sie uns für die Dauer der Rekonvaleszenzzeit aufnehmen könnten – wobei wir natürlich unsere Dienste für alle Arbeiten anboten, die sie für uns hätten –, reagierten sie freundlich und sagten, dass sie uns helfen wollten. Nachdem sie die Sache miteinander besprochen hatten, machten sie folgenden Vorschlag: Ihr Haus sei nicht groß genug, um zwei Personen aufzunehmen; deswegen würden sie einen von uns aufnehmen und einen ihrer Nachbarn bitten, den anderen unterzubringen. Wir sagten, dass das ein guter Vorschlag sei, wenn alle damit einverstanden wären; daraufhin berieten sie sich mit dem betreffenden Nachbarn, der seine Zustimmung gab. Sie entschieden (ich erinnere mich nicht mehr, aus welchem Grund), dass ich bei der Familie bleiben und Karcsi zum Nachbarn gehen solle.

Meine Gastgeber behandelten mich fürstlich. Sie stellten mir ein freies Zimmer mit einem Bett zur Verfügung. Zu den Mahlzeiten saß ich bei ihnen am Tisch und sie unterhielten sich gerne und häufig mit mir. Bis 1938 war dieses ungarische Gebiet ein Teil der Tschechoslowakei, einer demokratischen Republik mit viel mehr Freiheiten und einem etwas höheren Lebensstandard als Ungarn. Das war auch jetzt, sechseinhalb Jahre später, immer noch deutlich zu spüren; zum Beispiel hatten die meisten Familien im Dorf mindestens ein Fahrrad, was in anderen Teilen Ungarns nicht der Fall war. Auch die politische Stimmung war eine ganz andere: Die meisten Leute mochten weder die Deutschen noch das, was sie repräsentierten. Die Leute sehnten ein baldiges Ende des Krieges herbei und schienen sich auch nicht sehr vor den Russen zu fürchten.

Ich traf Karcsi jeden Tag und wir verbrachten einen Großteil der Zeit zusammen, entweder bei seinen Wirtsleuten (auch er wurde sehr gut behandelt) oder bei meinen. Gelegentlich verrichteten wir einige Arbeiten für die eine oder andere der beiden Familien, aber viel gab es nicht zu tun. Es war jetzt etwa zwei Monate her, dass die Kampflinien eingefroren waren, und wir erwarteten jeden Tag den Beginn der sowjetischen Offensive. Szimő lag nicht in der Nähe der Frontlinie und es waren keine deutschen Truppen in Sicht. Wir begannen uns etwas entspannter zu fühlen und blickten optimistisch in die Zukunft.

In dieser relativ ruhigen und hoffnungsvollen Stimmung traf mich der nächste Blitzschlag. An einem Morgen gegen sechs Uhr wachte ich auf, weil jemand laut und aggressiv an die Außentür klopfte. Ich hörte, wie jemand aus dem Haus die Tür öffnete, und mehrere Leute, die Befehle brüllten, kamen ins Haus. Eine Minute später wurde meine Zimmertür von außen aufgerissen und zwei bewaffnete Soldaten mit Pfeilkreuzler-Armbinden stürzten herein und brüllten „Hier ist er, wir haben ihn!", worauf ihnen zwei weitere Männer ins Zimmer folgten. Sie schienen Mitglieder der gefürchteten Pfeilkreuzlermiliz zu sein, die bekannt dafür war, Juden, Deserteure und Flüchtlinge aller Art auf der Stelle zu erschießen. „Aus dem Bett, du Bastard, wir haben dich erwischt!", schrien sie mich an. Ich erschrak, war aber auch überrascht. Ich konnte mir einfach nicht erklären, was da vorgefallen war. Ich stand auf, protestierte laut, dass es sich um einen Irrtum handeln müsse, und überreichte dem am nächsten stehenden Milizensoldaten meine Papiere. Er starrte auf die Rekonvaleszenzbescheinigung und ich konnte sehen, wie seine Augen an meinem Namen klebten, wobei er die Stempel, die Unterschriften, das Datum und andere Dinge vollkommen außer Acht ließ. Nach ein paar Minuten trat ein weiterer Milizensoldat hinter den ersten und sah sich ebenfalls meine Bescheinigung an. „Wie heißt du doch gleich?", fragte der erste argwöhnisch. „András Hegedűs", antwortete ich, „das sehen Sie doch". Nach einigem Zögern sagte der erste Milizensoldat, offenbar der Anführer der Gruppe, zum anderen: „Hol den Typen, der ihn kennt." Der Mann verschwand, kam mit einem Dorfbewohner zurück, der mich ansah, den Kopf schüttelte und sagte: „Nein, das ist er nicht." Kurze Zeit später waren alle wieder verschwunden.

Folgendes war geschehen: Der jüngere Sohn der Familie war davongelaufen, als er Soldat werden sollte, und stand deswegen auf der Fahndungsliste. Es erübrigt sich zu sagen, dass ich meine Bleibe nicht bei der Familie eines Deserteurs gewählt hätte, wenn ich das gewusst hätte. Ich konnte der Familie jedoch keinen Vorwurf machen, dass sie mich nicht gewarnt hatte – sie dachten ja, dass meine Papiere echt seien und ich keinen Grund hätte, die Milizen der Pfeilkreuzler zu fürchten. Später erfuhren wir, dass im Dorf jede dritte bis vierte Familie Angehörige hatte, die vom Wehrdienst desertiert waren und sich versteckten. Razzien der Pfeilkreuzlermilizen am frühen Morgen waren nichts Ungewöhnliches. Wenn sie einen Deserteur fingen, dann erschossen sie ihn oft auf der Stelle.

Gegen Ende März erzählten uns die ungarischen Truppen, die auf dem Rückzug waren, dass sie die Letzten seien und nach ihnen die Russen kämen. Mit Hilfe unserer Wirtsleute und anderer Dorfbewohner wurden Karcsi und ich die militärischen Bestandteile unserer Bekleidung los. Der Tag unserer Befreiung war, wenn ich mich nicht irre, der 30. März. Die meisten Leute zogen es vor, in ihren Häusern zu bleiben, aber ich wollte das Eintreffen der Sowjets als Zeuge miterleben und ging hinaus. In den letzten Tagen hatte ich die wenigen russischen Wörter und Sätze geübt, die ich vor meiner Verhaftung gelernt hatte. Jetzt freute ich mich darauf, unseren Befreiern zu begegnen. Gegen Mittag erschien der erste sowjetische Soldat.

Die deutschen Soldaten, denen ich begegnet bin, waren immer gut gekleidet, rasiert, gut ausgerüstet und motorisiert. Aber ich hatte sie natürlich nicht an der Front gesehen und schon gar nicht im Kampf. Jetzt stand ich einem Soldaten der mächtigen Armee gegenüber, von der die Wehrmacht geschlagen worden war. Was ich sah, war jedoch etwas ganz anderes als ich es erwartet hätte, und wird für immer in meinem Gedächtnis bleiben. Der sowjetische Soldat, der sich mir näherte, war in Eile und rannte, um den verhassten Feind zu verfolgen. Er war barfuß und trug seine Stiefel in der Hand, seine Uniform war zerlumpt, sein Gewehr hing an einer Schnur über der Schulter, und er hatte keine Mütze. Obwohl er in Eile war, winkte ich ihm so begeistert zu, dass er es nicht ignorieren konnte. Ich schrie auch etwas auf Russisch, einen Gruß. Er hielt einen Moment an, lächelte mir zu und fragte – als ob er sich daran erinnerte, dass er keine Zeit verlieren dürfe – „Gdje Berlin?", („Wo ist Berlin?"). Schweigend zeigte ich nach Westen und schon lief er weiter.

Ich ging ins Haus und versuchte, diese Begegnung zu verdauen. Warum war er barfuß? Wahrscheinlich war er ein Bauer, für den Stiefel immer etwas Lästiges waren. Bestimmt hat er den ersten warmen Frühlingstag genutzt, um sich aufzulockern und barfuß zu gehen. Ich erinnerte mich, dass im Dorf Somkerék der Kutscher meines Großvaters immer entweder barfuß ging oder eine Art von Mokassins trug, die aus gebrauchten Reifen gemacht waren: Man musste nur einen Blick auf seine Füße werfen, um zu sehen, wie schwierig es für ihn gewesen sein muss, die Füße in Schuhe oder Stiefel zu zwängen. Warum hatte der Soldat es so eilig? Der Grund hierfür konnte nicht gewesen sein, dass er seine Einheit verloren hatte oder zurückgelassen worden war – offensichtlich lief er allen anderen voran. Was also trieb ihn an? Er fragte nicht nach dem Weg nach Komárom oder Győr oder Brno (Brünn) oder gar Wien – auch nicht nach irgendeiner der Städte auf dem Weg nach Deutschland, die man in ein bis zwei Tagen erreichen konnte – nein: Er erkundigte sich unmittelbar nach Berlin. Das hatte sich ihm offenbar mehr als alles andere ins Gedächtnis eingebrannt und vermutlich kannte er die Namen der anderen Städte gar nicht. Ich versuchte, mir die Ereignisse vorzustellen, die diesen offensichtlich einfachen Bauern in den wilden Kämpfer verwandelt haben mussten, der er jetzt war. Hatten die Deutschen sein Dorf verbrannt, seine Schwester oder seine Frau vergewaltigt, seine Mutter oder sein Kind getötet? Sie müssen ihm etwas Schreckliches angetan haben, dass er nun, noch dazu barfuß, allen anderen voran eilte, um die Deutschen „bis nach Berlin" zu verfolgen. Er wurde von einem Hass getrieben, der nur von einer persönlichen Verletzung herrühren konnte. Ich wurde etwa fünfzehn Jahre später an diese Szene erinnert, als ich Solschenizyns wunderbares Gedicht *Ostpreußische Nächte* las, in dem er beschreibt, welche Gefühle er als Hauptmann der Roten Armee hatte, als er deutsches Gebiet betrat, um die deutschen Truppen zu verfolgen. Ihn trieb der gleiche Hass, den eine persönliche Verletzung entfacht hatte. Aber im Gegensatz zu dem einfachen Bauern, dem ich begegnet bin, war Solschenizyn ein kultivierter Intellektueller und sein Hass auf den mörderischen und verbrecherischen Feind vermischte sich in seiner Seele mit einer unaussprechlichen, aber nicht zu unterdrückenden Bewunderung für die sauberen, gepflegten und malerischen deutschen Dörfer, die aussahen, als seien sie von einem anderen Planeten.

Während der nächsten paar Tage, als die Front über Szimő hinweg nach vorn rückte, kamen sowjetische Truppen auf Lastwagen und Truppentransportern, aber auch zu Fuß durch das Dorf und manche machten hier eine Verschnaufpause. Als sie in das Haus kamen, versuchte ich, mich mit ihnen zu unterhalten, aber mein Wortschatz war minimal. Ich erinnere mich, dass sich einmal eine Gruppe von drei oder vier Soldaten an den Tisch setzte, um etwas zu essen, und einer von ihnen schlug ein Exemplar der *Prawda* auf. Die Titelseite zeigte ein Foto Stalins, der von einigen Mitgliedern des Politbüros umgeben war. Ich schaute mit unverhohlener Neugier auf die Zeitung; als der Soldat das bemerkte, zeigte er auf Stalins Foto und sagte „Stalin". Ich nickte, zeigte auf ein anderes Bild, das ich kannte, und sagte „Beria". Der Soldat fiel vor Erstaunen fast von seinem Stuhl, sah mich lange an und sagte „Budjesch bolschoi tschelowjek!" („Du wirst ein großer Mann werden!")

Nach einigen Tagen, um den 1. April herum, verabschiedeten wir uns von unseren Wirtsleuten und begannen, in Richtung der nächsten kleinen Stadt nach Osten zu gehen. Wir beabsichtigten, die örtliche sowjetische Armeekommandantur aufzusuchen, unsere Situation zu erläutern – dieses Mal unter Angabe unserer tatsächlichen Identitäten – und um einige Papiere zu bitten, die uns auf unserem Heimweg helfen würden. Wir begannen unseren Weg zu Fuß, begegneten aber bald einem sowjetischen Soldaten, der mit einem Pferdefuhrwerk in dieselbe Richtung fuhr, in die wir gingen. Ich fragte ihn, ob er uns mitnehmen könne und er stimmte bereitwillig zu. Unterwegs fragte er uns mehrmals nach der Uhrzeit – er musste die Frage wiederholen, da es doch einige Verständigungsschwierigkeiten gab. Ich sagte ihm, wie spät es ungefähr sein könnte. Als er wieder fragte und die *genaue* Zeit wissen wollte, war ich beeindruckt von diesem Geist der Pünktlichkeit bei einem einfachen Soldaten. Einige Tage oder Wochen später, als ich unsere Befreier etwas besser kennengelernt hatte, merkte ich, dass der Soldat nicht wirklich an der genauen Uhrzeit interessiert war, sondern an unseren Armbanduhren. Nach der Revolution wurden in der Sowjetunion viele Jahre lang keine Armbanduhren hergestellt; daher war eine solche Uhr ein großer Schatz. Die Soldaten der siegreichen Roten Armee sammelten mit Vorliebe Armbanduhren: Einige von ihnen trugen fünf oder sechs an jedem Arm. Manchmal gaben die Soldaten dafür Lebensmittel oder machten andere Tauschangebote, aber häufiger kam es vor, dass sie den Eigentümern die Uhren mit vorgehaltener Waffe abnahmen. Einige Soldaten wussten nicht, dass die Uhren aufgezogen werden mussten; als ihre Uhren stehen blieben, dachten sie, dass sie repariert werden müssten.

Auf unserem Weg sahen wir Konvois der Roten Armee, die sich in Richtung Westen bewegten. Jeder einzelne Lastwagen der Konvois hatte über dem Fahrersitz ein breites Band mit der Aufschrift „Na Berlin" („Nach Berlin"). Als wir in der Stadt ankamen, fragten wir nach der Kommandantur der sowjetischen Armee. Als wir dort eintrafen, erkundigten wir uns nach dem diensthabenden Offizier. Wir machten diesem dann irgendwie verständlich, dass wir Kommunisten seien, die aus dem Gefängnis geflohen waren und nun Papiere für den Heimweg brauchten. Er antwortete, dass er einen Soldaten auffordern werde, uns zu einer Adresse zu begleiten, bei der man unsere Bitte erfüllen könnte. Er gab dem Soldaten die Adresse schriftlich und wir machten uns zu dritt auf den Weg, um die besagte Stelle aufzusuchen. Dort fanden wir eine sowjetische Armeebehörde vor, gingen hinein und der russische Soldat übergab den Namen desjenigen, der ihn geschickt hatte. Der Offizier, der uns empfing, schien uns erwartet zu haben. Er lud uns in ein Büro ein, schrieb unsere Namen auf und gab einem daneben stehenden Soldaten ein Zeichen. Der Soldat durchsuchte uns und nahm uns unsere persönlichen Gegenstände, Gürtel und Schnürsenkel ab. Trotz unseres energischen Protests wurden Karcsi und ich voneinander getrennt und in verschiedene Zimmer gesperrt, die als improvisierte Zellen dienten; als Ausstattung befand sich dort nur Stroh auf dem Fussboden, sonst nichts. Wir waren Gefangene des gefürchteten SMERSCH, des militärischen Arms des NKWD.

Nach allem, was wir durchmachen mussten, hätten wir zutiefst enttäuscht sein müssen, wieder in Gefangenschaft geraten zu sein. Aber wenn ich zurückdenke, war ich damals nicht allzu niedergeschlagen: Ich sah das Ganze als kleine Unannehmlichkeit an, die auf einem Missverständnis beruhte und leicht zu korrigieren war. Ich war zu naiv und unerfahren in Dingen, die mit der sowjetischen Bürokratie zu tun hatten, und erkannte nicht, in welch gefährliche Situation wir geraten waren. Die Zelle, in der ich auf dem Boden saß, beherbergte noch vier bis fünf andere Gefangene. Wir hätten schweigend sitzen müssen, aber es gab keine Wache im Zimmer, so dass wir miteinander sprechen konnten. Die Unterhaltung war jedoch etwas schwierig, weil meine Zellengenossen kein Ungarisch sprachen. Es waren russische und slowakische Soldaten. Als Einziges beunruhigte mich, dass die anderen Gefangenen bereits seit mindestens drei Monaten beim SMERSCH einsaßen. Als Essen bekamen wir hauptsächlich Gerstenbrei. Für mich war das in Ordnung, und wir konnten so viel essen wie wir wollten.

Mein Verhör begann am Tag meiner Verhaftung. Es war sachlich, nie unhöflich und wurde von einem einzelnen uniformierten SMERSCH-Offizier durchgeführt; ich glaube, es war ein Leutnant. Das Verhör fand in Gegenwart eines Übersetzers statt, dessen Qualität ich als sehr schwach beurteilen konnte – ich musste ihn oft korrigieren. Bei dieser ersten Gelegenheit versuchte ich zu erklären, wer wir waren und warum wir in die sowjetische Kommandantur gekommen sind. Der Leutnant entgegnete darauf, dass sie keine Möglichkeit hätten, den Wahrheitsgehalt unserer

Aussagen zu erkennen und deshalb eine Untersuchung durchführen müssten. Damit begann er, sich meine Lebensgeschichte bis in alle Einzelheiten zu notieren, angefangen von der Straßenadresse meines Geburtshauses bis hin zu den Namen sämtlicher Schulen, die ich jemals besucht hatte, und dergleichen mehr. Ich war abwechselnd amüsiert und frustriert, denn das Ganze schien mir eine zutiefst irrelevante Übung zu sein, aber ich beherrschte mich und versuchte, geduldig zu sein. Als es zu meiner Beteiligung an der kommunistischen Bewegung kam, wurde das Verhör sogar noch detaillierter. Als ich darauf zu sprechen kam, dass sich die Kommunistische Partei Ungarns aufgelöst hat und durch die Friedenspartei ersetzt wurde, schüttelte der Leutnant ungläubig den Kopf: Ein solches Ereignis hätte es nicht geben können, denn eine kommunistische Partei löst sich *niemals* auf. Außerdem hätte er Leute getroffen und gesprochen, die gegenwärtig Mitglieder der Ungarischen Kommunistischen Partei waren. Ich erklärte ihm, dass die Partei im September 1944 neu gegründet worden sei, aber er wollte es mir nicht glauben.

In einer Hinsicht konnte ich mich jedoch nicht beklagen: mein Fall wurde nicht vernachlässigt. Man verhörte mich jeden Tag mehrere Stunden und die Akte meiner Biographie schwoll zusehends an. Als es zu meiner Verhaftung und den Ereignissen bei der DEF kam, wollte der Leutnant die Namen sämtlicher Agenten und Gefangenen wissen. Danach ging es mit dem Prozess und dem Gefängnis weiter; mit genauen Zeitangaben, Namen von Zellengenossen und allerkleinsten Details – wer im Gefängnis wo arbeitete, wer der Koch war und so weiter. Als die Tage verstrichen und mein Dossier immer umfangreicher wurde, tröstete ich mich mit dem Gedanken, dass ein solcher Berg von Details schließlich ohne jeden Zweifel beweisen würde, dass Karcsi und ich die Wahrheit sagten. Und so geschah es am Ende tatsächlich. Nach ungefähr einer Woche kamen sie zu dem Ergebnis, dass wir wirklich die Wahrheit gesagt hatten, und wir wurden freigelassen. Als man uns dann also doch noch sagte, wir seien „entlastet" und könnten gehen, wandte ich mich an den diensthabenden Offizier und sagte ihm, sie könnten uns nun – nachdem man uns eine ganze Woche unseres Lebens genommen hätte, um die Zweifel an unserer Geschichte auszuräumen – wenigstens unsere ursprüngliche Bitte erfüllen und uns ein Papier ausstellen, das unsere Rückkehr nach Budapest erleichtern würde. Das ginge über ihre Zuständigkeit hinaus, entgegnete mir der Offizier: sie würden solche Papiere für niemanden ausstellen.

Erst viel später merkte ich, welches Glück wir hatten, dass wir so glimpflich davongekommen waren. Viele ähnliche Geschichten, die ich im Laufe der Jahre hörte, berichteten von ganz anderen Schicksalsschlägen: Die Betreffenden waren in irgendwelche Lager nach Zentralasien verfrachtet worden und mussten dort einige Jahre beim Aufbau des vom Krieg zerstörten Landes helfen.

Wieder frei, setzten wir unseren Weg fort und gingen in die nächste große Stadt, in der wir – wie man uns erzählte – ein Büro der Ungarischen Kommunistischen Partei finden würden. Diese Stadt war Érsekújvár (Nové Zámky auf Slowakisch). Bei der dortigen Parteiorganisation gelang es uns schließlich, unsere Identität bestätigen zu lassen: Wir veranlassten den örtlichen Parteisekretär, in der Budapester Zentrale anzurufen. Wir gaben ihm vier bis fünf Namen von Leuten, die sich unserer

Meinung nach in der Zentrale aufhalten könnten, und er schaffte es tatsächlich, Hazai ausfindig zu machen, der unsere Identitäten bestätigte. Nunmehr stellte man uns provisorische Personalausweise auf unsere wirklichen Namen aus und wir machten uns auf der Hauptstraße in Richtung Budapest auf den Weg. Meistens gingen wir zu Fuß, aber manchmal fuhren wir auch als Anhalter ein Stück mit.

Wir trafen zu Fuß in Budapest ein und gingen zur Parteizentrale, wo man mir eine vorläufige Unterkunft zuwies, während Karcsi zu seinen Eltern ging. Ich verbrachte einige Tage in Budapest, bevor ich mich auf den Weg nach Hause machte. Ich traf diejenigen meiner Genossen, die vom Zug gesprungen waren: Hazai, Lichtmann, Hegedűs und andere. Ebenso traf ich Grünwald, der einen Tag nach uns aus unserem Konvoi geflüchtet war. Ich stellte fest, dass alle Genossen, die jüdisch klingende Namen hatten, diese in ungarisch klingende Namen geändert hatten: Auf diese Weise wurde Sándor Lichtmann zu Sándor Szikra, László Grünwald zu László Gács, Marcel Schiller zu Marcel Horváth und László Fischer zu László Földes. Man gab mir zu verstehen, dass das die Parteilinie sei; der Grund dafür sei der erhebliche Antisemitismus unter der Bevölkerung, weswegen ein jüdisch klingender Name ein Hindernis für den Kontakt zu den „Massen" sei. Ich zweifelte diese Argumentation damals nicht an, hauptsächlich weil die Umbenennung keine Sache war, die die Kommunisten erfunden hatten: Es handelte sich nämlich um eine jahrzehntealte Tradition unter den ungarischen Juden, von denen die meisten ebenso assimiliert wie die deutschen und österreichischen Juden waren. Tatsächlich waren die Grünwalds und Lichtmanns eine Minderheit, denn die meisten Juden hatten ihre Familiennamen deutschen Ursprungs schon vor langer Zeit in ungarische Familiennamen geändert.

Gemäß einem Beschluss der Alliierten, den Stalin erstmals bereits 1943 in einem Interview angekündigt hatte, war Nordsiebenbürgen nach dem Krieg wieder an Rumänien abzutreten. In der Tat standen Klausenburg und der Rest Nordsiebenbürgens zum Zeitpunkt meiner Befreiung bereits unter rumänischer Verwaltung. Während meines kurzen Aufenthaltes in Budapest traf ich dort auch János Kádár, der während des Krieges einer der Führer der Ungarischen Kommunistischen Partei und der Friedenspartei gewesen war. Er wusste von unserer Tätigkeit in Nordsiebenbürgen und lud mich ein, entweder in Budapest zu bleiben und in der Ungarischen Partei zu arbeiten oder zuerst zurück nach Hause zu gehen, um zu erfahren, was mit meiner Familie und meinen Freunden geschehen war, und anschließend wieder nach Budapest zu kommen. Ich hatte damals noch keine klare Vorstellung von den Unterschieden zwischen der ungarischen Partei und der rumänischen Partei – die Unterschiede waren erheblich, wie ich später feststellte –, aber ich spürte irgendwie, dass mein Platz in Siebenbürgen und Klausenburg ist. Ich bedankte mich bei Kádár für die Einladung und sagte ihm, ich würde darüber nachdenken, aber zuerst wolle ich sobald wie möglich nach Hause zurück. Die Partei bot an, mir dabei zu helfen: Zwischen Budapest und Klausenburg herrschte ein reger Verkehr und man organisierte für mich einen Platz auf einem Lastwagen, der einige Tage später nach Klausenburg fuhr. Noch von Budapest aus rief ich die Partei in Klausenburg an und erfuhr, dass Sanyi Jakab, mein Parteikontakt und Freund, am Leben sei und dass es ihm gut gehe. Er war glücklich, dass auch ich am Leben war, aber er wusste nichts über meine Familie. Er freute sich darauf, mich wiederzusehen. Mitte April 1945 klopfte ich spätabends an seine Tür.

* * *

An dieser Stelle meiner Geschichte möchte ich eine kleine Pause machen und erzählen, was mit meinen Eltern und meinem Bruder, mit meiner Familie überhaupt und mit einigen meiner Genossen und Freunde geschehen ist. Ihr Schicksal ist Teil der Tragödie, die den ungarischen Juden im Sommer 1944 widerfuhr.

Wie ich bereits im Bericht über mein Leben in der Illegalität erzählt habe, wurden die Klausenburger Juden, einschließlich meiner Familie, Anfang Mai 1944 von der ungarischen Gendarmerie in ein überfülltes Ghetto eingesperrt, das auf dem Gelände der örtlichen Ziegelfabrik errichtet worden war. Von dort wurden sie in den letzten zwei Maiwochen und in der ersten Juniwoche in versiegelten Viehwaggons deportiert. Der Bestimmungsort der Züge war Auschwitz, das riesige Vernichtungslager in der Nähe von Krakau. Hier wurde die Mehrheit der Deportierten nach ihrer Ankunft vergast; der Rest wurde unter höllischen Bedingungen so unmenschlich behandelt, dass nur wenige überlebten. Die Klausenburger Juden teilten das Schicksal der Juden aus den ungarischen Provinzen. Zwischen 1942, der Errichtung der Todesfabrik von Auschwitz, bis zu deren Befreiung im Januar 1945 durch die Rote Armee – das heißt, in einem Zeitraum von weniger als drei Jahren – töteten die Deutschen dort eineinviertel Millionen Menschen, davon mindestens eine Million Juden. Die Spitzenkapazität der Gaskammern und Krematorien des Lagers betrug mehr als zehntausend Opfer pro Tag. Diese Kapazität wurde im Sommer 1944 nahezu vollständig erreicht, als in weniger als zwei Monaten, zwischen der ersten Maiwoche und der ersten Juliwoche, mehr als einhundertdreißig Zugladungen voller Juden aus den ungarischen Provinzen nach Auschwitz transportiert wurden – insgesamt wurden dort 437.000 Menschen einer „Sonderbehandlung" unterzogen.

Der Abtransport der Budapester Juden – ungefähr zweihunderttausend – wurde dadurch verhindert, dass Reichsverweser Horthy Anfang Juli, auf den Druck mehrerer neutraler Regierungen hin, anordnete, die Deportationen einzustellen. Dennoch wurden nach dem 15. Oktober, als Horthys Herrschaft durch das Regime Szálasis und seiner Pfeilkreuzler ersetzt wurde, Tausende von Budapester Juden zusammengetrieben, an die Donau geführt, dort erschossen und in den Fluss geworfen. Am Ende überlebten ungefähr zwei Drittel der Budapester Juden den Krieg.

Von den achtzehntausend Menschen, die aus dem Klausenburger Ghetto, der ehemaligen Ziegelfabrik, deportiert wurden (zu ihnen gehörten die Juden aus den Nachbardörfern und kleinen Städten), überlebten nur einige hundert den Krieg – weniger als fünf Prozent. Von denen, die nicht deportiert wurden, weil sie damals zum Arbeitsdienst eingezogen waren, überlebte ein erheblich größerer Anteil, aber diese Kategorie war für sich genommen klein, nur ein Bruchteil der jüngeren jüdischen Männer. Und schließlich wurde eine besondere Gruppe von einigen hundert Juden in die Schweiz geschickt und überlebte den Krieg. Insgesamt überlebten weniger als zweitausend Klausenburger Juden.

Über das Schicksal meiner eigenen Familie habe ich Folgendes erfahren. Mein Vater, der im Sommer 1944 einundsechzig war, wurde direkt ins Gas geschickt. Meine Mutter, die damals siebenundvierzig war, überlebte die erste Selektion. Ich sprach mit einer Frau, die mit ihr in Auschwitz war, bevor meine Mutter im Herbst 1944 in ein anderes Lager kam; sie sagte, dass meine Mutter in relativ guter Verfassung gewesen sei, dass sie sich gefreut habe, als sie ihre Stiefel nach der Desinfektion zurückbekam, und dass sie anscheinend gesund und gut beisammen war. Das ließ mich hoffen, dass meine Mutter vielleicht schon bald aus einem der Lager zurückkehren würde, die im westlichen Teil Deutschlands befreit worden waren. Ich teilte meine Hoffnung einem Uhrmacher namens Borgovan mit, der meine Mutter gut kannte und mich einen Monat zuvor nach ihr gefragt hatte. Zu meiner Bestürzung erinnerte sich Borgovan plötzlich daran, dass ihm meine Mutter ihre goldene Armbanduhr zur Verwahrung gegeben hatte. Nun, da ihre Rückkehr möglich schien, gab er mir die Uhr zurück. Ich habe nie wieder mit ihm gesprochen.

Mehr als einen Monat lang hegte ich die schwache Hoffnung auf eine mögliche Rückkehr meiner Mutter; dann suchte mich eine jüngere Frau auf, die gerade von der Deportation zurückgekehrt war. Sie sagte mir, dass sie und meine Mutter Auschwitz im Herbst 1944 in einem Transport verlassen hätten, der an irgendeinen Ort weiter westwärts führte. Dort seien sie voneinander getrennt worden und meine Mutter sei in eine Gruppe von Frauen gekommen, die an die Ostsee nach Stutthof transportiert wurde. Die junge Frau sagte, dass ihres Wissens der gesamte Transport nach Stutthof niedergeschossen und ins Meer geworfen worden sei; es hätte offenbar niemand überlebt. Das war das Letzte, was ich je von meiner Mutter gehört habe.

Es ist schwer zu erklären, aber viele Jahre lang machte ich keinen ernsthaften Versuch herauszubekommen, was in Stutthof tatsächlich geschehen war. Ich versuchte nicht einmal, die Frau, die mir diese Nachricht überbracht hatte, zu finden und noch einmal zu sprechen. Vielleicht war es eine Art Selbstschutz; ich stand meiner Mutter gefühlsmäßig sehr nahe und die schrecklichen Geschehnisse haben mich zu sehr aufgewühlt. Aber etwa vierzig Jahre später, als Raul Hilbergs dreibändiges Werk *Die Vernichtung der europäischen Juden* erschien, fand ich dort eine Schilderung der Ereignisse im Lager Stutthof. Im Januar 1945, als die sowjetische Offensive in der Nähe von Stutthof zum Stillstand kam, wurde eine große Gruppe von Gefangenen, einschließlich der meisten Männer, ins Landesinnere verschleppt. Eine Gruppe von dreitausend Frauen wurde an der Küste erschossen oder – auf dem Eis stehend – ins Wasser gestoßen. Die übrigen Gefangenen wurden – nach der Wiederaufnahme der sowjetischen Offensive im Frühjahr 1945 – am 27. April bei Hela auf drei Schleppkähne verladen. Einer der Kähne, mit kranken Gefangenen an Bord, wurde nach Kiel dirigiert; die anderen zwei kamen in den frühen Morgenstunden des 3. Mai in Neustadt an, dreißig Kilometer nördlich von Lübeck. Als die Opfer am Tag an Land wateten, wurden sie von SS-Männern und Marinepersonal niedergeschossen, während deutsche Offiziere die Szene aus den Gärten ihrer Häuser fotografierten. Das geschah fünf Tage vor der deutschen Kapitulation.

Im Spätsommer 1945 hörte ich auch die Geschichte meines Bruders Bobi – von seiner Deportation bis zu seinem Tod. Ich erfuhr die Geschehnisse von einem

Freund, der mit meinem Bruder in Auschwitz war. Dieser Freund, Imre Székely, war altersmäßig zwischen mir und meinem Bruder und arbeitete bis zu seiner
Deportation bei Dermata. Er war einer der wenigen Überlebenden unter den Deportierten, die in Auschwitz bis zur letzten Evakuierung des Lagers blieben; nach
seiner Rückkehr suchte er mich auf. Er erzählte, dass Bobi die erste Selektion in
Auschwitz überlebt hat und bald für das Lagerorchester rekrutiert wurde. Ja, es gab
ein Gefangenenorchester in Auschwitz (tatsächlich gab es zwei solche – ein größeres Männerorchester und ein kleineres Frauenorchester) und mein Bruder wurde
einer der Klarinettisten. Vom frühen Morgen bis zum späten Abend musste das
Orchester – unter freiem Himmel, bei Hitze und bei Kälte – die vom Lagerkom-
mandanten bestellte Musik spielen (im Juli und August war Höß der Kommandant).
Bobi kam offenbar mit der körperlich anstrengenden und seelisch verheerenden
Routine zurecht, bis Ende Januar 1945 die Evakuierung von Auschwitz erfolgte.
Zu diesem Zeitpunkt war er jedoch bereits ziemlich schwach geworden und litt an
einem Lungenemphysem. Die evakuierten Gefangenen wurden auf einem langen
Todesmarsch nach Westen getrieben. Bobi marschierte eine ganze Weile, vielleicht
einige Wochen lang, neben Imre. Als sie an ihrem Bestimmungsort ankamen, war
Bobi bereits sehr krank und kam in eine Krankenbaracke. Einige Tage später, als
die Rote Armee näherrückte, befahl die SS, den Marsch nach Westen fortzusetzen.
Auch den Männern in den Krankenbaracken wurde befohlen, weiter zu marschieren.
Imre konnte mit Bobi sprechen und sagte ihm, dass jeder, der nicht aufstehen kön-
ne, getötet würde. Bobi versuchte aufzustehen, aber er schaffte es nicht einmal mit
Imres Hilfe. Er wurde mit einer tödlichen Spritze umgebracht, zusammen mit allen
anderen, die nicht mehr in der Lage waren zu marschieren.

Was den Rest meiner Familie betrifft – meine Großeltern, Onkel, Tanten, Cousins
und Cousinen –, wurden von den dreißig Menschen, die im Mai 1944 noch lebten, dreiundzwanzig getötet und sieben blieben am Leben. Von den Überlebenden
waren fünf beim Arbeitsdienst und entkamen dadurch der Deportation. Aus Auschwitz kehrten nur zwei zurück: eine Cousine mütterlicherseits und eine Cousine
väterlicherseits.

Von meinen Freunden und Genossen, die ich für die kommunistische Untergrundbewegung gewonnen hatte, sind drei gestorben: Willy Holländer wurde bei
einem Luftangriff getötet, als er im Gefängnis war; Dezső Nussbächer und Menyhért Schmidt kamen im Arbeitdienst um. Den anderen ist es besser ergangen: Ede
Lebovits, der als Mitglied der Technikgruppe tätig war, überlebte, wohnte kurze
Zeit in Klausenburg, ging dann nach Budapest, um Medizin zu studieren, und wurde Lungenspezialist. Er änderte seinen Familiennamen in Laczkó um. Wir blieben
in Kontakt und sind bis heute gute Freunde. Mayer Hirsch, der Dermata-Elektriker,
der später mit mir zusammen bei der RAVAG arbeitete, überlebte den Krieg, kam
nach Klausenburg zurück und lebte dort unter dem Namen Tibor Hida; in den siebziger Jahren wanderte er nach Israel aus. György László, der Textilarbeiter, der uns
sein Zimmer für Parteiversammlungen überließ, überlebte den Arbeitsdienst und
kehrte nach Klausenburg zurück. Nach einiger Zeit ging er mit einem Stipendium
nach Schweden und absolvierte dort ein Ingenieurstudium; später gründete er in
Malmö ein einigermaßen erfolgreiches Kleinunternehmen. Wir stehen immer noch

gelegentlich in Verbindung. Von den übrigen Leuten, die im Sommer 1944 die Flugblätter der Friedenspartei verteilten, überlebte György Havas den Krieg und lebte
noch mindestens ein Jahrzehnt in Rumänien, bevor ich ihn aus den Augen verlor;
Misi Schnittländer überlebte den Krieg, lebte dann eine Zeitlang in Klausenburg
unter dem Namen Mihai Sava und wanderte später in die Vereinigten Staaten aus.

Teil II
Mai 1945–Dezember 1954

Klausenburg nach dem Krieg 6

Als ich im April 1945 in meine Heimatstadt zurückkehrte, war ihr offizieller Name
wieder Cluj. Das im September-Oktober 1944 befreite Nordsiebenbürgen war an
Rumänien zurückgegeben worden. In den sechs Monaten nach dem Staatsstreich
vom 23. August, bei dem Rumänien im Krieg die Seiten wechselte, folgten mehrere
von Generälen geführte Regierungen aufeinander. Alle diese Regierungen hatten
nur begrenzte Vollmachten, da das Land von der Roten Armee kontrolliert wurde
und die wirkliche Macht in den Händen von Marschall Malinowskis Truppen lag.

In diesen Monaten begann die Rumänische Kommunistische Partei, die mit etwa tausend Mitgliedern aus der Illegalität kam, sich tatkräftig zu organisieren und
nahm diejenigen Arbeiter auf, die politisch aktiviert werden konnten, aber auch einige Intellektuelle. Auf dem Land waren die Kommunisten hauptsächlich in der
linksgerichteten Organisation „Front der Pflüger" aktiv, die in den dreißiger Jahren gegründet worden war und in ihren Reihen zahlreiche „Krypto-Kommunisten"
hatte (eine sehr zutreffende Bezeichnung, die mir damals völlig unbekannt war).
Einige von diesen waren in führenden Positionen, und die Organisation folgte der
kommunistischen Linie. Zusammen mit der Sozialdemokratischen Partei und dem
Zentralrat der Gewerkschaften organisierten die Kommunisten im Februar 1945
mehrere Massenversammlungen, um eine neue, aus Volksvertretern bestehende
Regierung zu fordern. Die Sowjets benutzten diese Demonstrationen, um König
Michael zur Ernennung einer Regierung zu zwingen, „die dazu fähig sein muss,
die Stabilität der Heimatfront zu garantieren", was erforderlich war, um den Krieg
erfolgreich zu Ende zu führen.

Am 6. März 1945 ernannte der König als direktes Ergebnis des sowjetischen
Druckes eine neue Regierung mit Dr. Petru Groza an der Spitze, dem Vorsitzenden der Partei der Pflüger. Groza war weithin als Rechtsanwalt mit demokratischer
Gesinnung bekannt, der gegen die Nazis und deren rumänische Gefolgsleute eingestellt war. Es war seine persönliche Tragödie, dass er als kommunistische Marionette
endete. Drei seiner Minister, unter ihnen Teohari Georgescu (Inneres) und
Lucreţiu Pătrăşcanu (Justiz) waren Kommunisten. Die wichtigste Position war die
des Innenministers, der für die Polizei und den Sicherheitsapparat zuständig war.
Das Außenministerium ging an Gheorghe Tătărescu, den Anführer einer mit den

E. Balas, *Der Wille zur Freiheit*, DOI 10.1007/978-3-642-23921-2_6,
© Springer-Verlag Berlin Heidelberg 2012

Kommunisten zusammenarbeitenden Splittergruppe der Liberalen Partei. Die übrigen Ministerien wurden von Sozialdemokraten und Mitgliedern der Organisation Grozas geleitet. Die Schlüsselpositionen der Macht in Grozas Regierung gehörten also den Kommunisten. Obwohl sich die westlichen Alliierten mehr als anderthalb Jahre weigerten, Grozas Regierung anzuerkennen, konnten sie nicht verhindern, dass diese ihre Macht konsolidierte.

Auf der lokalen Ebene in Cluj kontrollierte die kommunistische Partei mit fester Hand die Schlüsselpositionen in der Verwaltung sowie im kulturellen und politischen Leben der Stadt. Der Komitatspräfekt, der Bürgermeister der Stadt und der Polizeichef waren Kommunisten; vereinzelt gab es auch sozialdemokratische Abgeordnete. Die Kommunisten und die Sozialdemokraten teilten sich die Führung der Gewerkschaften. Die Rumänische Universität, die aus Sibiu (Nagyszeben, Hermannstadt) zurückkehrte und nach dem berühmten rumänischen Arzt Babeş benannt wurde, hatte Daicovici als Rektor, einen bekannten Archäologen, der den Anweisungen der Kommunistischen Partei folgte. Die nach János Bolyai – dem berühmten Mathematiker meiner Heimatstadt – benannte Ungarische Universität wurde von Rektor Csőgör geleitet, einem Mitglied der Kommunistischen Partei. Es gab drei Lokalzeitungen, eine rumänische und eine ungarische, die von den Kommunisten herausgegeben wurde, sowie eine ungarische, die von den Sozialdemokraten herausgegeben wurde.

Die Kommunistische Partei selbst wurde von einem Regionalkomitee geleitet, in dem mein früherer Parteikontakt Sanyi Jakab eine Schlüsselrolle spielte. Jedoch war er nicht der tatsächliche Leiter des Komitees. Der Regionale Parteisekretär oder Sekretär des Regionalkomitees war Vasile Vaida, ein rumänischer Kommunist aus Siebenbürgen, der vom Zentralkomitee ernannt worden war. Er war Anfang vierzig, Schuhmacher von Beruf und saß viele Jahre im Gefängnis, wo er die Möglichkeit hatte, zu lesen und einen gewissen Bildungsgrad zu erwerben, hauptsächlich auf dem Gebiet der Politik. Vaida beeindruckte mich als äußerst praktisch veranlagter Mann, der unter Druck überlegt und ruhig handelte, der unvoreingenommen war, aber auch unnachgiebig sein konnte, wenn die Interessen der Partei auf dem Spiel standen. Das komplizierteste Problem, mit dem er sich konfrontiert sah, war das der ungarischen Volksgruppe, die im Landesmaßstab eine Minderheit war, aber in Cluj die Mehrheit bildete. Von rumänischen nationalistischen Kreisen wurde sowohl auf lokaler Ebene als auch in Bukarest starker Druck ausgeübt, um auf verschiedene Weise die Rechte der ungarischen Bevölkerung in Bezug auf Vertretung, kulturelle Einrichtungen, den Gebrauch ihrer Muttersprache usw. zu beschränken. Vaida widerstand diesem Druck, so gut er konnte. In der Zeit 1945–1947, die ich in Cluj verbrachte, arbeitete die Bolyai-Universität ungehindert. Außer dem Rumänischen Theater gab es auch ein Ungarisches Theater; es gab ungarische Grund- und Oberschulen, Zeitungen und Kulturzeitschriften, und auf den Ämtern konnte die ungarische Bevölkerung in ihrer Muttersprache kommunizieren. Das hatte zur Folge, dass es sowohl in Cluj als auch in den umliegenden Dörfern einen echten Fortschritt in den Beziehungen zwischen Rumänen und Ungarn gab. Dies änderte sich einige Jahre später zum Schlechteren – zum sehr viel Schlechteren –, aber nach dem Krieg gab es einen guten Anfang.

Wie alle anderen Parteimitglieder, die während des Krieges verhaftet worden waren, musste auch ich nach meiner Rückkehr nach Cluj ein Unbedenklichkeitsverfahren der Partei durchlaufen, das als „Verifikation" bezeichnet wurde. Das Ergebnis dieses Verfahrens hing davon ab, wie sich der Betreffende während der Haft verhalten hatte. Diejenigen, die irgendeinen ihrer Parteikontakte verraten hatten, wurden aus der Partei ausgeschlossen. Mein Verfahren dauerte einige Tage und endete mit meiner Bestätigung als Parteimitglied. Mehrere derjenigen, die ich in die Bewegung einbezogen hatte und die mit mir an verschiedenen Aktionen teilgenommen hatten, überlebten den Krieg, ohne festgenommen zu werden – Jakab, Hirsch, Havas, Schnittländer, Galambos – und waren damit lebende Zeugen der Tatsache, dass ich sie nicht verraten hatte. Nach der „Verifikation" wurde ich gebeten, als Mitglied des Bezirkskomitees für die Partei zu arbeiten. Zur gleichen Zeit wurde mir dazu geraten, meinen Namen zu ändern. Der nicht ausgesprochene Grund hierfür war klar: Blatt klang jüdisch. Zwar erwartete man von keinem Parteiarbeiter, dass er seine jüdische Abstammung verleugnete, aber man sah es auch nicht gerne, wenn es der Betreffende an die große Glocke hängte. Ich wählte den Namen, unter dem ich als Teenager an Tischtennisturnieren teilgenommen hatte: Balázs, ein verbreiteter ungarischer Familienname, der mitunter auch als Vorname verwendet wird.

Das Bezirkskomitee unterstand dem Regionalkomitee und befasste sich mit lokalen Angelegenheiten, obwohl alle wichtigen politischen Dinge – sogar die örtlichen – auf regionaler Ebene behandelt wurden. Unsere Aufgabe war es, starke Parteiorganisationen in jedem Werk und in jeder Einrichtung der Stadt, in den Stadtbezirken und in den umliegenden Dörfer aufzubauen und die Mitglieder in Versammlungen und Seminaren sowie durch die Verteilung von Literatur zu schulen und zu erziehen. Die Versammlungen erfolgten in der Sprache, die von der Mehrheit der Mitglieder der jeweiligen Organisation gesprochen wurde, und daher erwies es sich als nützlich, dass ich fließend Rumänisch und Ungarisch sprach. Zum Beispiel leitete ich die Versammlungen in der Parteiorganisation der Dermata-Werke auf Ungarisch und die Versammlungen der Parteiorganisation der Eisenbahnwerkstatt auf Rumänisch. Der Zweck dieser Versammlungen war, das Programm und die Ziele der Partei zu erläutern, damit sich die Mitglieder mit diesen Zielen identifizierten und sie aktiv verbreiteten. Wir maßen die Stärke einer Parteiorganisation nicht so sehr an der Anzahl ihrer Mitglieder als an ihrer Hingabe an die gemeinsame Sache und an ihrer Fähigkeit, die Menschen in der Umgebung für die Sache zu gewinnen.

Ich hatte praktisch kein Privatleben; ich setzte meine ganze Energie für die Partei ein. Ich lebte von einem bescheidenen Gehalt in einer Einraum-Dienstwohnung und verwendete meine ganze Freizeit auf das Studium der Schriften von Marx und Lenin. Lenins Buch *Staat und Revolution* über die kommunistische Staatstheorie war neu für mich und hochrelevant für unsere Situation. Weniger wichtig, aber auch von Interesse, waren viele andere jetzt zugängliche Bücher und ich begann mit dem Studium von Marx' *Kapital*. Mein Freundeskreis waren hauptsächlich die Jakabs und die Kleins. Sanyi Jakabs Ehe war in Parteikreisen ziemlich umstritten. Seine Frau, eine attraktive, sehr intelligente, gebildete und weitgereiste Frau um die dreißig, war niemand anderes als Magda Farkas, die älteste Tochter der Familie, der die Dermata-Werke gehörten. Magda war zuvor mit Endre (Bandi) Klein, einem Rechtsanwalt, verheiratet gewesen. Trotz ihres familiären Hintergrunds wurde Magda während des Krieges Kommunistin, unterstützte die Partei finanziell und gab Sanyi für eine Weile ein Versteck. Sie und ihr erster Mann Bandi, der während des Krieges ebenfalls Kommunist wurde, hatten eine siebenjährige Tochter, Edi (Edith). Im Mai 1944, als die Juden ins Ghetto gezwungen wurden, war Bandi Klein zunächst zum Arbeitsdienst eingezogen worden. Seine Gruppe wurde jedoch einige Tage später freigelassen und in einer mehr als tollkühnen Aktion schaffte er es, ins Ghetto zu gelangen und von dort Magda und Edi hinaus zu schmuggeln. Er fand für sie ein Versteck in einem nahe gelegenen Dorf bei einem ungarischen Lehrer, der zugestimmt hatte, die beiden für einen beträchtlichen Geldbetrag zu verstecken. Magda und Edi überlebten dort den Krieg.

Nach seiner Scheidung von Magda heiratete Bandi Klein Regina Josepovits, die Kinderärztin, die ich 1944 getroffen hatte, als wir beide in der Illegalität waren. Regina selbst hatte einige Wochen vor der Befreiung eine fast verhängnisvolle Begegnung. Sie hatte drei Schwestern und die vier Geschwister sahen einander ziemlich ähnlich. Anfang September 1944 erkannte ein Mann Regina auf einer der Hauptstraßen von Klausenburg und zeigte sie bei einem Polizisten an.

Er sagte, dass Regina Jüdin sei, aber gab ihren Namen versehentlich als den derjenigen Schwester an, die im Mai zusammen mit dem Rest ihrer Familie deportiert worden war. Regina wurde zur Polizei gebracht, wo sie zugab, Maria Josepovits – das heißt, ihre eigene Schwester – zu sein. Sie wollte es vermeiden, als Kommunistin identifiziert und der DEF übergeben zu werden. Aber Maria hatte ein Kind, und man wollte aus Regina herauspressen, wo sie lebte und das Kind versteckte. Sie verweigerte die Aussage und wurde daraufhin mehrere Tage ohne jedes Ergebnis geschlagen: „Sie können mich töten", sagte sie mit Nachdruck, „aber ich werde mein Kind nicht verraten". Das war bei der Stadtpolizei, nicht bei der DEF, und unter dem Personal machte schnell das Wort von der sturen Jüdin die Runde, die lieber sterben würde, als das Versteck ihres Kindes preiszugeben. Der Polizist, der sie zum Verhör brachte und nach schrecklichen Schlägen zurück in ihre Zelle führte, fragte sie auf dem Rückweg „Haben Sie es ihnen gesagt?", und als sie den Kopf schüttelte, ermutigte er sie „Sagen Sie es ihnen nicht!" Regina kam nach etwa zwei Wochen frei, als die Sowjets in Klausenburg einrückten. Sie und ihr Mann wurden sehr gute Freunde von mir. Bandi war ein wunderbarer Geschichtenerzähler mit einem großartigen Sinn für Humor und immer bereit, einen guten Witz zu erzählen. Regina, von ihren Freunden Juci genannt (eine Verkleinerungsform von Julia, dem Namen, unter dem sie sich während des Krieges versteckt hatte), war eine außerordentlich redliche und großzügige Frau. Ich habe sie sehr lieb gewonnen und betrachtete sie als eine Art Tante.

Obwohl meine Familie und meine Verwandten aus Nordsiebenbürgen getötet worden waren, hatte ich noch einen Verwandten in der Stadt Arad in Südsiebenbürgen, das 1940 ein Teil von Rumänien geblieben war. Meine Mutter hatte einen Cousin ihres Alters, Tibor Rényi, der mit seiner Familie in Arad lebte. Er war ein wunderbarer Mann und stand uns sehr nahe. Ich erinnere mich, wie sehr wir uns in meiner Kindheit freuten, wenn er uns gelegentlich besuchte. Mein allererster Fußball war ein Geschenk von ihm. Rényi, ein erfolgreicher pharmazeutischer

Unternehmer, wurde während des Krieges Kommunist und organisierte die Übersendung von Lebensmittelpaketen und anderer Hilfen für die Gefangenen von Vapniarca, einem berüchtigten Haftlager in Transnistrien. Er überlebte den Krieg, verlor aber seine Frau und seinen Sohn, während sie mit dem türkischen Schiff *Struma* auf dem Weg nach Palästina waren – das Schiff wurde im Schwarzen Meer offenbar von einem sowjetischen Unterseeboot versenkt. Er heiratete später wieder und hatte einen Sohn und eine Tochter. Ich nahm nach meiner Rückkehr wieder Kontakt mit ihm auf, traf seine neue Familie und wir wurden gute Freunde.

Es gab jemanden in meiner Umgebung, der mich zu überreden versuchte, mein Leben anders auszurichten. Das war Teofil Vescan, der junge rumänische Mathematiker, der 1941 eine informelle Analysisvorlesung für jüdische Schüler hielt, die sich nicht an der Universität einschreiben konnten. Er war ebenfalls Kommunist und jetzt Mitglied des Regionalkomitees. Er sprach mit mir als Freund und argumentierte, dass ich ein großes mathematisches Talent hätte und keine Politkarriere einschlagen, sondern mich als Direktstudent an der Universität einschreiben und Mathematik studieren solle. Ich bedaure heute, dass ich nicht auf ihn gehört habe – ich hatte die Mathematik sehr gern, aber damals war ich leider ein treuer Anhänger des Marxismus. Ich betrachtete mich als Soldat im Dienste der Sache und die Aufgabe, eine neue Gesellschaft zu errichten, stellte alles andere in den Schatten.

Sofort nach meiner Rückkehr nach Cluj suchte ich Ilona Hovány auf. Obwohl seit unserer Affäre im Sommer 1943 keine zwei Jahre vergangen waren, hatte sie sich sehr verändert. Sie sah viel älter aus und fühlte sich ziemlich elend. Sie hatte im Januar ihren – unseren – acht Monate alten Sohn infolge einer unbekannten Krankheit verloren; außerdem war sie aus der Partei ausgeschlossen worden, weil sie während ihrer Verhaftung angeblich Schwächen gezeigt hatte. Sie hatte eine Arbeit im Dermata-Werk, eine Stelle als Ausbilderin, und sie beklagte sich nicht darüber; aber sie war sehr einsam. Ich bot ihr meine Freundschaft an, aber als sie merkte, dass ich nicht weitergehen wollte, wurde sie noch niedergeschlagener. Mich überkam ein starkes Gefühl des Mitleids, und als ich sie zum zweiten oder dritten Mal sah, streichelte ich sie und schlief mit ihr, ohne an die Folgen zu denken. Wir trafen uns noch einige Male, aber danach nicht mehr. Nach zwei oder drei Monaten erfuhr ich von ihrer Schwester, dass sie schwanger sei. Das war ein Schock für mich – irgendwie hatte ich nie daran gedacht, dass das passieren könnte. Ich suchte Ilona auf und schlug ihr vor, eine Abtreibung durchführen zu lassen, da es in jenen Tagen für eine alleinstehende Frau sehr ungewöhnlich war, ein Kind zu bekommen. Schwangerschaftsabbrüche waren legal und leicht durchzuführen, und ich war natürlich bereit, die Kosten zu übernehmen. Aber Ilona wollte nichts davon hören; sie wollte das Kind haben. Als ich argumentierte, dass ein Kind nur dann auf die Welt kommen solle, wenn beide Eltern dazu bereit wären, wurde sie wütend auf mich und erklärte, dass mich das nichts anginge. Sie sagte, dass sie das Kind so oder so bekommen würde, ob ich es nun wollte oder nicht, und es würde ihr Kind sein, ihr Kind allein. Ilona war eine stolze und eigensinnige Frau; hinzu kommt – und daran habe ich damals nicht gedacht –, dass sie sechsunddreißig Jahre alt war und sicher das Gefühl hatte, es sei ihre letzte Chance, ein Kind zu haben. Später, nachdem das Kind (ein Mädchen mit dem Namen Anikó) geboren war, versuchte ich, ihr Unterstützung zukommen zu lassen, aber sie weigerte sich, irgendetwas von mir anzunehmen. Ich fand schließlich eine gemeinsame Bekannte, die Ilona von Zeit zu Zeit Sachen übergab, die ich ihr schicken wollte; die Bekannte sagte natürlich nicht, dass die Dinge von mir waren. Drei oder vier Jahre später heiratete Ilona einen Mann, der aus erster Ehe eine Tochter hatte und ein sehr guter Vater für Anikó wurde. Obwohl ich mich bei jeder sich bietenden Gelegenheit nach Anikó erkundigte und wusste, dass sie gute schulische Leistungen hatte, traf ich sie erst, als sie zweiunddreißig war und Kontakt zu mir aufnahm – sie war damals geschieden, hatte zwei Kinder und lebte in Westdeutschland. Wir vereinbarten ein Treffen und das war ein großes Ereignis in meinem Leben.

Im Oktober 1945 schickte man mich nach Bukarest: Ich war Mitglied einer Gruppe von ungefähr fünfundzwanzig Delegierten aus der Region Cluj, die an einer bedeutenden politischen Veranstaltung, dem Landesparteitag der Rumänischen Kommunistischen Partei, teilnahmen. Das war eine interessante Erfahrung und öffnete mir in gewisser Weise die Augen, wenn auch mit verzögerter Wirkung: Damals registrierte ich nur die schier erstickende Atmosphäre und andere negative Erscheinungen, aber das erschütterte meine marxistischen Überzeugungen nicht. Erst später wurden mir die Begleiterscheinungen des Parteitages bewusst. Zunächst wurde die ganze Delegation über die gesamte Konferenzdauer – eine knappe Woche – in ein Gästehaus eingeschlossen und erhielt keine Ausgangserlaubnis. Wir durften uns weder Sehenswürdigkeiten anschauen noch Verbindung mit Freunden oder Bekannten aufnehmen, die in der Hauptstadt lebten. Man begründete das als Vorsichtsmaßnahme und Selbstschutz vor potentiellen Parteifeinden. Ich fand das vollkommen lächerlich und sagte das auch Vaida, der unsere Delegation leitete und der Einzige war, der überhaupt Kontakt zu den Organisatoren der Konferenz hatte. Er war sichtlich verlegen und versuchte, Entschuldigungen für die Maßnahme zu finden, konnte aber natürlich nichts daran ändern. Ferner erweckten die obersten Parteiführer, von denen ich die meisten zum ersten Mal sah und hörte, gemischte Gefühle in mir. Auf dem Papier war das Zentralkomitee dasjenige Parteiorgan, das die Beschlüsse fasste und die Richtlinien festlegte; die Wiederwahl des Zentralkomitees war eines der krönenden Ereignisse des Parteitages. Aber das Zentralkomitee war mit seinen mehreren Dutzend Mitgliedern ein ziemlich großes Gremium, das nur bei seltenen Anlässen zusammenkam und nicht in der Lage war, die Alltagsgeschäfte der Partei zu leiten. Die eigentliche Macht lag in den Händen des Politbüros, einem Gremium von weniger als zehn Mitgliedern, die sich häufig trafen und Beschlüsse fassten, die wirklich wichtig waren. Vier Mitglieder des Politbüros waren Sekretäre der Partei und der Generalsekretär stand an der Spitze der Hierarchie.

Gheorghe Gheorghiu-Dej, der Generalsekretär, hielt auf dem Parteitag die Hauptrede. Er war Elektriker aus der Region Moldawien und hatte eine Zeitlang in den Eisenbahnwerkstätten der kleinen Siebenbürger Stadt Dej gearbeitet (der Name der Stadt wurde seinem Familiennamen hinzugefügt, um diese Verbindung hervorzuheben). Er war einer der Organisatoren des landesweiten Eisenbahnerstreiks von 1933. Daraufhin kam er bis zum August 1944 ins Gefängnis und übernahm – noch als Häftling – die Führung der Partei. Er war ein gut gebauter und gut aussehender Mann Mitte vierzig, der langsam und bedächtig sprach. Er machte den Eindruck eines vorsichtigen, aber entschieden auftretenden führenden Politikers der Arbeiterklasse, und er schien sich der großen Verantwortung bewusst zu sein, die auf seinen Schultern lag. Er war kein guter Redner; tatsächlich las er den größten Teil seiner Rede vom Blatt ab. Mir blieb vor allem sein kurzer Bericht in Erinnerung, in dem er über die Geschichte der Partei während des Krieges sprach. Er sagte uns, dass sich Ştefan Foriş, der während des überwiegenden Teils des Krieges Generalsekretär der Partei war, als Verräter erwiesen habe und Anfang 1944 von einem Sonderkommando der Partei entführt worden sei. Gheorghiu-Dej sagte uns jedoch nicht, was mit Foriş nach dessen Entführung geschehen sei. Obwohl ich damals keinen Grund hatte, den Wahrheitsgehalt dieser Enthüllung anzuzweifeln, fand ich die Aura des Geheimnisvollen, die diese Enthüllung umgab, ziemlich beunruhigend. Jahre später erfuhr ich, dass Foriş nach dem Krieg von Geheimagenten der Partei getötet worden sei – angeblich wegen seines Verrats, aber ohne Prozess. Jahrzehnte später wurde er als unschuldiges Opfer eines ungerechtfertigten Verdachts rehabilitiert. Außer den Enthüllungen über die Geschichte der Partei sprach Gheorghiu-Dej in seiner Rede über die aktuelle Lage und die Parteipolitik. In einem Teil seiner Rede kritisierte er den kommunistischen Justizminister Lucreţiu Pătrăşcanu wegen dessen nationalistischen Bestrebungen. Pătrăşcanu war persönlich an den Verhandlungen mit König Michael beteiligt gewesen, in denen der Staatsstreich vom 23. August 1944 vorbereitet wurde. Bei der Vorbereitung und Durchführung dieses Staatsstreichs spielte Pătrăşcanu eine wichtige Rolle, was aber nur kurz erwähnt wurde – umso mehr kamen seine späteren Fehler zur Sprache.

Ana Pauker, Sekretärin der Partei und Politbüromitglied, war die Älteste der führenden Parteipolitiker und die Einzige, deren Name international bekannt war. Sie war eine gut aussehende jüdische Frau Anfang fünfzig, imponierend und sehr intelligent; bereits als Studentin wurde sie Mitglied der Bewegung und stieg in der Partei bald zu einer führenden Rolle auf. In den frühen dreißiger Jahren wurde sie von der Komintern (also von der Kommunistischen Internationale) für einige Jahre nach Frankreich geschickt; danach kehrte sie nach Rumänien zurück, wo sie 1935 verhaftet wurde und ins Gefängnis kam. Ihr Mann Marcel Pauker, der unter dem Decknamen Luximin ebenfalls ein führender Parteipolitiker war, wurde von der Komintern kritisiert, weil er sich Ende der zwanziger Jahre auf Fraktionsbildungen eingelassen habe. Er ging später in die Sowjetunion und wurde dort 1938 als Verräter hingerichtet. Er und Ana hatten einen Sohn und eine Tochter. Ana hatte eine weitere Tochter aus einer Liebesaffäre mit einem führenden französischen Kommunisten. Im Frühjahr 1941 wurde Ana im Rahmen eines sowjetisch-rumänischen Austauschs von politischen Gefangenen aus ihrer rumänischen Gefängniszelle nach Moskau geschickt. Dort verbrachte sie den größten Teil der Kriegszeit und kehrte 1944 mit den sowjetischen Truppen zurück.

Ana Pauker berichtete auf dem Parteitag über die internationale Lage und deren Auswirkungen auf den täglichen Kampf der Partei. Sie beschrieb die Schwierigkeiten, die sich aus der Tatsache ergaben, dass die Regierung Groza den Anschein einer Koalitionsregierung wahren musste – obwohl die westlichen Alliierten diese nicht als solche anerkannten –, weil die Beziehungen zwischen der Sowjetunion und dem Westen keine unmittelbare kommunistische Machtübernahme in

Rumänien erlaubten. Sie umriss eine Strategie, die ich im Rückblick als „schlei-
chende Machtergreifung" bezeichnen würde: Die kommunistische Partei sollte
allmählich, aber unaufdringlich, sämtliche Hebel der Macht in die Hände nehmen
und gleichzeitig nach außen hin den Anschein einer demokratischen Koalition wahren. Interessanterweise ist meine lebhafteste Erinnerung an Ana Paukers Auftritt
auf dem Parteitag ihre folgende Antwort auf eine Frage (an die ich mich nicht mehr
erinnere): „Wir müssen viele Dinge tun, ohne sie bei ihrem Namen zu nennen".

Der drittwichtigste Parteiführer, der auf dem Parteitag sprach, war Vasile Luca,
auch er ein Sekretär der Partei und Mitglied des Politbüros. Luca, ein Mann Ende
vierzig, war ein charismatischer Redner und ein geborener Agitator. Er war ungarischer Abstammung und sprach Rumänisch mit einem starken Akzent; dennoch war
er vollkommen assimiliert und betrachtete sich nicht als Ungar. Tatsächlich tat er
alles, damit ihn niemand des ungarischen Nationalismus beschuldige. Er war ein
autodidaktischer Arbeiter, der viele Streiks organisiert hatte; in den dreißiger Jahren wurde er wegen seiner kommunistischen Aktivitäten eingesperrt und von den
Sowjets 1940 aus einem Gefängnis in Tschernowitz (Cernauţi) befreit, als die Südbukowina und Bessarabien von Rumänien an die Sowjetunion fielen. Wie Pauker
hatte auch er die Kriegsjahre in der Sowjetunion verbracht. Als Parteiführer war er
zuständig für Nordsiebenbürgen. Dieses Gebiet, das gerade von Ungarn wieder an
Rumänien gefallen war, hatte mit speziellen Problemen zu kämpfen. Er hat Cluj
1945 mehrmals besucht, ich habe ihn dort getroffen und bei diesen Gelegenheiten
mit ihm gesprochen. Ich hatte von Sanyi viele gute Dinge über ihn gehört, aber ich
war von ihm viel weniger begeistert: Er schien mir emotional, impulsiv, eitel und in
seinen Urteilen ziemlich subjektiv zu sein.

Ein weiterer Redner, dessen Auftreten in mehrerer Hinsicht unvergesslich blieb,
war Justizminister Lucreţiu Pătrăşcanu, der neun Jahre später als Verräter erschossen wurde. Im Gegensatz zu den meisten anderen Mitgliedern des Parteivorstandes
war Pătrăşcanu ein Intellektueller. Er war schnell, witzig, gebildet (auch als Rechtsanwalt bekannt) und ein guter Redner. Auf dem Parteitag machte er auf alle einen
großen Eindruck, unter anderem auch deswegen, weil man die Delegierten im Voraus darauf aufmerksam machte, dass er ein nationalistischer Abweichler sei. Diese
Beschuldigungen hatten etwas für sich, weil Pătrăşcanu tatsächlich eine nationalis-
tischere Linie gegenüber der ungarischen Minderheit befürwortet hatte. Das wurde
jedoch, wie sich später herausstellte, von der führenden Gruppe um Gheorghiu-Dej
hauptsächlich als Vorwand benutzt, um ihn innerhalb der Partei zu isolieren, in den
Schmutz zu ziehen und schließlich – drei Jahre später – zu verhaften. Die Wurzel des
Konflikts schien eine persönliche Antipathie und Eifersucht seitens Gheorghiu-Dej
gewesen zu sein, der in Pătrăşcanu richtigerweise den einzigen in Frage kommenden
Konkurrenten für die Position des Parteichefs sah. Auf dem Parteitag – auf dem er
außer von Gheorghiu-Dej von mehreren anderen Leuten angegriffen wurde –, hielt
Pătrăşcanu eine beeindruckende Rede, in der er in würdevoller Art einige Fehler
zugab, ohne die Selbstgeißelung zu praktizieren, die später zum Kennzeichen der
„Selbstkritik" wurde. Er verpflichtete sich, die vereinbarte Parteilinie zu unterstützen. Zwar gefielen mir damals Pătrăşcanus Intelligenz, seine Direktheit und sein
würdevolles Auftreten, aber ich hatte ihm gegenüber starke Vorbehalte aufgrund

vorheriger Informationen, die uns allen über sein Abweichlertum und seine angeblich parteifeindliche Haltung eingegeben worden waren. Viele Jahre später, als ich erfuhr, was mit ihm nach seiner Verhaftung geschehen war und wie er sich während der Tragödie verhalten hatte, die ihm widerfahren war, zollte ich ihm allergrößten Respekt und bewunderte ihn.

Ein viel jüngerer Intellektueller, Miron Constantinescu, der Ende zwanzig war, spielte auf dem Parteitag ebenfalls eine aktive Rolle. Als rhetorisch ausgezeichneter, gewählt sprechender und gebildeter junger Marxist wurde er in gewisser Weise als Gegengewicht zu Pătrăşcanu aufgebaut. Constantinescus charakterliche Fehler traten auf der Konferenz nicht zutage und er machte auf mich einen ausgezeichneten Eindruck. Andererseits erinnere ich mich gut an den äußerst negativen Eindruck, den ich von Iosif Chişinevschi hatte, dem Propagandachef der Partei. Chişinevschi, ein kleingewachsener vierzigjähriger Mann mit einem Gnomgesicht, war ein jüdischer Schneider aus Bessarabien, der sich als junger Mann der Bewegung angeschlossen hatte, und, wie viele andere führende Parteileute, Jahre im Gefängnis verbrachte. Er lispelte mit einem bessarabischen Akzent. Er war engstirnig, argumentierte nach Art eines Talmudisten und hatte alle Eigenschaften, die denen eines erfolgreichen Propagandachefs entgegengesetzt waren. Wahrscheinlich war ihm der Posten übertragen worden, weil der Propagandachef auch – ja sogar hauptsächlich – als ideologischer Wachhund der Partei fungierte, dessen Aufgabe es war, der Parteipresse und der gesamten ideologischen Arbeit der Partei – von Zeitschriften und Seminaren bis hin zu Kaderschulen – die richtige Linie aufzuzwingen. In dieser Eigenschaft schaffte er es, jede Spur von Farbe und Lebendigkeit aus der Parteizeitung *Scînteia* (Der Funke) und aus allen denjenigen Zeitschriften zu verbannen, die er kontrollierte.

Sechs Jahre später wurden drei der oben genannten Parteiführer – Ana Pauker, Vasile Luca und Teohari Georgescu – als Rechtsabweichler gebrandmarkt und zugrunde gerichtet. Aber im Herbst 1945 schienen sie alle gegen Pătrăşcanu vereint zu sein – zumindest sprach sich keiner von ihnen gegen dessen Verurteilung auf dem Parteitag aus.

Zurück in Cluj brauchte ich einige Zeit, um die Parteikonferenz zu verdauen. Nach der erdrückenden Atmosphäre, die den Parteitag dominiert hatte, fühlte ich mich gut in der offenen und direkten Atmosphäre meiner eigenen unmittelbaren Arbeitsumgebung, wo ich schwierige Probleme bewältigen musste. Ich schrieb diese positiven Umstände hauptsächlich Sanyi zu, der den überwiegenden Anteil an der Formierung der Organisation nach dem September 1944 hatte und die Verhandlungen zur Integration in die rumänische Partei leitete. Ich bewunderte ihn wegen seiner mutigen und geschickten Führung der Untergrundbewegung in den Kriegsjahren; noch mehr achtete ich ihn, als ich erkannte, welch enorme Last er auf sich genommen hatte, als er die Frau heiratete, die er liebte – trotz deren familiärer Herkunft. Für einen kommunistischen Parteiführer kam es einer Gotteslästerung gleich, die Tochter des größten Kapitalisten der Stadt zu heiraten. Es zählte nicht, dass Magda die Partei in gutem Glauben unterstützt hatte und dabei ein großes persönliches Risiko eingegangen war. Es spielte keine Rolle, dass sie ihren Besitz aufgegeben und der Partei geschenkt hatte: Trotz all dieser Dinge gab es eine endlose Flut von

Klatsch und versteckten Anspielungen gegen den Parteichef, der die Tochter eines Klassenfeindes geheiratet hatte. Es erübrigt sich zu sagen, dass es in der Partei Leute gab, die diese Umstände bei der ersten sich bietenden Gelegenheit gegen Sanyi verwendeten.

Anfang Frühjahr 1946 gab cs in Cluj einen Vorfall, der meine Achtung vor Sanyi weiter erhöhte. Am Morgen eines der kleineren Landesfeiertage versammelten sich vor der lokalen Parteizentrale mehrere Tausend Demonstranten auf dem größten Platz der Stadt – sie schrien nationalistische Parolen und forderten, dass die rumänische Flagge auf dem Gebäude gehisst werden solle. Die rot-gelb-blaue Flagge Rumäniens war das offizielle Symbol der Nation; aber in der Vergangenheit war die Landesflagge oft als Symbol der Unterdrückung von Minderheiten – inbesondere der ungarischen Minderheit – benutzt worden und diese Erinnerungen waren noch nicht verblasst. Die Partei führte deswegen eine Bildungskampagne durch, um die Menschen davon zu überzeugen, dass die Flagge jetzt das Symbol eines demokratischen Rumäniens sei, in dem die Minderheiten volle und gleiche Rechte genießen würden. Am betreffenden Tag hatte es jedoch der dafür in der Parteizentrale Zuständige nicht für nötig erachtet, diese Flagge zu hissen. Es gab danach noch viele Diskussionen mit unterschiedlichen Meinungen darüber, ob man die Flagge hätte hissen sollen oder nicht, aber alle waren damit einverstanden, dass dies nicht als Antwort auf eine Demonstration geschehen sollte. Ich kam um etwa dieselbe Zeit in der Parteizentrale an wie Sanyi, und beide betraten wir das Gebäude durch einen Hintereingang. Drinnen trafen wir mehrere Mitglieder des Regionalkomitees und des Bezirkskomitees, weitere Parteiarbeiter und einige Arbeiter aus der Autoreparaturwerkstatt der Partei. Vaida war nicht in der Stadt, so dass Sanyi die Leitung übernahm. Außerhalb des Gebäudes schrie die Menge – hauptsächlich rumänische nationalistische Studenten – immer lauter und feindseliger und die Leute drückten drohend gegen das Gebäudetor. Der gewölbte Toreingang führte auf einen Innenhof, durch dessen Seitentüren man in das Gebäude kam. Das Tor war aus Massivholz und verriegelt; es hielt dem Druck stand, obwohl Dutzende Demonstranten wild dagegen anstürmten und versuchten, ins Gebäude vorzudringen. Weder Polizisten noch Soldaten schützten das Gebäude, und wir hatten außer einigen Pistolen keine Waffen. Ich hatte persönlich keinerlei Vorstellung, was wir tun sollten, aber Sanyi hatte einen klaren Schlachtplan. Er versammelte uns alle im Gewölbe auf der Innenseite des Tores und sagte „Sie wollen rein, also öffnen wir ihnen das Tor". Er ließ einige schwere Möbelstücke (u. a. ein oder zwei Schreibtische) hinter das Tor stellen, so dass eine Seite völlig blockiert war und nicht geöffnet werden konnte, während sich die andere Seite nur etwa einen halben Meter öffnen ließ. Dann bat er einige starke Genossen, sich hinter das Tor zu stellen und wenn es geöffnet wird, die ersten zwei bis drei hineindrängenden Leute nach innen zu ziehen, während ein anderer Genosse seine Pistole über die Köpfe der Demonstranten hinweg in die Luft abfeuern sollte. Danach sollten die übrigen Genossen das Tor schließen und wieder verriegeln. Sanyi rechnete damit, dass das unerwartete Aufgehen des Tores, das Verschwinden einiger Leute dahinter und die nachfolgenden Pistolenschüsse der Menge einen Schrecken einjagen und zu einer Panik führen würden. Sein Drehbuch funktionierte perfekt – man hörte von draußen erschrockenes Geschrei und die

Menge zerstreute sich rasch. Die Demonstration war vorbei. Die zwei Männer, die nach innen gezogen worden waren, kamen mit etwas Prügel davon und wurden eine Stunde später mit ein paar blauen Flecken freigelassen.

Im Jahr 1946 fanden Landeswahlen statt. Die Parteien der Regierung Groza bildeten einen Wahlblock, die Nationaldemokratische Front. Die zwei wichtigsten Oppositionsparteien waren die Nationale Bauernpartei und die Liberale Partei, die zwei großen bürgerlichen Parteien aus der Zeit zwischen den beiden Kriegen. Sie konnten ihren Wahlkampf frei führen, obwohl keine der beiden Parteien über Mittel verfügte, die mit denen der Regierungsparteien vergleichbar waren. Die Nationaldemokratische Front schnitt gut unter den Industriearbeitern ab, deren politischer Kurs entweder kommunistisch oder sozialdemokratisch ausgerichtet war; aber bei den anderen Stadtbewohnern und in den Dörfern schnitten die Oppositionsparteien, insbesondere die Nationale Bauernpartei, besser ab; 1946 bildeten die Industriearbeiter einen relativ kleinen Teil der Bevölkerung: Mehr als zwei Drittel der Menschen lebten in Dörfern. Die Organisation der Wahlen lag in den Händen von Generalstaatsanwalt Râpeanu, der die Anweisungen der Kommunistischen Partei gewissenhaft befolgte, womit er vermeiden wollte, dass sein früherer Einsatz für die Eisengarde öffentlich bekannt gemacht wird. Râpeanu installierte ein System der Stimmenzählung, bei dem theoretisch zwar sämtliche politischen Parteien einbezogen wurden, in der Praxis jedoch Manipulationen relativ leicht durchgeführt werden konnten. Und tatsächlich kam es zum Wahlbetrug – hauptsächlich, aber nicht nur in der Wahlzentrale. Laut Ergebnis gewann die Nationaldemokratische Front die Wahlen mit einer komfortablen Mehrheit (ungefähr achtzig Prozent), aber jeder wusste, dass dieses Ergebnis durch Betrug zustande gekommen war.

Bei dem Versuch, mich an meine Reaktion auf die Geschehnisse zu erinnern, muss ich sagen, dass mir der Betrug zwar nicht gefiel, mich aber auch nicht übermäßig aufregte. Einige der Argumente, die ich zur Verteidigung der betrügerischen Wahlen hörte, lauteten folgendermaßen: (1) Die rumänischen Bauern sind sehr rückständig, da sie jahrhundertelang in Unwissenheit gehalten worden sind; und wenn sie für die Nationale Bauernpartei stimmen, also für die Partei der Gutsbesitzer und reichen Bauern, dann stimmen sie gegen ihre eigenen Interessen. (2) Wahlen im alten bürgerlichen System sind immer mit Betrug einhergegangen (so war es tatsächlich: die rumänische Politik war sehr korrupt gewesen); also bekommen die bürgerlichen Parteien jetzt lediglich eine Kostprobe ihres früheren Umgangs mit der Opposition. (3) Gemäß der Leninschen Theorie spiegeln die Stimmen nicht die wahren Interessen der Wähler wider, sondern den relativen Erfolg, den die verschiedenen Parteien bei der Manipulation der öffentlichen Meinung erreicht haben. So unheimlich diese Argumente für jemanden klingen, dem marxistische Gedankengänge unbekannt sind: Ich habe diese Denkweise damals mehr oder weniger akzeptiert.

Dieser Wahlbericht wäre unvollständig, würde ich nicht erwähnen, dass 1946 sehr viele Bauern – vielleicht die Mehrheit – Analphabeten waren. Deswegen standen auf den Wahlscheinen keine Namen, sondern die Symbole der konkurrierenden Parteien, und die Wähler mussten die von ihnen gewählten Symbole abstempeln. Das Symbol der Nationaldemokratischen Front war die Sonne, das der Nationalen

Bauernpartei ein Auge. Unsere Beobachter berichteten, dass sie am Wahltag Bauern – hauptsächlich ältere und Bauersfrauen – gesehen hätten, die mit schwarz gestempelten Augen aus den Wahlkabinen kamen: Sie hatten irrtümlicherweise gedacht, den Stempel auf die *eigenen* Augen drücken zu müssen, wenn sie die Bauernpartei wählen wollten.

Im Rückblick meine ich, dass sich die Lage nicht viel geändert hätte, wenn kein Wahlbetrug stattgefunden hätte. Im Falle eines Wahlsieges der Opposition wäre es wahrscheinlich zur Bildung einer neuen Koalitionsregierung gekommen, an der die Nationale Bauernpartei nur symbolisch beteiligt gewesen wäre: Eine Regierung ohne Kommunisten hätten die Sowjets als unfreundlichen Akt abgelehnt. Ihr Übereinkommen mit den westlichen Alliierten gab ihnen nämlich das Recht, in den Nachbarländern nur freundlich gesinnte Regierungen zu haben; und schließlich hatten sie mit hunderttausenden von Soldaten, die noch in Rumänien stationiert waren, das Land fest unter ihrer Kontrolle. Wäre eine Koalitionsregierung mit der Nationalen Bauernpartei gebildet worden, dann hätte sich Rumänien immer noch – wenn auch etwas langsamer – in die gleiche Richtung bewegt, wie alle anderen osteuropäischen Länder, die unter sowjetischer Kontrolle standen: Nach ein oder zwei Jahren, in denen die Nationale Bauernpartei in den Augen der Bauern ihre Glaubwürdigkeit verloren hätte, wären neue Wahlen ausgeschrieben worden oder man hätte einen anderen Weg gefunden, sie aus der Regierung zu werfen. Der entscheidende Faktor war die Anwesenheit der sowjetischen Truppen; alles andere war sekundär.

In den Nachkriegsjahrzehnten war in der Freien Welt die Ansicht weit verbreitet, dass die führenden westlichen Politiker auf der Konferenz von Jalta einen verhängnisvollen Fehler begangen hätten, als sie den Sowjets die Hegemonie über Osteuropa zugestanden. Meiner Meinung nach ist das Unsinn: Die Westmächte machten keinerlei Zugeständnisse über das hinaus, was die Sowjets ohnehin schon in den Händen hielten. Zum Zeitpunkt der Konferenz von Jalta waren Rumänien und Bulgarien sowie der größere Teil von Polen und Ungarn bereits von der Roten Armee erobert worden. Welchen Einfluss hatten denn die Westmächte im Februar 1945 überhaupt, um Bedingungen zu stellen, was in diesen Ländern geschehen sollte? Außerdem entsprach das, was in Rumänien geschah, nicht genau dem Drehbuch von Jalta, gemäß dem in den befreiten Ländern freie Wahlen vorgesehen waren. Warum also Jalta dafür verantwortlich machen? In Wirklichkeit war über das Schicksal Osteuropas nicht in Jalta entschieden worden, sondern viel früher, als die Westmächte – im Gegensatz zu ihren ursprünglichen Plänen – beschlossen, keine Invasion in Westeuropa durchzuführen, solange die sowjetischen Truppen immer noch an der Wolga standen. Ein freies Osteuropa nach dem Krieg hätten die Westmächte nur dann verwirklichen können, wenn sie diese Gebiete vor den Sowjets oder gleichzeitig mit ihnen erreicht hätten. Das hätte geschehen können, wenn die zweite Front in Westeuropa, die Churchill und Roosevelt ursprünglich im Jahr 1942 eröffnen wollten, spätestens 1943 eröffnet worden wäre, als die Rote Armee immer noch am Don stand. Das hätte den Krieg wesentlich verkürzt, Millionen von Menschenleben gerettet und viele Dinge im Nachkriegseuropa zum Besseren gewendet –, aber es hätte auch Risiken und Opfer erfordert, die der anglo-amerikanischen Führung unannehmbar erschienen.

Eine der Errungenschaften, die der Regierung Groza zugeschrieben wurden, war die Bodenreform. Die Front der Pflüger spielte die führende Rolle bei der politischen Kampagne für die Durchsetzung der Bodenreform, aber die Kommunisten schrieben das Drehbuch. Da ich in die Durchführung der Maßnahmen nicht einbezogen war, erinnere ich mich kaum daran, aber ein Vorfall blieb mir im Gedächtnis. Eine Parteidirektive schrieb vor, dass den Zigeunern im Rahmen der Bodenreform Land gegeben werden sollte, damit sie sich darauf ansiedelten. Im Bezirk Cluj erhielt die aus mehreren Tausend Menschen bestehende Zigeunergemeinde Land in einem der Dörfer und wurde aufgefordert, sich dort niederzulassen. Unter den Zigeunern hatten wir eine kommunistische Parteiarbeiterin, eine außerordentlich intelligente Frau Ende dreißig, die einen beträchtlichen Einfluss auf die Gemeinde hatte. Ich erinnere mich daran, wie verblüfft ich war, als sie sich bei mir darüber beklagte, dass sie außerstande sei, ihre Leute davon zu überzeugen, das Nomadenleben aufzugeben und sich auf dem Land niederzulassen, das sie jetzt besaßen. Wir schufen alle möglichen Anreize, damit die Zigeuner sesshaft werden. Anstatt herumziehende Bettler und Hausierer zu sein, waren sie jetzt Landeigentümer geworden und wenn sie arbeiteten, konnten sie angesehene, wohlhabende Bauern werden. Wir veranstalteten Kurse, um sie zu unterrichten, wie man das Land bearbeitet, und gaben ihnen alle Arten von finanziellen Vergünstigungen. Die Zigeuner erfolgreich sesshaft zu machen – das war für unsere Partei eine Prestigefrage und eine Möglichkeit, das Rassenvorurteil zu widerlegen, demgemäß die Zigeuner von Natur aus faul und arbeitsscheu seien und zum Diebstahl neigten. Aber es war unglaublich schwer. Wir gaben natürlich nicht auf – Kommunisten geben niemals auf, und sie geben auch keine Niederlage zu. Aber um zu erreichen, was die Partei wollte, mussten die Zigeuner buchstäblich dazu gezwungen werden, auf ihrem Boden zu bleiben und man verbot ihnen unter Haftandrohung, das Dorf zu verlassen. Eine erzwungene Landwirtschaft kann natürlich keine gute Landwirtschaft sein, und das Zigeunerdorf blieb so arm wie am Anfang.

Irgendwann im Jahr 1946 bekamen wir aus Bukarest Besuch von Miron Constantinescu, dem jungen Intellektuellen, der auf dem Landesparteitag einen guten Eindruck auf mich gemacht hatte. Er kam nach Cluj, um anlässlich der damaligen akuten ökonomischen Schwierigkeiten eine Rede vor den Parteiarbeitern Nordsiebenbürgens zu halten. Da die meisten der mehr als zweihundert anwesenden Parteiarbeiter Ungarisch sprachen und kaum oder gar nicht Rumänisch verstanden, schlug Vaida vor, dass Constantinescu seine Rede übersetzen lässt, so dass die Delegierten alle Einzelheiten verstehen konnten. Constantinescu gefiel der Vorschlag, aber er wollte nicht nach jedem Satz vom Übersetzer unterbrochen werden. Also wurde entschieden, dass er seine ganze Rede auf Rumänisch halten und der Übersetzer sie anschließend auf Ungarisch wiedergeben sollte. Vaida schlug vor, dass ich die Übersetzung übernehme und Constantinescu war damit einverstanden, fügte aber hinzu, dass er keinen schriftlichen Text habe und ich mir Notizen machen müsse. Ich erklärte mich dazu bereit. All das geschah zehn Minuten vor der Versammlung. Als Constantinescu zu sprechen begann, machte ich mir einige Notizen (in Langschrift) und versuchte mir einzuprägen, was er sagte. Er sprach ungefähr eine Stunde, danach ging ich zum Mikrofon und trug während der nächsten Stunde eine fast wörtliche Übersetzung der Rede vor. „Fast wörtlich", denn ich nahm in der Rede eine Änderung vor.

Constantinescu sprach über die schreckliche Dürre, die Moldawien, die nord-östliche Region Rumäniens, heimgesucht und in dieser Region zu einer teilweisen Hungersnot geführt hat, wobei die Regierung versuche, die Katastrophe durch verschiedene Notmaßnahmen zu lindern. In Wirklichkeit hatte die gleiche Dürre auch das Szeklerland (die Region Székely, mit ungarischer Bevölkerung) in der süd-östlichen Spitze Siebenbürgens heimgesucht und auch dort herrschte eine große Hungersnot. Es war ein politischer Fehler größeren Ausmaßes, die im Szekler-land herrschende Dürre in einer Rede einfach wegzulassen, die auch an die Szekler Delegierten gerichtet war. Deswegen gab ich die Stellen, an denen Constantinescu „Moldawien" gesagt hatte, durch „Moldawien und das Szeklerland" wieder. Con-stantinescu, der etwas Ungarisch konnte, folgte der Übersetzung aufmerksam und ihre Genauigkeit schien ihm zu gefallen, wie ich an seinem Gesichtsausdruck er-kennen konnte (er lächelte oder flüsterte Vaida gelegentlich etwas ins Ohr). Er lächelte jedoch nicht mehr, als ich die Passage mit der Dürre wiedergab. Als ich fertig war, schüttelte er mir die Hand und sagte, dass ich seine Rede ausgezeichnet übersetzt hätte. Er bedankte sich bei mir auch dafür, dass ich nachträglich das Sze-klerland hinzugefügt hatte. Ich antwortete ihm, ich sei sicher gewesen, dass er beide Landesteile gemeint habe, als er von der Dürre sprach, und deswegen hätte ich mir die Freiheit genommen, außer Moldawien auch das Szeklerland zu nennen. Nach der Versammlung fragte ich Sanyi, was er von der Sache halte. Er antwortete „Es ist schwer zu sagen, welche Wirkung es auf ihn hat. Er hat sicher gemerkt, dass du ein kluger und politisch umsichtiger Bursche bist; aber ihm ist gewiss auch nicht ent-gangen, dass du gewagt hast, ihn zu korrigieren – ein Zeichen von Unabhängigkeit, das er vielleicht schätzt, vielleicht aber auch nicht."

Die Kommunistische Partei wurde im Frühjahr 1947 reorganisiert. Das Politbüro beschloss, die Regionalkomitees abzuschaffen, die einen gewissen Grad an Auto-nomie in Bezug auf lokalpolitische Entscheidungen und die Ernennungen lokaler Kader hatten: Die Bezirkskomitees wurden dem Zentralkomitee direkt unterstellt. Gleichzeitig erfolgte eine Reorganisation der Bezirkskomitees, die in jeder Region von einer Sonderkommission durchgeführt wurde; diese Kommissionen, die über das Schicksal jedes Einzelnen zu entscheiden hatten, zogen die Neuordnung inner-halb einer Woche durch. Die Kommission, die nach Cluj kam, wurde von dem oben genannten Miron Constantinescu geleitet und hatte zwei weitere Mitglieder, die eine nur unbedeutende Rollen spielten. Es gab mehrere Zusammenkünfte auf regionaler Ebene, auf denen die Arbeit des Regionalkomitees beurteilt wurde. Danach wurde die Zusammensetzung des neuen, vergrößerten Bezirkskomitees bekanntgegeben; gleichzeitig informierte man über die Beschlüsse bezüglich der früheren Mitglieder des Regionalkomitees. Vaida, der Regionalsekretär, wurde zum Leiter der Landwirt-schaftsabteilung des Zentralkomitees befördert. Dies war eine klare Anerkennung seiner Leistungen als Regionalsekretär. Zur gleichen Zeit wurde Sanyi Jakab – Vai-das engster Mitarbeiter und die „graue Eminenz" hinter fast allen Dingen, die seit Oktober 1944 mit und in der Partei in Cluj geschehen waren – beiseite geschoben und dem Zentralkomitee unterstellt, wo er mehrere Wochen lang ohne Aufgaben ausharren musste. Er wurde kritisiert, weil sein Privatleben (im Klartext: seine

Heirat) mit einer kommunistischen Führungsposition unvereinbar sei, aber soviel ich weiß, gab es an seiner Arbeit nichts auszusetzen. Schließlich wurde er von Vasile Luca, der inzwischen Sanyis Intelligenz, seinen Mut und seine organisatorischen Fähigkeiten schätzen gelernt hatte, als Stabsmitarbeiter eingestellt. Einige Monate später, als Luca Finanzminister wurde, machte er Sanyi zu einem seiner drei stellvertretenden Minister. Da ich seit den Jahren der Untergrundtätigkeit eng mit Sanyi zusammengearbeitet hatte, erwartete ich, ebenfalls von meiner Aufgabe entbunden zu werden, was aber nicht geschah: Ich blieb im neuen und verstärkten Bezirkskomitee.

Die Nationalversammlung, die aus den Wahlen von 1946 hervorgegangen war, hatte eine Mehrheit von Abgeordneten aus den Parteien der Regierungskoalition, der die Kommunistische Partei, die Sozialdemokratische Partei, die Front der Pflüger und der Tătărescu-Flügel der Liberalen Partei angehörten. Obwohl die letztgenannte Gruppe klein, eingeschüchtert und unbedeutend war, wurde sie im Herbst 1947 durch den erzwungenen Rücktritt ihres Vorsitzenden aus der Regierung entfernt. Die Vertreter der Front der Pflüger waren entweder Krypto-Kommunisten oder befolgten als Opportunisten die Anweisungen der Partei; man konnte sich darauf verlassen, dass sie sich auflösen und in die Kommunistische Partei eintreten würden, sobald die Letztere es wünschte – und so geschah es dann auch. Die einzige von den Kommunisten unabhängige bedeutende Gruppe war der Block der sozialdemokratischen Abgeordneten. Der nächste Schachzug der Kommunistischen Partei war die Neutralisierung der Sozialdemokraten. Das begann Mitte 1947 mit einer Kampagne zur Vereinigung der beiden Parteien. Titel Petrescu, der führende Sozialdemokrat des Landes, widersetzte sich natürlich diesem Plan, denn er erkannte, dass die Vereinigung auf eine Liquidierung seiner Partei hinauslaufen würde. Aber andere, die von Lothar Rădăceanu und Ştefan Voitec, dem Bildungsminister, angeführt wurden, standen den Kommunisten näher und betrachteten die Vereinigung als Möglichkeit, ihr eigenes politisches (und vielleicht auch physisches?) Überleben zu sichern und einen mäßigenden Einfluss auf politische Entwicklungen auszuüben. Am Ende setzten sie sich durch und die beiden Parteien wurden Anfang 1948 unter dem Namen Rumänische Arbeiterpartei vereinigt. Diejenigen der führenden sozialdemokratischen Politiker, die dieser Vereinigung zugestimmt hatten, wurden in das Leitungsgremium der neuen Partei kooptiert, aber sie waren Galionsfiguren ohne den geringsten Einfluss.

Inzwischen gab es einige Veränderungen in meinem Privatleben. Ende 1945 oder Anfang 1946 wurde ein Gesetz erlassen, um die Ungerechtigkeit zu korrigieren, dass Menschen während der Kriegsjahre ihre Ausbildung aus politischen Gründen oder aufgrund von Rassendiskriminierung unterbrechen mussten. Voitecs Gesetz – unter diesem Namen wurde es bekannt – ermöglichte es den Betroffenen, zumindest teilweise aufzuholen, was sie verloren hatten: Sie konnten ihre Ausbildung nach einem beschleunigten Studienplan absolvieren und mitunter Prüfungen ablegen, ohne Vorlesungen zu besuchen. Ich beschloss, diese Möglichkeit zu nutzen, und schrieb mich als Student des Fachbereiches Wirtschaftswissenschaften der Bolyai Universität ein. Ich musste deswegen meine politische Arbeit nicht aufgeben, denn ich konnte mein Studium auf Teilzeitbasis absolvieren. Das Studium der Wirtschaftswissenschaften schien die richtige Art von Vorbereitung für jemanden zu

sein, dessen Hauptziel es war, eine Gesellschaft mit einer Planwirtschaft aufzubauen. Nach meinem damaligen Verständnis würde – sobald die Kommunisten an
der Macht waren – die Wichtigkeit der Parteiarbeit, also der politischen Arbeit, zugunsten des Aufbaus der neuen Planwirtschaft abnehmen, für die ihrerseits eine
völlig neue Wissenschaft der Planung ausgearbeitet werden musste. Außerdem hatte ich mich ohnehin schon auf das Studium der marxistischen Ökonomie gestürzt,
die der Hauptinhalt der Ökonomievorlesung an der Universität war. Alle anderen
Themen – Buchführung, Finanzen, Recht u. a. – schienen im Vergleich hierzu leicht
zu sein. Also steigerte ich einfach das Tempo, mit dem ich die drei Bände von Marx'
Kapital durcharbeitete. In den Jahren 1946 und 1947 legte ich alle Prüfungen des
ersten und des zweiten Studienjahres ab, so dass ich, als ich Cluj im Herbst 1947
verließ, bereits im dritten Studienjahr war. Ich kehrte nach Cluj zurück, um 1948
die Prüfungen abzulegen, und erhielt schließlich im Frühjahr 1949 mein Diplom im
Fach Wirtschaftswissenschaften.

Mein Studium des *Kapitals* in den Jahren 1946–1947 erinnert mich an ein Erlebnis, das ich einige Monate später in Bukarest hatte. *Das Kapital* ist eine sehr
schwierige Lektüre, und da ich die rumänische Übersetzung oft ungenügend fand,
wollte ich sie mit dem Original vergleichen und beschloss, mir eine deutschsprachige Ausgabe zu kaufen. Also ging ich im Stadtzentrum von Bukarest in eine der
größeren Buchhandlungen und fragte den Leiter, ob sie *Capitalul* (das ist der rumänische Titel des Werkes) im Original hätten. „Natürlich", antwortete er und zeigte
auf eines der Regale: „Die russischen Bücher stehen hier". Im Rückblick muss ich
sagen, dass wahrscheinlich die überwiegende Mehrheit der Menschen in Bukarest
gesagt hätte, dass Marx ein Russe war; manche hätten vielleicht hinzugefügt, dass
er ein russischer Jude gewesen sei.

Privat hatte ich zwischen Herbst 1945 und Herbst 1946 mehrere kurze Affären,
von denen nur eine etwas Ernsteres war und etwa ein dreiviertel Jahr dauerte. Und

Abb. 6.1 Egon 1946

dann traf ich an einem Glücksabend im November 1946 Edith, meine zukünftige
Frau, Freundin und Lebensgefährtin. Es war ein Samstagabend, und ich ging zu einer Tanzveranstaltung. Eigentlich wollte ich mich dort nur umsehen, denn ich hatte
nichts für das Tanzen übrig: In der Oberschule hatte ich es nicht gelernt und auf
die herabgesehen, die es taten – ich hielt es für eine leichtfertige Sache, die nicht zu
den schweren Zeiten passte, die wir durchlebten. In der Untergrundbewegung hatten
wir andere Prioritäten und nach der Befreiung hatte ich keine Zeit zum Tanzen. Als
ich mich im Tanzsaal umschaute, sah ich ein junges Mädchen, dessen Gesicht mir
auffiel.

„Von nahem sieht sie bestimmt nicht so schön aus wie von hier", dachte ich
und ging auf sie zu, um mich davon zu überzeugen. Als ich näher kam, war ich
noch mehr beeindruckt. Mich überkam ein starkes Gefühl: „Das ist die Richtige!"
Das Mädchen sprach mit Tibor Lusztig, einem jüdischen Jungen, den ich von der
rumänischen Oberschule her kannte, die ich in den dreißiger Jahren besucht hatte.
Er wurde später Arzt und lebt heute in Israel. Wir sind immer noch Freunde und
treffen uns, wenn ich Israel besuche. Aber an diesem Abend, als ich zu den beiden
ging und ihm irgendetwas Belangloses sagte, wartete ich vergeblich darauf, dass er
mich dem Mädchen vorstellt, das er zum Tanzabend mitgenommen hatte. Ich stand
dort fünf oder zehn Minuten, redete mit Tibor und sah zwischendurch den Engel
an seiner Seite an, aber ihm kam es überhaupt nicht in den Sinn, uns miteinander
bekannt zu machen.

Dann wandte sich das Mädchen plötzlich mir zu, streckte die Hand aus und sagte
einfach „Ich bin Edith Lővi". Ich stellte mich vor und von diesem Moment an gab es
Tibor für mich nicht mehr – er stand zwar immer noch an derselben Stelle wie zuvor,
aber Edith und ich waren in ein Gespräch vertieft, das nur zwischen uns beiden stattfand. Sie erzählte mir, dass sie 1940–1941 in die fünfte Klasse der jüdischen Schule

Abb. 6.2 Edith 1946

ging, in der ich damals die zwölfte Klasse besuchte. Ich erinnerte mich daran, dass ich sie in einem Stück gesehen hatte, das vom Literaturzirkel aufgeführt worden war. Sie kannte meinen Bruder Bobi gut und deswegen wusste sie auch, wer ich bin. Sie war noch nicht fünfzehn, als sie Ende Mai 1944 nach Auschwitz deportiert wurde und sie war eine der wenigen, die zurückkehrten. In Auschwitz hatte sie zufällig meinen Bruder getroffen, der sie nicht erkannte, weil ihr Kopf geschoren war. Sie sprach ihn an, „Bobi"; er sah sie mit leerem Blick an, und als sie sagte, wer sie sei, änderte sich sein Gesichtsausdruck und er rief aus: "Edith, bist du es wirklich?" Das war alles, es dauerte nur einige Sekunden – sie mussten in verschiedene Richtungen gehen. Ich fragte Edith, ob wir uns am nächsten Tag treffen könnten und sie mir dann mehr erzählen würde. Sie war einverstanden. So hat alles begonnen. Edith war damals siebzehn, ich war vierundzwanzig. Ich fand sie nicht nur physisch attraktiv, sondern auch sehr klug, offen und geradlinig. Das waren meine ersten Eindrücke – später merkte ich, dass sie auch ein absolut ehrlicher und sehr ernster Mensch ist. Sie ging damals in die Unterstufe der Oberschule. Ich erzählte ihr über mein Leben, meine Überzeugungen, über den Marxismus und die bessere Gesellschaft, die wir jetzt aufbauen. Sie hörte mir zu und nahm alles auf, was ich sagte. Ich versorgte sie auch mit Literatur. Wir verliebten uns.

Fast ein Jahr lang kamen wir zwei- oder dreimal in der Woche hauptsächlich abends zusammen, wenn ich mit der Arbeit fertig war und sie ihren Schultag hinter sich hatte. Edith ging in die Oberschule, in dieselbe jüdische Schule, die wir beide noch unter dem ungarischen Regime besucht hatten und die im Herbst 1946 wieder eröffnet worden war. Die meisten Lehrer waren umgebracht worden, einige hatten überlebt und neue waren hinzugekommen. Edith mochte Musik, aber sie nahm ihre Geigenstunden nicht wieder auf. Sie war eine eifrige Leserin und viele unserer Diskussionen drehten sich um Bücher. Mir stand damals ein Moped der Partei zur Verfügung. Gelegentlich fuhren wir damit in das Umland von Cluj, Edith saß hinter mir. Die Umgebung von Cluj ist hügelig mit schönen Ausflugszielen, so dass unsere Exkursionen – die höchstens einige Stunden dauerten – immer sehr angenehm waren. Ich lernte Ediths Eltern kennen und ging sonntags zu ihnen nach Hause zum Mittagessen. Im Sommer 1947 besuchte ich zusammen mit Edith meinen Onkel Tibor Rényi in Arad. Wir verbrachten dort sehr schöne Ferien und schwammen ausgiebig im Mureş. Wir versuchten auch mit dem Kanu zu fahren, aber schon beim ersten Mal kippte das Kanu um und wir mussten ans Ufer schwimmen. Im November 1947 wurde ich zu einer neuen Arbeit nach Bukarest versetzt, während Edith in Cluj blieb, um für ihr Abitur zu lernen. Wir blieben in Kontakt und schrieben uns häufig.

$$* * *$$

Für Edith war es schwer, über ihre Deportation zu sprechen: Es war alles viel zu grauenhaft und schrecklich. Sie erzählte mir hin und wieder einiges darüber, aber es berührte sie sehr schmerzhaft, und deswegen drängte ich sie nie, darüber zu reden. Erst vierzig Jahre später erzählte sie die Geschichte ihrer Deportation unseren eigenen Töchtern. Auch als wir schon viele Jahre in Amerika lebten, vergaß sie ihr

Englisch, wenn es sich nicht umgehen ließ, über dieses Thema zu reden; sie machte dann elementare grammatische Fehler und war außerstande, die richtigen Worte zu finden. Es schien, als ob Edith durch die Anspannung, die mit der Schilderung dieser schmerzhaften Erinnerungen einherging, in die Vergangenheit zurückversetzt wurde – in eine Zeit, als das alles geschah, als sie noch nicht Englisch sprach. Einiges von dem, was ich über die Deportation weiß, erzählte mir Edith bei unseren ersten Begegnungen, andere Dinge hingegen erfuhr ich viel später. Ich erinnere mich nicht mehr genau, wann Edith mir dieses oder jenes Ereignis erzählte, möchte aber ihre Lebensgeschichte – bis zu dem Zeitpunkt, als wir uns begegneten – im Folgenden kurz wiedergeben.

Edith kam am 20. Juni 1929 in Cluj als Tochter von Sándor (Alexander) Lővi und seiner Frau Klara, geb. Rooz, auf die Welt. Ihre Großeltern väterlicherseits und mütterlicherseits lebten in einer Kleinstadt und hatten ein bescheidenes Einkommen. Sándor verließ im Alter von dreizehn Jahren das Elternhaus und begann seinen Lebensunterhalt zu verdienen. Das Leben war seine Schule und er war ein guter Schüler. Als äußerst energischer und fähiger Mann machte er sich überall unentbehrlich, wo er arbeitete. In den dreißiger Jahren wurde er Geschäftsführer eines großen Textil- und Bekleidungsgeschäftes. Klara, die er Mitte der zwanziger Jahre heiratete, hatte künstlerische Neigungen und lernte Anfang der dreißiger Jahre in einem dreimonatigen Lehrgang in Budapest, wie man Kunstblumen anfertigt. Sie hatte eine kleine Werkstatt, in der sie die schönsten Kunstblumen des Landes herstellte. Die Familie lebte in einer kleinen Wohnung, in der auch Klaras Werkstatt untergebracht war. Edith ging in die neologische (reformierte) jüdische Grundschule und erinnert sich hauptsächlich an einen unfreundlichen Lehrer, dessen Drohgebärden sie gegen Mathematik allergisch machten. Edith war elf Jahre alt, als Nordsiebenbürgen im September 1940 an Ungarn übertragen wurde; ab Herbst des gleichen Jahres besuchte sie in Klausenburg dasselbe jüdische Gymnasium, in dem ich meine letzte Klasse absolvierte. Hier schnitt sie viel besser ab als in der Grundschule; tatsächlich war sie die Klassenbeste. Ihre Eltern ließen sie auch Privatunterricht nehmen: Sie spielte mehrere Jahre – bis zu ihrer Deportation – Geige und lernte Französisch. Das Unheil kam im Mai 1944, gegen Ende der vierten Klasse des Gymnasiums: Wie alle Klausenburger Juden wurde auch Familie Lővi von der ungarischen Gendarmerie gewaltsam aus ihrer Wohnung vertrieben und in das Ghetto umgesiedelt, das in der Ziegelfabrik errichtet worden war.

Gizi Deutsch, eine ihrer Lehrerinnen, informierte Edith und einige andere Schüler im Frühjahr 1944, dass sie in einer Radiosendung der BBC von der Massenausrottung der Juden in Polen gehört habe, insbesondere durch den Einsatz von Giftgas. Als angeordnet wurde, dass die Juden den gelben Stern zu tragen hatten, und als sie einen Monat später ins Ghetto umgesiedelt wurden, erwarteten Edith und ihre Eltern das Schlimmste. Doch es gab keine Gewissheit – das Gerücht machte die Runde, die Menschen würden nach Kenyérmező gebracht werden, in ein ungarisches Arbeitslager (das es in Wirklichkeit gar nicht gab). Im Ghetto, wo die Familie Lővi etwa zwei Wochen verbrachte, lebten sie in einem improvisierten Zeltbau zusammen mit Klaras Schwester Irén. Sándor wurde – wie viele andere – von den Gendarmen geschlagen: Er sollte sagen, wo er Schmuck, Gold oder andere

Wertsachen versteckt habe. Ende Mai wurde die Familie zusammen mit vielen anderen in einen der Züge verladen, die täglich auf den Hof der Ziegelfabrik fuhren, um Juden abzutransportieren. Sie wurden in einen Viehwaggon verladen, den man von außen versiegelte. Sie durften etwas Essen und Trinken mitnehmen, aber nur wenig Gepäck. Im Waggon stand lediglich ein Eimer, der als Latrine diente, und Licht kam nur durch einen kleinen Spalt im Dach. Die Menschen standen oder saßen auf ihrem Gepäck. Die Fahrt dauerte drei Tage und nach einer Weile war klar, dass der Zug nicht nach Kenyérmező oder zu irgendeinem anderen Ort in Ungarn fährt, denn durch die schmalen Schlitze der Seitenplanken waren die Namen slowakischer Städte zu erkennen. In der dritten Nacht konnten die Abtransportierten durch eine Öffnung den Namen Krakau lesen und begriffen, dass sie in Polen angekommen waren. Berücksichtigt man dabei, was einige – wenn auch nicht alle – über die Vernichtungslager in Polen gehört hatten, dann mussten sie auf das Allerschlimmste gefasst sein.

Kurze Zeit später erreichte der Zug seinen Bestimmungsort. Durch die enge Öffnung unter dem Dach sahen Edith und ihre Eltern einen gewaltigen Schornstein, von dem ein Höllenfeuer in den Himmel stieg, und sie spürten, dass sie an der letzten Station ihres Lebens angekommen waren. Sie weinten und verabschiedeten sich für immer voneinander, bevor die Waggontüren geöffnet wurden. Man befahl ihnen, aus dem Zug zu steigen. Unten fanden sie sich auf einem langen Bahnsteig wieder und standen SS-Männern gegenüber, die riesige Hunde bei sich hatten. Während die SS-Männer Kommandos bellten, mischten sich einige Gefangene, die niedrige Arbeiten durchführten, unter die Neulinge. Einer von ihnen, ein polnischer Jude, flüsterte Sándor auf Jiddisch zu: „Wie alt ist das Mädchen?" Edith hatte ungefähr drei Wochen später ihren fünfzehnten Geburtstag. Sándor flüsterte zurück „vierzehn". Er dachte sich wahrscheinlich, dass es besser sei, wenn Edith für ein Kind gehalten würde und nicht für eine attraktive junge Frau. Der Mann flüsterte zurück „sechzehn" und ging weiter. Es dauerte mehrere Minuten, bis Sándor die Bedeutung dieser Antwort begriff, aber als er es verstanden hatte, wies er Edith an, sich als Sechzehnjährige auszugeben. Das rettete ihr Leben bei dieser ersten Selektion, weil Kinder unter sechzehn zusammen mit Erwachsenen über fünfzig und Müttern von kleinen Kindern direkt in die Gaskammern geschickt wurden. Edith blieb in Begleitung ihrer Mutter und ihrer Tante – die damals sechsunddreißig beziehungsweise zweiunddreißig waren, aber sie wurden von Sándor getrennt, der mit den „jungen" männlichen Gefangenen ging, während sie zur Gruppe der „jungen" weiblichen Häftlinge gehörten. Sie sahen ihn erst nach dem Krieg wieder.

Edith, Klara und Irén wurden in eine Dusch- und Desinfektionsanlage gebracht, danach wurden sie kahlgeschoren. Zum Anziehen bekamen sie anstelle ihrer Kleider schlecht sitzende, undefinierbare Sachen, aber keine Unterwäsche. Eine SS-Frau schlug sie mit einem Stock über ihre kahlgeschorenen Köpfe und sie wurden ins Lager C gebracht, das zum Komplex Auschwitz-Birkenau gehörte und als Durchgangslager für weibliche Gefangene diente. Einige Hundert von ihnen wurden in Block 20 getrieben, eine Holzbaracke mit nackter Erde als Fußboden, ohne Pritschen oder irgendwelche anderen Möbel. Nachts mussten sie sich auf den bloßen und oft feuchten Boden legen, zusammengepfropft wie Sardinen in der Büchse; sie konnten sich auf dem Boden nur bewegen, wenn die vor ihnen und hinter ihnen Liegenden dasselbe taten. Die Übernachtungsbedingungen waren so schrecklich, dass Edith einige Nächte stehend verbrachte, da sie sich nicht an diese Umstände gewöhnen konnte. Am Tag mussten sie stundenlang auf dem Appellplatz stehen. Ihr Essen war hauptsächlich irgendeine Brühe aus Gras und etwas Getreide; es schmeckte so schlecht, dass sie sich trotz ihres chronischen Hungers zwingen mussten, das Zeug hinunter zu löffeln. Häufig fanden Selektionen statt und es war schwierig zu erahnen, welche Reihe das Leben bedeutete und welche den Tod.

Bald nachdem Ediths Gruppe in Block 20 kam, wurde auch Ediths Cousine Éva Wohlberg eingeliefert, ein Mädchen in Ediths Alter. Eva war aus Hajdúszoboszló deportiert worden, einer kleinen ungarischen Stadt unweit der alten rumänischen Grenze. Die vier Frauen – Edith, ihre Mutter Klára, ihre Tante Irén und ihre Cousine Éva bildeten eine kleine Gruppe, die fest zusammenhielt: Der ausgeprägte Geist der gegenseitigen Hilfe und Solidarität war für das Überleben von entscheidender Wichtigkeit.

In Auschwitz begegnete Edith meinem Bruder Bobi, den sie von der Schule her gut kannte. Die von mir bereits geschilderte Begegnung dauerte nur einige Sekunden, hat sich aber für immer in Ediths Gedächtnis eingeprägt. Ebenfalls in Auschwitz wurde Edith Zeugin eines schrecklichen Vorfalls, als eine ganze Zigeunergemeinde in die Gaskammern gebracht wurde. An einem Abend Anfang August 1944 wurde Edith in der Nachbarbaracke ein Schlafplatz angeboten, nachdem dort eine Pritsche frei geworden war. Sie ging hinüber, aber bald nachdem sie eingeschlafen war, wurde sie durch Lärm und gellende Schreie geweckt, die vom Hof kamen. Als sie durch das Fenster hinausschaute – sie lag in einer oberen Pritsche –, sah sie, wie Tausende Zigeuner auf eine lange Reihe von Lastwagen getrieben wurden: Männer und Frauen, Kinder und Alte, die weinten, schrien, bettelten und verzweifelt fluchten. Ihre Stimmen überlagerten sich mit wildem Hundegebell und gelegentlichen Schüssen. Es war klar, dass die Zigeuner irgendwie erfahren hatten, dass sie zum Schlachthof gebracht werden und sie verhielten sich dementsprechend. Der Vorfall war so entsetzlich, dass sich Edith noch fünfzig Jahre später genau daran erinnerte, als sie in der *New York Times* einen Artikel zum Jahrestag dieses tragischen Ereignisses las.

Am 12. August wurde eine große Gruppe von Gefangenen hinausgeführt, zu denen auch Edith und ihre drei Gefährtinnen gehörten. Man befahl ihnen, sich auszuziehen. Sie standen stundenlang nackt auf dem Hof – es war nicht kalt, aber alle hatten wieder das Gefühl, dass ihre letzte Stunde gekommen sei. Nach einer Weile erhielten sie gestreifte Häftlingsbekleidung und wurden zu einem Zug geführt, der Auschwitz verließ. Die Gefangenen kannten ihren Bestimmungsort nicht, waren aber erleichtert und glücklich – nichts konnte so schlecht wie Auschwitz sein, die schlimmste aller Höllen. Sie wurden nach Unterlüß transportiert, einer kleinen Stadt in Norddeutschland nahe der malerischen Stadt Celle. Das Konzentrationslager Unterlüß war ein Arbeitslager, es gab dort weder Gaskammern noch Krematorien. Die Gefangenen mussten dreierlei Arbeiten verrichten: Holz im angrenzenden Wald fällen, Steine für den Bau einer Straße brechen und in einer nahe gelegenen Munitionsfabrik arbeiten. Edith fällte hauptsächlich Bäume. Am Anfang war das Essen besser als in Auschwitz, aber bald verschlechterte es sich, so dass auch hier der Hungertod ein ständiger Begleiter war. Die andere große Lebensgefahr kam von der Kälte, gegen die sich die Gefangenen kaum schützen konnten. Sie hatten keine Mäntel und trugen keine Unterwäsche unter ihrer dünnen Häftlingskleidung. Aus leeren Papiersäcken, die vorher Zement enthielten, machten sie sich Hemden. Sie durften sich im Wald ein Feuer machen, an dem sie sich während der halbstündigen Mittagspause wärmen konnten – ihr Arbeitstag dauerte von sechs Uhr morgens bis zum späten Nachmittag. Edith entwickelte ein seltenes Talent dafür, Pilze im Wald ausfindig zu machen, und während des Holzfällens sammelte sie genug Pilze, um die Essensportionen aufzubessern, die sie und ihre Gefährtinnen erhielten.

Ediths Tante Irén musste in einer nahe gelegenen Munitionsfabrik arbeiten. Die Umgebung war erschreckend toxisch – Iréns Gesicht und ihre Haare verfärbten sich gelblich bis rostbraun –, aber sie erhielt jeden Tag ein Glas Milch, was unter diesen Umständen eine große Vergünstigung war. Das Lager hatte eine Krankenbaracke mit ungefähr einem Dutzend Pritschen. In dieser Baracke durften erkrankte Gefangene einige Tage verbringen und wurden manchmal sogar von einem Sanitäter behandelt. Aber jeder, der nicht innerhalb einer Woche an seinen Arbeitsplatz zurückkehren konnte, wurde an einen unbekannten Bestimmungsort abtransportiert.

Edith und ihre Gruppe verbrachten acht Monate in Unterlüß. Die Gefangenen wurden manchmal durch die Innenstadt zur Arbeit gebracht und Edith erinnert sich, dass bei solchen Anlässen junge Frauen ihre drei- bis vierjährigen Kinder ermunterten, mit Steinen nach den dreckigen jüdischen Frauen zu werfen. Aber Edith erinnert sich auch an andere Dinge. Als mehrere Gefangene Skorbut bekamen, ließ sie ein Sanitäter, der in das Lager beordert worden war, in einer Reihe antreten und forderte alle diejenigen auf, die Wunden von der Krankheit hatten, einen Schritt nach vorne zu treten. Mehrere Dutzend Gefangene, darunter auch Edith, taten es und zeigten ihm die Wunden auf ihrer Haut. Er bot sich dann an, ihnen Injektionen mit Vitamin C zu verabreichen, aber niemand wollte eine Spritze von einem Deutschen bekommen – die weit verbreitete Praxis, tödliche Injektionen zu verabreichen, war bekannt. Der Sanitäter nahm daraufhin ein Fläschchen Vitamin C hervor, zeigte den Gefangenen zuerst das Etikett und spritzte sich dann selbst damit. Das zeigte Wirkung: Die Gefangenen akzeptierten die Spritzen und wurden von ihrem Skorbut geheilt.

In Unterlüß erkrankte Edith an Typhus. Sie litt tagelang an heftiger Übelkeit, hatte hohes Fieber und konnte weder das Brot noch die Suppe essen, die man den Gefangenen gab. Daraufhin brachte Irén ihr Glas Milch aus der Fabrik mit, und Edith trank es. Irén machte das eine Woche lang, und Edith erholte sich. In jenen Zeiten machten die Gefangenen auch die Erfahrung, wie launisch das menschliche Schicksal sein kann und wie schmal der Grat zwischen Leben und Tod ist. Mehr als sieben Monate lang arbeitete Irén täglich in der Munitionsfabrik. An einem Tag Anfang April erfolgte ein Bombenangriff auf eine der nahe gelegenen Städte, und es wurde angekündigt – aus Gründen, die den Gefangenen nicht bekannt waren –, dass am nächsten Tag niemand zur Arbeit in die Munitionsfabrik gebracht wird. Genau an diesem Tag, dem ersten, den Irén nicht an ihrem Arbeitsplatz verbrachte, wurde die Fabrik durch einen amerikanischen Bombenangriff dem Erdboden gleichgemacht.

An einem Morgen gegen Mitte April 1945 bemerkten die Gefangenen, dass ihre deutschen Wachposten während der Nacht verschwunden waren. Die alliierten Truppen kamen der Wehrmacht bedrohlich nahe und die deutsche Armee verließ Unterlüß. Der deutsche Koch, ein Zivilist, kam herein und sagte den Gefangenen „Ihr seid frei, die Truppen sind weg". Alle freuten sich sehr, aber die Freude sollte nicht lange dauern. Nach einige Stunden „Freiheit" schulterten die guten Bürger von Unterlüß ihre Gewehre (war es eine Zivilgarde?), umzingelten das Lager und ließen die Gefangenen antreten, um sie wegzubringen. Noch bevor das geschah, verteilte der Koch unter den Gefangenen die Kartoffeln, die er im Keller hatte. Es waren ungefähr neunhundert Gefangene und jeder erhielt sechs oder sieben Kartoffeln. Edith ist überzeugt, dass das ihr Leben in den nachfolgenden zehn Tagen gerettet hat, als sie nichts anderes zu essen hatte. Die bewaffneten Zivilisten trieben die Gefangenen auf Lastwagen und fuhren sie zum nicht allzu weit entfernten Konzentrationslager Bergen-Belsen; dort wurden die Gefangenen ihren „rechtmäßigen Wächtern", den Nazihenkern, übergeben.

Bergen-Belsen war ursprünglich kein Vernichtungslager, aber nach der Befreiung von Auschwitz im Januar war es bis Mitte April 1945 vermutlich die größte Hölle auf Erden. Fleckfieber und viele andere ansteckende Krankheiten wüteten, so dass das Lager praktisch eine riesige Leichenhalle unter freiem Himmel war. Die verwesenden Leichen lagen überall auf großen und kleinen Haufen. Im Lager waren keine Wachen mehr, da die Deutschen ihre Soldaten bereits abgezogen hatten. Das Lager war verriegelt und verschlossen worden, man ließ die Gefangenen drinnen an Hunger, Durst und Krankheiten sterben. Um einen etwaigen Ausbruch derjenigen zu verhindern, die sich noch bewegen konnten, hatte man einer Einheit von ungarischen Soldaten die Aufgabe übertragen, Wache zu halten, bis die Deutschen zurück kämen – oder, wenn sie nicht zurückkommen, das Lager zusammen mit den Gefangenen in die Luft zu sprengen (das Lagergelände war vorher vermint worden). Edith und die mit ihr gefangenen neunhundert Frauen wurden in dieses im Sterben liegende Lager gesperrt, wo sie die schrecklichsten Wochen ihres Lebens verbrachten. Es ist schier unmöglich, die furchtbaren Verhältnisse zu beschreiben, die dort herrschten. Nach wenigen Wochen lebten nur noch zweihundert der Gefangenen, die von Unterlüß nach Bergen-Belsen transportiert worden waren, obwohl sie weder erschossen noch vergast worden sind und auch nicht durch direkte Gewalteinwirkung getötet wurden. Alle erkrankten an Fleckfieber; die neu eingelieferten Gefangenen steckten sich innerhalb weniger Tage an. Die Erkrankten bekamen hohes Fieber, und viele lagen im Delirium: Es war unmöglich, nachts zu schlafen, da die sterbenden und halluzinierenden Gefangenen über die Körper der Gesunden krochen. Es gab nichts zu essen. Jeden Tag aßen Edith und ihre Gefährtinnen je eine der rohen Kartoffeln, die sie aus Unterlüß mitgenommen hatten. Diese Hölle dauerte eine gute Woche, bis die Britische Armee das Lager befreite. Die ungarischen Wachen hatten beschlossen, dem deutschen Befehl nicht zu folgen, das Lager in die Luft zu sprengen.

Nach der Ankunft der Briten hörte jedoch das Massensterben der Gefangenen nicht auf. Die Befreier hatten weder die Sachkenntnis noch die Ausrüstung, um mit den Begleitumständen fertig zu werden. Edith erinnert sich zum Beispiel daran, dass sie – am ersten Tag nach dem Eintreffen der Briten – zusammen mit vielen anderen Gefangenen Bohnen aus Konserven gegessen hat. Die Körper der halbverhungerten Menschen reagierten heftig auf die Bohnen. Viele Häftlinge überlebten dieses erste Essen nicht. Edith selbst erinnert sich an die schreckliche Übelkeit nach ihrem ersten ausgiebigen Abendessen: Sie erbrach sich derart, dass ihr die Bohnen sogar zur Nase heraus kamen. Zum Glück hatten bis jetzt weder sie noch ihre drei Gefährtinnen Fleckfieber bekommen. Edith ergriff die Initiative und holte ein Zelt aus dem Lagerhaus, das die Deutschen verlassen hatten. Sie stellte das Zelt auf dem Hof des Lagers auf, weit weg von den umherkriechenden kranken Gefangenen. Viele der noch gesunden Häftlinge folgten ihrem Beispiel, so dass auf dem Hof ein richtiges kleines Zeltlager entstand, das auch auf einigen Fotos zu sehen ist, die kurz nach der Befreiung aufgenommenen worden waren.

Einige Tage später waren Ediths Gruppe und einige andere in der Lage, in das Holzgebäude zu ziehen, in dem früher die deutschen Wachen untergebracht waren. Dort standen keine Pritschen und sie schliefen auf dem Holzboden. Hier zogen sie sich schließlich doch noch Fleckfieber zu. Sie erhielten weder ärztliche noch irgendeine andere Hilfe. Das ist auch nicht überraschend, denn die britischen Armee-Einheiten, die Bergen-Belsen befreit hatten, gehörten zur kämpfenden Truppe und rückten mit der Front weiter nach vorn, um den Feind zu verfolgen. Diejenigen, die nach ihnen kamen – und sie kamen nicht sofort –, begannen mit der Evakuierung der kranken Gefangenen und brachten sie in kleinen Rot-Kreuz-Wagen in ein Krankenhaus. Aber es gab Tausende von kranken Gefangenen und die meisten waren nicht einfach nur krank, sondern lagen im Sterben. Die Aufgabe überstieg bei weitem die Kapazitäten der Befreier. Edith und ihre Gefährtinnen, die sich selbst überlassen waren, halfen einander. Das Bewusstsein, dass sie am Leben geblieben und befreit worden waren, gab ihnen die Kraft, das Fleckfieber zu besiegen. Edith erinnert sich an den Leitsatz der vier, immer zur Latrine zu gehen, wenn sie ein Bedürfnis verrichten mussten – oder besser gesagt, dorthin zu kriechen, da sie nicht mehr gehen konnten. Sie waren sich im Klaren darüber, dass diejenige, die nicht mehr auf die Toilette geht, bald sterben würde. Als Irén am Ende ihrer Kräfte war und sich nicht mehr rühren wollte, wurde sie von den anderen gezwungen, zur Toilette zu kriechen. Sie mussten das nur ein- oder zweimal tun, dann war die Krise vorbei. Am Ende überlebten alle vier Frauen die Krankheit.

Nach ihrer Befreiung verbrachten Edith und ihre Gruppe noch weitere vier Monate in der Gegend von Bergen-Belsen, bevor sie in der Lage waren, nach Hause zurückzukehren. Als sie befreit wurden, wogen sowohl Ediths Mutter als auch sie selbst etwas weniger als dreißig Kilo. In den darauf folgenden vier Monaten erlangten sie allmählich ihr normales Aussehen, ihr Gewicht und ihre Kraft wieder. Edith und Éva begannen, in einer Wäscherei der Britischen Armee zu arbeiten. Von Sándor gab es keinerlei Nachrichten. Ende August schaffte es dann schließlich eine Gruppe von jüdischen Gefangenen aus Rumänien, Ungarn und der Tschechoslowakei, eine Lokomotive und einige Eisenbahnwaggons zu „kaufen" und damit nach Hause zu fahren. Einer der Gefangenen hatte eine von den Deutschen versteckte Kiste mit Armbanduhren entdeckt; mit diesen Uhren und anderen Waren, die sie nach ihrer Befreiung gesammelt hatten, bezahlten sie den Zug. Die Reise nach Cluj dauerte drei Wochen; bei einem Zwischenhalt in Budapest fanden Klára und Edith heraus, dass Sándor am Leben war, während Éva erfuhr, dass ihre Eltern tot waren. Éva blieb bei einem Onkel in Budapest. Klára, Irén und Edith fuhren weiter nach Cluj, wo sie glücklich wieder mit Sándor vereint wurden, der im Konzentrationslager Mauthausen in Österreich befreit worden war.

Von den mehreren tausend jüdischen Familien, die im Frühjahr 1944 aus Klausenburg deportiert worden waren, war die aus drei Mitgliedern bestehende Familie Lővi die einzige, die die Deportation ohne Todesopfer überstanden hatte.

Die Londoner Gesandtschaft

7

Im November 1947 wurde ich in die Landwirtschaftsabteilung des Zentralkomitees der Partei versetzt. Die Landwirtschaftsabteilung wurde von Vasile Vaida geleitet, dem früheren Regionalsekretär in Cluj. Der Name der Abteilung ist etwas irreführend, da sie sich weder ausschließlich noch in erster Linie mit Landwirtschaft befasste, sondern mit der Politik der Partei gegenüber der Bauernschaft, welche die Mehrheit der rumänischen Bevölkerung stellte. Der Boden in Rumänien war immer noch in Privatbesitz; auf der Tagesordnung stand die Konsolidierung der Bodenreform, die in der Zeit von 1945 bis 1947 in einer Reihe von Gesetzen angeordnet worden war. Die Partei verschob die Kollektivierung der Landwirtschaft auf einen späteren Zeitpunkt. Meine Versetzung in die Landwirtschaftsabteilung erfolgte aufgrund eines Gesuches von Vaida, der meinte, er könne einen Mann wie mich brauchen, obwohl meine Qualifikation für diese Aufgabe praktisch gleich null war. Ich hatte keinerlei Erfahrung im Umgang mit Bauern; ich bin in Cluj aufgewachsen und war immer ein Stadtmensch. In der Vergangenheit hatte ich erfolgreich mit Fabrikarbeitern und Intellektuellen gearbeitet, aber nie mit Bauern; ich hatte auch keinerlei landwirtschaftliche Sachkenntnis. Als ich meine Zweifel bei Vaida ansprach, antwortete er, dass er Vertrauen in meine Lernfähigkeit habe. Also begann ich zu lernen.

Vaidas Stellvertreter in der Abteilung war ein Mann Anfang dreißig, der Nicolae Ceaușescu hieß. Er war ursprünglich Schuster von Beruf, schloss sich in den dreißiger Jahren der Bewegung an und saß zusammen mit Gheorghiu-Dej im Gefängnis. Das verlieh ihm ein gewisses Ansehen in der Partei und man bezeichnete ihn als Schüler Gheorghiu-Dejs. Mit seiner Ernennung zum Stellvertreter wollte man die Wichtigkeit der Landwirtschaftsabteilung hervorheben. Ceaușescu war von etwas kleinerem Wuchs als der Durchschnitt und hatte einen leichten Sprachfehler; er war eher schlau als klug, aber vor allem war er sehr ehrgeizig. Ich hatte nicht viel Kontakt zu ihm während der vier bis fünf Wochen, die ich in der Abteilung verbrachte, aber die wenigen Begegnungen mit ihm waren nicht gerade freundlich. Obwohl er damals noch keine Anzeichen von Größenwahn zeigte, der zum Markenzeichen seiner späteren Karriere als Staatsoberhaupt werden sollte, war seine Gesellschaft alles andere als erfreulich und wir redeten nicht viel miteinander. Mit den anderen

E. Balas, *Der Wille zur Freiheit*, DOI 10.1007/978-3-642-23921-2_7,
© Springer-Verlag Berlin Heidelberg 2012

Parteiarbeitern der Abteilung kam ich ganz gut aus. Das Milieu war insgesamt wenig anziehend, aber unsere Aufgaben schienen sehr wichtig und schwierig zu sein.

Aber meine Karriere in der Landwirtschaftsabteilung dauerte nicht lange. Ende 1947 zwang man König Michael zum Abdanken und Rumänien wurde zur Volksrepublik ausgerufen. Ungefähr zur gleichen Zeit wurde Außenminister Gheorghe Tătărescu seines Amtes enthoben und seine Partei aus der Regierungskoalition ausgeschlossen. Neuer Außenminister wurde Ana Pauker, eine führende Repräsentatin der kommunistischen Partei. Kaum hatte sie das Amt übernommen, begann sie, das Ministerium und die Botschaften von den Diplomaten der alten Schule zu säubern, die sie als Sympathisanten der bürgerlichen Parteien betrachtete, und ersetzte sie durch Kommunisten. Dieser Vorgang vollzog sich in der Zeit vom Dezember 1947 bis zum Januar 1948 in vollem Schwung. Da die führenden Politiker des Ministeriums nach Intellektuellen mit kommunistischem Leumund suchten, machte sie irgendwer auf den jungen Ökonomen aufmerksam, der Englisch, Französisch und Deutsch sprach, aber in der Landwirtschaftsabteilung der Partei gelandet war. Obwohl ich mein Studium noch nicht abgeschlossen hatte, betrachtete man mich in Parteikreisen als Ökonomen, weil ich einige Vorträge zu verschiedenen Aspekten der marxistischen politischen Ökonomie gehalten hatte. Auf diese Weise kam ich im Januar 1948 ins Außenministerium und wurde zum Sekretär der Rumänischen Gesandtschaft in London ernannt. Die Schreibweise meines Namens wurde von dem ungarischen Balázs in Balaş abgeändert, was eher nach Rumänisch klang.

Als ich mich auf meinen Auftrag vorbereitete, traf ich die Leiter der verschiedenen Ministerialabteilungen. Ich sah Ana Pauker nur einige Minuten persönlich. Ihre Stellvertreterin – die De-facto-Leiterin des Ministeriums – war Ana Toma, genannt Anuţa (ausgesprochen Anutza, die Verkleinerungsform von Ana), um sie von „Genossin Ana" zu unterscheiden, eine Anrede, die Pauker vorbehalten war. Anuţa war eine intelligente, äußerst schlaue und energische Frau, machthungrig, launenhaft und rachsüchtig – ein richtiges Miststück und noch dazu ein mächtiges. Sie umgab Ana Pauker mit tausend kleinen Aufmerksamkeiten und kümmerte sich mehr um deren persönliche Probleme als es jede persönliche Sekretärin hätte tun können. Gleichzeitig legte sie Ana Paukers Zeitplan fest und entschied, wer zu ihr vorgelassen wurde und wer nicht. Sie war eine Meisterin der Intrige und diejenigen, die sie nicht leiden konnte, durften bald auch nicht mehr mit dem Wohlwollen Ana Paukers rechnen. Sie sprach nie in ihrem eigenen Namen, sondern reichte stets die Entscheidungen der Genossin Ana weiter. Zu allem Überfluss war sie mit General Pintilie (Pantiuscha) Bodnarenko verheiratet, dem Leiter eines der zwei Geheimdienste.

Die Gesandtschaft in London, für die man mich ausgesucht hatte, war Rumäniens zweitwichtigster diplomatischer Vorposten im Westen (nach der Gesandtschaft in Washington). Als der rumänische Gesandte übergelaufen war oder man ihn abberufen hatte (ich erinnere mich nicht mehr, welcher dieser beiden Fälle eingetreten war), entsandte man aus Bukarest George Macovescu als Ersten Gesandtschaftsrat, der als Chargé d'Affaires die Leitung übernahm. Er war zunächst wieder zurück nach Bukarest gekommen, um das neue Personal der Gesandtschaft zusammenzustellen. Macovescus Rolle als Chargé d'Affaires endete mit der Ernennung des neuen Gesandten Mihail Macavei, eines alten rumänischen Gentlemans und ehemaligen Grundbesitzers, der in den frühen zwanziger Jahren Kommunist geworden war und seinen Landbesitz nach Art eines Tolstoischen Romanhelden unter den Bauern aufgeteilt hatte. Er war ein großzügiger, aber etwas naiver Mann Ende sechzig, der in erster Linie als Aushängeschild diente, während die Gesandtschaft in Wirklichkeit von George Macovescu, dem Ersten Rat, geleitet wurde. Macovescu war ein Journalist Mitte dreißig, der während des Krieges die antifaschistischen Kräfte unterstützte und später Teri heiratete, eine kommunistische Jüdin. Er genoss mehr oder weniger das Vertrauen der Partei, aber, wie ich bald herausfand, manchmal wirklich mehr und manchmal weniger. Ich wurde im diplomatischen Rang des Gesandtschaftssekretärs das dritte Mitglied des Teams. Es gab noch ein viertes Mitglied, das für konsularische Angelegenheiten zuständig war, sowie zwei Sekretärinnen.

Wir fuhren mit dem Zug nach London, da wir viel schweres Gepäck mitnahmen. Unterwegs legten wir einen zweitägigen Zwischenaufenthalt in Paris ein. Das war meine erste Begegnung mit dem Westen und Paris gefiel mir ausgezeichnet. Ich sah mir die Sehenswürdigkeiten der Stadt von morgens bis abends an, meistens zusammen mit Macovescu und seiner Frau Teri. Wir hatten uns bereits in den ersten Tagen unserer Reise angefreundet. Sie kannten den Westen, da sie dort bereits vor oder während des Krieges einige Zeit verbracht hatten. Am Abend nahm mich Macovescu – oder Mac, wie ihn seine Frau und seine Freunde nannten – mit ins Theater und ins Kabarett, deren Atmosphäre und Musik mir sehr gefielen. Am Tag hatte ich es am liebsten, auf den großen Boulevards zu bummeln, die Menschen zu beobachten sowie die großzügig angelegte imposante Architektur und die zahlreichen beeindruckenden Denkmäler der Stadt zu bewundern. Ich erinnerte mich dabei an vieles von dem, was ich im Gymnasium über Paris gelernt hatte, und ich freute mich sehr, jetzt alles selbst sehen zu können.

Schließlich kamen wir am 18. März 1948 an der Victoria Station in London an und wurden zum Hauptgebäude der Gesandtschaft gefahren, zur Residenz des Gesandten am Belgrave Square 1. Die Dienststellen der Gesandtschaft befanden sich am Cadogan Square unweit der Residenz. Die Residenz war groß genug für mehrere Familien. Macavei, der Gesandte, wohnte mit seiner Frau im Erdgeschoss, Mac und Teri wohnten in der ersten Etage und mein Zimmer war in der zweiten Etage. Die Residenz hatte einen italienischen Koch, und diejenigen von uns, die dort wohnten, aßen meistens auch zusammen. Die zwei Diplomaten, die uns das frühere Personal vererbt hatte – Gesandtschaftsrat Barbu und Presseattaché Murgu –, wohnten nicht in der Residenz. Beide lebten schon seit vielen Jahren in London und hatten komfortable Häuser.

In den ersten Tagen nach unserer Ankunft verbrachte ich viel Zeit damit, London kennen zu lernen. Ich nahm an Stadtrundfahrten in den roten Doppeldeckerbussen teil, die so charakteristisch für das Londoner Straßenbild sind; ich fuhr stundenlang und versuchte, in mich aufzunehmen, was ich sah. Ich war tief beeindruckt von der Größe und Effizienz des U-Bahnsystems, das von den Londonern „the Tube" genannt wird: Die Dichte des Netzes mit Haltestellen, von denen man die meisten wichtigen Stellen der Innenstadt innerhalb weniger Minuten erreichen kann; die Geschwindigkeit und die Häufigkeit der Züge; die Sauberkeit der Wagen und der zivilisierte Umgang der Fahrgäste miteinander (heute ist das nicht mehr ganz so). Vor allem imponierten mir die riesigen Rolltreppen, mit denen man tief unter die Erde fuhr, während auf der gegenüberliegenden Seite die Fahrgäste nach oben gebracht wurden. Dieses tägliche Kaleidoskop von unzähligen Menschen, die zur Arbeit gingen oder von dort kamen, die auf den Rolltreppen Zeitungen und Bücher lasen; die farbenprächtige Aufmachung durch gleich große und doch so verschiedene Plakate an den beiden Seitenwänden – all das prägte sich unauslöschlich in mein Gedächtnis ein. Ich verbrachte viele Tage damit, stundenlang durch die Londoner Innenstadt zu gehen, von der Hyde Park Corner nah bei unserer Residenz über den Piccadilly durch den Green Park zum Piccadilly Circus. Ich sah mir die Schaufenster in der Regent Street an, ging den Haymarket hinunter zum Trafalgar Square oder durch die Shaftesbury Avenue zum Leicester Square und blieb unterwegs vor den Kinos stehen. Ich bummelte gerne im Hyde Park und hörte mir dabei gelegentlich die Reden an, die der eine oder andere exzentrische Sonderling an der Speakers' Corner von sich gab. Ich fragte mich, wie lange Rumäniens kommunistische Gesellschaft wohl brauchen würde, um stark genug zu werden, sich eine solche Freiheit zu leisten. Ja, ich dachte, dass das nur eine Frage der Zeit sei, weil die Freiheit eines unserer Endziele war. Das war nur eine Frage der Prioritäten: Zuerst kommt die Gerechtigkeit, die Beseitigung der Klassenprivilegien; dann die Einführung der Planwirtschaft und der damit einhergehende Überfluss sowie die Abschaffung der kapitalistischen Verschwendung; schließlich Demokratie und Freiheit. Vorläufig war die Freiheit aber leider ein Luxus, den wir uns nicht leisten konnten.

Die Engländer schienen mir nicht nur besser angezogen und viel besser gestellt zu sein als die Menschen in meinem Land, sondern auch zivilisierter und höflicher, was den Umgang und die sozialen Kontakte angenehmer machte. Konnte es sein, dass das durchschnittliche Anstandsniveau höher lag als das, an das ich gewöhnt war? Die Menschen waren natürlich auch naiver. Ich erinnere mich daran, dass ich einmal zu Austin Reed ging, einem führenden Bekleidungsgeschäft, um einige Hemden zu kaufen (als Diplomat musste ich mich gut anziehen). Ich kaufte mehrere Hemden und zahlte mit einer Fünf-Pfund-Note. Da das Pfund Sterling vier Dollar wert war und der Dollar viel mehr wert war als der heutige Dollar, belief sich der Wert von (damals) fünf Pfund auf umgerechnet zwei- bis dreihundert Dollar (heute). Die Fünf-Pfund-Note war größer als das übrige Papiergeld; eine Seite war vollkommen leer, auf der anderen Seite stand in Kursivschrift nur „Five Pounds". Aber die Banknote bestand aus starkem Spezialpapier mit Wasserzeichen, die man sehen konnte, wenn man sie gegen das Licht hielt. Die junge Dame an der Kasse gab mir die Fünf-Pfund-Note zurück, drückte mir einen Füller in die Hand und erklärte mir, dass es wegen des hohen Wertes dieser Banknote üblich sei, dass der Kunde, der damit zahlt, seinen Namen und seine Adresse auf die Rückseite der Note schreibt, damit man den Ursprung im Falle von Problemen zurückverfolgen könne. Ob ich etwas dagegen hätte zu unterschreiben? „Überhaupt nicht", antwortete ich und schrieb meinen Namen und meine Adresse auf die Rückseite der Banknote, gab sie der Kassiererin zurück und machte Anstalten, ihr meinen Reisepass zu zeigen. Zu meiner Überraschung schaute die junge Dame auf die Banknote, legte sie in das Kassenfach, bedankte sich bei mir und gab mir das Rückgeld, ohne meinen

Reisepass oder irgendeinen anderen Ausweis zu verlangen. Da ich ihr Verhalten verstehen wollte, bemerkte ich, dass ich ohne Identitätsüberprüfung doch *irgendeinen* Namen und *irgendeine* Adresse auf die Banknote hätte schreiben können. Sie sah mich ungläubig an und antwortete mit echter Bestürzung: „Aber Sie würden *so etwas* doch niemals tun, nicht wahr?"

Ich brauchte auch einen dunklen Anzug für Empfänge und einen helleren für den täglichen Gebrauch in der Dienststelle. Deswegen ging ich zu einem Schneider in die Savile Row, wo auch andere Diplomaten ihre Anzüge maßschneidern ließen. In Rumänien ließen wir unsere Anzüge immer maßschneidern, denn die Massenproduktion hatte diese Branche noch nicht erobert – ich war also daran gewöhnt, dass vom Schneider Maß genommen wurde. Aber in Bukarest oder Cluj maß ein Schneider bei einem Kunden nur die Schultern, die Brust, die Hüfte, die Länge der Arme und Beine, die Oberschenkel und das Gesäß – es wurden insgesamt acht oder neun Maße genommen. Der Schneider in der Savile Row nahm vierzig oder fünfzig Maße. Da das einige Zeit dauerte, unterhielt ich mich zwischendurch mit ihm. An einer Stelle fragte er mitten im Gespräch: „Auf welcher Seite tragen Sie ihn, Sir?" Da ich die Frage nicht verstand, dachte ich, dass er auf etwas anspielte, was ich in unserer Unterhaltung gesagt hatte. „Wie meinen Sie?", fragte ich. Hierauf antwortete er: „Es ist so, dass wir wissen müssen, auf welcher Seite Sie ihn tragen möchten. Ich meine, sind Sie Rechtsträger oder Linksträger?" Als ich schließlich verstand, worauf er hinaus wollte, ergriff mich panische Verlegenheit: Ich hatte nie zuvor darüber nachgedacht und musste nun feststellen, dass ich es wirklich nicht wusste. Ich brauchte einige Zeit, um die Fakten zu ergründen und seine Frage zu beantworten. Was für ein provinzieller Kunde ich doch war! So langsam und kompliziert der ganze Vorgang auch war: Das Endergebnis waren jedenfalls zwei hervorragende Anzüge, die mir besser passten als alles andere, das ich vorher getragen hatte oder danach je tragen sollte. Einen dieser Anzüge, den dunklen, habe ich immer noch. Ich trug ihn 1992 zum Rektorenball meiner Universität und erntete damit einen großen Erfolg: Breite Aufschläge kamen damals wieder in Mode und man beglückwünschte mich zu meinem neuen hochmodischen Anzug.

Was das Personal der Gesandtschaft anbelangt, so war der Gesandte ein netter alter Mann, aber nicht mehr als das. Die Gesandtschaft wurde von Mac geleitet, der sachkundig, gut informiert und wachsam war, aber auch ein gutes Gespür für die Parteilinie hatte. Er nahm seinen Auftrag sehr ernst; er schien sich nach einer Rolle wie seiner jetzigen gesehnt zu haben und sein hauptsächlicher Ehrgeiz bestand darin, ein erfolgreicher Diplomat zu sein. Hierauf war er gut vorbereitet und er arbeitete daran, seine Fertigkeiten weiter zu verbessern. Sein Englisch war flüssig und korrekt, er sprach es mit einem leichten Akzent und griff auf einen großen Wortschatz zurück. Er sprach auch gut Französisch. Er hatte eine schnelle Auffassungsgabe und die phantastische Fähigkeit, eine Vielzahl von Informationen in kurzer Zeit aufzunehmen. Er las sieben oder acht Zeitungen in anderthalb Stunden und dabei entging ihm keine interessante Nachrichtenmeldung. Wir beide bedauerten, wie seicht und nichtssagend die *Scînteia* war, die rumänische Parteizeitung, die wir täglich erhielten und die wir – da wir fern von zu Hause waren – gründlich nach Nachrichten durchforsteten. Es gab einfach keine – es war so, als ob sich zu Hause nichts ereignen würde. Mac beklagte sich bei mir darüber, dass er die *Scînteia* während der fünfminütigen Autofahrt zur Gesandtschaft von Anfang bis Ende durchlesen könne.

Nun zu den anderen beiden, die wir dort bei unserer Ankunft vorfanden. Der eine von ihnen, Presseattaché Murgu, war ein Liederjan, der sich für Alkohol und Frauen interessierte und sonst keine ernsthafteren Ambitionen hatte. Er blieb noch ein paar Monate nach unserer Ankunft, trat aber dann zurück, weil er korrekterweise vermutete, dass ihn die kommunistische Regierung nicht lange behalten würde. Er zog es vor, seiner Entlassung zuvorzukommen und setzte sich aus politischen Gründen ab. Zevedei Barbu war eine andere Geschichte. Im Gegensatz zu Murgu war er ein Intellektueller, der Philosophie studiert hatte und eine tadellose Vergangenheit während des Krieges aufweisen konnte (aus irgendeinem Grund hat er die Kriegsjahre in England verbracht). Er spielte mit der Idee, sein Glück in dem neuen rumänischen Umfeld zu versuchen und in die kommunistische Partei einzutreten, deren Ziele er sich teilweise zu eigen gemacht hatte, obwohl er da und dort mit der offiziellen Linie nicht einverstanden war. Es war natürlich äußerst naiv zu glauben, dass so etwas möglich sei: Die geringste Abweichung von der Parteilinie hätte den sofortigen Ausschluss zur Folge gehabt. In jenem Sommer erhielt Barbu einen Brief vom Ministerium: Man schlug ihm vor, in naher Zukunft Bukarest zu besuchen und die Verbindungen zu seiner Heimat zu erneuern. Er beschloss, das Risiko nicht einzugehen, und trat zurück. Damals betrachtete ich das als Verlust für uns; im Rückblick denke ich jedoch, dass Barbu durch den Rücktritt wahrscheinlich sein Leben gerettet hat.

Wir hatten bei der Gesandtschaft einen rumänischen Fahrer vom alten Personal geerbt. Petre war Ende vierzig oder Anfang fünfzig, und obwohl er kein gebildeter Mann war, erwies er sich in vielerlei Hinsicht als nützlich für uns, hauptsächlich weil er aufgrund seines langjährigen Aufenthaltes in London die Stadt ausgezeichnet kannte. Ich erinnere mich an ein lustiges Gespräch, das wir hatten, als er mich an eine Stelle fuhr, die ich besuchen musste. Wir redeten über Filme und es stellte sich heraus, dass er gerne Thriller und Western sah. Ich sagte, dass mir einige dieser Filme zwar ebenfalls gefielen, mich aber stören würde, dass zum Schluss immer fast jeder getötet wird. Hierauf drehte er sich zu mir: „Wieso, ist es denn im *Hamlet* nicht genau so?" – Recht hatte er! Zu Macs und meinem Bedauern musste Petre zwei Monate später auf strikte Order von Bukarest entlassen werden. Wir stellten einen ortsansässigen Fahrer ein, den uns unsere linksgerichteten Freunde empfohlen hatten.

Meine Aufgaben in der Gesandtschaft waren von allgemeiner politischer Natur. Ich musste mich möglichst gut mit der politischen Lage, den Parteien (in erster Linie mit der regierenden Labour Party) und der Gewerkschaftsbewegung vertraut machen, indem ich die Presse sorgfältig studierte, die Bekanntschaft von Journalisten, Schriftstellern, Politikern und Parlamentsmitgliedern machte und öffentliche Versammlungen besuchte. Ich berichtete über meine Erfahrungen, meistens über wichtige politische Veranstaltungen, die ich beschrieb und interpretierte. Als Erstes machte ich mich daran, Bekanntschaften zu schließen. Dabei halfen mir sowohl Mac, der mich allen seinen Bekannten vorstellte, als auch Presseattaché Murgu, der eine Reihe von Journalisten kannte. Von Zeit zu Zeit gaben die Macovescus eine Party und bei diesen Anlässen begegnete ich einigen Mitgliedern des Parlaments, den „Freunden der Volksdemokratien",[1] aber auch einigen Gewerkschaftsführern und anderen linksgerichteten Politikern. Einer derjenigen, mit denen ich mich anfreundete und lange Gespräche über Gewerkschaftsangelegenheiten hatte, war Mitglied des Exekutivkomitees des Trade Union Council. Ich traf Harry Pollitt, den Generalsekretär der Kommunistischen Partei Großbritanniens und war nicht allzu sehr von ihm beeindruckt. Insgesamt war es eine unangenehme Überraschung für mich, wie schwach die Kommunistische Partei in Großbritannien war: sie hatte nur ein paar Tausend Mitglieder und nur wenige Vertreter, die sich Gehör verschafften und überzeugend auftraten; zudem hatte die Partei bei den letzten Wahlen nur sehr wenige Stimmen bekommen. Von den kommunistischen Intellektuellen traf ich Palme-Dutt, den Autor einiger gut recherchierter, aber voreingenommener Bücher. Ich las und verehrte den marxistischen Ökonomen Maurice Dobbs, einen weiteren kommunistischen Intellektuellen, dem ich aber nie begegnet bin. Von den Parlamentsmitgliedern erschienen bei unseren Empfängen gelegentlich einige nichtkommunistische linksorientierte Politiker wie Solley und Platts-Mills. D. H. Pritt, ein bekannter Autor und Vorsitzender des Friedenskomitees, war ein ebenso häufiger Gast auf unseren Partys wie Fregattenkapitän Edgar Young, ein pensionierter Seemann, der mit den neuen osteuropäischen Regierungen sympathisierte, obwohl er hauptsächlich nur Jugoslawien kannte und wenig über die anderen Länder wusste.

Eine weitere Informationsquelle waren unsere Kontakte zu den anderen osteuropäischen Botschaften und Gesandtschaften. Ich wurde bald mit Pawlow bekannt, dem Ersten Sekretär der sowjetischen Botschaft, der während des Krieges oder unmittelbar danach Molotows Dolmetscher war. Molotow war Stalins Erster Stellvertreter und Außenminister der Sowjetunion. Pawlow war ein kleiner, magerer und blonder Mann Mitte dreißig; er hatte ein schmales Gesicht und intelligente blaue Augen, die von einer Brille mit Goldfassung umrahmt wurden. Es war aufschlussreich zu hören, wie er die verschiedensten Ereignisse interpretierte. Aber mein interessantester Kontakt in diplomatischen Kreisen war zweifellos Eduard Goldstücker, der Erste Rat der tschechoslowakischen Botschaft. Er hatte die Kriegsjahre in London verbracht und kannte die britische politische Landschaft in- und auswendig. Er war zehn Jahre älter als ich und viel erfahrener, schien aber dennoch gerne mit mir zu diskutieren und wir verbrachten viele Abende zusammen. An unseren Diskussionen beteiligte sich manchmal auch sein Kollege Kavan, der ebenfalls Botschaftsrat war. Goldstücker war ein leidenschaftlicher Porzellansammler; ich begleitete ihn einmal auf einer Einkaufstour, bei der er sich viele Dinge

---

[1] „Volksdemokratien" war die euphemistische, aber offizielle Bezeichnung der Regierungssysteme, die nach dem Zweiten Weltkrieg in den von der Sowjetunion besetzten Ländern an die Macht kamen. Der Begriff sollte ein breites Volksbündnis im Gegensatz zum kommunistischen Einparteiensystem beschreiben. Rumänien hieß also „Volksrepublik Rumänien", Ungarn „Volksrepublik Ungarn" und so weiter. Ungefähr ein Jahrzehnt später wurde der Anspruch fallen gelassen und aus der „Volksrepublik Rumänien" wurde die „Sozialistische Republik Rumänien".

anschaute, aber nur wenig kaufte. Während des Prager Frühlings[2] und danach spielte er eine führende Rolle und wurde weltweit bekannt. Ein anderer interessanter Kontakt war Miljutinowitsch, der Erste Sekretär der Jugoslawischen Botschaft, den ich sehr bewunderte, weil er während des Krieges als Partisan in Titos Armee gekämpft hatte.

Eine meiner Aufgaben in der Gesandtschaft war die Weiterleitung verschlüsselter Meldungen. Jede Gesandtschaft hatte ein Codebuch mit numerierten Seiten und das Bukarester Ministerium besaß eine genaue Kopie dieses Buches. Jede Seite enthielt eine Zufallsfolge von Buchstaben und die Folge hatte viele Löcher (fehlende Buchstaben), die ebenfalls zufällig angeordnet waren. Zum Versenden einer verschlüsselten Meldung verwendete ich eine Seite des Codebuches und trug die Meldung in die leeren Stellen ein, indem ich in jedes Loch einen Buchstaben schrieb. Danach schickte ich die ganze Seite zusammen mit den ausgefüllten Löchern als Telegramm ab. Im Ministerium in Bukarest transformierte der Empfänger mein Telegramm in das Seitenformat des Codebuches und lokalisierte anschließend in seinem Codebuch genau dieselbe Seite, die ich zum Versenden der Meldung verwendet hatte. Danach legte er das formatierte Telegramm auf die Seite und las die Meldung in den ausgefüllten Löchern. Verschlüsselte Meldungen wurden nur für dringende Angelegenheiten verwendet (oder zumindest für Angelegenheiten, die man für dringend hielt); ansonsten wurden die Berichte mit der diplomatischen Kuriertasche weitergeleitet. Der Kurier kam regelmäßig alle paar Wochen, um die Tasche zu befördern.

Während meines Londoner Aufenthaltes las ich sehr viel. Vor allem gehörte es zu meinen Arbeitsaufgaben, alle wichtigeren Zeitungen durchzugehen – Mac und ich diskutierten täglich oder jeden zweiten Tag über die Zeitungsmeldungen. Ferner sah ich mir die Wirtschaftsmeldungen, Börsenberichte, Firmenberichte usw. an. Ich war entschlossen, die Fakten der britischen Wirtschaft und der Weltwirtschaft kennenzulernen. Gelegentlich las ich auch amerikanische Zeitungen und Zeitschriften. Ich schaute mir viele Bücher über ökonomische Themen an; aber in dieser Zeit war ich nicht an westlicher Wirtschaftstheorie interessiert, sondern an der praktischen Betriebswirtschaft und Betriebsleitung, deren Lehren sich leicht auf eine sozialistische Wirtschaft anwenden ließen. Außerdem bereitete ich mich in London auf meine Prüfungen in verschiedenen ökonomischen Fächern an der Klausenburger Universität vor. Mir machte es Spaß, in die großen Buchhandlungen in der Charing Cross Road zu gehen – manchmal stöberte ich dort viele Stunden lang herum. Bald konnte ich mich ganz gut über die aktuellen Wirtschaftsprobleme unterhalten. Zur gleichen Zeit lernte ich, westlichen Zuhörern in verständlichen Worten die Lage in Rumänien und die Schwierigkeiten nahe zu bringen, mit denen sich die Regierung konfrontiert

---

[2] „Prager Frühling" ist die verbreitete Bezeichnung für die Periode des politischen Tauwetters in der Tschechoslowakei vor dem sowjetischen Einmarsch 1968. Unter Führung von Alexander Dubček versuchte die Kommunistische Partei der Tschechoslowakei, das kommunistische System zu reformieren und eine tolerantere und flexiblere Sozialismusvariante zu verwirklichen, die mitunter als „Sozialismus mit menschlichem Antlitz" bezeichnet wurde.

sah. Dabei betonte ich die sozialen und ökonomischen Ungerechtigkeiten der Vergangenheit und die Bemühungen, diese Dinge zu korrigieren: Die Neuaufteilung von Grund und Boden, die Gewährleistung gleicher Rechte für Minderheiten, freie Ausbildung und kostenlose Gesundheitsversorgung für alle sowie Beginn der Industrialisierung des Landes. Ich hatte einige Einladungen, Vorträge zu halten, unter anderem von der Universität Leeds. Ich fuhr mit dem Zug dorthin und hielt einen Vortrag vor etwa zwanzig Studenten. Danach stellten sie viele Fragen, die meistens naiv waren, aber nicht feindselig.

George Enescu, der berühmte rumänische Komponist, der in Paris lebte, besuchte London im Frühjahr oder Sommer des Jahres und unser Gesandter Macavei, der ihn persönlich kannte, lud ihn zum Abendessen in die Gesandtschaft ein. Die Macovescus und ich waren ebenfalls eingeladen. Zwar gefielen mir diejenigen Kompositionen Enescus, die ich kannte – die *Rumänische Rhapsodie* und einige andere Werke, die mit der rumänischen Volksmusik verwoben waren –, aber meine musikalische Bildung war ziemlich beschränkt und deswegen sah ich einer Unterhaltung mit Sorgen entgegen. Es stellte sich jedoch heraus, dass – mit Ausnahme Teris – die anderen sogar noch weniger über Musik wussten als ich, so dass sich das Gespräch schnell zu anderen Themen hin verlagerte. Der Gesandte versuchte – mit Macs Unterstützung – Enescu dazu zu überreden, nach Rumänien zurückzukehren, und zeichnete ein rosiges Bild der Begeisterung, mit der Enescus Rückkehr begrüßt werden würde und welch herzlichen Empfang ihm die Behörden bereiten würden. Zum Glück zeigte sich Enescu davon nicht beeindruckt und sagte offen, dass er – ausgehend von dem, was er in rumänischen Zeitungen gelesen habe – nicht glaube, dass ihm die dortige Atmosphäre zusagen würde. Mac bestand klugerweise nicht darauf, die Sache weiter zu diskutieren, und versuchte auch nicht, die Atmosphäre zu verteidigen; stattdessen wies er darauf hin, dass sich das Land in einer schwierigen Übergangsphase befände und dass der Maestro seine Meinung vielleicht ändern würde, wenn sich die Lage stabilisierte und sich die Bedingungen verbesserten. Und dabei beließen sie es. Enescu kehrte natürlich nie nach Rumänien zurück und starb schließlich im Ausland.

Anfang Juni kehrte ich nach Rumänien zurück, um meine Prüfungen an der Bolyai Universität abzulegen. Da das bereits vorher so besprochen war, brauchte ich für meine Reise keine Genehmigung aus Bukarest; ich kaufte einfach das Ticket und reiste für zwei Wochen nach Hause, diesmal mit dem Flugzeug über Prag. Zurück in Bukarest, meldete ich mich im Ministerium, berichtete Anuţa Toma und einigen anderen über den Gang der Dinge an der Gesandtschaft und fuhr nach Cluj, um meine Prüfungen abzulegen und einige Tage mit Edith zu verbringen. Wir waren glücklich, wieder zusammen zu sein. Sie musste sich intensiv auf ihr Abitur vorbereiten, die schwere Abschlussprüfung, die in ein paar Wochen stattfand. Ich legte meine eigenen Prüfungen erfolgreich ab, obwohl die Sache nicht ganz problemlos war. Eine der Prüfungen war in Internationalem Recht und Professor Buza, der Prüfer, war dafür bekannt, streng und unnachgiebig zu sein. Er hatte eine sehr persönliche Art zu prüfen: Er hielt einen schmalen Papierstreifen in der Hand, auf dem eine Liste von siebzig bis achtzig kurzen und konkreten Sachfragen stand, die er in der fünfundvierzigminütigen mündlichen Sitzung auf den Prüfungskandidaten abfeuerte. Er duldete keinerlei Abweichungen vom Thema: Entweder konnte der Prüfungskandidat die Frage beantworten oder er konnte es nicht – es gab keine Möglichkeit, den allgemeinen Hintergrund einer Frage zu erläutern, und der Professor war auch nicht neugierig darauf, ob der Prüfling die Vorzüge und Nachteile eines Standpunkts beurteilen konnte. Viele Fragen hingen mit bestimmten Paragraphen der Charta der Vereinten Nationen zusammen, deren Anzahl ich nicht kannte und über deren Inhalt ich nicht bis in alle Einzelheiten Bescheid wusste. Da ich als Diplomat diese Dinge hätte wissen müssen, fühlte ich mich unbehaglich. Bis zum heutigen Tage erinnere ich mich an diese Prüfung – die unangenehmste, die ich je ablegen musste. Ich bestand die Prüfung, erhielt aber keine gute Zensur und schämte mich sehr. Andererseits verlief meine Ökonomieprüfung bei Professor Kelemen recht angenehm. Offensichtlich kannte ich die marxistische Ökonomie besser als Kelemen selbst. Also gab er mir am Schluss die beste Zensur, beglückwünschte mich und fragte, ob ich ihm einen marxistischen Begriff erklären könne, den er nie wirklich verstanden habe, nämlich den „Fetischismus des Kapitals". Ich tat das zu seiner Zufriedenheit. Die anderen Prüfungen verliefen ohne besondere Zwischenfälle. Damit hatte ich meine Graduierung abgeschlossen, obwohl ich mein Diplom erst im darauf folgenden Frühjahr erhielt.

Vor meiner Reise nach Cluj oder unmittelbar danach kam Fregattenkapitän Young – der britische Seemann und Freund, der uns in der Gesandtschaft gelegentlich aufsuchte – mit seiner Frau für einige Tage zu Besuch nach Bukarest. Ich wusste im Voraus von seinem Besuch und hatte die Anweisung von Macovescu, mich um Young während seines Aufenthaltes in Bukarest zu kümmern. Um den Besuch der Youngs interessant zu machen, luden wir sie zum Abendessen bei den Jakabs ein. Natürlich musste die Einladung vom Außenministerium genehmigt werden, und wir erhielten die Genehmigung. Als Schutzmaßnahme gegen jegliche Art von Verdacht lud ich auch Luisa („Lulu") Năvodaru ein, die damals für einen der Geheimdienste arbeitete. Wir verbrachten einen ganz angenehmen Abend ohne irgendwelche Vorkommnisse. Später hatte ich triftige Gründe, meinen Einfall zu bedauern, aber damals gab er mir das Gefühl, meine Pflicht angemessen erfüllt zu haben, und ich war Sanyi und Magda für den Abend dankbar, an dem auch sie ihre Freude hatten.

Während meines Aufenthalts bei den Jakabs bat mich Magda, bei meiner Rückreise nach London ihre Schwester Edith aufzusuchen, die mit einem Franzosen verheiratet war und in Paris lebte, wo ich ohnehin einen Zwischenaufenthalt einlegen musste. Ich sollte Edith Magdas Grüße überbringen und als kleines Geschenk ein goldenes Zigarettenetui. Ich kannte Magdas Schwester aus Cluj, wo sie 1945 oder 1946 zu Besuch war. Während meines Zwischenaufenthaltes in der französischen Hauptstadt rief ich sie an, traf mich mit ihr und übergab ihr das Zigarettenetui. Ich hatte damals keine Ahnung, dass mir diese scheinbar harmlose Begebenheit später ziemliche Kopfschmerzen bereiten würde.

Ein paar Tage vor meiner Rückreise nach London wurde ich unerwartet zum Zentralkomitee der Partei bestellt. Dort übertrug man mir eine neue Aufgabe, die absolut geheim war. Die Aufgabe hatte mit dem Kominform zu tun, dem Kommunistischen Informationsbüro, das im September 1947 von denjenigen europäischen kommunistischen Parteien gegründet worden war, die entweder an der Macht waren oder zahlreiche Anhänger hatten. Die Aufgabe des Kominform bestand darin, einen regelmäßigen Informationsaustausch zu organisieren. Mitglieder des Kominform waren die kommunistischen Parteien der Sowjetunion, Polens, der Tschechoslowakei, Ungarns, Rumäniens, Bulgariens, Jugoslawiens, Frankreichs und Italiens. Die Zentrale der Organisation befand sich bis zum Frühjahr 1948 in Belgrad; in dieser Zeit trat der Streit zwischen der sowjetischen und der jugoslawischen Partei zutage – was dazu führte, die Zentrale des Kominform nach Bukarest zu verlegen. Ich wusste von dieser Kontroverse bereits aus der Parteipresse, die den Streit als Kampf aller überzeugten Kommunisten gegen die verräterische Tätigkeit der jugoslawischen Abweichler darstellte. Das Kominform hatte eine Monatszeitschrift, die sich mit Problemen der marxistischen Theorie und der kommunistischen Politik befasste, und deren Artikel von führenden Ideologen der verschiedenen Mitgliedsparteien geschrieben wurden, gelegentlich aber auch von Kommunisten, deren Parteien keine Mitglieder des Kominform waren. Die Zeitschrift des Kominform brauchte organisierte Kontakte zu den Führungen der verschiedenen kommunistischen Parteien, und meine Aufgabe bestand darin, Kontakt mit der britischen Partei aufzunehmen, das heißt, mit Harry Pollitt, dem Generalsekretär der Partei. Ich sollte nach meiner Rückkehr in Kontakt mit Pollitt treten und ihm einen Brief in einem unversiegelten Umschlag übergeben. Der Brief enthielt Informationen über die Ziele und Pläne der Kominform-Zeitschrift und ich sollte Pollitt bitten, innerhalb der nächsten sechs Monate einen Artikel über ein Thema seiner Wahl zu schreiben. Danach sollte ich Pollitts Artikel nach Bukarest weiterleiten. Alle diese Winkelzüge, die einem Spionageroman zur Ehre gereicht hätten, waren offensichtlich unnötig – die Kommunistische Partei Großbritanniens war vollkommen legal und litt nicht unter offizieller Verfolgung, sondern an einem Mangel an Anhängern. Das ganze Geschäft hätte ohne weiteres auch über die normale Post abgewickelt werden können. Aber ich erklärte mich natürlich einverstanden, die mir übertragene Aufgabe auszuführen. Der unangenehmste Teil der Besprechung im Zentralkomitee war eine Frage über meinen Kollegen Macovescu: Ob ich in seinem Verhalten irgendetwas Verdächtiges bemerkt hätte? Aus dem Tonfall des Fragestellers ging deutlich hervor, dass er meinte, gute Gründe für sein Misstrauen zu haben. Als ich protestierte, dass ich nie irgendetwas Verdächtiges bemerkt hätte und dass ich Macovescu für jemanden hielt, der sich voll und ganz seiner Arbeit widme und dafür auch ausgesprochen qualifiziert sei, und dass er alles täte, um die Parteilinie strikt zu befolgen, war die Antwort ein skeptisches „Wir werden sehen", und ich wurde ermahnt, ihn aufmerksam zu beobachten.

Zurück in London, wandte ich mich an Pollitt und sagte ihm, dass ich eine Nachricht für ihn hätte. Ich überließ ihm die Wahl unseres Treffpunkts – schließlich kannte er London viel besser als ich –, und zu meiner Überraschung schlug er vor, dass ich ihn an einem Abend zu Hause besuchen solle. Er wohnte in einem der Arbeiterviertel im westlichen Teil Londons, und ich fuhr mit der U-Bahn und dem Bus zu ihm. Er las den Brief und stellte dann einige Fragen zum Kominform, die ich nach bestem Wissen und Gewissen beantwortete. Danach sagte er, dass er den Artikel schreiben und mich wissen lassen würde, wenn er fertig sei.

Während meines Aufenthalts in London besuchte ich mehrmals Sitzungen des Parlaments. Das Unterhaus war die interessantere Kammer, denn hier fanden die wirklichen Debatten statt. Ich war nicht nur von der Substanz dieser Debatten fasziniert, sondern auch von der Sprache, der Rhetorik und von den Umgangsformen. Der berühmte britische Hang zur Tradition kulminiert in der Eröffnungszeremonie des Hauses zu Beginn jeder Parlamentssitzung. Ein Mann betritt das Unterhaus, stellt sich als der königliche Kurier (King's Messenger) vor und versucht, dem Präsidenten (Speaker) des Hauses eine schriftliche Botschaft zu übergeben. Der Präsident weigert sich, die Botschaft entgegenzunehmen, tadelt den Kurier dafür, dass er hereingekommen sei, ohne an die Tür zu klopfen (eine Sitte, an die sich sogar der königliche Kurier halten muss), und schickt ihn wieder hinaus, damit er alles vorschriftsmäßig wiederhole. Daraufhin begibt sich der Kurier hinaus und klopft laut an die Tür. Man bedeutet ihm „Herein!", worauf er erneut in das Haus kommt und seine Vorstellung wiederholt. Ich fand diese Zeremonie äußerst amüsant. Wenn wir von der englischen Liebe zur Tradition sprechen, dann dürfen wir natürlich auch das Aussehen der Londoner Taxis nicht vergessen. Im Jahr 1948 sahen die Taxis immer noch so aus wie in den Filmen der zwanziger und dreißiger Jahre, und mehr als vierzig Jahre später sehen sie fast immer noch so aus.

Im Sommer 1948 hatte ich meine interessanteste politische Aufgabe während meines Aufenthaltes in England: Ich besuchte den öffentlichen Landesparteitag der Labour Party in Scarborough. Das war eine einzigartige politische Erfahrung für mich. Ich verbrachte eine ganze Woche damit, den Kampf zwischen verschiedenen Gruppen und Richtungen innerhalb der Labour Party mitzuerleben und hörte mir Dutzende von Reden an, von denen manche dumm, manche klug und viele demagogisch waren. Ich sprach mit linksgerichteten und anderen Delegierten. Ich beobachtete den Abstimmungsvorgang und versuchte, die Ergebnisse zu erraten. Kurz gesagt: Es war die gründlichste Schulung, die ich mir in britischer Politik je hätte vorstellen können. Ich erinnere mich nicht mehr an die vielen Programme, über die man diskutierte und abstimmte, aber nach dem Besuch dieses Parteitages war ich in der Lage, kompetent über die meisten Fragen der damaligen britischen Politik zu diskutieren. Ich knüpfte auch einige neue persönliche Kontakte.

* * *

Bald nach diesem Parteitag trafen zwei neue Diplomaten aus Bukarest ein, um als Handelsvertretung tätig zu werden: Jacques Berman als Handelsrat und Ion Măgură als Dritter Sekretär für Handel. Beide waren der Abteilung Außenhandel des Handelsministeriums unterstellt; Berman war Măgurăs Vorgesetzter, aber beide standen unter Aufsicht der Gesandtschaft. Ich wurde beauftragt, die Arbeit der Handelsvertretung seitens der Gesandtschaft zu beaufsichtigen, wahrscheinlich, weil man mich als Ökonomen betrachtete – etwas, das ich zwar werden wollte, von dem ich aber nach meiner Einschätzung immer noch ein Stück entfernt war. Meine regelmäßigen wöchentlichen Besprechungen mit Berman, in denen er mir über seine Arbeit berichtete, vertieften meine ökonomische Sachkenntnis. Die Aufgabe der Handelsvertretung bestand darin, den ziemlich dürftigen Handel zwischen Rumänien und dem Vereinigten Königreich zu erweitern; es sollten Exportmöglichkeiten für rumänische Produkte gefunden und der Kauf bestimmter britischer Produkte organisiert werden. Jacques Berman, ein Architekt Ende vierzig oder Anfang fünfzig, hatte noch vom Krieg her kommunistische Verbindungen und einige Erfahrungen im Außenhandel. Er sprach fließend Englisch, aber mit starkem Akzent.

Mein interessantestes Erlebnis mit Berman war ein Besuch der Autowerke von Ford in Dagenham. Berman war aufgrund seiner Geschäftskontakte eingeladen worden, das Werk zu besuchen, und er fragte mich, ob ich Interesse hätte, ihn zu begleiten. Natürlich hatte ich Interesse – das Werk in Dagenham war eine relativ neue Anlage mit modernster Technologie der Kraftfahrzeugherstellung. Ich fand den Besuch elektrisierend, da ich hochentwickelte Technik im Allgemeinen bewunderte und nie zuvor eine so große und moderne Fabrik gesehen hatte. Teile der Fabrik waren vollständig automatisiert. „Genau das brauchen wir in Rumänien", dachte ich. Ich stellte mir den Aufbau des Sozialismus als den Bau zahlreicher Fabriken wie dieser hier vor. Da der Kommunismus in industriell unterentwickelten Ländern an die Macht gekommen war, bestand seine historisch dringendste Aufgabe in der Industrialisierung; in meinen Gedanken verschmolzen also die Aufgaben der Industrialisierung und der sozialen Transformation miteinander.

Um diese Zeit wurde ich zum Ersten Sekretär befördert. Das war eine wichtige Anerkennung und bedeutete auch eine wesentliche Gehaltserhöhung. Da ich viel Geld dafür ausgeben musste, mich wie ein Diplomat zu kleiden, und da es keinen „Bekleidungszuschuss" gab, kam die Gehaltserhöhung sehr gelegen. Das machte es auch leichter für mich, auf meiner nächsten Reise nach Bukarest zu heiraten und Edith nach London mitzunehmen. Mit meinem früheren Gehalt hätten wir von einem sehr knappen Budget leben müssen. Meine eigentliche Aufgabe wurde durch meine Beförderung kaum beeinflusst. Die einzige Änderung bestand darin, dass ich zusätzlich zu dem, was ich früher machte – einschließlich der Beaufsichtigung der Handelsvertretung – nun von Mac auch noch mit Protokollaufgaben betraut wurde. Das bedeutete unter anderem, die Sprache der diplomatischen Korrespondenz zu erlernen (in der zum Beispiel „verbal note" – *note verbale* auf Französisch – immer eine schriftliche Mitteilung bedeutet), Einladungen zu Empfängen zu schreiben und Gästelisten zu überprüfen, um diplomatische Schnitzer zu vermeiden, Sitzordnungen für Empfänge zusammenzustellen, das Personal zu unterweisen, wie man am Tisch Wein einschenkt (immer von rechts) und wie man Essen serviert (immer von links), aber auch unzählige andere Details dieser Art. Diese Aufgaben fielen mir schwer, nicht weil sie an sich schwer zu erlernen gewesen wären, sondern weil ich sie zutiefst langweilig und verachtenswert fand.

Ein zentrales Problem der osteuropäischen politischen Landschaft war die wachsende Kluft zwischen der Kommunistischen Partei Jugoslawiens und allen anderen kommunistischen Parteien, die sich um die sowjetische Partei herum gruppierten. Es gab in der Parteipresse detaillierte Berichte über die jugoslawischen „Abweichler". Am Anfang war der Ton noch zurückhaltend und beschränkte sich auf das Ideologische, aber bald wurde er schärfer, der Streit schwappte ins Politische über und man sprach vom „Verrat an der internationalen kommunistischen Bewegung". Die jugoslawische Presse wiederum dementierte alle Vorwürfe und behauptete, dass die jugoslawische Partei das Opfer einer Kampagne sei, mit der sie diskreditiert und beschmutzt werden solle. Wie bereits erwähnt, hatte ich gute Beziehungen zu Miljutinowitsch, dem Ersten Sekretär der jugoslawischen Botschaft. Ich wandte mich jetzt an ihn und schlug ihm vor, dass wir uns treffen sollten, um über die Lage sprechen. Mac hatte mich davor gewarnt, irgendwelche Kontakte zu den Jugoslawen zu unterhalten, aber ich sagte ihm, dass der Versuch nicht schaden könne, einen ihrer Diplomaten auf den richtigen Weg zu bringen. In unserer langen Diskussion sagte ich Miljutinowitsch, dass mich das Auseinanderdriften der kommunistischen Parteien beunruhigte und dass ich mir Sorgen machte, wohin das führen könnte. Ich fragte ihn, ob er sich in seiner Partisanenzeit, als er gegen die Nazis kämpfte und davon träumte, von der Roten Armee befreit zu werden, eine Situation hätte vorstellen können, in der er oder seine Partei gegen die Kommunistische Partei der Sowjetunion Stellung bezöge – aus welchen Gründen auch immer. Meine Frage wühlte ihn ziemlich auf; er sagte nein, er hätte sich eine solche Situation gewiss nicht vorstellen können. Er erzählte mir, dass ihn die ganze Sache ebenso beunruhige wie mich, ja sogar noch mehr, da er davon direkt betroffen sei. Seiner Meinung nach täte sie – die jugoslawische Partei – alles in ihrer Kraft Stehende, um einen Bruch zu vermeiden. Er erzählte mir ausführlich über die Dinge, die sich in den vergangenen Monaten hinter den Kulissen abgespielt hatten. Aber jetzt sei eine Lage entstanden, in der die jugoslawischen Kommunisten die Abspaltung nur auf eine einzige Weise vermeiden könnten: Sie müssten ihre führenden Politiker aus den eigenen Reihen verstoßen. Dazu seien sie jedoch nicht bereit, denn sie seien davon überzeugt, dass ihre Parteiführer Recht hätten und wirklich grundlegende jugoslawische Interessen schützten. Wir beendeten unser Gespräch mit der Feststellung, dass wir darin übereinstimmten, nicht übereinzustimmen, und wünschten einander persönlich viel Glück.

Im Sommer 1948 blockierten die Sowjets alle Zugangswege nach Berlin. Berlin, das tief innerhalb der sowjetisch besetzten Zone Deutschlands lag, etwa zweihundert Kilometer hinter der Ost-West-Demarkationslinie, war damals in vier Sektoren aufgeteilt: in die sowjetische, amerikanische, britische und französische Zone. Entsprechend dem Potsdamer Abkommen der vier Siegermächte hatten die westlichen Alliierten freien Zugang zu ihren Sektoren über mehrere eigens für diesen Zweck bestimmte Autobahnen und eine Eisenbahnverbindung. Das war der Grund dafür, warum Westberlin trotz seiner geographischen Lage nicht unter sowjetischer Kontrolle stand. Die sowjetische Aktion kam als Antwort auf die Tatsache, dass die Westsektoren von Berlin die neue Währung übernommen hatten, die in den drei westlichen Besatzungszonen Deutschlands eingeführt worden war. Durch die Blockade der Zugangswege drohten die Sowjets damit, die vollkommen isolierte Stadt zu strangulieren (die Stadt wurde hauptsächlich über diese Wege versorgt) und die Alliierten zu zwingen, Westberlin zu verlassen. Die sowjetische Aktion stürzte die Ost-West-Beziehungen in eine akute Krise, führte aber auch zu einer angespannten Situation bei den führenden westlichen Politikern: Wie sollten sie den Sowjets antworten? Die Presse war voll von beunruhigenden Nachrichten; die Welt schien am Rand eines neuen Krieges zu stehen. Die Antwort der westlichen Alliierten war, in Berlin zu bleiben: Sie organisierten eine Luftbrücke, mit der fünfzehn Monate lang in jedem Monat mehr als 150.000 Tonnen Waren nach Westberlin geliefert wurden; auf diese Weise wurde dessen Überleben als freie Stadt gesichert. Die Sowjets gaben schließlich nach, aber am Anfang war bei weitem nicht klar, was geschehen würde. Zum Beispiel hätten die Sowjets versuchen können, die Flüge über ihrer Besatzungszone zu untersagen. Hätten sich die Westmächte dieser Aufforderung widersetzt, dann hätte das zum Abschuss westlicher Flugzeuge führen können – mit weitreichenden und unvorhersehbaren Folgen. In den Lageberichten, die ich an meinem Londoner Aussichtspunkt verfasste, habe ich versucht, möglichst genau über die in der Presse und im Land anzutreffende Stimmung zu informieren, die sich überwiegend für eine Fortsetzung der Luftbrücke aussprach.

Im Herbst 1948 fand in meiner diplomatischen Karriere ein wichtiges Ereignis statt. Unser Freund vom Exekutivkomitee des Trade Union Council wandte sich an mich und sagte, dass er mich sofort sprechen möchte. Als ich ihn traf, teilte er mir unter dem Siegel der Verschwiegenheit mit, dass das Exekutivkomitee gerade beschlossen habe, dass der TUC, der britische Trade Union Council, aus dem Weltgewerkschaftsbund (World Federation of Trade Unions) austreten werde, in dem die kommunistisch geführten französischen und italienischen Gewerkschaften zusammen mit den sowjetischen und osteuropäischen Gewerkschaften die Mehrheit erlangt hatten. Dieser Beschluss sollte beim nächsten Treffen der Organisation angenommen werden, das planmäßig einige Wochen später stattfand. Die amerikanischen Gewerkschaften – die AFL (American Federation of Labor) und der CIO (Congress of Industrial Organizations) – waren zu diesem Zeitpunkt nicht mehr Mitglieder des Weltgewerkschaftsbundes, und die Hoffnung war, dass der Austritt des TUC die anderen nicht von Kommunisten dominierten Gewerkschaften veranlassen würde, dasselbe zu tun. Unser Freund sagte, dass der Beschluss vertraulich sei und nur einige Leute davon wüssten. Er bat mich, die sowjetische Botschaft zu informieren, damit nicht er es tun müsse. Ich versprach, seinem Wunsch nachzukommen. Ich wandte mich an Mac und erzählte ihm, was geschehen war. Hier kam es zur ersten und einzigen ernsthaften Meinungsverschiedenheit, die wir während meiner Anstellung an der Gesandtschaft hatten. Mac wollte, dass ich die Nachricht an die Sowjets einige Tage zurückhalte: Zuerst solle Ana Pauker durch unsere verschlüsselte Meldung davon informiert werden, damit sie die Sache dann an die Sowjets weitergeben könne, bevor diese es von ihrer eigenen Londoner Botschaft erführen. Macs Logik war mir klar: Er wollte sich ein paar Pluspunkte verdienen, indem er Ana Pauker einen Vorsprung bei der Weitergabe einer Meldung verschaffte, die wahrscheinlich für Molotow, den sowjetischen Außenminister, wichtig war. Ich hielt jedoch Macs Standpunkt nicht für richtig. Die Angelegenheit schien nicht nur wichtig, sondern auch dringend zu sein: Wenn die Sowjets etwas tun konnten, den Schritt zu verhindern oder zu durchkreuzen, dann war der Zeitfaktor offensichtlich entscheidend; aber auch wenn sie nichts tun konnten, war die Zeit immer noch wichtig, um eine Antwort vorzubereiten. Außerdem hatte ich unserem Informanten versprochen, die Sowjets zu warnen, und seine Bitte machte deutlich, wie dringend die Meldung war. Aus all diesen Gründen wollte ich die Weitergabe der Meldung an die Sowjets nicht verzögern und schlug Mac vor, beide Dinge gleichzeitig zu tun: die verschlüsselte Meldung nach Bukarest schicken und die Sowjets über den Plan des TUC informieren. Mac war nicht einverstanden und versuchte, mich in seiner

Eigenschaft als mein Vorgesetzter an der Gesandtschaft „anzuweisen", seinen Plan
zu befolgen. Ich gehorchte jedoch nicht, sondern wandte mich sofort an Pawlow,
den Ersten Rat der sowjetischen Botschaft. Es war gegen 10 Uhr abends und Pawlow schlug vor, dass wir uns zwei Tage später treffen sollten. Ich entgegnete ihm,
dass ich ihn sofort sprechen müsse, worauf er mich zu sich einlud. In der sowjetischen Botschaft übergab ich ihm die Nachricht unseres Freundes und Pawlow sagte,
er würde diese innerhalb der nächsten halben Stunde an Moskau weiterleiten. Mein
Verhältnis zu Mac kühlte sich vorübergehend ab, normalisierte sich aber nach ein
paar Tagen wieder.

Anfang 1948 hatten die Vereinigten Staaten den Marshallplan für Westeuropa
verabschiedet und in Kraft gesetzt. Ursprünglich wurde allen vom Krieg verwüste-
ten europäischen Ländern die Beteiligung angeboten, aber die Sowjets lehnten ab,
und die anderen osteuropäischen Länder, einschließlich Rumänien, folgten dem sowjetischen Beispiel. Die britische Presse war voller Nachrichten über den Plan, und
ich machte mich daran, alle verfügbaren Materialien zu studieren, da es sich offensichtlich um ein bedeutendes Ereignis in der Wirtschaftsgeschichte – und folglich
auch in der politischen Geschichte – Westeuropas handelte. Ich war von der Kühnheit, vom Einfallsreichtum und von der Größenordnung des Planes fasziniert, aber
vielleicht mehr als alles andere von dessen Großzügigkeit, die ich nur im Unterbewusstsein wahrnahm – ich hätte mir das damals ohnehin nicht eingestanden. Es
war nämlich unvereinbar mit meinem Weltbild vom Kapitalismus in seinem imperialistischen Stadium. Je mehr ich über den Plan las, desto mehr verwirrte mich
das Ganze. Ich wusste aus der kommunistischen Presse, dass der Marshallplan
von meinen Genossen als amerikanisches Werkzeug zur Unterjochung Westeuropas betrachtet wurde, um es politisch und ökonomisch an die Vereinigten Staaten zu
binden. Deswegen studierte ich die veröffentlichten Dokumente sorgfältig und suchte insbesondere nach erschwerenden Klauseln im Kleingedruckten. Aber ich konnte
nichts dergleichen finden. Für die riesigen Subventionen, die mit dem Plan einhergingen, gab es praktisch keine Bedingungen. Wenn das wirklich ein Eroberungsplan
war – so lautete meine Schlussfolgerung – , dann war es ein zuversichtlicher und
weitsichtiger Plan, der es nicht nötig hatte, seinen Empfängern irgendwelche Ver-
pflichtungen aufzuerlegen. Der Plan könnte wirklich zu einem gewissen Verlust
der Unabhängigkeit der Empfängerländer und zur Errichtung der amerikanischen
Vorherrschaft über Westeuropa führen, aber wenn das so wäre, dann wäre es eine
indirekte Folge des Planes und kein Bestandteil seiner Klauseln.

Anfang Dezember hatte ich erneut die Gelegenheit, Bukarest für einige Wochen
zu besuchen. Ich flog wieder über Prag, musste diesmal jedoch meine Reise in der
tschechoslowakischen Hauptstadt unterbrechen, weil dort oder in Bukarest Nebel
über dem Flughafen lag und die Flüge zwischen den zwei Städten eingestellt wurden. Das gab mir die Gelegenheit, diese prachtvolle mitteleuropäische Hauptstadt zu
besuchen und insbesondere die Sehenswürdigkeiten der mittelalterlichen Stadtteile
zu bewundern. Ich war hingerissen und als ich den alten jüdischen Friedhof sah,
beeindruckten mich die kunstvollen kleinen Grabsteine. Da die Fluggesellschaft
keinen Abflugtermin garantieren konnte, beschloss ich, meine Reise mit dem Zug
fortzusetzen – eine Fahrt, die etwas länger dauert als einen Tag und eine Nacht. Ich
telegrafierte nach Bukarest und nahm den Zug. Im Zug traf ich Grigore Preoteasa,

den De-facto-Leiter unserer Gesandtschaft in Washington. Preoteasas Entsendung war gerade zu Ende gegangen, und er befand sich ebenfalls auf dem Heimweg. Ich hatte Preoteasa bereits früher getroffen, aber nie mit ihm gesprochen. Er war Mitte oder Ende dreißig, und ich kannte ihn als fähigen rumänischen kommunistischen Intellektuellen. Wir unterhielten uns jetzt lange und diskutierten über die Lage in den Vereinigten Staaten und in England. Er drückte sich anerkennend darüber aus, wie gut ich über die englischen Verhältnisse informiert sei. Ich brachte den Marshallplan ins Gespräch, da ich annahm, er müsse – aufgrund seiner Dienstzeit in Washington – mehr darüber wissen als ich. Es stellte sich jedoch heraus, dass das nicht der Fall war: Als er meinen Erklärungen und Interpretationen zuhörte, stimmte er zu, ohne irgendetwas anzuzweifeln oder hinzuzufügen.

Als ich auf dem Gara de Nord, dem Hauptbahnhof von Bukarest, ankam, sah ich Edith – die aus Cluj gekommen war, um mich abzuholen – wie sie in Begleitung unseres Freundes Bandi Klein gerade die Treppen am Vordereingang nach oben kam. Ich war überrascht, wie dünn und blass Edith aussah; sie erklärte, dass sie sich gerade von einer bösen Grippe mit hohem Fieber erholt habe. Inzwischen hatte sie an der Bolyai Universität mit dem Studium der Philosophie begonnen. Sanyi und Magda Jakab hatten uns zu sich eingeladen. Sie wohnten in einem eleganten Haus im schönsten Stadtteil von Bukarest, in der Nähe eines großen, nach Stalin benannten Parks. Sanyi war jetzt einer der drei stellvertretenden Finanzminister und galt als rechte Hand von Finanzminister Vasile Luca. Edith und ich verbrachten bei den Jakabs die erste Woche nach meiner Rückkehr. Tagsüber war ich mit offiziellen Angelegenheiten voll beschäftigt, aber beim Abendessen erzählte ich über mein Leben und meine Abenteuer in London. Es war ein sehr gutes Gefühl, wieder mit Edith zusammen zu sein, und ich spürte, dass unsere Beziehung die Probezeit bestanden hatte und stark genug war, um ein gemeinsames Leben aufzubauen. Ich machte Edith einen Heiratsantrag. Sie sagte „ja", und während der nächsten paar Tage organisierten wir die Einzelheiten.

Gleich nach meiner Ankunft in Bukarest erhielt ich einen Termin bei Gheorghiu-Dej, dem Generalsekretär der Partei und führenden Politiker des Landes. Ich hatte um diesen Termin gebeten, und zwar aus folgendem Grund. Irgendwann 1946 oder 1947 schickte König Michael zwei englische Jagdgewehre zur Reparatur nach England. Die rumänische Gesandtschaft brachte die Gewehre in eine Reparaturwerkstatt, die sich auf diesen besonderen Waffentyp spezialisiert hatte. Als der König Ende 1947 abdankte, hatten alle die Jagdwaffen vergessen. Später wurde die königliche Hinterlassenschaft inventarisiert und dabei stieß jemand auf die Korrespondenz bezüglich der Gewehre und meldete den Fund der Partei. Gheorghiu-Dej ging gerne auf Jagd und so beschloss man in Bukarest, die Gewehre zurückzuholen. Irgendwann im November erhielt die Gesandtschaft eine entsprechende Aufforderung und Macovescu übertrug mir die Angelegenheit. Ich suchte den Leiter der Reparaturwerkstatt auf und erkundigte mich nach dem Stand der Dinge. Er antwortete, dass die Gewehre schon längst repariert worden seien; er sei sich aber nicht sicher, ob er die Waffen an den König zurückgeben solle, dessen Privateigentum sie waren, oder an die Gesandtschaft, die sie an die Werkstatt weitergeleitet hatte. Ich teilte ihm den juristischen Standpunkt mit, demgemäß unsere Gesandtschaft Anspruch auf die Waffen erhob, und schlug ihm vor, er solle einen

Rechtsanwalt konsultieren. Ich bat ihn, uns innerhalb von zwei Wochen eine definitive Antwort zu geben. Sollte er die Übergabe der Waffen ablehnen, dann würden wir ihn verklagen. Ich sagte ihm auch, dass der frühere König vielleicht ein guter Kunde gewesen sein mag, aber er sei jetzt lediglich ein früherer König; Rumänien hingegen sei ein Land mit vielen Jägern, die vielleicht das künftige Geschäft der Werkstatt ankurbeln könnten. Zehn Tage später teilte man mir mit, dass ich die Waffen abholen könne, was ich dann auch machte. Das geschah ein oder zwei Wochen vor meiner Abreise nach Bukarest; in dieser Zeit erledigte die Gesandtschaft die Formalitäten des Waffentransports. Aufgrund der persönlichen Natur der Angelegenheit wollte Mac den Dienstweg der Korrespondenz über das Außenministerium vermeiden und schlug vor, dass ich nach meiner Rückkehr nach Bukarest um einen Termin bei Gheorghiu-Dej bitten solle – der ziemlich erpicht auf die Gewehre war – und ihm berichten möge, was die Gesandtschaft mit den Waffen arrangiert hatte.

Nun saß ich also dem mächtigsten Mann Rumäniens gegenüber. Ich traf ihn zum ersten Mal, obwohl ich ihn zuvor auf dem Landesparteitag 1945 bereits gesehen hatte. Er freute sich sichtlich über das, was ich ihm zu sagen hatte, und er bat mich, seinen Dank allen denjenigen zu übermitteln, die an der Wiederbeschaffung der Gewehre beteiligt waren. Dann lehnte er sich in seinem Sessel zurück und sagte im Tonfall eines Menschen, der ganz Herr seiner Zeit ist: „Erzählen Sie mir von England: was für ein Land ist das?" Ich wusste nicht recht, was ich sagen sollte. Ich kannte weder den Mann noch seine Art zu denken. Auch hatte ich keine Ahnung, ob mir fünf Minuten oder fünfundzwanzig Minuten zur Verfügung standen. Nach nunmehr fünfzig Jahren erinnere ich mich auch nicht mehr daran, was ich sagte. Aber ich erinnere mich sehr wohl, dass ich sofort beschloss, die Dinge zu schildern und nicht zu analysieren. Ich musste ihm Fakten nennen, keine statistischen Fakten, sondern direkte Beobachtungen: das Rohmaterial und nicht dessen Interpretation. Ich musste offen und freimütig sprechen, aber bei den Fakten bleiben. Und so begann ich, England zu schildern, wie ich es erlebt hatte. Gheorghiu-Dejs Gesicht verriet lebhaftes Interesse, als ich ihm die Londoner Arbeiterviertel schilderte, wie die Arbeiter lebten, wie ihre Häuser aussahen und was sie sich für ihren Lohn kaufen konnten. Ihm gefiel meine Schilderung des U-Bahn-Systems und der Doppeldeckerbusse. Ich erzählte mehrere Begebenheiten vom Labour-Parteitag in Scarborough und berichtete ihm über das System der Krankenversicherung, das damals in England eingeführt wurde. Er fragte mich nach der Britischen Kommunistischen Partei und ich nannte ihm ohne Kommentar die Anzahl der Mitglieder und den Anteil der Stimmen, die sie bei den letzten Wahlen erhielt. Das Bild, das ich zeichnete, musste ihn überrascht haben, da es sich gründlich von dem unterschied, was er in der Parteipresse über England las. Er zwinkerte mir einige Male zu, so, als ob er mich ermutigen wolle, Dinge zu sagen, die normalerweise nicht gesagt werden. Er hörte mir fast eine Stunde lang zu, und sagte dann, dass er aus meinem Bericht viele Dinge erfahren habe; zum Schluss wünschte er mir viel Glück. Ich hatte den Eindruck, dass er meinte, was er sagte.

* * *

Zwei Tage später musste ich im Außenministerium einen Bericht über die Lage in England geben. Anwesend waren alle Leiter der politischen Direktorate unter dem Vorsitz von Anuţa Toma, der Stellvertreterin Ana Paukers. Zusätzlich nahmen einige rumänische Diplomaten teil, die sich zufällig in Bukarest aufhielten, darunter auch Grigore Preoteasa von der Gesandtschaft in Washington, mit dem ich von Prag aus angereist war. Wieder muss ich sagen, dass ich mich nach nunmehr fünfzig Jahren nicht mehr an die Einzelheiten meines Berichts erinnere, aber ich weiß, dass ich ein Bild der ökonomischen und politischen Bedingungen in England zeichnete, wobei ich durchgehend die Fakten hervorhob, wie ich sie persönlich erlebt hatte, und dann einige statistische Daten hinzufügte. Mein Bericht enthielt ungefähr achtzig Prozent Fakten, aber ich fügte auch einige Interpretationen ein, deren wesentliche Aussagen darin bestanden, dass die britische Arbeiterklasse gegenwärtig keine revolutionäre Kraft sei, dass die Verhältnisse in Großbritannien mehr oder weniger stabil seien, dass Großbritannien die Auflösung seines Imperiums überraschend gut überstanden habe, und dass die Politik unserer Partei, wenn sie erfolgreich sein soll, von diesen Realitäten ausgehen müsse. Ich schilderte auch die grundlegenden Fakten des Marshallplans. Nach meinem Bericht, der ungefähr eine Stunde dauerte, prasselte eine ununterbrochene Folge von Kritiken auf mich herunter. Ich erinnere mich nicht mehr daran, wer als Erster das Signal gab, aber ein Redner nach dem anderen kritisierte meinen Bericht, denn dieser würde die Lage in England beschönigen und die Stimmung der Arbeiterklasse falsch einschätzen. Ich sei von der bürgerlichen Propaganda irregeleitet und wolle die Risse unter der schillernden Oberfläche nicht sehen, und so weiter, und so weiter. Meine „Fehler" wurden als deutliche Symptome des bürgerlichen Objektivismus diagnostiziert. Am meisten brachte mich Preoteasa aus der Fassung, unser Gesandter in Washington, mit dem ich auf der Zugfahrt von Prag nach Bukarest praktisch über die gleichen Dinge gesprochen hatte, wobei er mir in fast allen Punkten zugestimmt hatte und mir weder widersprochen noch meinen Äußerungen etwas hinzugefügt hatte. Nun entpuppte sich Preoteasa als einer der lautstärksten Kritiker meines Berichts.

Im Gegensatz zur Parteietikette weigerte ich mich bei meiner Antwort auf die Kritiken, irgendetwas zurückzunehmen und Selbstkritik zu üben. Stattdessen widerlegte ich mit Hilfe zusätzlicher Fakten einige der konkreten Kritikpunkte und antwortete auf die allgemeine Kritik unter anderem mit dem Hinweis, dass ich zwei Tage zuvor die Ehre gehabt hätte, von Genossen Gheorghiu-Dej empfangen zu werden, und dass ich ihm in einem längeren Gespräch praktisch die gleichen Dinge erzählt habe wie in meinem jetzigen Bericht. Die Tatsache, dass er meine Worte nicht missbilligt habe, hätten mich zu dem Glauben veranlasst, dass er meine Ansichten unmöglich für derart falsch gehalten haben könne. „Aber sei es wie es sei", sagte ich, „da dieses Forum der Meinung ist, dass ich die Dinge falsch sehe, hat es keinen Sinn, dass mich das Ministerium auf meinen Posten zurückschickt. Stattdessen solle man mich durch jemanden ersetzen, der die Dinge richtig sieht". An diesem Punkt unterbrach Anuţa Toma die Sitzung aufgebracht und sagte, dass sich das Ganze ohnehin schon zu sehr in die Länge gezogen habe und dass sie vielleicht mit mir reden solle, bevor wir unsere Diskussion fortsetzten. Dann nahm sie mich in ihr Büro mit und hielt mir eine Standpauke wegen meiner Reaktion auf die Kritik: damit hätte ich die Hilfe der Genossen zurückgewiesen. „Jeder, der einen Bericht gibt, wird kritisiert", sagte sie und machte mich darauf aufmerksam, dass ich lernen müsse, kritische Bemerkungen sogar dann anzuhören, wenn sie nur teilweise gerechtfertigt seien, und dass ich daraus lernen müsse. Bezüglich meines Vorschlags, nicht auf meinen Posten zurückgeschickt zu werden, würde sie mit Genossin Ana sprechen, aber sie persönlich stimme nicht mit mir überein. Sie denke, ich hätte meine Arbeit gut gemacht und solle zurückgeschickt werden.

Am nächsten Tag sagte mir Anuţa, dass sie die Angelegenheit mit Genossin Ana besprochen habe und dass sie beide der Meinung seien, ich hätte meine Arbeit an der Gesandtschaft gut gemacht und solle nach London zurückkehren. Was meinen Bericht anginge, würden wir die Diskussion nicht fortsetzen. Ich solle individuell mit denjenigen Teilnehmern sprechen, mit denen ich vielleicht etwas klären möchte; außerdem solle ich den Rat beherzigen, die Fakten sorgfältiger zu interpretieren. In Zukunft solle ich mich nicht darauf beschränken, nur oberflächliche Phänomene zu beobachten, sondern versuchen, die tiefer liegenden Zusammenhänge und Trends zu sehen. Ich befolgte den Vorschlag nicht, die Dinge durch individuelle Gespräche zu klären; ich dachte, dass das sinnlos wäre. Aus dem, was vorgefallen war, schlussfolgerte ich, dass die Führung nicht wirklich etwas gegen die Art und Weise hatte, wie ich die Dinge sah, sondern wie ich sie darstellte und darüber sprach. Wenn die Kritiker tatsächlich meinten, was sie sagten, wenn sie wirklich gedacht hätten, dass mein Bericht die Lage nicht genau beschrieb und dass ich die Dinge nicht so sah, wie sie sind, dann würden sie mich doch nicht auf meinen Posten nach London zurückschicken. „Es ist offensichtlich so", dachte ich mir, „dass sie dir erlauben und sogar von dir verlangen, die Realität genau zu beurteilen und deine Einschätzung als Richtlinie zum Handeln zu verwenden. Aber du darfst über deine Einschätzung nicht sprechen, nicht einmal bei einer so hoch angebundenen Sitzung wie die, an der du gerade teilgenommen hast. Es ist in Ordnung, in einer privaten Unterhaltung offen mit dem Generalsekretär der Partei zu sprechen; hingegen ist es keinesfalls akzeptabel, offen auf einer Sitzung zu sprechen – auch dann nicht, wenn die Teilnehmer hochrangige Funktionäre und einflussreiche Politiker sind".

Bevor ich auf meinen Posten nach London zurückkehrte, gab es noch ein wichtiges persönliches Problem, das wir lösen mussten: Edith und ich wollten heiraten. Da ich nur einige Tage im Land war, beschlossen wir, in Bukarest eine einfache bürgerliche Eheschließung durchführen zu lassen und dann für ein paar Tage nach Cluj zu Ediths Eltern zu fahren, um bei diesem Besuch auch die Sachen zusammenzupacken, die Edith mit nach London nehmen wollte. Als ich im Ministerium ankündigte, dass ich Edith zu heiraten beabsichtige, forderte man mich auf, die Angelegenheit mit Lenuţa Păsculescu zu besprechen, die damals die Sekretärin der Parteiorganisation des Ministeriums (und gleichzeitig Verwaltungsleiterin) war. Sie stellte mir einige Fragen über Edith und nahm erleichtert zur Kenntnis, dass sie Parteimitglied war. Sie wollte Edith persönlich kennenlernen und wir vereinbarten ein Treffen für den nächsten Tag, an dem sie uns begeistert ihren Segen gab und mich beglückwünschte, welch liebe Genossin ich gefunden hätte. Unsere kurze Hochzeitszeremonie fand am 21. Dezember statt, was zufälligerweise der Geburtstag von Ediths Mutter Klára und Stalins Geburtstag war. Unsere Zeugen waren die Kinderärztin Juci (Regina) Klein, meine langjährige Bekannte aus der Illegalität, und der Fahrer, der uns zum Rathaus brachte. Nach der Zeremonie fuhren wir in einem Auto des Finanzministeriums nach Cluj – das Fahrzeug hatte uns Sanyi geliehen. Bei den Lővis in Cluj war die Freude groß. Obwohl Ediths Eltern Klára und Sándor gern eine außergewöhnliche Hochzeitsfeier gehabt hätten, akzeptierten sie den Ablauf, den sie dem neuen Zeitgeist zuschrieben. Sie freuten sich für Edith und gaben uns ihren Segen. Ihre Liebe und Fürsorge begleiteten uns während unserer abenteuerlichen nächsten achtzehn Jahre in Rumänien.

Zurück in Bukarest, telegrafierte ich an die Londoner Gesandtschaft, um anzukündigen, dass ich mit Edith zurückkomme. Ich stellte sie einigen Kollegen im Ministerium vor, und wir holten ihren Reisepass ab. Ende Dezember nahmen wir den Zug nach London und legten einen Zwischenaufenthalt in Paris ein. Es war eine der angenehmsten Zugfahrten, die ich je hatte. Der Zug hielt in Wien für anderthalb Stunden und wir machten einen Abendspaziergang im Bahnhofsviertel. In Kitzbühel, der ersten Station in der West-Zone Österreichs, war Edith über die Berge von Qualitätsschokolade begeistert: so etwas gab es in Rumänien nicht. Wir blieben einige Tage an der Pariser Gesandtschaft und verbrachten unsere Zeit damit, Sehenswürdigkeiten aufzusuchen und einzukaufen. Einmal gingen wir in ein sehr elegantes Restaurant, wo wir als ersten Gang Austern bekamen – Edith aß sie zum ersten Mal – und die falschen Gabeln benutzten. Als der Kellner unsere Teller hinaus trug, nahm er auch die Gabeln mit, die wir hätten benutzen sollen – dadurch lernten wir, wie man diese Spezialität vorschriftsmäßig genießt. Ich erinnere mich auch, wie bestürzt Edith war, als sie die Rechnung sah – diese war beträchtlich höher als das, was wir zwei Stunden zuvor für ein Paar Bally-Schuhe gezahlt hatten. In Rumänien kostete damals ein Paar Schuhe das Mehrfache dessen, was man für ein Essen für zwei Personen bezahlen musste. Wir kauften für Edith auch ein schwarzes Kleid, das sie bei diplomatischen Anlässen tragen konnte. Es stand ihr wunderbar und ich bekam zum ersten Mal einen Vorgeschmack auf einen der grundlegenden Unterschiede zwischen Männern und Frauen, den ich dann mein ganzen Leben lang feststellen konnte: Edith war richtig glücklich, dieses Kleid zu besitzen, und sie strahlte, wenn sie es anzog.

Wir besuchten das Moulin Rouge und einige andere Sehenswürdigkeiten; natürlich fuhren wir auch mit dem Aufzug den Eiffelturm hinauf. Dort bot uns ein Fotograf seine Dienste an, und da wir in unseren Flitterwochen waren, nahmen wir das Angebot natürlich an. Er ging mit uns rund um die oberste Terrasse des Turmes, und wir sollten entscheiden, welche Aussicht wir als Hintergrund haben wollten. Nach reiflicher Überlegung wählten wir einen Hintergrund, der uns am denkwürdigsten erschien. Danach nahm uns der Fotograf in das Turmgebäude mit. Dort stand seine Kamera vor einer Reihe von bebilderten Tafeln. Er wählte die Tafel aus, die den von uns ausgesuchten Hintergrund zeigte, und forderte uns auf, dass wir uns davor stellten. Dann nahm er das Foto auf. Wir haben es immer noch – es ähnelt einem der Bilder, welche die Mädchen unserer Heimatstadt von einem Ausflug zum Jahrmarkt mit nach Hause brachten.

Wir kamen Anfang Januar in London an. Edith hatte großen Erfolg: Jeder mochte sie, und Teri Macovescu beglückwünschte mich mit herzlichen Worten zu „meiner Wahl". Wir wohnten in der zweiten Etage der Residenz am Belgrave Square, wo ich schon zuvor in einem Einzelzimmer wohnte, aber nun hatten wir stattdessen eine ganze Wohnung. Edith sprach nur wenig Englisch, so dass sie zuerst einen Englischkurs in der Berlitz School in der Oxford Street besuchte. Wir sahen uns oft in der Stadt um. Unter anderem besuchten wir die Nationalgalerie, wo Edith zu meiner großen Überraschung viele der Bilder von Gainsborough und anderer Maler anhand von Fotos erkannte, die sie gesehen hatte. Im Sadler's Wells Theatre sahen wir eine ausgezeichnete Aufführung von *Schwanensee*. Wir gingen auch ins Kino. An den Wochenenden machten wir Ausflüge mit dem Auto nach Windsor, Brighton oder anderswohin, meistens zusammen mit Mac und Teri. Die ländlichen Gegenden Englands waren immer sehr schön, und im Winter 1948–1949 war der Verkehr immer noch ziemlich gering, so dass es ein echtes Vergnügen war, mit dem Auto zu fahren. Damals hatte unsere Gesandtschaft Verstärkung erhalten: Es kam ein neuer Presseattaché mit seiner Frau, aber wir waren nicht oft mit ihnen zusammen.

Ein interessantes kulturelles Erlebnis, das wir hatten, war ein Konzert von Paul Robeson in der Royal Albert Hall. Es war eine herrliche Darbietung des einzigartigen amerikanischen Sängers. Der hochgewachsene und kräftig gebaute schwarze Amerikaner hatte eine Stimme, dass man fast fürchtete, das Dach würde einstürzen. Er sang ein breites Spektrum von Liedern in mehr als zehn Sprachen, von Englisch und Französisch über Russisch, Italienisch und Spanisch bis hin zu Deutsch und

Abb. 7.1 Zusammen in England, Anfang 1949

Jiddisch. Er hatte ein unerschöpfliches Repertoire – jede seiner Darbietungen war schöner als die nächste. Wir hörten viele der Lieder zum ersten Mal – und manche zum letzten Mal – und waren von ihrem Zauber vollkommen hingerissen. Vor dem Konzert gab es zu Ehren von Robeson einen Empfang in der sowjetischen Botschaft, wo auch ein neuer Film vorgeführt wurde: eine sowjetische Kriegsgeschichte mit den emotional aufgeladenen Ereignissen jener Zeit. Edith, die im Publikum in der Nähe von Robeson saß, sah, wie während des Films Tränen über sein Gesicht flossen.

Ich denke, es war auf diesem Empfang – aber vielleicht war es auch bei irgendeiner früheren Gelegenheit im Winter 1948/1949, – dass Pawlow, der Erste Rat der sowjetischen Botschaft, auf mich zukam und mir sagte, er habe eine Information – nicht nur für mich, sondern für die ganze rumänische Gesandtschaft. Er habe bemerkt, dass Fregattenkapitän Edgar Young, der als Freund der Volksdemokratien galt, ein häufiger Gast unserer Gesandtschaft sei. Ich bestätigte das. Young sei auch oft zur sowjetischen Botschaft eingeladen gewesen, sagte Pawlow, weil sie ihn ebenfalls als Freund betrachteten; aber leider habe sich Young unlängst auf die Seite der Jugoslawen gestellt – gegen die Sowjetunion und die anderen Volksdemokratien. Young hätte sich dazu verstiegen, ein Sprachrohr der titoistischen Propagandamaschine zu werden. Das sowjetische Außenministerium betrachte ihn jetzt als feindlichen Agenten und die sowjetische Botschaft habe alle Kontakte zu ihm eingestellt. Am nächsten Tag informierte ich Macovescu, Macavei und den Rest unseres diplomatischen Stabs. Young wurde von der Gästeliste unserer Gesandtschaft gestrichen.

Kaum fünf Wochen nachdem Edith und ich in London angekommen waren, wurde unser Gesandter Macavei in das britische Außenministerium einbestellt. Ich begleitete ihn als Dolmetscher. Der Beamte im Außenministerium protestierte gegen die Ausweisung zweier britischer Diplomaten aus Rumänien, gegen die seiner Meinung nach ein Schauprozess stattgefunden habe, in dem sie der Spionage angeklagt wurden. Der Beamte behauptete kategorisch, dass die zwei Diplomaten unschuldig seien und dass man die Anschuldigungen frei erfunden habe. Macavei antwortete, dass er persönlich die Einzelheiten des Prozesses nicht kenne, aber nicht glaube, dass seine Regierung die zwei britischen Diplomaten ohne Grund beschuldigen würde; welchem Zweck solle denn so etwas dienen? Alles was er sagen könne – fügte Macavei hinzu –, war, dass er seine Aufgabe in London darin sehe, die Beziehungen zwischen Rumänien und Großbritannien zu verbessern, und er täte sein Bestes, um diesem Ziel näher zu kommen. Er fragte, ob es irgendetwas gäbe, das er in der Vergangenheit versäumt hätte zu tun und das er tun könne, um die Beziehungen zu verbessern. Der britische Beamte antwortete, dass sich der Gesandte Macavei nicht über die Beziehungen zwischen unseren beiden Ländern täuschen solle: Die Beziehungen seien schlecht, sagte er, sehr schlecht sogar. Der Herr Gesandte solle Bukarest wissen lassen, dass die Regierung Ihrer Majestät nicht geneigt sei, eine derartige Behandlung zu tolerieren; sehr bald werde eine Gegenmaßnahme erfolgen.

Nicht einmal eine Woche nach dem obigen Gespräch erhielt die Gesandtschaft einen offiziellen Brief aus dem Außenministerium, der beinhaltete, dass der Erste Sekretär E. Balas und der Dritte Handelssekretär I. Măgură der Rumänischen

Gesandtschaft in London von der Regierung Ihrer Majestät zu unerwünschten Personen erklärt worden seien und das Land innerhalb von sechs Wochen verlassen müssten. An dem Tag, als die Gesandtschaft von dieser Entscheidung benachrichtigt wurde, informierte das Britische Außenministerium die Öffentlichkeit in einer Pressemitteilung von diesem Schritt, der als Gegenmaßnahme gegen die Ausweisung zweier britischer Diplomaten durch die rumänische Regierung geschildert wurde. Die Pressemitteilung hob ausdrücklich hervor, dass sich die Maßnahme nicht persönlich gegen die beiden rumänischen Diplomaten richte: Vielmehr entsprächen ihre Funktionen denen der beiden britischen Diplomaten, die aus Rumänien ausgewiesen worden waren.

Obwohl ich gerne noch einige Wochen länger in London geblieben wäre, um mit Edith weitere Sehenswürdigkeiten zu besichtigen, stieß ich mich nicht daran, nach Hause zurückzukehren; tatsächlich fühlte ich mich in London ein bisschen wie auf einem Abstellgleis und war begierig darauf, zurückzugehen und mich am Aufbau der neuen Gesellschaft zu beteiligen. Insbesondere wollte ich in der Staatlichen Planungskommission arbeiten – ich hatte das Gefühl, dass dort Entscheidungen getroffen werden, die für die unmittelbare Zukunft des Landes wichtig sind. Die Staatliche Planungskommission war dafür zuständig, die Wirtschaftspläne des Landes auszuarbeiten, die sich auf alle anderen Gebiete auswirkten: Bildung, Wissenschaft, Stadtentwicklung, Sozialausgaben und so weiter. Aber aus meinem Vorhaben wurde nichts, wie sich in Kürze herausstellen sollte.

Edith und ich versuchten jetzt, das Beste aus den sechs Wochen zu machen, die uns noch zur Verfügung standen. Beruflich war es mein Hauptanliegen, eine Studie über den Marshallplan abzuschließen, denn hierzu hätte ich zu Hause keine Quellen gefunden. Edith bot großzügig an, mein Manuskript abzutippen, obwohl sie bescheiden bemerkte, dass sie nicht gut mit der Schreibmaschine umgehen könne. Bei diesem Anlass entdeckte ich, welch ein Meister der Untertreibung sie war. Aber davon abgesehen war es jetzt das Dringendste, alle Informationen zu sammeln, die ich aus den verfügbaren Quellen benötigte. Das Abtippen konnten wir auch zu Hause beenden. Zum persönlichen Zeitvertreib unternahmen wir dann noch eine Zugfahrt nach Schottland, sahen uns Glasgow an und waren ganz kurz auch in Edinburgh.

Unsere Ausweisung aus Großbritannien löste ein gewisses Interesse an unseren Personen aus. Da wir die Anweisung hatten, keine Interviews zu geben, versuchten die Reporter, die rund um die Residenz auf Lauer lagen, möglichst viel über unseren Alltag herauszufinden. An einem Morgen erschien im *Daily Mirror* ein Artikel mit der Überschrift „Schwarzhaarige Edith Balas nimmt ihre letzte Englischstunde". Der Artikel schilderte das im Titel genannte Ereignis – und etwas mehr – auf der Grundlage von reinen Vermutungen, die etwa dieselbe Genauigkeit hatten wie die Beschreibung von Ediths Haarfarbe. Ediths Haare waren damals so hellbraun wie sie es auch heute noch sind – offensichtlich dachte sich der Reporter, dass eine rumänische Dame schwarze Haare haben müsse. Bevor wir abreisten, erledigten wir noch einige Einkäufe. Unter anderem kauften wir zwei Atkinson-Decken, die wir achtzehn Jahre lang benutzten – bis zu dem Zeitpunkt, an dem wir Rumänien für immer verließen. Am Tag unserer Abreise verabschiedeten wir uns von unseren Freunden und von England und nahmen den Zug nach Hause.

Vom Gipfel in den Abgrund

8

Nach meiner Rückkehr aus London Ende März 1949 wurde ich im rumänischen Außenministerium zum Leiter des Direktorats für Wirtschaftsangelegenheiten ernannt. Zum Zuständigkeitsbereich dieser neuen Abteilung gehörten – mit Ausnahme des Handels – alle Wirtschaftsbeziehungen zum Ausland; die Handelsbeziehungen oblagen dem Handelsministerium. Im Vergleich zu meiner früheren Funktion in der Gesandtschaft war das eine Beförderung. Ich war überrascht, insbesondere wegen des drei Monate zurückliegenden Vorfalls, bei dem ich bezichtigt worden war, dem „bürgerlichen Objektivismus" anzuhängen. Es stellte sich jedoch heraus, dass meine Ausweisung durch das britische Außenministerium jeglichen Verdacht zerstreut hatte, dass ich von bürgerlichen Ideen infiziert worden sei. Meine Vorgesetzten meinten, ich sei vom britischen Außenministerium unter den rumänischen Diplomaten deswegen für die Ausweisung ausgewählt worden, weil man die Rumänische Gesandtschaft ihres nützlichsten Mitglieds berauben wollte. Meine Ausweisung aus Großbritannien erwies sich in Bukarest als Tugend für mich und führte tatsächlich zu meiner Beförderung zum Direktor für Wirtschaftsangelegenheiten. Zum Glück hatte ich damals bereits mein Diplom für Wirtschaftswissenschaften in der Tasche und damit zumindest diese Qualifikation für meine Funktion. Durch meine Aufsicht über die rumänische Handelsmission in London konnte ich auch auf einige Erfahrungen zurückblicken.

Ich musste das Direktorat praktisch aus dem Nichts organisieren. Ich holte zwei intelligente junge Männer aus Cluj, den Ökonomen Iván Köves und den Journalisten Iuliu Bojan, sowie Tibor Schattelesz, einen jungen Wirtschaftswissenschaftler aus Timişoara,[1] der ein beträchtliches ökonomisches Faktenwissen hatte und sich auch in Wirtschaftstheorie auskannte. Ich erhielt auch die Möglichkeit, aus dem Personal des Ministeriums Leute zu mir zu holen, und lockte zwei Mitglieder des Direktorats für Konsularangelegenheiten an, beide hochqualifiziert und seriös. Zusätzlich zu diesen fünf „bekam" ich noch eine Genossin, die wohlmeinend, aber

---

[1] Temesvár (ung.), Temeschburg/Temeschwar (dt.).

E. Balas, *Der Wille zur Freiheit*, DOI 10.1007/978-3-642-23921-2_8,
© Springer-Verlag Berlin Heidelberg 2012

nur wenig qualifiziert war, und später eine weitere junge Frau, die vom Ministerium unter den neuen Hochschulabsolventen angeworben worden war. Mit diesem Team und zwei Sekretärinnen teilte ich die Aufgaben des Direktorats zwischen drei bis vier Gruppen auf. Die Gruppe, deren Arbeit mich am meisten interessierte, beschäftigte sich mit ökonomischen Studien zu verschiedenen internationalen Angelegenheiten und Ereignissen; dazu veröffentlichte sie periodisch erscheinende ökonomische Bulletins zur Information der anderen Direktorate des Ministeriums. Wie sich bald herausstellte, schlossen diese Bulletins, die wir aus eigener Initiative herausgaben, eine Lücke, und die Nachfrage nach ihnen stieg ständig. Die Studien hatten natürlich unterschiedliches Niveau, aber zumindest einige von ihnen stießen auf Interesse. Innerhalb von drei bis vier Monaten nach seiner Gründung tat sich das neue Direktorat im internen Leben des Ministeriums hervor, und wir wurden als eine Gruppe betrachtet, die auf ihrem Gebiet kompetent war – im Gegensatz zu dem Dilettantismus, der in den anderen Abteilungen des Ministeriums herrschte. Um diese Situation zu verstehen, muss man sich vergegenwärtigen, dass Ana Pauker – als sie das Ministerium im November 1947 übernahm –, alle alten „bürgerlichen" Experten entließ und sie durch die Parteileute ersetzte, bei denen politische Ergebenheit das wichtigste Auswahlkriterium war. Folglich war professionelle Sachkenntnis in jenen Tagen eine Rarität, und das erklärt, wie jemand, der nur so wenige Erfahrungen und eine so relativ geringfügige Ausbildung wie ich selbst hatte, in einigen Monaten den Status des führenden Wirtschaftsfachmanns des Ministeriums erlangen konnte, den Status eines Mannes, dessen berufliche Kompetenz niemand anzuzweifeln wagte – ganz im Gegensatz zu dessen Treue zur Parteilinie.

Zusätzlich zu meiner Aufgabe im Außenministerium wurde ich zum Dozenten am Institut für Ökonomische Studien und Planung ernannt, eine Hochschuleinrichtung, deren rumänisches Akronym ISEP war. Die Vorlesung über Weltwirtschaft, die ich am ISEP hielt, verlangte den Studenten eine Menge Arbeit ab: Sie mussten sich mit Institutionen und Konzepten vertraut machen, von denen sie fast nichts wussten. Dennoch war die Vorlesung ziemlich beliebt – hauptsächlich weil sie den Studenten mehr Informationen über die Außenwelt gab als alle anderen Vorlesungen zusammen. In einem Land, in dem ausländische Nachrichten nur durch den Filter der Parteipresse verfügbar waren und Fakten über das Ausland auf Karikaturen der Realität reduziert wurden, ist es nicht überraschend, dass eine Vorlesung, die viele Informationen über die Weltwirtschaft vermittelte, bei den Studenten beliebt war. Ich hatte Freude an der Lehre und da es sich um eine Vorlesung für Studenten des letzten Studienjahres handelte, wurden zwei von ihnen – ein Jahr nachdem ich begonnen hatte – im Institut eingestellt und einer wurde mein Assistent.

Der Rektor des ISEP schätzte die Tatsache, dass meine Vorlesung zwar anspruchsvoll, aber bei den Studenten beliebt war. Mit dem Rektor kam ich gut aus, mit dem Prorektor Manea Mănescu, einem Parteikader, hingegen weniger. Er hatte ein Diplom in Statistik oder Handel und während des Krieges stand er in Kontakt zu den Kommunisten, aber das muss wohl nur flüchtig gewesen sein, da er nie den Mut hatte, zu seiner Meinung zu stehen. Mănescu klebte immer strikt an der Parteilinie in ihrer letzten und extremsten Version und attackierte heftig jeden, der nach seiner Einschätzung davon abwich. Zwar gebärdete er sich wie toll gegenüber denen, die in der Rangfolge unter ihm standen oder keinen Parteikreisen angehörten, aber gegenüber seinen Vorgesetzten und Parteiführern war er der unterwürfigste Speichellecker, dem ich je begegnet bin. Eine der Begebenheiten, die mir im Zusammenhang mit meiner frühen Dozentenlaufbahn einfällt, war ein Konflikt mit diesem Prorektor. Zur Schilderung dieser Auseinandersetzung muss ich kurz auf die damalige politische Atmosphäre eingehen.

Anfang 1949 startete die Kommunistische Partei die erste Kampagne für die Kollektivierung der Landwirtschaft; 1950 intensivierte man die Kampagne. Die Zwangskollektivierung ging einher mit einer ziemlich brutalen Verfolgung der *Kulaken* oder reichen Bauern (also derjenigen, die mehr als zwanzig Morgen Land besaßen oder Landarbeiter anstellten), ganz zu schweigen von den Erzfeinden, den Gutsbesitzern. All das war Teil der „Verschärfung des Klassenkampfes". Dem sowjetischen Beispiel folgend, beschlossen die rumänischen Parteichefs, mit einigen staatlichen Bauvorhaben zu beginnen, bei denen der „Klassenfeind" zur Zwangsarbeit eingesetzt werden konnte. Ein solches Bauvorhaben war der Kanal zwischen der Stadt Cernavodă an der Donau und dem Schwarzen Meer, der „Donau-Schwarzmeer-Kanal". Durch einen Blick auf die Landkarte kann sich jeder davon überzeugen, dass der Kanal ökonomisch nicht sehr sinnvoll ist. Das erklärte Hauptziel bestand darin, den Seeweg für die Schiffe zu verkürzen, die vom Oberlauf der Donau kamen; in dieser Hinsicht ergab sich eine Einsparung von 240 km – kein großes Geschäft. Ein weiteres Ziel war, die Bewässerung für ein Trockengebiet in der Dobrudscha zu sichern, einer Region an der Schwarzmeerküste; aber das hätte man mit einem Bruchteil der Anstrengungen schaffen können, die für den Bau eines Schifffahrtskanals erforderlich sind. Das Hauptmotiv für die Errichtung des Kanals war in Wirklichkeit die Schaffung eines Bauplatzes, auf den man die „Volksfeinde" schicken konnte, damit sie ihre Verbrechen durch Arbeit für die Republik sühnten. Schon die Vorstellung allein ist gnadenlos und abstoßend. Aber die wirkliche Tragödie war, dass es sich bei den „Volksfeinden" nicht um Personen handelte, die gegen das Volk oder gegen das Regime agiert hatten, das angeblich das Volk vertrat – die polizeiliche Überwachung war so engmaschig, dass organisierter Widerstand zu einer vernachlässigbaren Größe wurde. Vielmehr waren die Zwangsarbeiter Personen, die das Regime aufgrund ihrer sozialen Herkunft als Feinde abgestempelt hatte. Zur sinnlosen Grausamkeit der Zwangsarbeit an einem nutzlosen Projekt kam noch hinzu, dass man jemanden zum Kanalbau schicken konnte, ohne dass der Betreffende in einem ordentlichen Prozess verurteilt worden war: Ein so genanntes „Verwaltungsurteil" reichte aus – dessen rechtliche Überprüfung konnte nicht gefordert werden.

In dieser politischen Atmosphäre stellte sich an einem Semesterende heraus, dass der beste Student unter meinen Hörern und der einzige, der die beste Zensur verdiente, der Sohn eines Gutsbesitzers oder früheren Gutsbesitzers war. Sein Name war Răducan oder so ähnlich. Ich wusste nichts von seiner sozialen Herkunft, da mich Talent und Fleiß der Studenten interessierten und nicht die soziale Lage oder die politische Einstellung ihrer Eltern. Prorektor Manea Mănescu ließ mich rufen. Ich ging in sein Dienstzimmer, wo er mir fassungslos mitteilte, er könne nicht verstehen, wie jemand in meiner Parteiposition und mit meiner Vergangenheit in der Untergrundbewegung die Prinzipien des Klassenkampfes derart negiert, dass er einem Klassenfeind, dem Sohn des bekannten Gutsbesitzers Răducan, die beste Zensur gibt. „Das ist absurd", sagte er. "Dieser Scheißkerl hat nichts in unserem Institut zu suchen; Sie müssen seine Zensur in «ungenügend» umändern!"

Ich antwortete, dass ich erstens für die Zulassungen nicht zuständig sei; er, der Prorektor, habe die Zulassungskommission beaufsichtigt; und wenn man einen Klassenfeind aufgenommen hat, anstatt ihn abzulehnen, dann sei das in der Verantwortung des Prorektors geschehen und habe nichts mit mir zu tun. Zweitens habe Răducan in meiner Studentengruppe nie regierungs- oder parteifeindliche Ansichten geäußert, weswegen ich nicht die Behauptung bestätigen könne, dass er ein Klassenfeind sei. Sein Vater sei möglicherweise Gutsbesitzer gewesen, aber der Sohn müsse in erster Linie auf der Grundlage seines eigenen Verhaltens beurteilt werden. Wenn der Prorektor Beweise habe, dass Răducan wirklich ein feindliches Element sei, dann solle er ihn auf dieser Grundlage aus dem Institut entlassen. Der Prorektor könne seine Anschuldigungen offen beweisen und müsse nicht auf den Vorwand einer schlechten Zensur zurückgreifen, die ich dem Studenten geben sollte. Und drittens: Wenn das Benotungssystem dazu benutzt würde, Elemente vor die Tür zu setzen, die der Prorektor ohne Angabe des wahren Grundes loswerden wolle, dann würde dadurch das Benotungssystem in den Augen der Studenten vollkommen kompromittiert werden. Warum sollten die Studenten überhaupt noch hart arbeiten und das lernen, was von ihnen verlangt wird, wenn sie sähen, dass sie die Zensuren nicht auf der Grundlage ihrer Leistung erhalten, sondern dass andere Kriterien eine Rolle spielten? Ich erklärte dem Prorektor, dass ich mich weigere, das zu tun, und dass ich Răducans Zensur nicht ändern werde. Ich fügte noch hinzu, dass ein solches Verfahren den Interessen des Bildungssystems zuwiderlaufen würde und letztlich für die Partei schädlich sei. Wenn der Prorektor diesen Standpunkt nicht akzeptiere, dann sei ich bereit, die Angelegenheit vor einem Parteiforum zu diskutieren.

Mănescu hätte mich am liebsten bei lebendigem Leib verschlungen; aber er wusste nicht, was er sagen oder tun solle und beließ es dabei – zumindest vorerst. Er fand keinen Grund, Răducan zu exmatrikulieren, der sein Diplom am Jahresende erhielt. Aber natürlich hat mir Mănescu nie verziehen und ließ später, als er mächtiger wurde und die Gelegenheit dazu hatte, seiner Feindseligkeit freien Lauf. Zum Glück für mich hatte ich Rumänien bereits verlassen, als Mănescu in den achtziger Jahren den Gipfel seiner Macht als Ministerpräsident unter Ceauşescu erreichte.

Außer meiner Arbeit im Ministerium und meiner Dozentenstelle am ISEP wurde ich Mitglied des Herausgebergremiums der monatlich erscheinenden Wirtschaftszeitschrift *Probleme Economice*. Der Chefredakteur Mircea Oprişan, ein Journalist jüdischer Abstammung und Wirtschaftswissenschaftler, war vor allem ein durchtriebener politischer Manipulator, der in der zweiten Hälfte der fünfziger Jahre Karriere als Minister für Binnenhandel machte. Damals umwarb er mich eifrig wegen meiner „strategischen Position" im Außenministerium. Das Adjektiv „strategisch" bezieht sich auf die Tatsache, dass ich in der Umgebung Ana Paukers arbeitete, die als eine der führenden Persönlichkeiten der Partei und des Landes angesehen wurde und in der Rangfolge gleich nach Gheorghiu-Dej kam – wenn sie nicht noch vor ihm rangierte. Folglich wurde ich von Chefredakteur Oprişan fürstlich behandelt: Er fragte mich in vielen Dingen um meine Meinung, aber wenn er meinem Rat nicht folgen wollte, dann verschanzte er sich hinter sorgfältig ausgedachten Entschuldigungen. Er sagte zum Beispiel, dass die Abteilung Propaganda des Zentralkomitees leider von meiner Empfehlung abgeraten hätte – womit die Angelegenheit natürlich erledigt war.

Als Edith und ich Ende März 1949 aus London zurückkehrten, verbrachten wir einige Wochen im Haus von Sanyi und Magda Jakab. Bald danach fuhr Edith nach Cluj, um die Prüfungen des ersten Studienjahres an der Bolyai Universität abzulegen; danach wechselte sie zur Universität Bukarest, die damals den Namen des berühmten rumänischen Mediziners C. I. Parhon trug. In jenem Frühjahr wurden wir in einem kleinen Einfamilienhaus in der Strada Tokyo 12 untergebracht, in einem ruhigen und angenehmen Viertel unweit des Ministeriums. Wir hatten ein Wohnzimmer, ein Esszimmer und eine Küche im Erdgeschoss und zwei Zimmer im ersten Stock, von denen wir eines als Schlafzimmer und das andere als Arbeitszimmer nutzten. Wir richteten uns mit schönen Möbeln ein, die wir als Hochzeitsgeschenk von Ediths Eltern erhalten hatten. Das Ministerium stellte mir einen Wagen mit Chauffeur zur Verfügung. Zwar hätte ich lieber das Auto ohne den Chauffeur gehabt, um selbst zu fahren, aber das war nicht erlaubt. Immerhin durfte ich das Auto gelegentlich fahren, aber der vom Ministerium zugeteilte Fahrer war für das Fahrzeug verantwortlich. Autos – ein Importartikel – waren so teuer, und Fahrer – ortsansässige Arbeitskräfte – hingegen so billig, dass der Luxus, den ich genoss, tatsächlich das Auto war und nicht der Fahrer.

Im September 1949 geschah in Budapest etwas Seltsames, das die ganze kommunistische Welt erschütterte. László Rajk, einer der wenigen während des Krieges im Land gebliebenen führenden Politiker der ungarischen kommunistischen Partei, ein früherer Untergrundkämpfer und Teilnehmer am Spanischen Bürgerkrieg, nach 1946 einige Zeit Innenminister und danach Außenminister, wurde vor ein Gericht gestellt und gestand, ein Trotzkist und ein Titoist zu sein und viele Jahre lang als Agent für westliche Geheimdienste spioniert zu haben. Er teilte sich die Anklagebank mit mehreren anderen Leuten, die alle ihre Schuld eingestanden. Der Prozess dauerte mehrere Tage, während denen die Geständnisse der Angeklagten und die Zeugenaussagen ein detailliertes und vollkommen kohärentes Bild einer vielschichtigen und gefährlichen Verschwörung zeichneten. Rajk und zwei andere Angeklagte wurden zum Tode verurteilt und hingerichtet; die anderen erhielten lebenslänglich oder lange Gefängnisstrafen. Es war natürlich ein Schauprozess, aber das wussten damals weder ich noch irgendeiner meiner Freunde in Bukarest oder in Budapest.

Um zu verstehen, wieso ich und andere – darunter viele erfahrene Leute, die alles andere als leichtgläubig waren – so etwas glauben konnten, muss man sich die folgenden Umstände vor Augen führen. Zunächst ist zu bemerken, dass es sich nach dem Zweiten Weltkrieg um den ersten Schauprozess handelte, in dem ein führender kommunistischer Politiker wegen Verrats angeklagt wurde. Obwohl diejenigen, die die Schauprozesse Ende der dreißiger Jahre in der Sowjetunion erlebt hatten, die Dinge skeptischer sahen, glaubte ich ebenso wie die meisten meiner Genossen das, was man uns erzählt hat. Meine Erfahrungen mit diesem Dingen waren gleich null. Weiter ist zu sagen, dass der Prozess von seinen diabolischen Organisatoren hervorragend inszeniert worden war. Die Aussagen klangen zutiefst glaubwürdig: die detaillierten Berichte schilderten insgesamt im Grunde genommen dieselbe Geschichte mit jeweils anderen Worten, manchmal mit geringfügigen Widersprüchen, die aber auf scheinbar unangreifbare Weise geklärt wurden. In den Aussagen vermischten sich Dichtung und Wahrheit. Viele der überspannt anmutenden Behauptungen waren wahr, obwohl sie natürlich nicht die Schuld der Angeklagten bewiesen. So wurde etwa Rajk während des Spanischen Bürgerkriegs von seiner Position als Parteisekretär seiner Einheit entbunden, weil er trotzkistische Ansichten äußerte; er wurde aber nicht aus der Partei ausgeschlossen, man schickte ihn an die Front. Richtig ist auch, dass er nach seiner Rückkehr nach Ungarn eines der führenden Mitglieder der in der Illegalität tätigen Partei wurde; er wurde verhaftet und im November 1944 vor ein Militärgericht gestellt. Im gleichen Prozess wurde Bajcsy-Zsilinszky, der Anführer der Partei der Kleinlandwirte, ein freimütiger, nichtkommunistischer Nazigegner, zum Tode verurteilt und hingerichtet; Rajk entging jedoch dem Todesurteil dank der energischen Intervention seines Bruders, der Faschist und Staatssekretär in Szálasis Pfeilkreuzler-Regierung war. Das waren Tatsachen, die sich zwar merkwürdig anhörten, aber nichtsdestoweniger nachprüfbar waren. Obwohl sie nichts bewiesen, machten sie andere seltsame Eingeständnisse Rajks glaubhafter. Ich und gewiss auch viele andere stellten Überlegungen folgender Art an. Wenn das, was Rajk im Prozess aussagte, nicht wahr wäre, dann musste er vom Verhörungspersonal im Zeitraum zwischen seiner Verhaftung im Mai 1949 und dem Prozessbeginn im September desselben Jahres vollständig und restlos gebrochen worden sein. Ich selbst kannte Rajk zwar nicht persönlich, wusste aber, dass er während des Krieges in der Illegalität ein hartnäckiger Widerstandskämpfer war, der 1944 von der DEF festgenommen worden war und niemanden verraten hatte (andernfalls wäre er nach dem Krieg aus der Partei ausgeschlossen worden). Wenn aber die DEF, deren schrecklich effiziente Methoden ich nur allzu gut kannte, außerstande gewesen war, diesen stolzen Kommunisten durch Folter zu zwingen, auch nur einen einzigen Namen zu verraten, wie in aller Welt hätte ihn dann jemand dazu bringen können, sich selbst mit ruhiger und bedächtiger Stimme genau derjenigen Verbrechen zu beschuldigen, die er für die verabscheuungswürdigsten auf Erden gehalten haben musste? Ich konnte mir das überhaupt nicht vorstellen und deswegen glaubte ich Rajks Zeugenaussage, so naiv das auch klingen mag.

Im Oktober 1949, einige Wochen nach dem Rajk-Prozess, schickte man mich für einige Tage nach Budapest, um als Mitglied einer rumänischen Delegation mit den Ungarn eine Vereinbarung zum Eisenbahntransport auszuhandeln. Es war eine Routinesache ohne politische Implikationen und ohne besondere ökonomische Folgen; im Wesentlichen verhandelten unsere Eisenbahnexperten und so hatte ich etwas Zeit, einige meiner Genossen aus Kriegszeiten aufzusuchen. Natürlich diskutierte ich mit ihnen über den Rajk-Prozess. Sie waren alle schockiert, aber keiner von ihnen bezweifelte auch nur im Geringsten den Wahrheitsgehalt von Rajks Aussage.

Als ich in der ungarischen Hauptstadt war, erreichten mich wichtige Nachrichten von Edith. Vor meiner Abreise nach Budapest hatte ich sie gefragt, was ich ihr als Geschenk mitbringen könne. Sie wünschte sich Stoff für einen Morgenmantel – drei Meter sollten es sein. Als ich sie aus Budapest anrief, sagte sie mir, sie hätte etwas ganz Wichtiges mitzuteilen: ich solle lieber vier Meter mitbringen, nicht nur drei. Ich ahnte, was sie meinte – nämlich dass sie schwanger war –, aber ich war nicht sicher. Sie bestätigte es nach meiner Rückkehr.

Obwohl ich von 1949 bis 1951 mit meiner Arbeit sehr beschäftigt war, versäumten Edith und ich kein einziges bedeutenderes kulturelles Ereignis. Wir gingen gelegentlich in die Oper; die Bukarester Oper war ziemlich gut und manchmal gastierten Sänger von Weltruf. Auch das Sinfonieorchester war gut, ab und zu trat ein berühmter Geiger oder Pianist auf. Das rumänische Theater war von hoher Qualität – einer der Regisseure jener Jahre, Liviu Ciulei, ging später in den Westen und arbeitete eine Weile in Amerika. Die zeitgenössischen Stücke waren wegen der politischen Zensur ziemlich schlecht, aber wir haben viele klassische Stücke gesehen, die hervorragend inszeniert waren. Zu den Höhepunkten unserer kulturellen Erlebnisse gehörten mehrere Gastspiele des Bolschoi-Theaters und des Kirow-Balletts sowie die unübertroffene Volkstanzgruppe des Moissejew-Ensembles.

Bei mehreren Anlässen wurde ich darum gebeten, an der Parteischule Vorträge über ökonomische Fragen zu halten. Meine Vorträge kamen normalerweise gut an, und ich stand im Ruf, ein guter Vortragender zu sein. Mein größter Erfolg – in Bezug auf die Nachwirkungen – war jedoch ein Vortrag, den ich anstelle eines anderen hielt und erst in der Nacht davor vorbereiten konnte. Der andere war Alexandru Bârlǎdeanu, ein führendes Mitglied der Regierung. Er war als Handelsminister für den Außen- und Binnenhandel, aber auch für die Koordinierung mehrerer anderer Wirtschaftsministerien zuständig. Er war ein rumänischer kommunistischer Intellektueller Anfang vierzig, stammte aus Bessarabien, sprach fließend Russisch, war sehr klug und belesen und stand in dem Ruf, der sachkundigste praktische Ökonom des Landes zu sein. Er war ein Freund von Sanyi und beklagte sich bei ihm an einem Abend darüber, dass er kurzfristig für den nächsten Morgen einen Termin bei Gheorghiu-Dej bekommen habe – gerade an dem Tag, an dem er einen Vortrag an der Parteischule halten sollte. Sanyi schlug vor, Bârlǎdeanu sollte mich fragen, ob ich nicht einspringen könne. Darüber hinaus garantierte Sanyi, dass das Publikum bestimmt mit mir zufrieden sein werde. Als Bârlǎdeanu – den ich noch nicht persönlich kannte – mich mit der besagten Bitte anrief, warnte er mich, dass ich nur diese eine Nacht zur Vorbereitung hätte; gleichzeitig schmeichelte er mir auf entwaffnende Weise, er brenne vor Neugier, einen der seltenen Menschen zu treffen, die einen Skeptiker wie Sanyi zu einer so positiven Meinung veranlassen könnten. Selbstverständlich wies ich ihn nicht ab und hielt einen Vortrag, der laut Bârlǎdeanu sehr gut ankam. Er sagte mir, dass ich ihn vor einer sehr unangenehmen Situation gerettet habe. Wie schon gesagt, das war mein wichtigster Vortrag in Bezug auf dessen Auswirkungen: Sechzehn Jahre später, als ich die letzte Schlacht meines fünfeinhalb Jahre dauernden Kampfes für die Emigration schlug, war Bârlǎdeanu einer der zwei oder drei Menschen, die wahrscheinlich eine entscheidende Rolle bei der Genehmigung meines Auswanderungsantrags spielten.

Ende 1949 oder Anfang 1950 erhielt ich den Auftrag, als Vertreter des Außenministeriums an Verhandlungen teilzunehmen, die von einer rumänischen Delegation und einer Delegation der Schweizer Regierung mit dem Ziel geführt wurden, die Schweizer Ansprüche im Namen der früheren Eigentümer zu regeln, deren

Unternehmen in Rumänien verstaatlicht worden waren. Eine Reihe von Schweizer Bankkonten war wegen dieser Ansprüche eingefroren worden, so dass es für Rumänien wichtig war, die Sache zu erledigen. Die rumänische Delegation wurde von Gogu Rădulescu geleitet, dem stellvertretenden Handelsminister, der für den Außenhandel zuständig war. Außer Rădulescu und mir gehörten der Delegation noch Vertreter des Finanzministeriums, der Staatsbank und des Ministeriums für Außenhandel an.

Gogu Rădulescu war ein Freund von Sanyi, und ich hatte schon früher einige Begegnungen mit ihm. Als ich aus London zurückgekehrt war, hatte ich Rădulescu angerufen und ihm von einigen noch zu erledigenden Dingen in Bezug auf die Tätigkeit der Handelsmission in London erzählt. Er bat mich darum, in sein Ministerium zu kommen, wo ich ein freundliches Gespräch mit diesem eigenartigen Mann hatte, vor dessen beißender Ironie sich alle fürchteten. Er war auch physisch eigenartig – er sah aus wie ein mongolischer Kriegsherr, so etwa habe ich mir Dschingis Khan vorgestellt. Am liebsten stellte er seinen Gesprächspartnern scheinbar naive Fragen und nahm dann die Antworten spöttisch auseinander, wenn sie ihm nicht gefielen. Er konnte Heuchler und Schmeichler nicht ausstehen und unterbrach jeden, der ihm mit Parteiparolen kam – manchmal warf er solche Leute auch aus seinem Dienstzimmer. Er konnte es sich eine Weile leisten, Parteidemagogen zu provozieren und lächerlich zu machen – jeder wusste, dass er den Krieg in der Sowjetunion verbracht hatte und anscheinend gute Beziehungen zu einigen Russen pflegte, die sich damals in Bukarest aufhielten. Das reichte, um ihn vor Angriffen zu schützen. Aber irgendwann änderten sich die Dinge und die Feinde, die er sich Ende der vierziger Jahre gemacht hatte, rächten sich in den fünfziger Jahren an ihm.

Abb. 8.1 Sanyi Jakab um 1949

Obwohl meine Kontakte zu Gogu Rădulescu eine gute Grundlage besaßen, war mein Auftrag im Verhandlungsteam dennoch ein unangenehmer, wie aus der folgenden Schilderung hervorgeht. Rumäniens hauptsächliche Wirtschaftsbeziehungen mit der Außenwelt waren von zweierlei Art: Gemeinschaftsunternehmen mit der Sowjetunion und Außenhandel. Das Erstere erfolgte unter Kontrolle des Finanzministeriums, und das Außenministerium verspürte keinerlei Verlangen, seine Nase in die dortigen Geschehnisse hineinzustecken. Das Letztere lag selbstverständlich in der Zuständigkeit des Ministeriums für Außenhandel, aber Ana Paukers Außenministerium nahm sich das Recht heraus, die politische Kontrolle über den Außenhandel anzustreben. Diese Versuche ärgerten natürlich Gogu Rădulescu als den für Außenhandel verantwortlichen Leiter, und er leistete heftigen Widerstand dagegen. Schließlich war er Parteimitglied und erwartete, dass man ihm vertraute. Der Gegensatz führte zu einem Dauerkonflikt zwischen den beiden Ministerien, der manchmal im Verborgenen, manchmal jedoch auch offener ausgetragen wurde. Natürlich wurde der Konflikt nie mit Ana Pauker selbst ausgetragen – das wäre in Anbetracht des großen Unterschiedes zwischen ihrem und Rădulescus Parteistatus undenkbar gewesen –, sondern mit Anuța Toma, der wichtigsten stellvertretenden Außenministerin, die gleichzeitig das Faktotum des Ministeriums war. Rădulescu machte kein Hehl aus seiner Verachtung für Anuța Toma, über die er gegenüber anderen häufig sarkastische Bemerkungen fallen ließ. Meine eigene Meinung war, dass das Ministerium für Außenhandel seine Tätigkeit auf der Grundlage von kommerziellen Kriterien durchführen müsse und dass sich eine Politisierung dieser Aktivitäten schädlich auf die Entwicklung der rumänischen Handelsbeziehungen auswirken würde. Durch meine Ernennung zum Vertreter meines Ministeriums in den Verhandlungen mit der Schweizer Delegation wurde ich jetzt gegen meinen Willen mitten in diesen Konflikt gestoßen. Ich sprach mit Rădulescu offen darüber, wie unangenehm diese Situation für mich war, und sicherte ihm zu, mein Bestes zu tun, in den Verhandlungen eine möglichst konstruktive Rolle zu spielen. Ich sagte ihm auch, er müsse sich keine Sorgen machen, dass ich der Partei, meinem Ministerium oder jemand anderem irgendetwas hinter seinem Rücken berichte. Wenn ich irgendwelche Einwände hätte, dann würde ich diese zuerst ihm mitteilen, bevor ein anderer davon erfährt. Er schätzte meine Aufrichtigkeit, und wir kamen sehr gut miteinander aus.

Die Verhandlungen waren schwierig. Die Schweizer Delegation wurde von Troendle geleitet, einem erfahrenen Beamten des Außenministeriums. Er legte eine Liste der geltend gemachten Besitztümer vor, die nach Auffassung unserer Seite übertrieben hoch bewertet waren. Die Schweizer waren gut vorbereitet, sie wussten, was sie wollten, und legten Dokumente vor, die jeden ihrer Ansprüche belegten. Auf unserer Seite hatte Rădulescu keine Zeit, sich auf die Verhandlungen vorzubereiten – er verfolgte eine Strategie der Improvisation, die er meisterhaft beherrschte. Die anderen Mitglieder unserer Delegation waren zwar sachkundig auf ihren jeweiligen Fachgebieten, aber in den sonstigen Fragen absolut unbewandert. Niemand schien eine Ahnung zu haben, wo wir standen, was wir tun sollten und welche Ansprüche wir auf welche Weise anfechten könnten. Ich war während der ersten Tage vollständig unkundig: Nicht genug damit, dass ich weniger als eine Woche Vorwarnzeit hatte – keiner von uns wusste vor der Ankunft der Schweizer Delegation,

welche Ansprüche sie überhaupt anmelden würden. Auf der rumänischen Seite ist
es einfach niemandem in den Sinn gekommen, die Schweizer darum zu bitten, uns
ihre Ansprüche einen Monat vor dem Verhandlungsbeginn schriftlich vorzulegen, so
dass wir sie studieren konnten. Ich nahm die Materialien nach den Besprechungen
mit und verbrachte mehrere Nächte damit, mich in die Unterlagen einzuarbeiten;
nach einigen Tagen war ich in der Lage, gewisse Ansprüche in Zweifel zu ziehen
und Einwände gegen manche Interpretationen vorzubringen. Der Vertreter unseres
Finanzministeriums konnte Beweise für eine Steuerhinterziehung seitens früherer
Eigentümer ausgraben, aber auch Belege für regelrechten Betrug und für Bestechung, um Steuerzahlungen zu vermeiden. Wenn man diese Steuern, die frühere
Eigentümer dem rumänischen Staat schuldeten, mit den zugehörigen Zinsen und
Geldstrafen zusammenrechnete, dann stellte sich in vielen Fällen heraus, dass der
Betrag die Ansprüche der Eigentümer überstieg. Zuerst bezweifelte die Schweizer
Delegation die Rechtmäßigkeit der rumänischen Forderungen, aber nach einer Weile gingen sie zu einer neuen Strategie über: Sie legten diejenigen Fälle beiseite,
bei denen die Verschuldung der Unternehmen die Forderungen des jeweiligen Ei-
gentümers überstieg, und forderten stattdessen eine vollständige Entschädigung in
den anderen Fällen. Hier argumentierte ich, dass wir nicht mit den einzelnen Eigentümern verhandelten, die wirklich keine Verantwortung für die Schulden der
jeweils anderen hatten, sondern mit der Schweizer Regierung als Vertreter der ganzen Gruppe; und wenn die Schweizer Regierung die zwischen den beiden Ländern
ausstehenden Angelegenheiten regeln wolle, dann könne sie nicht nur diejenigen
vertreten, die gegenüber der rumänischen Regierung eine positive Bilanz haben,
sondern sei auch für diejenigen zuständig, deren Bilanz negativ ist. Rădulescu gefiel mein Argument und er machte es sich zu eigen, weil sich dadurch ein großer
Teil der Forderungen in nichts auflöste. Ich erinnere mich nicht mehr an die Details
der Regelung, aber die rumänische Seite erkannte am Ende nur einen Bruchteil der
Forderungen an.

Die Verhandlungen dauerten etwa drei Wochen. Einmal in der Woche musste ich
Anuța Toma über die Geschehnisse Bericht erstatten. Jedes Mal versuchte sie, mich
dazu zu bringen, etwas Negatives über Rădulescus Verhandlungsführung zu sagen,
aber ich ignorierte ihre Verführungskünste und berichtete, dass die Dinge, soweit ich
erkennen könne, in die richtige Richtung gelenkt wurden. Als die Verhandlungen
endeten, ohne dass ich über irgendeine Abweichung oder eine schlechte Führung
seitens des Ministeriums für Außenhandels berichtet hatte, erwartete ich, dass mich
Anuța unter diesem oder jenem Vorwand herunterputzen würde. Zu meiner Überraschung grüßte sie mich stattdessen mit einem breiten, freundlichen Lächeln und
überhäufte mich mit allen möglichen Zeichen ihrer Wertschätzung. Ich war verwundert und vermutete eine Falle. Aber bald schon bekam ich von Anuța selbst
die Erklärung. Offensichtlich standen die Kommunikationskanäle, über die sich die
Schweizer Botschaft mit Bern beriet, vollständig unter Kontrolle des rumänischen
Geheimdienstes. Die Botschaft war gründlich verwanzt worden, und jeder Brief, der
einer Sekretärin diktiert wurde, war bereits bekannt, bevor er die Botschaft verließ.
Möglicherweise kontrollierte der Geheimdienst auch einige andere Kommunikationskanäle. Es genügt wohl zu sagen, dass Anuța mir mit großer Zufriedenheit den

Bericht vorlas, den Troendle nach zwei Verhandlungswochen nach Hause geschickt hatte. Der Bericht besagte, dass der Leiter der rumänischen Delegation zwar Sinn für Humor bewiesen hätte, aber absolut kein Sachwissen über das anstehende Thema, so dass alles sehr langsam gegangen sei. Außerdem seien die rumänischen Experten begriffsstutzig gewesen. Jeder von ihnen sei derart auf sein eigenes Fachgebiet beschränkt gewesen, dass er nicht über den eigenen Tellerrand hinausschauen könne. Der einzige fähige Verhandlungspartner sei der Vertreter des Außenministeriums gewesen. Anuțas Zufriedenheit rührte nicht so sehr von dem Lob her, das ich – und durch mich ihr Ministerium – erhielt, sondern von der abfälligen Bemerkung über Gogu Rădulescu.

Im Frühjahr 1950 wurde ich für einen Monat nach Orşova geschickt, einer Stadt am linken Ufer der Donau. Dort sollte ich als Geschäftsführender Direktor der Verwaltung des Eisernen Tores einige Maßnahmen durchführen. Das Eiserne Tor ist das Durchbruchstal der Donau durch die Bergkette der Karpaten. Über eine Strecke von etwa 150 Kilometern – von dem südlich von Timişoara liegenden Baziaş bis nach Gârla Mare südlich von Turnu Severin – ist die Donau die Grenze zwischen Rumänien und Jugoslawien. Das Eiserne Tor liegt knapp auf halbem Wege zwischen Baziaş und Gârla Mare. Vor der Flussverengung wälzt sich die Donau auf einer Breite von fast einem Kilometer dahin; im Durchbruch verengt sich die Flussbreite auf 150 Meter. Da hier die Strömung reißend wird und das Flussbett felsig ist, müssen die Schiffe von eigens dafür ausgebildeten professionellen und ortskundigen Lotsen übernommen werden. Der Lotsendienst und andere Navigationsdienste wurden von einer gemeinsamen rumänisch-jugoslawischen Verwaltung bereitgestellt, deren Arbeitsfähigkeit durch den politischen Konflikt zwischen den beiden Ländern bedroht wurde. Meine Aufgabe war es, einen *modus vivendi* zu finden, der die vitalen rumänischen Interessen wahrte. Ich führte diese Aufgabe zur Zufriedenheit des Ministeriums durch.

Abb. 8.2 Egon und Edith im Jahr 1950

Ende April kam Edith zu mir nach Orşova. Sie war im achten Monat und ich wollte ihr das Leben so angenehm wie möglich machen. Wir genossen die wilde Schönheit der Landschaft. Einige Male unternahmen wir mit dem Motorboot Ausflüge auf der Donau – flussaufwärts bis zum Eingang des Taldurchbruchs, danach flussabwärts bis zum Ende der Flussverengung und schließlich zurück nach Orşova in der Mitte. Zu beiden Seiten des Flusses erheben sich die Berge mehrere hundert Meter hoch, und der Durchbruch sieht so aus, als hätten die Götter buchstäblich eine Passage durch die Bergkette geschaffen. Man trifft dort immer noch auf Spuren der Römer, die dieses Gebiet im ersten und zweiten Jahrhundert 170 Jahre lang beherrschten. In der Nähe von Turnu Severin kann man die Überreste einer Donaubrücke sehen, die der berühmte römische Architekt Apollodor von Damaskus erbaut hat. Noch interessanter ist, dass die Römer auf dem südlichen, zu Jugoslawien gehörenden Flussufer eine mehrere Kilometer lange Hängestraße gebaut hatten, vielleicht für ihre Wagen. Die Straße existiert nicht mehr, aber entlang des Südufers befinden sich im Fels in regelmäßigen Abständen von zwei bis drei Metern tiefe Löcher von dreißig Zentimeter Durchmesser, ungefähr sechs bis zehn Meter über dem Wasser. Diese Öffnungen hielten die Balken, von denen die Straße getragen wurde – eine überaus beeindruckende technische Meisterleistung. Die überwältigende Schönheit der Landschaft bietet einen der weltweit bemerkenswertesten Anblicke. Ich erinnerte mich an den Roman *Ein Goldmensch* von Jókai, einem berühmten ungarischen Schriftsteller des neunzehnten Jahrhunderts. Den Roman hatte ich als Teenager gelesen: Jetzt durchlebte ich einige Passagen des Buches noch einmal. Auch Edith erinnert sich an die Wochen, die wir dort verbrachten, als ein herrliches Erlebnis; ihre Erinnerungen haben natürlich auch das Kolorit ihrer fortgeschrittenen Schwangerschaft. Aufgrund der anderen Umstände war sie fast die ganze Zeit hungrig und erinnert sich noch heute daran, dass wir in unserer Unterkunft nicht kochen konnten und deswegen zum Essen ins Dorf in eine kleine Gastwirtschaft gingen, wo die Mahlzeiten ziemlich spartanisch waren – kaum mehr als Brot und Omeletts. Sie erinnert sich auch daran, dass wir uns die griechisch-orthodoxe Osterprozession ansahen, in der ich mehrere Parteimitglieder erkannte. Edith behauptet, dass ich wegen ihrer Schwangerschaft ungewöhnlich nett zu ihr gewesen sei – ein großes Kompliment ihrerseits, denn im Allgemeinen gehörte es nicht zu meinen starken Seiten, nett zu sein.

Wir kehrten in der zweiten Maihälfte 1950 nach Bukarest zurück. Ich setzte meine Arbeit im Ministerium fort, und Edith fuhr zu ihren Eltern nach Cluj, um das Kind zur Welt zu bringen. Anna, unsere erste Tochter, kam als Geschenk für mich am 7. Juni auf die Welt, genau an meinem achtundzwanzigsten Geburtstag. Die Geburt fand zu Hause statt, und es kam zu einer Komplikation: In Annas Lungen war Fruchtwasser gelangt, so dass sie nicht gleich atmen konnte, als sie das Licht der Welt erblickte. Edith war anästhesiert worden und als sie die Augen wieder öffnete, sah sie, wie der Arzt ein blau angelaufenes und bewegungsloses Baby an den Füßen hielt und schüttelte; der Kopf des Kindes hing nach unten und es gab ein rasselndes Geräusch von sich. Edith dachte, das Kind sei tot oder liege im Sterben. Sie verlor erneut das Bewusstsein und als sie die Augen zum zweiten Mal öffnete, lag ein hübsches Baby an ihrer Seite. Zum Glück waren Anna und Edith in den

Händen des ausgezeichneten Gynäkologen Dr. Büchler, und alles ist gut ausgegangen. (Einige Jahre später wurde Büchler von Parteileuten derart schikaniert, dass er Selbstmord beging). Anna war ein großes Baby, das viel Milch brauchte, und Edith hatte reichlich davon. Sie kamen nach einer Weile nach Bukarest zurück, und als die Sommerhitze einsetzte, fuhr Edith mit Anna nach Predeal in die Berge.

Edith und ich hatten eine gemeinsame Freundin in Cluj, Elza Katz. Ende der vierziger Jahre hatte sie Vasile Vaida geheiratet, den früheren regionalen Parteisekretär von Cluj. Vaida hatte sich von seiner ersten Frau scheiden lassen und so zog Elza nach Bukarest. Im Sommer 1950 bekamen sie und Vaida eine Tochter, Veronica. Elza hatte nicht genug Milch, Edith dagegen mehr als genug, so dass Edith die kleine Veronica eine Weile stillte. Zwei Jahrzehnte später absolvierte Veronica Vaida, die von Edith gestillt worden war, ein glänzendes Studium in Amerika, wo sie in Chemie promovierte und eine Assistenzprofessur in Harvard erhielt. Sie wurde von einem jungen amerikanischen Kollegen umworben, der sie heiraten wollte. Da Veronicas Eltern weit weg in Rumänien waren, meinte sie, jemanden in ihre Entscheidung einbeziehen zu müssen, dem sie vertrauen konnte. Und so wandte sich Veronica an Edith und bat sie um Begleitung beim ersten Besuch der Eltern des besagten Kollegen, die in Ohio wohnten – nicht weit von Pittsburgh, wo wir lebten. Edith war einverstanden. Das Erste, was Edith sah, als sie das Elternhaus des jungen Mannes betraten, war ein Ehrenzeichen, das der Vater erhalten hatte, weil er während des Zweiten Weltkriegs an den Bombardierungen der rumänischen Ölfelder und Raffinerien von Ploieşti teilgenommen hatte. Eine Ironie des Schicksals.

Anna entwickelte sich in ganz kurzer Zeit zu einem strammen, freundlichen Kind mit rosigen Wangen und war eine ständige Freude für uns. Die Bergluft von Predeal erwies sich als sehr gut für sie. Sie hatte große, ausdrucksstarke Augen, die meiner Meinung nach von Edith kamen, wohlgeformte rote Lippen, die auffallend denen meines Bruders Bobi ähnelten, und ein lächelndes rundes Gesicht mit zwei markanten Grübchen. Sie begann früh zu sprechen, und ihre ersten Wörter drückten einen nüchternen Realismus aus: Als ich von der Arbeit nach Hause kam, nahm ich sie in die Arme, aber statt mich zu erkundigen, ob sie hungrig sei oder irgendetwas brauche, fragte ich einfältig „Hast du Papa lieb?", worauf sie „Fleisch lieb!" herausplatzte – und natürlich bekam sie Fleisch. Sie hatte auch Schokolade gerne und gelegentlich gab sie uns überzeugend zu verstehen, dass sie auch Mama und Papa lieb habe.

Leider wurde Mama krank. Im Juni konnte Edith ihre Prüfungen wegen der Geburt des Kindes nicht ablegen. Wir wussten im Voraus, dass es so kommen würde, und deswegen verlegte sie alle ihre Prüfungen auf September. Kaum hatte sie diese Prüfungen abgelegt, als das Herbstsemester 1950–51 begann. Die angestrengte Arbeit kurz nach der Geburt und die Stillzeit forderten ihren Tribut: Im Frühjahr 1951 wurde eine schwere Schilddrüsen-Überfunktion diagnostiziert. Die Ärzte verordneten Edith eine medikamentöse Behandlung und vollständige Ruhe für zwei bis drei Monate. Edith fuhr wieder nach Predeal und kehrte erst im Spätherbst – fast völlig geheilt – wieder zurück. Danach setzte sie ihr Studium fort.

Als ich in London war, sind meine Klausenburger Freunde Bandi und Juci Klein nach Bukarest umgezogen, wo Bandi stellvertretender Direktor einer der staatlichen

Außenhandelsgesellschaften wurde und Juci als Kinderärztin arbeitete. Ende 1949 oder Anfang 1950 zog auch mein Onkel Tibor Rényi mit seiner Familie von Arad nach Bukarest, um für eine Wirtschaftsvertretung zu arbeiten, die dem Finanzministerium unterstellt war. Edith und ich hielten engen Kontakt zu beiden Familien, die – neben Sanyi und Magda Jakab – unsere besten Freunde wurden.

1949, bald nach meiner Rückkehr aus London, begann ich Russisch zu lernen. Es gab eine ältere russische Dame, Natalja Konstantinowna (Vorname und Vatersname – sie verwendete ihren Nachnamen nie), die mehreren Direktoren und stellvertretenden Ministern an meiner Arbeitsstelle Russischunterricht erteilte. Ich beschloss, es bei ihr zu versuchen. Wie sich herausstellte, war sie nicht nur eine ausgezeichnete Lehrerin, sondern auch eine in vielerlei Hinsicht bemerkenswerte Persönlichkeit und ich nahm bei ihr Russischstunden bis 1952. 1951 konnte ich nicht nur die *Prawda* und die *Iswestija* lesen – wozu kein besonders umfassendes Vokabular erforderlich war –, sondern auch Wirtschaftjournale und Erzählungen von Tschechow. Ich konnte ein Gespräch mit dem am ISEP tätigen sowjetischen Professor für Politische Ökonomie führen und Briefe schreiben. Natalja Konstantinowna (sie musste gemäß der russischen – nicht sowjetischen – Etikette immer mit beiden Namen angeredet werden) war Ende siebzig. Sie war entweder verwitwet oder geschieden – man wusste es nicht, weil sie nie über persönliche Angelegenheiten sprach; sie wusste hundertmal mehr über das Privatleben ihrer Studenten als umgekehrt. Ich nannte sie eine Dame, nicht eine Frau, denn sie war wirklich eine Dame, wie ihr Stil, ihre Kleidung, ihre Einstellung und ihr Auftreten verrieten. Sie war immer gut gekleidet, hatte ihre blonden Haare sorgfältig frisiert, war höflich, aber stolz, immer aufrecht, mutig und sah gesund aus. An einem Wintertag platzte sie versehentlich während unserer Unterrichtsstunde damit heraus, dass sie am Vormittag auf der Straße ausgerutscht und hingefallen sei und sich dabei eine Rippe gebrochen habe. Auf meine Frage, warum sie nicht in ein Krankenhaus gegangen sei, lachte sie und sagte, dass eine gebrochene Rippe nichts Besonderes sei und man nur einen Verband anlegen müsse, was sie selbst getan habe. In Bezug auf die Hausaufgaben war sie ziemlich streng und brachte mich in erhebliche Schwierigkeiten, weil sie Anuţa und einige andere Kollegen als faul tadelte und mich als Beispiel für die Leistungen hinstellte, die sie von einem Studenten erwartete. Ich bat sie, aufzuhören, aber es war bereits zu spät. Natalja Konstantinowna war während oder nach der Revolution aus Russland geflüchtet und machte keine Anstalten, der Sowjetunion gegenüber wohlgesinnt zu erscheinen; sie vermied einfach jegliche politische Diskussion. Es grenzte an ein Wunder, dass man sie nicht aus dem Ministerium warf – eine Möglichkeit, mit der sie meiner Meinung nach früher oder später rechnete. Aber ich bewunderte ihre Würde und ihren Mut. Sie verbarg ihre Verachtung für bestimmte sprachliche Innovationen nicht, die von den russischen Kommunisten eingeführt worden waren. Jedesmal, wenn ich eine Form oder einen Ausdruck verwendete, den ich in der sowjetischen Presse aufgegabelt hatte, korrigierte sie mich; und wenn ich auf die Quelle hinwies, antwortete sie „Das macht nichts, es ist trotzdem kein richtiges Russisch". Edith nahm ebenfalls Russischstunden bei Natalja Konstantinowna, und beide kamen sehr gut miteinander aus.

Im späten Frühjahr 1950 beschloss ich, meine Versetzung in die Staatliche Planungskommission zu erwirken, da es meine Hauptambition war, bei der Lösung derjenigen Probleme mitzuarbeiten, die ich als wirklich bedeutsam für den Aufbau des Sozialismus in Rumänien erachtete. Ich sprach darüber mit Sanyi, der mir davon abriet, weil die Staatliche Planungskommission von Miron Constantinescu geleitet wurde, von dessen Charakter (nicht Intellekt) er keine allzu gute Meinung hatte. Aber ich ließ mich dadurch nicht abschrecken, denn ich hatte kein Interesse, dort in eine gehobene Position aufzusteigen; vielmehr lag mir daran, mich am Prozess der Wirtschaftsplanung im Großen zu beteiligen und mir die entsprechenden Fertigkeiten während der Arbeit anzueignen.

Ich beschloss, die Sache mit meiner obersten Chefin zu besprechen und bat um einen Termin bei Ana Pauker. Sie empfing mich einige Tage später und war am Anfang unseres Gesprächs sehr freundlich. Ich bedankte mich für ihr Vertrauen und dafür, dass sie mich auf eine so verantwortungsvolle Position in ihrem Ministerium berufen hat. Danach erklärte ich, dass ich Ökonom werden wollte, weil ich – seit der Befreiung unseres Landes und seit dem Zeitpunkt, an dem die Partei an die Macht gekommen war – immer davon geträumt habe, mich am Aufbau der Planwirtschaft und an der Ausarbeitung der ökonomischen Pläne zu beteiligen, die unserer Entwicklung zugrunde liegen. Ich fragte sie respektvoll, ob sie mir gestatten würde, meinem Traum nachzugehen, und ob ich auf dem von mir gewählten Gebiet in der Staatlichen Planungskommission arbeiten dürfte. Sie hörte nachdenklich zu und sagte dann: „Nun, vielleicht sollten wir mit Genossen Constantinescu darüber sprechen."

Ich fasste das als positive Antwort auf und sagte: „Dafür wäre ich wirklich sehr dankbar."

Aber dann begann sie, über etwas anderes zu sprechen. Sie sagte, dass sie einige Pläne für den Ausbau des Direktorats für ökonomische Angelegenheiten habe und dass ich als Leiter des Direktorats natürlich in diese Pläne einbezogen sei. Ich entgegnete, dass die wichtigen Fragen der Außenwirtschaft entweder vom Ministerium für Außenhandel erledigt würden – falls es um den Handel geht – oder aber vom Finanzministerium – falls es sich um sowjetisch-rumänische Unternehmen handelt –, und dass es außer diesen beiden Bereichen keine bedeutende Außenwirtschaftstätigkeit gäbe und geben könne. Sie entgegnete, dass ich mich irre und dass der vor kurzem gegründete RGW – Rat für gegenseitige Wirtschaftshilfe – eine wirtschaftliche Zusammenarbeit zwischen den Mitgliedstaaten impliziere, die über den Außenhandel hinausgehe, dass wahrscheinlich das Außenministerium daran beteiligt sein werde und dass diese Beteiligung für mich ganz neue Perspektiven und Möglichkeiten eröffnen könnte, zum Beispiel Arbeitsbeziehungen zu Personen wie Genosse Molotow in der Sowjetunion. Sie dachte vermutlich, dass der Name Molotows wie eine Bombe einschlagen und bei mir eine ekstatische Reaktion auslösen würde. Stattdessen war meine Reaktion ziemlich zurückhaltend. Ich bedankte mich bei ihr nochmals für ihr Vertrauen und versicherte ihr, dass ich – unabhängig von der Entscheidung – mein Bestes tun werde; dennoch würde ich eine Arbeit auf dem Gebiet der Wirtschaftsplanung bevorzugen. Sie beendete das Gespräch mit „Wir werden sehen", aber aus meiner Bitte wurde nichts. Auch ihre offensichtliche

Hoffnung erfüllte sich nicht, dass die RGW-Arbeit dem Außenministerium unterstellt würde.

Ungefähr eine Woche nach diesem Gespräch sagte mir Sanyi, dass er, ohne mich zu fragen, Luca vorgeschlagen habe, meine Versetzung in sein Ministerium zu beantragen, wo ich mich mit einigen wirklich wichtigen Problemen der Binnenwirtschaft befassen könne. Luca sondierte vorsichtig Paukers Meinung über mich, bevor er irgendeinen Antrag stellte, und erhielt eine recht negative Antwort: Er ist ein fähiger Mann, sagte sie über mich, aber ziemlich phlegmatisch. Das war eine sehr unvorteilhafte Beurteilung zu einer Zeit, als Begeisterung und Parteiergebenheit – also das Gegenteil von Phlegma – die meistgesuchten Qualitäten waren. Offensichtlich bestand mein Phlegma darin, unbeeindruckt von der Möglichkeit zu sein, mit so wichtigen Persönlichkeiten wie mit Genossen Molotow und der Großen Dame selbst zusammenzuarbeiten. Luca ging der Angelegenheit nicht weiter nach.

* * *

Im Herbst 1951 machten Edith und ich zusammen mit Gogu und Dorina Rădulescu einen drei- bis viertägigen Ausflug mit dem Auto, um die berühmten, von außen bemalten Moldauklöster zu besuchen. Die Außenmauern dieser Klöster – im nordöstlichen Zipfel des Landes gibt es mehrere von ihnen – wurden irgendwann im vierzehnten oder fünfzehnten Jahrhundert mit lebhaften, zeitbeständigen Farbbildern bemalt, mindestens eines von ihnen durch griechische Mönche vom Berg Athos. Sie sind ein einzigartiges Phänomen. Die Fahrt durch die Berge der Südbukowina, die wir zum ersten Mal sahen, war sehr schön, und die Klöster waren ein wirklicher Höhepunkt. Auf unserem Ausflug hörte ich einiges aus Gogus und Dorinas Leben. Den Rest ihrer Geschichte erfuhr ich einige Jahre später, als wir einander näher kamen und die politische Atmosphäre etwas entspannter wurde.

Gogu Rădulescu war in den späten dreißiger Jahren der Anführer der kommunistischen Studenten in Bukarest. Er selbst war nicht jüdischer Abstammung und hatte eine jüdische kommunistische Verlobte, die Dorina hieß. Als Rumänien im Sommer 1940 Bessarabien und die Nordbukowina an die Sowjetunion abtrat, ging Dorina, deren Verhaftung drohte, in die Sowjetunion. Dorina folgte damit einem Plan, den sie sich zusammen mit Gogu ausgedacht hatte, damit sie bald wieder zusammen sein können. (Es dauerte fünf Jahre, aber am Ende waren sie wieder zusammen und heirateten). Im Frühjahr 1941 wurde Gogu zur Armee einberufen und im Juni als Armeeleutnant an die sowjetische Grenze beordert.

Spät am Abend des 21. Juni – der Nacht des deutschen Angriffs auf die Sowjetunion – erhielten er und die anderen rumänischen Offiziere an der sowjetischen Grenze ihre Befehle: „Versetzen Sie Ihre Truppen in Alarmbereitschaft; wir greifen am Morgen um drei Uhr an." Da Gogu Kommunist war und die Sowjetunion rückhaltlos unterstützte, beschloss er, zu den Sowjets überzulaufen und sie zu warnen, damit sie einige Stunden zur Verfügung hätten und nicht völlig unvorbereitet wären. Er verließ seine Einheit mit der Absicht, die Grenze zu überschreiten, wobei er riskierte, entweder von seinen eigenen Truppen oder von den sowjetischen Grenzwachen erschossen zu werden. Irgendwie schaffte er es, die Grenzwachen zu umgehen; kurz vor Mitternacht erreichte er sowjetisches Gebiet, wo er sich als rumänischer Deserteur stellte, der eine Nachricht zu überbringen habe. Da er Offizier war, hörte man ihn sofort an; er gab dem sowjetischen Offizier die Information, die er von dem bevorstehenden Angriff hatte. Man glaubte ihm nicht. Man bezeichnete ihn als Provokateur, als einen Spion, den die Rumänen mit unbekannter Mission geschickt hätte, und er wurde verhaftet. Er protestierte und wiederholte mehrmals „Ihr werdet es schon bald sehen," – aber es nutzte nichts. Am Morgen um drei Uhr begann der rumänische Angriff in enger Abstimmung mit den deutschen Truppen. Anstatt freigelassen zu werden, wurde Gogu als wertvoller Gefangener, als Spion, hinter die Front gebracht. Es machte nichts, dass sich seine Warnung als richtig erwiesen hatte; niemand hatte die Zeit, die Umstände seiner Verhaftung zu prüfen – alles, was man über ihn wusste, war, dass er unter verdächtigen Umständen auftauchte und deswegen wahrscheinlich ein Spion sei. Sicher war das natürlich nicht, aber wer konnte ein solches Risiko in Kriegszeiten denn schon eingehen?

Gogu verbrachte die meiste Zeit des Krieges – drei oder dreieinhalb Jahre – in verschiedenen Kriegsgefangenen- und Gulag-Lagern. Er lernte mehrere dieser Lager ziemlich gut kennen. Am Anfang war es für ihn schwer, zu glauben, was ihm passiert war – offensichtlich handelte es sich um ein Missverständnis und er erwartete jeden Tag, freigelassen zu werden. Mit der Zeit erfuhr er von anderen „Missverständnissen" und fing an, sein eigenes Schicksal skeptischer zu betrachten. Obwohl er seinen Glauben an den Marxismus oder den Kommunismus als bessere Zukunft für die Menschheit nicht verloren hatte, war er doch immer weniger von den Verdiensten des russischen Kommunismus überzeugt. Während seiner mehr als drei Jahre dauernden Wanderschaft von einem Lager ins nächste – inmitten von Hunger, Krankheit, Kälte und hoffnungsloser Verzweiflung – lernte er Russisch. Er lernte den Gulag kennen und entwickelte einige Instinkte, sich dieser Institution zu entziehen. Als 1944 die Gründer der Tudor-Vladimirescu-Division – einer rumänischen Armeeeinheit, die an der Seite der Sowjets gegen die Deutschen kämpfte – an ihn herantraten, trat er in die Division ein und kehrte auf diese Weise mit den Befreiern, der Sowjetarmee, nach Rumänien zurück. Später gelang es ihm, seine Verlobte zu finden – deren Kriegsgeschichte nicht weniger phantastisch als seine war – und heiratete sie.

Gogus Erlebnisse prägten sich mir ein, aber die Geschichte Dorinas, seiner Verlobten, kann ich nur in groben Zügen wiedergeben. Als sie im Frühjahr 1940 in die Sowjetunion ging – während der zehn Tage zwischen dem sowjetischen Ultimatum und dem tatsächlichen Einmarsch der sowjetischen Truppen in Bessarabien war es möglich, an einen beliebigen Ort der Region zu reisen und dort zu bleiben, bis die Sowjets kamen –, ließ sie sich zuerst in Kischinau (Kischinjow auf Russisch) nieder, der Hauptstadt der Region Moldawien. Als der deutsche Angriff im Juni 1941 begann, flüchtete sie zusammen mit denjenigen glücklichen Zivilisten, die genug Mut aufbrachten, alles zurückzulassen und sich in Richtung Osten auf den Weg zu machen – wenn möglich, mit dem Zug, oder auf einem Pferdefuhrwerk oder zu Fuß; dadurch überlebte sie – im Gegensatz zu denjenigen, die aus diesem oder jenem Grund nicht fliehen konnten, in die Hände der deutschen Besatzer gerieten und getötet wurden. Dorina erzählte wunderbare Geschichten über ihren Weg von

Kischinau in Bessarabien nach Alma Ata in Zentralasien, aber ich erinnere mich nur an eine ihrer Erzählungen. An jedem neuen Ort, in den sie kamen, war eine Registrierung erforderlich. Immer stand eine lange Schlange vor einem Schreibtisch, hinter dem ein farbloser Bürokrat saß, der mit monotoner Stimme eine endlose Folge von Fragen stellte und die Antworten aufschrieb. Er fragte Dorina nach Namen, Geburtsdatum und Geburtsort, nach den Namen und Berufen ihrer Eltern, wo sie zur Schule gegangen sei und so weiter und so weiter, wobei er nicht einmal vom Papier aufschaute – bis er zu der Frage kam: „Und wo haben Sie im Gefängnis gesessen?". Hierauf antwortete Dorina „Ich war nie im Gefängnis". An dieser Stelle legte der Bürokrat seinen Füller hin und blickte bei dieser beispiellosen Antwort verwirrt auf: Ein menschliches Wesen über zwanzig und noch nie im Gefängnis gesessen!

* * *

Mehr als ein Jahr vor unserer Reise zu den Moldauklöstern fand ein weltpolitisches Ereignis von ungeheurer Bedeutung statt: Am 25. Juni 1950 überschritt Nordkorea die entmilitarisierte Zone und überrannte Südkorea. Die nordkoreanischen Führer erwiesen sich als gute Geschichtsstudenten: Ähnlich wie es die Nazis neun Jahre zuvor beim Überfall auf die Sowjetunion taten, leiteten die Nordkoreaner ihre Invasion mit einem heftigen Angriff in der Nacht vom Samstag zum Sonntag kurz nach Mitternacht ein. Es war ein perfekter Überraschungsangriff der unter kommunistischer Kontrolle stehenden nordkoreanischen Armee, die gut ausgebildet war, eine überlegene Kampfkraft besaß und sogar in Friedenszeiten in ständiger Gefechtsbereitschaft stand. Diese Armee eroberte die südkoreanische Hauptstadt Seoul im Handumdrehen und besetzte innerhalb weniger Wochen einen großen Teil des Landes. Die Invasion wurde in der nordkoreanischen und in der sowjetischen Presse perverserweise als Erwiderung auf einen südkoreanischen Angriff geschildert. Niemand in meinen Kreisen glaubte das, und man betrachtete es als eine von den Umständen geforderte diplomatische Lüge. Es war auch klar, dass der nordkoreanische Angriff nicht ohne Stalins Billigung stattfinden konnte.

Als sich all dies ereignete, erwarteten die rumänischen Parteikader etwas ganz anderes. Im Banat, der an Jugoslawien grenzenden rumänischen Region, wurden mehr sowjetische Truppen stationiert als je zuvor. Die Pressekampagne gegen Tito, den Erzverräter des Weltproletariats und eingefleischten Lakaien der Imperialisten, wurde immer heftiger. Jugoslawien wurde aus dem Kominform ausgeschlossen, und die Volksdemokratien kündigten der Reihe nach ihre Freundschaftsverträge mit Jugoslawien. In Parteikreisen diskutierte man mehr oder weniger offen die Notwendigkeit einer brüderlichen Hilfe, die den Völkern Jugoslawiens in Form einer bewaffneten Intervention seitens der Sowjetunion und ihrer Verbündeten gewährt werden müsse. Als Krieg auf der anderen Seite der Erdkugel ausbrach, interpretierten wir die Dinge so, dass die Russen vermutlich dachten, dieses Abenteuer würde aufgrund der peripheren geographischen Lage Koreas – und unabhängig von der Reaktion der Westmächte – mit geringerer Wahrscheinlichkeit zu einem Weltenbrand führen als ein Angriff auf Jugoslawien. Ich erinnere mich, dass Sanyi die nordkoreanische Invasion als „Stalins Versuchsballon" bezeichnete: Falls sich die

Reaktion der westlichen Verbündeten auf Empörung, Proteste und Verurteilungen beschränken würde, dann wären die Voraussetzungen dafür gegeben, Jugoslawien zu „befreien". Den Vereinigten Staaten gelang es jedoch, die Vereinten Nationen auf die Seite Südkoreas zu ziehen, und General McArthurs Truppen drängten die nordkoreanischen Angreifer bald weit hinter ihre Ausgangsposition zurück. „Stalins Versuchsballon", wenn es denn wirklich einer war, platzte also. Es ist gut möglich – aber wir werden es wahrscheinlich nie mit Sicherheit wissen – dass die amerikanische Aktion in Korea Jugoslawien vor einem Angriff schützte, den die volksdemokratischen Nachbarn des Landes unter Führung ihres Großen Bruders durchgeführt hätten.

Nachdem die Chinesen intervenierten, zog sich der Koreakrieg noch eine ganze Weile hin. Wie auch die anderen europäischen Volksdemokratien, mischte sich Rumänien militärisch nicht ein, gewährte aber Nordkorea nichtmilitärische Hilfe. Unter anderem schickte Rumänien Ärzte und Medikamente. Und unter den Ärzten, die mehrere Monate in Nordkorea verbrachten, war auch Avram (Abraham) Farchi, einer meiner Freunde. Als er Anfang 1952 aus Korea zurückkehrte, nahm er mit mir Kontakt auf, und ich sagte ihm, dass ich sehr interessiert sei zu hören, was er in Korea erlebt habe, und dass ich mich mit ihm ausführlich unterhalten wolle. Er zögerte etwas, zu reden, denn er hatte den strengen Befehl, alles geheim zu halten; aber ich war neugierig, die Wahrheit über Korea zu erfahren. Ich sagte, dass er, wenn er wirklich militärische Geheimnisse kenne, mir hierüber nichts erzählen solle, dass es aber gewiss nicht schaden würde, wenn er mir – in meiner Eigenschaft als Direktor im Außenministerium, der noch dazu bereits im Krieg Mitglied der kommunistischen Partei war – einiges über das Leben in Korea erzählte. Also kam er in mein Büro, und wir hatten ein langes Gespräch, in dem ich ihm Fragen über alles Mögliche stellte: über die Lebensqualität im Land des Kim Il Sung, die Qualität der sowjetischen Bewaffnung des koreanischen Militärs, über die Leistung der von den Koreanern benutzten MIGs im Vergleich zu den amerikanischen Kampfflugzeugen, die Moral der nordkoreanischen Armee und Bevölkerung und so weiter. Damals hatte ich noch nicht herausgefunden, dass mein Büro verwanzt worden war und dass jede Frage, die ich Dr. Farchi stellte, und jede Antwort, die er mir gab, beim Geheimdienst landete. Tatsächlich führte mein Gespräch mit Farchi dazu, dass ich die Wanzen entdeckte, denn mein Gesprächspartner wurde bald danach ins Gebet genommen und abgekanzelt, weil er mir Staatsgeheimnisse verraten habe. Farchi hat den Mut aufgebracht, mir alles zu erzählen. Als ich ihn fragte, wer sonst noch von unserem Gespräch wisse, und er mir antwortete, dass es keinen anderen gebe, konnte ich schließlich meine Schlussfolgerungen ziehen.

Es gab andere Vorkommnisse, die im Rückblick als Hinweis auf mangelndes Vertrauen in mich oder als Vorbereitungen für meine Absetzung interpretiert werden konnten. Irgendwann 1951 bekam ich Bazil Șerban als Stellvertreter. Șerban hatte in Spanien in den Internationalen Brigaden und später im französischen Widerstand gekämpft; von 1948 bis 1950 hatte er Aufgaben als Diplomat, und nun wurde er zum stellvertretenden Direktor für ökonomische Angelegenheiten ernannt. Zwar hatte mich, bevor das geschah, Anuța Toma zu sich gerufen und erklärt, sie hätten keine unmittelbare Aufgabe für Șerban im Ausland und wollten ihn einfach eine

Weile zu Hause behalten. Die besagte Aufgabe als mein Stellvertreter stünde seinen Qualifikationen am nächsten. Sie fragte mich auch, ob ich etwas dagegen hätte, Şerban in die Aufgaben des Direktorats einzuführen, damit er sich als mein Assistent nützlich machen könne. Natürlich hatte ich nichts dagegen, und tatsächlich arbeiteten Şerban und ich reibungslos und konfliktfrei zusammen: Wir diskutierten alle Probleme, die das Direktorat entscheiden oder lösen musste, und wir stimmten in allen Punkten überein. Selbst wenn Şerbans Ernennung von Anfang an als Maßnahme in Richtung meiner Ablösung beabsichtigt worden wäre, hätte ich nichts daran auszusetzen gehabt: Schließlich hatte ich ja Ana Pauker darum gebeten, mich in die Staatliche Planungskommission zu versetzen.

Einige Wochen nach meiner Unterhaltung mit Farchi befragte mich Anuţa Toma in einer eisigen und feindseligen Tonart über das Gespräch. Ich versuchte, ihr zu erklären, dass ich als Kommunist und als jemand, der die internationalen Geschehnisse hautnah verfolgt, ein großes Interesse an den bedeutendsten politisch-militärischen Ereignissen unserer Zeit habe und mich nicht dafür schäme, möglichst viel darüber zu erfahren. Aber Anuţas unheilverkündende Fragerei zielte nicht darauf ab, mich runterzuputzen, weil ich Farchi dazu verleitet hatte, mit mir über Korea zu reden, wo ich doch wusste, dass er zur Geheimhaltung verpflichtet sei. Nein, es ging um etwas ganz anderes: Sie wollte wissen, wer mir den Auftrag gegeben habe, koreanische militärische Geheimnisse herauszufinden, an wen und wie ich die Informationen weiterleiten solle und so weiter. Natürlich wies ich ihre Anspielungen empört zurück, aber dadurch kam ich nicht aus dem Schlamassel heraus. Denn um den Februar 1952, als das alles geschah, saß ich wirklich in der Klemme, aber nicht wegen Farchi. Das Problem war meine Freundschaft zu Sanyi Jakab.

Sanyi war mein bester Freund, und mit ihm war ich mindestens ein- oder zweimal in der Woche zusammen. Nach unserer ganztägigen Arbeit am Schreibtisch brauchten wir Bewegung und gingen gern spazieren; meistens waren wir am Abend lange unterwegs. Sanyi wurde als rechte Hand von Vasile Luca angesehen, der Finanzminister und Sekretär der Partei war. Zwar gab es drei stellvertretende Finanzminister, aber Luca verließ sich hauptsächlich auf Sanyis Meinung. Das Finanzministerium spielte in der rumänischen Wirtschaft eine äußerst wichtige Rolle. Unmittelbar nach dem Krieg gründeten die sowjetische und die rumänische Regierung eine Reihe von Gemeinschaftsunternehmen (sogenannte *SovRom*s, also sowjetisch-rumänische Firmen), mit denen Rumänien Reparationen zur teilweisen Wiedergutmachung seiner Teilnahme am Nazi-Angriff auf die Sowjetunion zahlte. Diese Unternehmen umfassten mindestens die Hälfte der Kapazitäten Rumäniens im Bergbau und in der Industrieproduktion; die Firmen wurden auf rumänischer Seite vom Finanzministerium kontrolliert. Sanyi wurde für einige Zeit in die Aufsicht desjenigen Ministerialdirektorats einbezogen, das mit diesen Unternehmen befasst war. Das Finanzministerium hatte einen sowjetischen Berater, einen gewissen Dobrochotow, mit dem Sanyi zu tun hatte. Ich traf Dobrochotow in Sanyis Büro und war von der freundschaftlichen, offenen und entspannten Atmosphäre ihrer Beziehungen beeindruckt. Sanyi hatte 1948 begonnen, Russischstunden zu nehmen. Obwohl er im Allgemeinen kein Sprachtalent hatte, ermöglichten ihm seine ausdauernden Bemühungen, ein einfaches Gespräch mit Dobrochotow auf Russisch zu führen, die einzige Sprache, die der Letztere sprach. Dadurch war Sanyi im Vorteil gegenüber seinen zwei Kollegen und vielen anderen, die Geschäftsbeziehungen zu den Russen hatten, da keiner von ihnen die Sprache kannte und alle auf Dolmetscher angewiesen waren. Obwohl Sanyi in dieser Zeit, das heißt 1949–1950, ziemlich gute Beziehungen zu Dobrochotow und durch diesen zu den Russen hatte, änderte sich die Situation 1951, als Dobrochotow abberufen und ersetzt wurde.

Sanyis Ruf in seinem eigenen Ministerium war der eines harten, anspruchsvollen und sachkundigen Chefs, der sich nicht über den Tisch ziehen ließ. Er war dafür bekannt, die Dinge aufgrund ihres sachlichen Gehalts zu beurteilen und sich nicht vom politischen Gewicht derjenigen beeindrucken zu lassen, die eine andere Meinung hatten. In einer Atmosphäre der Speichelleckerei, in der bei Versammlungen fast jeder versuchte, aus dem Gesichtsausdruck des Chefs und anderer wichtiger Leute herauszulesen, wie man auf das soeben Gesagte richtig reagieren muss, fiel Sanyis Verhalten aus der Reihe. Soviel ich weiß, hatte er keine größeren Konflikte innerhalb seines Ministeriums auszutragen: Nur wenige Leute wagten, sich ihm entgegenzustellen, denn er war in der Regel gut informiert, und außerdem wusste man, dass Luca, der Minister und Sekretär der Partei, Sanyis Meinung schätzte. Andererseits kam es häufig zu Auseinandersetzungen mit anderen Ministerien, wenn sie den Haushaltsrahmen sprengten – vor allem mit der Staatlichen Planungskommission, deren Pläne oft unrealistisch waren und eher den ökonomisch unsoliden Wünschen und Träumen der Parteichefs folgten. Natürlich durfte niemand – auch Sanyi nicht – die Weisheit der eindeutig festgelegten Parteidirektiven bezweifeln; aber Sanyi erschien auf Versammlungen mit handfesten Fakten und Daten, wies auf Widersprüche in den vorgelegten Plänen hin und stellte dazu unangenehme Fragen, in deren Ergebnis jeder sehen konnte, dass der Kaiser keine Kleider hatte. In den Jahren 1949–1950 waren diese Konflikte noch unbedeutend, aber später, 1950–1951, entwickelten sie sich zu Geplänkeln, die allmählich zu einer großen Konfrontation führten.

Die Zusammenstöße wurden als Meinungsverschiedenheiten zwischen den Leuten um Luca – in erster Linie Sanyi – und der Gruppierung um Gheorghiu-Dej angesehen, da es Miron Constantinescu, der Leiter der Staatlichen Planungskommission, niemals gewagt hätte, ohne Gheorghiu-Dejs direkte Unterstützung mit Luca über irgendetwas zu streiten. In diesem sich allmählich ausweitenden, aber 1949–1950 noch sehr latenten Konflikt zwischen Gheorghiu-Dej und Luca, hielt Ana Pauker als Dritte weitgehend die Balance zwischen den beiden Erstgenannten, tendierte aber mehr zu Luca; Teohari Georgescu, der vierte führende Parteipolitiker, unterstützte im Allgemeinen Pauker. Obwohl Pauker mehr oder weniger das Gleichgewicht zwischen Gheorghiu-Dej und Luca aufrechterhielt, verschob es sich langsam aber sicher zugunsten Gheorghiu-Dejs. Der Grund hierfür hatte mehr mit dem menschlichen Faktor zu tun, als mit den eigentlichen Fragen. Was diese Fragen anging, lag Luca fast immer richtig: Er hatte ein besseres Wirtschaftsverständnis und ein sichereres Gespür für ökonomische Prozesse als Gheorghiu-Dej, und wahrscheinlich hatte Luca auch bessere Berater. Aber Luca war ein impulsiver und leicht reizbarer Mann, neigte zu gelegentlichen Wutanfällen und war überhaupt nicht für politische Intrigen und strategische Spiele geschaffen. Gheorghiu-Dej war zwar in ökonomischen Fragen weniger bewandert, aber dafür war er kaltblütig, berechnend und verstand sich hervorragend auf das politische Schachspiel. Luca konnte dumme Menschen nicht ausstehen, während Gheorghiu-Dej bestrebt war, alle diejenigen um sich herum zu scharen, die Luca verärgert hatte. Er umwarb wichtige Mitglieder des Zentralkomitees, um sie auf seine Seite zu ziehen, und belohnte sie für jede Unterstützung, die sie ihm oder seinen Leuten auf Versammlungen gegeben hatten. Mit anderen Worten, er baute systematisch einen persönlichen Wahlkreis innerhalb der Partei auf. Um seinen Erfolg bei diesem Unterfangen zu würdigen, muss man sich vor Augen halten, dass Gheorghiu-Dej den Krieg in einem rumänischen Gefängnis verbracht hatte, während Pauker und Luca in Moskau waren. Somit fungierten Pauker und Luca zunächst als Moskaus Abgesandte, während Gheorghiu-Dej für Stalin eine unbekannte Größe war. Außerdem war den höheren Parteichargen wohlbekannt, dass niemand die Kontrolle über die rumänische Partei erlangen konnte, ohne zumindest das Einverständnis Moskaus, wenn nicht sogar die aktive Unterstützung der Sowjets zu besitzen. Oberflächlich betrachtet mussten also Gheorghiu-Dejs Chancen, die Oberhand über Pauker und Luca zu gewinnen, deren Anhängern als geringfügig erschienen sein. Dennoch gelang Gheorghiu-Dej zwischen 1949 und Ende 1951 genau das.

Wie hat er das geschafft? Zunächst baute er in der oben geschilderten Weise den Kreis seiner Unterstützer unter den Parteikadern auf. Danach machte er sich daran, die Sowjets auf seine Seite zu bringen. Das war keine leichte Sache, aber zwei Umstände kamen ihm zu Hilfe. Zuerst ist zu bemerken, dass Iosif Chişinevschi, der Hüter der ideologischen Orthodoxie, nach einiger Zeit der wichtigste rumänische Informant der sowjetischen Partei wurde. Während Chişinevschi von Luca wie ein verabscheuungswürdiger Wurm behandelt wurde, würdigte Gheorghiu-Dej bei jeder sich bietenden Gelegenheit nachdrücklich, welch herausragende Verdienste Chişinevschi um die Partei habe. Im Ergebnis erhielten die Sowjets im Laufe der Zeit stets negativere Informationen über Luca als über Gheorghiu-Dej. Auch die Tatsache, dass Luca für die SovRoms – die gemeinsamen sowjetisch-rumänischen Unternehmen – verantwortlich war, half Gheorghiu-Dej. Jeder, der irgendwann ein Gemeinschaftsunternehmen geführt hat, weiß, dass es immer Meinungsverschiedenheiten zwischen den Partnern gibt. Sämtliche Differenzen, zu denen es beim Betreiben der SovRoms gekommen war, wurden zu Kontroversen zwischen Luca und den sowjetischen Vertretern. Natürlich entartete keiner dieser Streitfälle, denn Luca hatte nicht die geringste Absicht, sich auf eine Konfrontation mit den Sowjets einzulassen oder irgendetwas zu tun, das von ihnen als schädlich hätte wahrgenommen werden können; dennoch waren Kontroversen unvermeidlich. Und so häuften sich – nicht zuletzt durch Zutun Chişinevschis – die Fälle, in denen die Sowjets Luca als Genossen betrachteten, der mitunter die eng gefassten Interessen seiner Partei oder seines Landes über die Interessen des Weltproletariats setzte, dessen Repräsentant die Sowjetunion war.

Wenn es einfach nur um eine Auseinandersetzung zwischen Gheorghiu-Dej und Luca gegangen wäre, dann hätte der Erstere mühelos und viel früher gewonnen, als es in Wirklichkeit der Fall war. Aber so einfach war es bei weitem nicht. Die Sache wurde hauptsächlich dadurch kompliziert, dass Ana Pauker – die ähnlich wie Luca zu den Moskowitern gehörte – die international am besten bekannte Parteipersönlichkeit war und meistens auf Lucas Seite stand. Schlimmer für Gheorghiu-Dej war jedoch, dass Chişinevschi anfangs an Anas Rockzipfeln hing. Niemand pries Ana inbrünstiger als Genosse Joschka, wie man Chişinevschi in Parteikreisen nannte. Eine weitere Komplikation ergab sich aufgrund der Tatsache, dass Teohari Georgescu, der vierte Sekretär der Partei und Innenminister, der auch einen der zwei Geheimdienste führte, normalerweise Ana Pauker und damit auch Luca unterstützte. Gheorghiu-Dejs erster wirklicher Coup war, dass er es schaffte, einen Keil zwischen Pauker und Chişinevschi zu treiben und den Letzteren auf seine Seite zu ziehen. Bald danach hatte es Gheorghiu-Dej fertiggebracht, die Kontrolle über den anderen Geheimdienst zu übernehmen, wobei er Georgescu umging. Bis zum Jahr 1951 war es Chişinevschi gelungen, den Russen genügend viele negative Informationen über Luca in die Hände zu spielen, um ihn in ihren Augen verdächtig zu machen. Von da an war es nur noch eine Frage der Geduld, den Boden für das „Rechtsabweichlertum" vorzubereiten, dessen man ihn im Frühjahr 1952 anklagte; auch Ana Pauker und Teohari Georgescu gerieten unter Verdacht. Zu diesem Zeitpunkt grenzten sich die Sowjets nicht nur von Luca ab, sondern waren auch bereit, die bedauerliche Mittäterschaft von Ana Pauker und Teohari Georgescu zu akzeptieren – eine Anschuldigung, die auf den überzeugenden, wenn auch indirekten Beweisen fußte, die Genosse Chişinevschi geliefert hatte. Das war wirklich eine Glanzleistung des merkwürdigen Paares Gheorghe Gheorghiu-Dej und Joschka Chişinevschi. All das muss im Zusammenhang mit der allgemeinen, an Paranoia grenzenden Atmosphäre des Argwohns gesehen werden, den Stalin und seine Agenten – nach dem Bruch mit Jugoslawien und nach dem Rajk-Prozess in Ungarn – in allen Satellitenstaaten schürten. In der Tat kam der Druck, Abweichler und Parteifeinde zu finden, überwiegend von den Sowjets; die Funktion der lokalen Führung bestand hauptsächlich darin, die Schuldigen ausfindig zu machen.

Gegen Mitte der 1950er Jahre wurden die beiden Geheimdienste unter dem Namen Securitate zu einem Geheimdienst zusammengezogen und unter die Kontrolle des Innenministeriums gestellt. Das war anscheinend ein Rückschlag für Gheorghiu-Dej, denn die Sicherheitsfragen gerieten dadurch direkt in die Hände von Teohari Georgescu. Es gibt jedoch keine Beweise dafür, dass die Fusion der Geheimdienste als Schachzug gegen Gheorghiu-Dej gedacht war. Wahrscheinlich forderten die Sowjets, dass die rumänische Organisationsstruktur der sowjetischen angeglichen werden sollte. Wie dem auch sei: Gheorghiu-Dej konterte damit, dass er als Generalsekretär der Partei die direkte Verantwortung für alle politischen Prozesse übernahm, und General Pintilie (Pantjuscha) Bodnarenko, der Chef der Securitate, musste ihm direkt über alle wichtigen Angelegenheiten Bericht erstatten. Somit war Georgescu der administrative Vorgesetzte Bodnarenkos, aber Gheorghiu-Dej war dessen Parteichef, was ein viel größeres Gewicht hatte.

Im Januar 1952 ordneten die Partei und der Ministerrat eine drastische Währungsreform an, um die rumänische Währung zu stabilisieren: Jeder durfte nur einen kleinen Geldbetrag umtauschen, und sämtliche Bargeldersparnisse und Bankguthaben wurden praktisch konfisziert. Diese Maßnahme war zwar ein schwerer Schlag für jeden, der etwas gespart hatte, aber sie stabilisierte die Preise und half natürlich, den Haushalt auszugleichen. Obwohl die Währungsreform, die ihr zugrunde liegenden Prinzipien und ihre allgemeine Stoßrichtung von der Partei und der Regierung beschlossen wurden, war das Finanzministerium für die Durchführung verantwortlich und später stellte man bestimmte Einzelheiten der Umsetzung als Versuche dar, den Kulaken zu helfen; man benutzte diesen Vorwurf, um gegen Luca und seine Stellvertreter vorzugehen, zu denen auch Sanyi gehörte.

Sanyi war kein gesprächiger Mann und hatte außerdem viele Jahre in einer Atmosphäre der Verschwiegenheit gelebt, in der niemand mehr wissen durfte als es für die eigene erfolgreiche Arbeit unbedingt notwendig war. Deshalb unterließ er es im Allgemeinen, mit mir über seine Arbeit zu diskutieren. Dennoch schilderte er gelegentlich gewisse Ereignisse, insbesondere in der zweiten Hälfte des Jahres 1951. Damals konnten weder er noch ich die Ereignisse und die sie bewirkenden Kräfte so deutlich erkennen, wie sie sich jetzt im Rückblick darstellen. Aber als sich Ende 1951 der Sturm zusammenbraute, erzählte Sanyi mir einmal, dass er seine Haut hätte retten können, wenn er ein indirektes Angebot Gheorghiu-Dejs angenommen hätte: Sanyi hätte nur zustimmen müssen, sich gegen Luca zu wenden, aber er war nicht willens, auf dieses Angebot einzugehen. Mit dieser Haltung war Sanyi natürlich eine Ausnahme. Die meisten Leute im Gefolge von Luca und Pauker wurden Wendehälse. Die spektakulärste Wende erfolgte Anfang 1952, als sich Anuţa Toma mit Chişinevschi zusammentat und Ana Pauker – der Großen Alten Dame, die sie bis dahin wie eine Gottheit verehrt hatte – in den Rücken fiel.

Bevor die Kampagne gegen das „Rechtsabweichlertum" gestartet wurde, rechneten weder Sanyi noch ich damit, verhaftet zu werden. Dennoch diskutierten wir, was geschehen könnte, wenn jemand einer Übeltat verdächtigt und in Untersuchungshaft genommen würde. Wir glaubten, dass falsche Beschuldigungen und irrtümliche Verhaftungen zwar vorkommen könnten, dass aber am Ende die Wahrheit immer herauskommen würde. Wir wussten, dass sich eine solche Sache lange Zeit hinziehen konnte – so wie im Fall von Mihai Levente, der während des Kriegs als Mitglied des kommunistischen Untergrunds tätig war und in den Nachkriegsjahren Staatssekretär in einem der Ministerien wurde. Levente wurde 1949 unter dem Verdacht festgenommen, ein feindlicher Agent zu sein. Schließlich stellte sich heraus, dass er unschuldig war, und er wurde nach zwei Jahren entlassen. Sanyi sagte mir auch, dass die Ermittlungen gegen irrtümlich verhaftete Kommunisten normalerweise zwei Jahre dauerten. Aber konnte ein Unschuldiger verurteilt werden? Wir meinten beide, dass der Rajk-Prozess auf wahren Anschuldigungen beruhte – die Gründe für diesen Glauben habe ich bereits früher angegeben. Dann ereignete sich jedoch um 1950 oder 1951 der Fall Traitscho Kostows, des Generalsekretärs der Kommunistischen Partei Bulgariens, der in Sofia des Trotzkismus, des Titoismus und der Kollaboration mit den westlichen Spionagediensten angeklagt wurde. Kostow hatte laut Anklageschrift alle diese Verbrechen gestanden und detaillierte Berichte über die Ausführung seiner Straftaten gegeben. Zahlreiche Zeugen wurden aufgeboten, die Kostows Geständnisse bis in die kleinsten Einzelheiten bestätigten. Aber am Höhepunkt des Prozesses, als Kostow selbst vernommen wurde, zog er seine früheren Aussagen zurück und bestritt alles. Die kommunistische Presse berichtete nicht die Wahrheit über das, was bei dem Prozess durchsickerte, und die

Radiodirektübertragung des Prozesses wurde sofort unterbrochen, als Kostow mit dem Widerruf seiner früheren Aussagen begann; dennoch waren die zwei oder drei Minuten, in denen man das Prozessgeschehen hören konnte, genug, um das Wesentliche dessen zu vermitteln, was geschehen war. Aus diesem Grund zogen Sanyi und ich die Schlussfolgerung, dass sich der Prozess gegen Kostow wahrscheinlich auf fingierte Beschuldigungen stützte.

Es gab auch den Fall Pătrăşcanu, des 1948 festgenommenen rumänischen Parteiführers. Gegen ihn gab es noch keinen Prozess, aber im November 1949 wurde er von Gheorghiu-Dej anlässlich einer Kominformsitzung als imperialistischer Agent denunziert. Jeder rechnete mit einem öffentlichen Prozess, aber noch war nichts dergleichen geschehen. Im Frühjahr 1951 wurde Emil Calmanovici verhaftet, ein prominenter Bauingenieur jüdischer Abstammung, der während des Krieges im kommunistischen Untergrund tätig war und sein ganzes Vermögen der Partei vermacht hatte. Sein Schwager, Mirel Costea, ein bekanntes Mitglied der Kaderabteilung des Zentralkomitees der Partei, erschoss sich ein oder zwei Wochen später. Das alles waren alarmierende Vorfälle, aber da der Fall Pătrăşcanu immer noch lief, konnten wir keine sicheren Schlussfolgerungen ziehen.

Ich hörte von Sanyi, dass eine der effektivsten Methoden des Verhörs von Kommunisten darin bestand, an ihre Parteiergebenheit und an ihr kommunistisches Bewusstsein zu appellieren, und sie dann aufzufordern, Selbstkritik zu üben. Wir waren uns beide einig, dass ein solcher Appell vollkommen deplaziert sei und dass ein Kommunist, wenn er verhaftet wird und die Securitate gegen ihn ermittelt, das Recht habe, sich zu verteidigen: Selbstkritik war in unseren Augen etwas für Parteiversammlungen, aber nicht für Gefängniszellen oder Folterkammern.

Meine Schilderung dieser Ereignisse und Umstände wirft eine grundlegende Frage auf. Wieso konnten Sanyi und ich angesichts des stattfindenden Machtmissbrauchs, der internen Streitigkeiten zwischen Partei und Regierung sowie angesichts der allgemeinen Prinzipienlosigkeit in der Parteiführung bei unserem „Glauben" bleiben und an unserer kommunistischen Überzeugung festhalten? Das traf damals wirklich für uns beide zu. Es ist nicht leicht zu erklären, obwohl es ein ziemlich verbreitetes Phänomen war. Eine echte und tiefe ideologische Überzeugung lässt sich nicht so leicht durch Fakten erschüttern, die dieser Überzeugung zu widersprechen scheinen. Das trifft doppelt zu, wenn es sich um eine Überzeugung und Weltanschauung handelt, die man sich als junger Mann zu eigen gemacht hat, für die man seine Freiheit geopfert und sein Leben riskiert hat. Außerdem ist der Marxismus als allgemeine Philosophie und Weltanschauung *eine* Sache, während die Versuche seiner praktischen Durchführung auf ein anderes Blatt gehören. Kommunismus als Zukunft der Menschheit ist nicht unbedingt das Gleiche wie seine primitive Durchführung in einer rückständigen Gesellschaft mit einer unterentwickelten Industrie und Arbeiterklasse. Was nun die Praxis anbelangt, so blieb mir die Wahrheit über die Sowjetunion in hohem Maße verborgen; ich hatte alle Arten von Illusionen, die sich hauptsächlich auf die außergewöhnlichen Leistungen der Roten Armee und des ganzen sowjetischen Volkes während des Zweiten Weltkriegs stützten. Ich führte die meisten Anomalien um mich herum auf Schwächen der rumänischen Partei zurück. Schließlich hatte es in Rumänien keine Revolution gegeben, und seine kommunistische Partei konnte kaum auf irgendwelche Traditionen zurückgreifen. Der rumänische Kommunismus war im Grunde genommen eine Importware. Erst nach langer Zeit gelang es mir, diese geistigen Taschenspielertricks zu durchschauen, und die Grundanliegen von Marxismus, Kommunismus und sozialer Gerechtigkeit von der Warte der Freiheit und Demokratie neu zu überdenken. Ich war noch nicht reif für eine solche grundlegende Neubewertung dessen, was zum Zeitpunkt dieser Ereignisse den Grundpfeiler meines geistigen Lebens bildete.

Anfang März 1952 wurde Vasile Luca als Rechtsabweichler angeklagt, aus dem Politbüro und dem Zentralkomitee der Partei ausgeschlossen und seines Postens als Finanzminister enthoben. Bald danach wurden Teohari Georgescu und Ana Pauker aus dem Politbüro ausgeschlossen und ihrer Regierungsämter enthoben. Alle drei – Luca, Georgescu und Pauker – wurden als rechtsabweichlerische Gruppe innerhalb der Partei gebrandmarkt. In der Person von Alexandru Draghici wurde ein neuer Minister des Inneren ernannt. Das vorgebliche Rechtsabweichlertum bestand darin, den Klassenfeind zu begünstigen und die Anstrengungen zu hintertreiben, welche die Partei bei der Transformation der rumänischen Gesellschaft und der Führung des Volkes zum Sozialismus unternahm. Die schwersten Anschuldigungen waren gegen Luca gerichtet, der angeblich die wohlhabenden Schichten der Bauernschaft durch niedrige Steuern begünstigt habe, der die Kollektivierung der Landwirtschaft verlangsamen wolle, sich der Währungsreform widersetzte und später bei ihrer Durchführung erneut die wohlhabenden Bevölkerungsschichten begünstigt habe. Diese Beschuldigungen stützten sich auf Verzerrungen von Fakten, auf einseitige Interpretationen und mitunter auf die Übertreibung wirklicher Fehler. Die Wahrheit ist, dass es unter den führenden Politikern zwar viele Meinungsverschiedenheiten in Bezug auf bestimmte Maßnahmen und taktische Entscheidungen gab, aber dabei ging es weder um „links oder rechts" noch um Prinzipien. Tatsächlich verfolgte Luca keine bestimmte eigene Politik, die im Gegensatz zur Parteipolitik gestanden hätte. Georgescu und Pauker wurden angeklagt, Lucas rechtsabweichlerische Politik unterstützt zu haben. Der Wahrheitsgehalt dieser Behauptung beschränkte sich darauf, dass beide bestritten, Luca sei ein Abweichler, und dass sie sich gegen seine Isolierung und Verurteilung aussprachen.

Gleichzeitig mit Lucas Ausschluss wurde gegen Sanyi ein Parteiverfahren eingeleitet. Wir trafen uns auch weiterhin fast täglich. Ich war seit einem Jahrzehnt Sanyis Freund und hatte mit ihm – unter seiner Leitung – während des Krieges im Untergrund gearbeitet. Es war bekannt, dass wir uns nahe stehen, und wir sahen keinen Grund, diese Tatsache zu verbergen. Ich hatte auch keinerlei Veranlassung, mich von Sanyi zumindest nach außen hin zu distanzieren – eine Verfahrensweise, die in Parteikreisen üblich war. Kaum war die erste Pressemitteilung über Luca erschienen, wurde Sanyi ein Paria: Niemand außer mir (und natürlich seiner Frau) redete mehr mit ihm. Bei unseren Treffen beklagte sich Sanyi darüber, dass das gegen ihn eingeleitete „Parteiverfahren" absolut feindselig sei, jeder Objektivität entbehre und in einer Atmosphäre ablaufe, die ihn erwarten ließ, verhaftet zu werden. Ende März wurde Sanyi während eines Abendessens bei uns zu Hause dringend telefonisch in das Zentralkomitee der Partei gerufen. Dort ist er verhaftet worden, wie ich am nächsten Tag von Magda erfuhr, die mir sagte, dass Sanyi vom Zentralkomitee nicht nach Hause zurückgekehrt sei. Drei Monate später wurde auch Magda festgenommen. Im August wurde Luca verhaftet.

Ich verbrachte das Frühjahr in einer zunehmend unfreundlichen Atmosphäre im Außenministerium. Im Juni wurde ich aus meiner Tätigkeit mit der Anschuldigung entlassen, dass ich ein feindliches Element sei, die kommunistische Partei infiltriert und mich als angeblich nützlicher technischer Experte getarnt hätte. Auf einer Parteiversammlung Mitte Juni im Ministerium ging es um das Rechtsabweichlertum, und ich wurde als eine seiner lokalen Inkarnationen angegriffen. Das war ein Ritual wie das Autodafé in den Tagen der Inquisition. Es war eine öffentliche politische Hinrichtung. Jeder musste das Opfer in der Versammlung „kritisieren" (das heißt, heftig angreifen), und wer sich nicht an die Spielregeln hielt, hatte die Folgen zu tragen. Ich hatte nur einen Tag, um einige meiner Freunde zu warnen – ich erinnere mich explizit daran, mit Bojan in diesem Sinn geredet zu haben –, damit sie nicht törichterweise versuchen, mich zu verteidigen, denn das hätte mir in dieser Phase nichts genutzt und wäre für sie sehr gefährlich gewesen. Nach der Versammlung stufte ich die vorgebrachten Kritiken folgendermaßen ein: Wer die offiziellen Anschuldigungen im Wortlaut nachplapperte, mit dem hatte ich keine Schwierigkeiten; als feindselig betrachtete ich jedoch diejenigen, die originell erscheinen wollten und eigene Vorwürfe ausheckten, die sich auf Tatsachenverdrehungen oder auf glatte Lügen stützten. Und es gab eine Menge von Anwürfen der letztgenannten Art. Eine dieser Ausfälligkeiten kam von Basil Şerban, meinem Stellvertreter. Er hat in seinem Leben einige mutige Taten vollbracht: Er kämpfte im spanischen Bürgerkrieg und schloss sich dem französischen Widerstand an; als ich ihn kennenlernte, steckten immer noch einige Kugeln in seinem Körper. Aber auf der besagten Parteiversammlung löste sich sein Mut in nichts auf; er war augenscheinlich bestrebt, sich meine Position zu sichern – an meinem Rausschmiss gab es keinerlei Zweifel mehr. Er entdeckte plötzlich den Klassenfeind in mir und tat sein Bestes, um seine Entdeckung mit einem Haufen von angeblichen oder verzerrt dargestellten Fakten zu untermauern. Ich fühlte nichts als Verachtung und Mitleid für seinen vollständigen Verlust der Würde.

Nachdem ich entlassen worden war, sagte man mir, wir müssten auch aus dem Haus ausziehen, in dem wir wohnten. Man zeigte uns einige Alternativen – viel kleinere Wohnungen, aber zum Glück fanden wir eine darunter, die nicht nur akzeptabel, sondern entschieden angenehm war. Zwar war sie ziemlich klein: ein Wohnzimmer, ein Schlafzimmer, eine Küche und ein Badezimmer. Aber es war eine Penthouse-Wohnung mit zwei großen Balkonen im obersten (vierten) Stock eines sehr schönen Wohnhauses in der Nähe des Stalin-Platzes, im Bulevardul Stalin Nummer 72 und mit Blick auf den Stalin-Park. Edith brachte Anna nach Cluj und ließ sie über den Sommer bei den Großeltern Klara und Sándor; dann kehrte sie nach Bukarest zurück und wir zogen in die neue Wohnung. Nach einigen Wochen Arbeitslosigkeit erhielt ich eine Stelle bei einer Firma, in der ich am ersten August begann. Edith und ich diskutierten die Möglichkeit, dass man mich verhaften könnte, da Sanyi ein naher Freund war und man auch seine Frau festgenommen hatte. Ich wollte Edith vorbereiten, dass sie vielleicht lange auf mich warten müsse, und deswegen erzählte ich ihr vom Fall Levente als Beispiel für einen verhafteten Genossen, der zwei Jahre festgehalten wurde, bevor sich seine Unschuld herausstellte und man ihn entließ. Damals besaß ich noch eine Pistole, die ich in Cluj erworben hatte und später mitnahm, als ich nach Bukarest zog. Da ich mich nicht um einen Waffenschein gekümmert hatte, hielt ich es für klüger, mich der Pistole zu entledigen: Ich bat Edith, die Pistole in ihre Handtasche zu stecken und in den nahe gelegenen See zu werfen, ohne dass es jemand sieht. Edith entsorgte die Waffe.

In der Nacht vom 12. zum 13. August läutete gegen zwei Uhr nach Mitternacht unsere Türklingel ununterbrochen. Ich stand auf und hörte ein Klopfen an der Tür: „Aufmachen, hier ist die Miliz!" Miliz war der Name der Polizei – aber es war nicht die Polizei. Drei Geheimdienstmänner in Zivil warteten draußen und zeigten mir einen Durchsuchungsbefehl. Ich ließ sie herein, worauf sie mich baten, auch die Hintertür zu öffnen, wo ein vierter Geheimdienstler in Zivil stand. Sie führten eine lange, akribische Hausdurchsuchung durch, bei der sie alles schriftliche Material und sämtliche Fotos an sich nahmen. Sie waren nicht unhöflich. Auf dem Tisch im Wohnzimmer stand ein Bild von Anna, auf dem sie besonders reizend aussah; das Foto war ein paar Monate früher aufgenommen worden, um ihren zweiten Geburtstag herum. Der Anführer des Geheimdienstkommandos, ein junger Mann mit einem Schnurrbart, sah sich das Bild an und fragte, wo das Kind sei. Als ich antwortete, Anna sei bei ihren Großeltern, sagte er mir: „Wie können Sie ohne das Mädchen leben? Wenn ich so ein Kind hätte, dann könnte ich nicht einen Tag ohne es sein". In den darauf folgenden Jahren erinnerte ich mich noch einige Male an diese Bemerkung. Nach ungefähr zwei Stunden war die Hausdurchsuchung beendet und sie zeigten mir, was sie mitnehmen würden. Danach ließen sie mich die Liste der beschlagnahmten Sachen unterschreiben und sagten „Wir sind fertig".

Nachdem ich unterschrieben hatte, wandte sich der Anführer des Kommandos an mich und fügte hinzu, als ob es ihm nachträglich eingefallen sei: „Würden Sie sich bitte anziehen? Sie kommen jetzt eine Weile mit uns mit" – auf Rumänisch *Veniţi puţin cu noi*, was dem französischen *Vous venez un peu avec nous* entspricht. Es war eine heiße Augustnacht, aber ich zog meinen wärmsten Anzug an, einen braunen aus englischer Wolle. Der Mann riet mir, auch einen Pullover mitzunehmen. „Und Pyjamas?", fragte Edith. „Die wird er nicht brauchen", antwortete der Mann, worauf sich Ediths Blick noch mehr verdüsterte. Sie war den Tränen nahe, und ich hätte sie gerne aufgemuntert. Bald hatte ich dazu Gelegenheit: Bevor man mich wegbrachte, schlug der Kommandoführer vor, dass ich noch etwas essen solle. Daraufhin wandte ich mich an Edith und bat sie um die Schokoladentorte, die sie einige Tage zuvor gebacken hatte. Sie holte sie aus dem Kühlschrank, legte sie auf den Tisch, und ich aß zwei große Stücke. Ich schwärmte, wie sehr mir die Torte schmeckte, und sah, wie sich Ediths Gesicht aufhellte. Ich küsste sie und sagte ihr so etwas wie „Mach dir keine Sorgen, ich komme zurück". Dann gingen wir.

Es war vielleicht halb fünf Uhr morgens. Wir fuhren mit dem Fahrstuhl nach unten. Ich wurde auf den Rücksitz eines Autos zwischen zwei der Securitate-Männer gesetzt, die mich festgenommen hatten; einer von ihnen bedeckte meine Augen mit einem brillenähnlichen Gestell, aber anstelle der Brillengläser befanden sich dort Blechscheiben. An beiden Seiten waren scheuklappenartige Blechplatten angebracht, so dass ich nicht sehen konnte, wohin man mich fuhr. Wir fuhren eine Weile herum und ich hatte den Eindruck, dass das Auto im Kreis fuhr. Dann hielten wir an. Man führte mich aus dem Auto in das Kellergeschoss eines Hauses und nahm mir die Augenblende mit den Scheuklappen ab; ich wurde aufgefordert, mich auf den Boden des dunklen Korridors zu setzen, auf dem ich mich befand. Hier verbrachte ich den Rest der Nacht. Am Morgen setzte man mir wieder die Augenklappen auf und führte mich zu einem Auto. Dieses Mal dauerte die Fahrt vielleicht vierzig Minuten und wegen der Blechbrille hatte ich wieder keine Ahnung, wohin man mich brachte. Schließlich erreichten wir den Ort, an dem ich eine ziemlich lange Zeit zubringen sollte. Das Auto hielt an; ich konnte hören, wie sich ein schweres Tor öffnete und sich dann hinter uns wieder schloss. Wie ich erst viel später erfahren sollte, waren wir im *Malmezon* angekommen, in der berüchtigten Verhörzentrale. Der Name war von *Malmaison* abgeleitet, der in der Nähe von Paris gelegenen Privatvilla von Napoleon Bonaparte und Josephine de Beauharnais.

Von den höchsten Rängen der Gesellschaft, in der ich gelebt hatte, fiel ich jetzt in den dunkelsten Abgrund im Meer des Lebens.

Als ich am Morgen des 13. August 1952 aus dem Auto geführt wurde – immer noch mit verbundenen Augen –, war ich im Gefängnishof. Während meines langen Aufenthalts im Malmezon habe ich diesen Hof weder damals noch später wirklich gesehen. Man brachte mich in ein Gebäude und nahm mir meine Augenbinde ab. Ich stand in einem Registrierungsbüro, in dem mein Name in ein Buch eintragen wurde. Man nahm mir meine Armbanduhr, meine Brieftasche, meinen Füller, mein Telefonverzeichnis, meinen Gürtel und meine Schnürsenkel weg, ebenso wie den Inhalt jeder meiner Taschen – nur ein Taschentuch durfte ich behalten. Danach verband man mir wieder die Augen und führte mich durch einen langen Korridor in eine Zelle, wo man mir die Augenbinde abnahm und mich allein ließ.

Die Zelle hatte eine Größe von zweieinhalb mal viereinhalb Metern, mit einer Pritsche, einem kleinen Tisch (ungefähr sechzig mal achtzig Zentimeter) und einem Stuhl, alles aus Holz. Auf der Pritsche lag eine Strohmatratze, auf dem Tisch stand ein Blechbecher. Die schwere, mit Stahl verstärkte Holztür war in eine der kürzeren Wände eingelassen. Die Tür hatte ein mit Metall verkleidetes Fenster von etwa zehn mal dreißig Zentimetern, das nur von außen geöffnet werden konnte; durch das Fenster gab man das Essen oder andere kleine Gegenstände, ohne die Tür zu öffnen. Über dem Metallfenster befand sich ein Guckloch mit einem Durchmesser von zweieinhalb bis drei Zentimetern, das von außen mit einer Metallplatte abgedeckt war. Hoch über der Tür war ein schmales Glasfenster, das ebenfalls nur von außen geöffnet werden konnte. Da sich das Fenster auf der anderen Seite des Korridors befand, der richtige Fenster nach außen hin hatte, schien an hellen Tagen das Tageslicht ein bisschen durch, obwohl man von der Zelle aus weder die Lichtquelle noch den kleinsten Teil des Himmels sehen konnte. Der Zellenboden bestand aus irgendeinem Steinmaterial; die Wände waren aus Ziegelsteinen. An der Zellendecke befand sich eine elektrische Lampe, die Tag und Nacht brannte.

Die Gefängnisvorschriften waren wie folgt. Man durfte zwischen zehn Uhr abends und fünf Uhr morgens auf der Pritsche liegen oder schlafen. Ein Wachposten, der von Zelle zu Zelle ging, signalisierte durch lautes Klopfen an der Tür den Beginn und das Ende der Bettruhe. Zwei oder drei Minuten nach dem Wachklopfen kontrollierte der Wachposten durch die Gucklöcher, ob alle aufgestanden waren;

E. Balas, *Der Wille zur Freiheit*, DOI 10.1007/978-3-642-23921-2_9,
© Springer-Verlag Berlin Heidelberg 2012

wer liegen blieb, auf den warteten Strafen unterschiedlichster Art. Außerhalb der Schlafenszeit war es streng verboten, sich hinzulegen. Wir bekamen dreimal am Tag Essen, das ohne Öffnen der Türen durch die kleinen Metallfenster geschoben wurde, die man nur von außen öffnen konnte. Zum Frühstück bekamen wir eine schwarze Brühe, die wie Kaffee aussah, aber nicht danach schmeckte – wahrscheinlich war es Chicorée – sowie ein Stück Brot von ungefähr 250 Gramm für den ganzen Tag. Als Mittagessen gab es Gersten- oder Haferschleimsuppe mit etwas Gemüse darin und, ein- oder zweimal in der Woche, ein paar Fleischreste. Am Abend gab es wieder Suppe. Die Mahlzeiten befanden sich in einem Blechbehälter, der Kaffee kam in den Blechbecher. Für die Suppe gab es einen Metalllöffel, der nach jedem Essen zusammen mit dem Blechgeschirr zurückgegeben wurde. Das war die Essensordnung, als ich im August 1952 eingeliefert wurde. Aber 1953 wurde es schlechter: Das Mittagessen wurde gestrichen und das Abendessen früher gebracht. Die Regelung mit den zwei Mahlzeiten pro Tag blieb ungefähr ein Jahr lang in Kraft; danach installierte man wieder die frühere Regelung mit drei Mahlzeiten.

Dreimal am Tag, am Morgen, nach dem Mittagessen und nach dem Abendessen, bekam man die Augenbinde wieder aufgesetzt und wurde zur Toilette geführt, das heißt, zu einem Loch im Betonboden, aber mit Wasserspülung. Dort musste man sein Geschäft in höchstens drei Minuten verrichten, bei geöffneter Tür und unter den wachsamen Augen des Postens. An einem Tag stand ich zuerst über dem Loch und urinierte, stellte dann aber fest, dass ich auch meinen Darm entleeren musste. Als ich mich umdrehte, meine Hose herunterließ und mich über das Loch hockte, schlug der Wachposten Krach: „Beides muss zusammen erledigt werden!" Man bekam ein kleines Stück Toilettenpapier für einen Tag. Einmal in der Woche wurde man zum Duschen gebracht.

Es gab nichts zum Lesen und weder Papier noch Bleistift, außer wenn ein Vernehmer ausdrücklich anordnete, der Häftling solle eine Ergänzung zu seinem Lebenslauf schreiben. In solchen Fällen wurden die Blätter numeriert und man musste sie alle zurückgeben, egal ob sie leer waren oder nicht. Es war streng verboten, laut zu sprechen, zu singen und Spiele zu spielen, an die Wände zu klopfen oder auf andere Weise zu versuchen, mit einer anderen Zelle zu kommunizieren, ganz zu schweigen von irgendeiner Kommunikation mit der Außenwelt. Man stand unter ständiger Beobachtung, Tag und Nacht. Der lange Korridor vor der Zellenreihe war mit einem ebenso langen Teppich ausgelegt, und die diensthabenden Wachen trugen Pantoffeln, so dass man sie nicht hören konnte, wenn sie an die Zellen kamen, um durch das Guckloch zu schauen. Manchmal schauten die Wachen alle zwei Minuten durch das Guckloch, manchmal nur alle sieben oder acht Minuten. Wenn jemand ertappt wurde, der mit geschlossenen Augen dasaß, dann schlug der Wachposten an die Tür, um den Gefangenen zu wecken. Wenn man wiederholt einnickte, wurde man bestraft: Der Häftling musste eine Stunde lang stehen oder wurde geschlagen. Nachts blieben die Lampen eingeschaltet und man durfte weder die Augen bedecken noch die Hände unter die Decke stecken. Die Wachposten mussten die ganze Nacht hindurch die Augen und Hände der Gefangenen durch das Guckloch sehen können. Das waren Vorsichtsmaßnahmen gegen Selbstmordversuche, etwa durch Aufschneiden der Adern, obwohl es natürlich gar nichts zum Schneiden gab.

Den Wachen war es nicht gestattet, mit den Gefangenen zu sprechen; darüber hinaus durfte kein Wachposten eine Zellentür öffnen, wenn er allein war: Er musste vor dem Öffnen immer einen zweiten Wachposten rufen. All das machte es unmöglich, einen Wachposten zu beeinflussen und dafür zu gewinnen, dass der Häftling mit der Außenwelt oder mit anderen Gefangenen in Kontakt treten konnte. Die Gefangenen waren vollständig isoliert.

Diese Bedingungen waren ziemlich rau; aber sie waren nichts im Vergleich zu dem Albtraum der Verhöre, die sich über Wochen hinzogen. Nach meiner Verhaftung führte man mich fast vier Wochen lang jeden Abend vor der Bettruhe zum Verhör und brachte mich jedesmal erst eine Stunde vor der Weckzeit in meine Zelle zurück. Nach einer halben Stunde oder bestenfalls einer Stunde Schlaf wurde ich dazu gezwungen, aufzustehen und zu gehen oder zu sitzen. Jedesmal wenn ich die Augen schloss, hauten sie an die Tür, und ich wachte wieder auf. So ging das Stunde um Stunde und Tag für Tag. An den ersten zwei oder drei Tagen gab man mir Papier und einen Bleistift: Ich sollte meinen Lebenslauf so detailliert aufschreiben wie ich mich erinnern konnte. Als ich fertig war, nahmen sie mir den Bleistift und jedes Blatt Papier wieder weg, und ich musste wach bleiben.

Das erste Verhör begann am Tag nach meiner Verhaftung. Die Tür meiner Zelle wurde geöffnet, ein Wachposten kam herein und sagte mir, ich solle aufstehen. Danach setzte er mir die Augenbinde auf und brachte mich in ein Büro, das sich in einem anderen Teil des Gebäudes befand. Mit verbundenen Augen zum Verhörzimmer und von dort zurück in die Zelle geführt zu werden, war schon für sich genommen eine albtraumhafte Erfahrung, die ich hunderte Male machen musste. Der Wachposten packte mich fest am Arm und schob mich ziemlich schnell vorwärts. Wenn wir zu Treppenstufen kamen, gab es eine kurze Warnung („nach oben" oder „nach unten"), und sein Griff wurde noch etwas fester. Dennoch stolperte ich von Zeit zu Zeit und fiel auch manchmal hin. Na und? Man hob mich hoch, die Augenklappen saßen noch, und schon ging es weiter. Wenn der Wachposten an die Kreuzung zweier Korridore kam, gab er dem diensthabenden Posten auf dem anderen Korridor ein Warnsignal, um ihn zu informieren, dass er mit einem Gefangenen komme, und dass niemand den Korridor vom anderen Ende betreten oder eine Tür öffnen solle, bis er und sein Gefangener den Gang passiert hätten. Das Warnsignal war ein Schnippen mit Daumen und Mittelfinger. Ich hörte diesen Ton so oft und hatte ihn derart verinnerlicht, dass es mir fünfzehn Jahre später kalt über den Rücken lief, als ich den Film *Doktor Schiwago* sah und hörte, wie Kommisar Jewgraf, Schiwagos Bruder, mit den Fingern schnippte. Das bestätigte, was ich bereits früher gehört hatte, nämlich dass die Gefängnisse der Securitate exakte Kopien der Lubjanka und anderer NKWD-Gefängnisse waren. Auch der Rest des Systems war kopiert, einschließlich der Verhörmethoden: Das Fingerschnappen als Kommunikationsmittel war eine sowjetische Erfindung.

Im Verhörzimmer nahm man mir die Augenbinde ab, der Wachposten ging, und ich stand einem uniformierten Securitate-Leutnant gegenüber. Er war jung, hochgewachsen und feindselig. Weder damals noch später sagte er seinen Namen. Seine erste Frage war, warum ich hier sei. Als ich entgegnete, dass ich keine Ahnung hätte und hoffe, die Antwort von ihm zu erfahren, wurde er böse, so als ob ich etwas

Unverschämtes gesagt hätte. Er teilte mir mit, dass ich deswegen hier sei, um Fragen zu beantworten, und nicht, um sie zu stellen. „Ich stelle hier die Fragen, und du beantwortest sie, nicht andersrum!", schrie er und fragte dann wieder, was ich dächte, warum ich festgenommen worden sei. Auf meine wiederholte Aussage, dass ich es nicht wisse, beharrte er auf seinen Fragen: Auch wenn ich mir nicht sicher sei, müsse ich doch irgendeine Ahnung haben oder irgendetwas vermuten – also was? Ich erwiderte, dass meine Verhaftung offensichtlich ein Fehler sei; man müsse irgendeinen Verdacht gegen mich haben, aber ich hätte keine Idee, worum es sich handele. „Die Partei macht keine Fehler", sagte er, „und deine Verhaftung ist von der Partei angeordnet worden."

Der Vernehmer hielt mir einen Vortrag über meine Wahlmöglichkeiten, die er ungefähr folgendermaßen ausdrückte: Mir sei es lange Zeit gelungen, mich zu tarnen, aber die Partei sei schließlich auf detaillierte Informationen über meine feindlichen und gefährlichen Aktivitäten gestoßen; dieser Umstand habe zu meiner Verhaftung geführt. Ich hätte die Wahl, eine parteifeindliche Haltung einzunehmen – was anscheinend der Fall sei – und mich gegen die Securitate aufzulehnen, welche die Parteipolitik auftragsgemäß ausführe; ich könne aber auch ein aufrichtiges Geständnis ablegen und der Partei helfen, den Dreck wegzuräumen, den meine Komplizen und ich gemacht hätten. Die erstgenannte Möglichkeit führe zur Vernichtung – die Partei wisse, wie sie mit ihren Feinden umgehen müsse: diese würden vernichtet werden. Die zweite Möglichkeit beinhalte die Aussicht auf eine nachsichtige Behandlung mit einer möglichen Rehabilitierung. Er sagte mir, dass ich nach der Rückführung in meine Zelle Papier und Bleistift erhalten würde; ich solle dann einen ausführlichen Lebenslauf schreiben, detailliert alle meine Aktivitäten schildern und nichts Wichtiges auslassen. Dieser Lebenslauf sei ein wichtiger Test meiner Aufrichtigkeit.

Als ich wieder in meiner Zelle war, gab man mir einen Bleistift und einen Stapel Papier, dessen Blätter durchnumeriert waren, und ich begann zu schreiben. Ich schilderte ausführlich, wie ich Mitglied der Bewegung wurde, mit wem ich gearbeitet hatte, was meine Aktivitäten während des Krieges waren und wie ich mich versteckte. Ich beschrieb meine Verhaftung im August 1944, meine Behandlung und mein Verhalten im DEF-Gefängnis, meine vierzehnjährige Freiheitsstrafe, meine Zeit im Gefängnis, meine Flucht und Befreiung. Danach schilderte ich meine Tätigkeit in Cluj nach dem Krieg, meine Entsendung nach London, meine Ausweisung und Rückkehr nach Bukarest und meine Arbeit im Außenministerium.

Erst danach begannen die richtigen Verhöre. Alles, was ich aufgeschrieben hatte, wurde infrage gestellt und angezweifelt. Ich wurde wegen meiner angeblichen Unaufrichtigkeit mit ständigen Nachtverhören bestraft, ohne am Tag schlafen zu dürfen. Im Verhörzimmer musste ich die ganze Zeit mit senkrecht erhobenen Armen stehen, bis ich zusammenbrach. Jedes Mal, wenn ich die Arme senkte, wurde ich geschlagen oder getreten. Einmal, als ich mit erhobenen Armen dastand, las der Vernehmer einen Bericht, von dem er sagte, dass er die Wahrheit über meine Aktivitäten enthielte und nicht die Ammenmärchen, die ich ihm weismachen wolle. Dann legte er das Material hin und verließ das Zimmer. Als er draußen war, senkte ich die Arme, ging in Richtung Schreibtisch und versuchte zu erkennen, was in dem

„Bericht" stand. Aber die Sache war eine Falle, denn in dem Moment, als ich auf den Schreibtisch zuging, kam der Vernehmer zurück ins Zimmer, schnauzte mich wild an und hieb mir mit einem Karateschlag so auf den Nacken, dass ich fast in Ohnmacht gefallen wäre. Noch als der Schlag schmerzte, erkannte ich, dass er nur einen Vorwand suchte, um mich richtig zu schlagen – anscheinend durfte er mich nicht routinemäßig prügeln, zumindest nicht in dieser Phase des Verhörs. Jedoch durfte er mich nachts ständig verhören, so dass ich wochenlang weniger als eine Stunde Schlaf hatte. Ich litt darunter mehr als unter den Schmerzen gelegentlicher Schläge. Natürlich wären systematische Prügel der Art, wie ich sie bei der DEF erhielt, eine andere Sache gewesen.

Bei der Securitate wurden die Verhöre so praktiziert, dass der Vernehmer selbst handschriftlich seine Fragen und die Antworten des Gefangenen festhielt; am Ende des Tages (oder besser gesagt: der Nacht) musste der Gefangene jedes Blatt unterschreiben. Am Anfang versuchte mein Vernehmer, meine Antworten eher nach seinem eigenen Geschmack zu formulieren. Aber ich weigerte mich mehrmals zu unterschreiben und zwang ihn dadurch, die Blätter neu zu schreiben. Da begriff er, dass ich nichts unterschreiben würde, was nicht meinen Aussagen entsprach – ganz gleich wie müde oder schläfrig ich war.

Alles, was sich in meinem Leben ereignet hatte, wurde angezweifelt. Beispielsweise sei meine Tätigkeit in der Illegalität ein Märchen gewesen, das ich erfunden hätte, um mir in der Partei Pluspunkte zu verschaffen. Ich gab die Personen an, die jede einzelne der von mir geschilderten Aktivitäten bestätigen könnten. Aber wie könne ich dann erklären, fragte der Offizier, dass jeder aktive Kommunist in Cluj im Herbst 1943 verhaftet worden sei, ich dagegen nicht? Ich erklärte, dass ich am 1. Oktober 1943 in die Illegalität gegangen sei, weil ich zu diesem Zeitpunkt wehrpflichtig geworden war und mich zur Musterung hätte melden müssen. Ich gab noch an, dass keiner der Verhafteten mein Versteck kannte. Ich hätte mich also „gerade zur rechten Zeit" versteckt, entgegnete der Vernehmer. Einen Monat später – fügte er hinzu – hätte ich den Kontakt zu meiner Parteiverbindung (Sanyi Jakab) verloren, aber laut meiner Geschichte hätte ich den Kontakt dadurch wieder hergestellt, dass ich Sanyi Jakab an einem Abend zufällig auf der Straße begegnet sei. Das war zu einer Zeit, als wir beide in der Illegalität waren und in einer Stadt, die mehr als 100.000 Einwohner hatte, nur dann unser Versteck verließen, wenn es unbedingt notwendig war. Wofür ich ihn denn eigentlich hielte – fragte der Vernehmer –, dass er einer dermaßen absurden Geschichte aufsitzen würde? Das sei doch lächerlich! Da es sich wirklich um ein höchst unwahrscheinliches Ereignis handelte, konnte ich zur Verteidigung meiner Geschichte nur sagen, dass es wirklich so geschehen sei. Meine Hoffnung war jedoch, dass Sanyi – wenn er über diesen Vorfall verhört wird – dieselbe Aussage machen würde, was dann wenigstens eine Art Bestätigung wäre.

Weiter bezweifelte der Vernehmer mein Verhalten bei der DEF. Er hielt meine Aussage für unglaubwürdig, niemanden unter den wüsten Schlägen verraten zu haben, mit denen so viele andere gebrochen wurden. „Du bist kein so harter Bursche", sagte er. „Wir wissen, dass es in der Arbeiterklasse Leute gibt, die unter Entbehrungen aufwuchsen und von Kindesbeinen an daran gewöhnt waren zu leiden. Manche von diesen schaffen es wirklich, sich wie Helden zu verhalten. Aber du mit deiner Herkunft aus dem Mittelstand?" Hierauf konnte ich nur erwidern, dass die meisten Leute, die mit mir zusammengearbeitet hatten und deren Namen die DEF aus mir herausprügeln wollte, den Krieg überlebten und vernommen werden könnten: Mayer Hirsch (der sich nach dem Krieg Tibor Hida nannte), György Havas, Misi Schnittländer (der später den Namen Sava annahm) und Galambos. Keiner von diesen war verhaftet worden und ich hatte auch keinen anderen verraten. Da dieses Thema häufig angesprochen wurde, war ich unausgeschlafen und gereizt, bis ich schließlich sagte: „Stellen Sie mich doch auf die Probe, wenn Sie mir nicht glauben."

„Du meinst wohl, wir sollten dich schlagen, wie es die DEF getan hat?"

„Ja", antwortete ich, „wenn Sie das brauchen, um mir zu glauben." Sie taten es nicht – sie benutzten andere Methoden, zumindest in meinem Fall.

Der nächste Punkt meiner Lebensgeschichte, der ungläubig aufgenommen wurde, war meine Flucht aus dem Transport, mit dem das Gefängnis von Komárom evakuiert worden war. „Tausende von Menschen wurden überall in den von Deutschland besetzten Gebieten erschossen, weil sie versucht hatten, auf ähnlichen Märschen zu fliehen. Aber du behauptest, eine Ausnahme gewesen zu sein. Sie haben einfach vergessen, dich zu erschießen, nicht wahr?" Ich konnte hierauf nur entgegnen, dass ich nicht allein gewesen sei: mein Genosse Fekete, der mit mir flüchtete, sei lebendig und wohlbehalten in Budapest angekommen; er könne zu allen Einzelheiten meiner Geschichte befragt werden. Bemerkungen wie diese lösten bei dem Vernehmer stets einen neuen Wutausbruch aus. Wer ich denn eigentlich sei, ihn zu belehren, was überprüft werden müsse und wer befragt werden solle? Wenn es nach mir ginge, dann müssten sie die Ermittlungen wohl abbrechen und alle angeblichen Zeugen auftreiben, um die von mir erfundenen Märchen zu überprüfen – hierzu würde eine ganze Armee von Ermittlern nicht ausreichen. Die Securitate wisse besser, was zu tun sei – sie würden die Wahrheit schon von mir erfahren, selbst wenn sie mir das Leben zur Hölle machen müssten, bevor ich ihnen sage, was sie brauchten. „Die Zeit wird kommen, in der du alles unterschreibst, was wir dir vorsetzen, sogar ohne es gelesen zu haben", versicherte mir mein Vernehmer.

Bald drehten sich die Verhöre um Sanyi Jakab. Meine enge Verbindung zu ihm, besonders während des Krieges – die Securitate hatte keine Zeugen für diese Zeit –, muss der Hauptgrund für meine Verhaftung gewesen sein. „Erzähl uns alles über deine Beziehungen zu diesem Volksfeind!" Ich sagte ihnen, dass Sanyi mein bester Freund sei, dass er in der Zeit 1942–1944 mein Parteikontakt war und dass wir auch nach dem Krieg Freunde geblieben seien. Über welche Dinge wir diskutiert hätten? Über viele Dinge; aktuelle Ereignisse, Geschehnisse unseres Lebens. Ob ich denn nicht gemerkt habe, in welche Gesellschaft ich mich begeben hätte, als ich den Jakab als meinen Freund bezeichnete? Ob ich denn in den Parteimaterialien nicht gelesen habe, warum er ein Volksfeind ist? Ob ich es wirklich wagen würde, die Weisheit der Partei infrage zu stellen und das Urteil unserer erfahrenen führenden Politiker anzuzweifeln? Ich sagte, dass ich niemandes Urteil anzweifele. Ich könne nur sagen, dass sich Jakab in meiner Gegenwart immer wie ein guter Revolutionär verhalten habe; wenn er wirklich ein Feind und ein Verräter wäre, dann hätte er es meisterhaft verstanden, sein wahres Gesicht zu verbergen; meinerseits hätte ich jedoch bei ihm niemals ein derartiges Verhalten feststellen können. Das brachte meinen Vernehmer erneut in Wut. Wie würde ich die Tatsache erklären, dass 1941, als alle führenden Genossen festgenommen wurden, Jakab – der einer von ihnen war – entkommen konnte? Ich wusste darüber ein bisschen und konnte es erklären. Die führenden Genossen wurden gewarnt, dass eine Verhaftungswelle beginne, und Jakab ging in dem Moment in die Illegalität, als ihn die Warnung erreichte. Andere, wie zum Beispiel Hillel Kohn, beschlossen, in die Illegalität zu gehen, gingen aber zuerst nach Hause, um sich von ihren Familien zu verabschieden; dabei wurden sie natürlich festgenommen. Außerdem war Jakab nicht der Einzige, der der Verhaftung entkommen war: Das gelang beispielsweise auch Béla Józsa und Ilona Hovány. Wie würde ich die Tatsache erklären, dass Jakab 1943 erneut der Verhaftung entging? Nun, niemand der Festgenommen wusste, wo sich Jakab versteckt hielt, und er ging nach Beginn der Verhaftungen auch zu keiner Verabredung mehr. Und wie würde ich schließlich die Tatsache erklären, dass Jakab von allen führenden Parteiaktivisten in Nordsiebenbürgen der Einzige war, der es bis zum Schluss geschafft hat, nicht verhaftet zu werden? Außer den Erklärungen, die ich für 1941 und 1943 gegeben hatte, sagte ich, dass er nach meiner Verhaftung im Jahr 1944 ebenfalls hätte festgenommen werden können, wenn ich Zeit und Ort unseres Treffens verraten hätte –, was ich aber nicht getan habe; es war auch kein anderer verhaftet worden, der mit Jakab Kontakt hatte. Ob ich etwas über Jakabs Sabotage im Finanzministerium wüsste? Ich wusste nichts darüber, da wir normalerweise nicht über seine Arbeit sprachen.

Der Vernehmer änderte jetzt seinen Tonfall und ging zu einer anderen Methode über. Ob ich denn nicht erkenne, auf welch gefährliches Spiel ich mich hier einlasse? Es gebe unwiderlegbare Beweise, dass Jakab während des Krieges für die Gestapo gearbeitet hat. Es könne wohl sein, dass ich das damals nicht gewusst habe, aber nun, nachdem mir diese Tatsache mitgeteilt worden war, solle ich nicht versuchen, ihm einen Persilschein auszustellen; ich solle mich lieber ernsthaft anstrengen und mir diejenigen Punkte in Jakabs Verhalten ins Gedächtnis rufen, welche die der Partei bekannten Fakten bestätigten. Wenn ich der Partei auf diese Weise helfen könne, dann würde sich das gewiss auch auf meine eigene Lage auswirken. Mein Vernehmer wollte keine unmittelbare Antwort, aber er sagte mir, dass ich darüber nachdenken solle. Ich antwortete, dass es für mich nichts zum Nachdenken gebe und dass ich nie irgendein Anzeichen bemerkt hätte, dass Jakab keine revolutionäre Gesinnung habe. Wenn die Securitate gegenteilige Beweise habe, dann ist es eben so; aber ich könne das meinerseits keinesfalls bestätigen. Der Vernehmer erging sich erneut in einer seiner langen Ausfälligkeiten und versicherte mir, dass ich den Preis für meine Halsstarrigkeit zahlen müsse.

An irgendeiner Stelle wurde ich auch über das Gespräch befragt, dass ich mit Dr. Farchi nach dessen Rückkehr aus Nordkorea hatte. Man wollte wissen, wer mir den Auftrag gegeben habe, Farchi auszuhorchen, und wem ich über das Gespräch berichtet hätte. Ich erklärte, dass ich das Gespräch mit Dr. Farchi aus eigenem Antrieb geführt und niemandem darüber berichtet habe. Warum ich an Nordkorea interessiert sei? Weil es in der Zeit 1950–1952 das brennendste Problem war, antwortete ich. Aber, sagte der Vernehmer, die präzisen Fragen, die ich Farchi gestellt hatte, seien direkt aus einem Spionagerepertoire. Das wusste ich nicht. Ob ich ihn zum Narren halten wolle, fragte er mich. Ob ich denn immer noch nicht gemerkt habe, dass ich auf frischer Tat ertappt worden sei? Welchen Sinn habe es denn überhaupt, das Offensichtliche zu leugnen, wo man mich doch erwischt habe? Und so weiter, und so weiter. Ob ich meiner Frau erzählt hätte, was Farchi über Nordkorea gesagt hat? Nein, habe ich nicht. Ob ich irgendwelchen Freunden, insbesondere Sanyi Jakab, davon erzählt habe? Nein, habe ich nicht (tatsächlich schließe ich nicht aus, dass ich ihm von den interessanteren Teilen der Reise Farchis erzählt hatte, aber ich dachte, dass mein armer Freund Sanyi Jakab auch ohne das genug Schwierigkeiten habe).

Mein Verhör wurde jede Nacht von demselben jungen, ehrgeizigen und feindseligen Ermittler geführt. Aber manchmal kam während der Sitzungen ein leitender Securitate-Offizier in den Raum, ein Major oder Oberst um die fünfzig; er blieb ein paar Stunden, aber nie für eine ganze Sitzung. Er sprach selten und wenn er es tat, dann riet er mir in einem väterlichen Ton, mein unbedachtes und feindliches Verhalten abzulegen und in meinem ureigensten Interesse mit der Ermittlungsbehörde zusammenzuarbeiten, denn das sei die einzige Einstellung, die mir die Hoffnung auf irgendeinen Ausweg aus meiner verzweifelten Situation gebe. Jedesmal, wenn ich dieses Argument hörte – entweder von ihm oder von anderen vor und nach ihm –, sagte ich im Grunde genommen dasselbe mit unterschiedlichen Worten: Ich sei bereit, im Interesse der Wahrheit umfassend zusammenzuarbeiten und zu diesem Zweck die detailliertesten Informationen zu geben, die ich habe, aber diese würden leider nicht weiterverfolgt werden. Ich habe Zeugen genannt, sagte ich, die meine Aussagen bestätigen könnten, aber mein Vernehmer dächte nicht daran, diese Zeugen zu befragen und die von mir angegebenen Fakten zu überprüfen; stattdessen würde er mich weiter einen Lügner nennen und mich dazu drängen, falsche Erklärungen abzugeben. Ich weigerte mich, das zu tun. Ich erinnere mich nicht mehr an all die Drohungen, die man mir an den Kopf geworfen hat, und auch nicht an die genauen Umstände, unter denen diese Drohungen ausgestoßen worden sind. Aber man hat mir wiederholt erklärt, dass der Ort, an dem ich mich befinde, nur zwei Ausgänge habe: Einen zum Exekutionskommando und von dort zu einem Massengrab auf dem Friedhof, den anderen zum Gericht und einem Prozess mit einer Gefängnisstrafe, deren Länge und Ort ganz von meinem Verhalten abhängen würde.

Nach nahezu vier Wochen fast ohne Schlaf war ich in einer ziemlich schlechten Verfassung: Ich zitterte die meiste Zeit vor Kälte, obwohl es draußen heiß war. Zur Essenszeit verspürte ich einen Brechreiz, aber zwang mich zum Essen und schaffte es, mich nicht zu übergeben. Ich erinnere mich, dass wir am zweiten Tag nach meiner Verhaftung, als man mich zur Toilette brachte, am Ende des Korridors anhalten mussten, um einen anderen Wachposten mit seinem Gefangenen passieren zu lassen. Meine Augenbinde saß nicht sehr fest, und durch die linke untere Ecke konnte ich den Teppich sehen, auf dem wir standen. Als der andere Wachposten und sein Gefangener vorbeigingen, hob ich meinen Kopf, so hoch ich es unauffällig tun konnte. Natürlich konnte ich das Gesicht des Gefangenen nicht sehen, aber ich sah das untere Ende der Jacke, die er trug. Ich erschauderte: die Außentemperatur dürfte bei weit über dreißig Grad gelegen haben, ich hatte nichts über meinem Hemd und spürte die höllische Hitze, aber diesem Gefangenen war so kalt, dass er seine Jacke anhatte. Ich wusste aus eigener Erfahrung bei der DEF und im Gefängnis, dass lange Folter in Kombination mit schlechter Nahrung und Schlafmangel zu einem Kältegefühl führt. Aber ich hätte mir nicht vorstellen können, dass ich innerhalb von weniger als einem Monat in derselben Verfassung sein würde.

An diesem Punkt endete mein Verhör plötzlich. Zum ersten Mal seit fast einem Monat fand ich mich zur Schlafenszeit in meiner Zelle wieder und mir war so, als ob ich noch nie im Leben bis fünf Uhr morgens durchgeschlafen hätte! Der nächste Tag verlief ereignislos, aber ich war tagsüber fast so schläfrig wie zuvor; der Abend verging, ohne dass ich zum Verhör gebracht wurde, und ich konnte noch eine zweite Nacht vollkommen durchschlafen. Am dritten Tag fühlte ich mich schon viel besser und am Morgen des vierten oder fünften Tages, als alles sozusagen fast normal schien, begann ich mit meiner üblichen Morgengymnastik. Obwohl es keine Vorschrift gab, die das untersagte, versuchte ich, meine Turnübungen so zu machen, dass es der Wachposten nicht sah. Innerhalb weniger Tage stellte sich heraus, dass mich mein Instinkt nicht getrogen hat: Anscheinend hat mich ein Wachposten beim Frühsport gesehen und diesen Vorfall berichtet – er musste ja alles berichten, was ihm bei den einzelnen Gefangenen aufgefallen war.

Also wurde ich wieder in das Verhörzimmer gebracht, wo ich mich demselben Vernehmer gegenüber sah, der mich bereits eine Woche oder zehn Tage zuvor verhört hatte. Er sprach mich mit einem ironischen Unterton an: „Du turnst also, wie ich höre. Du versuchst wohl, deine Moral hoch zu halten? Also pass auf: Ich habe dein Verhör beendet, weil wir zu dem Schluss gekommen sind, dass du noch nicht reif dazu bist, um befragt zu werden. Wir haben genug Platz hier, dich zu verwahren, und wir haben Zeit, solange zu warten, bis du deine Meinung geändert hast. Inzwischen hat deine Frau, die über das wahre Gesicht des Monsters informiert worden ist, das sie geheiratet hat, die Scheidung eingereicht, der das Gericht automatisch zustimmen wird. Deine Tochter wird mit Hilfe des Staates im richtigen Geist aufgezogen werden, und sie wird später – wenn sie alt genug ist, um die Lage zu verstehen – den Kontakt zu ihrem verräterischen Vater verweigern. Was dich angeht, kannst du hier bis zum Ende deiner Tage verrotten, wenn du es so haben willst. Wir verschwenden unsere Zeit nicht mit dir; wir haben Wichtigeres zu tun. Solltest du irgendwann deine Meinung ändern, dann sag es dem Wachposten. Wir werden dann mit dir reden, wenn wir Zeit haben." Dann rief er den Wachposten und ließ mich in meine Zelle zurückbringen.

Die Dinge, die mein Vernehmer sagte, klangen schrecklich, aber damals hatte ich bereits einen gesunden Reflex entwickelt und betrachtete alles, was er sagte, automatisch als falsch und darauf angelegt, mich irrezuführen. Folglich glaubte ich kein Wort von dem, was er über Edith sagte. Dass sich Edith jetzt von mir scheiden ließe, wo ich in Schwierigkeiten steckte, war unvorstellbar für mich. Das war nicht ihre Art. Vielleicht würde sie sich in fünf Jahren – wenn sich herausstellt, dass meine Aussichten auf Entlassung hoffnungslos sind – entscheiden, für sich und unser Kind ein neues Leben zu beginnen. Aber sicher nicht jetzt, nicht heute und nicht morgen. Was den Rest seiner Predigt betrifft, nämlich dass die Securitate die Zeit habe, auf eine Gesinnungsänderung meinerseits zu warten, so wusste ich, dass man leider in den meisten Fällen auf unbestimmte Zeit weggesperrt wurde; aber ich konnte nichts dagegen tun. Also bereitete ich mich geistig darauf vor, die Haft eine sehr lange Zeit, wahrscheinlich jahrelang, aushalten zu müssen. Aber irgendwie war ich fest davon überzeugt, dass sie mich – wenn ich nicht nachgebe und ihnen keine Munition liefere, indem ich Dinge zugebe oder erfinde, die ich nicht getan habe, mit anderen Worten: wenn ich dem Druck widerstehe und bei der Wahrheit bleibe – früher oder später (wahrscheinlich eher später als früher) einfach frei lassen müssen. Ich war dreißig Jahre alt, als dieses Unglück über mich hereinbrach. Ich fühlte mich jung und stark; ich hatte ein reines Gewissen und meine Moral war hoch. Das Wichtigste war jedoch – und das sagte ich mir immer und immer wieder –, mir von ihnen weder den Geist noch die Seele brechen zu lassen. Ich blickte zuversichtlich in die Zukunft, weil ich glaubte: wenn sie mich nicht brechen, dann können sie mir auch nichts anhaben. In Anbetracht dessen, was ich später erfahren habe, war mein Glaube jedoch reichlich naiv. Die Dinge hätten leicht eine andere Wendung nehmen können: Ich hätte vor ein Gericht geschleift werden können, um auf der Grundlage von Aussagen anderer Leute verurteilt und erschossen zu werden. Oder ich hätte einfach ohne irgendeinen Prozess umgebracht werden können, wie es anderen widerfahren ist. Das wäre wahrscheinlich wirklich geschehen, wäre da 1953 nicht der „Vater aller Völker" gestorben. Aber mein naiver Glaube half mir sicher, meine Moral aufrecht zu halten, und das könnte mir in diesem Sinne das Leben gerettet haben.

Während der folgenden Wochen suchte ich nach Möglichkeiten, mit meiner Einzelhaft fertig zu werden. Ich beschloss, meinen Körper und meinen Geist in Schwung zu halten. Was den Körper betrifft, machte ich jeden Morgen ungefähr fünfzehn Minuten Gymnastik und unternahm in meiner kleinen Zelle alle paar Stunden ausgedehnte Spaziergänge. Diese Spaziergänge waren erst möglich, nachdem ich Folgendes festgestellt hatte: Bei richtiger Wahl der Schrittlänge legte ich zwischen den beiden Zellenenden eine ungerade Anzahl von Schritten zurück und konnte deswegen abwechselnd nach rechts und nach links schwenken. Bevor ich das bemerkt hatte, ging ich vier Schritte in eine Richtung, drehte mich, ging dann vier Schritte in die andere Richtung, drehte mich wieder und so weiter. Nach einigen Minuten wurde mir schwindlig, da ich mich immer in dieselbe Richtung drehte. Die einzige Möglichkeit, mich in abwechselnde Richtungen zu drehen, bestand darin, den Spaziergang zwischen den Wänden entweder drei oder fünf Schritte lang zu machen. Ich tat beides; das heißt, ich machte Drei-Schritt-Spaziergänge mit größeren Schritten und Fünf-Schritt-Spaziergänge mit kleineren Schritten, vermied aber die Vier-Schritt-Spaziergänge vollkommen.

Was nun den Kopf betrifft, dachte ich mir für ihn verschiedene Übungen aus. Jeden Morgen ging ich eine Reihe von Themen durch und versuchte, mich an alles zu erinnern, was ich jemals darüber gelernt hatte. Bald kam ich darauf, dass mir bei einer anhaltenden systematischen Konzentration auf ein Thema viele Dinge wieder einfielen, an die ich mich nach den ersten zwei, drei oder sogar elf Versuchen noch gar nicht erinnert hatte. Zum Beispiel wiederholte ich den Physikstoff, den ich gelernt hatte; am Anfang waren meine Versuche ziemlich armselig und äußerst lückenhaft. Ich versuchte, die Lücken zu füllen, und allmählich kam immer mehr dazu, und meine Physiksitzungen wurden mit der Zeit immer umfassender. Ebenso nahm ich die Mathematik durch und versuchte, erlernte Techniken zu reproduzieren sowie Probleme zu formulieren und zu lösen – natürlich alles im Kopf, denn es gab keinerlei Schreibgeräte und auch nichts, auf das man hätte schreiben können. Ich entwickelte ein gewisses Zeitgefühl – die einzige verfügbare „Uhr" war das Klappern des Geschirrs, mit dem sich das Mittagessen und das Abendbrot ankündigten, obwohl auch mein Magen bald eine gleichermaßen zuverlässige Uhr wurde – und teilte mir die Zeit zwischen den Mahlzeiten in drei oder vier Sitzungen zu verschiedenen Themen ein. Um nicht zu sehr zu ermüden, wechselte ich die Themen häufig. In meinen Literatursitzungen ging ich im Kopf Romane durch und war bestrebt, mich dabei an möglichst viele Einzelheiten zu erinnern. Ohne großen Erfolg versuchte ich, mich an Gedichte zu erinnern, die mir einmal gefallen hatten. In den Sprachstunden führte ich Gespräche auf Englisch, Russisch, Französisch oder Deutsch. Viele Wörter, an die ich mich zunächst nicht erinnern konnte, fielen mir bei wiederholten Versuchen wieder ein.

Zwei- oder dreimal in der Woche „ging ich in die Oper" oder besuchte ein Konzert. Ein Opernbesuch bedeutete, dass ich mich zuerst auf die Ouvertüre konzentrierte, danach auf den ersten Akt, den zweiten Akt und so weiter. Dieser musikalische Teil meines Programms war nicht nur als Gedächtnisübung gedacht, sondern auch als eine Art Unterhaltung. Bei dem Versuch, Beethovens Neunte zu reproduzieren, durchlebte ich noch einmal das Konzert, bei dem ich die Sinfonie das erste Mal gehört hatte (von einem Plattenspieler) und verbrachte damit einen angenehmen Gefängnisabend. Ich konnte mir einige Opern und Sinfonien ziemlich gut ins Gedächtnis rufen, aber natürlich nicht vollständig; bei anderen Musikstücken schaffte ich es nur, kleine Fragmente zu rekonstruieren. Bei meinen „Opernbesuchen" entdeckte ich folgenden Effekt. Wenn ich am Montag in Gounods *Faust* „ging" (meine Lieblingsoper) und das Stück in der darauf folgenden Woche noch einmal „aufgeführt" wurde, dann war die zweite Vorstellung vollständiger als die erste. Natürlich hörte dieser Effekt der größeren Genauigkeit nach zwei oder drei Wiederholungen auf.

Ich beschloss, es mit dem Schachspiel zu versuchen. Jegliche Art von Spiel war streng verboten, so dass ich es unbemerkt tun musste. Ich legte ein Stück Toilettenpapier beiseite, zog einen Strohhalm aus meiner Matratze, tauchte ihn in den Morgenkaffee und zeichnete ein ziemlich blasses Schachbrett von fünfmal fünf Zentimetern auf das Papier. Ich saß auf meinem Stuhl gegenüber der Tür mit dem Guckloch, rückte den kleinen Tisch vor mich und stellte meinen Blechbecher darauf. Das Schachbrett legte ich so auf den Tisch, dass es – von der Tür aus – direkt hinter dem Becher lag. Wenn der Wachposten die Abdeckung des Gucklochs öffnete und hindurchschaute, dann sah er nur, dass ich friedlich und gedankenversunken am Tisch saß; er konnte jedoch das Schachbrett nicht sehen, weil es vollständig vom Becher verdeckt war. Deswegen musste das Schachbrett so klein sein. Ich fertigte winzig kleine Schachfiguren aus Brot an, das ich von meiner wertvollen täglichen Brotration abzweigte – es handelte sich um helles Brot und deswegen färbte ich die schwarzen Figuren zusätzlich mit etwas Kaffee ein. Die Bauern waren ungefähr zwei bis zweieinhalb Millimeter groß und hatten denselben Durchmesser; die übrigen Figuren hatten ebenfalls diesen Durchmesser, waren aber etwa anderthalbmal so groß wie die Bauern. Schach ist ein Spiel für zwei Personen, aber man kann es auch gegen sich selbst spielen. Das Schachspielen fesselte mich derart, dass ich aufpassen musste, nicht den ganzen Tag damit zu verbringen, sondern auch meine „Arbeit", also das Gehirnjogging, fortzusetzen.

Es ist schwer zu beschreiben, wie winzig mein Schachspiel war. Die Wachposten durchsuchten die Zellen häufig und erschienen immer völlig unerwartet. Diese Durchsuchungen waren äußerst gründlich. Meine Zelle im Malmezon wurde fünfmal durchsucht, aber sie entdeckten mein Schachspiel nicht ein einziges Mal. Ich hatte das Schachbrett einfach in meiner Tasche als Toilettenpapier, aus dem ich es ja hergestellt hatte; die Linien, die ich darauf gezogen hatte, waren blass genug, um nicht aufzufallen, es sei denn, jemand suchte genau nach dieser Art von Schachbrett. Die Schachfiguren versteckte ich in meinem Taschentuch, das auf die übliche Weise gefaltet war. Bei einer Durchsuchung fasste der Offizier das Taschentuch an einem Ende an und schüttelte es, um sich zu vergewissern, dass darin nichts versteckt war. Die Figuren waren aber so klein, dass er sie einfach für Brotkrumen hielt. Sie fielen auf den Boden, und er zertrampelte einige versehentlich mit seinen Stiefeln. Nachdem die Durchsuchung beendet war, brachte ich die zertretenen Figuren in Ordnung und alles war wieder „normal wie früher".

Nach einiger Zeit kam ich darauf, dass sich meine Zelle in einem Gebäude befand, das nicht sehr weit entfernt von einer Straße oder einem Boulevard sein konnte. Im Frühherbst, als überall die Schulen begannen, hörte ich gelegentlich das entfernte, kaum wahrnehmbare Klingeln einer Glocke und danach den Lärm einer Gruppe von Kindern, die auf den Schulhof rannten und zu spielen anfingen. Alles war sehr weit weg und ziemlich gedämpft, so dass ich nicht sofort den Ursprung der Alltagsgeräusche erkannte. Eigentlich bemerkte ich erst dann, dass es sich um eine Schule handelte, nachdem mir aufgefallen war, dass sich die Geräusche nach ungefähr einer Stunde wiederholten, was bedeutete, dass die Unterrichtsstunde zu Ende war und die nächste Pause begonnen hatte. Die Akustik änderte sich von Tag zu Tag sehr, und alle Geräusche verstummten im Spätherbst, als die Korridorfenster geschlossen blieben und nur zwischendurch kurz zum Lüften geöffnet wurden. Von draußen drangen gelegentlich auch andere Zeichen in meine Einsamkeit und wühlten meine Emotionen auf: Quietschende Töne, die wahrscheinlich von einer weit entfernten Straßenbahn kamen, und manchmal auch die Lieder von Soldaten, die irgendwo in großer Entfernung marschierten. Die Soldaten sangen öfter ein mir unbekanntes Lied, das ich sehr melodisch fand. Ich konnte den Text natürlich nicht verstehen, aber die Melodie prägte sich mir für immer ein, obwohl ich das Lied im Herbst 1952 nur einige Wochen lang hörte. Jahre später, als ich Edith die Melodie vorsang, sagte sie, dass sie das Lied gehört habe und dass ein Teil des Textes lautete „Wenn uns Lenin vom Himmel zuschaut" – woraufhin wir beide herzlich lachten.

Irgendwann im Spätherbst 1952 hatte ich ein Problem mit der Blase: Ich musste damals häufiger Wasser lassen als nur bei den täglichen Toilettengängen. Wenn man ein Problem hatte, musste man warten, bis sich der Wachposten der Zelle näherte; danach musste man an die Tür klopfen. Der Posten öffnete dann das Metallfenster der Tür und fragte, was der Gefangene wolle. Als ich das erste Mal mit einer solchen Bitte kam, war der Wachposten einverstanden, ließ mich etwa zehn Minuten warten, verband mir dann die Augen und führte mich zur Toilette. Aber als ich öfter raus musste, gingen die Wachen manchmal einfach vorbei oder weigerten sich, mich zur Toilette zu bringen. Ich bekam große Schmerzen und begann, an die Tür zu schlagen; daraufhin wurde ich heruntergeputzt, und man drohte mir mit Prügel. Da ich außerstande war, mit meiner Situation klarzukommen, fragte ich nach einem Doktor und sagte dem Wachposten, ich würde in eine Zellenecke urinieren, wenn er sich weigerte, mich zur Toilette zu bringen. Die Lage änderte sich jedoch erst dann, als ich tatsächlich begann, meine Ankündigung wahr zu machen. Ich bekam einen tüchtigen Rüffel für die Schweinerei und den Gestank in meiner Zelle, aber schließlich kam ein Doktor und untersuchte mich. Er sagte nichts, aber es war offensichtlich, dass ich eine Harnwegsinfektion hatte, und er gab mir Medikamente, die zur Heilung führten. Ich bekam Mittel, um meine Zelle zu reinigen, und mein Leben nahm wieder seinen „normalen" Lauf.

Zwischen meiner ersten Serie von Verhören, die mit der ersten Septemberwoche endete, und der nächsten Serie, die irgendwann im Dezember oder Januar begann, verbrachte ich etwa vier Monate, ohne mit irgendjemandem zu sprechen – außer mit dem Doktor wegen meiner Erkrankung und zwei Anlässen, bei denen ich in ein Verhörzimmer gebracht wurde. Beim ersten Anlass, es war Ende September oder Anfang Oktober, saß ich einem neuen Vernehmer gegenüber, einem weiteren jungen uniformierten Offizier, der größer als der erste war. Er war viel höflicher als mein erster Vernehmer, und nach einigen einführenden Erkundigungen über meine Beziehungen zu Sanyi Jakab kreisten seine Fragen um meinen Besuch in Bukarest im Juni 1948, als ich für zwei Wochen aus London zurückkehrte und einen Teil meiner Zeit bei den Jakabs verbrachte. Er wollte wissen, ob Jakab oder seine Frau mich darum gebeten hätten, auf meinem Rückweg nach London irgendetwas mit in den Westen zu nehmen. Ich sagte „nein", worauf er meinte, dass ich vielleicht etwas vergessen hätte, weil es ein ziemlich kleiner Gegenstand war. Es sei wichtig, dass ich mich erinnerte, damit die Fakten geklärt werden könnten. Ich dachte weiter nach, konnte mich aber an nichts erinnern. Er fragte mich dann, ob ich wüsste, dass Jakabs Frau Magda eine Schwester in Paris hat, und ich bestätigte das natürlich. Ob mich Magda nicht darum gebeten habe, ihrer Schwester ein kleines Geschenk mitzubringen, ein Zigarettenetui? Erst jetzt erinnerte ich mich daran, dass es wirklich so wahr. Ob es ein goldenes Zigarettenetui gewesen sei? Ja, war es. „Und was geschah dann?", fragte er. Ich habe es Magdas Schwester in Paris übergeben, sagte ich, und dabei Magdas Grüße und guten Wünsche überbracht.

Offiziell war es nicht erlaubt, Edelmetalle aus dem Land auszuführen oder zu versenden, und das goldene Zigarettenetui war natürlich Edelmetall. Aber es handelte sich offensichtlich um eine belanglose Gesetzesübertretung – eine, die jeder Diplomat und jeder Reisende mit ziemlicher Wahrscheinlichkeit begeht. Ich warf es Magda nicht vor, dass sie nicht versucht hatte, die Sache zu verheimlichen: Schließlich stand hier mehr auf dem Spiel und wahrscheinlich wollte sie ihre Vernehmer von ihrer Aufrichtigkeit überzeugen, damit diese ihr auch in wichtigeren Angelegenheiten glaubten. Meinerseits zögerte ich keinen Augenblick, sondern gab sofort zu, dass ich das Zigarettenetui Magdas Schwester überbracht hatte: schließlich wusste ich, dass die Securitate mich nicht wegen dieser Sache anklagen wollte. Als nächstes fragte mich der Vernehmer, wer sonst noch anwesend gewesen sei, als mir Magda das Zigarettenetui für ihre Schwester übergab. „Niemand, soweit ich mich erinnern kann", antwortete ich. Aber der Vernehmer ließ nicht locker: "Versuchen Sie, sich zu erinnern, wer sonst noch anwesend war; es ist wichtig." Ich versuchte, mich zu erinnern: war Sanyi anwesend? Ich meinte, er sei nicht dabei gewesen, denn nach meiner Erinnerung habe ich mit Magda tagsüber zu einer Zeit gesprochen, als Sanyi auf Arbeit gewesen sein musste. Danach fragte der Vernehmer – so, als ob er mir helfen wolle, mich zu erinnern –, ob die Jakabs eine Hausangestellte hätten. Ja, sagte ich, sie hatten eine Hausangestellte, die Ági hieß. Ob Ági dort gewesen sei, als Magda mir das Zigarettenetui gab? Gut möglich, sagte ich, denn Ági hatte im Haus zu tun, als ich mit Magda sprach, und die Türen standen offen. Der Vernehmer versuchte, mich auf der Aussage festzunageln, dass Ági anwesend gewesen sei; aber daran erinnerte ich mich wirklich nicht und war deswegen nicht willens, von meiner Aussage abzurücken. Dem Vernehmungsoffizier behagte mein Standpunkt nicht sonderlich, aber schließlich übergab er mir das Vernehmungsprotokoll zur Unterschrift. Das Protokoll gab meine Erklärungen mehr oder weniger genau wieder, und ich unterschrieb es. Das war das Ende der Sitzung, und ich wurde in meine Zelle zurückgeschickt.

Zwei oder drei Tage später wurde ich wieder zu demselben Vernehmungsoffizier gebracht, der mich zu meiner Überraschung Magda Jakab gegenüberstellte. Wir wurden beide gefragt, wer der jeweils andere sei, und wir gaben die entsprechenden Namen an. Magda sah ziemlich abgespannt aus, und ich denke, dass auch ich reichlich ramponiert aussah. Sie lächelte mir mit einem Gesichtsausdruck zu, als ob sie sagen wolle: „Siehst du, was aus uns geworden ist?" Der Vernehmungsoffizier forderte mich auf, das zu wiederholen, was ich ihm über das Zigarettenetui gesagt hatte. Ich wiederholte die Aussage, die ich bereits gemacht hatte. Er fragte daraufhin Magda, ob sie sich jetzt daran erinnere. Ich begriff sofort, warum der Vernehmungsoffizier darauf bestanden hatte, dass Ági im Zimmer anwesend gewesen sei, als mir Magda das Zigarettenetui übergab: Es war Ági und nicht Magda, von der die Securitate die Sache mit dem Zigarettenetui erfahren hatte, und meine Aussage in Bezug auf Ágis Anwesenheit war notwendig, damit sie meine Erklärung mit Ágis Aussage abgleichen konnten. Ich fühlte mich jetzt schrecklich, weil ich etwas behauptete, das Magda offensichtlich aus diesen oder jenen Gründen abstritt – möglicherweise wollte sie mich vor den Folgen der besagten Gesetzesübertretung schützen. Als Magda nun aufgefordert wurde, zu meiner Aussage Stellung zu nehmen, wollte sie offenbar ihre Glaubwürdigkeit nicht verlieren und blieb bei ihrer Erklärung, sie könne sich nicht daran erinnern, mir ein Zigarettenetui für ihre Schwester gegeben zu haben. Daraufhin wurde Magda vom vernehmenden Offizier heruntergeputzt, und dieser schrie sie an: „Was für ein Benehmen ist das? Schämen Sie sich nicht dafür? Der beste Freund Ihres Mannes behauptet, dass Sie ihn darum gebeten haben, Ihrer Schwester ein kleines Geschenk zu überbringen, und Sie streiten das schamlos ab! Wie können Sie erwarten, dass wir Ihnen in wichtigeren Dingen glauben, wenn Sie uns sogar bei einer so belanglosen Sache Lügen auftischen?" Jetzt verstand ich den

Zweck der ganzen Übung: Es ging darum, Magda zu demütigen und sie in einen Widerspruch mit einem Freund zu verstricken. Sie sollte sich schuldig fühlen und dafür schämen, gelogen zu haben. Ich fühlte mich entsetzlich, dass ich in diese Situation hineingezogen worden war. Ich dachte fieberhaft darüber nach, wie ich Magdas Situation verbessern könnte. Nachdem ich zugegeben hatte, das Zigarettenetui überbracht zu haben, konnte ich meine Aussage jetzt nicht widerrufen, ohne unglaubwürdig zu werden. Ein solcher Versuch hätte absolut keinen Sinn gehabt.

Danach wandte sich der Offizier mir zu und fragte mit Nachdruck: „Nun, Herr Balas, was denken Sie über das Verhalten Ihrer Freundin Magda?" Die Tatsache, dass er mich Herr Balas nannte und nicht das übliche „du niederträchtiger Verräter" oder einen ähnlichen Schimpfnamen verwendete, verstärkte nur mein Schuldgefühl, weil ich zugelassen hatte, dass mich die Securitate auf diese gemeine Art benutzt. Also sagte ich ihm als Antwort auf seine Frage das genaue Gegenteil dessen, was er mir in den Mund legen wollte. Es sei gut möglich, so argumentierte ich, dass Magda die Angelegenheit vergessen habe. Die Sache geschah vor viereinhalb Jahren und hatte keinerlei Bedeutung. Ein Zigarettenetui war ein übliches kleines Geschenk und es gab nichts Besonderes, an das man sich in diesem Zusammenhang erinnern müsse; auf dem Etui war nicht einmal ein Name eingraviert, und ich konnte mich auch an keinen besonderen Aspekt unserer Diskussion erinnern. Folglich sagte ich, dass ich es nicht als wichtig erachten würde, ob sich Magda an diese Geschichte erinnert oder nicht. Als ich so sprach, lief das Gesicht des Vernehmungsoffiziers rot an. Ich drehte mich halb in die Richtung Magdas, um ihr irgendwie das Gefühl zu vermitteln, dass wir auf der gleichen Seite stünden und dass ich – trotz der Gegenüberstellung und unserer unterschiedlichen Erinnerungen an dieses belanglose Ereignis – keine gemeinsame Sache mit ihren Folterern mache. Der Vernehmungsoffizier versuchte mehrmals, mich zu unterbrechen, brüllte mich schließlich an (was mir mehr zusagte als das „Herr Balas"), erhob sich von seinem Stuhl, gab mir das Gegenüberstellungsprotokoll zum Unterschreiben und rief den Wachposten, um mich so schnell wie möglich los zu werden. Der Posten brachte mich in meine Zelle zurück. Es gibt etwas, das ich der Geschichte über diesen Vorfall hinzufügen möchte: Ági, die Hausangestellte der Jakabs, die der Securitate – aus welchen Gründen auch immer – die Sache mit dem Zigarettenetui erzählt hatte, verhielt sich später sehr anständig gegenüber ihren früheren Arbeitgebern. Sie nahm den fünfjährigen Sohn der Jakabs in ihre Obhut und betreute ihn viele Monate lang.

Nach den zwei oben beschriebenen Verhören sah ich den Ermittler, der die Vernehmungen führte, nie wieder. Anscheinend gehörte mein Fall nicht zu seinem Zuständigkeitsbereich, und er musste wohl nur die Gegenüberstellung mit Magda organisieren, um ihr Verhalten zu beeinflussen. Auch meinen ersten Vernehmungsoffizier habe ich nie wieder gesehen; er muss meinen Fall wohl ergebnislos und ohne irgendeinen „positiven" Befund abgeschlossen haben, weswegen man ihm die weitere Bearbeitung wahrscheinlich entzogen hat. Erst drei oder vier Monate später, während des Winters, wurde ich wieder in ein Verhörzimmer gebracht und saß dieses Mal einem völlig neuen Vernehmungsoffizier gegenüber. Im Gegensatz zu den beiden anderen war der neue Vernehmer nicht mehr jung: Er muss Ende vierzig gewesen sein. Sein Verhalten und seine Sprechweise legten die Vermutung nahe,

dass er früher ein Arbeiter gewesen sein musste, der in einer Fabrik rekrutiert worden war, um die Partei dabei zu unterstützen, die Diktatur des Proletariats durch
die Stärkung der Securitate durchzusetzen. Er erkundigte sich zunächst nach meiner Gesundheit und fragte, wie ich mich nach fünf Monaten Gefängnis fühle. Ich
sagte ihm, dass ich einige Wochen zuvor eine Harnwegsinfektion gehabt hätte, die
behandelt worden sei. Ansonsten ginge es mir gut. Ob ich irgendeine Beschwerde hätte? Nur eine, antwortete ich, nämlich die, dass man mich ohne jeden Grund
ins Gefängnis gesteckt habe, dass mein Fall nicht untersucht und meine Aussagen
nicht überprüft, dass die Personen, die meine Aussagen bestätigen könnten, nicht
befragt worden seien. Im Ergebnis sei ich auch weiterhin gezwungen, in meiner
Zelle zu leiden. Er machte einen entschieden überraschten Eindruck. Warum dächte ich eigentlich, fragte er, dass meine Aussagen nicht überprüft worden seien? Wer
mir das erzählt habe? Das müsse man mir nicht erzählen, entgegnete ich, denn wenn
die Securitate die von mir genannten Personen befragt hätte, dann würde sie wissen,
dass ich die Wahrheit sagte, und ich wäre schon längst wieder zu Hause.

  Er teilte mir dann mit, dass er mein neuer Vernehmer sei; er sei gerade mit
meinem Fall beauftragt worden und habe meinen voluminösen Ordner studiert. Er
würde eine vollständige Untersuchung von Anfang an durchführen, sagte er und riet
mir, mit ihm zusammenzuarbeiten. Er versicherte mir, dass die Securitate mehr Informationen über mich habe, als ich jemals ahnen könne, dass sie von mir benannte
Personen und andere Personen, die nicht von mir benannt worden seien, befragt
hätten und alles über mich wüssten. Ihre Methode sei jedoch nicht, mir zu sagen,
was sie wüssten, sondern zuerst mich erzählen zu lassen; auf diese Weise könnten
sie prüfen, ob ich aufrichtig sei. Solange es auch nur eine einzige Tatsache gebe,
die ihnen bekannt sei, die ich ihnen aber verschwiegen habe, solange hätten sie den
Beweis, dass ich noch immer nicht die ganze Wahrheit sage. In diesem Wettstreit
zwischen uns, sagte er, sei die Zeit auf ihrer Seite, denn sie hätten keine Eile und
könnten solange warten, bis ich mein Gedächtnis aufgefrischt hätte.

  Er fragte mich dann wieder, wie ich mich fühle, und ob ich irgendwelche Beschwerden über meine Haftbedingungen habe, über das Essen, die Luft, die Zelle
und die Bettruhe. All diese Bedingungen könnten geändert werden, wenn ich es
wollte: Ich könnte täglich ein Glas Milch trinken; ich könnte täglich eine halbe Stunde auf dem Gefängnishof spazieren; ich könnte jeden Tag nach dem Mittagessen
eine Stunde Ruhe oder Schlaf bekommen und ich könnte schließlich auch Bücher
lesen. Es würde alles nur von mir abhängen. Ich solle meine Haltung überdenken
und endlich mit den Ermittlern zusammenarbeiten. Ich bedankte mich bei ihm für
seine guten Absichten und erklärte, dass ich allen Grund zur Zusammenarbeit habe,
damit die Wahrheit über meine Aktivitäten herauskomme; ich hätte nämlich nichts
zu verbergen und je eher man die Wahrheit feststelle, desto eher würde ich freigelassen werden. Wenn ich aber Dinge zugeben solle, die ich nicht getan habe, dann
könne ich einfach nicht mitmachen. Mein Vernehmer entgegnete darauf, ich hätte
eine allzu simple Auffassung von der Wahrheit. Es gebe keine *einzige* Wahrheit, sondern viele Wahrheiten. Wessen Wahrheit ich eigentlich unterstützen wolle? Die der
Partei oder die ihrer Feinde? Ich sagte, dass es mir leid tue, aber ich sei und bleibe

ein Gefangener meiner vereinfachenden Sichtweise auf die Wahrheit: Ich würde nur *eine* Wahrheit kennen.

Wir begannen dann, mein Leben noch gründlicher durchzugehen als in der ersten Untersuchung. Ich wurde nicht zur Eile angetrieben, es gab viel weniger Gebrüll als im vorhergehenden Verhör, und ich musste auch nicht stundenlang mit erhobenen Armen stehen. Auch jetzt warteten lange schlaflose Nächte auf mich, aber normalerweise blieben mir drei bis vier Stunden Schlaf, was beim ersten Mal nicht der Fall war. Ich musste wieder auf dieselben Fragen antworten, die man mir schon in meinem ersten Verhör gestellt hatte, aber jedes Mal, wenn ich meine Antwort mit „Wie ich bereits beim ersten Verhör sagte" beginnen wollte, war der Offizier verärgert und unterbrach mich mit „Es interessiert mich nicht, was man Sie zuvor gefragt hat und was Sie darauf geantwortet haben. Das ist ein neues Ermittlungsverfahren, und wir fangen ganz von vorne an." An seiner Verärgerung merkte ich, dass es ihn in Wut brachte, wenn ich mich an etwas erinnerte, was ich schon einmal gesagt hatte. So etwas war offensichtlich nicht vorgesehen; man setzte voraus, dass der Gefangene durch die fortlaufenden nächtlichen Verhöre und den Schlafmangel so verwirrt war, dass er sich nicht mehr daran erinnerte, was er gesagt oder nicht gesagt hatte. Ich begriff diese Spielregel schnell und hörte auf, irgendwelche Erinnerungen an bereits gegebene Aussagen herauszustellen; stattdessen gab ich dieselben alten Antworten, so, als ob es brandneue wären.

Keines der Verhöre brachte neue Erkenntnisse. Der Vernehmungsoffizier hatte nach jeder Sitzung das Gefühl, mit leeren Händen dazustehen, und er verbarg nicht, wie frustriert er deswegen war. „Sie zeigen keinerlei Bemühen, unsere Untersuchungen voranzubringen", sagte er. „Alles, was Sie tun, ist der Versuch, mich beziehungsweise uns von der Richtigkeit Ihrer Sichtweise zu überzeugen. Damit werden Sie aber nicht weit kommen." Er versuchte mehrmals, meine Grundposition zu erschüttern. „Sie behaupten, Kommunist zu sein", sagte er, „aber wie hätten Sie jemals ein Kommunist sein können? Sie sind aus irgendeinem anderen Grund in die Partei eingetreten. Die Kommunistische Partei ist die Partei der Arbeiterklasse. Aber was haben Sie mit der Arbeiterklasse zu tun? Wie können Sie behaupten, ein Kommunist zu sein, wo doch Ihr Vater einmal ein Bankier und dann ein Kaufmann war und Ihr Großvater ein Gutsbesitzer?" Ich erinnerte ihn daran, dass Marx auch nicht eben ein Sohn der Arbeiterklasse war und dass sein Freund Engels eine große Fabrik besaß, in der er mehrere Hundert Arbeiter beschäftigte.

„Wir wollen uns bitte ernsthaft unterhalten", entgegnete er. „Erzählen Sie mir keine solchen Märchen: Marx und Engels waren gewiss große Männer, aber sie waren Wissenschaftler, Philosophen, Männer mit Ideen. Wenn die geahnt hätten, dass sie infolge ihrer Ideen ihre Fabriken verlieren würden, dann hätten sie sich das Ganze anders überlegt – da können Sie sicher sein." Da mein Vernehmungsoffizier solche Weisheiten nicht dem Vernehmungsprotokoll anvertraute, war ich leider der einzige (gefangene) Zuhörer dieser tiefgründigen philosophischen Offenbarungen. Ich muss gestehen, dass ich mich mit ihm auf keinerlei Diskussionen über diese Fragen einließ. Jedoch entnahm ich seiner Beschwerde darüber, dass ich ihn zu meinem Standpunkt bekehren wolle, dass man ihn wohl kritisierte, weil er offenbar von Zeit zu Zeit auf meine verführerischen Argumente hereingefallen ist. Da unsere langen

Sitzungen auch weiterhin zu keinen greifbaren Ergebnissen führten – ich hatte viele Blätter Papier unterschrieben, aber keines erwies sich als „nützlich" – konnte oder wollte mir mein Vernehmungsoffizier keines jener Privilegien gewähren, die er mir am Anfang so minutiös geschildert hatte.

Ungefähr Mitte März, gegen Ende der „Amtsdauer" dieses Ermittlers, begann er, mich nach den Namen aller Leute auszufragen, denen ich während meines Aufenthaltes in England begegnet bin. Ich nannte ihm alle Namen, an die ich mich erinnern konnte, schilderte auch die Anlässe der Begegnungen und umriss, worüber wir uns unterhielten. Wenn ich mich nicht erinnerte, worüber wir redeten, kam er immer wieder auf den betreffenden Namen zurück, bis ich schließlich die Nase voll hatte und sagte, dass wir uns über das Wohlbefinden der Frau und über das Wetter unterhielten, aber – und das war immer ein fester Bestandteil der Themenliste – „über nichts anderes". „Sind Sie sicher, dass Sie über nichts anderes gesprochen haben?"

„Ja, da bin ich mir ganz sicher." Die Alternative, die mir zusagte – „Vielleicht haben wir auch über einige andere Dinge gesprochen, aber diese müssen belanglos gewesen sein, da ich mich nicht daran erinnere" – funktionierte nie. Deswegen ließ ich diese Antwort nach einer Weile sein und hielt mich an den einfachen kategorischen Stil, den die Securitate bevorzugte – ausgenommen natürlich die Fälle, bei denen es um etwas wirklich Wichtiges ging.

Ein solcher Fall trat bald ein, als er folgende Frage stellte: „Haben Sie einen gewissen Mr. Thompson getroffen?"

„Nicht dass ich mich erinnere", antwortete ich.

„Denken Sie darüber nach und beantworten Sie die Frage: „Sind Sie Mr. Thompson begegnet oder nicht?"

„Ich erinnere mich nicht daran, irgendjemanden dieses Namens getroffen zu haben", sagte ich, „aber Sie müssen bedenken, dass ich als Diplomat Hunderten von Menschen begegnet bin und dass der Name Thompson in England so verbreitet ist wie Ionescu in Rumänien. Es ist also gut möglich, dass ein Mr. Thompson bei irgendeinem Empfang, bei dem ich zugegen war, unter den Gästen gewesen ist und dass ich ihm begegnet bin, ohne mich daran zu erinnern".

Der Vernehmungsoffizier war mit meiner Antwort nicht nur mehr als unzufrieden, sondern sah darin auch einen „diplomatischen" Versuch, eine klare Antwort auf seine Frage zu umgehen. Er wurde böse. „Sie müssen mit Ja oder Nein antworten. Wenn Sie sich nicht erinnern, dann denken Sie solange nach, bis Sie sich erinnern. Aber Sie müssen uns sagen, wann und wo Sie diesem Mr. Thompson begegnet sind und worüber Sie mit ihm diskutiert haben".

Wir entschieden uns schließlich für eine Antwort, die grob gesagt Folgendes beinhaltete: „Während meines gesamten Aufenthaltes in England habe ich nie eine Person namens Thompson getroffen oder gesprochen – außer vielleicht anlässlich eines Empfangs, bei dem ich anwesend war und der Betreffende ebenfalls teilnahm, zusammen mit vielen anderen Leuten, an deren Namen ich mich nicht erinnere." Ihm gefiel diese Formulierung nicht besonders, aber ich ließ mich nicht davon abbringen, und wir beließen es dabei.

Danach fragte er: „Sie sagen, dass Sie Mr. Thompson nicht getroffen haben. Wie war der Name Ihres Spionagekontaktes in England?" Ich sagte ihm so direkt und einfach, wie ich es konnte, dass ich keinen Spionagekontakt in England oder irgendwo anders hatte. Die nächste Frage lautete: „Sind Sie jemals in einer Straße *Park Laahne* gewesen?" Er gab den Namen von *Park Lane*, der schönen und eleganten Radialstraße entlang des Hyde Parks im Zentrum von London, mit rumänischer Aussprache wieder. „Ja", erwiderte ich. Sein Gesicht leuchtete, und er lehnte sich in seinem Stuhl zurück. „Endlich haben Sie sich entschlossen zu reden. Wunderbar – es ist nie zu spät. Also erzählen Sie mir, was sich bei diesem Treffen in der Park Lane ereignet hat und wer dort anwesend war; können Sie sich an die Hausnummer erinnern oder eine Beschreibung des Hauses geben? Wann hat das Treffen stattgefunden?"

Dieses Mal war die Sache leicht für mich – ich konnte eine sehr klare, einfache und kategorische Antwort geben, aber es war nicht die Antwort, die mein Vernehmungsoffizier hören wollte. „Ich hatte nie ein Treffen in der Park Lane, und ich habe dort auch nie irgendwen besucht."

Mein Vernehmer kam mehrmals in verschiedenen Formen auf dieses Thema zurück. Er ließ mich die Gelegenheiten beschreiben, bei denen ich durch die Park Lane ging – so als ob meine Aussage, dass ich die Straße auf meinem Weg in ein Kino oder zu irgendeinem Spektakel im Hyde Park überquerte, als Teilgeständnis aufgefasst werden könne. Ich war noch nicht an dem Punkt angelangt, meine Spionagetreffen in der Park Lane zu gestehen, musste aber bereits zugeben, dass ich in diesem Verbrechernest schon mehrfach spazieren gegangen bin. Mr. Thompsons Name fiel bei jeder nur denkbaren Gelegenheit: Wie sah er aus, selbst wenn ich mich nicht an ein Gespräch mit ihm erinnern könne, wie war sein allgemeines Auftreten, welche Aufgaben hat er mir zugewiesen? Der Vernehmungsoffizier versicherte mir, dass ich mich an alle diese Dinge erinnern würde, wenn ich nur gründlich genug darüber nachdenke; ich würde mich dann sogar auch an viele andere Dinge erinnern, ohne ausdrücklich danach gefragt zu werden – damit könne ich dann meine Aufrichtigkeit beweisen.

Aber bevor die Frage meiner angeblichen Spionage in England überhaupt angeschnitten wurde, geschah in der ersten Märzwoche des Jahres 1953, genauer gesagt am 5. März, etwas Ungewöhnliches, als ich in meiner Zelle auf und ab ging. Übrigens habe ich mich von Anfang an bewusst bemüht, mir das Datum zu merken. Wegen der vielen schlaflosen Nächte bestand die Gefahr, das Zeitgefühl zu verlieren. Deswegen habe ich es mir zur Gewohnheit gemacht, den Kalender jeden Morgen nach dem Aufwachen im Kopf „umzublättern". Zusätzlich ritzte ich sicherheitshalber mit meinem Löffel während der Mittagszeit an einer unauffälligen Stelle kleine Kerben in die Zellenwand. Auf diese Weise merkte ich mir das Datum.

Am 5. März 1953, gegen acht oder neun Uhr morgens, hörte ich in der Stille meiner Zelle soetwas wie eine Folge von Artillerieschüssen in großer Entfernung. Die Entfernung hätte auch eine Täuschung sein können, denn meine Zelle war durch mehrere Schichten von Wänden und Fenstern von der Außenwelt getrennt, und da Anfang März immer noch Winter war, waren die Fenster der Außenseite geschlossen. Als ich den ersten Schuss hörte, war ich mir nicht sicher – es klang ziemlich gedämpft, und wenn es noch andere Geräusch gegeben hätte, dann hätte ich es gar nicht bemerkt –, aber dann begann ich, angespannt zuzuhören. Es folgte ein zweiter Schuss, dann ein dritter und ein vierter, alle in regelmäßigen Abständen. Ich begann, die Schüsse zu zählen, und als die Folge bei einundzwanzig aufhörte, hatte ich keinerlei Zweifel mehr: Es waren einundzwanzig Salutschüsse. Ich erinnerte mich sofort an zwei Dinge: an einen sowjetischen Film über den Krieg, als die deutsche Kapitulation am Tag des Sieges mit einundzwanzig Salutschüssen gefeiert wurde; und an die Beschreibung von Lenins Tod in der Parteibibel *Die Geschichte der Kommunistischen Partei der Sowjetunion*: das ganze Volk trauerte und das tragische Ereignis wurde von einundzwanzig Salutschüssen begleitet. Das war es also: entweder war Stalin gestorben oder Gheorghiu-Dej. Im Hinblick auf den in der Parteibibel geschilderten Präzedenzfall hätte niemand gewagt, einundzwanzig Salutschüsse für irgendjemanden abzufeuern, der in der sowjetischen oder in der rumänischen Parteihierarchie unterhalb der obersten Parteiführer stand. Ich spürte instinktiv, dass es sich um ein wichtiges Ereignis handelte, obwohl ich zugeben muss, dass ich mir nicht im Klaren darüber war, welche enorme Bedeutung Stalins Tod für das Schicksal so vieler Menschen hatte, mich eingeschlossen. Ich wusste, dass Stalin der sowjetischen Führung den Stempel seiner Persönlichkeit aufgeprägt hatte, aber ich betrachtete ihn immer noch als den Oberkommandierenden einer straff organisierten und gut funktionierenden Maschine – des Parteiapparates, der nach strengen und gut durchdachten Regeln arbeitete und sich nicht dadurch beeinflussen ließ, dass ein anderer an die Spitze gelangte. Ich hätte mich natürlich nicht gründlicher irren können. Auf jeden Fall wartete ich auch weiterhin auf irgendein Zeichen, aus dem ich hätte schließen können, welches der beiden Ereignisse eingetreten war, aber ich wartete vergeblich: An meiner Tagesroutine änderte sich nichts. Erst anderthalb Jahre später sollte ich erfahren, was geschehen war.

* * *

Meine Verhöre waren jetzt sporadischer geworden, so als ob mein Vernehmungsoffizier jede Hoffnung verloren hätte. Bei einer Gelegenheit wurde ich zu einem Offizier gebracht, der wohl einen höheren Rang als mein Vernehmer hatte; wahrscheinlich sollte der ranghöhere Offizier prüfen, was mein Vernehmer über mein angeblich unnachgiebiges Verhalten berichtet hatte, und sicher sollte er auch sondieren, wo meine Schwachstellen liegen. Dieser Offizier sprach Rumänisch mit ungarischem Akzent, und sein Gesicht hatte jüdische Züge. Seine erste Frage war, wann ich endlich zur Vernunft käme und mit der Farce aufhören würde, die ich mir hier leiste. Ich antwortete, dass ich nicht verstünde, wovon er spricht. Daraufhin begann er, mich mit den übelsten Schimpfwörtern zu belegen, in denen er die Geschlechtsorgane, meine Mutter, meine Verwandten im Tierreich usw. erwähnte. Zuerst spürte ich, wie mir vor Wut das Blut in den Kopf schoss, aber dann zwang ich mich, ruhig zu bleiben. Wenn sie mich schon verprügeln wollten, dann sollte das wenigstens bei einem wesentlichen Anlass erfolgen und nicht deswegen, weil ich gegen den Stil des Vernehmungsoffiziers protestierte. Also beschloss ich, den Mund zu halten und antwortete ihm einfach nicht. Als er wieder zu schreien und zu fluchen begann, drehte ich mich einfach um und schaute die Wand an. Daraufhin geschah etwas Erstaunliches. Ohne jeden Übergang stellte er mir in einem vollkommen gewöhnlichen

Tonfall eine normale Frage. Ich traute weder meinen Augen und noch meinen Ohren – eine Sekunde zuvor hatte er noch einen unkontrollierten Zornesausbruch und
jetzt klang er plötzlich – wie soll ich sagen – leicht gelangweilt. Ich antwortete auf
seine normale Frage vollkommen normal, worauf er erneut mit einem Wutanfall reagierte, der mit noch stärkeren Obszönitäten einherging: Dieses Mal brachte er sogar
meine Großmutter ins Spiel und erweiterte den Ausblick auf die Tierwelt. Nachdem
mein anfänglicher Schock vollkommen gewichen war, beobachtete ich ihn sorgfältig und stellte fest, dass seine Wutanfälle nur gespielt waren: In seinem Inneren war
er so ruhig, als ob er an einem sonnigen Nachmittag in einem Park spazieren ginge.
Die Wut war offensichtlich geschauspielert, und es kam mir in den Sinn, dass dieses
Theater vielleicht nicht nur für mich bestimmt war. Mich beschlich das seltsame
Gefühl, dass das Zimmer verwanzt war und dass der Mann, der wie ich ungarischjüdischer Abstammung war, absolut klarstellen wollte, dass er sich mir gegenüber
genauso feindselig verhält, wie jeder andere Vernehmungsoffizier, der die richtige
Einstellung hatte. Ich fand nie heraus, ob es wirklich so war, aber das war jedenfalls
mein damaliger Eindruck. Nachdem ich auf normale Fragen normal geantwortet
hatte, folgte seinerseits ein gespielter Wutausbruch, wobei sein Repertoire an Flüchen nur während der ersten fünfzehn Minuten reichhaltig und abwechslungsreich
schien – danach wiederholte er sich ständig. Wir gingen alle wichtigeren Fragen
durch, die von den vorherigen Vernehmungsoffizieren angeschnitten worden waren.
Ich beantwortete die Fragen genau so wie zuvor, und mein Vernehmer beendete die
Sitzung mit der lebhaften Schilderung dessen, was mich in einer nicht allzu fernen
Zukunft erwarten würde: Ich würde bäuchlings um Gnade winseln und die Blätter des Vernehmungsprotokolls unterschreiben, ohne sie gelesen zu haben. Hierauf
wurde ich in meine Zelle zurückgebracht.

  Die Tage verliefen ereignislos, bis man mich in einer Nacht in der zweiten
Märzhälfte aufforderte, meine Sachen zu packen, um meine Zelle zu verlassen. Es
geschah mitten in der Nacht und ohne jede Vorwarnung, so wie die meisten bedeutsamen Ereignisse an diesem verfluchten Ort, der mein Wohnsitz geworden war. Ich
wurde vom Lärm geweckt, als man meine Zellentür öffnete. Ein Wachposten trat
in meine Zelle. Ich öffnete die Augen und setzte mich aufrecht. „Steh auf", sagte
er, „und pack deine Sachen zusammen!" Ich hatte im Bett meine Unterwäsche an;
jetzt zog ich meine Hose, meine Jacke und meine Schuhe an, packte meine Sachen
zusammen – zwei Hemden, zwei Taschentücher (eines mit meinen Schachfiguren in
den Falten), ein Paar Socken und einen Pullover –, ließ mir von der Wache die Augen verbinden und wurde aus der Zelle geführt. Ich hatte keine Ahnung, wohin sie
mich bringen: ins Gerichtsgebäude, um mir den Prozess zu machen, in ein anderes
Gefängnis in Bukarest oder nur in eine andere Zelle in demselben verdammten Gefängnis. Wir durchquerten den langen Korridor und gingen dann hinaus in den Hof –
ich spürte es an der Qualität der Luft, die ich einatmete. Es war ein Vergnügen, zum
ersten Mal nach sieben Monaten an der frischen Luft zu sein, auch wenn es nur ein
paar Minuten dauerte. Dann betraten wir ein anderes Gebäude, gingen einige Stufen
hinunter, danach einen weiteren langen Korridor entlang und hielten schließlich an.
Eine Zellentür wurde geöffnet – sie klang noch schwerer und metallischer als meine
vorherige Tür –, man stieß mich hinein und nahm mir meine Augenbinde ab.

Ich war in einer quadratischen Kellerzelle mit einer Seitenlänge von etwa dreieinhalb Metern. An der Seitenwand gegenüber der Tür und an einer daneben liegenden Wand befand sich je eine Betonpritsche. Die Kopfenden der beiden Pritschen befanden sich nahe nebeneinander und dienten gleichzeitig auch als Sitzgelegenheit für einen „Tisch", der nichts anderes war als eine fünfundsiebzig mal fünfundsiebzig Zentimeter große und zwölf Zentimeter dicke Betonplatte, die aus der Wand herausragte. In der dem „Tisch" gegenüber liegenden Ecke war eine türkische Toilette, das heißt, ein Loch im Betonboden und darüber ein Griff für die Wasserspülung. Über der türkischen Toilette war an der Decke eine Dusche befestigt. Insgesamt war die Zelle besser ausgestattet als meine vorherige Zelle, die weder eine Toilette noch fließendes Wasser hatte. Meine neue Zelle war auch „moderner", denn man konnte nichts wegbewegen – die beiden Pritschen und der „Tisch" waren in die Wände eingebaut und es gab keinen Stuhl. Was mich jedoch störte, war die Tatsache, dass es überhaupt keine Fenster gab, nur eine Belüftung an der Vorderseite der Zelle in Richtung Korridor, so dass nun sogar das bisschen Tageslicht verschwunden war, das ich in meiner vorherigen Zelle gelegentlich sehen konnte. Das bedeutete, dass diese Kellerzelle sogar noch isolierter von der Außenwelt war als meine vorherige Unterkunft. Die Tür war von derselben Beschaffenheit wie die meiner früheren Zelle – Metallklappen und ein Guckloch –, aber die Tür war schwerer und metallischer. Nachts, wenn die Türen geöffnet und geschlossen wurden, machten sie einen ohrenbetäubenden Krach.

Als ich mitten in der Nacht in die neue Zelle gebracht wurde, war eine der Pritschen belegt. Dort hatte sich jemand zur Wand gedreht und schlief gerade. Er drehte sich nicht einmal um, als die Tür geöffnet wurde. Der Wachposten, der mich in die Zelle gebracht hatte, forderte mich auf, mich auf die freie Pritsche zu legen. Das tat ich, nachdem ich meine Sachen in einem Bündel unter den Tisch gelegt hatte. Trotz der Gefühlswallung wegen des Zellenwechsels, den ich zu diesem Zeitpunkt wegen der Toiletteneinrichtung und der (noch unbekannten) Gesellschaft als insgesamt positiv empfand, schlief ich nach wenigen Minuten ein und wachte erst auf, als die Wache am Morgen an die Tür klopfte. Mein Zellennachbar war ein Mann Mitte dreißig, groß, kräftig gebaut und sichtlich in ausgezeichneter körperlicher Verfassung, was ihn mir vom ersten Moment an verdächtig machte. Wir stellten einander vor, aber ich kann mich nicht an seinen Namen erinnern. Meine erste Vermutung, dass er ein Informant der Vernehmungsoffiziere sei, stützte sich nicht nur auf sein gesundes Aussehen – dick wäre eine Übertreibung gewesen, aber er war alles andere als dünn –, sondern auch auf die Überlegung, dass ich keinen anderen Grund erkennen konnte, warum meine Vernehmer das stärkste psychologische Druckmittel, das sie gegen mich hatten, nämlich die Einzelhaft, hätten aufheben sollen. Wenn ich Zweifel an meiner ersten Vermutung hatte, dann zerstreuten sich diese schnell, als wir das Frühstück bekamen: Ich bekam meinen Kaffee und mein Zellennachbar bekam seinen Kaffee – und zusätzlich ein Glas Milch. Er war etwas verlegen und sagte, dass er die Milch infolge eines ärztlichen Rezepts bekommen habe und sie deswegen trinken müsse, aber wenn ich wolle, könne ich davon kosten. Ich bedankte mich bei ihm und sagte, dass ich die Milch wahrscheinlich nicht brauche, da ich kein Rezept bekommen hätte. Im Laufe des Vormittags kam ein Wachposten und nahm meinen Zellennachbar mit zum Hofgang. Als er zurückkam, fragte ich ihn, wie der Hof aussehe; er antwortete, dass die Fläche eigens für den Hofgang quadratisch angelegt sei, eine Seite ungefähr sieben Meter lang, und alle vier Seiten von Mauern umgeben, so dass außer den Mauern nur der Himmel zu sehen sei. Und natürlich habe er die frische Luft gespürt. In dieser Hinsicht sagte er wahrscheinlich die Wahrheit – es ist schwer vorstellbar, dass sich jemand so etwas ausdenken kann –, aber ich konnte mich nie davon überzeugen, da ich während meines langen Aufenthalts im Malmezon niemals Hofgang hatte. Ich war nie „Klubmitglied" geworden. Nach dem Mittagessen erklärte mir mein Zellennachbar, dass er – ebenfalls aufgrund der ärztlichen Vorschrift – die Erlaubnis bekommen habe, eine Stunde zu schlafen. Mir machte das nichts aus und ich nutzte die Zeit für meinen täglichen langen Zellenspaziergang. Genau eine Stunde, nachdem sich mein Zellennachbar schlafen gelegt hatte, haute der Wachposten an die Tür, um ihn zu wecken.

Trotz meiner Abneigung gegen die Rolle, die mein Zellennachbar spielte, beschloss ich, das Beste aus der Situation zu machen und die Möglichkeit zu nutzen, mich mit ihm zu unterhalten. Ich versuchte, etwas über sein Leben zu erfahren, über seine Arbeit, bevor er festgenommen wurde, und so weiter. Aber entweder hatte er nicht viel zu erzählen oder er fürchtete sich davor, die falschen Dinge zu sagen. Als ich ihn fragte, warum er verhaftet worden sei, sagte er mir, dass er einer titoistischen Gruppe angehört habe. Das klang nicht sehr überzeugend. Ich hielt es für wahrscheinlicher, dass er früher Mitglied der Eisengarde war und jetzt erpresst wurde, die Rolle eines Titoisten zu spielen, um meine Sympathie zu gewinnen. Als er mich nach dem Grund meiner Verhaftung fragte, sagte ich ihm, dass es ein Irrtum sei und dass es keinen Grund gebe, weshalb ich hier sein müsse. Aber wessen beschuldige man mich, fragte er weiter. Ich sagte ihm, dass ich ein Freund von Jakab sei, den man im Zusammenhang mit den rechtsabweichlerischen Aktivitäten Lucas und anderer Leute festgenommen habe, dass ich während des Krieges in der Illegalität tätig gewesen sei und dass jetzt verschiedene Aspekte meiner Tätigkeit untersucht würden – oder, besser gesagt, untersucht werden müssten, weil die Vernehmungsoffiziere offenbar leider nicht die Personen befragen würden, die über meine Tätigkeit Auskunft geben könnten; andernfalls hätten sie schon längst herausgefunden, dass ich unschuldig bin und hätten mich nach Hause geschickt. Er schüttelte mitfühlend den Kopf und fragte, wie lange ich diese Situation noch ertragen könne. Diese Frage gefiel mir – sie klang so, als ob er die Antwort aus mir herausholen solle – und ich sagte, dass ich leider keine Wahl habe und dass es nicht darum gehe, wie lange ich die Sache ertragen könne; vielmehr gehe es darum, wie lange es dauern würde, bis die Ermittler die Wahrheit herausfänden, aber die Zeitdauer könne ich nicht beeinflussen. Aufgrund des langsamen Verlaufes der Ermittlungen könne die Securitate fünf bis sechs Jahre brauchen, um die Sache abzuschließen. Ob ich denn glaube, fragte er, dass ich es so lange aushalten würde. Ich zuckte mit den Achseln und wiederholte, dass ich keine Wahl hätte, außer geduldig zu warten, bis man die Wahrheit feststellt, selbst wenn es noch ein Jahrzehnt dauern sollte. Er schüttelte wieder den Kopf und dann sprachen wir über ein anderes Thema. Ich hoffte, dass er genau das berichten würde, was ich ihm gesagt hatte; wahrscheinlich tat er das auch, denn die ganze Episode unserer Zellengemeinschaft dauerte weniger als einen Monat.

Das genügte den Ermittlern wahrscheinlich für die Schlussfolgerung, dass meine Verlegung aus der Einzelhaft in eine Gemeinschaftszelle nicht den gewünschten Erfolg brachte; deswegen beschloss man, mich erneut dem psychologischen Druck der Einzelhaft zu unterwerfen.

$$* * *$$

Bevor das jedoch geschah, beendete mein damaliger zweiter Vernehmungsoffizier meinen Fall als ebenso aussichtslos, wie es bereits sein Vorgänger getan hatte. In unserer letzten Sitzung sagte er mir mit einem vorwurfsvollen Unterton, dass er für mich das Menschenmögliche getan habe. Er hatte mir alle verfügbaren Optionen angeboten – das heißt, entweder irgendeines der vielen Verbrechen zu gestehen, deren man mich beschuldigte, oder, wenn ich keine dieser Möglichkeiten akzeptieren könnte, dann wenigstens ehrlich auszusagen, dass Sándor Jakab ein Naziagent gewesen sei, und der Partei sämtliche Informationen zu geben, die ich hierüber habe. Hätte ich irgendeiner dieser Optionen zugestimmt oder auf andere Weise irgendein Interesse bekundet, der Partei zu helfen, dann wäre ich sicher bestraft worden, aber man hätte mich nachsichtig behandelt, und ich hätte nach einiger Zeit die Chance bekommen, zu einem normalen Leben zurückzukehren. Aber in meiner blinden Halsstarrigkeit hätte ich seine helfende Hand zurückgewiesen.

„Ich verstehe Sie wirklich nicht," sagte er, „Was glauben Sie, wo Sie sind? Sie handeln so, als ob Sie erhobenen Hauptes und mit einer weißen Weste hier rauskommen wollten. Aber so etwas gibt es nicht, junger Mann. Sie haben meine Absicht missachtet, Ihnen zu helfen, nun werden Sie anderen antworten müssen, ich bin mit Ihnen fertig." Damit entließ er mich, und ich blieb eine gute Woche allein. Danach begann eine vollkommen neue Untersuchung mit einem neuen Vernehmungsoffizier – zum dritten Mal und wieder von Anfang an.

Das Malmezon II

10

Die dritte Untersuchung meines Falls begann gegen Mitte April 1953. Mein neuer Vernehmungsoffizier war wieder ein junger, uniformierter Leutnant, der aber intelligenter und aufgeschlossener als der letzte Vernehmer war. Bei unserer ersten Begegnung sagte er, dass er schlimme Dinge über mich gehört habe, dass ich seinen Kollegen viele Schwierigkeiten bereitet hätte und mir den Ruf erworben habe, nicht mit den Ermittlern zusammenzuarbeiten. „Es scheint, dass Sie sich an die Umgebung hier angepasst und sich für einen langen Zeitraum eingerichtet haben", sagte er. Anstatt den Mut aufzubringen, die Wahrheit zu sagen und mit dem vergeblichen Leugnen aufzuhören, sagte er, würde ich versuchen, meine Vernehmer von meinem eigenen Standpunkt zu überzeugen und sie gewissermaßen für mich gewinnen zu wollen. Es hätte wirklich keinen Sinn, das auch mit ihm zu versuchen – jeder solche Versuch meinerseits wäre zum Scheitern verurteilt. Wenn ich andererseits dazu stehen würde, was ich gesagt habe – nämlich mit den Vernehmern bei der Ermittlung der Wahrheit zusammenzuarbeiten –, dann gebe es eine gemeinsame Basis zur gegenseitigen Verständigung. Wir beginnen also von vorn, sagte er, überprüfen alle meine Aktivitäten und ermitteln die Wahrheit – nicht wie ich sie sehen wolle, sondern wie sie wirklich war.

Und so machten wir es. Ich wurde zum Verhör gebracht, manchmal jede Nacht in der Woche, so dass ich kaum Schlaf hatte. Manchmal wurde ich nur jede zweite Nacht verhört, zur Abwechslung manchmal auch am Tag. Und schließlich kam es vor, dass man mich mehrere Tage nicht verhörte. Mein Zellennachbar war verlegt worden, nachdem wir fast einen Monat zusammen verbracht hatten. Ich war also wieder allein, wenn ich nicht verhört wurde. Die Kost war kärglicher geworden, nicht nur für mich: Im Malmezon hatte sich die Essenszuteilung geändert. Es gab jetzt nur noch zwei Mahlzeiten am Tag und anstelle von zweihundertfünfzig Gramm Brot gab es zweihundertfünfzig Gramm Maismehl, das gekocht war und sich durch Abkühlen verfestigt hatte. Die Menge war zwar die gleiche, aber Maismehl enthält weniger Nährstoffe als Brot. Meine neue Zelle hatte gegenüber der alten den Vorteil, dass ich nicht auf den Toilettengang warten musste, sondern gehen konnte, wenn ich das Bedürfnis hatte. Man muss wohl ein Gefangener sein, um einige elementare Freuden des Lebens zu entdecken. Normalerweise kam aus dem Wasserhahn in der

E. Balas, *Der Wille zur Freiheit*, DOI 10.1007/978-3-642-23921-2_10,
© Springer-Verlag Berlin Heidelberg 2012

Zelle – der Dusche – nur kaltes Wasser, aber einmal in der Woche gab es warmes Wasser für ein paar Stunden; während dieser Zeit konnte ich heiß duschen und auch ein Hemd, ein Taschentuch oder ein Paar Socken waschen (ich hatte die entsprechende Wäsche zum Wechseln). Ich war jetzt etwa neun Monate im Malmezon, und meine Socken und mein Pullover waren löchrig geworden. Ich machte mich an die Ausbesserungsarbeiten, benutzte einen Strohhalm der Matratze als Nadel und zog den Faden aus dem Bettlaken. Die Strohnadel hatte kein Öhr zum Einfädeln, aber ich spaltete den Halm ein klein wenig und klemmte den Faden ein. Zunächst stellte ich mich beim Nähen ziemlich unbeholfen an, aber später entwickelte ich einiges Geschick, so dass mein Pullover und meine Socken nach einer Weile so aussahen, als seien sie von einer erfahrenen Näherin gestopft worden.

Eines Tages geschah etwas Seltsames. Am Morgen aß ich normalerweise eine dünne Scheibe Maismehl mit Kaffee und hob das meiste für den Rest des Tages auf. Mit einem Faden, den ich aus dem Bettlaken gezogen hatte, zerlegte ich das fest gewordene Maismehl in kleine Schnitten, die ich essen konnte, ohne zu krümeln. Am betreffenden Tag hatte ich meine morgendliche Schnitte gerade gegessen, als man mich zum Verhör brachte. Mein restliches Maismehlstück blieb auf dem Tisch liegen. Drei bis vier Stunden später wurde ich – noch vor dem Nachmittagsessen – wieder in meine Zelle zurückgebracht. Die Maismehlscheibe befand sich immer noch an derselben Stelle auf dem Tisch, aber zu meiner Verblüffung war ein Stück davon abgebissen. Mir blieb die Spucke weg: Warum sollte der Wachposten etwas davon abgebissen haben? Er konnte unmöglich hungrig gewesen sein und außerdem... hatte ein solcher Biss keinen Sinn. Wollte er vielleicht seinen Spaß mit mir treiben? War es vielleicht ein Komplott, um mich verrückt zu machen? Oder halluzinierte ich wirklich? Vielleicht hatte ich ja doch noch etwas abgebissen, bevor ich aus meiner Zelle zum Verhör geführt wurde. Für den Bruchteil einer Sekunde ging es mir durch den Kopf, an die Tür zu klopfen und mich zu beschweren. Aber ich merkte sofort, wie lächerlich meine Beschwerde geklungen hätte, so dass ich mein Vorhaben aufgab.

Dennoch beschäftigte mich die Sache so sehr, dass ich nachts nicht gut schlief. Als ich am nächsten Morgen nach dem Frühstück still und in Gedanken versunken da saß, hörte ich ein ganz leises Geräusch von der Toilette her, so als ob ein kleiner Gegenstand ins Wasser plumpste. Zuerst achtete ich nicht weiter darauf, aber als ich es zum zweiten Mal hörte, erinnerte ich mich an das erste Geräusch. Ich ging vorsichtig zur Toilette, aber bevor ich das Loch sehen konnte, hörte ich erneut ein Plätschern, dieses Mal sogar ziemlich deutlich; als ich auf das Loch schaute, konnte ich darin nur Wasser sehen. Ich suchte mir nun eine Stelle auf der anderen Pritsche, von der ich das Loch deutlich sehen konnte, und saß etwa eine halbe Stunde unbeweglich mit der Absicht, die Ursache des Geräusches zu identifizieren. Aber es blieb still. Ich wartete weiter, und schließlich steckte eine gräuliche Ratte ihren Kopf aus dem Loch und kroch dann ganz heraus. Sie war – den Schwanz nicht mitgerechnet – mindestens fünfzehn Zentimeter lang. Ich rührte mich nicht, und die Ratte lief einige Schritte auf mich zu. Aber dann machte ich eine unwillkürliche Bewegung – vielleicht erschauerte ich –, woraufhin mich die Ratte bemerkte, sich herumdrehte, in das Toilettenwasser sprang und verschwand. Das war das Geräusch, dessen

Verursacher ich finden wollte. Nun war mir klar: Ihre Exzellenz die Ratte hatte am Vortag von meinem Maisbrei gekostet!

Meine erste Reaktion war, dem Wachposten Bescheid zu geben: Er würde wahrscheinlich ein Pestizid in das Loch schütten, um die Ratte zu töten oder zu verjagen. Dann überlegte ich mir die Sache jedoch. Als ich noch in Freiheit war, mochte ich Haustiere nicht. Mit Hunden kam ich irgendwie aus und hatte manche sogar gerne, aber Katzen konnte ich nicht ausstehen. Dieses Gefühl hat sich wahrscheinlich in meiner Kindheit entwickelt, als ich Tauben züchtete und die Katze des Nachbarn immer mal zuschnappte und eine Taube wegfing. Aber nun, in der Eintönigkeit meines Lebens im Malmezon, hatte jede Aussicht auf Unterhaltung ihren Reiz, sogar dann, wenn es sich um eine Ratte handelte. Ich erinnerte mich, als Halbwüchsiger mal etwas über die Zähmung von Tieren gelesen zu haben, auch in Jack Londons Romanen über Hunde, und so beschloss ich, es mit der Zähmung der Ratte zu versuchen. Alles hat seinen Preis, und trotz des ständigen Hungers, an dem ich inzwischen litt, opferte ich am nächsten Morgen ein kleines Stück der Maisschnitte und legte es so auf den Boden, dass es zwischen mir und dem Toilettenloch lag. Übrigens war das Wasser im Loch genauso sauber wie in jeder Toilette nach dem Spülen, und obwohl die Ratte sehr wahrscheinlich aus einem Abwasserkanal gekrochen kam, war sie sauber, als sie meine Toilette erreichte – oder zumindest sah sie sauber aus. Es dauerte eine ganze Weile, bis sich die Ratte zeigte, aber am späten Vormittag tauchte sie schließlich auf. Sie entdeckte die Maisschnitte sofort, bemerkte mich natürlich ebenfalls und blieb eine Weile unschlüssig im Loch sitzen, nur ihr Kopf schaute heraus. Sie sah erst mich an, danach die Maisschnitte, dann wieder mich und danach wieder die Maisschnitte. Ich wartete geduldig, bis sie langsam und zögernd begann, sich dem Futter zu nähern. Schließlich packte sie das Maisstück mit einer schnellen Vor- und Zurückbewegung und verschwand mit ihrer Beute im WC-Loch. Ich nahm ein anderes winziges Maisstück, hielt es diesmal in der Hand und wartete, bis die Ratte zurückkam, was, wie ich erwartet hatte, sehr bald geschah. Als sie ihren Kopf herausstreckte, mich und den leeren Fußboden ausmachte, bewegte ich meine Hand langsam in ihre Richtung, wobei ich das Futter deutlich erkennbar zwischen Daumen und Zeigefinger hielt, so dass sie es wahrnehmen konnte. Danach beugte ich mich ganz langsam nach vorne, legte das Maisstück auf halbem Weg zwischen mir und der Ratte auf den Betonboden und zog dann meine Hand langsam und vorsichtig zurück, wobei ich jede plötzliche Bewegung vermied. Die Ratte blieb, wo sie war, wartete eine Weile und kam dann – etwas weniger zögerlich als zuvor – aus dem Loch und packte das Futter.

Ich wiederholte dieses Verfahren mehrere Tage lang, und die Ratte bewegte sich bei mir bald mehr oder weniger wie zu Hause. Sie hielt sich manchmal sogar ein paar Minuten in der Zelle auf, lief herum und setzte sich zwischendurch – ich hatte eine Weile meinen Spaß daran, sie zu beobachten. Aber sobald ich versuchte, mich ihr zu nähern, lief sie weg ... und sie war viel schneller als ich. Der Spaß dauerte jedoch nicht sehr lange; nach einigen Tagen langweilte mich die Sache und als man mich zum nächsten Verhör brachte, merkte ich, dass es in der Zelle keinen sicheren Platz mehr gab, an dem ich mein unverzehrtes Maisstück hätte lassen können. Ich biss noch etwas davon ab und steckte den Rest in meine Tasche, aber auf die

Dauer wollte ich das nicht so handhaben. Deswegen sagte ich dem Wachposten, als ich zum nächsten Verhör gebracht wurde, dass ich regelmäßigen Besuch von einer Ratte hätte, die durch das Toilettenloch in meine Zelle kommt. Er sagte, dass sie sich darum kümmern würden, und das müssen sie auch getan haben, weil die Ratte verschwand.

Irgendwann im Frühjahr 1953 wurde die Eintönigkeit meines täglichen Daseins von einem ziemlich tristen Ereignis unterbrochen, bei dem es mir auch noch Wochen und Monate später kalt den Rücken herunterlief, so oft ich daran zurückdachte. An einem frühen Nachmittag hörte ich durch die Tür vom Korridor her einen Lärm, der aus irgendeiner anderen Zelle kam. Offenbar schlug ein Gefangener an seine Zellentür, und der Wachposten schimpfte mit gedämpfter Stimme: „Bleib ruhig, halt den Mund..." – mehr konnte ich nicht verstehen. Danach brüllte aus der Zelle eine deutlich hörbare Stimme: „Sieben Jahre! Ich bin seit sieben Jahren hier! Hört ihr mich? Sieben Jahre, sieben Jahre!" Er wiederholte seine laut herausgeschrienen Worte bis seine Zellentür geöffnet wurde, und man ihm irgendetwas wie eine Decke über den Kopf gezogen haben musste, so dass er nach wenigen Sekunden verstummte. Es herrschte nun wieder vollkommene Stille. So müde ich auch war, konnte ich in dieser Nacht nicht einschlafen. Die laute und vernehmliche Stimme des Mannes mit den sorgfältig ausgewählten und andauernd wiederholten Worten – „sieben Jahre, sieben Jahre" – dröhnte mir unaufhörlich in den Ohren. Jetzt schrieben wir den Mai 1953. Sieben Jahre bedeuteten, dass der Mann 1946 festgenommen worden war. Warum hält man ihn so lange fest? Schließlich war das hier ja kein Ort, an dem die Leute ihre Haftstrafen absaßen; vielmehr war es ein Ort, an dem man die Gefangenen verhörte. Konnte es wirklich sein, dass man sieben Jahre lang gegen jemanden ermittelte? Es klang wahnsinnig und schrecklich. Es erschütterte meine Moral.

Mein neuer Vernehmungsoffizier – mein dritter – ging dieselben Ereignisse durch wie meine vorherigen zwei Vernehmer. Wenn Fragen gestellt wurden, die ich in der Vergangenheit bereits mehrfach beantwortet hatte, dann vermied ich jetzt sorgfältig Aussagen mit „Wie ich früher bereits gesagt habe..." und verhielt mich so, als ob ich die Frage zum ersten Mal beantworten würde. Alles lief entsprechend dem alten Drehbuch ab: Wir behandelten detailliert meine Aktivitäten während der Illegalität; ich wiederholte die Namen von Leuten, die meine Aussagen – zumindest die wesentlichen Dinge – bezeugen konnten; wir gingen die Zeit durch, in der ich von der DEF verhaftet und verhört worden war. Wieder musste ich die Ungläubigkeit des Ermittlers erdulden und sagte – dieses Mal ohne Wutausbruch meinerseits, sondern ziemlich ruhig – „Wenn Sie mir nicht glauben, dann stellen Sie mich doch auf die Probe." Wie der vorhergehende Ermittler war auch der jetzige verdutzt: „Sie wollen doch nicht etwa sagen, dass ich Sie auf die Sohlen schlagen soll, wie es die DEF getan hat? Verdammt, wenn es das ist, was Sie zum Sprechen brauchen, dann tue ich es." Er öffnete die Schublade seines Schreibtisches und zog einen ziemlich großen Gummiknüppel heraus, dessen Anblick mir sehr vertraut war, obwohl ich seit 1944 keinen mehr gesehen hatte. Er packte ihn und begann damit auf den Schreibtisch zu schlagen, so als ob er demonstrieren wolle, wie schwer der Knüppel ist.

Ich sagte etwas wie „Es ist eine schreckliche Erfahrung, mit einem solchen Gummiknüppel auf die Sohlen oder anderswohin geschlagen zu werden – eine Erfahrung, die mir wohlbekannt ist. Aber wenn Sie das brauchen, um mir zu glauben, dann tun Sie es. Ich bin bereit, diese Aussage zu unterschreiben, damit Sie sich absichern können."

Er war sichtlich außer Fassung. Er legte den Gummiknüppel nieder und befahl mir: „Stehen Sie auf!" Ich stand auf. „Hinaus mit Ihnen!" Ich drehte mich um und ging in Richtung Tür. Als ich die Türklinke berührte, schrie er mich an: „Halt!" Ich blieb stehen und wandte mich ihm zu. „Sie sind vollkommen verrückt," sagte er. „Fürchten Sie sich denn vor gar nichts? Ist Ihnen nicht klar, dass Sie von der Wache erschossen werden, sobald Sie durch diese Tür gehen? Der Wachposten würde denken, dass Sie mich getötet oder niedergeschlagen haben. Wer keine Uniform trägt, darf dieses Zimmer nicht unbewacht verlassen!" Tatsächlich war mir nicht bewusst, dass ich mich auf ein so gefährliches Abenteuer einließ, als ich seinem Befehl folgte; aber es störte mich nicht, dass er meine Handlungsweise als Zeichen von Furchtlosigkeit interpretierte (was nicht zutraf, denn ich war alles andere als furchtlos). Was meine Behauptung betrifft, ich hätte nichts dagegen, geschlagen zu werden, wenn meine Vernehmer das brauchten, um mir zu glauben – ich sagte es zunächst aus Frustration und Verzweiflung. Als ich diese Aussage jedoch wiederholte, geschah das zum Teil aus Berechnung, denn ich war bald hinter die oberste Regel gekommen, dass man mit einem Gefangenen das tun muss, wovor er sich am meisten fürchtet und was ihm am wenigsten zusagt. Ich dachte also, meine diesbezüglichen Erklärungen würden meine Aussichten auf Prügel nicht erhöhen, sondern vielleicht sogar verringern.

Eines Tages ließ mich der Ermittler meine Geschichte ab dem Datum meiner Ankunft in England zusammenfassen. Ich musste die Namen aller derjenigen Personen angeben, die ich in England getroffen hatte, und es gab eine Menge von ihnen. Ich begann von Anfang an und erwähnte meine früheren Verhöre zu diesem Thema mit keinem Wort. Als er mich fragte, ob ich Mr. Thompson begegnet bin, gab ich ihm dieselbe detaillierte Antwort, die ich bereits beim ersten Mal gegeben hatte, aber mein jetziger Vernehmer schien mehr Verständnis für mein Argument zu haben, dass der Name Thompson für mich zu verbreitet war, um kategorisch zu leugnen, jemals eine Person dieses Namens getroffen zu haben. Er bestand nicht darauf zu erfahren, ob ich jemals in einer Park Lane genannten Straße gewesen sei, fragte mich aber, ob ich jemals an einer Besprechung oder an einem Dienststellenbesuch in der Park Lane teilgenommen hätte, was ich kategorisch verneinte.

Daraufhin ließ er die Bombe los; er sah mich mit ernster Miene an und schrieb dann folgende Frage nieder, die er mir anschließend laut vorlas: „Jacques Berman, Ihr Kollege an der Rumänischen Gesandtschaft in London, hat erklärt, dass er und Sie zusammen als Spione für den Britischen Nachrichtendienst gearbeitet haben. Geben Sie das zu?"

Die Frage, so beeindruckend sie auch klang, schien mir so lächerlich, dass ich sie buchstäblich als Scherz abtat. Meine Antwort war: „Nein, ich gebe das nicht zu, und ich glaube auch nicht, dass Jacques Berman jemals so etwas gesagt hat."

Er weigerte sich, meine Antwort aufzuschreiben, und wurde böse: „Ich frage Sie nicht, was Sie glauben; ich frage Sie – und beantworten Sie meine Frage ehrlich –, ob Sie zugeben oder nicht, dass Sie mit Jacques Berman für den Intelligence Service spioniert haben."

„Nein," sagte ich, „ich habe zu keinem Zeitpunkt für den Intelligence Service spioniert, weder allein noch zusammen mit Jacques Berman."

Er notierte das und las die nächste Frage vor: „Hegt Jacques Berman irgendeinen Groll gegen Sie, hat er irgendeinen Grund, Ihnen zu schaden?"

„Nein," antwortete ich, „ich habe keinen Anlass zu glauben, dass Jacques Berman Groll auf mich hat, und ich wüsste auch nicht, warum er mir schaden sollte."

Der Vernehmungsoffizier warnte mich: „Denken Sie nach, bevor Sie Ihre Antwort geben. Einerseits behaupten Sie, dass das, was Berman sagt, nicht wahr sei. Andererseits sagen Sie, dass er keinen Grund habe, Ihnen zu schaden. Überlegen Sie noch einmal. Vielleicht hat er einen Grund. Warum sollte er denn sagen, was er sagt, wenn es nicht wahr wäre?"

„Ich glaube keinen Moment, dass Berman gesagt hat, was Sie behaupten."

„Warum?"

„Weil er ein anständiger, vernünftiger Mann ist und kein Interesse daran haben kann, eine solch entsetzliche Lüge zu erfinden."

„Und wer hat sie dann erfunden? Wagen Sie etwa zu behaupten, dass wir, die Securitate, Dinge erfinden?"

„Ich weiß nicht. Ich kann nur sagen, dass ich überzeugt bin, dass Berman niemals solche Dinge gesagt hat."

„Gut, ich werde ihn hierher bringen lassen, und er wird es Ihnen von Angesicht zu Angesicht wiederholen. Was dann?"

„Das wird niemals geschehen," entgegnete ich.

„Warum?"

„Weil Berman so etwas nicht tut."

„Wie zum Teufel können Sie sich Ihrer – und auch anderer – so sicher sein? Lassen Sie uns für einen Moment annehmen, dass ich Berman hierher hole, und er Ihnen ins Gesicht sagt, dass Sie beide zusammen für den Intelligence Service spioniert haben. Werden Sie dann zugeben, dass Sie es getan haben?"

„Wenn das geschieht," antwortete ich, „dann werde ich Berman um die Angabe von Einzelheiten bitten: Woraus bestand unsere angebliche Spionage? Welche Art von Geheimnissen verkauften wir den Briten? Wie sind wir auf diese Geheimnisse gestoßen? Spionage ist ein sehr konkretes Geschäft; er müsste Fakten liefern, aber er kann keine Fakten haben, weil es sie nicht gibt. Also würde er sich von Anfang an in die elementarsten Widersprüche verwickeln und müsste seine Behauptungen zurückziehen, aber – wie schon gesagt, glaube ich nicht, dass er so etwas behauptet hat".

Mein Vernehmungsoffizier schwieg; er sah mich länger an und beobachtete meinen Gesichtsausdruck. Dann sagte er langsam, in einem anderen Tonfall und mit weicher Stimme: „Sie vertrauen den Menschen zu sehr."

Ich wurde das Gefühl nicht los, dass dieser letzte Satz von ihm ehrlich gemeint war und nicht zu den ständigen Bluffs gehörte, die man gegen mich einsetzte.

Erst viele Jahre später, Anfang der sechziger Jahre, erfuhr ich, dass mein Vernehmungsoffizier Recht hatte. Jacques Berman, der im Herbst 1952 als Komplize von Pătrăşcanu verhaftet und im April 1954 im Pătrăşcanu-Prozess zu zehn Jahren Gefängnis verurteilt worden war, wurde vor dem Absitzen seiner Haftstrafe freigelassen. Er rief mich und fragte mich, ob ich mich mit ihm treffen würde, und ich sagte zu. Er besuchte mich und entschuldigte sich bei mir dafür, dass er während seiner Verhaftung der physischen und psychischen Folter nicht mehr standgehalten und ausgesagt habe, dass er und ich für den Britischen Nachrichtendienst spioniert hätten. Jedoch habe er seine diesbezügliche Aussage bei der ersten sich bietenden Gelegenheit zurückgezogen.

* * *

Die „Anstellung" meines dritten Ermittlers dauerte ungefähr sechs Monate, bis Oktober 1953. Sein Verhalten mir gegenüber schwankte in diesen sechs Monaten sehr. In seltenen Momenten hatte ich das Gefühl, dass er mich respektierte und in gewisser Weise sogar bewunderte, und dass er mir helfen wollte, die Wahrheit herauszufinden. Die meiste Zeit sah ich in ihm jedoch einen gesichtslosen Vertreter der mörderischen Maschine, die versuchte, mich zu zermalmen. Ich denke, dass einige dieser Schwankungen den inneren Kampf widerspiegelten, der in ihm stattfand zwischen dem, was er von mir hörte, und dem, was ihm seine Vorgesetzten sagten. Der stets wiederholte Vorwurf, dass ich versuchen würde, meine Vernehmungsoffiziere zu „überzeugen" anstatt bei den Ermittlungen zu helfen, war nicht unbegründet: Ich tat mein Bestes, um im Interesse der Wahrheit so überzeugend wie möglich aufzutreten und möglichst viele objektive Beweise zu liefern. Wenn ich eine Anschuldigung zurückwies, beschränkte ich mich nicht darauf, zu sagen, dass sie falsch sei: Ich argumentierte, so effektiv ich nur konnte, dass die Anschuldigung absurd sei und nicht wahr sein könne, denn wenn sie wahr gewesen wäre, dann hätte sie Tatsachen zur Folge gehabt, die man leicht überprüfen und als falsch nachweisen könne. Ich schilderte immer eingehend die Umstände, die der Beschuldigung widersprachen und gab die Namen von Personen an, die befragt werden könnten, um die von mir angegebenen Einzelheiten zu bestätigen. Da mein Vernehmungsoffizier ziemlich intelligent war und kein blinder Fanatiker zu sein schien, konnten meine Argumente unmöglich wirkungslos an ihm abprallen.

Andererseits sagten ihm seine Vorgesetzten offensichtlich, dass an meiner Vergangenheit alles verdächtig sei, dass ich zugegeben habe, ein guter Freund des Staatsfeindes Sándor Jakab zu sein, dass mein ganzes Verhalten das völlige Fehlen jedweder Parteigesinnung zeige und dass er sich davor hüten solle, sich von mir mit einem Netz von falschen Argumenten fangen zu lassen, wie es seinen Vorgängern geschehen sei. Jedes Mal, wenn er mit einer neuen Fragerunde zu einem neuen Thema begann, war er am Anfang eisig und feindselig, so, als ob er zwischen sich und mir eine Wand errichtet hätte; er verhielt sich so, als ob er vorher die Fragen durchdacht und geprobt hätte, mit denen er mich zu einem Schuldeingeständnis bringen wollte. Im Verlauf der Fragen und Antworten – von denen er einige gar nicht protokolliert hatte; sie blieben einfach im Raum stehen, beeinflussten aber sein Denken –

änderte sich sein Verhalten allmählich, so, als ob er meine Argumente zumindest teilweise akzeptiert hätte. Bei jedem Anfang eines neuen Verhörs stellte ich bei ihm meistens einen Rückfall fest – offensichtlich hatte er mit seinen Vorgesetzten gesprochen, die meine Argumente verworfen hatten, möglicherweise ohne sie vorher überhaupt ernsthaft in Erwägung zu ziehen. Diese Erfahrungen waren ziemlich frustrierend, und meine Bemühungen schienen oft hoffnungslos, aber trotzdem hatte ich das Gefühl, mit meiner ganzen Überzeugungskraft für die „Seele" meines Vernehmungsoffiziers kämpfen zu müssen – wobei ich natürlich erkannte, wie ungleich dieser Kampf war.

Im späten Frühjahr oder im Sommer 1953 verhörten mich zwei neue Offiziere. Sie saßen am selben Schreibtisch, und einer von ihnen machte in der ganzen Zeit den Mund nicht ein einziges Mal auf. Seine Aufgabe bestand offenbar darin, ohne aktive Beteiligung entweder zu lernen oder sich als Zeuge vorzubereiten. Der andere Offizier, der das Gespräch führte, war ein großer, schlanker und relativ junger Mann, wahrscheinlich Mitte oder Ende dreißig – ein kultivierter und sachkundiger Intellektueller. Er verbarg seinen Rang, war aber wahrscheinlich Hauptmann oder Major. Er schien mir jüdisch zu sein. Er sprach leise und schrie mich nicht an, aber er war voller beißender Ironie. „Ich lese Ihre Aussagen. Das sind Märchen. Alles Märchen. Sie schildern sich selbst als Helden, so makellos wie die Jungfrau Maria im Neuen Testament. Sie behaupten, absolut unschuldig zu sein. Sie scheinen nicht zu merken, dass Sie Ihr Leben wegwerfen. Ich bin hier, um Ihnen zu erklären, dass es für Sie höchste Zeit ist, Ihre Aussagen zu überdenken. Das ist Ihre letzte Chance. Wir sind mit Ihnen sehr geduldig gewesen, aber jetzt reicht es. Wenn Sie sich jetzt nicht entschließen, endlich zu sprechen, dann werden Sie unwiderruflich vernichtet. Sie werden dann bedauern, was Sie getan haben, aber es wird zu spät sein. Hören Sie mir zu, ich möchte Ihnen von einem Fall erzählen, aus dem Sie lernen könnten. Haben Sie jemals von Radek gehört?"

„Ja, habe ich."

"Nun, Radeks Sache wurde im Prozess gegen die Gruppe Bucharin-Sinowjew verhandelt; alle Mitglieder dieser Gruppe endeten vor einem Erschießungskommando, wie es Verräter verdienen. Aber Radek bekam die Wahl, der Partei zu helfen und seine eigenen Verbrechen wie auch die Verbrechen anderer zu gestehen; deswegen verschonte man ihn und er kam mit einer Gefängnisstrafe von zehn Jahren davon. Ich möchte Ihnen seine Geschichte erzählen."

An dieser Stelle packte mich die Wut wegen der Parallele, die er zog; ich fand das dermaßen unangebracht, dass ich den Offizier unterbrach und wütend sagte: „Erzählen Sie mir nicht die Radek-Geschichte. Ich kenne sie und sie hat absolut nichts mit meinem Fall zu tun." Zum ersten Mal während meiner Gefangenschaft hatte ich das Gefühl, die Fassung zu verlieren. Meine Reaktion schien den Offizier zu überraschen; nach seinem Gesichtsausdruck zu urteilen, wollte er mich laut zur Ordnung rufen. Aber er schluckte die beabsichtigte Abfuhr hinunter, blieb ruhig und sagte, „Hören Sie, ich bin hier, um Ihnen zu helfen." Aber das war zu viel für mich; ich verlor die Kontrolle. Unabsichtlich erhob ich meine Stimme und schrie den Offizier an: „Ich brauche Ihre Hilfe nicht! Ich brauche Sie, damit Sie Ihre Pflicht tun und die Wahrheit herausfinden. Helfen Sie mir nicht!"

Verblüfft stand er von seinem Stuhl auf und ging langsam auf mich zu. Ich war auf einen Schlag, einen Tritt oder eine gründliche Tracht Prügel gefasst. Stattdessen kam er immer näher und sah mich an, wie man irgendein seltsames Insekt betrachtet; dabei murmelte er zwischen seinen Zähnen: „Oh ja, mein Lieber, du hast keine Ahnung, wie sehr du Hilfe brauchst. Du hast keine Ahnung." Aus zehn Zentimeter Entfernung durchbohrte er mich mit seinen Augen und wiederholte „Du hast keine Ahnung, wie sehr du unsere Hilfe brauchst." Dann trat er zurück, rief den Wachposten und schickte mich in meine Zelle zurück. Ich sah ihn nie wieder.

Vom Sommer 1953 an fanden meine Verhöre nur noch sehr sporadisch statt. Ich verbrachte lange Tage, manchmal Wochen, ohne meinen Vernehmungsoffizier zu sehen. Obwohl ich mich psychisch ziemlich gut hielt, fühlte ich mich physisch viel schwächer. Das Essen, das es monatelang nur zweimal täglich gab, war äußerst unzureichend, und ich war dauernd hungrig. Einmal, als mein Vernehmer bessere Laune hatte, erkundigte er sich nach meiner Gesundheit. Ich sagte ihm, dass ich noch nicht krank sei, aber dass meine Ernährung eine Hungerkur sei. Er sagte mir, dass er gerne helfen möchte, aber er sei durch die Vorschriften gebunden und könne meine Situation – in Bezug auf Essen, Bettzeit, Hofgänge usw. – nur dann verbessern, wenn ich meine Haltung änderte. Das Essen, das ich bekam, war die damalige Standardportion; alles, was darüber hinausging, musste man sich verdienen. Das war die Regel, und er konnte sie nicht ändern. Ich setzte mein Programm der körperlichen und geistigen Aktivitäten fort, aber meine Spaziergänge wurden kürzer, da ich schneller ermüdete.

Ich hatte nachts manchmal Träume, gute und schlechte. Ich erinnere mich an keine Träume von Edith oder Anna, vielleicht, weil ich oft mit offenen Augen von ihnen träumte. Die meisten meiner Träume vergaß ich bald wieder, aber einige sind mir für immer im Gedächtnis geblieben. In einem Albtraum, der ebenso beunruhigend wie deutlich war, sah ich Sanyi Jakabs Leichnam auf einem hohen Katafalk liegen. Es war ein sehr wuchtiges Bild, an das ich mich immer noch erinnere. Es war alles ganz deutlich zu erkennen, so dass ich das Gefühl nicht los wurde, dass Sanyi in dieser Nacht etwas zugestoßen sein musste. Ich versuchte sogar, mich an das Datum zu erinnern, um ihn zu fragen – falls ich dazu jemals wieder die Chance hätte –, was mit ihm in jener Nacht passiert sei.

Ein anderes Mal hatte ich einen Traum von der Zukunft, oder besser gesagt davon, wie ich mir die Zukunft – anscheinend irgendwann im Unterbewusstsein – vorgestellt hatte. Ich besuchte eine Fabrik, etwas wie ein Stahlwerk oder ein Metallwerk des nächsten Jahrhunderts. Ich wurde durch eine riesige Werkhalle geführt, die mehrere hundert Meter lang und breit war und in der es mit einer phantastischen überirdischen Ausrüstung geschäftig zuging. Riesige Maschinen, die bis in den Himmel ragten und einen einzigen, sauber gekleideten und elegant aussehenden Bediener hatten, formten heißes Metall zu allen Arten von Objekten, die ein paar Meter weiter ordentlich gestapelt wurden. Alles hatte gigantische Dimensionen, alles war sauber, bewegte sich schnell, ordentlich und automatisch. Das heiße Metall war rot; der kalte Stahl glänzte aus irgendeinem Grund. In der Werkstatt war alles in Bewegung; riesige Kräne und Gabelstapler, die nur von wenigen Menschen bedient wurden, ordneten immer wieder alles neu. Etwas weiter weg zeichnete sich eine Wasserstraße mit einer riesigen Hubbrücke ab, die gerade für den Verkehr geschlossen war, weil eines ihrer Enden in den Himmel ragte. Ich stellte gelegentlich Fragen, die höflich beantwortet wurden. Es war nicht klar, was ich mit der ganzen Sache zu tun hatte, aber ich empfand ein schönes Gefühl der Freude und des Stolzes beim Anblick dieser futuristischen Industrielandschaft, die „wir" endlich errichtet hatten: Ich war Zeuge der leuchtenden Zukunft der Menschheit, wie ich es mir in meinen kommunistischen Träumen vorgestellt hatte. Ein reichlich seltsamer Traum in meiner damaligen Situation – ich versuchte vergeblich, zu verstehen, warum ich diesen Traum hatte.

Irgendwann im Herbst 1953 hatte ich meine letzte Vernehmung mit meinem dritten Ermittler. Ich wusste natürlich nicht, dass es das letzte Verhör sein sollte. Er sagte, dass er sein Bestes gegeben habe, um die vielen ungelösten Probleme zu klären, die meinen Fall umgaben; da ich ihm aber nicht geholfen hätte, habe er nicht viel erreicht. Er deutete an, dass, wenn ich etwas Flexibilität gezeigt hätte und wenigstens einige der kleineren Anklagepunkte gestanden hätte, die anderen Anklagen vielleicht hätten abgewehrt werden können; bei meiner Einstellung des kategorischen Leugnens aller Anschuldigungen habe er jedoch nichts tun können.

Ich sank zurück in die Einsamkeit meiner Zelle. Wochen, vielleicht Monate vergingen, ohne dass irgendetwas geschah. Irgendwann im Winter (ich erinnere mich nicht einmal mehr annähernd an den Zeitpunkt) führten sie im Gefängnis wieder die alte Essensordnung mit drei Mahlzeiten pro Tag ein – dasselbe Modell, dass bei meiner Verhaftung in Kraft gewesen war. Das war eine höchst willkommene Änderung. Die zusätzliche tägliche Ration Suppe und die Wiedereinführung von Brot anstelle der Maismehlschnitten bedeuteten eine spürbare Aufbesserung der Diätkost, die ich und die anderen Gefängnisinsassen erhielten. Inzwischen hatte mein Verdauungstrakt eine akute Empfindlichkeit gegenüber jeglicher Art von Reizstoffen entwickelt. Die beste Mahlzeit, die üblicherweise nur einmal in der Woche serviert wurde, war eine reichhaltige Trockenerbsensuppe. Mir schmeckte sie, und ich hatte das Gefühl, dass sie viel nahrhafter war als die üblichen drei oder vier dünnen Suppen, die ich an den meisten anderen Wochentagen bekam. Nach einer Weile löste jedoch die Erbsensuppe bei mir eine unangenehme Reaktion aus: Innerhalb weniger Stunden nach dem Verzehr hatte ich mehrmals einen starken, krampfartigen Durchfall. Ich fühlte mich dadurch so schwach, als ob man mir buchstäblich den Körper ausgequetscht hätte. Das geschah jedes Mal, wenn ich Erbsensuppe bekam, und deswegen probierte ich verschiedene Strategien aus, um die Reaktion zu verhindern. Einmal schickte ich trotz meines starken Appetites die Hälfte der Suppe in der Hoffnung zurück, dass eine kleinere Portion vielleicht nicht dieselbe heftige Reaktion auslösen würde. Schließlich wandte ich folgendes Verfahren an: Ich beschränkte mein Frühstück ausschließlich auf Kaffee und hob mir meine ganze Brotration für das Mittagessen auf. Wenn es dann zu Mittag Trockenerbsensuppe gab, brockte ich Brot in die Suppe. Das schwächte den Durchfall ab und machte ihn erträglich.

Irgendwann im Winter 1953–1954 wurde ich wieder in ein Verhörzimmer gebracht. Wieder sah ich mich einem neuen Vernehmer gegenüber, dem vierten. Er war ein kleingewachsener, stämmiger Offizier – Leutnant, Oberleutnant oder vielleicht sogar Hauptmann – Ende dreißig oder Anfang vierzig. Wie die anderen vor ihm, so informierte auch er mich, dass er meinem Fall zugeordnet worden sei und dass er plane, mit mir zusammen alles durchzugehen, was ich gemacht habe – von den frühesten Tagen meiner politischen Aktivitäten bis zum Tag meiner Verhaftung. Ich fühlte mich bei dem Gedanken daran frustriert, dass all meine Bemühungen, den Verdacht gegen mich aufzuklären, vergeblich gewesen waren, und dass ich – nach anderthalb Jahren und unter schrecklichen Bedingungen im Gefängnis – wieder ganz am Anfang stand und alles von vorne losging. Dieser erneute Versuch eines neuen Ermittlers war der vierte in einer Reihe von fehlgeschlagenen Versuchen, nicht die Wahrheit, sondern meine Schuld festzustellen. Ich versuchte, mich mit dem Gedanken zu trösten, dass es immer noch besser sei, verhört zu werden, als völlig vergessen in meiner Zelle monatelang zu verrotten, ohne jemals mit einem anderen Menschen zu sprechen.

Dieses Mal schien die Untersuchung zwei klar erkennbaren Trends zu folgen. Einerseits wurde ich periodisch mit denselben Predigten wie zuvor belegt, nämlich dass mein stures Leugnen ebenso vergeblich sei wie die kurzsichtige Dummheit meiner Versuche, den Tag der Urteilsverkündung hinauszuzögern, der ohnehin kommen würde: Wäre es nicht schöner, die bittere Pille zu schlucken und die Sache ein für alle Mal abzuschließen? Die nunmehr rituelle Phrase „Haben Sie es sich endlich überlegt?" ertönte jedes Mal, wenn ich nach einer Pause von einigen Tagen wieder zum Verhör gebracht wurde. Andererseits zielten die spezifischen Fragen, die man mir stellte, und die angelegten Verhörprotokolle darauf ab, Abweichungen – und seien diese noch so geringfügig – zwischen den Versionen ein und desselben Ereignisses festzustellen, die die Securitate entweder von mir oder von irgendjemand anderem gehört hatte oder aber einfach als ihre eigene Hypothese formulierte.

Ich musste also wieder über meine Tätigkeit in der Illegalität berichten und ausführlich den Teilstreik (also die Weigerung, Überstunden zu leisten) sowie das anschließende Polizeiverhör beschreiben: warum ich nicht verhaftet worden sei? Ich erklärte die Sache mit der Handschriftenprobe, bei der nichts festgestellt werden konnte, und wies darauf hin, dass bei diesem Anlass auch andere von der Polizei verhört worden seien und niemand verhaftet worden war. Dann gingen wir die Details meiner Rekrutierungstätigkeit für die Partei und die Aktivitäten durch, die wir organisiert hatten. Als ich befragt wurde, was meiner Meinung nach zu den Verhaftungen geführt habe, die von der DEF im Herbst 1943 durchgeführt worden waren, antwortete ich, dass jene Ereignisse seinerzeit von den verhafteten Personen analysiert worden seien, die am besten feststellen konnten, was geschehen war. Diese Analysen hatten ein ziemlich klares und übereinstimmendes Bild ergeben, das nach der Befreiung von Cluj erneut im Rahmen einer Parteiüberprüfung bestätigt wurde, in der man das Verhalten der Verhafteten untersuchte. Entsprechend diesem Konsens begann die Verhaftungswelle mit einem Mann der Technik-Gruppe, der grausam geschlagen worden war und Ilona Grünfeld verriet. Grünfeld wiederum, die ebenfalls grausam geschlagen wurde, verriet alle, die sie kannte – entweder sagte sie die Namen der Betreffenden oder erkannte diese auf Bildern wieder, die man ihr gezeigt hatte. Weniger gut wurden die Umstände geklärt, die zur ersten Verhaftung führten. Eine Hypothese war, dass der festgenommene Mann Kontakt zu einem alten Exkommunisten hatte, der nach dem Wiener Diktat ein DEF-Informant geworden war; der besagte Mann hatte irgendwie den Verdacht dieses Informanten erregt. Alles das sei von anderen festgestellt worden, nicht von mir, sagte ich; auch sei ich an diesen Untersuchungen nicht beteiligt gewesen und könne mich deswegen nicht für deren Genauigkeit verbürgen, aber wenn die Securitate wirklich daran interessiert sei, den Hintergrund der Verhaftungen von 1943 herauszufinden: die Zeugen seien am Leben und könnten befragt werden.

Mein Ermittler entgegnete, dass Ilona Grünfeld eine ganz andere Geschichte über die Verhaftungen von 1943 erzählt hätte als ich und dass sie mir die Verantwortung für ihre Verhaftung zugeschoben habe. Ich fand das seltsam, aber nicht unglaubwürdig, da ich Grünfeld als ziemlich schwache Frau kannte, die der DEF 1943 alles verraten hatte, was sie wusste, wobei sie sogar so weit ging, auf einem Schulabschlussfoto die Gesichter derjenigen zu identifizieren, deren Namen sie nicht kannte. Ich stellte mir auch vor, dass sie mir gegenüber keine sehr positiven Gefühle hegen konnte, da ich für sie nicht viel Achtung oder Sympathie übrig hatte und nach dem Krieg nie mit ihr gesprochen hatte. Schließlich konnte ich mir sogar vorstellen, dass sie, nachdem sie von meiner Verhaftung als angeblicher Volksfeind erfahren hatte, unsere Kontakte der Jahre 1942–1943 im Licht dieser „Entdeckung" erneut durchgegangen war und sich eingeredet hat, dass ich an ihrer Verhaftung schuld gewesen sei. Deswegen reagierte ich auf die Behauptung meines Vernehmers nicht mit derselben brüsken Zurückweisung wie im Falle von Jacques Bermans Spionagegeschichte, fragte aber stattdessen, wie ich Grünfeld hätte verraten können, wenn ich doch damals gar keinen Kontakt zu ihr hatte, ihren Namen nicht kannte und keine Ahnung hatte, wo sie lebte; ich hätte einfach keine Möglichkeit gehabt, die DEF auf ihre Spur anzusetzen, selbst wenn ich es gewollt hätte. Mein Ermittler entgegnete, dass ich – nach Aussage von Grünfeld – ihr eine Schreibmaschine geschickt hätte, die letztlich zu ihrer Verhaftung führte, weil sie damit Parteimaterialien getippt habe und die Schrifttypen von der DEF identifiziert worden seien. Soweit ich mich erinnere, habe ich hierauf folgendermaßen geantwortet:

Erstens habe ich Grünfeld nie eine Schreibmaschine geschickt. Ich selbst besaß nie eine, konnte auch nicht tippen und hatte nichts mit der Beschaffung von Schreibmaschinen zu tun. Grünfeld solle befragt werden, wer ihr die betreffende Schreibmaschine tatsächlich überbracht hat und warum sie dachte, dass diese von mir käme. Zweitens erläuterte ich, dass in der illegalen Kommunistischen Partei – sowohl in Rumänien als auch in Ungarn – politische Arbeit (was die Arbeit mit den Menschen, Gewerkschaften, anderen Massenorganisationen, die Anwerbung neuer Anhänger, die Durchführung von Bildungsaktivitäten usw. bedeutete) und technische Arbeit (was die Arbeit mit Vervielfältigungs- und Druckmaschinen, die Herstellung und Vervielfältigung von Parteimaterialien usw. bedeutete) aus konspirativen Gründen voneinander getrennt waren. Das war ein grundlegendes Organisationsprinzip der Parteiarbeit, und Grünfeld, die ja Parteiveteranin war, musste dieses Prinzip gekannt haben. Wie konnte sie dann also einen solchen krassen Verstoß gegen diese Grundregel tolerieren, wie ich ihn mit der Versendung der Schreibmaschine an ihre Adresse begangen hätte? Wem hat sie damals meinen Verstoß gemeldet? Sie hat sich doch nicht beschwert, oder? Warum nicht? Und drittens fand Anfang 1945 eine detaillierte Parteiuntersuchung der Verhaftungen von 1943

statt. Ich bat meinen Vernehmungsoffizier, sich die Protokolle dieser Parteiuntersuchung zu besorgen, falls er sie noch nicht habe. Ich hatte mit dieser Untersuchung
überhaupt nichts zu tun; als sie stattfand, war ich noch nicht einmal zurück in
Cluj. Warum hat Grünfeld damals eine andere Version erzählt? Warum hat sie –
wenigstens als Möglichkeit, ihre Verhaftung zu erklären – nicht schon damals die
Geschichte von der Schreibmaschine vorgebracht, die ich ihr angeblich zukommen
ließ? Viertens: Wenn ich Grünfeld eine Falle gestellt hätte, die zu ihrer Verhaftung
durch die DEF führte – und genau das scheint aus ihrer jetzigen Schilderung der
Ereignisse hervorzugehen –, wie würde sich diese Version mit der Tatsache verein-
baren lassen, dass keiner der Leute festgenommen wurde, die ich für die Verteilung
des Manifests der Friedenspartei angeworben hatte?

Anders als bei früheren Gelegenheiten hatte ich jetzt den Eindruck, dass mein
Vernehmungsoffizier meine Erklärungen nicht einfach abtat; tatsächlich schrieb er
sich alles gründlich auf, einschließlich der von mir vorgeschlagenen Fragen an
Grünfeld. Eigentlich schrieb er mehr als ein Vernehmungsprotokoll über diese Angelegenheit, denn drei Tage nach Beendigung der Sitzung kam er erneut auf die
Frage mit der Schreibmaschine zu sprechen, und zwar mit einer Reihe von zusätzlichen Fragen – zu meiner großen Zufriedenheit, denn dies zeigte, dass er und seine
Vorgesetzten nun endlich darauf achteten, was ich zu sagen hatte. Natürlich freute
ich mich über jede Frage – ganz gleich, wie feindselig der Ton war –, die mir die
Gelegenheit gab, zusätzliche Einzelheiten anzugeben, die unsere Tätigkeit im Jahr
1943 betrafen. Ich hatte nichts zu verbergen, und je mehr Einzelheiten zu Papier
gebracht wurden, desto schwerer würde es werden, das Protokoll zu ignorieren oder
inhaltlich zu verdrehen. Also schrieben wir weitere Protokolle mit zusätzlichen Details, und ich unterschrieb alles, nachdem ich mich vergewissert hatte, dass nichts
an meinen Aussagen geändert worden war. Und jetzt wurde kein einziges Mal versucht, den wesentlichen Inhalt meiner mündlichen Aussagen oder deren Diktion in
den Niederschriften anders wiederzugeben.

Als es um meine Verhaftung durch die DEF im August 1944 ging, drängte mich
der Vernehmer zu erklären, wie mein Versteck entdeckt worden sei. Ich wiederholte
zum x-ten Mal, dass ich es nicht wisse, und umriss die verschiedenen Möglichkeiten, die ich für plausibel hielt. Er entgegnete, dass die wahrscheinlichste Person, die
die DEF informiert haben könnte, Sándor Jakab sei, da er mein Versteck kannte. Ich
wies diese Vermutung zurück, indem ich dem Vernehmer auseinandersetzte, dass
die DEF nach meiner Verhaftung von mir vor allem wissen wollte, wann und wo ich
mein nächstes Treffen mit Jakab hätte. Danach gingen wir – erneut in allen Einzelheiten – mein Verhör durch die DEF durch. Dieses Mal schaffte ich es, den Offizier
dazu zu bringen, sich die Namen all derjenigen Personen aufzuschreiben, die die
DEF durch mich identifizieren, auffinden und festnehmen wollte, die aber nicht verhaftet worden waren, den Krieg überlebt hatten und befragt werden könnten. Als es
um meine Flucht ging, wiederholte ich die Geschichte in all ihren Einzelheiten und
gab wieder den Namen von Károly Fekete an, meines Genossen und Gefährten bei
der Flucht, der in Budapest lebte und befragt werden könnte.

Schließlich kamen wir auf die Nachkriegszeit und meine Entsendung nach London zu sprechen. Noch einmal gingen wir die Momente der Spionageanschuldigung

durch, die sich auf Jacques Bermans angebliche Aussage stützten. Ich wiederholte kategorisch, dass ich nicht glaubte, dass es eine solche Aussage gebe. Der Vernehmungsoffizier wollte das nicht ins Protokoll aufnehmen; aber er argumentierte ohne Groll, dass es mir nicht nutzen würde, die Securitate dadurch verächtlich zu machen, dass ich ihr unterstellte, falsche Anschuldigungen zu erfinden. Ich sah ein, dass er Recht hatte und ließ den beanstandeten Teil meiner Antwort weg; ich beschränkte mich darauf, kategorisch abzustreiten, jemals für den Britischen Nachrichtendienst spioniert zu haben – sei es mit oder ohne Jacques Berman.

Als wir zum Ende meiner Geschichte kamen, fiel der Offizier plötzlich wieder in die Rolle des Großinquisitors zurück. Er sagte, dass er all meine Aussagen so zu Papier gebracht habe, wie ich es wünschte, aber diese wären nutzlos, denn sie zeigten einfach nur, dass ich immer noch nicht mit der Wahrheit herausrücken wollte. In Bezug auf einige geringfügige Detailfragen hätte ich vielleicht die Wahrheit gesagt, aber im Großen und Ganzen wären meine Aussagen immer noch eine Vertuschung der Tatsachen. Er würde mich jetzt in meine Zelle zurückschicken, wo ich eine Menge Zeit zum Nachdenken hätte; mir solle aber klar sein, dass, solange es auch nur eine einzige Sache gäbe, die ihnen bekannt sei und die ich zu verheimlichen versuche – und es gab eine Menge Fragen, die sie mir absichtlich nicht stellten –, sie auch weiterhin wüssten, dass ich mich immer noch nicht durchgerungen hätte, die Wahrheit zu sagen. Mit diesen Worten schickte er mich in meine Zelle zurück, und ich sah ihn erst nach einigen Monaten wieder.

Während ich immer noch verhört wurde, sah ich mich Ende Februar 1954 plötzlich mit der Schwierigkeit konfrontiert, das aktuelle Datum herauszubekommen: war es der erste März oder der neunundzwanzigste Februar? Ich hatte die exakte Regel für die Bestimmung von Schaltjahren vergessen und war mir nicht sicher, ob 1954 eines war oder nicht. Ich beschloss, den Wachposten zu fragen; aber ich wusste, dass er meine Frage wahrscheinlich nicht beantworten würde, es sei denn, er wäre dadurch überrumpelt. Also klopfte ich an meine Tür, um zu signalisieren, dass ich eine Fragen hätte. Er öffnete das Blechfenster, um zu sehen, was ich wollte. Ich sagte, dass ich mein Hemd waschen wolle und wissen möchte, wann es warmes Wasser gebe. „Am Samstag," antwortete er, „wenn Sie duschen." Das wusste ich natürlich. Darauf sagte ich: „Danke, dann mache ich es am Samstag. Ist übrigens der erste März heute oder morgen?" Sein Gesicht verdüsterte sich: „Ich weiß nicht." Daraufhin schloss er das Blechfenster wieder.

Nachdem mein Versuch der Datumsbestimmung fehlgeschlagen war, machte ich mich daran, die Antwort auf einer anderen Grundlage zu ermitteln. Ich wusste natürlich, dass jedes vierte Jahr ein Schaltjahr ist, aber ich wusste nicht, wo die Zählung beginnt. Ich hatte vergessen, dass man das Jahr 1 wirklich als erstes Jahr zählt; das heißt, um die Antwort für ein gegebenes Kalenderjahr zu finden, muss man einfach nachrechnen, ob die Jahreszahl durch vier teilbar ist. Da 1954 nicht durch vier teilbar ist, kann es auch kein Schaltjahr sein. Zwar kannte ich die besagte Regel nicht, aber mir waren einige andere Fakten bekannt. Fakt 1: Am 22. Juni 1941 griffen die Deutschen die Sowjetunion an; und um die Invasion so überraschend wie möglich zu beginnen, legten sie den Angriff auf einen Sonntagmorgen um drei Uhr. Fakt 2: Am 25. Juni 1950 griffen die Nordkoreaner Südkorea an; und um die Invasion so überraschend wie möglich zu beginnen – „aus historischer Erfahrung lernen", wie die Kommunisten gerne sagten – legten sie den Angriff auf einen Sonntagmorgen kurz nach Mitternacht. Diese beiden Fakten waren mir bekannt, und sie bedeuteten, dass sowohl der 22. Juni 1941 als auch der 25. Juni 1950 Sonntage waren. Hiervon ausgehend musste ich nur noch zählen, wieviele Wochen zwischen den beiden Ereignissen lagen, um festzustellen, dass nicht drei, sondern nur zwei Schaltjahre dazwischen lagen. Wäre aber 1954 ein Schaltjahr, dann wären es auch die Jahre 1950, 1946 und 1942 gewesen, das heißt, zwischen den beiden besagten Ereignissen hätten drei Schaltjahre gelegen (und nicht nur zwei). Hieraus schlussfolgerte ich, dass 1954 kein Schaltjahr sein konnte und dass das fragliche Datum der 1. März und nicht der 29. Februar war.

Kaum war ich mit meinen Berechnungen fertig, als der Wachposten meine Zelle öffnete und mich zum Vernehmungsoffizier brachte, der sichtlich fassungslos war. „Sie haben den Wachposten gefragt, ob der 1. März heute oder morgen sei. Wie sind Sie darauf gekommen, dass es heute oder morgen sei? Wer hat Ihnen das gesagt?"

„Niemand", sagte ich, „aber ich kannte das Datum, an dem ich festgenommen worden bin und habe die seitdem verstrichenen Tage gezählt."

Er wollte mir das nicht glauben. „Seit wann versuchen Sie, sich mit den Wachen zu unterhalten? Mit welchen anderen Wachposten haben Sie gesprochen? Kennen Sie denn die Vorschriften nicht? Wissen Sie nicht, dass Sie nicht mit den Wachen sprechen dürfen, außer wenn Sie dazu aufgefordert werden?"

Ich sagte ihm, dass ich bedaure, den Wachposten gefragt zu haben, und dass alles nur meiner Faulheit zuzuschreiben sei, da ich die Antwort auch herausfinden könne, ohne den Posten zu fragen – in der Tat hätte ich die Lösung wirklich selbst gefunden, nachdem mir der Posten die Antwort verweigert hatte. „Was haben Sie herausgefunden?" fragte er.

„Die Antwort auf meine Frage," sagte ich.

„Welche Antwort?"

„Dass heute der 1. März 1954 ist."

„Ist das denn wichtig für Sie, ob es sich um das richtige Datum handelt oder nicht?"

Nicht sehr, musste ich eingestehen: „In jedem Fall sitze ich jetzt den 546. Tag im Gefängnis."

Dem hatte er nichts hinzuzufügen und er schickte mich in meine Zelle zurück, nachdem er mich eindringlich ermahnt hatte, die Vorschriften einzuhalten und nie wieder zu versuchen, Gespräche mit den Wachposten zu führen – andernfalls würde man mich streng bestrafen.

Irgendwann im Sommer 1954, nach etwa drei Monaten vollkommener Einsamkeit ohne jedes Verhör, machte ich eine Art psychologischer Krise durch. Mir fiel ein, dass ich während meiner vier Überprüfungen, in denen wir die Episode vom Juni 1948 durchgingen, als ich während meines kurzen Aufenthaltes in Bukarest den Fregattenkapitän Young zum Abendessen bei den Jakabs eingeladen hatte, nie die Tatsache erwähnte, dass uns die Sowjets im nachfolgenden Winter warnten, Young habe sich auf die Seite der Jugoslawen gestellt und sei deswegen als feindlicher Agent zu behandeln. Es gab keinen Grund, diese Tatsache zu verbergen, da wir uns vollständig an die sowjetische Anweisung gehalten hatten; hätte ich aber die Sache erwähnt, dann wäre meine frühere Einladung Youngs zum Abendessen verdächtiger erschienen. Mir kam jetzt Folgendes in den Sinn: Wenn das, was mein jetziger und die früheren Vernehmungsoffiziere gesagt hatten, ein Körnchen Wahrheit enthielte – nämlich so lange sie etwas wüssten, von dem ich ihnen nichts erzählt hatte, so lange wäre das auch ein Zeichen, dass ich immer noch nicht die ganze Wahrheit gesagt habe –, dann gab es hier etwas, das sie gegen mich vorbringen könnten. Trotz wiederholter Befragungen über Fregattenkapitän Young hatte ich zu keinem Zeitpunkt die entscheidende Tatsache erwähnt, dass uns die Sowjets im Winter 1948–1949 warnten, Young sei ein feindlicher Agent. Je mehr ich darüber nachdachte, desto dümmer schien es mir, dass ich diese Tatsache nicht erwähnt hatte, so unangenehm sie eventuell auch gewesen wäre. Wenn man monatelang allein ist, dann geht einem die Phantasie durch, die Dinge verzerren sich und verlieren ihre normalen Proportionen. Nach drei oder vier Tagen konnte ich an nichts anderes mehr denken: Mein Tagesprogramm geriet völlig durcheinander, und ich war außerstande, mich auf mein Schachspiel zu konzentrieren – meine Gedanken begleiteten mich wie eine fixe Idee. Ich war nicht mehr in der Lage, an etwas anderes zu denken.

Ich beschloss schließlich, mein Versäumnis zu korrigieren, und bat den Wachposten darum, mich zum Vernehmungsoffizier zu bringen. Er sagte, dass er das dem Vernehmer mitteilen würde, aber nichts geschah. Am nächsten Tag sagte ich es dem Wachposten noch einmal, aber es tat sich wieder nichts. Beim dritten Mal wiederholte ich mit Nachdruck, dass ich dem Vernehmungsoffizier etwas Dringendes zu sagen hätte – es sei keine Beschwerde, sondern hätte mit der Untersuchung zu tun. Es half alles nichts. Der Wachposten antwortete auf mein beharrliches Drängen, dass er meine Bitte weitergeleitet habe, dass mein Vernehmer aber im Moment mit anderen Fällen beschäftigt sei. Ich merkte schließlich, dass ich in die gleiche Situation gekommen war, die offenbar auch jeder andere in Einzelhaft gehaltene Gefangene erlebt: Nach einer Weile bricht der Häftling seelisch zusammen und verspürt das Bedürfnis, mit seinem Vernehmungsoffizier zu sprechen. Es gehörte zur seelischen Folter, nicht zu antworten und den Gefangenen wochenlang warten zu lassen, um ihn „weich zu klopfen". Sobald ich mir das klargemacht hatte, fühlte ich mich sofort besser: Nein, sagte ich mir, so kriegt ihr mich nicht. Ihr wollt nicht mit mir sprechen? Macht nichts, ich kann warten. Ich wandte mich nicht mehr an den Wachposten, nahm langsam mein tägliches Programm wieder auf und schaffte es auch, wieder Schach zu spielen. Die Krise ging vorbei. Nach mehr als zwei Wochen ließ mich der Vernehmungsoffizier schließlich in sein Zimmer bringen. Ich sagte ihm, dass ich etwas auszusagen hätte, das ich bis jetzt noch nicht ausgesagt habe, und erzählte ihm von der sowjetischen Warnung. Er nahm meine Aussage zu Protokoll und stellte einige Fragen, die ich beantwortete. (Ob ich Young nach der sowjetischen Warnung getroffen habe? Nein. Ob irgendein anderer in der Gesandtschaft Young nach dieser Warnung getroffen habe? Nicht dass ich wüsste). Dann fragte er mich, warum ich diese Aussage nicht gemacht hätte, als man mich das erste Mal über Young befragte. Offensichtlich konnte ich nicht sagen, dass ich es vergessen hatte; also gab ich offen zu, dass ich mich gefürchtet habe, die sowjetische Warnung zu erwähnen, denn das hätte ein zweifelhaftes Licht auf mich geworfen, weil ich Young während seines früheren Besuches in Bukarest zum Abendessen eingeladen hatte.

Der Offizier schloss das Protokoll, ließ es mich unterschreiben und sagte dann „Ist das alles? Wir wussten das die ganze Zeit. Als Sie uns mitteilten, dass Sie mir etwas zu sagen hätten, dachte ich, Sie wären endlich zu Verstand gekommen. Aber jetzt sehe ich, dass ich mich geirrt habe. Ich wünsche Ihnen einen angenehmen Aufenthalt in Ihrer Zelle – Sie brauchen vielleicht noch ein paar Jahre, bis Sie es sich überlegen." Mit diesen Worten schickte er mich in meine Zelle zurück. Trotz dieser unheilvollen Entlassung fühlte ich mich entschieden erleichtert. Einerseits zeigte die Reaktion des Ermittlers, wie naiv ich in meinem Glauben gewesen bin, sie würden mir das Verschweigen dieser Einzelheit ankreiden. Seine Antwort „Wir wussten das die ganze Zeit" machte mir klar, dass sie es nicht wussten: Zu den Grundregeln, die ich am Anfang gelernt hatte, gehörte die Irreführung der Gefangenen. Aber mir wurde auch klar, dass die Information keine Bedeutung hatte, weil sie grundsätzlich nicht an der Wahrheit interessiert waren; vielmehr wollten sie den Gefangenen brechen, damit er diejenigen Aussagen unterschreibt, die die Securitate haben wollte. Die abschließende Predigt, mit der ich in meine Zelle zurückgeschickt worden bin, berührte mich nicht mehr – ich hatte mich daran gewöhnt und nahm sie nicht ernst.

Monate vergingen und gegen Ende Sommer 1954 bekam ich Fußbeschwerden, die mich daran hinderten, längere Zeit in meiner Zelle spazieren zu gehen: Mein linker Fuß tat beim Auftreten weh. Zuerst versuchte ich, die Schmerzen zu ignorieren, und setzte meine Spaziergänge fort. Aber dann wurde es allmählich schlechter, so dass ich meine Wanderungen einstellen und durch andere Übungen ersetzen musste: Zum Beispiel legte ich mich auf den Rücken und fuhr Fahrrad. Ich machte das jetzt mehrmals am Tag, anstatt spazieren zu gehen. Als ich noch in Freiheit war, musste ich manchmal Schuheinlagen tragen. Zum Zeitpunkt meiner Verhaftung hatte ich die Einlagen jedoch länger nicht getragen und nahm sie deswegen nicht mit, als man mich ins Gefängnis brachte. Ich dachte mir, dass die schlechte Ernährung, die vielen schlaflosen Nächte und der Mangel an Luft und Sonnenschein meinen Körper beträchtlich geschwächt hätten und dass ich deswegen die Einlagen wahrscheinlich wieder brauchte. Die Beschwerden dürften sich verschlimmert haben, weil ich das Problem zunächst ignorierte und trotz der Schmerzen versuchte, weiter zu gehen. Als nächstes versuchte ich, mir eine Einlage zusammenzubasteln, indem ich Brot knetete und daraus eine sohlenförmige Einlage herstellte, die ich trocknen und aushärten ließ. Das führte jedoch zu nichts: Die von mir verfertigte unebene Einlage verrutschte ständig und zerbrach bald darauf. Wohl oder übel bat ich darum, den Vernehmungsoffizier zu sprechen, wobei ich eindeutig meine gesundheitlichen Beschwerden angab: Er sollte nicht auf die Idee kommen, dass ich meine Verbrechen gestehen wolle. Ich kam ziemlich schnell dran, nach nur wenigen Tagen, und ich erzählte ihm von meinen Beschwerden. Ich teilte ihm auch meine Diagnose mit und sagte, dass ich zu Hause die richtigen Einlagen hätte; man müsste nur meiner Frau Bescheid geben, die Einlagen zu schicken.

Ich erwartete kein wirklich positives Ergebnis von dieser Anhörung bei meinem Vernehmungsoffizier; ich versuchte einfach nur mein Glück. Ich war jedoch angenehm überrascht, denn er sagte nicht, was ich erwartet hatte: nämlich, dass ich mich zuerst entscheiden müsse, die Wahrheit zu sagen. Stattdessen fragte er mich, ob ich noch andere gesundheitliche Beschwerden hätte: Ob ich nachts schlafen könne? Ob ich noch andere Schmerzen hätte? Ob meine Verdauung normal sei? Ob ich hustete? Und so weiter. Ich sagte, dass ich im Moment keine anderen gesundheitlichen Beschwerden hätte, fügte aber hinzu, dass man nicht umkomme, wenn der linke Fuß weh tut; dennoch sei es ein ernstes Problem für mich, weil ich nicht gehen könne, und das sei ein schwerwiegender Zustand. Ich wiederholte dann meine Bitte. Wieder war ich angenehm überrascht, dass er sie nicht rundweg zurückwies. Es sei schwierig, meine Bitte zu erfüllen, sagte er, weil Gefangenen in Untersuchungshaft normalerweise kein Kontakt mit der Außenwelt gestattet sei, und die Bitte um Übersendung von Sachen eine Form des Kontaktes mit der Außenwelt sei. Das sei schwierig, aber nicht unmöglich. Er schlug vor – schlug tatsächlich vor! –, dass ich noch ein paar Wochen warten solle; vielleicht würde mein Fuß heilen und die Schmerzen könnten von selbst verschwinden. Falls nicht, dann solle ich mich wieder an ihn wenden, und er würde dann versuchen, meiner Bitte nachzukommen. Das war eine Änderung des Tonfalls, die ich gewiss schätzte, und ich war sofort einverstanden zu warten, ob mein Fuß von selbst heilt.

An einem Morgen in der ersten Septemberhälfte öffnete ein Wachposten meine Tür, betrat die Zelle und ordnete an, ich solle all meine Sachen zusammenpacken. Mir wurden wie üblich die Augen verbunden; anschließend führte man mich aus der Zelle durch den langen Korridor in den Gefängnishof – ich konnte die frische Luft riechen –, danach in ein anderes Gebäude, durch einen weiteren Korridor und schließlich in eine andere Zelle, wo man mir die Augenbinde wieder abnahm. Ich fand mich in einer Zelle der Art wieder, in der ich die ersten sieben Monate nach meiner Verhaftung verbracht hatte, ohne Toilette, mit einem Tisch und Stuhl aus Holz; durch das Glasfenster hoch über der Tür kam etwas Tageslicht vom Korridor herein. Der einzige Unterschied zu meiner früheren Zelle bestand darin, dass hier eine doppelstöckige Holzpritsche stand und die untere Pritsche bereits belegt war. Der Wachposten wies mir die obere Pritsche zu und schloss die Zellentür ab.

Mein neuer Zellengefährte war ein ziemlich seltsamer Zeitgenosse. Zuerst dachte ich, dass es eine neue Falle sei, mit einem neuen Informanten, der von mir herausbekommen solle, was ich den Ermittlern verschwiegen hätte. Aber ich ließ diese Annahme bald fallen. Vor allen Dingen lief zu dieser Zeit keine Untersuchung in meiner Sache. Die letzte – vierte – Untersuchung in meiner Angelegenheit war vor Monaten abgeschlossen worden. Außerdem sprach auch die Persönlichkeit meines Zellengefährten gegen meine Annahme. Teodor Bucur – das war sein Name – war sechsunddreißig Jahre alt, mittelgroß, sehr mager, ziemlich glatzköpfig, mit einer hohen Stirn und einem schmalen Gesicht. Kaum war ich in seine Zelle gebracht worden, fragte er mich, wann ich verhaftet worden sei und welches die letzten Nachrichten seien, die ich von der Außenwelt mitbekommen hätte. Ich erzählte ihm die Neuigkeiten vom Sommer 1952. Er war bereits fünf Jahre in Haft, als wir uns kennenlernten, aber er sagte, dass er von verschiedenen anderen Zellengefährten aktuellere Nachrichten erfahren hätte. Er sagte mir, dass Stalin im März 1953 gestorben und dass Beria anschließend hingerichtet worden sei, aber er wisse nicht, wer der neue führende Politiker der Sowjetunion sei. Die Nachricht von Stalins Tod schien mir in Anbetracht der einundzwanzig Salutschüsse, die ich am 5. März 1953 gehört hatte, glaubwürdig zu sein; aber die Nachricht von Berias Hinrichtung hörte sich unheimlich an, und ich nahm sie mit Vorbehalt auf (obwohl sie sich natürlich als wahr herausstellte).

Über sich selbst erzählte mir Bucur, dass er den Krieg als Student in Berlin verbracht habe – er sei nicht aus Sympathie für die Nazis dorthin gegangen, sondern weil er ein Stipendium bekommen habe; dieses gab ihm die Möglichkeit, der Einberufung zur rumänischen Armee zu entgehen. Er studierte in Berlin Geschichte und wurde Historiker. Er mochte weder Sport noch spielte er irgendwelche Spiele, aber er las gerne. Sein größtes Hobby war Geschichte und stimmte also mit dem von ihm gewählten Beruf überein. Er las gerne Romane, ging gern ins Theater und reiste gerne. Er war nach dem Krieg ausgiebig in Deutschland und den umliegenden Ländern umhergereist und konnte wunderbare Schilderungen schöner Orte und Denkmäler geben. Seine Reiseberichte waren eine große Freude für mich, die sich nach zwei langen Jahren des Entzuges und des Durstes nach dieser Art von Eindrücken nur noch verstärkt hatte. Viele Jahre lang erinnerte ich mich an Bucurs ausführliche Beschreibung des Wiener Stephansdoms, und diese Erinnerungen kamen wieder auf, als ich die herrliche Kathedrale nach vielen weiteren Jahren endlich selbst gesehen hatte. Bucur fand in Westberlin eine Arbeit als Historiker an einem Forschungsinstitut. Er hatte sich in ein deutsches Mädchen verliebt, sie geheiratet und sich dann dauerhaft in Westberlin niedergelassen. Dennoch wollte er die kulturellen Verbindungen zu seinem Heimatland aufrecht erhalten und ging deswegen von Zeit zu Zeit nach Ostberlin, um die Rumänische Diplomatische Vertretung zu besuchen, in der es auch ein Kulturzentrum gab. In der dortigen Bibliothek las er oder entlieh Bücher über rumänische Geschichte, Literatur, Geographie und Volkskunst.

Irgendwann 1949 „vergaß" Bucur – nach einem seiner Besuche bei der Rumänischen Diplomatischen Vertretung in Ostberlin –, nach Hause zurückzukehren: Er wurde von Agenten der Securitate geschnappt, mit Drogen betäubt und mit einem Flugzeug der rumänischen Fluggesellschaft TAROM von Ostberlin nach Bukarest geflogen; dort wachte er in einer Zelle des Malmezon auf. Man verhörte ihn monatelang über seine Verbindungen zu rumänischen Emigrantenkreisen in Berlin; er sagte, er habe keine solchen Verbindungen, höchstens flüchtige Bekanntschaften. Er erzählte der Securitate wieder und wieder alles, was er wusste, aber sie waren nie damit zufrieden, „die Bastarde" – hier unterbrach er seine Schilderung, um eine lange und abwechslungsreiche Folge von Flüchen auszustoßen – wollten aus ihm Dinge herauspressen, über die er nichts wisse und nichts sagen könne.

An manchen Stellen seiner Geschichte unterbrach er sich unerwartet, sagte „Entschuldige mich einen Moment" und lief dann gedankenversunken auf und ab, so, als ob er ein stilles Selbstgespräch führte. Nach einer Weile setzte er sich wieder hin und erzählte seine Geschichte weiter, als wäre nichts geschehen. Bei einer solchen Gelegenheit sagte er „Die wollten irgendetwas; ich musste ihnen antworten". Ich verstand nicht, warum er antworten musste und bat ihn um eine Erklärung. Hierauf sagte er „Oh, du weißt davon nichts? Mit dir tun sie es wohl nicht?"

„Was tun sie nicht?", fragte ich.

„Nun, die elektromagnetische Verbindung." Ich verstand nicht, was er meinte. Dann erklärte er mir, dass er während eines langen Verhörs von der Securitate – und hier unterbrach er sich wieder, um einen ausgiebigen Fluch von sich zu geben – narkotisiert worden sei und man ihm eine elektromagnetische Vorrichtung ins Gehirn implantiert habe. Danach hätten sie ihn – erklärte er – jederzeit rufen und ihm Fragen stellen können, und er habe diese Fragen auch beantworten müssen, nicht unbedingt laut, denn das Abscheulichste an der Vorrichtung sei, dass sie Gedanken lesen könne. Aber in Gedanken habe er antworten müssen, weil sie ihn sonst verschiedenen seelischen Folterungen unterzogen hätten. Deswegen habe er es sich zur Gewohnheit gemacht, nie eine Antwort zu verweigern und niemals zu versuchen, irgendetwas zu verbergen – „Es hat doch keinen Sinn, wenn Sie ohnehin deine Gedanken lesen."

Ich sagte Bucur, ich wisse nichts davon, dass mir irgendjemand eine solche Vorrichtung ins Gehirn implantiert hat, und dass ich auch nicht glaube, dass die von ihm beschriebene Vorrichtung überhaupt existiert. Mir sei kein wissenschaftliches Prinzip bekannt, sagte ich, gemäß dem so etwas funktionieren könne. Außerdem wäre das eine überaus bedeutende Entdeckung, die sich (abgesehen von Anwendungen durch die Securitate) derart auf unser tägliches Leben auswirken würde, dass wir gewiss davon gehört hätten, wenn es eine solche Erfindung überhaupt gäbe oder ihre Realisierbarkeit kurz bevorstünde.

„An deiner Überlegung ist absolut nichts auszusetzen," antwortete er. „Meine erste Reaktion war ganz genauso: ich wollte es einfach nicht wahrhaben. Aber später öffneten mir die Umstände die Augen, und mir wurde klar, was mit mir geschah."

„Welche Umstände?", fragte ich. Daraufhin erzählte er mir folgende Geschichte.

Nach einer Weile hätte die Securitate – Pause, langer Fluch – versucht, anders mit ihm umzugehen und ihm Material zum Lesen gegeben. Aber das, was er erhielt, sei alles Scheiße gewesen. „Entschuldige bitte den Ausdruck", sagte er – Broschüren der Kommunistischen Partei –, und nun kam ein Schwall von Flüchen, der dreimal so lange war wie die Kanonaden, mit denen er die Securitate bedachte. Da er nichts anderes zu tun gehabt hätte, sagte er, habe er sich wohl oder übel daran gemacht, eine der Broschüren zu lesen. Nun habe es sich so ergeben – und er versicherte mir, es sei absolut spontan und unabsichtlich gewesen –, dass er, als er das erste Mal dem Namen von Gheorghe Gheorghiu-Dej begegnete, einen großen Drang zum Furzen verspürt habe, dem er nicht widerstehen konnte. Aber es sei absolut unabsichtlich über ihn gekommen. Bald danach sei er zum Verhör gebracht worden, und was er befürchtet hatte, habe sich als wahr herausgestellt: Der Vernehmer wusste, dass er – Bucur – beim Lesen des Namens von Gheorghiu-Dej einen Furz gelassen hatte. Er sei wegen dieses Mangels an Respekt des Langen und Breiten gescholten worden, und man hätte ihm eine Standpauke gehalten, weil er die Parteiführung verächtlich gemacht habe; vergeblich habe er zu erklären versucht, dass sich die Sache unabsichtlich ereignet habe.

Als Bucur mit seiner Geschichte an diese Stelle gekommen war, gab ich es auf, ihm seinen Glauben an die elektromagnetische Vorrichtung auszureden. Ich hatte begriffen, dass seine Überzeugung nicht auf Logik aufbaute und sich auch nicht durch rationale Argumente erschüttern ließ. Ich stellte auch fest, wie sehr ihn mein

Versuch irritierte, den Wahrheitsgehalt seiner Behauptung anzuzweifeln. Von diesem Zeitpunkt an vermied ich es, ihm deutlich zu widersprechen oder ihn sonst wie zu verärgern. Eine Sache, bei der ich ihm jedoch widersprach, war seine feste Überzeugung, dass die Zellen im Malmezon absichtlich so angelegt worden seien, dass die Gefangenen höchstens drei bis vier Minuten darin gehen könnten, ohne schwindlig zu werden. Durch meinen Widerspruch konnte ich ihm tatsächlich helfen. Ich erklärte ihm, dass der Schwindel auf die Tatsache zurückzuführen sei, dass er sich immer in dieselbe Richtung drehte, immer nach rechts oder immer nach links, und dass er deswegen die Richtung seiner Drehungen abwechseln müsse. Ja, genau, sagte er, aber das sei wegen der Abmessungen der Zelle unmöglich. Als ich ihn jedoch darauf hinwies, dass man die Richtung der Drehung abwechseln könne, wenn man eine ungerade Anzahl von Schritten in jeder Richtung macht, probierte er es aus und zeigte sich danach überzeugt. Von da an ging er regelmäßig in unserer Zelle spazieren und war mir ewig dankbar für den Tipp.

Bucur war auch an meinem Werdegang interessiert und wollte mir nicht glauben, als ich gestand, Kommunist zu sein – „Nein, das ist nicht möglich." „Vielleicht ist es nicht möglich", antwortete ich, „aber es ist wahr". Hierauf entgegnete er: „Aber du bist nicht wie sie!" Ich versuchte, ihm zu erklären, dass offensichtlich nicht alle Kommunisten gleich seien, aber damit kam ich nicht sehr weit.

Einmal erzählte mir Bucur eine haarsträubende Geschichte. Lange nachdem er festgenommen worden war, vielleicht ein Jahr später, hätte die Securitate auch seine in Westberlin lebende Frau ergriffen und in das Malmezon verschleppt.

„Wie hast du das herausgefunden?" fragte ich. „Hat man euch gegenübergestellt?"

Nein, er sagte, es sei viel schlimmer gewesen. Sie hätten seine Frau in eine Nachbarzelle gebracht, und er habe hören können, was dort vor sich ging: Elf Offiziere der Securitate hätten sie in einer Nacht, einer nach dem anderen, vergewaltigt, dabei gelacht und sie verspottet, während sie verzweifelt um Hilfe geschrien habe und ständig nach ihm, ihrem Ehemann, gerufen habe. Als er begann, mir die Geschichte zu erzählen, neigte ich noch dazu, ihm zu glauben; schließlich wusste ich, dass sowjetische oder osteuropäische Agenten im Westen Menschen gekidnappt und in den Osten gebracht hatten. Aber als er mit seiner Geschichte fertig wurde, schlussfolgerte ich, dass sie wahrscheinlich nicht der Wahrheit entsprach.

Zuallererst ist zu sagen, dass die Securitate-Leute ein widerlicher Haufen waren, aber sie waren sehr diszipliniert: Was sie auch immer taten, geschah aus reiner Berechnung und nicht spontan. Welchen Zweck hätte es gehabt, dass mehrere Securitate-Männer die junge deutsche Frau eines rumänischen Emigranten nacheinander vergewaltigen? Um ihn zu brechen? Aber er hat die Vergewaltigung nicht gesehen; man hat ihm davon nicht einmal erzählt; und er hatte keine anderen Beweise als das, was er vermeintlich hörte oder, besser gesagt, zufällig hörte. Seine Worte klangen mehr wie eine Halluzination. Außerdem hatte die Securitate bereits mit der Entführung Bucurs von Ostberlin nach Bukarest eine Tat begangen, die im Westen zu einer schlechten Publicity hätte führen können. Nach Bucurs Verschwinden aus Ostberlin hätte sich seine Frau sicherlich nicht dorthin begeben; andererseits wäre ihre Entführung aus Westberlin eine komplizierte und riskante Aktion gewesen, welche die Securitate nicht ohne weiteres übernommen hätte, jedenfalls nicht ohne triftigen Grund. Die Aktion hätte zu einer Schlagzeile führen können – „Deutsche Frau eines gekidnappten Historikers ebenfalls vom Rumänischen Geheimdienst aus Westberlin entführt" –, die nicht exakt dem Image entsprach, das sich die Securitate wünschte. Außerdem: Wenn die Securitate Bucurs Frau entführt hätte, dann wäre sie gewiss auch verhört worden; man hätte versucht, ihr und ihrem Mann da und dort widersprüchliche Aussagen nachzuweisen und beide einander gegenüberzustellen. Andernfalls hätte die Entführung keinem nützlichen Zweck gedient. Aber als ich Bucur fragte, ob seine Frau verhört worden sei oder ob sie gegenübergestellt worden seien, war seine Antwort negativ. Und schließlich brauchte man Bucur wirklich nicht zu brechen. Er war vollkommen harmlos und bereit, der Securitate alles zu sagen, was er wusste – und das war natürlich fast nichts. Aus all diesen Gründen schien die Geschichte unwahrscheinlich.

Die Zellengemeinschaft mit Bucur hatte ihre positiven und negativen Seiten. Auf der positiven Seite waren all die aufregenden Geschichten, die ich genannt habe; darüber hinaus gab es da noch eine Angelegenheit von größerer Wichtigkeit: Bucur hatte nicht nur das Recht zu lesen – wahrscheinlich erhielt er dieses Privileg, als die Securitate seine Schizophrenie entdeckte, oder was auch immer der Name der Geisteskrankheit ist, zu der ihn seine Folterer getrieben hatten –, sondern man gab ihm tatsächlich Bücher. Als man mich in seine Zelle steckte, hatte er einen Klassiker der russischen Literatur bei sich, Gontscharows *Oblomow*, aus der Gefängnisbibliothek. Ich hatte schon viel davon gehört, wie meisterhaft der Verfasser den „russischen Charakter" darstellt, kannte aber den Roman noch nicht. Jetzt war die Gelegenheit gekommen: Obwohl es mir nicht erlaubt war, Bucurs Buch – oder irgendein anderes Buch – zu lesen, könnte ich jetzt genau das tun, wenn Bucur mitmacht, denn durch das Guckloch der Zellentür war nur ein Teil der oberen Pritsche zu sehen. Bucur war gerne bereit mitzumachen. Und so erlebte ich bald, nachdem ich in die Zelle gezogen war, die einzigen fünf bis sechs Tage im Malmezon, die ich als angenehm, ja sogar aufregend empfand: Fast den ganzen Tag lang las ich den Gontscharow heimlich, aber gierig, und vergaß darüber alles andere, sogar das Essen. Es war eine riesige Freude, so wie das erste Glas Wasser, wenn man mehrere Tage nichts zu trinken hatte.

Andererseits verliefen meine Nächte viel unruhiger als vorher. Bucur hielt sich nicht an die Regel, dass in der Nacht die Augen nicht zugedeckt werden dürfen. Er behauptete, im Schein der Glühlampe nicht schlafen zu können und bedeckte seine Augen mit einem schwarzen Taschentuch. Einige Wachposten hatten nichts dagegen und machten eine Ausnahme bei einem Gefangenen, den sie als leicht verwirrt wahrnahmen; andere Wachposten wiederum tolerierten es nicht. Sie schlugen zuerst an die Tür, was Bucur normalerweise ignorierte, mich aber natürlich weckte. Danach öffneten sie die Tür und putzten Bucur herunter, worauf er erklärte, dass er bei der hellen Glühlampe einfach nicht einschlafen könne. Manchmal wurde er sofort bestraft und musste zum Beispiel die halbe Nacht stehen. Ich versuchte nach Möglichkeit, trotz der Unruhe zu schlafen, aber oft war es unmöglich.

Irgendwann Anfang Oktober wurden Bucur und ich zusammen in eine Zelle in das andere Gebäude verlegt, das ich mehr als ein Jahr lang bewohnt hatte, bevor ich in Bucurs Zelle kam. Diese neue Zelle hatte den Vorteil, mit einem Toilettenloch und einer Dusche bestückt zu sein; ansonsten änderte sich unser Leben nicht. In der neuen Zelle war etwas mehr Platz zum Spazierengehen, aber ich hatte nichts davon, da mein linker Fuß auch weiterhin sehr weh tat, sobald ich mit ihm auftrat. Vor der Verlegung waren mir die drei täglichen Toilettengänge beschwerlich geworden, denn mein Fuß schmerzte so sehr, dass ich nur noch hinken konnte. Mitte Oktober bat ich wieder darum, wegen meiner gesundheitlichen Probleme mit dem Vernehmungsoffizier zu sprechen. Ein paar Tage später ließ er mich zu sich holen. Ich sagte ihm, dass ich nun – wie von ihm vorgeschlagen – mehrere Wochen gewartet hätte, aber meine Fußbeschwerden seien nicht besser geworden; sie seien im Gegenteil schlimmer geworden, denn nun tue der Fuß nicht nur weh, sondern sei auch angeschwollen. Er hörte zu und fragte mich wieder, ob ich noch irgendein anderes Gesundheitsproblem hätte, was ich verneinte. Danach fragte er: „Könnten Sie noch einen weiteren Monat warten, nur einen Monat?" Ich antwortete, dass mein Fuß sehr wehtue, aber gewiss könne ich noch einen weiteren Monat warten, wenn es keine andere Möglichkeit gebe. Sein Verhalten und seine Einstellung machten mir Hoffnung. Ich hatte das entschiedene Gefühl, dass sich etwas geändert hatte: Ich spürte nicht mehr die mörderisch feindselige Haltung, die ich in den vergangen zwei Jahren und zwei Monaten ertragen musste.

Wie ich später herausfand, schmerzte mein Fuß nicht deswegen, weil ich keine Schuheinlagen trug; ich hatte ein viel schlimmeres Problem. Zwei Jahre mit mangelhafter Ernährung, ohne Milch und Butter, das Fehlen von Sonnenschein und sogar Tageslicht – was unter anderem den vollständigen Entzug von Vitamin D bedeutete – hatte zu einer massiven Osteoporose (Kalkmangel des Knochens) in meinem linken Fuß und in geringerem Maße auch in meinem rechten Fuß geführt. Glücklicherweise wusste ich das damals nicht, und so wirkten sich die Fußschmerzen nicht übermäßig auf meine Moral aus.

Am Morgen des 12. November 1954, als ich gerade auf der Toilette hockte und mein Geschäft verrichtete, ging die Tür auf, der Wachposten trat herein und forderte mich auf, mich fertig zu machen und mit ins Verhörzimmer zu kommen. Er war wie immer in Eile und ließ mir kaum Zeit, die Hosen hochzuziehen. Mir fiel ein, dass jetzt ungefähr ein Monat vergangen war, nachdem man mir gesagt hatte, ich solle noch einen weiteren Monat warten. Im Verhörzimmer sah ich mich dem gleichen Offizier gegenüber, meinem vierten Vernehmer, der hinter seinem Schreibtisch saß. Seinem strengen und bohrenden Blick und seinem finsteren Gesichtsausdruck entnahm ich, dass er wieder in die Rolle des Großinquisitors geschlüpft war, und ich erwartete nichts Gutes. Ich dachte, er wolle mir mitteilen, dass meine Bitte um die Schuheinlagen abgelehnt worden war, weil ich bei den Ermittlungen meine Zusammenarbeit verweigert hatte. Aber ich bekam Schlimmeres zu hören.

„Ich fordere Sie zum letzten Mal auf," sagte er, „sich zu entscheiden und mit der Wahrheit herauszurücken. Sie haben heute die letzte Chance, das zu tun –, wenn Sie diese Chance nicht nutzen, wird es morgen zu spät sein. Heute ist ein wichtiger Tag für Sie." Ich saß still und sagte kein Wort. „Nun", sagte er nach einer Weile, „werden Sie sprechen oder nicht?"

Diese Entwicklung der Dinge deprimierte mich, aber ich sagte mir: „Was hast du eigentlich erwartet? Du hast dich einen flüchtigen Moment lang von der scheinbaren Liebenswürdigkeit des Vernehmungsoffiziers täuschen lassen und dir den Luxus einer hoffnungsvollen Zukunftsaussicht gegönnt. Jetzt musst du den Preis für deine Dummheit zahlen." Zum Vernehmungsoffizier sagte ich: „Alles, was zu sagen war, habe ich vor langer Zeit gesagt. Ich habe keine weiteren Erklärungen abzugeben."

„Nun", antwortete er, „wenn das Ihr Wunsch ist, dann sei es so – Sie werden nun diesen Ort verlassen und anderswohin gehen. Sind Sie seelisch dazu bereit, an einen anderen Ort zu gehen, der vielleicht schlechter ist als dieser hier, in mancher Hinsicht aber vielleicht auch besser? Sind Sie bereit, dort ein neues Leben zu beginnen?"

Ich wusste nicht recht, wie ich auf diese neue Drohung reagieren sollte. Ich nahm an, dass es andere Ermittlungsbehörden gab als die, in der ich festgehalten wurde; ich sah jedoch keinen Sinn darin, mich an einen anderen solchen Ort zu bringen. Ich wusste auch, dass es Orte gibt wie den Donau-Schwarzmeer-Kanal, wohin man „Volksfeinde" gewöhnlich ohne Gerichtsurteil schickte, einfach auf der Grundlage irgendeiner administrativen Vorschrift –, und das schien mir jetzt eine mögliche Interpretation dessen zu sein, wovon der Vernehmungsoffizier sprach. Meine Unsicherheit spiegelte sich in meiner Antwort auf seine Frage wider: „Ich weiß nicht, ob ich dazu bereit bin; es hängt von dem Ort ab."

Hierauf sagte er „Was halten Sie vom Zuhause?"

„Wie bitte?", entgegnete ich.

Plötzlich lächelte er über das ganze Gesicht: „Sie gehen nach Hause."

Ich glaubte ihm nicht. Ich hielt die freudige Reaktion zurück, die mich überkam. Sei kein Narr, sagte ich mir, lass dich nicht wieder hereinlegen; es wird schmerzlich sein, aus einem Traum aufzuwachen.

„Wann," sagte ich laut, „Wann beabsichtigen Sie, mich nach Hause zu schicken?"

„In ungefähr einer Stunde," sagte er, „sobald das Auto zur Verfügung steht." Ich glaubte ihm immer noch nicht. Was ist, wenn sie mich mit einer Augenbinde in ein Auto stecken, mir sagen, dass sie mich nach Hause brächten, mich dann rausstoßen, mir die Augenbinde abnehmen – und ich bin in einem neuen Gefängnis? Was wäre das doch für ein psychologischer Coup, den sie da gelandet hätten! Vielleicht glaubten sie, mich damit brechen zu können. Wie könnte ich die Ankündigung des Vernehmungsoffiziers nur testen?

„Im Augenblick bin ich zusammen mit einem anderen Insassen in einer Zelle," sagte ich. „Ich habe außer dem Hemd, das ich trage, noch ein anderes Hemd. Es ist mein einziges Hemd zum Wechseln, aber wenn ich nach Hause gehe, brauche ich es nicht. Darf ich es meinem Zellengefährten überlassen, der länger als ich in Haft ist und kein Hemd zum Wechseln hat?" Ich dachte mir, wenn sie mich in ein anderes Gefängnis schickten, dann würden sie mich mein zweites Hemd mitnehmen lassen, da ich es dort brauchen könnte.

Das Gesicht des Offiziers verfinsterte sich plötzlich: „Mit wem teilen Sie Ihre Zelle?"

„Teodor Bucur."

"Was haben Sie mit ihm gemein? Warum sorgen Sie sich um ihn?" fragte er.

„Wir haben zwei Monate in der gleichen Zelle verbracht, dasselbe Essen gegessen, dieselbe Toilette benutzt und einander Geschichten erzählt,“ antwortete
ich.

„Er hat Sie doch sicher gebeten, irgendwelche Mitteilungen zu überbringen,
falls Sie früher als er freigelassen würden; wem sollen Sie diese Mitteilungen
überbringen?“, fragte der Offizier.

„Wir haben nicht über eine solche Eventualität diskutiert,“ sagte ich, „und er hat
mich auch nicht darum gebeten, irgendjemandem eine Mitteilung zu überbringen.“

„Ich warne Sie,“ sagte der Vernehmungsoffizier, „wenn Sie von hier eine Mitteilung mit hinaus nehmen, dann befinden Sie sich in allerkürzester Zeit wieder
hier.“

Das gefiel mir: Es hatte den Anschein, dass sie mich jetzt tatsächlich freilassen
wollten. „Geht klar,“ antwortete ich, „ich habe verstanden und beabsichtige nicht,
für irgendjemanden eine Mitteilung mitzunehmen. Darf ich also mein Hemd bei
Teodor Bucur lassen?“

„Natürlich nicht,“ sagte er, „und Sie werden auch nicht in Ihre Zelle zurückkehren.“

„Ich habe aber noch einige Sachen dort“, entgegnete ich. Ich dachte hauptsächlich an mein gefaltetes Taschentuch mit den Miniaturschachfiguren, die ich gerne
als Andenken behalten hätte, falls ich wirklich freikäme, oder andernfalls als nützliches Spielzeug. Ich dachte auch, ich würde meinen Pullover brauchen, falls die
Freilassung nur ein Bluff wäre.

„Wir holen die Sachen für Sie,“ sagte er. Er rief den Wachposten und sagte ihm,
er solle alle meine Sachen aus meiner Zelle holen. Ich stellte mir Bucurs Gesicht vor,
wenn er erfährt, dass er seinen Zellengefährten verliert: Er würde nicht wissen, ob
ich freigekommen bin, ob man mich in ein anderes Gefängnis gesteckt oder einfach
nur in eine andere Zelle verlegt hat.

Der Wachposten kam bald mit meinen Sachen zurück. Der Vernehmungsoffizier
sagte dann: „Also, jetzt kommen Sie frei. Wir hoffen, dass die Zeit, die Sie hier
verbracht haben, für Sie nicht ganz umsonst war. Sie haben sicher einige Dinge
gelernt, und wir hoffen, dass Sie in Zukunft besser darauf achten werden, was Sie
sagen und wie Sie reden. Auf jeden Fall wünsche ich Ihnen viel Glück. Wohin soll
Sie das Auto bringen?“

„Nach Hause,“ sagte ich und nannte die Adresse: „Bulevardul Stalin, Nummer
72.“

„Ihre Familie wohnt nicht mehr dort. Ihre Frau ist zu ihren Eltern nach Cluj
gezogen,“ antwortete er. „Haben Sie einen Freund in Bukarest?“

„Es geht euch überhaupt nichts an, ihr Bastarde, wer meine Freunde sind,“ dachte
ich, aber ich sagte stattdessen „Ich möchte zu meiner Frau und meiner Tochter.
Wenn sie in Cluj sind, bringen oder schicken Sie mich bitte dorthin.“

„Ich kann Sie nicht mit dem Auto nach Cluj schicken,“ entgegnete der Offizier,
„aber ich kann Ihnen eine Zugfahrkarte besorgen. Es gibt einen Zug, der am Abend
von Bukarest abfährt und am Morgen in Cluj ankommt. Ist es in Ordnung, wenn ich
Ihnen eine Karte für heute Abend besorge?“

„Das ist vollkommen in Ordnung,“ antwortete ich.

„Und wo wollen Sie den Tag hier in Bukarest verbringen?" fragte er. „Zu welcher Adresse sollen wir Sie bringen? Sie brauchen hier jemanden, mit dem Sie den Tag verbringen, bei dem Sie essen können – Sie haben nicht besonders viel Taschengeld."

„Machen Sie sich deswegen keine Sorgen" sagte ich, „setzen Sie mich einfach irgendwo in der Straße ab, wo mich Ihre Leute abgeholt haben. Ich finde meinen Weg von dort."

„Sie scheinen aber Schwierigkeiten mit dem Gehen zu haben," sagte er.

„Ja, ziemliche Schwierigkeiten. Ich könnte einen Spazierstock gebrauchen, wenn Sie einen übrig haben." Er forderte einen Wachposten auf, einen Stock für mich aufzutreiben; danach wurde ich mit verbundenen Augen in ein anderes Zimmer geführt, wo ich auf das Auto warten musste. Als das Auto bereitstand, verband man mir erneut die Augen und brachte mich zur Registratur, wo meine Sachen bei meiner Einlieferung deponiert worden waren. Man gab mir meinen Gürtel, die Schnürsenkel, die Armbanduhr, die Brieftasche und die Tasche zurück. Ich bekam auch einen Spazierstock und die Fahrkarte für den Abendzug nach Cluj. Danach setzte man mir wieder meine Augenbinde auf und brachte mich zum Auto. Wir fuhren fünfunddreißig bis vierzig Minuten; dann hielt der Wagen an und mein Begleiter nahm mir die Augenbinde ab.

„Wir sind angekommen," sagte er, „ich wünschen Ihnen einen angenehmen Tag." Ich stieg aus dem Auto aus und befand mich in einer Gegend unweit der Wohnung, in der ich vor meiner Verhaftung gelebt hatte.

Es waren genau zwei Jahre und drei Monate seit jener verhängnisvollen Nacht vergangen, in der ich festgenommen worden war und in der mein schrecklich langer langer Alptraum begonnen hatte. Genau zwei Jahre und drei Monate lang hatte ich den Himmel nicht gesehen. An diesem Novembermorgen sah der Himmel blauer aus als je zuvor. Die Sonne schien, und alles sah unnatürlich hell aus: die Bäume am Straßenrand, die Häuser und die Zäune. Es waren keine Menschen auf der Straße. Das Auto wartete noch einige Sekunden, so, als ob sie sehen wollten, was ich vorhatte; aber ich beschloss zu warten, bis sie weg waren. Ich stand also da, stützte mich leicht auf meinen Stock und beobachtete den Fahrer, bis er auf das Gaspedal trat und wegfuhr. Dann endlich fühlte ich mich frei.

Die Folgen

11

Von der Stelle, an der ich vom Securitate-Wagen abgesetzt worden war, brauchte ich – langsam hinkend – ungefähr zehn Minuten bis zur Wohnung meiner Freunde Bandi und Juci Klein. Sie waren beide auf Arbeit – es war zwischen zehn und elf Uhr morgens –, und die Kinder waren in der Schule; aber die Hausangestellte war in der Wohnung. Sie kannte mich und ließ mich hinein. Ich fragte sie, ob sie sich an Edith erinnere und irgendetwas über sie wüsste. Sie sagte, dass sie sich natürlich erinnere, und dass Edith und die Kinder in Cluj lebten. „Welche Kinder?" fragte ich. „Sie meinen wohl meine Tochter Anna." Sie antwortete verlegen: „Entschuldigung, ich habe mich geirrt und dachte, dass Sie zwei Kinder hätten. Ihre Frau und Ihre Tochter sind in Cluj, und es geht ihnen gut. Ich habe Ihre Frau in diesem Jahr gesehen, als sie hier zu Besuch war." Wir riefen Juci und Bandi an ihren Arbeitsplätzen an – beide sagten, dass sie sofort kommen würden. Als ich auf sie wartete, schaute ich in einen Spiegel und sah dort eine blasse, grünliche und kaum erkennbare Variante meines früheren Gesichts.

Juci kam zuerst, Bandi etwas später. Wir freuten uns riesig. Es war eine Freude, die nur diejenigen verstehen können, die in einer ähnlichen Situation gewesen sind. Natürlich fragte ich zuerst nach Edith und Anna, und Juci sagte „Edith und die Kinder sind in Cluj bei Ediths Eltern, alle sind gesund und es geht ihnen gut." Wie das Hausmädchen sagte auch Juci „die Kinder".

„Welche Kinder?", fragte ich.

„Du weißt es nicht? Haben sie es dir nicht gesagt?", wunderte sich Juci.

„Was sollen sie mir gesagt haben?"

„Dass du eine zweite Tochter hast." Das war wie ein Schock. Ich konnte nichts sagen; ich starrte Juci nur an.

„Sie heißt Vera," sagte Juci und beeilte sich hinzuzufügen, „Sie sieht dir im Gesicht sehr ähnlich."

„Wann," fragte ich stockend, „wann ist das geschehen?"

„Sie wurde irgendwann im Frühjahr 1953 geboren," sagte Juci, „etwas weniger als neun Monate, nachdem sie dich verhaftet haben. Ich verspürte eine Mischung aus Verwirrung, Erleichterung und einer Art Stolz.

E. Balas, *Der Wille zur Freiheit*, DOI 10.1007/978-3-642-23921-2_11,
© Springer-Verlag Berlin Heidelberg 2012

Juci begann sofort zu erklären, dass Edith ihre Schwangerschaft ungefähr zwei Wochen nach meiner Verhaftung festgestellt hätte und dass ihr alle – einschließlich Juci selbst und Ediths Mutter Klára – dazu rieten, einen Schwangerschaftsabbruch durchführen zu lassen. Sie argumentierten, dass in Ediths gefährlicher Situation – sie hätte ja schließlich selbst verhaftet werden können – das Austragen des Kindes zu riskant sei und ihr Leben überaus komplizieren würde. Aber Edith war unnachgiebig und wollte das Kind behalten. Dann sagte man ihr „Wir hoffen, dass dieser Fall nicht eintritt, aber realistisch besehen siehst du Egon vielleicht nie wieder." „Genau deswegen möchte ich wenigstens sein Kind haben," war Ediths Antwort.

Wir versuchten, Edith anzurufen. Sie und alle anderen waren auf Arbeit; niemand war in der Wohnung von Ediths Eltern zu erreichen. Schließlich schaffte es Juci, einen Nachbarn der Lövis zu erreichen. Nach einer Weile kam die Mitteilung bei Edith an, und sie rief zurück – das Einzige, an das ich mich über dieses Gespräch erinnere, war ein überwältigendes Gefühl der Freude. Ich gab Edith die Ankunftszeit meines Zuges durch.

Juci und Bandi erzählten mir, dass Mitte Oktober, vier Wochen vor meiner Freilassung, ein Prozess gegen Vasile Luca und seine „Komplizen", einschließlich Sanyi Jakab, stattgefunden habe. Luca gestand im Prozess, dass er seit Anfang der dreißiger Jahre ein Informant der Siguranţa gewesen sei – der rumänischen politischen Polizei vor dem Krieg – und alles ihm Mögliche getan habe, um die Partei zu unterhöhlen, nachdem sie an die Macht gekommen war. Er wurde zu einer lebenslänglichen Freiheitsstrafe verurteilt. Sanyi wurde angeklagt, die Wirtschaft sabotiert zu haben. Er versuchte, sich im Prozess zu verteidigen: Er gab zu, Fehler begangen zu haben, wies aber die Anschuldigung zurück, dass er vorsätzlich gehandelt habe. Er wurde zu zwanzig Jahren Gefängnis verurteilt. Die anderen bekamen leichtere Strafen; einige wurden freigesprochen. Ich fand diese Nachrichten schockierend. Trotz der Schreckensnachricht von Sanyis Strafe war ich erleichtert zu hören, dass er am Leben war und dass man die Anschuldigung fallen gelassen hatte, er sei ein Naziagent gewesen. Ich hörte von Berias Hinrichtung nach Stalins Tod und von Malenkows Aufstieg zur Macht.[1]

Ich nahm den Nachtzug nach Cluj und am Morgen, als der Zug in den Bahnhof von Cluj einfuhr, stand ich draußen auf den Waggonstufen und sah, wie Edith auf mich zulief. Wir umarmten uns lange. Tränen strömten über ihr Gesicht. Sie war so schön und wohlgeformt wie immer, aber in ihrem Gesicht hatte sich etwas verändert: Zwischen ihren Augenbrauen hatte sich auf der Stirn, gleich über der Nase, eine Falte eingekerbt, die ihrem Gesichtsausdruck einen Zug der Reife verlieh, der mir bis dahin noch nicht bekannt war. Sie fragte, warum ich hinkte – ich konnte es nur

---

[1] Lawrenti Beria steuerte als Innenminister die Geheimpolizei und sämtliche Zweige des sowjetischen Unterdrückungsapparats; in der Machthierarchie folgte er unmittelbar nach Stalin, bis zu dessen Tod im März 1953. Dieses Ereignis löste einen kurzen, aber heftigen Machtkampf zwischen Georgi Malenkow und Nikita Chruschtschow auf der einen und Beria auf der anderen Seite aus. Beria verlor und wurde im Juni 1953 – als imperialistischer Agent, der die kommunistische Partei infiltriert habe, um sie zu unterhöhlen – verhaftet und später hingerichtet.

in den ersten paar Minuten verbergen. Ich sagte, dass es nichts weiter sei und bald vorübergehen würde. Wir gingen nach Hause.

Es war etwa acht Uhr, und als wir die Wohnung der Lővis betraten, sah ich ein Kinderbett und ein darin schlafendes Mädchen. Mich überkam ein Gefühl der Wärme, da ich Anna in dem schlafenden Mädchen zu erkennen glaubte – sie hatte sich kaum verändert, seit ich sie zum letzten Mal gesehen hatte. Sie hatte etwa dasselbe Alter und dieselbe Größe, oder zumindest schien es mir so. Während ich sie aus der Nähe ansah – vorsichtig, um sie nicht zu wecken – ging plötzlich die Tür des anderen Zimmers auf und herein kam ein großes, schlaksiges Mädchen, ungefähr fünf Jahre alt, mit einem hübschen, lächelnden Gesicht; sie ging mit fast tänzelnden Schritten auf mich zu – wie eine kleine Ballerina. Ich merkte plötzlich, dass dieses große, mir unbekannt scheinende Mädchen – nicht das andere, vertraut aussehende Mädchen – Anna sein musste, während das andere Kind meine kleine Tochter Vera war. Anna umarmte mich und gab mir ein Küsschen mit einer Vertrautheit, die in einem scharfen Kontrast zu meinem eigenen Gefühl stand, eine neue, unbekannte Person zu treffen. Das Ganze dauerte nur wenige Minuten; aber wie alle ersten Eindrücke hat sich auch dieser in mein Gedächtnis eingeprägt. Bald erfuhr ich von Edith, wie sehr mich Anna vermisst hatte. Man durfte ihr natürlich nicht sagen, wo ich wirklich war; stattdessen hörte sie, ich sei in einer anderen Stadt auf Arbeit. Anna fragte wiederholt und mit Nachdruck, warum ich nicht wenigstens zu Besuch nach Hause käme. Ob ich sie und Edith nicht lieb hätte. „Hat uns Papa nicht lieb?" fragte sie immer wieder. Sie weigerte sich, die ihr angebotenen Erklärungen zu akzeptieren. Der Mann von Ediths Tante Irén war sehr nett zu Anna, und sie hatte ihn ebenfalls liebgewonnen. Eines Tages fragte sie ihn: „Onkel Károly, willst du nicht mein Papa sein?"

Als ich zu meiner Familie zurückkehrte, war Anna viereinhalb. Sie sprach mühelos und verständig und stellte dauernd Fragen. Sie kannte viele Lieder – Kinderlieder und andere. Vera war eineinhalb, ein gut entwickeltes, süßes und gesundes Mädchen. Sie sang gerne mit ihrer Schwester zusammen. Wenn wir spazieren gingen, waren beide ein Blickfang. Ich schwamm buchstäblich im Glück, ihr Vater zu sein.

Als Edith und ich die Gelegenheit hatten, uns ausführlich zu unterhalten, erzählte ich ihr, was ich durchgemacht hatte, und sie schilderte mir ihr Leben während meiner Abwesenheit. Ich habe bereits den neuen Gesichtszug erwähnt, der mir sofort aufgefallen war und der ihr Gesicht reifer aussehen ließ. Bald sollte ich entdecken, dass sich auch Ediths Persönlichkeit erheblich verändert hatte. Die zwei Jahre und drei Monate, die ich unter so schrecklichen Bedingungen verbracht hatte, waren auch für sie sehr schwer gewesen. Sie musste lebenswichtige Entscheidungen treffen, und das hat sie nicht nur reifer gemacht, sondern auch ihren Charakter gestärkt und ihr Urteilsvermögen geschärft. Eine Woche vor meiner Verhaftung hatte Edith eine neue Arbeit im Bukarester Wissenschaftsverlag zugewiesen bekommen. Nach meiner Festnahme ging sie zum Direktor, teilte ihm mit, dass ich verhaftet worden sei, und fragte, ob sie die Stelle immer noch übernehmen könne. Zum Glück sagte der Direktor, ein gewisser Genosse Deutsch: „Die Partei weiß, was sie tut. Wenn man Ihnen diese Arbeit zugeteilt hat, dann bedeutet das, dass Sie diese Arbeit

Abb. 11.1   Anna (rechts) und Vera vor Egons Freilassung 1954

antreten können." Sie begann zu arbeiten. Bald stellte sie fest, dass sie schwanger war. Entgegen dem Rat aller anderen beschloss sie stur, das Kind zu behalten. Danach entschloss sie sich, nach Cluj zu ziehen, um bei ihren Eltern zu wohnen, die ihr während der Schwangerschaft und nach der Geburt des Kindes helfen würden. Ediths Eltern Sándor und Klára nahmen Edith und Anna gerne auf. Aber es musste eine Arbeit gefunden werden. Glücklicherweise hatte der Wissenschaftsverlag, bei dem sie arbeitete, eine ungarischsprachige Niederlassung in Cluj, so dass sie – unter Angabe der Gründe – darum bat, dorthin versetzt zu werden. Derselbe Direktor Deutsch, der trotz meiner Verhaftung zugestimmt hatte, Edith in Bukarest einzustellen, war jetzt einverstanden, sie in die Niederlassung nach Cluj zu versetzen. Ich muss sagen, dass ein so anständiges Verhalten, wie es Direktor Deutsch zeigte, ziemlich ungewöhnlich war.

Da Edith unsere Bukarester Wohnung nicht aufgeben wollte – es wäre ein fast unmögliches Unterfangen gewesen, später erneut eine zu bekommen –, beschloss sie, die Wohnung während ihrer Abwesenheit jemand anderem so lange zu überlassen, bis ich wieder heimkäme. In Cluj sorgten Ediths Eltern Sándor und Klára liebevoll für ihre Tochter und für Anna. Die Lővis hatten ein überdurchschnittliches Einkommen, denn Klára fertigte wunderschöne Kunstblumen an, die Sándor in seiner Freizeit hervorragend vermarktete. Er arbeitete ansonsten als Einkäufer bei einem staatlichen Betrieb. In den zentral gelenkten osteuropäischen Planwirtschaften – die sich dadurch auszeichneten, dass die Nachfrage ständig höher war als das Angebot –, war die Aufgabe des Einkäufers für jede Firma von entscheidender Bedeutung; dementsprechend wurde Sándors Arbeit von seinen Vorgesetzten hoch geschätzt. Aber das führte an sich zu keinem hohen Einkommen – alle Gehälter waren niedrig, obwohl manche noch etwas niedriger als andere waren. Die Haupteinnahmequelle war die private Wirtschaftstätigkeit des Ehepaars, nämlich Kláras Werkstatt für Kunstblumen. Zu Sándors Aufgabenbereich in dem Betrieb, in dem er angestellt war, gehörte es, jede Lieferung persönlich in Empfang zu nehmen – ganz gleich, wann diese eintraf. Deswegen holte man ihn oft auch mitten in der Nacht. Sobald nachts jemand klingelte, wusste Edith nie, ob der Besucher aus Sándors Betrieb kam, um ihn wegen einer Lieferung zu holen, oder ob es Securitate-Leute waren, die sie verhaften wollten.

Am 8. Mai 1953 kam Vera auf die Welt. Bei der Geburt hatte sich die Nabelschnur um ihren Hals gewickelt – eine Komplikation, die glücklicherweise ohne große Schwierigkeiten behoben werden konnte. Sie war ein gesundes, gut entwickeltes Kind und zeigte keine Spur der Seelenqualen, die ihre Mutter während der Schwangerschaft so oft erlitten hatte. Nach Veras Geburt wurde es in der Wohnung der Lővis etwas eng und Edith beschloss, mit den beiden Mädchen in einen Garten in der oberen Majális-Straße zu ziehen – die schöne Straße, in der ich während meiner Illegalität zwischen Oktober 1943 und Mai 1944 gewohnt hatte. Im Garten stand ein Häuschen, in dem Edith und die Mädchen schliefen; ein Hausmädchen kam am Vormittag und brachte von den Lővis das Essen herüber. Die ganze Familie hielt sich gerne im Garten auf, und deswegen kaufte Sándor im darauf folgenden Jahr einen ähnlichen Garten in derselben Straße und ließ dort ein Holzhäuschen mit zwei Zimmern und Bad bauen. Edith und die Mädchen wohnten also von Ende Mai bis Mitte Oktober im Garten auf der oberen Hälfte der Anhöhe. Es war ein angenehmer Ort, und die Mädchen erinnern sich immer noch gerne daran; auch nach meiner Rückkehr verbrachten sie dort in den folgenden Jahren zusammen mit den Großeltern einen großen Teil des Sommers. Als sie in dem Holzhäuschen wohnten, fuhr Edith zweimal täglich mit dem Fahrrad zu ihrem Arbeitsplatz in die Innenstadt. Mittags kam sie nach Hause, um Vera zu füttern; danach radelte sie wieder zur Arbeit zurück.

An ihrem Arbeitsplatz redigierte und beaufsichtigte Edith die ungarischen Übersetzungen von wissenschaftlichen Büchern, die nicht zum Bereich der Naturwissenschaften gehörten – meistens waren es Werke der klassischen Philosophie. Sie freundete sich mit zwei Kollegen an und kam gut mit den anderen und mit ihrem Chef aus. Jedoch wurde sie für ihre – unsere – früheren Bekannten, jene mit Parteiverbindungen, zum Paria. Einige drehten sich weg, wenn sie Edith auf der Straße trafen, manche gingen sogar auf die andere Straßenseite, um eine Begegnung zu meiden. Derartige Verhaltensweisen waren verbreitet; es war eine Vorsichtsmaßnahme, an die sich die meisten Parteimitglieder aus Gründen des Selbstschutzes gebunden fühlten. In den ersten Monaten nach meiner Verhaftung erwartete Edith das Schlimmste. Sie erhielt weder damals noch später irgendwelche Mitteilungen über mich, durfte mir weder schreiben noch irgendetwas schicken und wusste nicht einmal, ob ich überhaupt noch lebe. Ebenso wie man mich im Unklaren über meine Familie gehalten hatte, hatte auch Edith keinerlei Nachricht über mich erhalten.

Die Atmosphäre war furchtbar und in einigen Nachbarländern geschahen erschreckende Dinge. Im November 1952 fand in Prag ein Prozess gegen das „imperialistisch-zionistisch-titoistische Verschwörerzentrum" statt, das von keinem anderen als Rudolf Slánský geleitet wurde, dem Generalsekretär der Kommunistischen Partei, der jüdischer Abstammung war. Er gestand alle Verbrechen, die man ihm zur Last gelegt hatte, und wurde hingerichtet. Im Gefolge des Prozesses begann überall im sozialistischen Lager ein antisemitischer Wind zu wehen. Die Dinge wurden im Januar 1953 noch schlimmer, als ein Kommuniqué der sowjetischen Nachrichtenagentur TASS meldete, dass in Moskau im letzten Moment eine Verschwörung der jüdischen Ärzte vereitelt worden sei, die einige Parteiführer vergiften wollten. Edith erwartete jeden Tag eine Schlagzcile über meine Anklage oder Hinrichtung als Verräter. Im Spätherbst 1952 wurde sie – als sie auf Arbeit war – zur Securitate einbestellt und zwei bis drei Stunden lang über meine Aktivitäten befragt. Sie sagte, was sie wusste, aber die Securitate war nicht zufrieden und wollte weitere Informationen haben. Insbesondere waren sie daran interessiert, was Edith über Fregattenkapitän Young wisse, aber sie kannte ihn nicht oder erinnerte sich nicht mehr an ihn (möglicherweise ist sie ihm tatsächlich nicht begegnet). Als man sie schließlich gehen ließ, sagten sie, dass sie erneut gerufen werden könnte; aber das ist nicht geschehen.

Im Winter 1953–1954 wurde Magda Jakab nach eineinhalb Jahren Gefängnis von der Securitate freigelassen. Magda war während ihrer Securitate-Haft geistig verwirrt geworden: Sie erkannte niemanden mehr, verweigerte regelmäßig die Nahrungsaufnahme mit der Begründung, „sie" würden sie vergiften wollen und so weiter. Sie bedurfte einer Behandlung und der Einweisung in die Psychiatrie. In der Klausenburger Nervenklinik arbeitete ein Neurologe, der Magda kannte. Er nahm sie in das Krankenhaus auf und widmete sich ihrer Behandlung. Magda brauchte einen amtlichen Vormund, und es gab niemanden, der diese Aufgabe übernahm. Sanyi Jakab hatte zwei Brüder in Cluj, aber beide fühlten sich anscheinend durch die Verbindung zu ihrem Bruder, dem „Volksfeind", so bedroht, dass keiner von ihnen meinte, diese zusätzliche Last tragen zu können. Als Edith von der Sache erfuhr, erklärte sie sich bereit, Magdas Vormund zu werden. Das ging mit wöchentlichen Besuchen in der Nervenklinik einher, die Edith ziemlich mitnahmen. Magda erkannte Edith nicht und sprach auch nicht mit ihr. Edith war sich nie sicher, ob die Dinge, die sie Magda mitbrachte – hauptsächlich Lebensmittel und einiges zum Naschen –, wirklich bei Magda blieben oder ihr einfach weggenommen wurden, nachdem Edith wieder gegangen war. Der Anblick der anderen geisteskranken Patienten deprimierte Edith ebenfalls sehr. Dennoch besuchte sie Magda weiterhin in der Klinik. Als ich nach Cluj zurückkehrte, fast ein Jahr nach Magdas Freilassung aus der Securitate-Haft, war ihr Zustand als Psychiatrie-Patientin unverändert. Sie ist nie wieder gesund geworden.

Ein oder zwei Tage nach meiner Ankunft in Cluj untersuchte mich der beste Orthopäde der Stadt, fertigte Röntgenaufnahmen an und stellte fest, dass ich an einer massiven Osteoporose – Knochenschwund durch Kalkmangel – beider Füße litt, wobei insbesondere der linke Fuß betroffen war. Die Schmerzen in diesem Fuß rührten von einer Entzündung her, die auf meine Gehversuche zurückzuführen war. Der Arzt verordnete meinem linken Fuß vollständige Ruhe und gipste ihn für drei Wochen ein, um die Entzündung auszukurieren. Er dachte, dass Ruhe, gute Ernährung, Vitamine, frische Luft und Sonnenlicht meine Osteoporose in wenigen Monaten heilen würden.

Während der mehr als zwei Wochen Bettruhe bekam ich Besuch und hatte mit einigen meiner Freunde lange Gespräche. Ich erfuhr, dass es nach Stalins Tod einige Veränderungen in der Sowjetunion gegeben hat; aber das Wesen dieser Änderungen war unklar. Eines der Mysterien war Berias Verhaftung im Sommer 1953 und seine spätere Hinrichtung. Beria war Chef des sowjetischen Innenministeriums und des Sicherheitsapparates; in dieser Eigenschaft war er mehr als jeder andere führende sowjetische Politiker in die Inszenierung der Prozesse gegen Rajk, Kostow, Slánský und andere verwickelt. Deswegen betrauerte ich seinen Tod gewiss nicht. Aber vonseiten der neuen sowjetischen Parteiführer gab es keinerlei Eingeständnis, dass die genannten Prozesse ungerechtfertigt gewesen seien. Ganz im Gegenteil: Die Art und Weise, in der man Beria liquidiert hatte, war genauso unheimlich wie jeder andere der vorherigen plötzlichen Abstürze von den Höhen der Macht im sowjetisch dominierten Imperium. Er wurde nicht festgenommen, weil er unschuldige Menschen verhaften ließ oder Schauprozesse inszenierte, oh nein; man ergriff ihn als „imperialistischen Agenten," der sofort für schuldig befunden und unter nebulösen Umständen hingerichtet wurde, über deren Details nichts Näheres bekannt war. Gab es irgendeinen Grund für die Annahme, dass nach Stalins Tod und Berias Eliminierung eine Umbewertung der Schauprozesse erfolgen würde? Einer meiner Freunde meinte, dass sich alle Prozesse als ungerechtfertigt herausstellen würden, da sie auf falschen Anschuldigungen beruhten. Ich wünschte, dass es so kommen würde, aber zu diesem Zeitpunkt wusste ich es noch nicht.

Einige meiner Freunde lasen ungarische Zeitungen und hörten ungarische Radiosendungen; sie erzählten, dass in Ungarn seltsame Dinge vor sich gingen. Noch im Winter 1952–1953 war Gábor Péter, der Chef der ungarischen Geheimpolizei, festgenommen worden. Er war unter Rákosis Führung der Hauptarchitekt des Rajk-Prozesses gewesen. Weiterhin erfolgte im Juni 1953, im Anschluss an einen Besuch der gesamten ungarischen Führung in Moskau, eine Umbildung des Politbüros der ungarischen Partei: Rákosi trat von seinem Posten als Ministerpräsident zurück, blieb aber weiterhin Generalsekretär der Partei; Imre Nagy, der ebenfalls aus der Moskauer Emigration zurückgekehrt war, wurde Ministerpräsident. Nagy befürwortete in der Wirtschaftspolitik der Partei die Entwicklung der Landwirtschaft und der Leichtindustrie zuungunsten der Schwerindustrie – mit anderen Worten: Er setzte sich für die Produktion von Lebensmitteln und Verbrauchsgütern ein. Er trat auch für eine „größere Offenheit und Ehrlichkeit" im politischen Leben des Landes ein. Einige dieser Prioritäten wiederholten Forderungen des sowjetischen Ministerpräsidenten Malenkow. Dennoch schien es in Bezug auf diese Fragen keinen Konsens zu geben, denn Rákosi, der Generalsekretär der ungarischen Partei, folgte der neuen Linie offenbar nur widerwillig und warnte auch weiterhin vor den Gefahren, die vom „Klassenfeind" ausgingen. Es war ungewiss, wohin das Schiff des Weltkommunismus steuerte, aber inmitten dieser großen Unsicherheit war eine bemerkenswerte Tatsache klar und deutlich: Nach Stalins Tod und Berias Hinrichtung gab es keine politischen Schauprozesse gegen Parteiführer mehr – weder in der Sowjetunion noch in den anderen kommunistischen Ländern; die einzige Ausnahme war Rumänien.

Beim Lesen der kurzen Pressemitteilungen zu den Prozessen gegen Luca und Pătrășcanu habe ich versucht, die fehlenden Stücke des Puzzles zusammenzutragen. Lucas Prozess war halböffentlich; das bedeutete, dass es offiziell eine öffentliche Verhandlung war, aber in Wirklichkeit konnte man nur auf Einladung teilnehmen, und das Publikum bestand hauptsächlich aus Securitate-Agenten und einigen

zuverlässigen Parteischreiberlingen. Dessen ungeachtet gelang es mir herauszufinden, dass sich Luca im Prozess auf erbärmliche Weise selbst beschmutzt hatte:
Er gestand nicht nur, in den dreißiger Jahren Agent der bürgerlich-rumänischen
Geheimpolizei Siguranţa gewesen zu sein, sondern auch, dass er während eines
Arbeiterstreiks vor dem Krieg den Ordnungskräften signalisiert habe, wann und
wo sie in die demonstrierende Menge zu schießen hätten. Er gab auch bereitwillig alle Arten von Übeltaten zu, die er in seiner Funktion als Finanzminister mit
der einfachen und unmittelbaren Motivation begangen habe, der Sache der Partei
zu schaden. Mehrere hochrangige Funktionäre des Finanzministeriums sagten gegen ihn aus, entweder als Zeugen oder als Mitangeklagte, die später freigelassen
wurden. Sanyi Jakab hingegen, der als stellvertretender Finanzminister verschiedener Sabotageakte bezichtigt wurde, verteidigte sich im Prozess, indem er einige
seiner Handlungen als wirtschaftlich gerechtfertigt schilderte, während er andere
Maßnahmen in gutem Glauben durchgeführt habe, auch wenn sie sich im Nach-
hinein als Irrtum erwiesen hätten. Sanyi zog sich den Zorn der Partei dadurch zu,
dass er den Belastungszeugen unangenehme Fragen stellte. Zwei andere hochrangige Funktionäre, die unter Lucas Anleitung – aber nicht im Ministerium selbst –
gearbeitet hatten, wurden im gleichen Prozess verurteilt. Erst viel später – als Sanyi
Jakab im Rahmen einer Generalamnestie im Jahr 1964 freikam – erfuhr ich, dass er,
wegen seines „unkooperativen Verhaltens" während der Ermittlungen und im Prozess, nach seiner Verurteilung praktisch unter den gleichen Bedingungen wie vorher
fast die ganze Zeit bis zu seiner Freilassung in Einzelhaft gehalten wurde – für einen
Zeitraum von insgesamt elfeinhalb Jahren.

In Bezug auf den Pătrăşcanu-Prozess erfuhr ich im Herbst 1954 aus einer
Pressemitteilung nur noch, dass die Verhandlung im April desselben Jahres stattgefunden hatte, dass diese nicht einmal halböffentlich gewesen war und dass Lucreţiu
Pătrăşcanu zusammen mit Remus Koffler, einem führenden Parteimitglied während des Krieges, als feindliche Agenten zum Tode verurteilt worden waren, weil
sie für anglo-amerikanische Spionageorganisationen gearbeitet hätten. Belu Zilber,
ein bekannter Wirtschaftswissenschaftler und Statistiker, der Bauingenieur Emil
Calmanovici und der Industrielle Alexandru Ştefănescu, die alle während des Krieges als Antifaschisten im Untergrund aktiv gewesen sind, wurden als Komplizen
von Pătrăşcanu und Koffler zu lebenslangen Freiheitsstrafen verurteilt. Der Architekt Jacques Berman, mein früherer Kollege bei der rumänischen Gesandtschaft in
London, wurde zu zehn Jahren Gefängnis verurteilt, ebenfalls als Komplize von
Pătrăşcanu und der anderen Mitglieder des „Spionagerings". Mehrere andere wurden zu Freiheitsstrafen zwischen acht und fünfzehn Jahren verurteilt. Im Herbst
1954 war es mir nicht gelungen, irgendetwas darüber zu erfahren, wie sich die
Angeklagten während des Prozesses verhalten hatten – ausgenommen der Tatsache, dass sich Pătrăşcanu weigerte, irgendetwas zu gestehen; das war der Grund
dafür, warum die Verhandlung nicht öffentlich sein durfte. Die Pressemitteilung behauptete fälschlicherweise, dass alle im Prozess angeklagten Personen ihre Schuld
gestanden hätten.

Viele Jahre später erfuhr ich, dass Pătrăşcanu, der während seiner sechsjährigen
Haft alle Anschuldigungen bestritt und dem bereits ein Bein amputiert worden war,

in seinem Prozess die ganze Anklage als Farce zurückgewiesen hat. Seine letzten Worte an die Richter waren: „Mörder, die Geschichte wird euch auf die Anklagebank bringen, auf der ich jetzt bin." Er wurde einen Tag nach Verkündung des Todesurteils erschossen, angeblich in seiner Zelle von hinten.

Koffler wies während seiner Verhöre alle Beschuldigungen bis zu dem Zeitpunkt zurück, an dem er schwerkrank in ein Krankenhaus eingeliefert wurde, wo ihn ein Mitglied des Zentralkomitees besuchte. Niemand weiß, was der Betreffende gesagt hat, aber nach diesem Gespräch zeigte sich Koffler bereit, auch die monströsesten Anschuldigungen des Verrats und der Spionage zu gestehen und sowohl sich selbst als auch Pătrăşcanu zu beschuldigen. Bei der Verhandlung zog er jedoch sein Geständnis zurück und sagte, es sei ihm unter dem Vorwand abgepresst worden, dass es den Interessen der Partei dienen würde.

Belu Zilber wurde einige Monate nach seiner Verhaftung in den späten vierziger Jahren gebrochen und erfand viele falsche Geschichten, die zur Grundlage für eine Anklage gegen die Gruppe wurden. Als er 1964 im Rahmen einer Generalamnestie freigelassen wurde, stellte er einen Antrag auf Rehabilitierung; daraufhin zeigten ihm die Parteileute zynisch seine Geständnisse und sagten: „Sie haben wiederholt ausgesagt, alle diese Dinge begangen zu haben; was wollen Sie jetzt also?" Er berichtet über diese und andere Abenteuer in seinen Memoiren, die er in den siebziger Jahren schrieb und die in den neunzigern Jahren erschienen. Emil Calmanovici wies die Anschuldigungen sowohl während seiner Verhöre als auch im Prozess als falsch zurück. Nach seiner Verurteilung begann er im Gefängnis einen Hungerstreik und starb durch die Hände seiner Gefängniswärter, als deren Versuch misslang, ihn zwangsweise zu ernähren.

Und schließlich wurde Jacques Berman, den man Ende 1952 festgenommen hatte, bald gebrochen und gestand die gegen ihn erhobenen Spionagevorwürfe, womit er Pătrăşcanu und einige andere belastete. Im Herbst 1954 konnte ich nicht wissen, ob er tatsächlich ausgesagt hat, dass ich mit ihm zusammen für die Briten spioniert hätte, wie es mir von der Securitate erzählt worden war. Aber, wie ich schon erwähnt habe, kam Berman Anfang der sechziger Jahre noch vor Ablauf seiner Gefängnisstrafe frei und suchte mich auf, um sich dafür zu entschuldigen, dass er dem Druck der Folter nicht standgehalten und mich in eine Spionagegeschichte verwickelt habe, die er später zurückzog.

Mehr als vierzig Jahre später wurde in Bukarest eine Sammlung der Hauptdokumente des Pătrăşcanu-Prozesses herausgegeben (*Principiul bumerangului: Documente ale procesului Pătrăşcanu* [Das Bumerangprinzip: Die Dokumente des Pătrăşcanu-Prozesses], Editura Vremea, Bucureşti 1996). In diesem Band fand ich eine lange Aussage, die Jacques Berman während seiner Haft im Januar 1953 gemacht hatte. Die Aussage handelt von Bermans angeblicher Spionagetätigkeit nach dem Krieg. Darin behauptet Berman, dass er bald nach seiner Ankunft 1948 in London vom Britischen Intelligence Service angeworben worden sei und bald danach auch mich angeworben hätte. Wir beide hätten uns angeblich mehrere Male in der Wigmore Street im Büro eines gewissen Mr. Thompson vom Intelligence Service getroffen. Um es Berman und mir zu ermöglichen, noch effektiver zu spionieren, hätte der Intelligence Service angeblich arrangiert, dass ich Anfang 1949 aus

Großbritannien ausgewiesen wurde. Laut Bermans Geschichte hätte ich nach meiner Rückkehr nach Bukarest direkt mit dem Intelligence Service zusammengearbeitet, ohne dass Berman dabei geholfen habe. Aber als er einige Monate später ebenfalls nach Bukarest zurückkehrte, sei er instruiert worden, die Wirtschaft des Landes zu sabotieren, zu spionieren sowie die gesammelten Informationen über mich an den Intelligence Service weiterzuleiten.

Als 1997 die Archive der früheren Securitate für die Forschung teilweise geöffnet wurden, war Robert Levy, ein junger, auf Osteuropa spezialisierter amerikanischer Historiker, so freundlich, mir zwei weitere Aussagen Bermans zur angeblichen Spionagetätigkeit zu übergeben, die er zusammen mit mir ausgeübt hätte. In diesen, im März 1953 gemachten Aussagen wurde Berman aufgefordert, seine früheren Erklärungen zur gemeinsam mit Balaş durchgeführten Spionagetätigkeit ausführlicher darzustellen. Berman wiederholte die oben genannte Geschichte, aber dieses Mal verlagerte er das Treffen mit Mr. Thompson vom Intelligence Service in das Büro des Letzteren in der Park Lane, nicht in der Wigmore Street. Berman machte dann weitere Ausführungen zum Gegenstand seiner Spionagetätigkeit nach seiner Rückkehr nach Bukarest, wobei er behauptete, alles unter meiner Anleitung durchgeführt zu haben und mir die Ergebnisse seiner Arbeit überreicht zu haben, damit ich sie an den Britischen Intelligence Service weiterleite. Er gab eine lange Liste von Dokumenten des Bauministeriums an, die er mir angeblich zwischen November 1949 und Juni 1952 gegeben hatte, damit ich sie dem Britischen Intelligence Service aushändige: Die Kapitel des Staatsplanes für 1950 und 1951, in denen es um die Bauindustrie ging, Quartalsberichte zu Bauplänen und ihrer Ausführung, den Organisationsentwurf des Forschungsinstitutes für Bauwesen und viele andere Dokumente, alles in konkreten Einzelheiten beschrieben. Berman behauptete in seinen Aussagen, all diese Materialien von Emil Calmanovici (einem der hauptsächlichen Mitangeklagten im Pătrăşcanu-Prozess) erhalten zu haben; Calmanovici habe alles mit eigener Hand geschrieben. Berman sagte weiter aus, mir Materialien über Rumäniens Elektrifizierungsplan, über einige technische Probleme beim Bau des Donau-Schwarzmeer-Kanals, die Namen und Funktionen der sowjetischen Berater bei den Kanalarbeiten, Pläne für die Kapazitätserweiterung der Hunedoara-Stahlwerke und viele andere Sachen gegeben zu haben, die er von zwei namentlich genannten anderen Personen erhalten habe. Bermans Aussagen enthalten auch einen detaillierten Bericht, wann und wo er mir diese Materialien übergeben habe: Hauptsächlich in meiner Wohnung in der Strada Tokyo – die er in seiner Aussage vom Januar fälschlicherweise Strada Haga nennt –, aber einige Male auch in meinem Büro im Außenministerium.

Ich werde wahrscheinlich nie herausfinden, warum man die gegen mich erhobene Beschuldigung der – gemeinsam mit Jacques Berman und dessen angeblich zahlreichen Komplizen ausgeübten – Spionagetätigkeit für den Britischen Intelligence Service fallen gelassen hat: sicher nicht nur deswegen, weil ich es unnachgiebig abgestritten hatte. Eine plausible Erklärung hat Robert Levy gegeben, der junge Historiker, von dem ich Bermans Aussagen bekommen hatte: Es ist allgemein bekannt, dass das NKWD, der sowjetische Sicherheitsdienst, die Volksdemokratien in der Zeit von 1949 bis 1952 dazu drängte, politische Schauprozesse zu inszenieren.

Von allen osteuropäischen Satellitenstaaten war Rumänien der einzige, der während dieser Zeit keinen Prozess gegen führende Kommunisten durchgeführt hat. Natürlich waren zwei solche Prozesse in Vorbereitung, einer gegen Pătrăşcanu und der andere gegen Luca, aber sie wurden bis nach 1952 verschoben. Der Prozess gegen Pătrăşcanu wurde deswegen verschoben, weil es der Securitate trotz all ihrer Bemühungen nicht gelungen war, dem Hauptangeklagten ein Schuldgeständnis abzupressen. Lucas Prozess hingegen wurde verschoben, weil man die Gruppe der angeblich Schuldigen erst 1952 verhaftet hatte; obwohl man Luca bereits im September gebrochen hatte, konnte der Prozess bis Jahresende nicht mehr gründlich genug vorbereitet werden. Deswegen gab es im Winter 1952–1953 einen von den Sowjets initiierten Versuch – argumentiert Levy weiter –, die beiden Fälle Pătrăşcanu und Luca zu einem einzigen Monster-Schauprozess nach dem Vorbild der Prozesse gegen Rajk und Slánský zusammenzufassen: Außer Pătrăşcanu und Luca sollten auch Pauker und Georgescu und vielleicht andere einbezogen werden, wobei zionistische Verbindungen bei den Beschuldigungen im Vordergrund gestanden hätten. Die Verbindung zwischen den beiden Gruppen wäre die angebliche Spionagetätigkeit für den Britischen Intelligence Service gewesen, die Jacques Berman und Emil Calmanovici von der Pătrăşcanu-Gruppe gemeinsam mit und teilweise unter der Leitung von Egon Balaş von der Luca-Gruppe ausgeübt hätten. Sicher wird diese Hypothese dadurch gestützt, dass die Securitate im Winter 1952–1953 Berman unter Druck setzte und ihn dazu drängte, seine Spionagegeschichte vorzutragen und mich zusammen mit Emil Calmanovici in die Angelegenheit zu verwickeln.

Während die Maschinerie der Securitate diese Verschwörungsgeschichte mit methodischer und mühseliger Arbeit zum Abschluss bringen wollte, starb Stalin plötzlich im März 1953. Das geschah etwa zur gleichen Zeit, als man aus mir das Geständnis herauspressen wollte, dass ich in London die ominöse Park Lane besucht hätte, um mich dort mit einem gewissen Mr. Thompson zu treffen. Einige Monate später, im Mai 1953, wurde Druck auf mich ausgeübt, damit ich gestehe, zusammen mit Jacques Berman für den Britischen Intelligence Service spioniert zu haben. In Anbetracht meiner kategorischen Zurückweisung der Anschuldigungen gab die Securitate jedoch auf, ohne zum Äußersten zu gehen, zu dem sie fähig waren, wenn sie sich wirklich entschlossen hatten, etwas zu erreichen: Man machte keinen Versuch, mich zur Erzwingung eines Geständnisses brutal zu schlagen, wie man es mit Jakab, Zilber und Calmanovici getan hatte. Warum? Die plausibelste Erklärung dafür ist, dass mit Stalins Tod der sowjetische Druck zur Inszenierung von Schauprozessen aufgehört hatte. Von da an führte die rumänische Securitate die Vorbereitung der beiden Prozesse ohne besonderen sowjetischen Druck auf eigene Faust durch. Das wird zumindest teilweise durch die Tatsache bestätigt, dass Miron Constantinescu Anfang 1954 von Gheorghiu-Dej nach Moskau geschickt wurde, um Malenkow, der nach Stalins Tod Vorsitzender des sowjetischen Ministerrates geworden war, eine Zusammenfassung des Prozesses gegen Pătrăşcanu vorzulegen und Malenkows Zustimmung zum Prozess einzuholen. Malenkow entgegnete hierauf mehrfach: „Eto wasche djelo" – „Das ist eure Sache". Dass ich die Feuerprobe überlebte und nicht zum entscheidenden Verbindungsglied zwischen den Prozessen gegen Pătrăşcanu und Luca geworden bin, war also einerseits schieres persönliches Glück und andererseits ein historischer Zufall.

Übrigens besitze ich eine unabhängige Bestätigung der Tatsache, dass Berman seine Aussagen später zurückgezogen hat, in denen er sich und mich der gemeinschaftlichen Spionage für den Britischen Intelligence Service belastete. Robert Levy gelang es auch, in den Archiven der früheren Securitate den vom 20. Oktober 1954 datierten internen Vermerk aufzufinden, auf dessen Grundlage ich freigelassen worden bin. Dieses Dokument besagt, dass Egon Balaş aus folgenden Gründen festgenommen worden ist: Im Herbst 1943 war es ihm gelungen, einer Verhaftung auf eine Weise zu entgehen, die auf mögliche Verbindungen zur ungarischen Spionageabwehr (DEF) hindeutete; nach seiner Verhaftung im Jahr 1944 hat er es geschafft, einem Transport nach Deutschland unter verdächtigen Umständen zu entkommen; und schließlich hat er während des Krieges in der kommunistischen Untergrundbewegung mit dem Häftling Sándor Jakab zusammengearbeitet. „Aus diesen Gründen und um alle Aktivitäten zu klären, die sowohl Balaş als auch Jakab während der Illegalität und nach dem 23. August 1944 entfaltet haben, aber auch um den Charakter ihrer Verbindungen zum britischen Fregattenkapitän Young zu klären, wurde Egon Balaş am 12. August 1952 festgenommen."

Nach der Schilderung dessen, wie ich – gemäß meinen eigenen Aussagen – in die kommunistische Bewegung einbezogen und Parteimitglied geworden bin, steht im Dokument „Diese Tatsachen werden von Sándor Jakab bestätigt." Ferner heißt es:

> Balaş behauptet, einen Streik organisiert und Flugblätter verteilt zu haben, usw. In diesem Zusammenhang sagt die Zeugin Ilona Grünfeld aus, dass Balaş die Verteilung der Flugblätter so organisiert habe, dass es zur Verhaftung der Genossen geführt haben könnte (vgl. S. 366). Andererseits gibt Balaş an, dass er bei der Organisierung dieser Aktivitäten alle notwendigen Vorsichtsmaßnahmen ergriffen habe (vgl. S. 43, 44, 47, 48, 49). Die Aussagen der Zeugen Mihail Sava, Gheorghe Havas und Tiberiu Hida, die sich an der Verteilung der Flugblätter beteiligt hatten, bestätigen die von Balaş abgegebenen Erklärungen und zeigen, dass die Betreffenden nicht aufgrund ihrer illegalen Tätigkeit festgenommen worden sind (vgl. S. 345, 346, 348 und 393).

Über die Umstände, warum ich 1943 nicht verhaftet worden bin, gibt der Vermerk meine Erklärungen wieder, warum ich genau zur besagten Zeit in die Illegalität gegangen bin und meine Kontakte eingestellt habe, als die Verhaftungen begannen; ferner steht im Vermerk, dass Sándor Jakab diese Fakten bestätigt habe. Danach fasst der Vermerk die Geschichte meiner Verhaftung durch die DEF, meiner Verhöre in Budapest, meiner Verurteilung zu einer vierzehnjährigen Haftstrafe und meiner – vor dem Transport nach Deutschland erfolgten – Flucht bei der Evakuierung der Festung von Komárom zusammen. Darüber hinaus heißt es:

> Da die Personen, denen diese Fakten bekannt sind, in der Volksrepublik Ungarn leben, sind wir am 9. März 1954 an die zuständigen Behörden der Volksrepublik Ungarn mit der Bitte herangetreten, dass sie bestimmte Personen befragen mögen, die uns in dieser Angelegenheit genannt worden sind. Am 18. Mai und am 9. Juli 1954 haben wir diese Bitte wiederholt. Dennoch haben wir bis zum heutigen Tag keine Antwort erhalten. Andererseits sollte erwähnt werden, dass es in den Parteiakten des Egon Balaş eine Aussage des (in der Volksrepublik Ungarn lebenden) Károly Fekete gibt, der die Erklärungen von Balaş zu seiner Flucht bestätigt, womit dieses Problem geklärt ist.

Bemerkenswert ist folgender Umstand: Obwohl ich am 12. August 1952 festgenommen worden war und obwohl die Frage meines Verhörs durch die DEF und meiner anschließenden Flucht ganz wesentlich für meinen Fall war und im gleichen Dokument als einer der entscheidenden Gründe für meine Verhaftung angegeben worden ist, hat man sich erst am 9. März 1954, also eineinhalb Jahre später, an die Behörden des „Bruderlandes" gewandt. Das bestätigt meine Behauptung, dass der Zweck der Ermittlungen – die gegen mich und gegen andere durchgeführt wurden – nicht darin bestand, die Wahrheit herauszufinden, sondern Geständnisse zu erpressen, ganz gleich, ob diese wahr oder falsch wären. Im März 1954, als die erste Anfrage an die ungarischen Behörden erging, musste ich bereits die vierte umfassende Untersuchung erdulden. Offensichtlich endeten die drei früheren Untersuchungen einfach mit dem negativen Ergebnis, dass ich die Zusammenarbeit verweigerte und dass deswegen nichts festgestellt werden könne: Es gab keinerlei Versuch, meine Aussagen durch eine Befragung der von mir genannten Zeugen zu überprüfen.

In Bezug auf Bermans Spionagegeschichte findet sich im Vermerk schließlich Folgendes:

> Im Verlauf der Ermittlungen gegen Jacques Berman, den vormaligen Wirtschaftsberater an der Rumänischen Gesandtschaft in London (1948–1949) (verurteilt im Pătrăşcanu-Prozess), gab der Beschuldigte an, dass er Spionagekontakte zu Egon Balaş aufgebaut und Balaş an den Britischen Intelligence Service vermittelt habe (vgl. S. 313, 315, 316, 317, 318). Egon Balaş lehnte es ab, Spionagekontakte zu Jacques Berman oder zu irgendwelchen anderen Personen zu gestehen. Später hat Jacques Berman seine Egon Balaş betreffenden Aussagen zurückgezogen und angegeben, dass er keine Spionagekontakte zu Egon Balaş gehabt habe (vgl. S. 337).

Der Vermerk räumt schließlich ein, dass gegen den Häftling Egon Balaş „keine strafbaren Handlungen" vorgebracht werden könnten und dass deswegen empfohlen werde, ihn freizulassen. Im Dokument findet sich keinerlei Erklärung, warum sich Jacques Bermans Meinung geändert haben könnte; ebenso findet man auch keinerlei Angaben zu den Umständen, unter denen Bermans ursprüngliche und absurde Spionagegeschichte ausgeheckt worden ist. Wer hat sie erfunden und zu welchem Zweck? Was führte die Erfinder der Geschichte dazu, ihre Meinung zu ändern? Es kann sein, dass wir das nie herausfinden, aber Robert Levys Hypothese klingt zumindest plausibel.

Wie dem auch sei, in jenen Tagen Ende 1954 war ich mir nicht der tödlichen Gefahr bewusst, in der ich mich befunden hatte. Ich sah in meiner Freilassung im Grunde genommen eine Bestätigung meines naiven Glaubens, den ich mir während der langen Jahre meiner Verhaftung bewahrt hatte: Wenn ich bei der Wahrheit bleibe und dem Druck nicht nachgebe, würde die Securitate keine andere Wahl haben, als mich früher oder später gehen zu lassen.

Drei Wochen nach meiner Ankunft in Cluj nahm man mir den Gips vom linken Fuß, und ich machte einige Gehversuche, aber ohne Erfolg; bei jedem Schritt tat es immer noch sehr weh. Der Arzt wollte, dass ich noch ein paar Wochen im Bett bleiben solle; aber dazu ich hatte keine Geduld. Während der ganzen Zeit meiner Bewegungsunfähigkeit hatte ich darüber nachgedacht, welche Art von Arbeit ich übernehmen könne. Ich beschloss, mich von der Politik zu verabschieden. Ich war immer noch dazu entschlossen, eine bessere Gesellschaft aufzubauen, und ich betrachtete mich immer noch als Kommunisten, aber ich war von der Politik der Rumänischen Kommunistischen Partei bitter enttäuscht und beschloss, keinen Partei- oder Regierungsauftrag anzunehmen – selbst in dem unwahrscheinlichen Fall nicht, dass mir eine solche Stelle angeboten würde. Ich wünschte mir eine Forschung- und Lehrtätigkeit mit ausreichend Zeit, um selbst zu lernen. Als ich im Außenministerium arbeitete, sah man mich dort als den besten Fachmann für Ökonomie an, aber ich spürte, dass ich nicht genug über Wirtschaftswissenschaften wusste und war begierig zu lernen, um ein richtiger Experte zu werden. Deswegen konnte ich es kaum erwarten, mit meinem neuen Leben zu beginnen. Auch musste ich die notwendigen Schritte einleiten, um unsere Wohnung zurückzubekommen. Zwar ging ich immer noch mit einem Stock, aber ich beschloss, nach Bukarest zu fahren und zu versuchen, eine mir zusagende Arbeit und Unterkunft zu finden. Außerdem wollte ich noch ein zweites Gutachten über meinen Fuß anfertigen lassen.

Der Orthopäde in Bukarest bestätigte die Diagnose einer massiven Osteoporose. Ich wurde auch einer gründlichen allgemeinmedizinischen Untersuchung unterzogen, während der ich für mehrere Tage stationär ins Krankenhaus aufgenommen wurde. Mit Ausnahme des linken Fußes war alles in Ordnung und man verordnete mir gegen die Osteoporose so viel Ruhe wie möglich für den Fuß und außerdem Geduld (die bei mir allerdings schon ziemlich geschwunden war). Ich ging noch einige weitere Wochen mit dem Stock, und dann nahmen die Schmerzen allmählich ab. Was die Arbeit betraf, wurde ich wieder in meiner Dozentenstelle am Institut für Ökonomische Studien und Planung (ISEP) eingesetzt. Nach einigen Wochen gelang es mir – wenn auch nicht ohne Kampf –, unsere frühere Wohnung zurückzubekommen, das kleine Penthouse in der fünften Etage des Bulevardul Stalin Nummer 72. Jetzt kam auch Edith nach Bukarest und bald danach unsere beiden Töchter und ein Hausmädchen. Edith gelang es, eine Oberassistentenstelle am Lehrstuhl für Philosophie an der Universität zu bekommen. So begann unser neues Leben nach meiner Rückkehr aus dem Malmezon.

An dieser Stelle möchte ich auf drei Episoden meines anschließenden Lebens eingehen, da sie mit meiner Zeit im Gefängnis zu tun haben. Mehr als ein Jahr nach meiner Freilassung bin ich Teodor Bucur, meinem früheren Zellengefährten im Malmezon, zufällig auf einer Straße in Bukarest begegnet. Ich habe mich sehr gefreut, dass er frei war, und wir vereinbarten, uns zu einem Gespräch zu treffen. Er hatte sich seit unserem gemeinsamen Zellenaufenthalt sehr verändert. Vorbei waren die Tage, an denen er die Wörter „Kommunist" oder „Securitate" nicht ohne Flüche über die Lippen brachte. Er war jetzt sehr zahm und sagte nichts Böses, weder über irgendjemanden noch über irgendeine Institution. Man hatte ihn einige Monate nach mir freigelassen und ihm eine Anstellung in einem Staatsbetrieb gegeben. Ich fragte ihn, was mit dem Geschichtsunterricht sei, seinem Beruf und seinem Hobby. Nein, das sei nicht mehr drin – was ja angesichts seiner eigenen „Vergangenheit" verständlich sei, entgegnete er. Aber er beklage sich nicht darüber; die Leute seien gut zu ihm gewesen, da sie ihn ja freiließen und ihm geholfen hätten, eine Arbeit zu finden.

Ich erkundigte mich nach seiner früheren Ehefrau und großen Liebe, nach dem deutschen Mädchen, das er geheiratet hatte. Es sei – antwortete er – eine der Bedingungen seiner Freilassung gewesen, sie zu vergessen und nicht zu versuchen, sich mit ihr in Verbindung zu setzen; er dürfe auch mit keinem anderen im Westen Kontakt aufnehmen. Vielleicht war es grausam von mir, ich konnte jedoch die Bemerkung nicht unterdrücken „Aber um Gottes Willen, sie ist doch deine Frau! Wie lange willst du dich denn an dein Versprechen halten?" Er schüttelte traurig den Kopf: „Erinnere mich nicht an sie; ich tue mein Bestes, um sie zu vergessen. Es ist schon so lange her. Sie hätte unmöglich länger als fünf Jahre auf mich warten können, nachdem ich spurlos verschwunden war. Sie muss gedacht haben, dass ich entweder gestorben sei oder sie einfach verlassen habe. Was mit mir geschah, kommt in ihrer Welt nicht vor, und sie hätte sich unmöglich vorstellen können, was geschehen sei. Inzwischen hat sie sicher ein neues Leben begonnen – warum sollte ich es durcheinander bringen? Außerdem möchte ich nicht an den Ort zurückkehren, an dem ich dir begegnet bin. Ich habe mich also nach einem anderen Mädchen umgesehen und wirklich jemanden gefunden, eine Kollegin im Büro, die ich bald heiraten werde."

„Liebst du sie?" fragte ich, vielleicht wieder etwas grausam. „Liebst du sie so, wie du die andere geliebt hast?"

Wieder schüttelte er traurig den Kopf. „Also, das ist eine ganz andere Sache. Aber wir verstehen uns gut," sagte er, „außerdem hat sie eine vorteilhafte soziale Herkunft, und die brauche ich als Gegengewicht zu meinen eigenen politischen Unzulänglichkeiten." Mich überkam ein solches Mitleid, wie ich es selten im Leben verspürt hatte. Mehr als ein Jahrzehnt später, als es mir gelang, George Orwells Roman „1984" zu beschaffen, erinnerte ich mich an Bucur, als ich die Stelle über Winston Smiths Freilassung aus den Folterkammern des Ministeriums für Liebe las: Irgendetwas hatte sich bei Winston unwiderruflich, in seinem tiefsten Inneren, verändert. An diesem Nachmittag des Jahres 1955 hatte ich das Gefühl, dass mit Bucur dasselbe geschehen war.

Die zweite Episode bezieht sich auf meine Position in der Partei. Als ich freigelassen wurde, gab man mir meinen Parteimitgliedsausweis nicht zurück. Ich hatte es nicht eilig, wieder in eine Parteiorganisation einzutreten; aber früher oder später musste mein Status geklärt werden, da alles in unserer Gesellschaft vom Parteistatus des Betreffenden abhing: Welche Arbeit man annehmen durfte, welche Tätigkeiten man ausüben durfte und so weiter. Da ich mich damals immer noch als Kommunisten betrachtete und aktiv daran interessiert war, die Entwicklung der Dinge zu beeinflussen und zum Besseren zu wenden, beschloss ich nach einer Weile, die Klärung meines Parteistatus zu beantragen. Ich wandte mich deswegen an die Parteiorganisation meines Arbeitsplatzes und wurde an die Parteikontrollkommission verwiesen, die für die Untersuchung von Disziplinarsachen zuständig war, die über den Zuständigkeitsbereich der einzelnen Parteiorganisationen hinausgingen. Die Kontrollkommission brauchte lange – mehrere Monate –, um meinen Fall in Angriff zu nehmen. Zwar gehörte ich in der Zwischenzeit keiner Parteiorganisation an und konnte auch keinen Mitgliedsbeitrag bezahlen, aber ich war formal nicht aus der Partei ausgeschlossen worden. Ich gehörte zu denen, deren Fall „untersucht wird".

Als ich schließlich vor die aus zehn oder elf Mitgliedern bestehende Kontrollkommission gerufen wurde, entschuldigte sich niemand bei mir dafür, dass man mich grundlos für zwei Jahre und drei Monate unter den härtesten Bedingungen eingesperrt hatte; stattdessen wurde ich rüde abgefertigt, weil ich der Partei nicht geholfen hätte, die Rechtsabweichler – und insbesondere Jakab – zu entlarven. Ich antwortete, dass ich – was auch immer meine Mängel als Parteimitglied seien – nach meinem Gang durch das Fegefeuer gehofft hätte, man würde wenigstens meine Untergrundtätigkeit als das anerkennen, was sie wert war, und nicht an meiner Aufrichtigkeit und Hingabe an die kommunistische Sache zweifeln. Mit anderen Worten erwartete ich, dass die verschiedenen Verdächtigungen bezüglich meiner früheren Tätigkeit nunmehr im Ergebnis der durchgeführten Ermittlungen ein für alle Mal erledigt seien. Diese Hoffnung war trügerisch: Man wies mich auf grobe Weise zurecht. Ion Vinţe, ein besonders bösartiges Kommissionsmitglied, erklärte, ich solle mich nicht der Illusion hingeben, dass meine Unschuld bewiesen sei: Den Genossen von der Securitate sei es einfach nur nicht gelungen, mir irgendetwas nachzuweisen – was aber keinesfalls bedeute, dass ich unschuldig sei. Ich müsse der Partei durch meine künftige Arbeit beweisen, ob ich es verdiene, Parteimitglied zu sein: Hierfür gebe es aber derzeit keine Garantie und deswegen müsse die Kommission abwarten, wie sich die Dinge bei mir entwickelten. Und so blieb mein Parteistatus auch weiterhin in der Schwebe – ich wurde zwar nicht aus der Partei ausgeschlossen, gehörte aber dennoch keiner Parteiorganisation an und zahlte keine Mitgliedsbeiträge. Mit anderen Worten: mein Mitgliedschaftsstatus wurde weiter geprüft. Dieser Schwebezustand dauerte bis 1959, als meine neue Tätigkeit die Grundlage für eine Entscheidung lieferte: meinen Ausschluss.

Der dritte Aspekt meines Lebens, den ich kurz ansprechen möchte, sind die Träume oder, besser gesagt, die Albträume, die mich gelegentlich – jedoch selten – in den Jahren nach meiner Freilassung verfolgten. Über einen Zeitraum von acht Jahren nach meiner Entlassung träumte ich in jeder Nacht vom 12. zum 13. August, dass man mich in Kürze festnimmt, dass ich gerade verhaftet werde oder dass ich soeben festgenommen worden bin. Bei den ersten zwei Malen waren meine Erinnerungen noch frisch genug, weswegen es mir am 12. August tagsüber einfiel, dass dies der Jahrestag des Beginns meiner Leiden war. Aber nach zwei oder drei Jahren achtete ich nicht mehr auf das Datum und ging am Abend zu Bett, ohne mir der besonderen Bedeutung des Tages bewusst zu sein. Dennoch kam mein Traum immer wieder. In Bezug auf diese Träume gibt es zwei bemerkenswerte Dinge. Mein Körper schien eine Art innere Uhr zu haben, die das Datum anzeigte, ohne dass ich mir dessen bewusst war. Ich habe am Morgen des 13. August oft mit Edith darüber diskutiert: „Hast du gestern darauf geachtet, dass wir den 12. August hatten?" (natürlich musste ich nie erklären, worum es ging). „Nein." „Ich auch nicht, aber ich hatte trotzdem meinen üblichen Albtraum. Kannst du dich erinnern, dass wir gestern über irgendetwas gesprochen haben, das sich auf dieses Datum bezieht und den Traum hätte auslösen können?" „Nein, ich kann mich an nichts erinnern." Und so ging es Jahr für Jahr, acht Jahre lang. Das zweite interessante Merkmal dieser Träume war, dass sie zwar nie genau die gleichen waren – die Abfolge der Ereignisse, die handelnden Personen, ihr Aussehen und die Umgebung waren jedes Mal anders – aber trotzdem waren alle im Grunde genommen dieselben, so wie die Teile eines Fortsetzungsromans. Was war der rote Faden, der sich durch alle Fortsetzungen dieses Romans zog? Es war nicht die Aktion der Verhaftung selbst, die sich physisch nicht klar abzeichnete und schwer zu bestimmen war. Es war vielmehr die Atmosphäre und meine damit zusammenhängende Gemütsverfassung: Die Verhaftung hatte sich in mein Bewusstsein eingegraben. Tatsächlich träumte ich davon, dass mir meine Verhaftung ebenso bewusst war wie der Umstand, dass ich eine sehr, sehr lange Zeit von meiner Familie getrennt sein würde, und ich durchlebte den Albtraum immer wieder.

Ich hatte gelegentlich auch andere Träume, manche davon ebenfalls albtraumhaft, aber ich möchte nicht den Eindruck erwecken, dass diese Dinge mein Leben irgendwie dominierten. Ich war ein seelisch ausgeglichener und normalerweise ruhiger Mensch – diese Träume waren nur vereinzelte Erinnerungen an eine andere Welt, in der ich siebenundzwanzig Monate verbracht hatte. Der bei weitem bemerkenswerteste und auffallendste dieser gelegentlichen Albträume verlief so: Ich träumte, in einer Art Strafkolonie zu leben, in einer Stadt, in der nur politisch verdächtige Menschen wie ich wohnten. Wir konnten uns so frei bewegen, wie wir wollten, aber wir durften die Stadt nicht verlassen. Die Hauptsache an dem Traum waren wieder die Atmosphäre und der Beigeschmack, den alle Dinge hatten: Nach außen hin hatte ich die Freiheit, das zu tun, was ich wollte, und dennoch war ich ein Gefangener – so wie all die anderen. Übrigens gab es nur Männer in der Kolonie. Mein Traum hatte keinerlei sexuelle Dimension; Frauen und Gedanken über Frauen fehlten vollständig. Ich traf meine Mitbürger auf der Straße, und wir sprachen vorsichtig miteinander: Wir vermieden es, irgendetwas zu sagen, das politisch beanstandet werden konnte. Einige Männer hatten dicke Bäuche. Wir wussten alle, dass diese Männer „schwanger" waren, aber wir taten so, als würden wir diese offensichtliche Tatsache nicht bemerken. Der Grund für unser Verhalten war, dass wir auch wussten, was diese Schwangerschaft bedeutete – den sogenannten schwangeren Männern hatte man Informanten in den Bauch implantiert. Deswegen war es am besten, die Schwangerschaft nicht zu beachten und so zu tun, als ob sie nicht existierte.

Der Traum hatte viele andere Verzweigungen; er war sehr lang und als ich danach aufwachte, erinnerte ich mich lebhaft an alle Einzelheiten. Die Zeit hat sie natürlich weggespült, aber das Bild der schwangeren Männer prägte sich mir für immer ein. Die Strafkolonie war übrigens einige Zeit lang ein immer wiederkehrendes Thema meiner Träume. Ich sage „Strafkolonie", aber das war es nicht, was mir in den Träumen erschien. Am nächsten käme dem Thema meiner Träume die – zugegebenermaßen vage – Beschreibung als jene „andere Welt". Jahre später, als ich auf Solschenizyns „Archipel Gulag" stieß, kam es mir sofort in den Sinn: Das war die „andere Welt" meiner Albträume.

Teil III
Januar 1955–Juli 1966

Reformkommunist

12

Obwohl ich am Institut für Ökonomische Studien und Planung (ISEP) Weltwirtschaft lehrte, worunter die kapitalistischen Ökonomien der westlichen Demokratien zu verstehen waren, lag mein Hauptinteresse auf dem Gebiet der Ökonomie des Sozialismus. Ich wollte mich an der wissenschaftlichen Analyse der ökonomischen Prozesse beteiligen, wie sie sich im Sozialismus entfalten, und ich wollte mich bei der Entwicklung einer Wissenschaft der Wirtschaftsplanung engagieren. Aber leider war alles, was ich zu diesem Thema las, reine Parteipropaganda ohne jeglichen analytischen Inhalt. Es gab ein aus dem Russischen übersetztes offizielles sowjetisches Lehrbuch mit dem Titel *Die politische Ökonomie des Sozialismus.* Aber was das Buch über die sozialistische Wirtschaft sagte, hatte wenig Ähnlichkeit mit der Wirtschaft, in der wir lebten. Es war hauptsächlich eine Beschreibung dessen, was sein sollte, und nicht dessen, was war; und es war nicht analytisch, sondern dogmatisch und proklamierte „ökonomische Gesetze" wie zum Beispiel die ständige Erhöhung des Lebensstandards und die ausgewogene Entwicklung der verschiedenen Wirtschaftszweige. Es gab einige sowjetische Lehrbücher zur Planwirtschaft, aber sie waren kaum mehr als Sammlungen von Verfahrensvorschriften und enthielten keine analytischen Werkzeuge, mit deren Hilfe man Antworten auf die Fragen eines Wirtschaftsplaners hätte geben können. Es gab einfach keine objektive wissenschaftliche Analyse des Funktionierens einer sozialistischen Wirtschaft. Die Gründe, warum eine solche Analyse fehlte, waren ziemlich klar: Alles, was die Ökonomie des Sozialismus betraf, wurde als ideologisch betrachtet und deswegen mit derselben Starrheit behandelt wie ein religiöses Dogma. Es wurde einfach nicht toleriert, Fragen zu stellen. Hätte ich in Ungarn oder Polen gelebt, wo es nach Stalins Tod zumindest die Anfänge solcher Fragestellungen und ihrer Tolerierung gegeben hat, dann hätte ich mich wahrscheinlich leidenschaftlich auf die Erforschung von Mechanismen gestürzt, die eine sozialistische Wirtschaft charakterisieren. Aber in Rumänien war ein solches Unterfangen zutiefst hoffnungslos. Es herrschte nicht nur eine ausgesprochen dogmatische Einstellung in Bezug auf alles, was man sagen, schreiben oder fragen durfte, sondern außerdem war alles streng geheim, was irgendwie mit Planung zu tun hatte. Ohne Fakten und Daten konnte es jedoch keine Analyse geben; aber jeder, der nicht zum obersten Führungszirkel gehörte und

E. Balas, *Der Wille zur Freiheit*, DOI 10.1007/978-3-642-23921-2_12,
© Springer-Verlag Berlin Heidelberg 2012

versuchte, an solche Daten heranzukommen, wurde als Spion behandelt. „Wer hat Sie damit beauftragt?", lautete die stereotype Frage. Mihai Retegan, einer der Leiter der Zentralverwaltung für Statistik, saß fünf Jahre als Spion im Gefängnis, weil er einer Bitte der Vereinten Nationen um demographische Daten nachgekommen war und ihnen Material übersandte, ohne sich vorher mit den zuständigen Parteistellen abzusprechen.

In dieser Atmosphäre, die es unmöglich machte, den tatsächlichen Mechanismus der Wirtschaft zu untersuchen, wandte ich mich einer normativen Studie über einige grundlegende Beziehungen zu, die in jeder geschlossenen Wirtschaft herrschen mussten – ganz gleich, ob es sich um eine sozialistische oder kapitalistische Wirtschaft handelte. Die Beziehung zwischen den zwei „Sektoren" der Wirtschaft, wie sie genannt wurden – der Sektor, der Produktionsgüter (Maschinen und industrielle Rohstoffe) herstellt und der Sektor, der Verbrauchsgüter herstellt – wurde von Marx in dessen Modell der einfachen und erweiterten Reproduktion analysiert. Obwohl sich seine Analyse auf eine geschlossene kapitalistische Wirtschaft konzentriert, ist sie einer der wenigen Teile seiner Arbeit, die auch für eine sozialistische Wirtschaft relevant sind. Schon immer hat mich dieses frühe Wachstumsmodell von Marx angezogen, das er in Form eines Systems von Gleichungen darstellte, die er als Tableaus bezeichnete. Diese Tableaus erinnerten mich an meine Oberschulzeit, als mich Albert Molnár – der in meiner Heimatstadt lebende Sowjetflüchtling – darum bat, ihm bei der Lösung eines linearen Gleichungssystems zu helfen, das den Input und den Output verschiedener Zweige einer Miniaturwirtschaft erfasste. Das Problem hängt eng mit Leontiefs Input-Output-Modell zusammen, dessen Grundgedanke – wie Paul Samuelson in seinem bekannten Lehrbuch *Economics* feststellt – bereits von Marx vorweggenommen worden war. Ich wollte also herausfinden, was man vom Standpunkt der Wirtschaftsplanung über das Marxsche Modell der erweiterten Reproduktion sagen könne.

In einer Reihe von drei eng miteinander verwandten Arbeiten, die zwischen Dezember 1955 und März 1957 in der rumänischen Wirtschaftszeitschrift *Probleme Economice* erschienen, habe ich versucht, einige der grundlegenden Beziehungen zwischen der Produktion der beiden Sektoren zu analysieren; außerdem habe ich untersucht, wie diese Beziehungen durch den technologischen Fortschritt, die Arbeitsproduktivität und einige andere Faktoren beeinflusst werden. In meiner Analyse verwendete ich eine modifizierte Version des Marxschen Modells der erweiterten Reproduktion; dabei achtete ich sorgfältig darauf, ideologisch aufgeladene Erklärungen zu vermeiden und hielt mich an eine streng technische Terminologie. Dennoch erregte die Tatsache, dass ich es gewagt hatte, an Marx' sakrosanktem Modell „herumzupfuschen", einiges Missfallen. Andererseits schützten mich die Fachterminologie der Arbeiten und die Unfähigkeit der Parteifunktionäre, die mathematische Argumentation und die mathematischen Bezeichnungen zu verstehen, vor einem offenen Angriff. Schließlich wurden die Artikel in Parteikreisen als „reine Mathematik" abgetan – das war ein Ausdruck der Verachtung –, und ich wurde als „Mathematiker" eingestuft. Irgendjemand grub in meiner Vergangenheit die wenig bekannte Tatsache aus, dass ich vor meinen Engagement in der kommunistischen Bewegung eine Leidenschaft für Mathematik hatte. So kam es, dass ich – während ich in meinem früheren Lebensabschnitt als Diplomat und Angestellter des Außenministeriums als „Ökonom" eingestuft worden bin, das heißt, als Techniker ohne politisches Gewicht –, nunmehr als „Mathematiker" abqualifiziert wurde, dessen Arbeiten keine substantielle politisch-ökonomische Bedeutung hätten. Das störte mich jedoch überhaupt nicht.

Tatsächlich verschafften mir die Artikel und der Klatsch, der sie umgab, einen ziemlichen Respekt bei den theoretischen und praktischen Ökonomen, aber auch bei anderen Intellektuellen. Das wurde mir bewusst, als mich Vasile Malinschi, der Vizepräsident der Akademie für Gesellschaftswissenschaften (den ich zwischen 1949 und 1952 kennengelernt, aber nach meiner Freilassung noch nicht getroffen hatte), anrief, um mich zu meinem ersten Artikel zu beglückwünschen und mir zu sagen, er habe die Arbeit am Wochenende mit Genuss gelesen. Er ermahnte mich jedoch, vorsichtig zu sein: „Keiner unserer Ökonomen würde jemals wagen, auch nur ein einziges Komma bei Marx abzuändern, und du glaubst, dass du sein Modell der erweiterten Reproduktion einfach so frei interpretieren und modifizieren kannst? Bevor du so etwas tust, solltest du eine Versicherung gegen Ketzerei abschließen." Der zweite Artikel wurde auch in der französischen Zeitschrift *Études Économiques* veröffentlicht und der dritte auch auf Russisch in der *Revue des Sciences Sociales*, einer Monatszeitschrift der Rumänischen Akademie. Bald nach Malinschis Anruf lud mich Vladimir Trebici, ein Mitarbeiter der Zentralverwaltung für Statistik, ein, externer Berater der Verwaltung zu werden. Drei oder vier Jahre später, als ich meine Forschungs- und Lehrstelle verlor, sollte es sich als sehr nützlich erweisen, auf der Beraterliste zu stehen. Ebenso erhielt ich von einem Vertreter der Handelskammer die Einladung, mit der dortigen Arbeitsgruppe Kontakt aufzunehmen; gleichzeitig boten sie mir Zugang zu ihrer recht gut ausgestatteten Sammlung ausländischer Publikationen an, die für die Öffentlichkeit nicht zugänglich waren. Das war unter den vorherrschenden Umständen eine wertvolle Quelle.

Eine andere Tür, die sich mir aufgrund meiner Artikel öffnete, war die zu *Contemporanul*, der führenden kulturellen Wochenzeitung in Rumänien. Ich gehörte zu einer ausgewählten Gruppe von Künstlern, Schriftstellern, Philosophen und anderen Intellektuellen, die eingeladen wurden, die wöchentlich stattfindenden Teenachmittage zu besuchen, die von Gheorghe Ivaşcu, dem Chefredakteur, gegeben wurden. Ivaşcu reagierte nicht nur auf das Aufsehen, das meine Arbeiten erregten, sondern dürfte als früherer Häftling mir gegenüber auch etwas Sympathie verspürt haben, denn er saß nahezu fünf Jahre als angeblicher „Klassenfeind" im Gefängnis. Seine Teenachmittage waren eine gute Gelegenheit, interessante Leute zu treffen. Es gab natürlich keine wirklich freien Diskussionen, aber manchmal konnten wir wenigstens in Metaphern miteinander sprechen. Der größte Nutzen, den mir meine Arbeiten einbrachten, war jedoch, dass ich im Frühjahr 1956 in das Akademieinstitut für Wirtschaftsforschung aufgenommen wurde; das war ein wichtiger Schritt in meiner beruflichen Entwicklung. Ich möchte jetzt kurz die Ereignisse schildern, die dazu führten.

Im Februar 1955 wurde Malenkow abgelöst, und Bulganin gelangte als Vorsitzender des Ministerrates an die Spitze der sowjetischen Regierung. Dadurch wurde Nikita Chruschtschow, der Erste Sekretär der Kommunistischen Partei, der

De-facto-Herrscher der Sowjetunion. Der Februar 1956, in dem in Moskau der 20. Parteitag der Kommunistischen Partei der Sowjetunion stattfand, war reich an politischen Entwicklungen, welche die Welt erschütterten, in der ich lebte. Diese Entwicklungen haben zusammen mit meinen bitteren persönlichen Erfahrungen zu einer drastischen Änderung meiner politischen Ansichten geführt.

Ab Frühjahr 1955 war meine Denkweise über einen Zeitraum von etwa vier Jahren die eines „Reformkommunisten". Darunter verstehe ich jemanden, der sich der Anomalien des kommunistischen Systems – wie es vor Stalins Tod existierte – bewusst geworden war, aber dennoch daran glaubte, dass das System reformierbar sei, dass man seine Mängel beseitigen und eine bessere Gesellschaft aufbauen könne, die gerechter und humaner ist als die kapitalistische. In Rumänien hatten nur wenige, die ähnlich dachten, einflussreiche Positionen. Im Gegensatz hierzu gab es in Imre Nagys Ungarn, in Władysław Gomulkas Polen und in Alexander Dubčeks Tschechoslowakei eine ganze Reihe von Personen, die Machtpositionen ausübten oder Einfluss auf die Macht hatten.

Mit den Anomalien des Systems meine ich sowohl politische als auch ökonomische Irrwege. Im politischen Bereich gab es eine vollständige Unterdrückung der Freiheit und eine Terrorherrschaft, die weit über das hinausging, was die Konsolidierung des neuen Regimes gerechtfertigt und eine mögliche Konterrevolution verhindert hätte. Es wurden nicht nur die Klassen der früheren Grundbesitzer und der Bourgeoisie unterdrückt, wie es sich die marxistische Theorie der Diktatur des Proletariats vorgestellt hatte; jedermanns Freiheit wurde unterdrückt und Hunderttausende Menschen erlitten verschiedene Formen der Entrechtung. Und der Unterdrücker war nicht „das Proletariat", sondern die Partei und der von ihr kontrollierte Staatsapparat. Im Bereich der Ökonomie erreichte die zentral geplante Kommandowirtschaft zwar einige Ergebnisse infolge der erzwungenen Industrialisierung, aber das Ganze funktionierte irrational und man erreichte die geplanten Produktionsziele nur unter riesigen und ungerechtfertigten Opfern. Mit der Steigerung der Produktion erhöhte sich der Lebensstandard nicht etwa, sondern verschlechterte sich offensichtlich – eine Anomalie, die als „Produktion um der Produktion willen" beschrieben worden ist.

Die politischen Winde, die aus der Sowjetunion wehten, schienen den Keim einer Veränderung zu bringen. Anfang 1955 startete Chruschtschow eine Kampagne gegen den „Personenkult", der als Wurzel aller Übeltaten dargestellt wurde, die unter Stalin geschehen waren. Obwohl der Kult auf Stalins Persönlichkeit ausgerichtet war, hatte man den Schuldigen für die Untaten in Beria gefunden, dem früheren Innenminister, der den großen Mann angeblich irregeleitet hatte. Auf diese Weise traf den kurz zuvor hingerichteten Beria die volle Wucht der oft bitteren Kritik an den früheren Übergriffen. Dennoch wurde allgemein anerkannt, dass sich die Praktiken ändern müssten, die zu diesen Übergriffen geführt hatten. Also gingen alle „Bruderparteien" in sich, um sich zu vergewissern, ob sie nicht vom Personenkult infiziert seien. In der rumänischen Parteipresse erschienen wahre Freudengesänge auf die Weisheit unserer führenden Politiker, dank denen wir von den Fehlern eines Personenkultes verschont geblieben sind. Die Presse vermied zwar den Stil, mit dem sie früher den „Vater aller Völker" vergöttert hatte, aber gleichzeitig erschienen immer mehr Artikel, die den neuen Sowjetführer Nikita Chruschtschow umschmeichelten.

Im Frühjahr oder Frühsommer 1955 beschloss Chruschtschow, dass es an der Zeit sei, nach Canossa zu gehen, um die Beziehungen zwischen der Sowjetunion und Jugoslawien in Ordnung zu bringen; er besuchte Belgrad in Begleitung des Ministerratsvorsitzenden Bulganin und anderer Mitglieder der obersten Führungsriege. In seiner Rede in Belgrad übernahm Chruschtschow die Verantwortung der sowjetischen Führung für die Verschlechterung der Beziehungen zwischen den beiden kommunistischen Parteien und insbesondere für die Anschuldigung, die jugoslawische Führung habe Verrat begangen und sich gegenüber den westlichen Imperialisten unterwürfig verhalten. Diese Beschuldigungen seien falsch gewesen, bestätigte Chruschtschow jetzt öffentlich und entschuldigte sich im Namen der sowjetischen Führung. Wie es sich herausstellte, war die öffentliche Entschuldigung eine der jugoslawischen Bedingungen für die Verbesserung der Beziehungen gewesen. Dennoch schob die sowjetische Führung bei dieser Entschuldigung alles Beria in die Schuhe, der als imperialistischer Agent die Parteiführung unterwandert habe. Die Jugoslawen quittierten diese Erklärungen mit einem spöttischen Lächeln und unmissverständlichen sarkastischen Bemerkungen über die Art und Weise, wie der gutherzige und naive Genosse Stalin vom Teufel Beria getäuscht worden sei, ohne dass es irgendjemand bemerkt hätte. Am Ende waren die Beziehungen zwischen beiden Ländern zwar wiederhergestellt, aber sie blieben kühl und weit entfernt von den Hoffnungen der sowjetischen Führung, Jugoslawien in den Schoß der Familie zurückzuführen, das heißt, wieder in die Gemeinschaft der kommunistischen „Bruderparteien" aufzunehmen. Aus diesem Projekt wurde nichts.

Aber die Entschuldigung der sowjetischen Parteiführer gegenüber Tito hatte weitreichende Auswirkungen auf die osteuropäischen kommunistischen Parteien. Wenn Tito kein imperialistischer Agent war und auch nie ein solcher gewesen ist, dann konnten auch Rajk, Slánský und die anderen, die sich angeblich mit Tito verschworen hatten, um für die CIA oder den Britischen Intelligence Service zu arbeiten, ebenfalls keine imperialistischen Agenten gewesen sein. Entfernt man nämlich aus den einschlägigen Prozessunterlagen alles, was mit Tito zu tun hat, dann ist der Rest eine ungeordnete Ansammlung von unerklärlichen Lücken. Obwohl damals offiziell wenig über diese Sache gesprochen wurde, wusste jeder Parteiarbeiter Bescheid, der das Kommuniqué des sowjetisch-jugoslawischen Treffens gelesen hatte. Die Jugoslawen hatten guten Grund, auf einer öffentlichen Entschuldigung zu bestehen: Sie wussten, welche politischen Folgen das haben würde. Für diejenigen, die der Partei treu ergeben waren, lag eine unangenehme Ungewissheit in der Luft, und sie machten sich Sorgen um die Zukunft. Für Menschen wie mich lag jedoch eine angenehme Ungewissheit in der Luft und die Zukunft war voller Hoffnungen. Man konnte den Gesichtern der Menschen ansehen, was in ihnen vorging. Einmal traf ich einen unerschütterlichen Parteianhänger und zeigte ihm, ohne ein Wort zu sagen, mit einem ironischen Blick das Pressekommuniqué. Zu meinem Vergnügen wandte er sich angewidert ab.

Tatsächlich fand bald nach der Jugoslawienreise der sowjetischen Parteiführer in Budapest ohne großes Aufsehen eine Teilrehabilitation von Rajk statt. Ein

Kommuniqué des Zentralkomitees teilte mit, dass die schwersten Anschuldigungen gegen Rajk unbegründet gewesen seien; die Verantwortung wurde Gábor Péter in die Schuhe geschoben, dem früheren Geheimdienstchef, der ein paar Monate zuvor festgenommen worden war. Aber diese Teilrehabilitierung taugte nichts: Die Leute empörten sich, und die Autorität der Partei sank auf ein bisher unbekanntes Tief. Zu dieser Zeit war Imre Nagy, der im Sommer 1953 Ungarns Ministerpräsident geworden war, bereits aus allen Machtpositionen entfernt worden. Rákosi hatte als Erster Sekretär der Partei wieder die volle Macht, und András Hegedűs war Ungarns neuer Ministerpräsident – derselbe Hegedűs, dessen Ausweispapiere ich während des Kriegs nach meiner Flucht verwendet hatte. Hegedűs war im April 1955 zum Ministerpräsidenten ernannt worden, und im Juni kamen er und Rákosi zu einem dreitägigen offiziellen Besuch nach Bukarest. Ich las in den Zeitungen über den Besuch und beschloss zu versuchen, Hegedűs zu treffen. Ich rief die Ungarische Botschaft an, schilderte meine Beziehung zu Hegedűs und hinterließ für ihn eine Nachricht mit meiner Telefonnummer für den Fall, dass er sich mit mir treffen wolle. Er rief mich nicht zurück, und als ich die Botschaft am letzten Tag seines Besuchs anrief, sagte man mir, dass er keine einzige freie Minute gehabt habe. Jahre später, als ich zu Besuch in Budapest war, erzählte mir ein gemeinsamer Bekannter, dass Hegedűs meine Nachricht erhalten hatte und sich gerne mit mir getroffen hätte, aber er habe die ganze Zeit Rákosi zur Verfügung stehen müssen und ihr Zeitplan sei sehr überfrachtet gewesen.

Einige Monate nach diesen Ereignissen ließ Chruschtschow seine Bombe platzen. Im Februar 1956 begannen in Moskau die Beratungen des zwanzigsten Parteitags der Kommunistischen Partei der Sowjetunion. Es schien, als würde dieser Parteitag wie alle anderen ablaufen: Der oberste Chef hält einen langen Bericht, der einstimmig angenommen wird, danach schließt sich eine sogenannte Diskussion an – eine Folge von vollkommen inhaltslosen Reden –, und schließlich wird den Teilnehmern die Namensliste des neuen Zentralkomitees zur Abstimmung vorgelegt. Diese Liste wird – welch eine Überraschung! – ohne irgendeinen Änderungsvorschlag angenommen. Und so lief es auch tatsächlich ab – bis auf den letzten Tag.

Da forderte man die Delegierten auf, an einer „geschlossenen" Sitzung teilzunehmen, bei der Chruschtschow einen vierstündigen Geheimbericht erstattete. Wie wir aus seinen Memoiren erfahren, war der Geheimbericht nicht nur für die Delegierten eine Überraschung, sondern auch für die Mitglieder des Politbüros. Es hatte keinen vorherigen Beschluss gegeben, dem Parteitag einen solchen Bericht vorzulegen. Zwar war einige Monate zuvor eine Kommission gegründet worden, die ein gewisser Pospelow leitete, ein Apparatschik des Zentralkomitees. Die Kommission hatte umfassende Vollmachten, alle verfügbaren Fakten über den Terror unter Stalin zu sammeln, aber das Material war nur für den vertraulichen und internen Gebrauch des Politbüros bestimmt. Pospelow sammelte Tausende von Seiten, die er in einem sechzig- oder siebzigseitigen Bericht zusammenfasste: Eine Schilderung der Verhaftungen, Verurteilungen und Hinrichtungen von (laut Chruschtschows Memoiren) nicht weniger als Hunderttausenden von unschuldigen Menschen, unter ihnen zwei Drittel des mehrere Hundert Mitglieder zählenden Zentralkomitees, das auf dem

17. Parteitag im Jahr 1934 „gewählt" worden war. Dieser Bericht zirkulierte kurz vor dem Parteitag unter den Mitgliedern des Politbüros (das damals den Namen Präsidium hatte), aber dieses ehrenwerte Gremium hatte nicht die geringste Absicht, den Bericht öffentlich zu machen – ein Akt, den die meisten Präsidiumsmitglieder als politischen Selbstmord betrachtet hätten. Dann, am letzten Tag des Parteitages, teilte Chruschtschow den Präsidiumsmitgliedern in einer Pause mit, dass „es nicht fair sei", die Parteitagsdelegierten im Dunkeln darüber zu lassen, was das Präsidium über Stalins Verbrechen erfahren hatte (hier wurden die „Fehler" zum ersten Mal zu Verbrechen). Er schlug vor, dass jemand den Bericht in einer geheimen und geschlossenen Sitzung verlesen solle. Es folgte eine vehemente Auseinandersetzung, in der sich laut Chruschtschow die meisten Mitglieder des Präsidiums anfangs gegen den Vorschlag aussprachen. Sie erklärten sich erst dann einverstanden, als ihnen klar wurde, dass Chruschtschow den Bericht trotz ihrer Bedenken öffentlich machen würde. Danach wurde die geschlossene Sitzung einberufen, und Chruschtschow verlas den Bericht. Dieser wurde als geheim eingestuft und nicht veröffentlicht; jedoch übersandte man allen bedeutenderen kommunistischen Parteien Kopien und ließ den Inhalt auch an die westliche Presse durchsickern.

Ich denke, dass ich den Bericht in der *New York Times* gelesen habe, zu der ich mit beträchtlicher Verspätung Zugang über ein paar Bibliotheken hatte. Es war ein außergewöhnliches Dokument, nicht nur wegen der schieren Anzahl von Verbrechen und Übergriffen, die dadurch ans Tageslicht kamen, sondern auch wegen der kompromisslosen Verurteilung der Stalinschen Praktiken als kriminell – nicht als „Fehler", nicht als „Abweichungen von der Parteilinie", sondern uneingeschränkt als Straftaten. Dieses Dokument wurde in der rumänischen Presse nicht veröffentlicht, und die rumänischen Parteiführer waren auch nicht glücklich darüber. Chruschtschows Bericht schilderte den Personenkult um Stalin und nannte ihn als Quelle aller Übergriffe, die im Namen der Partei begangen worden sind. Der Personenkult um Gheorghiu-Dej hat nie die extremen Formen des Stalinschen Personenkultes angenommen, aber er war vom gleichen Typ: Jeder, der es wagte, dem Chef zu widersprechen oder ihm auch nur wegen geringfügigster Dinge zu missfallen, konnte mit Vergeltung rechnen. Zwar war Gheorghiu-Dejs Vergeltung üblicherweise viel milder als Stalins Rache, aber das Prinzip war das gleiche: Die Macht des Chefs war unbegrenzt und durfte von niemandem infrage gestellt werden. Und wenn der Gegner, Skeptiker oder Zweifler wirklich eine Bedrohung darstellte, wie in den Fällen von Foriş, Pătrăşcanu und Koffler, dann bedeutete Gheorghiu-Dejs Vergeltung den Tod. Offiziell behandelte die rumänische Parteiführung den Bericht als interne Angelegenheit der sowjetischen Partei: In Stalins Namen sei es offensichtlich zu einigen bedauerlichen Übergriffen gekommen. Es sei gut – so die offizielle Linie –, dass die Opfer dieser Übergriffe identifiziert und postum rehabilitiert worden sind; aber glücklicherweise sei das kein Problem für die rumänische Partei: In Rumänien sei niemand unschuldig verurteilt worden, und es gebe niemanden zu rehabilitieren. Und dennoch hatte der zwanzigste Parteitag der sowjetischen Partei überall bedeutende Auswirkungen, auch in Rumänien. Die Enthüllungen wirkten sich überwiegend auf die Denkweise der Menschen aus. Von diesem Zeitpunkt an wusste jeder, dass Übergriffe früher oder später ans

Tageslicht kommen würden und dass Terror nicht für immer ungestraft herrschen könne. Dieses Wissen jagte den Behörden eine gewisse Angst ein, ließ aber gleichzeitig diejenigen hoffen, die sich nach einer Veränderung sehnten.

Ermutigt durch die oben umrissenen Ereignisse und von dem Wunsch beseelt, in eine forschungsorientierte Umgebung zu kommen, bat ich Ende Februar, ungefähr ein Jahr nach meiner Rückkehr nach Bukarest, um Erlaubnis, am Akademieinstitut für Wirtschaftsforschung zu arbeiten. Das war das neueste der Akademieinstitute; es war Ende 1953 gegründet worden. Sein kurz zuvor ernannter Direktor war Gogu Rădulescu, ein alter Freund von Sanyi und mir. Gogu hatte seinen Ministerposten irgendwann Ende 1952 verloren und einige unbedeutende Stellen gehabt, aber er war nicht verhaftet worden. Drei Jahre später war seine Ernennung zum Direktor des Instituts für Wirtschaftsforschung ein erster Schritt in Richtung seiner Rehabilitierung. Er empfing mich herzlich und reagierte positiv – das heißt, ohne Furcht – auf meine erklärte Absicht, in seinem Institut arbeiten zu dürfen. Mein Antrag wurde genehmigt und ich durfte am Institut für Wirtschaftsstudien (ISE, früher ISEP) sogar meinen Lehrauftrag auf Teilzeitbasis behalten.

Im März 1956 begann ich meine Arbeit am Institut für Wirtschaftsforschung. Gogu beauftragte mich, eine Arbeitsgruppe für die Ökonomien der kapitalistischen Länder zu organisieren. Er teilte mir auch mit, dass er eine offene Stelle für die Funktion des stellvertretenden Institutsdirektor habe, und sagte mir offen, dass ihm für diese Stelle zwei Kandidaten vorschwebten: Ich selbst und Costin Murgescu, der Leiter der Arbeitsgruppe für Geschichte der Nationalökonomie (worunter die rumänische Wirtschaft zu verstehen war). Ich bat ihn, Murgescu für den Posten des stellvertretenden Direktors vorzuschlagen, da ich die Forschungsarbeit gegenüber der Verwaltungstätigkeit vorzog. Bei meiner Entscheidung in dieser Angelegenheit spielten zwei Dinge eine Rolle. Einerseits verspürte ich einen großen Wissensdurst und wünschte mir deswegen eine Vollzeit-Forschungsstelle, die mir die größte Möglichkeit bieten würde, meinen Neigungen nachzugehen. Nach meinen Jahren im Gefängnis zogen mich andererseits aus dem einen oder anderen Grund keine Dinge mehr an, die administrative Stellen für viele Menschen so verlockend machen: soziales Prestige, eine bessere Bezahlung und die Macht, Dinge zu beeinflussen.

Somit wurde Murgescu stellvertretender Institutsdirektor, und ich begann, meine Arbeitsgruppe zu organisieren. Man gab mir zwei Mitarbeiter, beide zwischen vierzig und fünfzig, die sich in der Ökonomie auskannten und insbesondere über die Ökonomie des Kapitalismus Bescheid wussten. Darüber hinaus erhielt ich noch eine freie Stelle für einen dritten Mitarbeiter. Mir gelang es, Tibor Schattelesz zu gewinnen, den begabten jungen Wirtschaftswissenschaftler, den ich 1949 für die Wirtschaftsabteilung des Außenministeriums eingestellt hatte. Im Jahr 1952, zum Zeitpunkt meiner öffentlichen „Hinrichtung", benahm er sich anständig – ich erinnere mich nicht mehr daran, was er sagte, aber er gehörte gewiss nicht zu meinen aktiven Kritikern. Außerdem hatte ich großen Respekt vor seiner Belesenheit, seiner umfassenden Bildung und seinen Ökonomiekenntnissen. Wir begannen unsere Arbeitsgruppe also zu viert. Einige Monate später bekam ich zwei weitere Stellen und gewann dafür zwei junge Absolventen des ISE, an dem ich lehrte. Die Schreibtische für uns sechs standen in einem großen, aber freundlich eingerichteten Arbeitszimmer. Jedoch hielten wir uns alle nur dann gleichzeitig dort auf, wenn wir etwas zu besprechen hatten; der überwiegende Teil unserer Forschungsarbeit erfolgte in verschiedenen Bibliotheken. Unsere Forschungstätigkeit bezog sich auf Themen, die jeder selbst auswählen konnte – die größte Einschränkung dieser Freiheit war die Notwendigkeit, solche Themen zu wählen, zu denen man überhaupt forschen konnte. In Abständen hielt jeder von uns Vorträge, und die ganze Arbeitsgruppe diskutierte gemeinsam darüber.

* * *

Eine der beiden jungen Neulinge war die Frau meines Freundes Miklós Dános, eines Journalisten der in Bukarest herausgegebenen ungarischen Tageszeitung *Magyar Szó*. Im Gegensatz zu seiner Frau Ninel – einer sehr fähigen, aber nicht besonders frohsinnigen Person – war Miklós ein geborener Charmeur und hatte einen ausgeprägten Sinn für Humor. An einem Abend waren Edith und ich in der Wohnung des jungen Paares zu Gast mit zwei oder drei anderen Freunden der beiden. Als Miklós hinzukam, sagte er: „Ihr werdet es mir nicht glauben, was mir vorhin passiert ist. Die letzten zwei Wochen hatte ich bohrende Schmerzen im Rücken, so dass ich zum Arzt gegangen bin. Er machte eine Röntgenaufnahme, zeigte sie mir und behauptete – nun haltet euch fest! –, dass ich ein Rückgrat hätte! Ich, Miklós Dános, ein Rückgrat? Ich versicherte ihm, dass das ein Fehler sein müsse, da ich Journalist sei und unmöglich so ein Ding haben könne. Selbst wenn ich mal eines gehabt hätte, bin ich schon lange davon geheilt worden."

Costin Murgescu, der neu ernannte stellvertretende Institutsdirektor, war ein sehr fähiger Wirtschaftswissenschaftler Mitte dreißig. Sein Vater war früher ein hochrangiger Armeeoffizier mit großen Sympathien für die Nazis; er hatte während des Kriegs Grausamkeiten begangen und eine lange Gefängnisstrafe als Kriegsverbrecher erhalten. Costin war jedoch 1943 in Kontakt mit Nazigegnern gekommen und hatte sich offen gegen seinen Vater gewandt. Da ich nicht alle Details kannte, verspürte ich ihm gegenüber einige Vorbehalte; aber im Grunde genommen hatte ich das Gefühl, dass er – wenn das wirklich so geschehen war – alles getan hat, was ein anständiger Mensch tun konnte. Unsere Beziehungen während meiner Anstellung im Institut beruhten auf gegenseitiger Achtung – es war weniger als eine Freundschaft, aber mehr, als ich über meine Beziehungen zu vielen anderen Kollegen sagen kann. Murgescus Frau Ecaterina Oproiu war Filmkritikerin in Bukarest, ihre Kolumne – die beste überhaupt – lasen wir regelmäßig.

Was mein Privatleben betrifft, so arbeitete Edith in den Jahren 1955–1957 als Dozentin an der Philosophischen Fakultät der Universität Bukarest. Unsere besten Freunde in dieser Zeit waren Bandi und Juci Klein. Bandi arbeitete nach wie vor für eine Import-Export-Gesellschaft und Juci ging weiterhin ihrer Arbeit als Kinderärztin nach. Weitere Freunde von uns waren mein Onkel Rényi und seine Familie, mein Institutskollege Tibor Schattelesz sowie Iván Köves, ein alter Freund aus Cluj und Kollege am ISEP, an dem ich lehrte. Wir freundeten uns mit Magda Stroe an, einer Universitätskollegin Ediths. Magda war eine Frau mit bemerkenswertem

Charakter. Sie war einige Jahre älter als Edith, ihr Vater war Rumäne, ihre Mutter Ungarin. Unter dem Vorkriegsregime wurde sie als Ungarin diskriminiert; unter dem ungarischen Regime während des Krieges wurde sie als Rumänin verfolgt. Zu allem Überfluss hatte sie zufälligerweise eine große Nase und wurde deshalb oft für eine Jüdin gehalten. Sie hatte mehrere jüdische Freunde und als die Juden 1944 aus Nordsiebenbürgen deportiert wurden, gab sie ihre Geburtsurkunde ihrer Freundin Hanna Hamburg, damit diese sich verstecken konnte. Dank Magda Stroe überlebte Hanna Hamburg den Krieg und lebte danach in Paris. Wäre Hanna festgenommen worden und hätte man Magdas Geburtsurkunde gefunden, dann hätte Magda ihr Mitleid vielleicht mit dem Leben bezahlen müssen. Edith und ich fühlten uns Magda deswegen immer sehr verbunden.

Ein anderer unserer Freunde war Imre Tóth, ein Universitätsprofessor, der Geschichte und Philosophie der Mathematik lehrte. Imre, der ein Jahr älter war als ich, wurde in Nordsiebenbürgen geboren und entstammte, so wie ich, einer ungarisch-jüdischen Familie. Er schloss sich kurz vor mir der kommunistischen Bewegung an, wurde festgenommen und 1941 zu einer Haftstrafe verurteilt. Er war ein kluger und belesener Mann mit einer ausgeprägt theoretischen Neigung und wenig Sinn für praktische Dinge. Er studierte Mathematik, hatte aber keinen Hang zum Problemlösen; stattdessen interessierte er sich für die Geschichte der mathematischen Ideen und die philosophischen Aspekte der Mathematik – ein Gebiet, auf dem er Herausragendes leistete. Er veröffentlichte darüber mehrere interessante und sehr originelle Bücher, die auch im Westen herausgegeben wurden. Sein Name wurde in den sechziger Jahren bekannt – einerseits durch seine Bücher und Artikel und andererseits durch eine Vortragsreihe im rumänischen Fernsehen. Als er 1969 oder 1970 in den Westen emigrierte, wurde er Professor der Philosophie an der Universität Regensburg, wo er bis zu seinem Ruhestand in den späten achtziger Jahren lehrte. Bis zu seinem Tod im Jahr 2010 lebte er in Paris.

Imre war ein großer Geschichtenerzähler und hatte einen wunderbaren Sinn für Humor. Über unsere gemeinsame Freundin Magda Stroe, die wir beide sehr gern hatten und von der wir wussten, dass sie schrecklich naiv war, erzählte er bei einer Gelegenheit: „Weißt du, die Magda ist in letzter Zeit sehr vorsichtig geworden: Wenn sie Besuch bei sich zu Hause hat und diskutieren möchte, dann legt sie sorgfältig ein Kissen auf ihr Telefon – für den Fall, dass es verwanzt ist. Das Problem ist nur, dass der Typ, der dann auf dem Kissen sitzt, ein Informant ist."

Die Zielscheibe eines Witzes von Imre war Georgi Dimitrow, der frühere bulgarische Politiker. Dimitrow war Generalsekretär der Kommunistischen Partei Bulgariens und in den dreißiger Jahren ein führender Komintern-Politiker. Er hatte ein riesiges Prestige, weil ihn die Nazis 1933 als einen der angeblichen Reichstagsbrandstifter vor Gericht zerrten. Nachdem der Reichstag in Brand gesetzt worden war, versuchten die Nazis, die Brandstiftung den Kommunisten in die Schuhe zu schieben. Es wurde ein Prozess inszeniert, in dem Dimitrow einer derjenigen war, die man beschuldigte, die Brandstiftung organisiert zu haben. Er verteidigte sich so gekonnt, dass sein Auftreten im Prozess für das Naziregime schmachvoll war. Ende der vierziger Jahre erkrankte Dimitrow, der sich in Moskau aufhielt, und musste sich dort zur Behandlung in ein Krankenhaus begeben, wo er unter ziemlich obskuren Umständen starb. Es kursierten alle möglichen Gerüchte über seinen Tod, so etwa auch, dass Stalin eifersüchtig auf Dimitrows Prestige und Beliebtheit gewesen sei. Um 1955 oder 1956, als die sowjetische Presse mit Enthüllungen über den Machtmissbrauch unter Stalin begann, platzte Imre eines Tages mit folgender Mitteilung in unsere Wohnung: „Habt ihr schon gehört, wie Dimitrow gestorben ist?" „Nein, haben wir nicht. Woran ist er denn gestorben?" „Eines natürlichen Todes – Lungenentzündung. Wie das passieren konnte? Ganz einfach: Das Messer war zu kalt."

Im Juni 1956 reisten Edith und ich in die Sowjetunion. Der Besuch öffnete uns die Augen, da wir damals noch einige Illusionen hatten. Wir fuhren als Touristen mit dem Zug in einer heterogen zusammengesetzten Reisegruppe von etwa zwanzig Personen, und machten eine zweiwöchige Rundreise Kiew–Moskau–Leningrad.

Für mich spielte sich die interessanteste Episode der Reise in Moskau ab, als wir die Fabrik des Automobilwerkes SIL besuchten. Das war ein unvergessliches Ereignis für mich, denn es bestätigte nicht nur, sondern übertraf auch meine schlimmsten Vermutungen in Bezug auf die Glaubwürdigkeit von Behauptungen über die sowjetischen Leistungen. Die Anlage selbst ließ für einen Nichtspezialisten wie mich nichts zu wünschen übrig. Der technologische Prozess hatte große Ähnlichkeit mit dem, was ich bei meinem Besuch in den Ford-Werken in Dagenham gesehen hatte. Jedoch hörten wir zu Beginn der Besichtigung den Vortrag eines Ingenieurs, der uns als Fremdenführer zugewiesen worden war und sich offensichtlich auf diese Art von Aufgaben spezialisiert hatte. Er sprach ungefähr zwanzig Minuten zu uns und rasselte eine Reihe von Statistiken herunter, die über die Leistung der Anlage Auskunft gaben. Es gab viele Dinge, die in meinen damals schon argwöhnischen Ohren falsch klangen. Eine Sache, an die ich mich deutlich erinnere, war die Aussage, dass das Personal der Gießerei und der Schmiede einen Sechs-Stunden-Tag hätte, da diese Arbeit – ähnlich dem Bergbau – als körperlich sehr schwer eingestuft sei. Wahrscheinlich hätte ich auf diese Bemerkung nicht weiter geachtet, wenn ich nicht selbst als Gießereiarbeiter und kurzzeitig auch als Bergarbeiter gearbeitet hätte. Als wir in die Gießerei kamen, entfernte ich mich ein wenig von der Gruppe und unterhielt mich mit einem der Arbeiter auf Russisch. Ich fragte ihn, wann sie mit der Arbeit anfingen und aufhörten; aus seiner Antwort ging klar hervor, dass sie einen Acht-Stunden-Tag hatten.

„Arbeiten Sie immer acht Stunden?", fragte ich.

Er zögerte. „Nein, nicht immer", sagte er schließlich.

„Und wann arbeiten Sie keine acht Stunden?"

„Nun," sagte er, „wenn es dringende Arbeit zu tun gibt, werden wir aufgefordert, Überstunden zu machen, und da ist es nicht ratsam, nein zu sagen."

„Kommt das oft vor?", fragte ich.

Offensichtlich wurde ihm die Situation langsam unangenehm und er sah sich häufig um, ob irgendjemand zuhörte. „Also es kommt vor, aber man kann nichts dagegen tun."

„Kommt es auch vor, dass Sie weniger als acht Stunden arbeiten?"

Er sah mich verwundert an. „Weniger als acht? Nein – niemals."

Die Gruppe war inzwischen am anderen Ende der Gießerei angekommen. Ich schloss mich wieder an und fragte den Ingenieur, der uns herumführte: „Ist das die einzige Gießerei in dieser Fabrik?"

„Ja, die einzige," sagte er. „Ist das die Werkstatt, von der Sie sagten, der Arbeitstag würde sechs Stunden dauern?" „Ja," antwortete er, „diese und die Schmiede. Der Grund dafür ist, dass die hier und in der Schmiede geleistete Arbeit physisch anstrengender ist als anderswo in der Fabrik."

Ich konnte ihn natürlich nicht mit der Aussage des Arbeiters konfrontieren, mit dem ich gerade gesprochen hatte, denn das hätte zu einem Skandal geführt und den Arbeiter in ernsthafte Schwierigkeiten gebracht, da es wahrscheinlich nicht erlaubt war, mit Ausländern zu reden. Stattdessen beschloss ich, mit weiteren Fragen zu überprüfen, ob ich nicht vielleicht doch irgendetwas missverstanden hatte. Ich stellte fest, dass im Gegensatz zu dem, was der Ingenieur über die physisch anstrengende Gießereiarbeit sagte – deren Härte ich aus eigener Erfahrung kannte –, ziemlich viele Frauen dort arbeiteten, vielleicht ein Drittel der Arbeiter. Möglicherweise waren die Frauen der Schlüssel zur Aufklärung des Widerspruches: Vielleicht hatten sie ja einen kürzeren Arbeitstag. Also begann ich ein Gespräch mit einer der Frauen.

Ihre Antwort ließ keinen Zweifel aufkommen: Die Frauen hatten einen Acht-Stunden-Tag, genauso wie die Männer. Und als ich fragte „Immer?", reagierte sie ebenso wie kurz zuvor ihr männlicher Kollege: „Nein, nicht immer, oft gibt es mehr Arbeit zu tun, als wir in acht Stunden schaffen, und dann machen wir Überstunden." Dann fügte sie hinzu, gleichsam um das Überstundensystem zu verteidigen: „Aber wenn wir Überstunden leisten, erhalten wir eine Extravergütung."

Ich fragte weiter, ob sie oder ihre Arbeitskolleginnen jemals weniger als acht Stunden pro Tag arbeiteten. „Ja," sagte sie, „wenn eine Frau schwanger wird, dann arbeitet sie die letzten drei (oder zwei? Ich erinnere mich nicht genau) Monate der Schwangerschaft nur halbtags."

Ich war über die unverblümte Art und Weise schockiert, in der unser Werkbesichtigungsführer gelogen hatte. „Wenn sie dermaßen über etwas lügen, das in die Augen springt und ohne weiteres getestet werden kann," dachte ich, „wie muss es dann bei anderen Dingen sein, die sich weniger leicht überprüfen lassen?"

Während unseres Aufenthaltes in der Sowjetunion versuchten Edith und ich, möglichst viele genaue Informationen über den Lebensstandard zu bekommen. In Kiew schienen die Menschen besser ernährt zu sein als in Moskau und in Moskau viel besser als in Leningrad. Insgesamt fanden wir die Lebensmittelsituation bedeutend schlechter als in Rumänien: Es gab weniger Obst, Gemüse und Molkereiprodukte und, bis zu einem gewissen Grad, auch weniger Fleisch. Bekleidung und insbesondere Schuhe blieben weit unterhalb des rumänischen Niveaus; tatsächlich zählten aus Rumänien importierte Schuhe und Kleidungsstücke zu den Luxusartikeln. In Leningrad, wo die Leute besonders schlecht angezogen waren, sahen wir Männer und Frauen, die Kleidungsstücke aus den zwanziger und dreißiger Jahren trugen. Nicht einfach nur altmodische, sondern alte Sachen: abgetragene Anzüge, die einen Verschleiß von mindestens zwanzig Jahren aufwiesen; Hüte, deren Form uns nur von Stummfilmen her bekannt war.

Aber der deutlichste Unterschied zwischen den Lebensbedingungen in Rumänien und in der Sowjetunion waren die Wohnverhältnisse. Es gab einfach keinen Vergleich zwischen der Wohnungssituation in Bukarest und den Wohnverhältnissen in Moskau – von Leningrad ganz zu schweigen, das im Krieg besonders schwer gelitten hatte. Die Wohnungen waren äußerst überfüllt, mehrere Familien lebten nebeneinander, und es gab keinerlei Privatsphäre. Bei einer Gelegenheit, als wir gerade auf einer Stadtbesichtigungstour in der Nähe des Kreml im Zentrum von Moskau waren, hatte Edith ein dringendes Bedürfnis. Es war keine öffentliche Toilette in Sicht. Es gab auch weder ein Restaurant noch eine Bar oder ähnliche Einrichtung, die eine Toilette hätte haben können. Nach einer langen und frustrierenden Folge von fehlgeschlagenen Versuchen, eine diesbezügliche Hilfe zu bekommen, zwang ich den Reiseführer buchstäblich, in das Wohnhaus zu gehen, vor dem wir gerade standen, und einen Mieter zu bitten, die Toilette benutzen zu dürfen. Der Hausbewohner war einverstanden, und Edith betrat die Wohnung. Sie ging durch einen langen Korridor, von dem aus Türen zu kleineren Wohneinheiten führten: Ein- oder Zweiraumwohnungen, in denen jeweils andere Personen oder Familien wohnten. Am Ende des Korridors gab es eine gemeinsame Toilette für alle Wohneinheiten. Das „Örtchen" hatte nur auf einer der vier Seiten eine Wand – die anderen drei Seiten waren durch einen Vorhang vom daran angrenzenden Raum oder von der Küche getrennt. Wir erfuhren, dass diese Aufteilung ziemlich typisch war.

Das Paradoxe war, dass die Sowjetunion Europas größte Stahl- und Schwermaschinenindustrie hatte, ihre Armee gehörte zu den weltweit am besten ausgerüsteten, und im darauf folgenden Jahr sollte der erste künstliche Erdtrabant, der Sputnik, gestartet werden. Die Sowjetunion besaß auch zahlreiche Wasserstoffbomben und die dazugehörigen Trägerraketen.

Am letzten Tag vor unserer Abreise hatte ich die Möglichkeit, mit einem Vertreter von Intourist zu sprechen, der für unser Programm zuständigen Reiseagentur. Er kam, um sich von uns zu verabschieden, und bat mich darum, ihm über die Eindrücke unserer Reisegruppe zu erzählen: Wie wir behandelt worden seien und ob wir mit dem zufrieden gewesen sind, was wir gesehen haben. „Wir wollen aus den Erfahrungen Ihrer Gruppe lernen, und deswegen möchten wir, dass Sie uns nicht nur positive Dinge erzählen, sondern auch, was Ihnen nicht gefallen hat." „Also gut, wenn es das ist, was ihr wollt, dann bekommt ihr es," sagte ich mir. Ich begann damit, die vielen wunderbaren Dinge zu loben, die wir gesehen hatten, und schilderte, wie beeindruckt wir alle von den Leistungen waren, die die Sowjetunion beim Wiederaufbau des Landes in einer so kurzen Zeit nach einem so schrecklichen Krieg vollbracht hat. Danach dankte ich Intourist dafür, dass man uns einen Besuch des Automobilwerkes SIL ermöglicht hat. Uns habe dieser Besuch sehr gefallen, sagte ich, und wir seien von der Fabrik sehr beeindruckt gewesen. Und an dieser Stelle fügte ich hinzu: „Weil Sie wollen, dass ich Ihnen auch sagen soll, was mir nicht gefallen hat: Hier ist eine Kleinigkeit, die unter diese Rubrik fällt." Und ich erzählte ihm die Episode über die Arbeitsstunden in der Gießerei genauso ausführlich, wie ich sie oben beschrieben habe. Am Schluss sagte ich: „Die Anlage ist ein perfekt ausgerüstetes, tadellos funktionierendes Wunderwerk der Technologie des zwanzigsten Jahrhunderts und überaus beeindruckend. Warum äußert man dann falsche

Behauptungen? Das hilft der Sache nicht, sondern schadet ihr. Derselbe Ingenieur, der die falsche Angabe gemacht hat, berichtete auch über viele andere Leistungen, die das Leben der Arbeiter betrafen. Wenn er aber bei einer Angabe gelogen hat, warum sollte ich ihm dann die anderen Dinge glauben? Ich denke nicht, dass solche Praktiken den Interessen der Partei dienen."

Der Mann von Intourist dachte einen Moment nach, sah mich an, blickte dann in die Ferne und sagte „Offen gesagt weiß ich nicht, warum diese Arbeiter versucht haben, Sie zu täuschen und zu belügen. Tatsache ist aber, dass der Ingenieur, der Sie herumführte, die Wahrheit gesagt hat: Die Arbeiter in unseren Gießereien und Schmieden arbeiten nur sechs Stunden am Tag, denn ihre Arbeit ist sehr schwer und anspruchsvoll. Und das gilt nicht nur für SIL, sondern auch für jede andere Fabrik überall in der Sowjetunion. Das ist hier eine wohlbekannte Tatsache."

* * *

Als wir wieder in Bukarest waren, warteten interessante Nachrichten auf mich. Sie kamen aus Ungarn. Seit Rajks „Teilrehabilitierung" im vorhergehenden Sommer köchelte etwas Ominöses unter der Oberfläche des ungarischen sozialen Lebens. Man konnte es in den immer zahlreicheren, immer wagemutigeren und oft vernichtend kritischen Artikeln lesen und herausfinden, die in ungarischen Tageszeitungen und wöchentlichen Kulturzeitungen erschienen. All das hatte im Herbst 1954 begonnen, mehr als ein Jahr nachdem das ungarische Politbüro nach Moskau beordert worden war. Rákosi war (wenige Monate nach Stalins Tod) als Ministerpräsident abgelöst worden und Nagy war an seiner Stelle ernannt worden, während Rákosi den Parteivorsitz behielt. Im Oktober 1954 hielten die Journalisten, die für die Tageszeitung der Partei arbeiteten, eine Besprechung ab, in der sie sich gegenseitig dafür verantwortlich machten, über so viele Jahre die Anordnungen befolgt zu haben, voreingenommene und sogar absolut falsche Berichte zu schreiben. Sie gelobten feierlich, nie wieder Lügen zu veröffentlichen. Natürlich konnten sie dieses naive Gelöbnis nicht einhalten, doch eine Schilderung ihrer Besprechung – die weder davor noch danach öffentlich bekanntgegeben wurde – machte die Runde und gab den Anstoß zu weiteren Entwicklungen. Als sich die Parteichefs im Sommer 1955 durch die Ereignisse (die sowjetisch-jugoslawische Aussöhnung) zu dem Geständnis gezwungen sahen, dass der Rajk-Prozess fabriziert wurde und dass Rajk „im Prinzip" unschuldig war, entluden sich die anfänglichen Spannungen in Wut. Nach Malenkows Sturz und Imre Nagys Ablösung saß Rákosi erneut für kurze Zeit im Sattel: Die Parteikontrolle konnte ausreichend verstärkt werden, um eine Explosion zu vermeiden. Im Sommer 1956 zwangen die Sowjets – unter dem Druck Titos – Rákosi zum Rücktritt; aber sie ersetzten ihn durch Gerő, der mit Rákosi zu eng verbunden war und deswegen nicht als Wechsel betrachtet werden konnte. Ermutigt durch Chruschtschows „Geheimrede" auf dem zwanzigsten Parteitag, stellten sowohl kommunistische als auch nichtkommunistische Intellektuelle im Sommer 1956 im Grunde genommen die Frage: Wo stehen unsere führenden Politiker in dieser Hinsicht? Wann werden sie ihre eigenen Verbrechen aufdecken? Wer trägt die Verantwortung für den Tod Rajks und so vieler anderer? Natürlich wurde nichts von alledem jemals offen gesagt oder geschrieben, aber die Frage stand im Raum, man konnte sie zwischen den Zeilen lesen, und die Parteiführer konnten sie nicht mehr aus der Welt schaffen. Es entwickelte sich eine stille Revolte von Intellektuellen, der sich Parteimitglieder und Parteilose anschlossen. Jede Woche kamen neue Namen zur Liste der Kritiker hinzu.

Ich erinnere mich an einen typischen Artikel, den Tibor Tardos für eine literarische Wochenzeitung geschrieben hat – die Überschrift lautete „Seewasser ist salzig". Der Artikel schilderte einen strahlenden Sonnentag an einem wunderschönen Erholungsort an der Meeresküste; das glitzernde blaue Wasser des Meeres verleitete die Menschen dazu, sich in die Wellen zu stürzen, um sich beim Schwimmen abzukühlen und zu erfrischen (seit dem Ende des Ersten Weltkriegs hatte Ungarn keinen Zugang zum Meer). Überall waren auf hohen Masten Lautsprecher angebracht, die sich in Lobpreisungen über den Ort ergingen: „Bürger, Brüder! Eine große Freude erwartet euch. Ihr seid im Begriff, Meerwasser zu schmecken, das süßeste, schmackhafteste und erfrischendste Getränk auf der Welt. Ihr werdet es genießen und daran Vergnügen haben. Trinkt so viel Ihr könnt und lasst es euch gut gehen". Die Menschen drängten sich zum Meer und begannen, das Wasser zu trinken. Eine schreckliche Enttäuschung folgte: Sie entdeckten, dass das Meerwasser salzig und ungenießbar war. Die Feier entlud sich in einem Wutausbruch; der märchenhafte Erholungsort verwandelte sich in einen Ort der bitteren Ernüchterung. Die Botschaft war: Was auch immer die Verdienste des Sozialismus gewesen sein mögen – er hatte sich durch falsche Behauptungen über sich selbst und durch die Lügen, die ihn umgaben, in eine bittere Hölle verwandelt. Es ist kein Zufall, dass der Aufstand der Intellektuellen nicht in erster Linie auf den niedrigen Lebensstandard, die gebrochenen Versprechen eines besseren Lebens für die Arbeiterschaft oder auf andere soziale Fragen anspielte. Stattdessen konzentrierte er sich darauf, was als Herrschaft der Großen Lüge empfunden wurde. „Es reicht," sagten sie, „Wir wollen endlich die Wahrheit zu Wort kommen lassen."

Das war die Stimmung im Spätsommer 1956, als ich Karcsi (Károly) Fekete, meinem Begleiter bei meiner Flucht 1944, einen Brief schrieb und ihm mitteilte, dass Edith und ich beabsichtigten, Budapest zu besuchen. Karcsi, der damals Minister in der Regierung Hegedűs war, hatte uns zu sich und seiner Frau (die ebenfalls Edith hieß) eingeladen. Wir planten zwei Wochen für den Besuch, der am 24. Oktober beginnen sollte. Edith, die beiden Mädchen und ich nahmen den Zug, der am Abend des 23. Oktober 1956 in Richtung Budapest fuhr. Am frühen Morgen hielt der Zug in Cluj, und wir hatten vor, Anna und Vera für die Dauer unseres Aufenthaltes in Budapest bei Ediths Eltern zu lassen. Als der Zug in den Bahnhof von Cluj einfuhr, warteten meine Schwiegereltern Sándor und Klára auf uns. Ich übergab Sándor Annas und Veras Gepäck, und wir küssten die Mädchen zum Abschied, als Sándor sagte: „Was macht ihr da? Habt ihr denn keine Nachrichten gehört? Ihr müsst hier aussteigen; es hat keinen Sinn, jetzt nach Budapest zu fahren." Wir hatten nichts gehört, da wir noch vor den Abendnachrichten von zu Hause zum Bahnhof gefahren sind. „In Budapest ist Revolution. Auf den Straßen wird geschossen – ihr müsst aus dem Zug aussteigen," sagte Sándor schnell. Ich war elektrisiert.

„Das ist ja wunderbar", sagte ich. „Ich bin mir nicht sicher, was das Richtige für Edith ist, aber soweit es mich betrifft: Ich will dort sein und Anteil haben an dem, was geschieht." Mein Schwiegervater versuchte nervös, mir auszureden, was mir mein Instinkt diktierte. „Es hat keinen Sinn; du würdest dich unnötig in Gefahr begeben. Du kannst die Ereignisse von hier aus verfolgen; seit gestern Abend hören wir ständig Radio Budapest." Aber ich wollte unbedingt fahren; ich hatte das Gefühl, als würden mir Flügel wachsen.

Da hörte mein Schwiegervater, wie jemand sagte, im Radio sei gerade gemeldet worden, dass die Grenze zu Ungarn geschlossen worden sei. Ich wollte ihm nicht glauben; ich vermutete, er hatte sich das ausgedacht, damit ich aus dem Zug aussteige. Deswegen ging ich zum Zugbegleiter und sagte ihm, dass ich in Budapest etwas Dringendes zu erledigen hätte und dorthin fahren müsse. Ob es wahr sei, dass die Grenze geschlossen worden ist, und wenn ja, wann würde der Zug seine Fahrt nach Budapest fortsetzen? Er antwortete ohne zu zögern, dass er gerade die Anweisung erhalten habe, den Zug an der Grenze anzuhalten. „Wir fahren nicht nach Budapest," sagte er. Einige Zeit lang versuchte ich noch, andere Möglickeiten herauszubekommen, wie man nach Budapest gelangen könne, aber bald sah ich ein, dass es keine gibt. Und so kam es, dass unsere gut vorbereitete und lang ersehnte Besuchsreise nach Budapest in Cluj endete. Wir verbrachten unseren zweiwöchigen Urlaub also dort und nicht in Budapest. Die meiste Zeit klebte ich am Radio und versuchte, die aus Ungarn kommenden Nachrichten zu verarbeiten und zu interpretieren.

Außer Ediths Eltern hatten wir unseren lokalen Freundeskreis in Cluj. Hierzu gehörten der Literaturkritiker László Földes und seine Frau, die Schriftstellerin Marica Földes – beide äußerst auffallende, lebhafte und interessante Persönlichkeiten – und Ernő Gáll, ein marxistischer Philosoph und Chefredakteur der Zeitschrift *Korunk*, in der er neun Monate später einen Artikel von mir veröffentlichte, wofür er zum Rapport nach Bukarest beordert wurde. Wir verfolgten aufmerksam die Dinge, die sich in Budapest abspielten, und waren alle zutiefst schockiert, als nach zwölf Tagen, am 4. November, sowjetische Panzer den Aufstand niederwalzten und viele Menschen töteten. Es folgten die Jahre der Unterdrückung und der Vergeltung. Viele Freiheitskämpfer wurden hingerichtet, darunter Imre Nagy, der kommunistische Führer, der sich auf die Seite der Aufständischen gestellt, den Warschauer Pakt angeprangert und den Abzug der sowjetischen Truppen gefordert hatte, sowie Pál Maléter, der militärische Führer des Aufstands. Im Anschluss an die sowjetische Invasion flüchteten mehr als hunderttausend Menschen über die österreichische Grenze in den Westen.

Zunächst hassten alle den neuen ungarischen Parteichef János Kádár, da er von den Russen eingesetzt worden war und auch zur Hinrichtung seiner früheren Genossen beigetragen hatte. In den darauf folgenden Jahren verbesserte sich jedoch sein Ruf beträchtlich, da er allmählich ein System einführte, das toleranter und weniger streng als in den anderen sozialistischen Ländern war. Die Sowjets erlaubten ihm, das zu tun, weil sie im Jahr 1956 gelernt hatten, dass es besser ist, sich nicht in die ungarischen Angelegenheiten einzumischen – es bestand immer die Gefahr einer Explosion. Auf diese Weise entstand ein stillschweigendes Abkommen, in dessen Rahmen die ungarische Partei jede sowjetische außenpolitische Initiative bedingungslos unterstützte; im Gegenzug erhielten die Ungarn eine mehr oder weniger freie Hand in Bezug auf die Regelung der inneren Angelegenheiten ihres eigenen Landes. Kádárs politisches Motto war „Wer nicht gegen uns ist, ist für uns", und die sozialökonomischen Bedingungen, die sich in Ungarn entwickelten, wurden in den sechziger und siebziger Jahren im Westen als „Gulaschkommunismus" bezeichnet. Im Osten wurde Ungarn – nicht ohne etwas Sarkasmus – die „lustigste Baracke des Ostblocks" genannt. Der im Westen geprägte Ausdruck „Gulaschkommunismus" spielte auf das verbesserte Konsumgüterangebot und allgemein auf die Erhöhung des Lebensstandards an. Aber ein noch wichtigeres Merkmal des Kádár-Systems spiegelte sich in der östlichen Charakterisierung des Landes als „lustigste Baracke" wider: Die größere Rede- und Pressefreiheit, die inbesondere den Intellektuellen zugute kam. Ich erinnere mich immer noch daran, wie erstaunt ich war, als 1957, nur wenige Monate nach der niedergeschlagenen Revolution, der Budapester Verlag für Wirtschaftswissenschaften ein Buch von János Kornai veröffentlichte: *Die Überzentralisierung der Wirtschaftslenkung.* (Das Buch ist in ungarischer Sprache erschienen; ich verwende hier die wörtliche Übersetzung des Titels.) Dieses Buch, die erste kritische Tiefenanalyse der Kommandowirtschaft und ihrer Planungsmethoden, traf sein Ziel mit vernichtender Genauigkeit. In gewisser Weise waren die Opfer und Leiden der ungarischen Revolutionäre von 1956 nicht vergeblich.

In anderen sozialistischen Ländern – und auf jeden Fall in Rumänien – waren die Folgen der ungarischen Revolution und ihrer Niederlage im Ganzen jedoch negativ. Das kaum wahrnehmbare ideologische Tauwetter, das nach Stalins Tod und Berias Hinrichtung eingesetzt hatte und sich nach Chruschtschows Enthüllungen auf dem zwanzigsten Parteitag der sowjetischen Kommunisten erheblich ausweitete, verlief im Sande, und 1957 wurde ein politischer Rückwärtsgang eingelegt. Die Parteilinie verhärtete sich, und über einen Zeitraum von zwei oder drei Jahren kam es zu zahlreichen repressiven Maßnahmen.

Mein Schicksal war eines von vielen, die von diesem Rückzieher betroffen waren. Die Schwierigkeiten, auf die ich stieß, hatten teilweise mit einem Artikel zu tun, den ich 1957 veröffentlicht hatte, hauptsächlich jedoch mit meinem Buch, das 1958 erschien. Ich möchte aber betonen, dass meine „Leiden" in dieser Phase gering waren im Vergleich zu dem, was andere durchgemacht hatten, deren Lebenswege zerstört und deren Karrieren durchkreuzt worden waren. Nur ein Beispiel: Constantin Noica, einer der am besten bekannten nichtmarxistischen rumänischen Philosophen, traf sich im September oder Oktober 1958 mit einer Gruppe von Freunden zum Abendessen in einem Gartenrestaurant. Es gab Musik, sie tranken Wein, und da das Restaurant im Freien war, fühlten sie sich wirklich frei und redeten ungezwungen: Sie erzählten „reaktionäre" Witze und machten sarkastische Bemerkungen über die Marionetten von der „ideologischen Front". Die Männer waren zusammen mit ihren Frauen gekommen, und irgendwann trat eine Zigeunerin an den Tisch heran, um Blumen zu verkaufen; anschließend bat sie um Erlaubnis, ihren Eimer voller Blumen unter den Tisch zu stellen. Im Dezember desselben Jahres wurden Noica und einige seiner Freunde festgenommen. Die Securitate „überführte" mehrere Mitglieder der Gruppe, indem sie ihnen wortwörtlich die Gespräche

zitierten, die sie an dem besagten Septemberabend im Gartenrestaurant geführt
hatten: Der Blumeneimer, den die Zigeunerin unter den Tisch gestellt hatte, war
verwanzt. Noica wurde zu fünfundzwanzig Jahren Gefängnis verurteilt. Er kam
ungefähr sechs Jahre später im Rahmen einer Generalamnestie frei.

Ich hatte meinen 1957 erschienenen Artikel unter dem Einfluss der ökonomischen Debatten geschrieben, die in Ungarn geführt wurden; zum Inhalt dieser
Debatten hatte ich Zugang durch einige Veröffentlichungen. Während des Jahres
vor der Revolution im Oktober 1956 hatte der Petőfi-Kreis in Budapest spannende
literarische Debatten organisiert, die weit über das Gebiet der Literatur im Sinne
von Dichtung hinausgingen; schon sehr bald wurden daraus intellektuelle Debatten über jeden Aspekt der ungarischen Gesellschaft und des damaligen ungarischen
Lebens. Die Wirtschaftswissenschaftler führten ihre eigenen Debatten, die in ihrer
Zeitschrift und in verschiedenen Presseorganen erschienen. Über diese indirekten
Kanäle erfuhr ich vom „Marktsozialismus" (auch als „Konkurrenzsozialismus" bezeichnet), einer von Oskar Lange in den dreißiger Jahren entwickelten Idee. Diese
wurde später von den jugoslawischen Ökonomen aufgegriffen, deren ketzerische
Abweichung von der orthodoxen Doktrin Tito in der Hoffnung toleriert hat, dass sie
ein Kommunismusmodell entwerfen würden, das sich von dem verhassten sowjetischen System unterscheidet. Marktsozialismus ist ein Oberbegriff für ein System,
in dem die Wirtschaftseinheiten, die in irgendeiner Form kollektives Eigentum sind,
unabhängig voneinander agieren, ihre eigenen Ziele – zum Beispiel die Erwirt-
schaftung von Gewinn – verfolgen und ihre Waren auf den Markt bringen. Die
Planungsbehörde setzt dann die Preise fest, um Angebot und Nachfrage auf dem
gewünschten Niveau ins Gleichgewicht zu bringen. Das sollte den direkten Pla-
nungsmechanismus der Kommandowirtschaft – in der jede Firma eine quantitative
Vorgabe erhält, für deren Erfüllung sie zuständig ist – durch einen flexibleren Mechanismus von Preisanreizen ersetzen; dieses System fördert die Produktion dessen,
was die Planer durch die Festsetzung der entsprechenden Preise erreichen wollen.
Der Vorteil dieses Systems gegenüber der Kommandowirtschaft wäre eine höhere
Gesamteffizienz. In der Kommandowirtschaft setzt die willkürliche Festlegung der
Preise sämtliche Vergleiche mit Alternativen außer Kraft, die es zur Herstellung ein
und desselben Gegenstandes geben könnte; demgegenüber würden im Marktsozialismus die Gleichgewichtspreise eine adäquate Basis für solche Vergleiche liefern
und dadurch die Effizienz fördern.

Anfang 1957 schrieb ich also für die Zeitschrift *Korunk* einen Artikel über einige
aktuelle Probleme der Wirtschaftsforschung, wobei ich versuchte, die Bedeutung
von Preisen zu erklären, in denen sich die relative Arbeit widerspiegelt, die für
die Herstellung der verschiedenen Produkte aufgewendet wird. Die Tatsache, dass
Märkte und Preise eine zentrale Rolle für die Funktionsweise einer kapitalistischen
Wirtschaft spielen – argumentierte ich – sei noch kein Grund dafür, warum sie
nicht auch bei der Führung einer sozialistischen Wirtschaft ein nützliches Werkzeug sein könnten – vorausgesetzt, dass die Planungsbehörde das entsprechende
Wirkungsprinzip verstanden hat und anwenden kann. Im Gegenteil: Diese Faktoren
könnten die Wirtschaft effizienter machen und zur Stärkung des Sozialismus beitragen. Im Gegensatz zu meinen früheren drei Arbeiten, die wegen ihres technischen

Ansatzes den Parteikadern unverständlich waren, hatte ich in meiner jetzigen Arbeit jeglichen Fachjargon vermieden, denn mein Ziel war es, politisch zu überzeugen. Deswegen geriet ich ebenso in Schwierigkeiten wie Ernő Gáll, der Chefredakteur der Zeitschrift, der irgendwann 1958 nach Bukarest zitiert wurde und dort eins auf den Deckel kriegte. Die Herausgeber mussten sich öffentlich für ihre ideologische Blindheit entschuldigen, dafür, dass sie ein solches revisionistisches Machwerk zur Veröffentlichung angenommen hatten. Meine eigenen Schwierigkeiten begannen um dieselbe Zeit, aber nicht nur wegen dieses Artikels.

Ketzerei und Ausstoßung

13

Im Rahmen meiner Tätigkeit am Institut der Wirtschaftsforschung begann ich Anfang 1956 mit der Arbeit an einem Buch über den Keynesianismus, die Wirtschaftslehre von John Maynard Keynes. Keynes' Allgemeine Theorie der Beschäftigung, die er während der großen Weltwirtschaftskrise in den 1930er Jahren entwickelte, analysierte die langen Jahre der massiven Arbeitslosigkeit und der Unterauslastung der Produktionskapazitäten. Außerdem vertrat Keynes in seinem Buch den Standpunkt, dass ähnliche Krisen durch eine entsprechende Regierungspolitik vermieden werden könnten. Im Nachkriegsjahrzehnt war der Keynesianismus der dominierende Trend im westlichen ökonomischen Denken, und viele der Empfehlungen von Keynes wurden in der Praxis getestet. Später wurden diese Empfehlungen und einige ihrer theoretischen Grundlagen zunehmend kontrovers diskutiert, aber der Keynessche Ansatz zur Bestimmung der Einkommenshöhe als Gleichgewichtspunkt zwischen geplanten Investitionen und planmäßigen Einsparungen floss in die Hauptströmung der westlichen Ökonomie ein und wurde ein Grundbestandteil der modernen makroökonomischen Analyse. Die marxistischen Ökonomen waren seit nunmehr drei Generationen Gefangene einer erstarrten Theorie. Als ich mit meinem Buchprojekt begann, schien Keynes der relevanteste moderne theoretische Ökonom für jemanden zu sein, der aus der den marxistischen Wirtschaftswissenschaftlern auferlegten Isolation ausbrechen und einige neue Ideen erkunden wollte.

In der marxistischen ökonomischen Literatur wurden westliche nichtmarxistische Wirtschaftswissenschaftler unterschiedslos als ideologische Lakaien des Kapitalismus bezeichnet, deren Theorien einzig und allein dem Zweck dienten, die kapitalistische Ausbeutung zu rechtfertigen und diese für die Arbeiterklasse dadurch akzeptabel zu machen, dass es sich um ein System handele, dessen Funktion von spontanen Prozessen geregelt wird, in denen rationale Effizienzprinzipien zum Ausdruck kommen. Marginalanalyse jeglicher Art war mit einem Bannfluch belegt worden, da sie nicht mit der Arbeitswerttheorie übereinstimmte. Die Gleichgewichtsanalyse und die Verwendung mathematischer Techniken wurden verächtlich gemacht, weil sie auf raffinierte Weise die einfachen Tatsachen der Ausbeutung vernebeln würden. In Abweichung von diesem allgemeinen Paradigma schrieb ich ein Buch, in dem ich Keynes zwar vom marxistischen Standpunkt aus kritisch behandelte, seine Theorien jedoch mit der Absicht analysierte, aus ihnen allgemeingültige Ergebnisse abzuleiten, die auch für die marxistischen Ökonomen nützlich wären. Der Titel des Buchs war *Beiträge zu einer marxistischen Kritik des Keynesianismus*. Mein Ausgangspunkt war die Tatsache, dass sich Keynes, im Gegensatz zu bürgerlichen Ökonomen früherer Zeiten, nicht mehr auf eine Erklärung der Ökonomie des Kapitalismus beschränkte – also in der marxistischen Interpretation als Apologet des Kapitalismus auftrat –, sondern auch dessen größte damalige Schwäche diagnostizierte: Die Möglichkeit, und unter bestimmten Umständen sogar die Wahrscheinlichkeit, eines Unterbeschäftigungsgleichgewichts, das heißt, des ökonomischen Gleichgewichts auf einem Niveau der Unterauslastung der Produktionskapazitäten, die mit einer längeren Massenarbeitslosigkeit einhergeht. Nachdem er die Krankheit und ihre angeblichen Ursachen diagnostiziert hatte, empfahl er der Regierung auch Gegenmittel in Form von fiskalischen und monetären Leitlinien, um dieses unerwünschte Phänomen zu verhindern oder ganz zu beseitigen. Da ein Apologet des Kapitalismus keinen Grund hat, objektiv oder sogar wissenschaftlich vorzugehen – so argumentierte ich –, muss jemand, der darauf abzielte, eine grundlegende Krankheit des Kapitalismus zu heilen, versucht haben, wissenschaftliche Werkzeuge zu verwenden; andernfalls hätte sein Versuch, die Krankheit zu kurieren, scheitern müssen und wäre von keinerlei Nutzen für das bürgerliche System gewesen, dem er zu helfen versuchte. Daher ist es notwendig, seine Arbeit neu zu bewerten und aus einer Perspektive zu analysieren, die sich von früherem marxistischen Kritiken der bürgerlichen Ökonomen unterscheidet. Im Licht dieser Erkenntnis schlussfolgerte ich, dass es für marxistische Ökonomen nicht sinnvoll sei, Keynes einfach nur als einen weiteren Apologeten des Kapitalismus zu betrachten, denn mit dieser Herangehensweise könne man seine wahre Bedeutung nicht erfassen.

Mein Buch erläuterte und begründete diese These verhältnismäßig ausführlich und ging dann auf die Keynessche Theorie der Bestimmung der Einkommenshöhe ein, wobei die Betonung auf dem neuartigen Begriff der Möglichkeit eines längeren Unterbeschäftigungsgleichgewichts lag. Ich setzte mich mit dieser Theorie nicht auseinander, sondern versuchte stattdessen, sie in die marxistische Terminologie zu übersetzen und in den Rahmen des Marxschen Modells der erweiterten Reproduktion einzuordnen. Tatsache ist, dass Marx trotz seiner vernichtenden Kritik des Kapitalismus die Möglichkeit eines Unterbeschäftigungsgleichgewichts nicht vorausgesehen hat. Er schrieb wiederholt und ausführlich über die Arbeitslosigkeit, die Verschwendung und Unterauslastung von Produktionskapazitäten, die während der periodischen Krisen des Konjunkturzyklus auftraten, aber er betrachtete diese Erscheinungen stets als Pendelschwingungen, die dem spontanen Mechanismus innewohnen, den das ökonomische Gleichgewicht sich selbst auferlegt; Marx fasste diese Vorgänge nie als einen möglichen Gleichgewichtszustand an sich auf. Mit anderen Worten argumentierte ich, dass der Begriff des Unterbeschäftigungsgleichgewichts für marxistische Ökonomen neu sei und Bestandteil ihrer Kritik des Kapitalismus werden sollte. Und schließlich untersuchte ich die von Keynes empfohlenen Gegenmittel und zeigte, wie sie wirken müssten; gleichzeitig wies ich auf die Schranken und den temporären Charakter der Entlastung hin, den diese Gegenmaßnahmen bringen würden.

Ich war mit dem Buch im Herbst 1957 fertig. Das Tauwetter, das 1955 eingesetzt hatte, ging in eine Frostperiode über. Dennoch gab es immer noch genug Unsicherheit in Bezug auf die „richtige" ideologische Linie und die genauen Grenzen dessen, was in einer intellektuellen Debatte erlaubt war und was nicht. In diesem Umstand sah ich eine Chance – aber nicht mehr als das –, mein Buch veröffentlichen zu können. Aber wenn das geschehen sollte, dann müsste der Verleger einigen politischen Einfluss haben, da das Vorhaben mit Risiken einherging. Ich reichte also mein Manuskript bei Editura Politică ein, dem Verlag, der der Partei an nächsten stand. Ich kannte den Herausgeber, der für die Begutachtung meines Buches zuständig sein würde: Er war ein junger und intelligenter marxistischer Ökonom, der großen Respekt vor mir hatte und unternehmungslustig genug war, um es mit der Veröffentlichung zu versuchen.

Einer der Gutachter war Ion Rachmuth, der Direktor des Parteischulinstituts für Politische Ökonomie und einer der am meisten verehrten marxistischen Theoretiker des Landes. Er war lange Zeit der „Herr Parteilinie" in Sachen Wirtschaftstheorie, aber ich wusste, dass sich seine Ansichten geändert hatten. Er war von den Enthüllungen des zwanzigsten Parteitags tief erschüttert und hatte begonnen, viele Dinge anzuzweifeln, obwohl er mit niemandem darüber sprach. Ich „wusste" das, weil wir in demselben Mehrfamilienhaus lebten und gelegentlich miteinander sprachen; er wohnte im ersten Stock mit Frau und zwei Kindern, während wir im fünftem Stock wohnten. Einmal traf ich ihn im Park, wo er und ich mit unseren Familien spazieren gingen; wir gingen zusammen weiter und ich hatte die Gelegenheit, länger mit ihm zu diskutieren. Ich kannte ihn als jemanden, der zutiefst dogmatisch aber auch sehr scharfsinnig war und sich im Gegensatz zu den anderen Champions der ideologischen Front anständig und ehrlich verhielt. Deswegen kam ich auf die politische Lage zu sprechen und sagte offen meine Meinung über die Zustände in Rumänien, wobei ich mehr oder weniger voraussetzte, dass er mich selbst dann nicht anzeigen würde, wenn er mit mir nicht übereinstimmte. Er hörte zu, ohne Bemerkungen zu machen, aber ganz zum Schluss sagte er: „Sie sind nicht der Einzige, der so denkt; aber die Bedingungen für einen Wechsel sind offensichtlich noch nicht reif." Rachmuth bekam also mein Buch von Editura Politică zur Begutachtung. Als er damit fertig war, sagte er mir, dass er das Buch äußerst interessant gefunden habe und dass er selbst nicht mit Keynes' Theorien vertraut gewesen sei, aber jetzt das Gefühl habe, sie verstanden zu haben. Danach fügte er hinzu: „Aber warum wollen Sie es veröffentlichen? Es ist ziemlich wahrscheinlich, dass Sie damit Schwierigkeiten bekommen werden." Ich antwortete, dass ich mir der Risiken und Gefahren der Buchveröffentlichung bewusst sei, aber das Gefühl hätte, ich müsse mich an der Gestaltung der Dinge im Land beteiligen, und dass ich als Intellektueller dazu beitragen wolle, das Klima zu verbessern. Er schüttelte den Kopf und entgegnete, er würde ein grundsätzlich positives Gutachten über das Buch schreiben, würde mir aber privat dazu raten, es nicht zu veröffentlichen. Ich erinnere mich nicht mehr daran, wer das Buch noch begutachtet hat, aber es wurde zur Veröffentlichung angenommen und ging Ende April 1958 in Druck.

Am Anfang wurde das Buch gut aufgenommen. Im Frühsommer erschienen positive Rezensionen in *Scînteia*, der Tageszeitung der Partei, und in einigen anderen Publikationen. Die Wolken begannen sich erst im Spätsommer zusammenzuziehen, und im Herbst geriet ich bereits in ernsthafte Schwierigkeiten. Mehrere äußerst bösartige Rezensionen des Buches waren erschienen, die es als dem marxistischen Denken fremd brandmarkten und meinten, dass darin eine verrottete bürgerliche Gesinnung und eine Unterwürfigkeit gegenüber der kapitalistischen Ideologie zum Ausdruck käme. Eine der Rezensionen erschien 1958 in der Augustausgabe von *Probleme Economice*, der Ökonomiezeitschrift, die meine drei Artikel in den Jahren 1955–1957 veröffentlicht hatte. Die Rezension war von jemandem unterschrieben worden, der über das Thema weder Bescheid wusste noch Interesse daran hatte, eine so vernichtende Rezension aus eigenem Antrieb zu schreiben: Offensichtlich hatte er dazu eine Anweisung bekommen und ihr Folge geleistet. Eine andere vernichtende Rezension erschien später in der Parteizeitung *Scînteia*, die zuvor eine positive Rezension gedruckt hatte. Dieses Mal warnte der Rezensent vor der Gefahr, in der eigenen Wachsamkeit nachzulassen und sich von den Kunststücken und Tricks des Feindes umgarnen zu lassen, der sich oft hinter einer komplizierten Theorie und der Maske der wissenschaftlichen „Objektivität" versteckt – als ob es so etwas überhaupt gäbe; bedauerlicherweise sei das auch auf den Seiten dieser Zeitung geschehen, die einige Monate zuvor eine positive Rezension dieses abscheulichen Buches veröffentlicht hat. Schließlich wurde das Buch einige Wochen später aus dem Verkehr gezogen: Alle vorhandenen Exemplare wurden aus den Buchhandlungen, öffentlichen Bibliotheken und Leseklubs entfernt. Der Inhalt des Buches war eindeutig als Ketzerei gebrandmarkt worden.

Bald nachdem mein Buch in der Presse attackiert worden war, hatte ich – zum ersten Mal seit den vierziger Jahren – die Gelegenheit, Budapest zu besuchen und sprach dort mit zwei der damals führenden ungarischen Wirtschaftswissenschaftler über mein Buch: mit Tamás Nagy und Péter Erdős (nicht mit dem berühmten Mathematiker Paul Erdős verwandt, den ich später kennengelernt habe). Ich kannte ihre Namen aus der ungarischen Ökonomiezeitschrift und schätzte sie beide mehr als irgendwelche rumänischen oder sowjetischen Wirtschaftswissenschaftler. Sie wussten von meinem Buch und interessierten sich dafür, nachdem sie erfahren hatten, dass es in der rumänischen Parteipresse an den Pranger gestellt worden war. Sie ließen eine Übersetzung anfertigen, die sie jedoch nicht verstehen konnten. Sie zeigten mir die Übersetzung: Der Übersetzer konnte zwar Rumänisch, hatte aber von Ökonomie keine Ahnung und verstand die Keynessche Terminologie nicht. Weder Nagy noch Erdős wussten viel über Keynes und, wie ich vermutete, wohl auch nicht viel über die westlichen ökonomischen Ideen im Allgemeinen – beide waren marxistische Ökonomen, aber keine Dogmatiker; sie wollten die Schranken der marxistischen Doktrin überwinden und waren kritischen Ideen gegenüber durchaus aufgeschlossen. Ihr Problem war, dass sie versuchten – anstatt die westlichen Ökonomen zu studieren, deren Arbeit sie als überwiegend irrelevant für die Kommandowirtschaft unserer Länder einstuften –, von Grund auf die Ökonomie des Sozialismus neu zu entwickeln. Beide zeigten großes Interesse für Keynes und das, was ich über seine Theorien zu sagen hatte. Ich begann, ihnen den Inhalt meines

Buchs zu erklären, aber sie hatten bei buchstäblich jedem Schritt so viele Fragen, dass wir nach einer Diskussion von mehr als zwei Stunden nur einen kleinen Teil des Themas schafften. Sie schlugen vor, unsere Diskussion am Abend bei Erdős zu Hause fortzusetzen, wo wir dann erforderlichenfalls bis spät in die Nacht weitermachen könnten.

Wir brauchten die Zeit tatsächlich und waren gegen zwei Uhr morgens fertig. Erdős und seine Frau servierten Imbiss, und es gab Wein, den Nagy offensichtlich sehr gerne trank. Schließlich sagte Nagy in den frühen Morgenstunden: „Ich denke, jetzt verstehe ich, was du mit Unterbeschäftigungsgleichgewicht meinst, und kann deiner Argumentation folgen, wie dieses Gleichgewicht eintritt und wie man es durch Regierungspolitik beeinflussen kann. Von allem, was du geschrieben hast, gefällt mir am besten, wie du dieses Phänomen vom marxistischen Standpunkt aus erklärst. Ich denke, dass ich inzwischen genug Wein getrunken habe, so dass du nicht gekränkt bist, wenn ich dir offen sage, dass du ein Trottel bist. Du hättest alles das schreiben sollen, ohne Keynes auch nur mit einem Wort zu erwähnen. Du erklärst einfach ein neues Phänomen der kapitalistischen Wirtschaft, das kein marxistischer Ökonom kennt, geschweige denn versteht. Du hättest die Erklärung dieses Phänomens als deine eigene ausgeben sollen – dann wäre dein Buch ein großer Erfolg geworden.“ Ich erinnere mich nicht mehr daran, was ich geantwortet habe, aber ich habe weder damals noch später bedauert, nicht so vorgegangen zu sein, wie es Tamás Nagy (vielleicht nicht ganz ernst) vorgeschlagen hat. Jedenfalls fand ich es schmeichelhaft, wie sehr sich die beiden, die ich hoch schätzte, für meine Arbeit interessierten. Ihre Reaktion war der langersehnte Balsam für meine Seele und ein Trost für mein Ego nach den Beschimpfungen und Schmähungen, die ich zu Hause über mich ergehen lassen musste.

Noch bevor die negativen Rezensionen meines Buchs erschienen, verlor ich meine Hochschullehrerstelle am ISE. Das geschah im September 1958, als die politischen Daumenschrauben bei Hochschullehrerstellen in ideologisch relevanten Gebieten – von denen auch die Ökonomie eines war – fester angezogen wurden. Ich kann der Versuchung nicht widerstehen, hier eines der ironischen Details meines Rausschmisses aus dieser namhaften Institution wiederzugeben. Bei der Kündigung erhielt ich ein Standarddokument, das meine Arbeitsgeschichte beim ISE (früher ISEP) festhielt, wozu auch mein Gehalt und der Grund für meine Entlassung gehörten. Bezüglich des Entlassungsgrundes berief man sich auf einen der üblichen Paragraphen des Arbeitsgesetzbuches, den gleichen Paragraphen wie bei anderen Kündigungen. Aber bei meiner Arbeitsgeschichte war Folgendes zu lesen: 1949–1950, Oberassistent, Gehalt...; 1950–1952, Dozent, Gehalt...; September 1952–Dezember 1954, Dozent, ohne Gehalt; 1955–1958, Dozent, Gehalt.... Somit war ich von meinem Rang als „Gast“ des erlauchten Malmezon-Hauses zum „Dozenten ohne Gehalt“ befördert worden – eine nette Beurlaubung, könnte man sagen.

Inzwischen war es an meinem Hauptarbeitsplatz, dem Institut für Wirtschaftsforschung, zu mehreren Veränderungen gekommen. Irgendwann im Winter 1957–1958 war Gogu Rădulescu, der Direktor, ins Zentralkomitee gerufen worden, wo man ihm einen Regierungsposten anbot: Er sollte Handelsminister oder stellvertretender

Handelsminister werden – ich erinnere mich nicht, welches von beiden. Er hatte mehrere Tage Bedenkzeit bekommen und bat mich um Rat. Ich wusste, wie er über die gegenwärtige Lage dachte; und ich wusste auch, dass wir ziemlich ähnliche Ansichten hatten. Er fragte mich, ob er das Angebot annehmen solle. Ich antwortete ohne zu zögern, dass ich keinen Grund sähe, warum er das nicht tun solle: Ein Ministerposten sei eine einflussreiche Position, und er könne dadurch in der Lage sein, einen positiven Einfluss auf die Geschehnisse im Land zu nehmen. Warum also nicht, wenn das Angebot nicht an Bedingungen geknüpft sei, die seinen Ansichten widersprächen? Sollte er aufgefordert werden, etwas zu tun, das nicht mit seinem Gewissen vereinbar sei, dann könne er und solle er zurücktreten. Er antwortete, dass er die Sache etwas anders sähe. Er sehe keine Chance, die Führung zu beeinflussen oder sie gar von seinen Ansichten zu überzeugen; und da er sein Leben nicht durch einen Konflikt mit den Parteiführern ruinieren wolle, wäre es für ihn keine lebensfähige Alternative zurückzutreten, wenn er mit etwas nicht einverstanden sei. Er sei kein Held und beabsichtige auch nicht, einer zu werden. Dennoch denke er, dass er auf einem Regierungsposten in der Lage sein könne, etwas Gutes zu tun – wenn schon nicht für die Sache insgesamt, die er nicht beeinflussen könne, so doch wenigstens für bestimmte Personen: Er könne jemandem eine Arbeit oder eine bessere Arbeit verschaffen, und das sei vielleicht schon ein hinreichender Grund, „korrupt zu werden", wie er sich ausdrückte. Offensichtlich betrachtete er die Regierungsarbeit als Form der Korrumpierung, und er wog das Negative gegen das Positive ab. Schließlich entschied er sich, das Angebot anzunehmen und verließ deswegen das Institut.

Einige Monate zuvor gab es im Zusammenhang mit Gogu Rădulescu einen Vorfall, an den ich mich lebhaft erinnere und der wichtig genug ist, um erzählt zu werden. Gogu hatte einen alten Freund in Moskau, Ilja Konstantinowski, einen seiner kommunistischen Genossen aus den Tagen der Studentenbewegung vor dem Krieg. Im Gegensatz zu Gogu war Konstantinowski jüdischer Abstammung. 1940, als Bessarabien in die Sowjetunion eingegliedert wurde, gab es eine zehntägige Wahlmöglichkeit, und Konstantinowski beschloss, in das sowjetische Gebiet zu gehen. Nach dem Krieg kehrte Konstantinowski nicht nach Rumänien zurück, sondern wurde sowjetischer Staatsbürger. In den fünfziger Jahren arbeitete er in Moskau als Journalist. Gogu hatte mir mehrmals mit großer Bewunderung von Konstantinowski erzählt und sagte mir, dass er mit Abstand der Klügste unter den Genossen der Bukarester Gruppe gewesen sei, der intellektuelle Anführer. Gogu und Konstantinowski korrespondierten zwar nicht miteinander, hörten aber über gemeinsame Bekannte von Zeit zu Zeit voneinander und jeder der beiden kannte das Schicksal des anderen. Irgendwann Ende 1956 sagte mir Gogu, dass Ilja zu einem kurzen Besuch nach Bukarest käme. Gogu freute sich sehr auf das bevorstehende Wiedersehen und ich hatte den Eindruck, dass er Antworten auf viele Fragen erwartete, die uns beide sehr beschäftigten.

Konstantinowskis Besuch dauerte nur drei Tage. Gogu hatte ein oder zwei lange Gespräche mit ihm, und was er hörte, machte ihn äußerst missmutig. Einige Tage lang grummelte er nur und wollte nicht darüber sprechen. Aber dann vertraute er mir schließlich an, dass Ilja ihm im Grunde genommen Folgendes gesagt habe. Die

Ideale ihrer Jugend seien für immer vergangen; die Sowjetunion habe nichts mehr mit ihnen zu tun. Alles sei eine große Lüge; es sei nicht möglich, etwas zu verändern, und deswegen lohne sich ein solcher Versuch auch nicht. Man könne nichts anderes tun, als seine Ideale zu vergessen und zu lernen, mit der hässlichen Realität zu leben. Sein Hauptanliegen sei es nun schon seit vielen Jahren, sich um sein Privatleben und seine Familie zu kümmern, sich gegen die Gefahren seines Berufes zu schützen sowie Fallen und Provokationen auszuweichen. Er riet Gogu, dasselbe zu tun, und zwar nicht im Interesse einer „gemeinsamen Sache" – eine solche gäbe es schon lange nicht mehr –, sondern aus dem einfachen Grund, in unserer hässlichen und gefährlichen Welt zu überleben. Gogu sagte, er habe mit Ilja auch über mich gesprochen, kurz meine Gefangenschaft und meine gegenwärtigen Ansichten als Reformkommunist geschildert, der das System ändern wolle, und er erwähnte auch das Buch, das ich geschrieben hatte. Laut Gogu hat Konstantinowski folgendermaßen reagiert: „Dein Freund scheint ein mutiger und aufrichtiger Mann zu sein, aber es ist naiv von ihm und von dir, zu glauben, dass man irgendetwas in dieser Hinsicht tun könne. Es ist hoffnungslos, und ihr solltet euch lieber um euch selbst kümmern." Obwohl ich Konstantinowski nicht kannte, hatte ich durch Gogu schon genug von ihm gehört, um seine Meinung nicht als die eines verbitterten Egozentrikers abzutun. Seine Bemerkungen nahmen mich fast genauso mit wie sie Gogu mitgenommen hatten. Es waren weitere Nägel im Sarg meiner Ideale.

Nachdem Gogu das Institut verlassen hatte, wurde Miron Constantinescu, der früher Mitglied des Politbüros und Vorsitzender der Staatlichen Planungskommission war, zu seinem Nachfolger ernannt. Kurz vor seiner Ernennung war Constantinescu aus dem Politbüro und aus der Regierung ausgeschlossen worden. Die Umstände, die dazu führten, hatten andere indirekte Auswirkungen und sind es wert, hier kurz geschildert zu werden.

Seit 1955 und insbesondere nach dem zwanzigsten Parteitag der sowjetischen Partei übte Chruschtschow Druck auf die „Bruderparteien" aus, damit auch diese den Prozess der Destalinisierung einleiteten, den er in der Sowjetunion begonnen hatte. In Ungarn, Polen und der Tschechoslowakei hatte das zu echten Änderungen in den Parteiführungen dieser Länder geführt, aber Gheorghiu-Dej beschränkte den Destalinisierungsprozess in Rumänien auf das Wiederkäuen einiger Informationen über Stalins Verbrechen – wobei er diese durch Überlegungen über die Leistungen des großen Führers ausbalancierte. Darüber hinaus legte Gheorghiu-Dej Lippenbekenntnisse ab und verurteilte jede Art von Personenkult – eine Krankheit, an der Rumänien, so wurden wir beruhigt, nie gelitten habe. Im Zuge des ungarischen Aufstands hatte Gheorghiu-Dej während eines Besuches in Budapest die Gelegenheit, sich davon zu überzeugen, wie verbreitet und gewalttätig in der Bevölkerung der Hass gegen die Russen war. Daraufhin entschloss er sich offenbar, seine Beziehungen zur Sowjetunion einige Gänge hinunterzuschalten und distanzierte sich von Moskau. Meiner Meinung nach war diese Entscheidung überwiegend von seiner Furcht diktiert, dass die Sowjets veranlasst würden, ihn als früheren Stalinisten aus dem Amt zu drängen. Auf jeden Fall ging er so geschickt vor, dass es ihm gelang, im Sommer 1958 den Abzug der sowjetischen Truppen aus Rumänien zu erreichen.

Im Verlauf der folgenden ein bis zwei Jahre begann er, im Rat für gegenseitige
Wirtschaftshilfe der sozialistischen Länder (RGW, im Westen Comecon genannt)
eine eigenständige Meinung zu vertreten: Er weigerte sich, einige sowjetische Empfehlungen zu akzeptieren, die – im Namen der internationalen Arbeitsteilung –
Rumäniens Pläne verlangsamt hätten, eine eigene Schwerindustrie zu entwickeln.
Innerhalb kurzer Zeit weiteten sich die anfangs verhaltenen und sporadische Rei-
bungen mit den Sowjets zu einem umfassenden und mehr oder weniger offenen
politischen Konflikt aus. Der Parteichef, der im ersten Nachkriegsjahrzehnt der
gehorsamste Diener seiner sowjetischen Meister gewesen war, entdeckte also auf
einmal seinen Patriotismus, als er sich von den gleichen Meistern bedroht fühlte,
und begann, gegenüber der Sowjetunion „Rumäniens Interessen zu verteidigen".
Nebenbei gesagt spielte die westliche Presse damals hin und wieder darauf an, dass
der Bruch mit der sowjetischen Führung nur ein Vorwand sei, um Rumäniens Kontakte zum Westen zu verbessern. Das war eine Fehleinschätzung der Lage. Der
Konflikt mit den Sowjets und das gegenseitige Misstrauen der beiden Führungen
wurde so stark, dass irgendwann einmal alle diejenigen, die enge sowjetische Verbindungen hatten (also etwa den Krieg in der Sowjetunion verbracht hatten, in der
Sowjetunion studiert hatten, eine russische Frau geheiratet hatten usw.) nicht mehr
für Aufgaben in den höheren Rängen der Nomenklatura[1] infrage kamen. Weiterhin
wurden alle Personen in dieser Kategorie, die in der Securitate, im Innenministerium und im Verteidigungsministerium verantwortungsvolle Positionen innehatten,
irgendwann Ende der fünfziger und Anfang der sechziger Jahre entlassen.

Es war in dieser Atmosphäre, in der Gheorghiu-Dej gegen Miron Constantinescu
zu Felde zog, der nach dem zwanzigsten Parteitag entweder echte Reue verspürte
oder sich einfach bei der neuen sowjetischen Führung, also bei Chruschtschow, beliebt machen wollte. Was auch immer Constantinescus Motive gewesen sein mögen:
Er hat offenbar versucht, die Frage der Destalinisierung in Rumänien anzusprechen.
Er ließ jedoch nur einige Bemerkungen fallen, und sein Versuch wurde augenblicklich von dem bereits hellwachen und argwöhnischen Gheorghiu-Dej vereitelt, der
keine Zeit verlor und Constantinescu aus der Parteiführung vertrieb. Und so kam
es, dass Constantinescu zum Direktor unseres Instituts ernannt wurde. Constantinescu nahm seine Aufgabe sehr ernst. Er benahm sich nicht im Geringsten wie ein
beleidigter Prinz, den man zu Unrecht in den Hintern getreten hatte, sondern führte eine Besprechung nach der anderen mit den verschiedenen Arbeitsgruppen des
Instituts durch, um zu erfahren, was sie täten, wie die Dinge liefen, welche Schwierigkeiten sie hätten und so weiter. Er versuchte, zu allen freundlich zu sein und
eine gute Atmosphäre um sich herum zu schaffen. Wenn er von der Parteiführung
sprach, dann tat er das immer mit dem allergrößten Respekt; im Allgemeinen folgte er der Parteilinie und den dadurch festgelegten Verhaltensnormen. Ich kannte

---

[1] Dieser spezifisch sowjetische Begriff, der auch in den Satellitenstaaten verwendet wurde, lässt
sich lose mit „hohen Parteitieren" gleichsetzen, also einfach mit der kommunistischen Elite identifizieren. Genauer gesagt bezeichnet der Ausdruck die Liste der (politischen, administrativen oder
militärischen) Positionen, deren Inhaber nur von den zentralen Organen der Partei ernannt werden
konnten.

im Großen und Ganzen die Vorgeschichte seiner Degradierung und beobachtete ihn mit Interesse: Hätte er es irgendwie geschafft, in der Partei eine Reformbewegung in Gang zu setzen, dann hätte ich mich ihm trotz meiner Vorbehalte gegen sein früheres Verhalten angeschlossen (er war ein standhafter Anhänger von Gheorghiu-Dej und Chisinevschi gewesen und hatte die von ihnen organisierten Säuberungsaktionen und Schauprozesse befürwortet). Aber nichts dergleichen geschah. Stattdessen war seine Anstellung im Institut ziemlich kurzlebig, was hauptsächlich auf Costin Murgescu, den stellvertretenden Direktor, zurückzuführen war.

Murgescu war ein ehrgeiziger junger Mann, klug und ausreichend gut informiert, um die Lage richtig einzuschätzen. Murgescu wusste: Hatte Gheorghiu-Dej irgendjemanden als seinen Feind ausgemacht, dann war es mit dessen politischer Karriere aus – und der Betreffende konnte von Glück reden, wenn es für ihn nicht noch schlimmer kam. Aus diesem Grund war Miron Constantinescu für Murgescu ein Aussätziger. Da beide aber zusammenarbeiten sollten, meinte Murgescu, dass er sich vor einer Ansteckung schützen müsse. Mich belustigte, wie geschickt Murgescu von Anfang an daran arbeitete, einen Konflikt zwischen sich und dem neuen Direktor heraufzubeschwören. Das war keine leichte Sache, weil Constantinescu bemüht war, nicht nur gut mit ihm auszukommen, sondern ihm sogar alles recht machen wollte. Aber Murgescu kam jeden Tag mit irgendeinem Problem, bei dem er anderer Meinung war als der neue Direktor. Ganz gleich, was dieser auch sagte, Murgescu nörgelte immer an etwas herum. Als kluger Mann begriff Constantinescu bald, welches Spiel hier gespielt wurde, aber er konnte nichts dagegen tun. Egal wie unbedeutend das betreffende „Problem" war: Constantinescu konnte nicht einfach jedes Mal Murgescu Recht geben und dann seine Meinung ändern, ohne vollkommen das Gesicht zu verlieren. Sobald Constantinescu mit Murgescu zu diskutieren begann und verteidigte, was er gesagt hatte, antwortete Murgescu mit einer ausführlichen schriftlichen Stellungnahme und übersandte der Partei immer eine Kopie.

Innerhalb weniger Wochen wusste jeder, dass zwischen dem neuen Institutsdirektor und seinem Stellvertreter ein schwerwiegender Konflikt schwelte. Ungefähr zwei Monate später hielt Murgescu die Zeit für gekommen, einen Frontalangriff zu starten. Er sandte einen Bericht an das Zentralkomitee der Partei und brachte darin zum Ausdruck, dass er alles in seiner Macht stehende getan habe, um mit dem neuen Direktor diszipliniert zusammenzuarbeiten, aber leider sei das unmöglich gewesen. Er müsse deswegen die Partei darum bitten, ihn von seiner Aufgabe als stellvertretender Direktor zu entbinden, solange der gegenwärtige Direktor in dieser Position bliebe. Murgescu erhielt etwas Unterstützung von Malinschi, dem für Gesellschaftswissenschaften zuständigen Vizepräsidenten der Akademie, einem alten Widersacher von Constantinescu, mit dem er noch viele Rechnungen zu begleichen hatte. Er bezeugte vor der Partei, dass Murgescu ein netter, kooperativer Mensch sei, der mit jedem zusammenarbeiten könne und dass Murgescu in der Vergangenheit mit niemandem ähnliche Konflikte gehabt habe. Gogu Rădulescu, der frühere Institutsdirektor, dem Constantinescu seinerzeit – als Vorsitzender der Staatlichen Planungskommission – viele Tiefschläge versetzt hatte, bezeugte, dass

Murgescu ein angenehmer Kollege sei, der unmöglich daran Schuld sein könne, wenn der neue Direktor mit ihm nicht auskäme.

Am Ende wurde Miron Constantinescu im Herbst 1958 aus seinem Amt entfernt und Murgescu wurde zum Herausgeber der neuen Wirtschaftszeitschrift *Viaţa Economică* ernannt. Murgescu behielt auch seine Stelle als Leiter der Abteilung für Geschichte der Nationalökonomie, nicht aber seinen Posten als stellvertretender Institutsdirektor. Neuer Direktor wurde Roman Moldovan, der gleichzeitig Leiter einer Regierungsbehörde war und deswegen im Institut nur einen Teil seiner Zeit verbrachte. Neuer stellvertretender Direktor auf einer Vollzeitstelle wurde Ion Rachmuth, der Ökonom von der Parteischule, der mir von der Veröffentlichung meines Buchs abgeraten hatte.

Mein Bericht über die kurze Episode in Miron Constantinescus Karriere als Direktor des Instituts für Wirtschaftsforschung wäre unvollständig, würde ich nicht die schreckliche Tragödie erwähnen, die ihm widerfuhr – nicht allzu lange, nachdem er unser Institut verlassen hatte. Constantinescu war mit der Parteiaktivistin Sulamita verheiratet. Sie hatten zwei oder drei halbwüchsige Kinder, und Sulamita hatte den Ruf einer sehr strengen Mutter. Einmal wurde eine der Töchter Constantinescus zu einer Party eingeladen. Sulamita sagte „nein". Das Mädchen wollte sehr gerne gehen und beharrte darauf, aber ihre Mutter blieb unnachgiebig. Das Mädchen nahm einen Hammer oder eine Spitzhacke, schlug ihrer Mutter auf den Kopf und tötete sie.

In diesen Jahren gab es eine wichtige Entwicklung in meinem Privatleben, die für einen westlichen Leser trivial klingen mag, aber bezeichnend für die damaligen Bedingungen in Rumänien ist. Unsere Penthouse-Wohnung im fünften Stock im Bulevardul Stalin 72 lag, wie schon gesagt, in einem schönen Stadtteil von Bukarest, und wir hatten eine wunderbare Aussicht auf den Stalin-Platz und den Stalin-Park. Nach Chruschtschows Bericht auf dem zwanzigsten Parteitag wurden die Namen des Platzes, des Parks und des Boulevards ausgewechselt, und unsere Adresse wurde zu Bulevardul Aviatorilor 72. Zwar war unsere Wohnung sehr schön, aber für eine Familie mit zwei Kindern war sie auch sehr klein: Wir hatten ein großes und elegantes Wohn- und Esszimmer, ein kleines Schlafzimmer, eine Küche und ein Bad. Die Gesamtfläche war ziemlich begrenzt, aber die Wohnung hatte zwei riesige Balkone, und bald nach unserem Einzug begannen Edith und ich darüber nachzudenken, einen der Balkone in zwei zusätzliche Zimmer zu verwandeln. Das ließ sich problemlos machen, ohne das äußere Erscheinungsbild des Gebäudes zu verändern; das heißt, die neuen Außenwände ließen sich so gestalten, dass sie in das Bild passten, ohne von der Straße her aufzufallen. Mit den amtlichen Stadtbildgestaltungsbestimmungen sollte es also keine Konflikte geben. Die Hauptschwierigkeit bestand vielmehr darin, dass das Haus Staatseigentum war und wir deswegen nicht das Recht hatten, Änderungen vorzunehmen. Wir würden unseren Plan nur realisieren können, wenn wir die Wohnungsbehörde des Stadtbezirksrates (Sfatul Raional) dazu brächten, unser Vorhaben in ihren Bauplan aufzunehmen. Aber wie in jedem anderen Stadtbezirk, so arbeitete auch bei uns diese Abteilung ganz erbärmlich und führte ihre Gebäuderenovierungsarbeiten so gut wie überhaupt nicht durch. Es gab weder Reparatur- noch Instandhaltungsarbeiten und erst wenn

ein Gebäude oder mindestens ein Hausflügel baufällig wurde und einzustürzen drohte, ließ die Behörde Ausbesserungen durchführen. Die Idee, die Wohnungsbehörde
dazu zu bringen, uns zwei Zimmer auf unserem Balkon zu bauen, schien absurd
zu sein. Alle meine Freunde, denen ich davon erzählte, lachten nur über mich und
wunderten sich: Sie hätten mich nicht für dermaßen naiv gehalten. Und dennoch
war es so, dass der vorhandene rechtliche Rahmen eine solche Möglichkeit nicht
ausschloss. Also machte ich mich daran, unseren Plan umzusetzen.

Zuallererst brauchte ich einen Kontakt zum Stadtbezirkskomitee. Ich erkundigte mich und erfuhr, dass der Direktor der Wohnungsbehörde ein wohlmeinender
Ingenieur war, der schon seit vielen Jahren versuchte, das dort herrschende Durcheinander in Ordnung zu bringen. Er war nicht korrupt und es war nicht ratsam, ihn
bestechen zu wollen. Ich bat um einen Termin bei ihm, den ich nach wiederholten
Versuchen auch bekam. Ich unterbreitete ihm dann meinen Plan, den ich in den folgenden Zusammenhang einbettete. Die Partei habe in letzter Zeit betont, dass den
Bedürfnissen der Bürger eine größere Aufmerksamkeit gewidmet werden müsse
und energischere Bemühungen notwendig seien, um den Lebensstandard der Menschen zu erhöhen und insbesondere ihre Wohnbedingungen zu verbessern. Ich sagte
ihm, ich hätte zufällig eine Möglichkeit entdeckt, wie man zwei Zimmer für die
Hälfte der Kosten errichten könne, die man anderswo zahlen müsse: Durch eine intelligente Nutzung vorhandener Strukturen könne man den Boden und die Wände
eines Balkons als Boden und Wände für zwei Zimmer umgestalten. Man müsse nur
die Außenwände, eine relativ kleine Innenwand und die Decke durch eine Erwei-
terung des vorhandenen Dachs anbauen. Meine vorläufigen Berechnungen zeigten,
dass die Kosten, die der Stadtbezirk würde tragen müssen, weniger als die Hälfte der
normalen Kosten für zwei Zimmer wären. Obwohl die Zimmer Teil unserer Wohnung würden, wären sie doch Eigentum des Stadtbezirks und damit von gleichem
Nutzen für alle, die später in die Wohnung einzögen.

Der Direktor war hin und her gerissen zwischen den attraktiven Aspekten dieses
Projekts, insbesondere seinen niedrigen Kosten, und der Lawine von dringenden
Problemen, mit denen er – meistens vergeblich – kämpfte. Er sagte, dass er die
Sache überdenken werde, aber um in den Plan für das nächste Jahr aufgenommen
zu werden, müsse der Antrag dem Stadtbezirkskomitee vorgelegt werden; es sei
jedoch ziemlich unwahrscheinlich, dass das Vorhaben genehmigt wird, da kein drin-
gender Grund bestehe. Ich antwortete, dass ich mein Glück versuchen würde, und
er war schließlich einverstanden, den Antrag dem Stadtbezirkskomitee vorzulegen.
Als nächstes machte ich mich daran, die Arbeitsweise dieses illustren Gremiums
unter die Lupe zu nehmen; es gelang mir, Verbindung zu Ilonka Néni (Tante Ilonka)
aufzunehmen, der Sekretärin – eine Dame mittleren Alters, die Ungarisch sprach,
und die mein Freund Köves kannte. Köves sagte mir, dass Ilonka Néni zwar nicht
korrupt sei, aber ein kleines Geschenk nicht ablehnen würde; wenn man jedoch bei
ihr wirklich etwas erreichen wolle, sei eine wichtigere Voraussetzung zu erfüllen:
Man müsse ihren Geschichten zuhören. Ich hörte mir eine Reihe dieser Geschichten
an und erfuhr – um es kurz zu machen –, wer im Komitee zugänglich sein könnte
und wer nicht. Schließlich gelang es mir, mit Ilonka Néni zu besprechen, dass mein
Antrag dann zur Diskussion gestellt würde, wenn das am wenigsten zugängliche

Mitglied des Komitees abwesend ist. Das bedeutete eine Wartezeit von mehreren Wochen oder vielleicht länger, aber es gab keine bessere Möglichkeit. Nach einigen Monaten gelang es Ilonka Néni schließlich, das Projekt durch das Komitee zu schleusen, das es in den Plan aufnahm.

Das war ein wichtiger Schritt, aber auch nur ein erster Schritt. Es war eine notwendige, aber bei weitem nicht hinreichende Bedingung, dass der Stadtbezirk das Projekt in seinen Plan aufgenommen hatte. Dieser Plan umfasste nämlich zahlreiche Projekte, die bereits viele Jahre zuvor eingeplant worden waren, deren Verwirklichung aber immer noch auf sich warten ließ. Am Anfang jedes Quartals fand eine Besprechung statt, in der das Komitee diejenigen Bauprojekte auswählte, die in diesem Zeitraum realisiert werden sollten. An dieser Stelle war das Wort des Direktors der Behörde entscheidend. Ich versuchte verschiedene Manöver, um ihn zu beeinflussen; beispielsweise fand ich in der Hierarchie Verbindungen zu seinen Vorgesetzten, erhielt ein Empfehlungsschreiben vom Stadtrat und so weiter. Ich erinnere mich nicht mehr an alle Phasen dieses zwei Jahre dauernden Projekts, aber *eine* Zahlenangabe blieb mir im Gedächtnis. Nach den ersten Wochen stellte ich fest, dass meine „projektbezogenen" Telefonate ungeheuer zeitaufwendig waren. Um die Übersicht zu behalten, kam mir die Idee, diese Telefongespräche zu zählen, und ich begann, ein Tagebuch zu führen: Über den Zeitraum von ungefähr zweiundzwanzig Monaten hatte ich nahezu zweitausend Telefonanrufe getätigt.

Als endlich die Arbeiten auf unserem Balkon begannen, konnten wir unser Glück gar nicht fassen. Bis dahin hatte ich enorm viel Zeit und Energie in das Projekt gesteckt, aber nur sehr wenig Geld ausgegeben – es waren keine größeren Bestechungen erforderlich. Von da an brauchte ich jedoch eine Menge Geld. Die Bauarbeiter wollten die billigsten Materialien der niedrigsten Qualität verwenden, so dass ich für bessere Qualität einen Aufpreis zahlen musste. Mal kamen die Arbeiter für einen Tag, mal ließen sie sich zwei Tage lang nicht sehen. Ich führte eine – von mir bezahlte – Prämie ein, damit bestimmte Arbeiten zu bestimmten Terminen erledigt würden, und das funktionierte. Ich konnte mir diese Ausgaben leisten, weil die Tantiemen, die ich für mein Buch bereits erhalten hatte, einem Gehalt von mehr als sechs Monaten entsprachen. Außerdem verdienten Ediths Eltern mit Kláras Kunstblumengeschäft überdurchschnittlich gut und unterstützten uns regelmäßig. Ende 1958 waren die beiden neuen Zimmer endlich fertig. Eines davon wurde unser Schlafzimmer, das andere mein Arbeitszimmer. Unser früheres Schlafzimmer wurde das Zimmer der Mädchen. Angrenzend an unser neues Schlafzimmer hatten wir immer noch einen kleinen, aber sehr schönen Balkon (den nicht umgestalteten Teil des früheren riesigen Balkons) und den zweiten großen Balkon, der an das Wohnzimmer grenzte.

Mit unserer nunmehr vergrößerten schönen Wohnung hatten wir jetzt das Gefühl, dass wir trotz der politischen Unannehmlichkeiten das Leben genießen sollten. Nach einer Pause von ungefähr achtzehn Jahren begann ich wieder, Tennis zu spielen. Edith und ich gingen manchmal mit Freunden zum Abendessen und Tanzen. Wir versuchten, keine guten Theateraufführungen zu verpassen – von denen es nur wenige gab –, und wir gingen hin und wieder in die Oper. Wir hatten auch die Gelegenheit, Fellini-Filme zu sehen: „Das süße Leben" und „8 1/2".

Unser Wohnhaus hatte einem gewissen Herrn Marinescu gehört, einem der Eigentümer der einzigen rumänischen Flugzeugfabrik, die sich in Braşov befand. Als
Herr Marinescu ebenso wie der Rest des Bürgertums enteignet wurde, verließ er
das Land und zog nach Paris. Wir konnten uns über die Konstruktion und die bau-
liche Ausführung unseres Gebäude zwar nicht beschweren, aber die Instandhaltung
funktionierte nicht besser als bei den anderen staatseigenen Wohnhäusern. Der fünf-
zigjährige Wartungsmonteur Nea Marin (Onkel Marin) hatte bereits unter Herrn
Marinescu gearbeitet. Er war angeblich Mechaniker und kümmerte sich im Winter
um die Heizung und das ganze Jahr über um die Warmwasserversorgung; außerdem hielt er den Aufzug in Schuss. Ich unterhielt mich oft mit Nea Marin, der –
zumindest wenn es außer mir kein anderer hören konnte – mit großer Bewunderung
von seinem früheren Chef sprach. Herr Marinescu lebe jetzt in Amerika und würde – wenigstens laut Nea Marin – den Atlantik am Steuer seines eigenen Flugzeugs
überqueren, um seine Freunde in Paris zu besuchen.

Ich ahnte damals nicht, dass ich die gleiche Geschichte auch von jemand anderem
hören würde, doch genau das geschah ungefähr dreizehn Jahre später: Im Sommer
1969, nach meiner Auswanderung in den Westen, besuchte ich auf der Insel Bandol
im Süden Frankreichs eine einwöchige Konferenz über mathematische Programmierung. Die Konferenz wurde von der NATO gefördert und deswegen fungierte als
Ehrenpräsident ein französischer Admiral, der im nahe gelegenen Toulon stationiert
war. Der Admiral gab bei einer Gelegenheit ein Mittagessen und lud dazu auch einige Vortragende ein. Da ich beim Mittagessen der einzige Französisch sprechende
Amerikaner war, avancierte ich zum Hauptgesprächspartner des Admirals. Natürlich merkte er, dass ich kein geborener Amerikaner war, und als ich ihm von meiner
Herkunft erzählte, sagte er: „Ich kenne einen Ihrer Landsleute, der jetzt im Westen
lebt; wir sind sogar miteinander befreundet. Er lebte eine Weile in Paris – damals
begann unsere Freundschaft – und ging dann nach Amerika. Er ist reich und hat
viele französische Freunde, so dass er ziemlich oft nach Paris kommt." Zu diesem
Zeitpunkt hatte ich schon drei oder vier Gläser eines starken Burgunders intus. Vor
meinem geistigen Auge erschien Nea Marin und erzählte mir von einem Rumänen
in Amerika, der häufiger zu Besuch nach Paris kommt. Ich sagte: „Und er kommt
am Steuer seines eigenen Flugzeugs."

Der Admiral sah mich überrascht an: „Ja, genau. Woher wissen Sie das?"

„Sein Name ist Marinescu," sagte ich weiter.

„Ja," antwortete er noch erstauner, „aber woher wissen Sie das?"

„Ich weiß es, weil ich in Bukarest zufällig in dem Haus wohnte, das früher einmal
ihm gehört hat. Die Welt ist klein."

Aber das geschah zu einer anderen Zeit und an einem anderen Ort. Um auf
Bukarest Mitte bis Ende der fünfziger Jahre zurückzukommen: Die Instandhaltung unseres Hauses war eine ziemlich mühselige Sache. Es war äußerst schwierig,
irgendetwas auswechseln zu lassen, und so war es nicht ungewöhnlich, dass es stundenlang kein warmes Wasser gab oder der Aufzug nicht funktionierte. Da wir im
Obergeschoss wohnten, traf uns ein Aufzugsdefekt besonders empfindlich, und ich
gab Nea Marin oft Trinkgeld, um sicher zu gehen, dass er den Aufzug funktionsfähig
hält (andere Hausbewohner sicherten sich auf ähnliche Weise die Heizung und die

Warmwasserversorgung). Einmal hatten wir ein größeres Problem mit dem Aufzug und der Elektromotor musste ausgewechselt werden. Obwohl das Haus Staatseigentum war, mussten wir uns den neuen Motor selbst kaufen – wenn wir ihn innerhalb von, sagen wir, einer Woche und nicht erst innerhalb eines Jahres ausgewechselt haben wollten. Wir taten es, und nachdem er eingebaut worden war, funktionierte der Aufzug wieder – nur ging er alle paar Wochen erneut kaputt und musste repariert werden. Als das zum dritten oder vierten Mal geschah, nahm ich Nea Marin ins Gebet. „Ein Motor muss regelmäßig repariert werden," sagte er, „das ist nichts Verwunderliches." „Aber der alte Motor musste in den drei Jahren, die wir hier wohnen, nie repariert werden," wandte ich ein. Er sah mich vorwurfsvoll an und entgegnete: „Aber Herr Balaş, wie können Sie unsere sozialistischen Motoren mit diesem alten kapitalistischen Motor vergleichen?" Eins zu null für ihn – sein gesunder proletarischer Instinkt sah die tiefere Wahrheit, die mir entgangen war.

Die beiden Balkone unserer Wohnung boten eine Aussicht auf den früheren Stalin-Platz, eine riesige kreisförmige Anlage, an deren nordwestlicher Seite, am Parkeingang, eine monumentale Stalin-Statue stand. Nach dem zwanzigsten Parteitag der sowjetischen Partei begann man überall in der Sowjetunion und in einigen der Satellitenstaaten, die Stalin-Statuen zu schleifen. In anderen Ländern machten sich die Menschen daran, die Statuen selbst umzustürzen. So zum Beispiel in Budapest, wo die Demonstranten 1956 zu Beginn des Aufstands das riesige Bronzemonument kippten, das auf einem der meistbesuchten Plätze der Stadt stand. Aber das war kein leichtes Unterfangen, denn dieses besondere Kunstwerk war außerordentlich stabil und schwer. Die Demonstranten formierten ein Team aus Metallarbeitern und Schweißern, die nach dem Taxieren der Aufgabe beschlossen, das Metall dort zu zerschneiden, wo es am dünnsten war: zwischen den Knien und den Rändern der Stiefelschäfte. Alles, was über den Knien war, fiel runter und wurde weggeschafft, aber der Sockel der Statue mit den Stiefeln blieb noch viele Monate stehen, da niemand die Zeit hatte, sich darum zu kümmern. Auf diese Weise kam der Platz zu seinem Namen „Csizma tér" (Stiefelplatz). Als in Bukarest die Partei schließlich anordnete, die Stalin-Statue zu schleifen, wurde als Erstes ringsherum ein hoher, massiver Zaun errichtet, so dass niemand sehen konnte, was da vor sich ging. Offenbar – und aus gutem Grund – hatten die Parteichefs kapiert, dass der Blick auf den Abriss der Stalin-Statue ihre Autorität nicht gerade fördern würde. Also versperrten sie die Sicht. Von unserem Penthousebalkon im fünften Stock konnten wir jedoch sehr gut erkennen, was sich hinter dem Zaun abspielte. Und was sahen wir? Zwar wurde der ungarische Aufstand als reaktionär gebrandmarkt – offiziell bezeichnete man ihn als Konterrevolution –, aber ein guter Revolutionär konnte immer noch etwas dazulernen: Stalins Statue in Bukarest wurde nach demselben Verfahren gestürzt, das die Budapester Arbeiter einige Monate zuvor angewendet hatten. Die Statue wurde zuerst unmittelbar unter den Knien „gefällt", so dass nur der Sockel mit den Stiefeln übrigblieb, während der Rest abtransportiert wurde. Außer uns hat jedoch niemand die rumänische „Stiefel-Phase" miterlebt: Die Stiefel wurden nämlich in der Nacht mit Dynamit weggesprengt, und daher kam der Platz nicht in den Genuss, nach dem ungarischen Vorbild benannt zu werden.

Jetzt noch einige Worte über unsere Kinder während dieser Zeit. Vom Frühjahr 1955 bis zum Herbst 1957, als Anna das Schulalter von sieben Jahren erreichte, hatten unsere Töchter normalerweise ein Kindermädchen. Die Kindermädchen waren ungarische Bauersfrauen aus Siebenbürgen, deren Qualität sehr unterschiedlich war. Anna und Vera nahmen auch täglich Deutschstunden bei einer alten Dame, die sie zu Spaziergängen in den Park mitnahm. Im Sommer waren beide Mädchen immer in Cluj im Garten ihrer Großeltern, was ihnen viel Spass machte. Anstelle der Deutschstunden nahmen sie dort Gesangsunterricht und hatten ansonsten viel Freizeit. Die Mädchen kamen auch jeden Sommer für zwei oder drei Wochen mit uns ans Schwarze Meer, wo wir in Mamaia, Eforie oder Carmen Silva Urlaub machten.

Abb. 13.1 Egon mit Anna und Vera Ende der fünfziger Jahre

Als Anna das Schulalter erreichte, schickten wir sie auf eine Grundschule in der Nachbarschaft. Die Schule, eine der besten in der Stadt, war nach Ion Luca Caragiale benannt, einem berühmten Dramatiker und Satiriker der rumänischen Gesellschaft des neunzehnten Jahrhunderts. Anna war von Anfang an eine gute Schülerin; wir hörten von ihren Lehrern immer nur lobende Worte. Sie war in allen Fächern gut, besonders in Mathematik, und gehörte zu den zwei besten Schülern ihrer Klasse. Sie begann auch, Klavierstunden zu nehmen, und im darauf folgenden Jahr kauften wir ein Klavier. Sie setzte ihre Klavierstunden bis gegen 1961 fort – danach hörte sie damit auf und begann, Französisch zu lernen.

Was Vera betrifft, erinnere ich mich an eine typische Episode aus ihrer Vorschulzeit. Am Sonntagvormittag ging die ganze Familie normalerweise im Park spazieren, und ich erzählte den Mädchen improvisierte Geschichten. Edith stellte fest, dass sich Vera jedes Mal, wenn sie einen Polizisten sah, hinter meinem oder Ediths Mantel versteckte. Eine Zeitlang konnten wir uns ihr Verhalten nicht erklären, weil sie sich weigerte, uns etwas dazu zu sagen; ich sagte witzelnd zu Edith „sie hat gesunde Instinkte". Wie sich herausstellte, hatte sich Vera öfter heimlich eine Schere mit einer Schnur um den Hals gehängt, bevor sie in den Park ging, von wo sie mit einem schönen Rosenstrauß zurückkam. Natürlich war es verboten, im

Park Rosen zu pflücken: Veras Furcht vor den Polizisten rührte von ihrem schlechten Gewissen her. Als sie das Schulalter erreichte, kam sie in dieselbe Schule wie Anna und lernte ebenfalls ziemlich gut, obwohl es schwierig war, die Erwartungen der Lehrer zu erfüllen, die bereits ihre Schwester unterrichtet hatten.

Die Zeit ab 1958 brachte einige Änderungen in Ediths Arbeit. Im Anschluss an die ungarischen Ereignisse startete die rumänische Partei unter anderem eine Kampagne zur „Verbesserung der ethnischen Zusammensetzung" der Schul- und Bildungseinrichtungen. Während man bei früheren Kampagnen auf die Klassenzugehörigkeit achtete, lag jetzt die Betonung auf der ethnischen Zusammensetzung. Das bedeutete, die Anzahl der an den betreffenden Einrichtungen tätigen Ungarn und Juden zu verringern – in Bukarest betraf das hauptsächlich Lehrkräfte jüdischer Abstammung. Im Rahmen dieser Kampagne verlor Edith 1958 ihre Stelle am Fachbereich Philosophie der Parhon-Universität. Einige Zeit später gelang es ihr, eine ähnliche Arbeit an einer anderen, politisch weniger exponierten Philosophieabteilung in einem Institut zu finden, das postgraduale Studiengänge für Ärzte durchführte. Hier lehrte sie die gleichen Fachgebiete wie zuvor, aber die Zuhörer waren nicht Studenten, sondern Ärzte.

Im Sommer 1958 wurde der Direktor ihres Fachbereiches, ein gewisser Dr. Dumitriu, in einer Parteiversammlung angegriffen und der Abweichung von der Parteilinie beschuldigt. Der Parteisekretär des Stadtbezirkes kam höchstpersönlich, um die Attacke zu dirigieren, die offensichtlich darauf abzielte, Dr. Dumitriu völlig zu diskreditieren, bevor man ihn entließ. Obwohl Edith dem Direktor nicht nahe stand und nicht viel über seine Tätigkeit wusste, klangen die Anschuldigungen so unecht und unbegründet, dass sie es nicht fertigbrachte, sich der Menge anzuschließen und die Bestrafung des Direktors zu fordern. Nachdem sich fast jeder in gebührender Weise gegen den Missetäter geäußert und ihn in den allerhässlichsten Farben gezeichnet hatte, kam der Vorschlag, ihm eine „Rüge mit einer letzten Verwarnung" zu erteilen. Das war die Höchststrafe vor dem Parteiausschluss. Es kam zu einer Abstimmung und bis auf eine Ausnahme stimmten alle für den Vorschlag. Niemand stimmte dagegen, aber es gab eine Enthaltung: Edith Balaş. Das war so ungewöhnlich, dass sich jeder Anwesende umdrehte, um den Außenseiter zu identifizieren. Dieses Abenteuer hätte dazu führen können, dass Edith ihren Arbeitsplatz erneut verloren hätte, wenn die Dinge nicht anschließend eine andere Wendung genommen hätten: Es stellte sich heraus, dass Dr. Dumitriu gute Verbindungen zu den Kreisen über dem Bezirkssekretär hatte, so dass dieser die Entlassung nicht durchboxen konnte. Die Rüge mit der letzten Verwarnung blieb in Kraft, aber Dr. Dumitriu behielt seine Arbeit. Er hat die Ereignisse der besagten Versammlung nie mit Edith diskutiert, aber am Monatsende erhielt Edith – ohne jeden offensichtlichen Zusammenhang mit ihrer Arbeit –, völlig unerwartet eine hohe Prämie, die ungefähr die Hälfte ihres Monatsgehaltes ausmachte. Manchmal – aber leider nicht allzu oft – zahlt es sich aus, mutig zu sein.

Aber auch diese Arbeitsstelle blieb nicht sehr lange erhalten. Der feindliche Wind blies immer stärker, und nach meinem Parteiausschluss im Frühjahr 1959, über den ich weiter unten berichten werde, musste sich auch Edith von der Hochschultätigkeit und der Philosophie verabschieden: Im Herbst 1959 wurde sie

Geschichtslehrerin am *Liceul Matei Basarab*, einem der größten und bekanntesten Gymnasien von Bukarest. Dort unterrichtete sie alte Geschichte, insbesondere die Geschichte Ägyptens, Assyriens, Babyloniens, Persiens, Griechenlands und Roms. Nachdem sie einige Kämpfe mit einem unausstehlichen Schuldirektor ausgefochten hatte, der in ihren Unterrichtsstunden saß und Material gegen sie sammelte, glätteten sich die Wogen, und Edith hatte eine arbeitsreiche, ansonsten aber mehr oder weniger ruhige Zeit an der Schule.

Die neue nationalistische Parteilinie hatte viele weitreichende politische Folgen. So beschloss die Partei etwa, die ungarische Universität in Cluj abzuschaffen. Das Mittel zur Umsetzung dieses Beschlusses war die Zusammenlegung der zwei Universitäten von Cluj, der rumänischen Babeş Universität und der ungarischen Bolyai Universität. Das hört sich ziemlich demokratisch an, aber die Unterrichtssprache der neuen Universität war Rumänisch – mit Ausnahme einiger spezifisch ungarischer Fächer wie ungarische Sprache und Literatur. Die Zusammenlegung verlief nicht reibungslos, weil sich das ungarische Lehrpersonal widersetzte. Dennoch gewann am Ende natürlich die Partei die Oberhand. Der Lehrkörper beider Universitäten stimmte in einer Vollversammlung einstimmig zugunsten der Zusammenlegung – aber erst nachdem der Prorektor der Ungarischen Universität, der Statistiker Csendes, und die beiden Professoren Molnár und Szabédi Selbstmord begangen hatten. Csendes nahm eine Überdosis Schlaftabletten; Molnár sprang aus dem fünften Stock eines Gebäudes in den Tod. Die Presse schilderte begeistert, mit welcher Freude man die Zusammenlegung der beiden Universitäten zur Babeş-Bolyai-Universität beging.

Eine andere persönliche Tragödie, die sich im gleichen Jahr abspielte, aber nichts mit den Ereignissen in Cluj zu tun hatte, war die des Ökonomen Pavel (Paul) Dan. Er war ein junger, hochbegabter, äußerst intelligenter jüdischer Intellektueller (sein ursprünglicher Nachname war Davidovici), ein oder zwei Jahre jünger als ich selbst. Pavel Dan begann seine Tätigkeit in der Abteilung Propaganda der Partei in Cluj in der Zeit 1945–1947, als ich dort war. Gleichzeitig studierte er Ökonomie und schloss um 1948 mit einem Diplom ab. Er wurde später in die Abteilung Propaganda des Zentralkomitees in Bukarest und von dort in die Handelskammer versetzt, lehrte aber gleichzeitig auch Politische Ökonomie am ISEP – am gleichen Institut, an dem ich gelehrt hatte. Im Gegensatz zu mir hatte er in der Partei eine „weiße Weste", die nicht durch irgendein Abweichlertum besudelt war. Ich hatte große Achtung vor seinen intellektuellen Fähigkeiten, stand ihm aber zu keiner Zeit nahe. Eine Weile betrachtete ich ihn als jemanden, der – von mir aus gesehen – auf der anderen Seite des Zaunes stand, zusammen mit allen übrigen Parteileuten. Aber um 1957 kamen wir uns näher, und nach einigen Gesprächen stellte sich heraus, dass er in Wirklichkeit zutiefst desillusioniert war. Er hatte eine Frau, die Philosophie lehrte, einen Sohn und eine Tochter Marika, die später eine Freundin unserer Anna wurde. Nach 1956 sympathisierte Pavel mit den Ideen des Reformkommunismus, aber nicht öffentlich. Er sagte mir, dass er nach dem Erscheinen meines Buches aufgefordert worden war, es in einer Rezension in *Lupta de Clasă* (Klassenkampf), der theoretischen Monatszeitschrift der Partei, zu verreißen; er habe nicht die Kraft gehabt, die Rezension abzulehnen, aber letzten Endes habe er sie – unter Berufung auf

Zeitmangel – doch nicht geschrieben. (Es fand sich ein anderer, der die Rezension für diese Zeitschrift verfasste.)

Pavel Dan war einer der wenigen Intellektuellen, die gelegentlich in den Westen reisen durften. Bei einer Gelegenheit war er nach Genf geschickt worden, um an einer Konferenz einer Dienststelle der Vereinten Nationen teilzunehmen. Er erzählte mir von einem Kellner, der ihn im Restaurant bediente und später in sein Auto stieg und wegfuhr – in den Ohren eines Bukarester Bürgers der 1950er Jahre klang das wie ein Märchen. Das sei sie also, die „böse kapitalistische Ausbeutung", fügte er hinzu. Als ich ihn, um den November 1958, das letzte Mal sah, sagte er, dass ihn die politische Lage zutiefst deprimiere und er keine Hoffnung auf Besserung sehe: Im Gegenteil, alles würde sich wahrscheinlich noch weiter verschlechtern. In der Silvesternacht ging er ins Badezimmer der Familienwohnung, setzte sich in die Badewanne und schoss sich ins Herz. In seinem Abschiedsbrief schrieb er, dass nur er allein schuld sei – er „habe es einfach nicht mehr ertragen können". Er war noch nicht unter der Erde, als die Partei bereits Gerüchte zu streuen begann, dass er in Genf von einem westlichen Spionagedienst angeheuert worden sei und sich erschossen habe, um der Verhaftung zu entgehen.

Im Frühjahr 1959 wurde ich schließlich aus der Partei ausgeschlossen und von meiner Tätigkeit im Institut für Wirtschaftsforschung entlassen. Die zu meinem Ausschluss einberufene Versammlung – meine zweite öffentliche politische Hinrichtung – war nicht weniger stürmisch als die erste von 1952, nahm mich aber gefühlsmäßig viel weniger mit, da ich nicht mehr an die Sache glaubte. Der Institutsdirektor Roman Moldovan berief die Versammlung gemeinsam mit dem Parteisekretär des Institutes ein, einem jungen Wirtschaftswissenschaftler namens Părăluță. Die Atmosphäre war bedrückend, besonders nachdem man angekündigt hatte, dass mein Ausschluss vom Politbüro, dem höchsten Parteiforum, angewiesen worden sei. Die Begründung lautete, dass ich ein bürgerliches Element sei, das der Partei und der Arbeiterklasse fremd gegenüberstehe; diese Tatsache habe sich in vielen Aspekten meiner Tätigkeit offenbart – mein schädliches und verderbliches Buch sei lediglich die letzte derartige Aktivität gewesen. Mein in der Zeitschrift *Korunk* erschienener Artikel erhielt ebenfalls das schmückende Beiwort „subversiv". Nach Verlesen des Parteibeschlusses musste sich jeder an dem Ritual beteiligen, mich zu kritisieren und mein Buch zu geißeln. Meine unmittelbaren Mitarbeiter mussten Selbstkritik üben, weil sie den Satan in mir nicht früher erkannt hatten. Rachmuth, der stellvertretende Direktor, der das Buch für den Verlag begutachtet und zur Annahme empfohlen hatte, sprach hauptsächlich über seine eigene Unzulänglichkeit, die schädliche Natur des Buchs nicht erkannt und dessen Veröffentlichung befürwortet zu haben. Ich sah keinen Grund, ihn für das zu tadeln, was er sagte; schließlich hatte er mich davor gewarnt, das Buch zu veröffentlichen. Keiner meiner Kollegen in der Fachgruppe, die ich noch am Tag zuvor geleitet hatte, sagte irgendetwas, das über die allgemeinen Anschuldigungen hinausging, die Teil des Rituals waren. Aber andere nutzten die Gelegenheit, durch heftige Attacken gegen mich Pluspunkte bei der Partei zu ergattern. Der mit „allergrößtem Enthusiasmus" vorpreschende Kritiker war Părăluță, der Parteisekretär, der zahlreiche persönliche Beiträge von sich gab. Als ich aufgefordert wurde, Stellung zu nehmen, bedauerte ich den Schaden, den mein Buch möglicherweise angerichtet haben könnte, und versicherte der Partei, dass dies unbeabsichtigt war. Ich zeigte keine Reue und erniedrigte mich nicht, spielte aber auch nicht den Don Quichotte. Nach der Versammlung sagte mir Finca Mohr, eine Kollegin: „Ich beneide dich wegen deiner Fähigkeit, den Kopf immer aufrecht zu halten. Was ist dein Geheimnis?" Ich bedankte mich für ihre Liebenswürdigkeit, ohne ihre Frage zu beantworten. Im Rückblick denke ich, mein „Geheimnis" war mein reines Gewissen – ich hatte nichts getan, wofür ich mich schämen müsste, und dass es einfach nicht meinem Charakter entsprach, mich zu erniedrigen, um mir Vorteile zu erkaufen. Ich wurde am 15. April 1959 aus dem Institut für Wirtschaftsforschung entlassen. Der im offiziellen Kündigungsschreiben angegebene Grund war der ominöse Absatz D von Artikel 20 des Arbeitsgesetzbuches, das heißt, „(politische) Nichteignung für die Stelle". Keine große Hilfe, wenn man einen neuen Arbeitsplatz sucht!

Mein Ausschluss aus der Partei besiegelte einen Prozess meiner politischen Entwicklung. Teilweise durch Zufall markierte der Ausschluss den Punkt meiner inneren Entwicklung, an dem ich meinen Glauben an den Reformkommunismus mehr oder weniger aufgegeben hatte. Ungefähr von dieser Zeit an, vielleicht waren es auch einige Monate später, hörte ich auf, an die Reformfähigkeit des Systems zu glauben. Um diese Zeit kannte ich die Bedingungen in Jugoslawien – wo das Wirtschaftssystem auf den Ideen des Marktsozialismus beruhte – gut genug, um zu schlussfolgern, dass die dortige Version des Sozialismus zumindest in ökonomischer Hinsicht nicht viel erfolgreicher war als unsere rumänische Version. Ich wusste auch genug über den Westen, um die marxistische Bewertung des Kapitalismus nicht nur anzuzweifeln, sondern für durch und durch falsch zu halten. Das wirft zu Recht die Frage auf, warum ich das nicht schon in dem Jahr erkannt hatte, das ich 1948–1949 in London verbrachte. Die Antwort ist, dass ich zu dieser Zeit noch meine intellektuellen und emotionalen Scheuklappen trug: Ich war ein Anhänger der „Sache", an die ich damals noch glaubte. Interessant ist aber folgende Bemerkung, die einen Einblick gibt, wie die psychologischen Transformationen ihren Weg in die Seele und in den Verstand des Menschen finden: Lange Zeit – mindestens einige Jahre –, bevor ich mein früheres „Glaubensbekenntnis" vollständig aufgegeben hatte, kamen mir zusammen mit den gelegentlichen Albträumen, die ich bereits an anderer Stelle beschrieben habe, auch angenehme, beruhigende Träume: ich war in einer neuen Umgebung, in der ich mich frei (oder besser gesagt FREI) fühlte. Die konkreten Schauplätze wechselten, aber die zugrunde liegende Stimmung war die der Freiheit „in Großbuchstaben", und das immer wiederkehrende Thema war, dass ich auf den Rolltreppen der Londoner U-Bahn stand, langsam nach unten fuhr und die Leute beobachtete, die auf der gegenüberliegenden Seite nach oben kamen. Offenbar war damals, im Jahr 1948, die Londoner U-Bahn für mich – ohne dass ich mir dessen bewusst war – das Symbol der Freiheit geworden.

Man muss jedoch zwei Dinge unterscheiden: Das eine ist es zu begreifen, dass ganz entschieden irgendetwas mit dem System nicht stimmte, in dem ich lebte; etwas ganz anderes ist es jedoch zu verstehen, um was es sich genau handelte. Die Menschen, die unter den repressiven Regimes der Vergangenheit Kommunisten geworden waren, hatten oft einen vorbildlichen Charakter und waren bereit, ihre

Freiheit und manchmal auch ihr Leben für das zu riskieren, was sie für das Gemein-
wohl hielten. Richtig ist auch, dass sich viele von ihnen, nachdem sie an die Macht
gekommen waren, charakterlich mitunter radikal änderten: Macht korrumpiert, wie
es heißt, und absolute Macht korrumpiert absolut. Dennoch lassen sich die Anomalien des Regimes, das sie errichteten, nicht einfach auf die charakterlichen Defizite
der Herrschenden zurückführen. Es war hier noch ein anderer Faktor im Spiel, den
man als Macht des Systems und seiner Institutionen bezeichnen kann: Bereits die
Alten Römer kannten dieses Phänomen und prägten dafür den sprichwörtlich ge-
wordenen Satz *Senatores boni viri, senatus autem bestia* (Die Senatoren sind gute
Männer, doch der Senat ist eine Bestie)! Das System entfaltet ein Eigenleben und
eine Macht, die von keinem Individuum mehr gesteuert werden kann.

Aber zurück zum Jahr 1959: Nach dem Vergleich aller Informationen, die ich
von beiden Welten zusammengetragen hatte, gab es für mich keinen Zweifel mehr,
dass das sozialistische Wirtschaftssystem – in allen Varianten, in denen es auspro-
biert worden war – dem modernen Kapitalismus weit unterlegen ist. Darüber hinaus
zeichnete sich das politische System, das den Aufbau des Sozialismus in all den
Ländern begleitet hat, in denen die kommunistische Partei an die Macht gekommen
war, durch brutale Unterdrückung und einen umfassenden Mangel an Freiheit aus.
Wenn Machtmissbrauch ans Licht kam und Maßnahmen ergriffen wurden, um eine
Wiederholung zu verhindern, dann war auch dieser Prozess willkürlich und hing von
der Laune der Akteure des politischen Dramas ab: Es gab keine objektive Analyse
dessen, was geschehen war, und folglich konnte es weder echte Schlussfolgerungen noch durchgreifende institutionelle Reformen geben. Das akzeptierte Dogma
der Diktatur des Proletariats als politisches System des Übergangs zum Sozialismus
blieb in Kraft. Ich zog den Schluss, dass diese Welt keine Ähnlichkeit mehr mit meinen Träumen hatte und gab schließlich den Versuch auf, dieses System zu ändern.
Mit anderen Worten: Einige Zeit nach meinem Hinauswurf aus der Partei kam ich
zu dem Schluss, dass der Rausschmiss in gewisser Weise tatsächlich gerechtfertigt
war. Ich gehörte nicht mehr dorthin.

Diese Schlussfolgerung führte bei mir zu einer zweifachen Reaktion. Einerseits
verspürte ich eine Art seelischer Leere. Fast zwei Jahrzehnte lang hatte ich als Kommunist gelebt und hing einem Ideal an, für das ich zumindest eine Zeitlang bereit
war, fast alles zu opfern. Von jetzt an musste ich jedoch ohne ein solches Ideal leben, ohne Einsatz für eine „edle Sache". Andererseits verspürte ich zusammen mit
der Leere auch eine seltsame Art der Erleichterung, so, als ob mir eine Last von
den Schultern genommen worden wäre. Ich konnte freier atmen als zuvor. Ich stand
nicht mehr im Dienst einer Sache – ich war frei und konnte den Blick auf mich
selbst und meine Familie richten.

Im Rückblick sehe ich es so, dass mein Lebensabschnitt, der im Frühjahr 1959
endete, das gemeinsamen Schicksal einer ganzen Generation von Menschen verkör-
perte, zu denen auch ich gehörte. Einige der Besten meiner Generation, darunter die
anständigsten und angesehensten jungen Intellektuellen im Mittel- und Osteuropa
der späten dreißiger und frühen vierziger Jahre, wandten sich, insbesondere, wenn
sie jüdischer Abstammung waren, der politischen Linken zu. Diejenigen von ihnen, die den Mut hatten, für ihre Überzeugungen aktiv zu werden, traten in die

kommunistische Partei ein und kämpften mit ihren Mitteln gegen die Kriegsmaschinerie der Nazis. Sie riskierten ihr Leben im Dienst für eine Sache, an die sie
glaubten. Natürlich haben zur gleichen Zeit unzählige andere rund um die Welt an
den Kriegsschauplätzen gegen die Nazis gekämpft. Aber diejenigen, von denen ich
jetzt spreche, waren Freiwillige. Die Mitglieder dieser Generation, die das Glück
hatten, den Krieg zu überleben, wurden Opfer einer unermesslichen Tragödie, die
ihr ganzes Leben verschlang: Die Gesellschaftsordnung ihrer Träume, das Paradies
von Gerechtigkeit und Gleichheit, das zu errichten sie gehofft hatten, wurde zu einem Albtraum. Die Revolution, zu deren Sieg sie beigetragen hatten, opferte sie auf
dem Altar einer Wahnvorstellung, verschlang sie lebendig und machte ihre Helden
zu ihren Gegnern.

Von der Ökonomie zur Mathematik

14

Intellektuell waren die fünf Jahre, die im Frühjahr 1959 begannen, vielleicht die schwierigste und abenteuerlichste Zeit meines Lebens. Im Alter von siebenunddreißig Jahren machte ich mich daran, ein Mathematiker zu werden. Das gelang nur wenigen, wie ich gehört hatte. Es heißt, dass man Mathematik früh im Leben lernen kann und muss, da sich die Fähigkeit zum abstrakten Denken ab einem gewissen Alter nicht mehr zu entwickeln scheint. Ich wusste nicht, ob das immer wahr ist, in gewisser Weise wahr ist, in bestimmten Fällen wahr ist oder ob es vollkommen falsch ist – also ein Vorurteil wie so viele andere auch. Ich hatte damals meine Zweifel, aber bald wurde in mir das folgende Gefühl immer stärker: Ich konnte mir keinen anderen Weg vorstellen, den ich mit genug Enthusiasmus und Energie für mich so entwerfen könnte, dass zumindest eine Chance auf Erfolg besteht.

Ich wusste nur, dass mein Leben an einen Wendepunkt gekommen war. Meine früheren Lehrer, meine Berufskollegen und meine Freunde hielten mich für begabt, aber alles, was ich fachlich erreicht hatte, hatte sich in nichts aufgelöst. Zwar hatte ich mir einen gewissen Ruf als Ökonom erworben, aber dieser Ruf war jetzt praktisch bedeutungslos geworden: Man hatte mich nicht nur aus dem Institut für Wirtschaftsforschung geworfen, sondern mir auch kategorisch verboten, in Ökonomiezeitschriften zu publizieren. Darüber hinaus war mein fachlicher Ruf auch in meinen eigenen Augen bedeutungslos geworden. Meine frühere Motivation – zur Wissenschaft der Wirtschaftsplanung beizutragen, um eine bessere Gesellschaft aufzubauen, war verschwunden und in diesem Prozess hatte ich meine Achtung vor der marxistischen Wirtschaftswissenschaft verloren, also vor der einzigen Ökonomie, die ich wirklich gut kannte. Kurzum: Ich hatte einen vollständigen fachlichen Schiffbruch erlitten.

Andererseits verspürte ich ein starkes Interesse für ein neues Gebiet der angewandten Mathematik, nämlich für die Operationsforschung. Die Erforschung dieses Spezialgebiets begann während des Zweiten Weltkriegs und entwickelte sich aus dem Bedarf heraus, gewisse militärische Aktivitäten zu optimieren. Nach dem Krieg erfuhr das Gebiet eine spektakuläre Entwicklung und es entstanden viele Teildisziplinen, deren bedeutendste unter der Bezeichnung „Lineare Programmierung" bekannt geworden ist. Ich wusste seit etwa 1956, dass es die Operationsforschung

E. Balas, *Der Wille zur Freiheit*, DOI 10.1007/978-3-642-23921-2_14,
© Springer-Verlag Berlin Heidelberg 2012

gibt und interessierte mich sehr dafür, aber wegen anderer Beschäftigungen – ich arbeitete an meinem Buch – erfuhr ich erst Ende 1958 mehr darüber, als ich das Buch *Linear Programming and Economic Analysis* von Dorfman, Samuelson und Solow in die Hände bekam. Dieses Werk regte sofort meine Phantasie an. Das Thema war nicht nur an sich attraktiv, sondern hatte auch ein riesiges Anwendungspotenzial; außerdem war ich zuversichtlich, mir den Inhalt des Buches in relativ kurzer Zeit aneignen zu können. Natürlich erkannte ich, dass mir das Ziel, fachlich umzusatteln und ein Spezialist für Lineare Programmierung und Optimierungstheorie zu werden – und nicht nur jemand, der die Fachliteratur mit Interesse verfolgt –, viel abverlangen würde: Um Forschungsarbeiten verfassen zu können, würde ich intensiv lernen müssen. Aber ich war überaus interessiert und stark motiviert. Ich stellte mir vor, dass ich bei einem täglich mehrere Stunden umfassenden systematischem Studium ungefähr innerhalb eines Jahres dazu in der Lage sein würde, ein bestimmtes Forschungsthema anzupacken und eigene Ergebnisse zu erzielen. Also setzte ich mir das zum Ziel.

Das hört sich im Rückblick ganz gut an, aber wenn ich meinen Beschluss irgendjemandem anvertraut hätte (was ich nicht tat), dann hätte mich der Betreffende für vollkommen verrückt gehalten. Ich hatte keine Arbeit, man hatte mich gerade auf die Straße gesetzt. Natürlich musste ich zuallererst eine Arbeit finden, um den Lebensunterhalt zu verdienen, und setzte zunächst meine ganze Energie dafür ein. Aber um die Kraft zu sammeln, die ich für die Bewältigung meiner Schwierigkeiten brauchte, musste ich ein klares Bild vor Augen haben, wohin die Reise gehen sollte. Dieses klare Bild hatte ich jetzt. Nun dachte ich über die Art von Arbeit nach, die ich mir suchen sollte, und mir schien, dass es mit meinem Ruf als Ökonom und meinen Kenntnissen von sechs Sprachen nicht allzu schwierig sein sollte, eine untergeordnete Stelle als Wirtschaftsanalytiker in irgendeiner Arbeitsgruppe zu bekommen. Wie sich jedoch herausstellte, hatte ich das Stigma unterschätzt, das mir nach meinem Parteiausschluss und meinem Rausschmiss aus dem Institut anhaftete. Ich rief mehrere Leiter solcher Arbeitsgruppen an, aber überall sagte man mir, dass es keine freien Stellen gäbe.

Dann erinnerte ich mich, dass die Staatsbank eine Arbeitsgruppe für Trends in der Weltwirtschaft hatte, wo ich mich sicher nützlich machen könnte, und dass der Leiter der Arbeitsgruppe Imre Deutsch war, ein kommunistischer Intellektueller aus Arad, den ich als netten, geradlinigen und klugen Menschen kannte. Also rief ich ihn an, erklärte meine Situation – die er bereits kannte – und fragte ihn, ob er in seiner Gruppe vielleicht eine untergeordnete Stelle für mich finden könne. Er antwortete, dass er gerne jemanden mit meinen Qualifikationen haben würde und dass es kein Problem sei, eine Stelle zu finden: Es gebe viele Möglichkeiten, bei denen ich seiner Gruppe helfen könne. Die einzige Schwierigkeit sei meine politische Lage, die ihn daran hindere, auf eigene Faust zu handeln; aber wenn ich das Zentralkomitee der Partei darum bitten würde, ihn anzurufen und zu bevollmächtigen, mich einzustellen, dann würde er es gerne tun. Ich sagte ihm nicht, was ich dachte – nämlich, dass mich sogar mein schlimmster Feind einstellen müsste, wenn ihn das Zentralkomitee dazu aufforderte. Stattdessen sagte ich, dass es mir nie in den Sinn gekommen sei, ohne die Zustimmung des entsprechenden Parteiforums eingestellt zu werden. Dennoch dächte ich, sagte ich ihm, dass er vielleicht seine Parteiverbindungen anrufen könne, um meine Bewerbung in seiner Arbeitsgruppe zu schildern und um Anweisungen zu bitten. Er lehnte es ab, eine solche Initiative zu ergreifen. Da Deutsch im Allgemeinen ein redlicher Mann war und gewiss nicht schlechter als der Durchschnitt, zeigte unser Gespräch überdeutlich, welch gefährliches Individuum ich geworden war. Es war natürlich sinnlos, dass ich mich an die Partei wandte. Um sicher zu gehen, hatte ich mich gleich nach meinem Ausschluss und meiner Entlassung mit der Frage an sie gewandt, welchen Rat sie mir bezüglich einer möglichen Arbeitsstelle geben könnten. Ihre Antwort war, dass die Partei keine Stellenvermittlung sei, dass das Land groß sei und jeder, der arbeiten wolle, auch eine Arbeit fände.

Zwei Monate vergingen, ohne dass ich eine Arbeit fand, zwei Monate, in denen ich trotz der täglichen Frustration bei der Stellensuche in der Lage war, mit meinen mathematischen Studien etwas voranzukommen. Dann rief mich irgendwann im Juni Finca Mohr an, die Kollegin aus meinem früheren Institut, die damals, bei meiner Entlassung, so freundlich mit mir gesprochen hatte; sie sagte mir, dass man in der Dienststelle ihres Mannes, dem Planungs- und Forschungsinstitut für die Holzindustrie (IPROCIL), einen Planungsingenieur für die ökonomische Bewertung von Projekten suche. Ich sah mir das Stellenangebot an und sprach dann mit Fincas Mann Gogu Mohr, dem Chefingenieur von IPROCIL. Mohr sagte, dass die Stelle tatsächlich für einen Ingenieur gedacht sei; aber es würde eine Ausschreibung geben und er denke, wenn sich nur wenige Bewerber meldeten und ich beim Test gut abschneiden würde, dann könne die Kommission vielleicht über die Tatsache hinwegsehen, dass ich kein Ingenieur bin. Jedoch sei da auch noch die Sache mit meiner politischen Situation. In Bezug auf dieses Problem hinge alles vom Parteisekretär des Institutes ab. Der Direktor, ein gewisser Ingenieur Naftali, sei ein anständiger Mann, der gewiss nicht gegen meine Einstellung wäre; aber letztendlich müsse der Parteisekretär grünes Licht geben. Mohr schilderte den Parteisekretär als vernünftigen Mann, der sich über die Bedeutung von Wissen und Sachkenntnis in einer Einrichtung wie IPROCIL im Klaren sei, und gab mir den Namen des Parteisekretärs.

Am nächsten Tag bat ich um ein Treffen mit dem Parteisekretär und bekam einen Termin. Ich stellte mich vor und sagte ihm, dass ich an der Aufgabe interessiert sei, um die es in der Stellenausschreibung geht. Ich sagte ihm, dass ich mich für die Stelle qualifiziert fühle, dass ich aber ein politisches Problem hätte und mich nicht bewerben wolle, ohne ihn vorher um seine Meinung zu fragen. Ich sagte ihm ganz offen, dass ich wegen schwerwiegender ideologischer Abweichungen gerade aus der Partei ausgeschlossen und aus dem Institut für Wirtschaftsforschung entlassen wurde. Ich sagte ihm des Weiteren, er solle mir sofort Bescheid geben und mich nicht in Betracht ziehen, falls die Stelle mit Staatsgeheimnissen, vertraulichen Daten oder Entscheidungen zu tun habe, bei denen eine ideologisch zuverlässige Person erforderlich wäre. Wenn aber die Stelle nichts dergleichen beinhalte und wenn man stattdessen einfach nur einen Mitarbeiter mit einem guten ökonomischen Urteilsvermögen brauche, der effiziente Lösungen von Ressourcenverschwendung unterscheiden könne und bereit sei, sich die entsprechenden technologischen Fakten

auf dem Gebiet der Holzindustrie anzueignen, dann könne er mich vielleicht zum
Test zulassen. Er fragte, was meine ideologischen Abweichungen gewesen seien,
und ich sagte ihm, dass es viele gebe, dass es sich aber hauptsächlich um ein Buch
handele, dessen Ideen man für schädlich befunden habe. Er wollte wissen, wer das
Buch herausgegeben hat, und war überrascht zu erfahren, dass der Verlag Editura Politică die schädlichen Ideen nicht vor der Veröffentlichung erkannt habe. Es
schien einen guten Eindruck auf ihn gemacht zu haben, dass ich alle seine Fragen
unverzüglich und offen beantwortete, ohne zu versuchen, meine Handlungsweise zu
rechtfertigen. Schließlich sagte er, dass er keinen Grund sehe, warum ich mich nicht
um die Stelle bewerben solle, denn diese sei strikt praktisch ausgerichtet und nicht
ideologisch.

Der Test fand eine Woche später statt. Es nahmen elf Bewerber teil: ich selbst
und zehn Ingenieure. Ich wusste, dass Ingenieure beruflich äußerst selbstbezogen
sind, und dachte, dass ich keine Chance hätte –, aber wie sich herausstellte, hatte
ich mich geirrt. Der Test bestand aus einer Liste von Fragen, die mit Methoden zu
tun hatten, wie man Investitionsprojekte im Allgemeinen und Industrieprojekte im
Besonderen bewertet; hinzu kam noch ein Aufsatz zu einem speziellen Thema. Die
Kommission stufte meine Arbeit als die beste ein. Vor Erteilung seiner Zustimmung
fragte der Parteisekretär beim Bezirkskomitee der Partei nach, ob sie einen Einwand
gegen meine Einstellung hätten. Sie antworteten, dass sie nichts von mir gehört und
auch keine Anweisungen in Bezug auf mich erhalten hätten; deswegen könnten sie
sich weder für noch gegen meine Einstellung äußern: Der Parteisekretär solle die
Sache in eigener Verantwortung regeln. Der Sekretär gab zu meiner Bewerbung
also seine Zustimmung, die er in einer schriftlichen Notiz formulierte: Seiner Meinung nach liege es im Interesse des Institutes, gut qualifizierte Leute einzustellen.
Ich denke nicht, dass er seine Entscheidung irgendwann bedauern musste: Nach ungefähr einem Jahr erhielt er in Abständen von der Bezirksparteiorganisation immer
wieder Belobigungen für die Ergebnisse, die wir mit meinem Ansatz erzielt hatten, nämlich mit Hilfe der linearen Programmierung die landesweite Verteilung von
Feuerholz und dessen Transport zu planen. Direktor Naftali stellte mich zu einem
Anfangsgehalt ein, das etwa sechzig Prozent der Bezahlung an meiner vorherigen
Arbeitsstelle betrug. Ich trat meine Stelle am 16. Juli 1959 an.

So sehr ich auch darauf brannte, meine mathematischen Studien voranzutreiben,
war mir doch klar, dass die inhaltliche Beherrschung meiner neuen Arbeitsaufgaben Vorrang hatte. Daher vergingen die ersten zwei Monate ohne viel Mathematik;
stattdessen beschäftigte ich mich mit vielen Begriffen und Handbüchern des Inge-
nieurwesens, mit den Grundtatsachen der Holzbearbeitung und der Holzindustrie,
mit den Ausrüstungen für Industrieanlagen, den Prinzipien der industriellen Planung und so weiter. Den überwiegenden Teil meiner Kenntnisse schöpfte ich aus
dem Studium der Pläne, die etwa ein Jahr zuvor genehmigt worden waren und sich
jetzt im Stadium der Ausführung befanden.

Wie in allen anderen sozialistischen Ländern erfolgte auch in Rumänien die Planung von Industrieanlagen und industriellen Einrichtungen auf zentralisierte Weise
in spezialisierten Planungsinstituten, von denen es für jeden Industriezweig ein
eigenes gab. Diese Institute waren riesig: Die Planungsabteilung des Institutes für

Forstwirtschaft und Holzindustrie – von zentraler Bedeutung in einem Land, dessen Fläche zu einem Drittel von Wäldern bedeckt war – hatte etwa tausend Angestellte, darunter mehr als sechshundert Ingenieure. Die übrigen waren technische Zeichner, Techniker, Sekretärinnen und so weiter. Die Forschungsabteilung befand sich an einer anderen Stelle und hatte ihr eigenes Personal – ungefähr weitere dreihundert Ingenieure.

Ingenieur Naftali, der Institutsdirektor, hatte bereits vor dem Krieg Erfahrungen in der Holzindustrie gesammelt und während des Krieges mit den Kommunisten sympathisiert – was auch der Grund dafür war, dass er der Direktor wurde. Er war nicht nur sachkundig, sondern auch sehr korrekt, und er war ein relativ guter Chef, der aber auch sehr viel forderte. Sein Stellvertreter Necşulescu war ein intelligenter junger Ingenieur, der weniger praktische Erfahrungen hatte. Gogu Mohr war der Chefingenieur und spielte eine wichtige Rolle im Prozess der Entscheidungsfindungen. Die drei bildeten das Leitungsteam des Instituts. Jeder Plan musste nach seiner Erarbeitung zuerst der Staatlichen Planungskommission vorgelegt werden; diese führte normalerweise eine detaillierte Projektanalyse durch und stellte lange Listen von Fragen zusammen, die wir beantworten mussten. Oft verlangte die Kommission Änderungen, bevor sie den Plan dem Ministerium für Forstwirtschaft und Holzindustrie vorlegte. Wenn ein Plan schließlich dem Ministerium vorgelegt wurde, studierte man ihn dort – in dieser Phase gab es nur noch selten Fragen. Danach musste der Plan in einer Vollversammlung verteidigt werden, bei der alle wichtigen Direktorate des Ministeriums anwesend waren. Unser Institut wurde von einem Mitglied des oben genannten leitenden Triumvirats und dem Ingenieur vertreten, der das Planungsteam für das spezielle Projekt geleitet hatte; den Letzteren begleiteten vier oder fünf Entwicklungsingenieure, die am Projekt gearbeitet hatten, sowie der für die ökonomische Bewertung verantwortliche Ingenieur.

Die Arbeitsbelastung des Instituts war bedeutend größer als die der meisten vergleichbaren Einrichtungen im Westen: Es war nicht ungewöhnlich, in einem einzigen Jahr – zusätzlich zur Vergrößerung mehrerer vorhandener Anlagen – ein oder zwei Dutzend vollkommen neue Werke zu entwerfen, von Möbelfabriken bis hin zu gewaltigen Holzbearbeitungskomplexen. Zu den Letzteren, deren Aufgabe in der Verarbeitung von Rohholz bestand, gehörten Balkenfabriken, Sägewerke, Sperrholz- und Furnierfabriken und so weiter. Jeder Plan beinhaltete mögliche Standort- und Technologiealternativen sowie Varianten zur Durchführung dieses oder jenen Aspekts. Meine Aufgabe bestand darin, eine detaillierte ökonomische Analyse jedes Plans anzufertigen, die verschiedenen Alternativen zu bewerten und deren Wirtschaftlichkeit zu vergleichen sowie die für die neue Anlage vorhergesagte Effizienz mit der Effizienz vorhandener Anlagen zu vergleichen. Ich gehörte einem Team von sechs oder sieben Ingenieuren an, die für die ökonomische Bewertung sämtlicher Pläne verantwortlich waren. Es war nicht leicht, im Vorübergehen zu lernen, aber nach etwa zwei Monaten erreichte ich das Stadium, in dem ich höchstens ein bis zwei Fragen pro Tag stellen musste.

* * *

Zu diesem Zeitpunkt nahm ich meine mathematischen Studien wieder auf. Ursprünglich hatte ich begonnen, die Analysis zu wiederholen – ein Thema, das ich zwar früher schon einmal gelernt, aber dann wieder vergessen hatte. Außer einigen Standardeinführungen, die damals in Rumänien verwendet wurden, studierte ich Bücher über angewandte Analysis, zum Beispiel R. G. D. Allens Buch *Mathematical Economics*. Ich beschaffte mir die 1951 erschienene Monographie *Activity Analysis of Production and Allocation* der Cowles Commission und arbeitete mich durch Koopmans' Werk. Ich versuchte mich auch an Dantzigs Aufsatz, hatte aber bald mit ziemlichen Schwierigkeiten zu kämpfen. Ich merkte, dass ich Algebra mehr brauchte als Analysis und machte mich an die rumänische Übersetzung der *Linearen Algebra* des russischen Mathematikers Kurosch. Ich arbeitete auch mehrere Bücher über Matrizen durch. Was die lineare Programmierung betrifft, studierte ich außer dem oben genannten Buch von Dorfman, Samuelson und Solow hauptsächlich das 1953 erschienene Buch *An Introduction to Linear Programming* von Charnes, Cooper und Henderson.

Ein lineares Programm ist ein Optimierungsproblem, bei dem eine lineare Funktion unter Berücksichtigung linearer Ungleichungen zu maximieren oder zu minimieren ist. Das ist die einfachste und ungemein nützliche Darstellung einer Vielzahl von praktischen Situationen, bei denen eine Aktivität unter Berücksichtigung gewisser Nebenbedingungen optimiert werden muss. Die Entdeckung der Tatsache, dass viele wichtige Probleme auf diese Weise formuliert werden können und dass man diese Probleme mit Hilfe eines effizienten Algorithmus lösen kann – nämlich durch die 1947 von George Dantzig gefundene Simplexmethode –, hat, nachdem der Algorithmus auf Computern implementiert worden war, zu unzähligen Alltagsanwendungen in allen Bereichen der Wirtschaft, aber auch in anderen Disziplinen geführt.

Als ich noch im Institut für Wirtschaftsforschung arbeitete, hatte ich Anfang 1959 Kontakt mit Grigore Moisil aufgenommen, einem berühmten rumänischen Algebraiker und Akademiemitglied, der aufgrund seiner Arbeiten zur Automatentheorie auch an der Entwicklung von Computern und ihren Anwendungen interessiert war. Am Institut für Kernphysik forschte man über Computer – sowohl Hardware als auch Software –, und Moisil hatte einen großen Einfluss auf die Arbeit dieser Forschungsgruppe. Moisil interessierte sich nicht nur für Computer, sondern für alle neuen Anwendungen der Mathematik, unter anderem auch für Operationsforschung, und er war bemüht, Verbindungen zu Ökonomen und zum Institut für Wirtschaftsforschung aufzubauen, an dem ich gearbeitet hatte. Meine erste Begegnung mit ihm war rundum gelungen: Er hatte mich taxiert, und ich habe offensichtlich sein Wohlwollen gewonnen.

Moisil war Anfang fünfzig und hatte den Gipfel seiner Laufbahn erreicht. Er war in der Öffentlichkeit der vielleicht bekannteste Wissenschaftler des Landes. Als sehr einflussreicher und äußerst aktiver Mann war er für seine eigenständige Denkweise und für sein an Starrköpfigkeit grenzendes Festhalten am eigenen Standpunkt bekannt. Deswegen schloss ich die Möglichkeit nicht aus, dass er sich mit mir unterhalten würde, obwohl ich politisch in Ungnade gefallen war. Ich dachte, dass eine Verbindung – *jede* Art von Verbindung – zu ihm und seiner Gruppe am Mathematischen Institut der Akademie meine Arbeit und den Übergang zu meinem neu gewählten Fachgebiet erleichtern würde. Hinzu kam, dass ich für Forschungsarbeiten mit praktischen Anwendungen Zugang zu Computern und Kontakt zu Programmierern brauchte. Aus all diesen Gründen wandte ich mich bald nach meiner Entlassung wieder an Moisil und erzählte ihm, was geschehen war; ich sagte ihm auch, dass ich Mathematik studiere und beabsichtige, auf dem Gebiet der mathematischen Programmierung zu arbeiten. Sobald ich dazu in der Lage sei, würde ich – aufbauend auf meinen Kenntnissen – Optimierungsprobleme der Wirtschaft erforschen. Ich fragte ihn, ob er immer noch daran interessiert sei, etwas mit mir zu tun zu haben. Seine Reaktion war, dass er die Geschehnisse im Zusammenhang mit meiner Entlassung bedauere, aber dass diese Ereignisse weder sein Interesse für die Anwendung der Mathematik auf ökonomische Probleme schmälere noch seine Einschätzung ändere, dass ich die richtige Person sein könnte, um solche Probleme zu bearbeiten. Sobald sich Moisil von irgendwas eine Meinung gebildet hatte, brachte er den Mut auf, dafür einzustehen; zu meinem Glück ließ er sich von meinem Parteistatus nicht abschrecken. Er sagte, dass ihm meine Entschlossenheit gefalle, und dass er an den Problemen interessiert sei, die ich bearbeiten wolle. Er wünschte mir Erfolg bei meiner Stellensuche und lud mich ein, ihn in Abständen aufzusuchen und zu informieren, worüber ich arbeite.

Grigore Moisil war nicht nur ein großer Mathematiker; er war ein großartiger Mensch. Er beeinflusste mein Leben auf entscheidende Weise – ohne ihn wäre es für mich viel schwerer gewesen, Mathematiker zu werden. Er war ein außergewöhnlicher Mann im besten Sinne des Wortes. Bereits in früher Jugend wurde die Mathematik zur Leidenschaft seines Lebens. Seine Doktorarbeit an der Universität Bukarest stieß im Ausland auf ein so großes Interesse, dass er einige Zeit in Paris verbringen konnte und dort „in den besten mathematischen Kreisen" verkehrte. Er lernte dort Hadamard, Lebesgue, Borel und weitere große Mathematiker kennen. Später verbrachte er ein Jahr in Rom.

Als er nach Rumänien zurückkehrte, wurde er Professor an der Universität Iaşi und später, als der Krieg ausbrach, an der Universität Bukarest. Er leistete zu vielen Gebieten der Mathematik Beiträge, hauptsächlich zur Algebra, Mengenlehre und Logik. Am bekanntesten aber war er vielleicht aufgrund seiner Arbeiten zur Automatentheorie. Während der dreißiger Jahre und während des Krieges, als fast alle rumänischen Intellektuellen in den Bannkreis rechtsorientierter und faschistischer Strömungen gerieten, hielt er sich von diesen Einflüssen fern und blieb den Idealen des aufgeklärten Humanismus treu, die er sich als junger Mann durch seine Kontakte zur französischen Kultur zu eigen gemacht hatte. Insbesondere ließ er sich nie vom Antisemitismus anstecken: Während seiner ganzen Laufbahn hatte er viele jüdische Freunde, Studenten und Mitarbeiter. Am Kriegsende trat er in die kommunistische Partei ein und war einige Zeit Rumäniens Botschafter in der Türkei. Als er zurückkehrte, wurde er zum Akademiemitglied gewählt – die höchste Ehre für einen Wissenschaftler. Er war Professor der Universität Bukarest, aber sein eigentliches wissenschaftliches Zuhause war das Mathematische Institut der Akademie.

Das Mathematische Institut, eine Forschungseinrichtung von Weltruf, hatte den namhaften Funktionalanalytiker Stoilow als ersten Direktor. Stoilow, der der bulgarischen Volksgruppe angehörte, war ein herausragender Mathematiker der Generation vor Moisil. Weil Stoilow weltberühmt war und während des Krieges als Kommunist wirkte, hatte er einen ausreichenden politischen Einfluss, um das Mathematische Institut von den Scherereien fernzuhalten, welche die anderen Forschungsinstitute ruinierten – zum Beispiel Ernennungen aufgrund der sozialen Herkunft anstelle von Verdiensten, sowie Beurteilungen auf der Grundlage der Klassenzugehörigkeit und der Anwesenheitsstunden anstelle von wissenschaftlichen Ergebnissen. Dadurch wurde das Mathematische Institut Anfang der fünfziger Jahre zu einer Insel der Wissenschaft und Forschung in einem Ozean politisch aufgewühlten Wassers. Nach Stoilows Tod – er erlitt einen Herzinfarkt während einer Kontroverse im Zentralkomitee der Partei, wo er die Institutsordnung verteidigte – hätte ihm Moisil als Direktor folgen können, aber er lehnte ab.

Während seines ganzen Lebens mied er administrative Posten jeglicher Art, nicht weil er immun gegen die Versuchungen der Macht war, sondern weil er wusste, wie man Macht indirekt ausübt. Obwohl er nur der Leiter der Fachgruppe Algebra war, wusste jeder, dass er die graue Eminenz des Institutes war. Institutsdirektor Vrănceanu, der in der Geometrie herausragende Ergebnisse erzielt hatte, störte sich nicht daran, und beide kamen gut miteinander aus. Vrănceanu war als der Direktor bekannt, Moisil hingegen als „der Professor", und jeder wusste, dass der Direktor zwar alle Papiere unterschrieb, der Professor aber die Entscheidungen traf. Moisils große Leistung in Bezug auf das Institut war, dass er Stoilows Regime intakt hielt: Er lehnte alle politisch gewünschten und gesellschaftlich „gesunden" jungen Kader ab, welche die Partei in jedem Jahr dem Institut aufzudrängen versuchte. Moisil berücksichtigte ausschließlich die wissenschaftliche Leistung; nichts anderes zählte – weder die soziale Herkunft, noch der ethnische Ursprung, oder was auch immer. Es gab nur eine bemerkenswerte Ausnahme: Er duldete keine Informanten in seiner Umgebung, selbst dann nicht, wenn sie wissenschaftliche Verdienste hatten. Er verspürte einen physischen Ekel gegen sie. Dass Moisil nicht der offizielle Institutsdirektor war, machte es nicht leichter, das Institut auf diese Weise zu leiten. Aber Moisil brachte dieses Kunststück fertig, und Vrănceanu machte immer das, was Moisil empfohlen hatte. Wenn es Schwierigkeiten gab, ging Moisil zur Partei, um die Angelegenheit zu besprechen, da er im Gegensatz zu Vrănceanu Parteimitglied war. Vrănceanu war ein Geometer von Weltklasse, ein urwüchsiges geometrisches Talent, aber er kannte nur drei Dinge im Leben und sonst nichts: Geometrie, Geometrie und nochmals Geometrie. Außerhalb seines Gebietes hatte er das Niveau eines Bauern mit mittelmäßiger Schulbildung. Die Umstände, unter denen Stoilow starb, dürften Moisil indirekt geholfen haben: Niemand im Politbüro wollte noch einmal erleben, dass ein führender Wissenschaftler im Zentralkomitee einem Herzinfarkt erliegt.

Moisil war ein kleiner, stämmiger, kahlköpfiger und freundlicher Mann mit einem ausgeprägten Sinn für Humor, geradlinig und äußerst ungezwungen. Er arbeitete meistens zu Hause, in seiner relativ bescheidenen Dreiraumwohnung in der Strada Armenească im Stadtzentrum von Bukarest, wo er mit seiner Frau Viorica lebte. Sie hatten keine Kinder. Die Wohnung quoll immer über von Moisils Papieren, Ordnern, Notizen und Büchern; seine Unterlagen breiteten sich von seinem

Schreibtisch über den Wohnzimmertisch, das Sofa und über den Fußboden aus. Laut Aussage seiner Frau wurde dieses Durcheinander in Abständen drastisch reduziert, wenn Grigri – wie ihn seine Frau und seine Eltern nannten –, seine Unterlagen in Ordnung brachte. Ich hatte jedoch nie die Gelegenheit, die Wohnung in einem ordentlichen Zustand zu sehen. Normalerweise war Moisil zu Hause anzutreffen – er verließ seine Wohnung nur, um geschäftliche Dinge im Institut zu erledigen (was aber nie länger als ein paar Stunden dauerte), Bücher in der Bibliothek auszuleihen oder manchmal einen Spaziergang zu machen. Wer ihn sprechen wollte, musste ihn vorher anrufen und dann zu Hause besuchen. Man konnte ihn jederzeit zwischen zehn Uhr morgens und zehn Uhr abends anrufen. Wenn man ihn sprechen wollte, sagte er „Komm jetzt" oder „Ich habe jetzt jemanden hier, komm in einer Dreiviertelstunde". Er empfing seine Gäste oft in einem Morgenmantel oder, an warmen Sommertagen, sogar im Pyjama. Er war immer freundlich und direkt, sprach in einem sachlichen Stil und erwartete, dass sich seine Besucher knapp und punktgenau ausdrückten. Moisil war ein Wissenschaftler, der für seine Forschungsarbeit lebte, aber dennoch war er nie ein Einzelgänger. Er fühlte sich wohl in der Gesellschaft seiner Freunde, Mitarbeiter und Studenten. Er war der Mittelpunkt einer großen „Moisil-Fangemeinde", deren Durchschnittsalter unter dreißig Jahren lag. Manchmal lud er sie alle zu einer Party ein. Er aß gerne gut und sprach guten Weinen ein bisschen zu sehr zu.

Moisil hatte große Achtung vor Talent – vor jeder Art Talent – und verabscheute Dummköpfe ganz entschieden. Er verbarg sein Missfallen nicht, wenn er irgendwo Anzeichen von Dummheit feststellte. Die große Liebe seines Lebens – das Thema, über das er am liebsten sprach – war die Mathematik. Auf Rumänisch wird das Wort wie im Deutschen im Singular verwendet, aber Moisil benutzte oft den Plural, wenn er die Vielfalt ihrer Aspekte betonen wollte. Er hob gerne hervor, dass die Mathematik, die einst eine Wissenschaft der quantitativen Beziehungen war, im zwanzigsten Jahrhundert die Wissenschaft der Strukturen geworden ist, die nicht nur quantitative Beziehungen, sondern Beziehungen jeglicher Art untersucht, die zwischen Objekten bestehen. Seine bevorzugte Aktivität war, wie er zu sagen pflegte, „Mathematik zu machen". Ein Journalist fragte ihn einmal, wieso er so leicht zustimmen könne, einen improvisierten Vortrag über ein mathematisches Thema vor einem Fernsehpublikum zu halten – ob er denn keine Vorbereitungszeit brauche, um über das Thema nachzudenken? Moisil antwortete „Sicher. Aber Sie vergessen, dass ich bereits seit fünfundzwanzig Jahren über dieses Thema nachdenke." Oft sagte er auch: „Mathematik wird nicht unbedingt am Schreibtisch gemacht. Mathematik wird gemacht, wenn man am Morgen aufwacht und nicht sofort aufsteht. Man macht Mathematik in der Badewanne oder wenn man auf der Toilette sitzt, wenn man sich anzieht und wenn man spazieren geht."

Obwohl er unbedingt wollte, dass die Mathematik auf immer mehr neue Gebiete angewendet wird – in gewisser Weise begeisterte er sich für die Mathematisierung aller Gebiete –, war er ausdrücklich gegen die Forderung, die Mathematik „relevanter", das heißt, angewandter zu machen. „Ich weiß, dass Mathematik nützlich ist," schrieb er einmal, „aber ich mache Mathematik, weil ich sie liebe. Das ist das große Glück der Mathematiker: Sie können für die Gesellschaft nützlich sein, während sie das tun, was ihnen am meisten gefällt." Wenn man die Mathematiker unter Druck setzte, „nützliche" Mathematik zu machen, dann würde das – so argumentierte er – zu einer Schwächung der Disziplin führen und letztlich ihre Nützlichkeit einschränken. Er meinte, der Nutzen der Mathematik müsse indirekt sein; andernfalls wären ihre Ergebnisse weniger allgemein und deswegen weniger umfassend anwendbar.

Moisil hatte ausgeprägte Ansichten über viele Dinge des Lebens und sprach offen darüber. Er hatte auch eine bemerkenswerte Art, seine Meinung auszudrücken. In einer seiner Einführungsvorlesungen ermunterte er seine Studenten dazu, sich nicht nur mit Mathematik zu beschäftigen, sondern auch zu versuchen, die menschliche Kultur als Ganzes in sich aufzunehmen – „Möge Ihre Seele nicht nur ein einziges Fenster haben!", sagte er. Er liebte Paradoxa aller Art. Über einen Vortrag des großen polnischen Logikers Sierpiński sagte er: „Er brachte Gedanken, die nicht schwer zu verstehen, aber sehr schwer zu akzeptieren waren." Er interpretierte Bertrand Russells Aphorismus, demgemäß „Die Mathematik die Wissenschaft ist, in der man nicht weiß, worüber man spricht", folgendermaßen: Nehmen wir beispielsweise einen mathematischen Satz mit Anwendungen in der Elektrotechnik, in der Astronomie und in der Medizin. Der Elektroingenieur stößt auf diesen Satz in einer für die Elektrotechnik spezifischen Form und verwendet ihn in dieser Form; der Astronom arbeitet mit einer anderen Formulierung des Satzes, bei der bestimmte Parameter verschwinden, während andere eine größere Bedeutung erlangen; und schließlich braucht der Arzt eine dritte Inkarnation des Satzes, die auf den ersten Blick nur eine vage Ähnlichkeit mit den anderen beiden Erscheinungsformen hat. Aber alle drei sind Formulierungen ein und desselben Satzes. Die Tragweite des mathematischen Ergebnisses rührt von dessen Allgemeingültigkeit her, die wiederum auf die abstrakte Formulierung zurückzuführen ist. Der Mathematiker, der den Satz beweist, weiß nichts über dessen Anwendung in diesem oder jenem Gebiet. Er weiß nicht – oder es interessiert ihn nicht –, dass er eigentlich über Elektrotechnik, Astronomie oder Medizin redet. Kurzum: Die Stärke seiner Methode beruht genau auf der Tatsache, dass er nicht weiß, worüber er spricht. Das ist laut Moisil die Bedeutung von Bertrand Russells Aphorismus.

Im Sommer oder im Frühherbst 1959 sagte mir Moisil, dass er einen außergewöhnlich klugen jungen Forscher am Mathematischen Institut habe, einen seiner früheren Studenten, der sich ebenfalls für Operations Research interessieren würde. Moisil schlug vor, dass ich mich mit seinem jungen Mitarbeiter zusammen tun und versuchen solle, gemeinsam zu forschen. Moisil stellte jedoch eine Bedingung: Die Forschung müsse praktisch ausgerichtet und anwendbar sein. Nach dem, was ich gerade über Moisils Ansichten über Mathematik und ihre Anwendungen gesagt habe, bedarf diese Bedingung einer Erklärung. Mathematische Wirtschaftsforschung – die Anwendung der Mathematik auf die Wirtschaftstheorie, zum Beispiel in der Marginalanalyse und in verschiedenen Gleichgewichtsmodellen – war ein ideologisch verdächtiges Gebiet, das von marxistischen Ideologen als „bürgerliche Apologetik" heftig angegriffen wurde. Andererseits wurde die Operationsforschung – die Anwendung der Mathematik auf die Formulierung und auf die Lösung verschiedener Probleme der realen Wirtschaft, also nicht auf die Wirtschaftstheorie – als nützlich akzeptiert und nicht gebrandmarkt. Moisil meinte damit, dass wir uns auf die Operationsforschung und nicht auf die Mathematische Ökonomie konzentrieren sollten, und dass wir auch innerhalb dieser Eingrenzung mit etwas Praktischem beginnen sollten, das die Nützlichkeit unseres Tuns demonstrieren und uns einige „Pluspunkte" einbringen würde. Das war eine durchaus vernünftige Forderung, und ich akzeptierte sie ohne zu zögern. Ich traf mich dann mit dem jungen Wissenschaftler, László (Laci) Peter Hammer war sein Name, und wir begannen eine erfolgreiche Zusammenarbeit, die drei Jahre, bis Ende 1962, dauerte.

Laci Hammer war dreiundzwanzig Jahre alt, als ich ihn traf. Er hatte weniger als ein Jahr zuvor das Mathematikstudium an der Universität Bukarest absolviert und arbeitete nun als Forscher in Moisils Gruppe am Mathematischen Institut der Akademie. Er war außergewöhnlich intelligent und trotz seiner Jugend schon sehr gereift. Wir wurden bald Freunde und trotz unseres Altersunterschieds von vierzehn Jahren konnte ich mit ihm über Probleme des Alltags und der Politik genauso diskutieren wie mit meinen älteren Freunden. Laci stammte aus Temesvár, aus einer Familie ungarischer Juden. Bereits als kleines Kind war er an Kinderlähmung erkrankt, und infolge dieser schrecklichen Krankheit waren seine Beine teilweise gelähmt. Er konnte sich nur mühevoll mit Krücken fortbewegen. Gleichsam als Gegengewicht zu diesem Gebrechen hatte ihn die Natur mit einer nahezu unerschöpflichen Energie ausgestattet: Selten, wenn überhaupt, bin ich in meinem Leben jemandem begegnet, der ein solches Stehvermögen hatte. Er lebte allein in einer kleinen Wohnung in einem Haus in der Innenstadt. Wir trafen uns alle paar Tage – wegen Lacis Gehbehinderung normalerweise in seiner Wohnung.

Wir beschlossen, mit der Lösung eines praktischen Problems zu beginnen, auf das ich in dem Ministerium gestoßen bin, zu dem mein Institut gehörte: der Ausarbeitung eines optimalen Transportplans für eine Kategorie Holz, das regelmäßig während des ganzen Jahres in ziemlich großen Mengen von sechsunddreißig Nutzholzstandorten an sieben verschiedene Verarbeitungszentren geliefert werden musste. Unsere Aufgabe war es, zu bestimmen, welche Standorte welchen Verarbeiter beliefern müssten, damit die Gesamtkosten für den Transport möglichst klein gehalten werden können. Wir sammelten Daten im Ministerium und lasen uns in die Theorie ein. Wir studierten mehrere bereits vorhandene Methoden und wählten eine Kombination zweier dieser Methoden aus, um das Problem in Angriff zu nehmen. Anfangs hatten wir weder einen Zugang zu einem Computer noch stand uns ein dringend benötigter Programmierer zur Verfügung, der das von uns ausgewählte Verfahren hätte implementieren können. Wir stellten deswegen ein Team von Studenten zusammen, um die für jede Iteration des Verfahrens erforderlichen Berechnungen manuell und mit Rechenmaschinen durchführen zu lassen. Jede der aufeinander folgenden Tabellen wurde von zwei unabhängigen Teams berechnet, die ihre Ergebnisse miteinander verglichen und Diskrepanzen eliminierten, indem sie erforderlichenfalls die Berechnungen wiederholten. Sobald eine Tabelle korrekt war, legten wir auf der Grundlage eines bekannten analytischen Kriteriums die für die nächste Iteration erforderliche Änderung fest und das Team setzte die Berechnungen für die nächste Iteration fort. Es war eine sehr zeitraubende Arbeit, die heute, da Computer Millionen Mal komplexere Berechnungen in Sekundenbruchteilen

durchführen, geradezu lächerlich anmutet. Bald sollten wir bessere Rechenhilfs-
mittel bekommen, aber damals hatten wir nichts anderes zur Verfügung. Unsere
Herangehensweise demonstrierte jedoch etwas Wichtiges: Die Lösung, die wir für
den Monat Dezember 1959 herausbekommen hatten, war etwa 8% billiger als die
tatsächliche Planvorgabe. Wir stellten unsere Ergebnisse im Januar 1960 auf einer
Konferenz vor und schafften es, unsere Arbeit im Juli 1960 in der Zeitschrift *Revista
de Statistică* zu veröffentlichen.

Die Nachricht von den 8% Kostensenkung, die Laci und ich mit unserem Holzlie-
ferplan erzielt hatten, machte die Runde in meinem Institut und im Ministerium. Es
handelte sich noch nicht um reale Einsparungen, da der Plan nachträglich entwickelt
worden war und deswegen nicht verwendet werden konnte: Die Mengen änderten
sich nämlich von Monat zu Monat, und unser Plan war für den Vergleich mit einer
spezifischen Monatsvorgabe des tatsächlich verwendeten Plans bestimmt. Dennoch
wiesen unsere Ergebnisse deutlich auf das Potenzial der Methode hin. Darüber hinaus legten die Abweichungen zwischen unserem optimalen Transportplan und dem
Plan, der von den Ökonomen des Ministeriums erarbeitet worden war, Verbesserungen nahe, die sich anwenden ließen, ohne das Problem mit einer neuen Datenmenge
zu lösen. Das Ministerium nutzte diese Informationen, erzielte damit eine dauerhafte
Verbesserung und zitierte uns als die Autoren. Moisil war sehr zufrieden und sorgte
dafür, dass wir Zugang zum einzigen damals verfügbaren Computer erhielten, einem
rumänischen Fabrikat im Institut für Kernphysik. Wir nahmen auch Verbindung zu
einem Programmierer auf, der uns bei der Implementierung einiger Algorithmen
half, die wir brauchten.

Im Ergebnis der Publizität, die wir durch unseren effizienten Transportplan erhielten, wurden wir bald in eine zweite Anwendung einbezogen, die komplexer,
aber dafür ökonomisch interessanter war. Im Sommer 1960 trat die Staatliche Planungskommission an uns heran. Einige Mitglieder des Komitees hatten etwas über
lineare Programmierung gelesen und wollten erkunden, wie man den Entwicklungs-
plan eines Industriebereiches über einen Zeitraum von mehreren Jahren optimieren
kann. Um Probleme mit vertraulichen Daten und Staatsgeheimnissen zu vermeiden,
wählten sie die Textilindustrie aus, die man als relativ harmlos und unwesentlich
betrachtete. Wir erklärten uns einverstanden, das Problem zu untersuchen, und for-
mulierten es als parametrisches lineares Programm, das wir dann für verschiedene
Parameterwerte lösten. In Bezug auf die Berechnung erzielten wir einen kleinen
Fortschritt im Vergleich zu unserem ersten Projekt: Wir konnten einen Computer
für den zeitraubendsten Rechenschritt einsetzen, der häufig wiederholt werden musste. Die übrigen Berechnungen wurden, wie schon zuvor, manuell und mit einer
Rechenmaschine durchgeführt. Die Lösungen, die wir für verschiedene Parameterwerte fanden, ermöglichten einige Einblicke, die bei den Planern auf Interesse
stießen – insbesondere wegen der relativen Vorteile neuer Ausrüstungen im Vergleich zur Erneuerung alter Einrichtungen. Wir stellten unsere Ergebnisse auf der
Konferenz über Theoretische und Praktische Fragen der Industrieautomatisierung
vor, die im Oktober 1960 stattfand, und unsere Arbeit wurde im Tagungsbericht der
Konferenz veröffentlicht.

Wir beschäftigten uns nicht nur mit den genannten praktischen Anwendungen, sondern begannen auch mit der Erforschung von Lösungsmethoden für neue Varianten und Verallgemeinerungen des Transportproblems. Zwischen Frühjahr 1960 und Winter 1961–1962 schrieben wir eine Folge von fünf Arbeiten, in denen wir neue Lösungsmethoden für verschiedene Probleme in diesem Bereich entwickelten. Die Arbeiten erschienen zwischen Mitte 1960 und Anfang 1962 in *Studii şi Cercetari Matematice*, der wichtigsten rumänischen Fachzeitschrift für Mathematik, und auf Englisch in der Zeitschrift *Revue de Mathématiques Pures et Appliquées* der Rumänischen Akademie der Wissenschaften. Schließlich fassten wir unsere Ergebnisse in einer längeren zweiteiligen Arbeit unter dem Titel „On the Transportation Problem. Part I–Part II" zusammen; die Arbeit erschien 1962 in englischer Sprache in den *Cahiers du Centre de Recherche Opérationnelle*, einer in Brüssel herausgegebenen Zeitschrift. Unser wichtigstes Ergebnis war eine effiziente Methode zur Lösung parametrischer Transportprobleme, die ein Spezialfall der parametrischen linearen Optimierungsprobleme sind. Durch die Veröffentlichung unserer Arbeit in einer westlichen Zeitschrift „gelangten wir auf die Landkarte", wie es so schön heißt. Man reagierte auf unsere Ergebnisse: Wir erhielten Briefe und amerikanische Forscher gingen in der belgischen Zeitschrift auf unsere Ergebnisse ein.

Es blieb nicht unbemerkt, dass ich innerhalb von zwei Jahren nach meinem Ausschluss aus der Partei, meiner Entlassung aus dem Institut für Wirtschaftsforschung und meiner Verbannung von den Seiten der Ökonomiezeitschriften auf der wissenschaftlichen Bühne zurück war – als mathematischer Optimierer, mit Artikeln in Mathematik- und Statistik-Zeitschriften, wobei meine praktischen Ergebnisse in der Presse zitiert wurden. Ich hörte von anderen, dass ein Parteifunktionär, der gewiss nicht zu meinen Freunden zählte, mit einer Art widerwilligem Respekt von mir sprach: „Man tritt ihm in die Magengrube, drückt ihn dann unter Wasser und denkt, dass er für immer erledigt ist. Aber wenn man sich umdreht, ist er wieder an der Oberfläche, so als ob nichts geschehen wäre." Dr. Farchi, mit dem ich Anfang 1952 das fatale Gespräch über Korea hatte, und der nach 1955 unser Hausarzt wurde, sagte bei einer Gelegenheit zu einem gemeinsamen Freund, dass Balas „sogar in Chlor überlebt". Ich gebe zu, dass ich diesen Ruf schmeichelhaft fand.

Laci Hammer und ich schrieben 1962 unsere letzte gemeinsame Arbeit unter dem Titel „On the Generalized Transportation Problem" und reichten sie bei der amerikanischen Zeitschrift *Management Science* ein. Das in dieser Arbeit behandelte Modell war viel allgemeiner als das Transportproblem und seine Varianten, über die wir zuvor gearbeitet hatten. Das Modell wurde unter der Bezeichnung „Minimum-cost flows in networks with gains" bekannt und ging später unter diesem Namen in die Literatur ein.

Eine interessante Episode, die mit dieser Arbeit zusammenhängt, wirft einiges Licht auf die Schwierigkeiten, mit denen man üblicherweise bei dem Versuch konfrontiert war, als Autor hinter dem Eisernen Vorhang einen Artikel im Westen zu veröffentlichen. Wir erhielten zwei Gutachten. Das erste besagte, dass die Arbeit eine neue Charakterisierung von Basislösungen enthält, die zu einem effizienten Algorithmus führt, aber dass sich einige unserer Ergebnisse mit denen von Dantzig überschneiden, dessen Buch über lineare Programmierung damals im Erscheinen begriffen war. Der Gutachter legte seinem Gutachten die Fahnenabzüge eines Kapitels des Buches von Dantzig bei und empfahl unsere Arbeit zur Veröffentlichung, wobei er es uns überließ, die Zusammenhänge mit Dantzigs Forschungsergebnissen auszuarbeiten und zu zeigen, worin der Unterschied zwischen den beiden Herangehensweisen besteht. Über dieses Gutachten freuten wir uns. Schließlich war Dantzig der Begründer der linearen Programmierung – er wurde auch oft als ihr Vater bezeichnet –, und die Tatsache, dass sich einige unserer Ergebnisse mit seinen überschnitten, war ja durchaus keine Sache, derer man sich schämen musste. In unserer Überarbeitung des Artikels bedankten wir uns für die Hilfe des Gutachters, der uns die Fahnenabzüge übersandt hatte. Wir wiesen auf den Zusammenhang zwischen unserer Arbeit und Dantzigs Ergebnissen und auf die teilweise Überschneidung der Resultate hin; ebenso hoben wir die Bedeutung derjenigen unserer Ergebnisse hervor, die von Dantzig nicht erfasst wurden.

Das zweite Gutachten war jedoch eine ganz andere Geschichte. Hier behauptete der Gutachter, dass ein von zwei Verfassern geschriebenes Computerprogramm, das weder veröffentlicht noch uns zur Verfügung gestellt worden war, auf einer Methode beruhe, die sich im Wesentlichen auf (ebenfalls nicht veröffentlichte) Ergebnisse stütze, die den unseren ähnelten. Deswegen erwartete der Gutachter von uns, dass wir in Bezug auf die Lösung des Problems die Priorität der besagten zwei Verfasser anerkennen. Wir wiesen diese Forderung diplomatisch durch Einfügen einer Fußnote zurück, in der wir auf die Meinung des Gutachters eingingen und Folgendes hinzufügten: „Diese unveröffentlichte Arbeit ist uns nicht zugänglich, aber wir ergreifen die Gelegenheit, die Ergebnisse der Verfasser dieser Arbeit anzuerkennen, die natürlich Priorität in Bezug auf diese Ergebnisse hat." Unser Artikel wurde angenommen, und die Fußnote erschien genau so, wie wir sie formuliert hatten. Jahre später, als ich bereits im Westen lebte, erzählten mir einige Kollegen, wie sehr sie sich beim Lesen der Fußnote amüsiert hatten.

Zwar gingen Laci und ich nach 1962 jeweils anderen Interessen nach, aber im Großen und Ganzen verliefen unsere fachlichen Laufbahnen ähnlich, und unsere Wege kreuzten sich später oft. Laci nahm mit Sergiu Rudeanu, einem Kollegen am Mathematischen Institut, ein größeres Projekt in Angriff: Zusammen schrieben sie ein Buch über Boolesche Methoden in der Operationsforschung, das 1968 erschien.

Laci heiratete Ende 1960 oder Anfang 1961 Anca Ivănescu, eine sehr intelligente, entzückende Rumänin, der er eine Zeitlang Privatunterricht in Mathematik erteilt hatte. Er nahm ihren Familiennamen an, was nach rumänischem Gesetz zulässig war. Warum tat er das? Obwohl es offiziell in Rumänien keinen Antisemitismus gab und Juden vor dem Gesetz volle Gleichheit genossen, war die Kampagne zur „Verbesserung" der ethnischen Zusammensetzung der Bildungs- und Kultureinrichtungen in erster Linie gegen die Juden gerichtet. Aus diesem Grund war in Bezug auf die Berufsaussichten der typisch rumänische Name Ivănescu vorteilhafter als Hammer, ein Name, den nur Juden und Deutsche trugen. Infolge dieser Namensänderung erschienen alle unsere nach 1961 publizierten gemeinsamen Arbeiten unter der Autorschaft von E. Balaş und P. L. Ivănescu. Sieben oder acht Jahre später, als Laci und Anca zuerst nach Israel und dann nach Kanada gingen, nahm er wieder seinen Familiennamen Hammer an. Ende der sechziger Jahre fragte mich ein

Kollege an der Carnegie Mellon University, was aus meinem früheren Mitarbeiter Ivănescu geworden sei. Ich sagte ihm, dass Ivănescu derselbe sei wie Peter L. Hammer, und erklärte ihm die doppelte Namensänderung. Die Reaktion meines Kollegen war „Wie schade!". „Warum?", fragte ich. „Also Ivănescu war doch so exotisch, so romantisch. Aber Hammer? Davon gibt es Tausende". Kann schon sein, dass es Tausende dieses Namens gegeben hat, aber nur wenige waren wie dieser, wie bald jedem klar wurde.

Als ich noch mit Laci Hammer zusammenarbeitete, hatte ich auch mit eigenen Forschungsarbeiten begonnen. Eines meiner früheren Themen hatte mit meinem alten Hobby zu tun, den Input-Output-Tabellen von Leontief. Hierzu verfasste ich die Arbeit „On the Uses of Input-Output Analysis", die im Dezember 1960 in der Zeitschrift *Revista de Statistică* erschien. In diesem Artikel ging es um die Neuberechnung der sogenannten Leontief Inversen – eines fundamentalen Planungswerkzeugs – im Falle von Preisänderungen, und um verwandte Probleme. In einer zweiten Arbeit, ungefähr ein Jahr später, ging es um Dominanzrelationen in der linearen Programmierung. Die Arbeit erschien Anfang 1962 in derselben Zeitschrift.

Ein größeres, längerfristiges Projekt, das ich 1961 in Angriff nahm, war durch meine Arbeitsumgebung inspiriert worden. Es war ein mathematisches Modell der gesamten Holzbearbeitungsindustrie und sollte als Werkzeug zur Analyse von Fragen verwendet werden, die mit der optimalen Nutzung von Holzressourcen zusammenhingen. Wie schon gesagt, war fast ein Drittel Rumäniens von Wald bedeckt; Holz und Holzprodukte machten etwa fünfzehn Prozent aller rumänischen Exporte aus. Die meisten Holzarten können für vielerlei Dinge verwendet werden. Zum Beispiel wird eine gewisse Holzart traditionell für Sägeprodukte verwendet, die ihrerseits auf dem Bau, in Möbeltischlereien usw. verarbeitet werden. Jedoch kann die gleiche Holzart auch zur Fertigung von Sperrholz und Furnierholz genutzt werden, also für Produkte, die einen viel höheren Wert haben, deren Herstellung aber wesentlich teurer ist. Welchen Anteil des zur Verfügung stehenden Materials soll man für die eine Verarbeitungsweise verwenden und welchen Anteil für die andere? Es wimmelt von Fragen dieser Art und alle hängen miteinander zusammen. Möglicherweise kann man wertvolle Einsichten anhand eines mathematischen Modells gewinnen, das alle diese und viele andere Fragen miteinander verbindet und ihre gegenseitige Abhängigkeit untersucht.

Die vorgeschlagene Forschungsarbeit wurde im Herbst 1961 genehmigt und von da an befasste ich mich ausschließlich damit, wobei ich Dutzende Fachleute der Forstwirtschaft und der Holzindustrie konsultierte. Die Einsichten, die ich dabei gewann, führten zu einem großen linearen Optimierungsmodell, das alle wichtigeren Entscheidungsprobleme umfasste, bei denen es um die alternative Nutzung der Holzressourcen ging. Meine im Juli 1962 fertiggestellte Studie führte zu einem Bericht von zweihundert Seiten, der in vervielfältigter Form den verschiedenen Direktoraten des Ministeriums und der Staatlichen Planungskommission zur Verfügung gestellt wurde. Man bat mich, das Material vorzustellen. Nach der Diskussion wurde die Studie vom Wissenschaftlich-Technischem Rat des Ministeriums angenommen. Obwohl die Studie nie in ihrer Gesamtheit herausgegeben wurde – man stufte sie als vertrauliches internes Dokument ein –, konnte ich in der Mai-Ausgabe 1963 der *Revista de Statistică* einen Artikel darüber veröffentlichen. Aus anderen sozialistischen Ländern erhielt ich später mehrere Bitten um Kopien der vollständigen Studie, und ich antwortete den Absendern, dass sie sich auf dem Dienstweg direkt an mein Ministerium wenden mögen. Mindestens einer der Absender hat diesen Prozess durchlaufen, da ich ungefähr zwei Jahre später feststellte, dass Auszüge aus meiner unveröffentlichten Studie in einer tschechischen Ökonomiezeitschrift zitiert wurden.

Nachdem ich diese neun Monate dauernde Studie fertiggestellt hatte, wurde ich zum Leiter einer neuen Fachgruppe für mathematische Programmierung ernannt, deren Aufgabe es war, sich mit Anwendungen mathematischer Techniken in der Holzindustrie zu beschäftigen. Im Frühjahr 1962 begann ich mit Corban, einem Forscher am Akademie-Institut für Mathematische Statistik, die Arbeit an einem Projekt zur systematischen Entwicklung von optimalen vierteljährlichen Transportplänen für das Gesamtangebot des im Land hergestellten Brennholzes. Zu diesem Zweck erhielten wir Zugang zu dem (in Rumänien gebauten) Computer CIFA II, der dem Institut für Kernphysik gehörte. Wir verwendeten den Computer alle drei Monate zur Erstellung des optimalen Plans für die aktualisierten Daten zum Angebot und zur Nachfrage im betreffenden Zeitraum. Corban und ich veröffentlichten 1964 einen Artikel, in dem wir unsere Erfahrungen zusammenfassten: Gemäß den Berechnungen des Ministeriums erzielte man mit unseren Ergebnissen jährliche Einsparungen von 14 Millionen Tonnenkilometern.

Irgendwann 1962 oder 1963 hatte ich ein beunruhigendes Gespräch mit Moisil. Ich besprach mit ihm meine Karrierepläne, und er äußerte starke Vorbehalte gegen meine Absicht, Mathematiker zu werden. Seiner Meinung nach sei es in Ordnung, ja sogar notwendig, dass ein Ökonom, der mit den modernen Entwicklungen Schritt halten will, Mathematik studiert und lernt, sie für seine Arbeit zu nutzen. Es sei auch in Ordnung, ja sogar höchst wünschenswert, dass sich ein Ökonom mit einem Mathematiker zusammentut, um Probleme der Operationsforschung zu lösen. Moisil meinte jedoch, dass es eine klare Abgrenzung der Aufgaben und Zuständigkeiten geben müsse. Es sei die Aufgabe des Ökonomen, eine Situation zu erkennen, der eine mathematische Struktur zugrunde liegt. Danach müsse der Ökonom das Problem mathematisch formulieren („es in Gleichungen überführen", wie Moisil sagte). Und schließlich müsse er, nachdem das Problem mit Hilfe einer Lösungsmethode beantwortet ist, die Ergebnisse interpretieren, in der Praxis überprüfen und sich um die Anwendungen kümmern. Jedoch seien die mittleren Kettenglieder – die Identifikation der besten verfügbaren Lösungsmethode, deren Implementierung auf einem Computer und die Lösung des Problems in der erforderlichen Anzahl von Modellrechnungen – die Aufgabe des Mathematikers: eine Routinearbeit, wenn man in der Fachliteratur bereits eine entsprechende Methode fände, aber eine schwierige Aufgabe, die kreative Forschungsarbeit erfordere, wenn es keine befriedigende Methode gibt und eine solche erst erfunden werden müsse. Laut Moisil sei es ein Fehler, wenn ein an dieser Art von Problemen interessierter Mathematiker versucht ein Ökonom zu werden, oder ein an diesem Gebiet interessierter Ökonom versucht ein Mathematiker zu werden. Da es keinen Menschen gäbe, der zwei so riesige Gebiete wie die Mathematik und die Ökonomie beherrschen könne, müssten die Probleme, die beide Fachgebiete berühren, in Teamarbeit gelöst werden.

Es war schwer, diese gut durchdachte und im Wesentlichen berechtigte Ansicht zu entkräften, obwohl sie – wie alle Verallgemeinerungen dieser Art – eine etwas zu starke Vereinfachung war. Ich entgegnete dem Professor nur, dass ich aus den ihm bekannten Gründen und aus anderen, persönlichen Gründen nicht mehr daran interessiert sei, eine Laufbahn als Ökonom zu verfolgen. Egal, wie spät es im Leben ist – sagte ich –, möchte ich dennoch den Beruf wechseln und Mathematiker werden. Hierauf antwortete er: „Schau'n Sie, Sie haben ohne jeden Zweifel ein außerordentliches mathematisches Talent bewiesen und in diesen zwei Jahren wirklich viel gelernt. Aber Sie sind vierzig Jahre alt – Sie können doch nicht so verrückt sein und Ihre Karriere auf dem aufbauen, was Sie in den letzten zwei Jahren gelernt haben!"

Dieser Satz – „Sie können doch nicht so verrückt sein und…" – blieb mir für immer im Gedächtnis (und im Herzen?). Der Satz verfolgte mich ständig, als ich mich genau auf den verrückten Weg begab, vor dem Moisil mich gewarnt hatte. Der Grund dafür, warum seine Worte eine so starke Wirkung auf mich hatten, war der Respekt, den ich für Moisil und seine Weisheit empfand. War ich wirklich dabei, einen törichten, verhängnisvollen Fehler zu begehen? Das Gespräch mit Moisil bereitete mir mehr psychische Schwierigkeiten als die Beschimpfungen, mit denen mich die Günstlinge des Parteiapparates bedacht hatten. Ich versuchte, meine erneut aufkommenden Zweifel zu zerstreuen: „Du hast doch keine Wahl, mein Freund."

Im Herbst 1963 erzielte ich ein wichtiges Ergebnis in meiner neuen Forschungslaufbahn. Ich hatte begonnen, Material über das neue Gebiet der ganzzahligen Programmierung zu lesen; die ersten Ergebnisse auf diesem Gebiet waren erst in den vorhergehenden fünf Jahren gefunden worden. Das Problem besteht darin, eine lineare Funktion mit linearen Nebenbedingungen zu optimieren – so wie in der linearer Programmierung –, aber mit der zusätzlichen Bedingung, dass einige der Variablen nur ganzzahlige Werte annehmen können. Auf den ersten Blick erschien mir diese Art von Problemen gekünstelt. Wenn zum Beispiel einige Variablen in einem Problem so beschaffen sind, dass gebrochene Werte keinen Sinn ergäben – etwa die Anzahl der Menschen, denen eine Aufgabe zugewiesen wird –, dann dachte ich, man könne das Problem immer als lineares Optimierungsproblem betrachten und lösen, und anschließend die erhaltenen Zahlen auf angemessene Weise runden: Das Ergebnis sollte eine zufriedenstellende Approximation sein. Aber dann fand ich heraus, dass die wichtigsten Arten von ganzzahligen Programmen diejenigen sind, bei denen die Variablen oder einige von ihnen entweder null oder eins sind. Probleme dieser Art entstehen, wenn man Situationen modelliert, in denen entweder-oder Entscheidungen eine Rolle spielen: Du beginnst entweder mit einer Tätigkeit oder du lässt es sein; du verbindest entweder zwei Punkte durch ein Kabel, ein Rohr oder eine Straße oder du tust es nicht. Darüber hinaus lassen sich auch viele andere scheinbar verschiedene Situationen – zum Beispiel „Wenn du dies tust, dann musst du auch das tun" oder „Wird diese Handlung ausgeführt, dann muss ihr zeitlich jene Handlung vorangehen (oder folgen)" – auf binäre Entscheidungen zurückführen. Logische Bedingungen wie diese und viele andere können in ein ansonsten lineares

Programm mit Hilfe von binären oder 0-1 Variablen eingeführt werden; wird jedoch ein solches Problem als lineares Problem gelöst, dann gibt es normalerweise keinen einfachen Weg, eine sinnvolle Lösung durch Runden der Brüche auf 0 oder 1 zu finden. Deswegen ist es so wichtig, ganzzahlige und insbesondere 0-1 Optimierungsprobleme zu lösen. Diese spezielle Klasse dient als mathematisches Modell für Probleme in so unterschiedlichen Gebieten wie Investitionsrechnung, Projektauswahl, Entwurf von Rohrleitungs- oder Kommunikationsnetzen, Strukturplanung, Schaltkreisentwürfe, Fehlererkennung, Clustering (Gruppierung), Standortplanung, Lkw-Abfertigung, Tankerroutenplanung, Personaleinsatzplanung, Maschinen-Reihenfolgeplanung und in einer Vielzahl von anderen Problemen, bei denen logische Alternativen auftreten.

Ich lernte die Bedeutung der ganzzahligen Programmierung zum Teil in der Literatur kennen und zum Teil durch meine eigene Erfahrung bei der Anwendung der linearen Programmierung auf Probleme der Forstwirtschaft. Eines der Themen, die in den Jahresplan 1963 für meine neugegründete Gruppe „Mathematische Programmierung" aufgenommen wurden, war die Anwendung mathematischer Methoden auf die Forstwirtschaft. Hier waren wir an einem zeitlich begrenzten optimalen Abholzungsplan für eine bestimmte, mit Wald bedeckte Fläche interessiert. Wir kannten die altersmäßige Zusammensetzung der verschiedenen Waldparzellen, die Qualität ihres Holzes, die Abholzungskosten für jede Parzelle sowie den Preis, zu dem das betreffende Holz verkauft werden konnte. Wir konnten dieses Problem mühelos als lineares Programm formulieren: Die meisten Abholzungskosten waren nämlich – ebenso wie der Verkaufswert der gefällten Bäume – proportional zur abgeholzten Menge. Das Problem war also linear in den Variablen, die diese Mengen darstellten. Aber eine entscheidende Größe, nämlich die Baukosten für die Wege durch die Wälder zum Abtransport der gefällten Bäume, war nicht zu den abgeholzten Mengen proportional. Unabhängig davon, wieviele Bäume auf einem Flurstück gefällt wurden – sämtliche Bäume oder nur ein Viertel von ihnen –, musste ein Fuhrweg gebaut werden, um an den betreffenden Standort heranzukommen. Man konnte nur dann auf den Bau eines Weges verzichten, wenn in einem Waldstück überhaupt nichts gefällt wurde. Wir brauchten also 0-1 Variablen, das heißt Ja-oder-Nein-Variablen, um darzustellen, ob ein Fuhrwegabschnitt gebaut wird oder nicht. Darüber hinaus waren die Entscheidungen in Bezug auf die einzelnen Fuhrwegabschnitte durch logische Bedingungen des oben genannten Typs miteinander verknüpft: Wir konnten einen gegebenen Abschnitt nicht bauen, ohne auch noch mindestens einen anderen Abschnitt zur Anbindung an das Wegenetz zu bauen und so weiter. Das Problem war also ein sogenanntes gemischt ganzzahliges Programm (gemischt in dem Sinne, dass nicht alle Variablen ganze Zahlen sein mussten) –, insbesondere handelte es sich um ein gemischtes 0-1 Programm.

Ganzzahlige Programme – egal, ob rein oder gemischt – sind viel schwieriger zu lösen als lineare Programme. Der Hauptgrund hierfür besteht darin, dass die zulässigen Lösungen eines linearen Programms (das heißt diejenigen Lösungen, die alle Nebenbedingungen erfüllen) eine konvexe Menge bilden. Das bedeutet: Betrachtet man zwei beliebige Lösungen, dann ist deren in gewisser Weise gewichtetes Mittel ebenfalls eine Lösung. Ganzzahlige Programme haben diese Eigenschaft nicht; ihre

Lösungsmenge ist nicht konvex. Die von Ralph Gomory zwischen 1958 und 1963 veröffentlichten bahnbrechenden Arbeiten waren ein Versuch, diese nichtkonvexe Lösungsmenge zu konvexifizieren, indem man ihre „konvexe Hülle" bestimmt, also die kleinste konvexe Menge, welche die ursprüngliche Menge enthält. Das Auffinden der konvexen Hülle stellte sich als schwer fassbare, oft nahezu unmögliche Aufgabe heraus; deswegen hat Gomory eine Methode vorgeschlagen, die konvexe Hülle allmählich durch sogenannte Schnittebenen zu approximieren. Trotz ihrer mathematischen Eleganz hat sich seine Methode nicht durchgesetzt, weil die damaligen Versuche, diese Methode zu implementieren und zu testen, nur zu dürftigen Rechenergebnissen führten: Nur sehr kleine Probleme – und auch nur einige von diesen – konnten innerhalb einer akzeptablen Zeit gelöst werden. Ein anderer Ansatz, der 1960 von Land und Doig vorgeschlagen wurde, löste dasjenige lineare Programm, das durch Elimination der Ganzzahligkeitsbedingungen entstanden war, und ersetzte dann das ursprüngliche Problem durch mehrere neue, bei denen einigen Variablen ganzzahlige Werte aufgezwungen wurden; anschließend wendeten sie dasselbe Verfahren rekursiv auf jedes der neuen Probleme an. Andere Forscher modifizierten und verbesserten diesen Ansatz in der Folgezeit. Das Verfahren wurde unter dem Namen „Branch-and-Bound" bekannt. In der Zeit, in der ich über Probleme der Forstwirtschaft arbeitete, gab es noch keine rechentechnischen Erfahrungen mit dem Algorithmus von Land und Doig.

Keines der beiden oben beschriebenen Verfahren stand mir damals in Form eines Computerprogramms zur Verfügung. Außerdem waren beide für die Lösung ganzzahliger Programmierprobleme im Allgemeinen bestimmt und nicht für 0-1 Programme im Besonderen. Ich hatte meinerseits das Gefühl, dass die binäre Eigenschaft der Variablen ausgenutzt werden müsse. Also versuchte ich, meine eigene Methode zu erfinden. Der Ansatz, den ich für die Lösung von 0-1 Programmierproblemen entwickelte, erforderte nicht, das zugehörige lineare Programm zu lösen; stattdessen beruhte mein Ansatz darauf, gewissen Teilmengen von Variablen systematisch den Wert 0 oder 1 zuzuordnen und die Auswirkungen dieser Zuordnungen durch eine Folge von logischen Tests zu untersuchen. Bei dieser Untersuchung spielten nur Additionen und Vergleiche eine Rolle; deswegen bezeichnete ich das Verfahren als additiven Algorithmus. Etwas später, als der Algorithmus auch unter erfahreneren Spezialisten im Westen bekannt wurde, erhielt er die Bezeichnung „implizite Aufzählung" – ein besserer Name, denn er spiegelt das Wesen des Verfahrens wider, das darin besteht, die beste aller 0-1 Lösungen durch Aufzählen und Prüfen einer nur kleinen Teilmenge zu finden. Der Algorithmus verwirft eine große Anzahl von Zuordnungen der Werte 0-1 (das heißt, er schließt diese Werte aus den Betrachtungen aus); man kann beweisen, dass diese weggelassenen Werte zu keiner besseren Lösung führen. Der Algorithmus erledigt das mit einer Folge von logischen Tests. Die Validierung des Algorithmus erfolgte durch den Nachweis, dass die logischen Tests korrekt und in dem Sinne vollständig waren, dass sie alle möglichen Fälle abdeckten. Einer der Vorteile des Verfahrens war, dass es sich leicht auf einem Computer implementieren ließ.

Mein Algorithmus schien effizienter als alles andere zu sein, was damals in der Literatur verfügbar war. Außer der Lösung einer Vielfalt von kleinen Problemen, bei denen ungefähr ein Dutzend Variablen auftraten, gelang es uns in meinem Institut, ein forstwirtschaftliches Problem zu lösen und sinnvolle Antworten zu geben – einschließlich alternativer Wegenetze. Ich formulierte dieses Problem als 0-1 Programmierproblem mit vierzig Variablen und zweiundzwanzig Nebenbedingungen. Ich wusste damals noch nicht, kam aber später drauf, dass sich diese Methode besonders gut zur Lösung von Problemen eignete, bei denen die Nebenbedingungen entweder wenig einschränkend oder sehr restriktiv waren.

Meine Entdeckung versetzte mich in ziemliche Aufregung. Auf der Dritten Wissenschaftlichen Statistik-Konferenz, die in der Zeit vom 29. November bis zum 1. Dezember 1963 in Bukarest stattfand, hielt ich einen Vortrag über meine Ergebnisse und wollte diese sobald wie möglich in einer westlichen Zeitschrift veröffentlichen. Die schnellste Art, das zu tun, war eine kurze Mitteilung in den *Comptes Rendus* der *Académie des Sciences*, also im Bulletin der Französischen Akademie der Wissenschaften in Paris. Bei den *Comptes Rendus* betrug die Zeit zwischen Einreichung und Veröffentlichung einer Arbeit normalerweise etwa zwei oder drei Monate.[1] Aber die Mitteilung musste von einem Mitglied der Akademie in Paris vorgelegt werden. Ich wusste, dass Moisil Kontakt zu Robert Fortet hatte, einem französischen Mathematiker, der zwar nicht selbst Mitglied der Akademie war, aber in der Vergangenheit Veröffentlichungen von Moisil oder dessen Mitarbeitern an Jean Leray, einen Topologen und Mitglied der Akademie, zur Vorlage weitergereicht hatte. Fortet hatte 1960 selbst eine Arbeit publiziert, die mit meinem Thema in dem Sinne zusammenhing, dass er ein Verfahren zur Linearisierung nichtlinearer Funktionen von 0-1 Variablen angab; also könnte er sogar ein gewisses Interesse an meinen Ergebnissen gehabt haben – tatsächlich beabsichtigte ich, Fortets Verfahren zur Verallgemeinerung meiner Methode auf nichtlineare Programme mit 0-1 Variablen zu verwenden und brachte das in meiner Mitteilung zum Ausdruck.

Ich suchte Moisil auf, erklärte ihm die Bedeutung dessen, was ich gefunden hatte, übergab ihm eine knappe Darstellung des Algorithmus in Französisch auf vier maschinengeschriebenen Seiten und fragte ihn, ob er das Manuskript an Fortet schicken könne, um es beurteilen zu lassen und gegebenenfalls über Leray bei den *Comptes Rendus* einzureichen. Moisil schien sehr interessiert. Er sagte, dass er einige Tage brauche, um über die Sache nachzudenken, und er wollte die ausführliche Version meiner Arbeit, die alle Beweise der Sätze und Aussagen meiner französischen Kurzmitteilung enthielt. (Wie bei den *Comptes Rendus* üblich, enthielt die Mitteilung selbst keine Beweise: Das Akademiemitglied, das die Arbeit vorlegte, war der Garant für die Korrektheit der Ergebnisse). Ich gab Moisil die ausführliche, auf Englisch geschriebene Version, und knapp zwei Wochen später informierte er mich, dass er meine Mitteilung an Fortet schicken werde, und zwar zusammen mit der

---

[1] Obwohl sich die meisten wissenschaftlichen Zeitschriften zwecks Beurteilung der zur Veröffentlichung eingereichten Artikel an externe Fachleute (Gutachter) wenden, berücksichtigen die *Comptes Rendus* nur Arbeiten, die von einem Mitglied der *Académie des Sciences* empfohlen („mitgeteilt") wurden. Diese Empfehlung eines Mitglieds dient als Grundlage der Beurteilung. Das schränkt einerseits den Zugang zur Zeitschrift ein; andererseits verkürzt sich dadurch aber die Zeitspanne zwischen Einreichung und Veröffentlichung.

englischen Version zur Einsichtnahme und Prüfung. In seinem Brief an Fortet schrieb Moisil, dass der beiliegende Artikel die Arbeit eines seiner Mitarbeiter sei und er bat Fortet – falls das Ergebnis es verdiene –, meine Mitteilung an die *Comptes Rendus* zwecks Veröffentlichung weiterzuleiten. Das muss irgendwann im Dezember 1963 oder Januar 1964 geschehen sein. Meine Mitteilung *Un algorithme additif pour la résolution des programmes linéaires en variables bivalentes* (Ein additiver Algorithmus zur Lösung von linearen Programmen mit zweiwertigen Variablen) wurde von Jean Leray in der Sitzung am 9. März 1964 vorgelegt und erschien am 13. April 1964 im Band 258 der *Comptes Rendus*. Ich freute mich wie ein Schneekönig. Einige Wochen später arrangierte Fortet auf Moisils Bitte – wieder über Jean Leray und in der gleichen Zeitschrift –, eine weitere meiner Arbeiten zu veröffentlichen, in der es um eine Verallgemeinerung des additiven Algorithmus auf den nichtlinearen Fall ging, wobei ich das oben genannte Ergebnis von Fortet verwendete. Von da an übersandte ich mit Moisils Erlaubnis meine Mitteilungen direkt an Robert Fortet und bat ihn um deren Vorlage. Fortet machte das jedes Mal, und zwar immer über Jean Leray.

Mein nächster Schritt war, die vollständige englische Version bei *Operations Research* einzureichen, der in den USA herausgegebenen führenden Zeitschrift meines neuen Berufes. Ich tat das im Februar 1964 und reichte die Arbeit auch beim „International Symposium on Mathematical Programming" ein, das im Juli 1964 in London stattfand. Ich hatte keine Chance, dieses Symposium zu besuchen; aber einen Monat vor dem geplanten Termin, übersandte ich dem Organisationskomitee fünfzig vervielfältigte Kopien der Arbeit zur Verteilung in der Sitzung, in der sie vorgestellt werden sollte. Wie ich später erfuhr, wurde meine Arbeit wirklich verteilt. Mehrere Monate nachdem ich meinen Artikel an *Operations Research* geschickt hatte, erhielt ich einen Brief vom Mitherausgeber William W. Cooper. Dem Brief waren zwei im Wesentlichen positive Gutachten beigelegt. Nach einer geringfügigen Überarbeitung wurde die Arbeit angenommen und erschien unter dem Titel „An Additive Algorithm for Solving Linear Programs with Zero-One Variables" in der Ausgabe Juli-August 1965 von *Operations Research*.

In den darauf folgenden Jahren wurde diese Arbeit zu einem so genannten „Citation Classic". Laut Institute for Scientific Information, dem Herausgeber von *Current Contents*, war der Artikel zwischen 1954 (als die Zeitschrift erstmals erschien) und 1982 (dem Jahr der betreffenden Feststellung) die in der Zeitschrift *Operations Research* am häufigsten zitierte Arbeit. Gemäß der Ausgabe der *Current Contents* vom 20. Juli 1982 „geben der *Science Citation Index* und der *Social Sciences Citation Index* an, dass dieser Artikel seit 1965 in mehr als 220 Veröffentlichungen zitiert worden ist". Als ich diese Information erhielt, hätte ich sie gerne Moisil gezeigt, der sich darüber sicher sehr gefreut hätte. Aber Moisil war von uns gegangen. Er starb 1973 im Alter von siebenundsechzig Jahren während eines Aufenthaltes in Kanada. Es war geplant, dass er und seine Frau zwei Tage später nach Pittsburgh fliegen, um uns zu besuchen; Moisil sollte auch einen Vortrag an der Carnegie Mellon University halten. Edith hatte Freunde zu uns nach Hause eingeladen, wir wollten eine Party zu Ehren Moisils geben. Statt des Besuches erhielten wir einen traurigen Anruf von Frau Moisil, die gerade dabei war, die Formalitäten zur Überführung der sterblichen Überreste ihres Mannes zu erledigen.

Soweit eine kurze Schilderung meines Übergangs von der Marxistischen Ökonomie zur Mathematischen Programmierung und Operationsforschung. Aber das war erst der Anfang. Ich setzte mein Studium der Mathematik viele Jahre lang fort, sowohl vor als auch nach 1968, als mir die Universität Paris den Doktortitel verlieh – mein Doktorvater war Robert Fortet. Der Lernprozess hat nie aufgehört. Ich vervollkommnete meine Werkzeuge, machte aufregende Entdeckungen und veröffentlichte im Lauf der Jahre ungefähr 180 Arbeiten. Es war eine Freude für mich, dass einige meiner Methoden Eingang in Softwarepakete fanden und zur Lösung alltäglicher Entscheidungsprobleme in Produktion, Vertrieb und Finanzen angewendet wurden. Als Anerkennung für meine mathematischen Leistungen erhielt ich 1995 den wichtigsten Preis meines Berufes, den John von Neumann Theory Prize des INFORMS (Institute for Operations Research and the Management Sciences).

Angehender Emigrant 15

Während mein Berufsleben diese große Wende nahm, gab es auch in meinem Privatleben Änderungen. Einige Zeit nach der ungarischen Revolution kam es in Rumänien – neben der Politik der „Verbesserung" der ethnischen Zusammensetzung in verschiedenen Einrichtungen – zu einer Lockerung der Verordnungen, welche die jüdische Auswanderung einschränkten. Ende der vierziger Jahre, kurz nach der Gründung des unabhängigen Staates Israel (den die Sowjetunion zunächst als Schlag gegen den britischen Imperialismus unterstützt hatte), gab es in Rumänien einen Zeitraum, in dem Juden nach Israel auswandern durften. Es gab damals eine Welle der Auswanderung von mehr als fünfzigtausend Juden. Das endete jedoch 1951, als im Zuge eines Politikwechsels die Auswanderung gestoppt wurde. Um 1958 änderte sich die Politik erneut und die Auswanderung nach Israel wurde unter bestimmten Bedingungen möglich – aber diese Bedingungen sind nie klar formuliert worden.

Es wurde einfach mündlich verbreitet, dass man eine Auswanderung nach Israel beantragen könne. Die Bearbeitung der Auswanderungsanträge war willkürlich und erfolgte aufs Geratewohl. Wenn man einen Antrag einreichte, musste man manchmal einen Grund angeben, zum Beispiel einen Verwandten in Israel; dann wiederum kam es vor, dass keine Angabe von Gründen erforderlich war. Die Genehmigung eines Antrags konnte zwei Monate, sechs Monate oder ein Jahr dauern, aber sie konnte sich auch ewig lange hinziehen. Offizielle Ablehnungen waren selten; normalerweise ließ man einen abgelehnten Antragsteller jahrelang schmachten: Er erhielt einfach keine Antwort. Mit anderen Worten: Ein Auswanderungsantrag bedeutete, für eine unbestimmte Zeitdauer in Ungewissheit zu leben. Diese Ungewissheit war nicht nur eine psychologische: Sobald bekannt wurde, dass man einen Auswanderungsantrag gestellt hatte, wurde man – je nach nach Beruf, Arbeitsstelle und politischer Situation – bestenfalls als Fremder, schlimmstenfalls jedoch als Verräter angesehen. Je näher der Auswanderungswillige der Partei stand, desto mehr betrachtete man ihn nach seinem Antrag als Verräter.

Andererseits wurde ein Auswanderungsantrag nicht immer öffentlich gemacht: Die Passstelle, bei der man den Antrag stellen musste – ein Ableger des Innenministeriums, der enge Verbindungen zur Securitate hatte –, informierte manchmal,

E. Balas, *Der Wille zur Freiheit*, DOI 10.1007/978-3-642-23921-2_15,
© Springer-Verlag Berlin Heidelberg 2012

aber nicht immer, den Arbeitgeber eines Antragstellers, aber es blieb eine reine
Vermutung, ob das geschehen würde oder nicht. Es gab keine festen Regeln, aber
Antragsteller, die in politisch bedeutenden Organisationen arbeiteten – etwa in Ministerien, Universitäten, Akademieinstituten und bei den Medien – oder hochrangige
Positionen in weniger bedeutenden Einrichtungen innehatten, konnten damit rechnen, dass ihre Arbeitgeber benachrichtigt werden. Wenn das geschah, dann wurde
der Antragsteller entweder entlassen oder an eine untergeordnete Stelle versetzt;
war er Parteimitglied, dann wurde er ausgeschlossen. Entlassungen oder Degra-
dierungen blieben dem Leiter der betreffenden Einrichtung überlassen, von dem
man jedoch erwartete, dass er gegenüber dem Sünder Vergeltung übt. Antragsteller,
deren Bitten abgelehnt wurden, durften jahrelang ohne irgendeine Antwort warten – unabhängig davon, ob ihr Arbeitgeber benachrichtigt worden war oder nicht.
In den sechziger Jahren lernte ich viele Leute kennen, die 1948 einen Auswanderungsantrag gestellt hatten und deren Eltern oder nahe Verwandte in Israel lebten;
dennoch hatten die Betreffenden immer noch keine Antwort auf ihre Anträge erhalten. Obwohl Ablehnungen nie begründet wurden, hielt sich das Gerücht, dass
jüngere Leute mit technischer Ausbildung schlechtere Chancen auf Auswanderung
hätten als ältere Menschen ohne technische Bildung. Diejenigen glücklichen Antragsteller, deren Anträge genehmigt worden waren, mussten vor dem Verlassen
des Landes ihre rumänische Staatsbürgerschaft ablegen. Sie erhielten danach keinen
Reisepass, sondern ein Auswanderungsdokument.

Irgendwann im Jahr 1960 beschloss ich auszuwandern und dorthin zu gehen,
wo inzwischen für mich – wie für jeden, der nicht ideologisch verblendet war –
die freie Welt war. Amerika war das von mir gewählte Bestimmungsland, aber die
Hauptsache war, aus Rumänien herauszukommen und irgendwohin in die freie Welt
zu gehen. Als ich mit Edith das erste Mal darüber sprach, war sie zunächst überrascht: Sie wusste, dass sich meine Einstellung geändert hatte, aber sie hatte noch
nicht bemerkt, wie weit ich mich von meinem früheren Selbstverständnis als Kommunist entfernt hatte. Ich sagte ihr, dass ich ihr Leben durch meine Zweifel nicht
komplizierter machen wollte, solange es wirklich nur Zweifel gewesen waren. Aber
nun, da sich meine Ansichten in festerer Form herauskristallisiert hätten, müsste ich
mit ihr darüber sprechen. Es dauerte nicht lange, bis ich Edith von meinem Vorhaben überzeugt hatte. Wir beschlossen, unsere Entscheidung für uns zu behalten
und den Kindern vorläufig nichts davon zu erzählen – es hätte keinen Sinn gehabt,
ihr Leben durcheinander zu bringen und Freundschaften zu gefährden, wo wir doch
vielleicht noch viele Jahre warten müssten und es durchaus auch hätte geschehen
können, dass wir überhaupt keine Auswanderungsgenehmigung erhielten. Wir beschlossen auch, die Auswanderung nicht direkt zu beantragen. Da ich (während des
Krieges) in der Illegalität gearbeitet hatte, nach dem Krieg als Diplomat in London
tätig war und eine Leitungsposition im Außenministerium innehatte, war es höchst
unwahrscheinlich, dass man meinen Antrag genehmigen würde. Es gab hierfür keinen Präzedenzfall. Wir beschlossen deswegen, andere Mittel zu versuchen. Das erste
dieser Mittel war Lösegeld – aber das bedarf einiger Erläuterungen.

Obwohl die Auswanderung Tausende Menschen betraf und Zehntausende andere die Vorgänge mit großem Interesse verfolgten, gab es keine öffentlichen

Informationen darüber. Bei allen noch so spärlichen Informationen musste man sich auf persönliche Verbindungen, auf Freunde und auf Freunde von Freunden verlassen. Dementsprechend musste man Verbindungen mit informierten Kreisen pflegen. Ab Anfang 1960 begann ich, Verbindungen dieser Art aufzunehmen, und hatte bald regelmäßige Begegnungen mit mehreren Leuten, die aktiv auszuwandern versuchten und sehr gut über alle Aspekte des Problems informiert waren.

Irgendwann 1958 oder 1959 hatte mein Onkel und Freund Tibor Rényi, der mit seiner Familie in Bukarest unter erbärmlichen Umständen lebte, einen Auswanderungsantrag gestellt. Er hatte seinen Arbeitsplatz bereits einige Zeit zuvor verloren, weil er früher ein Kapitalist gewesen war – es spielte keine Rolle, dass er während des Krieges Kommunist wurde, sich an der Untergrundbewegung beteiligt und Spenden für die kommunistischen Insassen des Konzentrationslagers Vapniarca gesammelt hatte. Der Antrag, den er und seine Familie gestellt hatten, wurde 1959 genehmigt; sie verließen Rumänien und ließen sich in Brasilien nieder. Dort schlugen sie sich nur mühsam durch und bald erkrankte er an einem Emphysem, wodurch seine Arbeitsfähigkeit stark eingeschränkt war. Seine Frau Bözsi (ein ungarischer Kosename für Elisabeth) erteilte Sprachunterricht – sie sprach tadellos Französisch und ganz gut Englisch. Ihre Kinder waren fünfzehn bis zwanzig Jahre alt. Wir standen mit ihnen in regelmäßigem Briefkontakt, wobei wir Codewörter für Angelegenheiten benutzten, die der Zensor nicht verstehen sollte.

Um 1960 wurde bekannt, dass es einen Kanal gab, über den rumänische Juden durch ein Lösegeld freigekauft werden konnten. Ein älterer Londoner Geschäftsmann namens Jakober, ein ungarischer Jude aus Siebenbürgen, der scheinbar Export-Import-Geschäfte zwischen England und Rumänien abwickelte, beschaffte gegen Geld Auswanderungsgenehmigungen für Juden. Der Preis lag bei ungefähr 10000 Dollar pro Familie. Jakober beteuerte, dass er damit keinen Gewinn mache, sondern dass es sich seinerseits um ein rein humanitäres Anliegen handele: das ganze Geld würde sein rumänischer Verhandlungspartner bekommen. Ich hörte nie irgendetwas, das für oder gegen diese Behauptung sprach. Als ich aus einer zuverlässigen Quelle zum ersten Mal von diesen Geschäften hörte, hielt ich das für ein Schurkenstück eines Securitate-Mitarbeiters. Aber schon bald merkte ich, dass diese Aktionen nicht ohne Wissen und Genehmigung der Parteiführung durchgeführt werden konnten. Zum einen waren die Securitate-Leute die am besten bezahlten Angestellten in Rumänien: Das Gehalt eines Securitate-Offiziers des niedrigsten Dienstgrades war genauso hoch, wie das eines stellvertretenden Ministers in der Regierung. Zum anderen musste jeder Securitate-Offizier, der sich bestechen ließ, damit rechnen, zu einer lebenslänglichen Freiheitsstrafe oder sogar zum Tode verurteilt zu werden. Seit die Kommunisten an die Macht gekommen waren, habe ich nicht von einem einzigen Fall gehört, in dem es irgendjemand geschafft hätte, einen Securitate-Offizier zu bestechen, geschweige denn, einen hochrangigen Entscheidungsträger. Da außerdem keine Einzelperson eine Sache wie eine Auswanderungsgenehmigung für eine jüdische Familie entscheiden konnte, hätte das Lösegeld unter einer Anzahl von Leuten aufgeteilt werden müssen, was es noch unwahrscheinlicher machte, die Angelegenheit geheim halten zu können. Ich hatte meine eigenen Informationsquellen, aber die Securitate hatte bessere: Alles, was ich gehört hatte, mussten sie ebenfalls gehört haben. Und sie wussten mit Sicherheit, wer mit Jakober auf dessen häufigen Reisen nach Bukarest Geschäfte machte. Also schlussfolgerte ich, dass, wer auch immer auf der rumänischen Seite als Jakobers Geschäftspartner auftrat, in Wirklichkeit im Namen der Securitate handelte, und dass alles mit Wissen und Einverständnis des erhabenen Gremiums geschah, des Politbüros der Kommunistischen Partei.

Ich beschloss, diesen Kanal zu erkunden, und ließ Rényi wissen, dass ich versuche, das Geld zu beschaffen. Obwohl Rényi mich gern hatte und bereit war, alles in seinen Kräften Stehende zu tun, um uns aus Rumänien herauszuholen, hatte er einfach keine 10000 Dollar; auch konnte er – als Neuimmigrant in Brasilien – kein Darlehen für einen solchen Betrag bekommen. Er nahm in Sachen Geldbeschaffung Kontakt zu gemeinsamen Freunden auf, die bereits früher ausgewandert waren, aber seine Versuche waren nicht erfolgreich. Ich unternahm mehrere Dinge: Ich wandte mich an einige alte Freunde, die bereits vor langer Zeit ausgewandert waren und im Westen lebten; ich bat sie darum, sich mit Rényi in Verbindung zu setzen und ihm bei seinen Bemühungen zu helfen, das Geld zu beschaffen. Ich suchte auch Verbindungen zu Leuten in Rumänien, die wohlhabende Verwandte im Westen hatten, die ihrerseits wiederum bereit waren, ihren rumänischen Verwandten zu helfen. Ich zahlte den rumänischen Verwandten einen gewissen Betrag in rumänischer Währung, während die wohlhabenden Westverwandten den entsprechenden Dollarbetrag an Rényi schickten. Auf diese Weise gelang es mir, insgesamt 7000 Dollar an Rényi schicken zu lassen; mit diesem Betrag konnte er die Verhandlungen mit Jakober aufnehmen und ihn veranlassen, unseren Fall in die Wege zu leiten. Hierzu war es erforderlich, mehrere Tausend Dollar auf einem Konto zu hinterlegen.

Jakober besuchte Bukarest alle drei oder vier Monate mit einer Liste von freizukaufenden Menschen. Bei jeweils einem dieser Besuche übergab er seinem rumänischen Partner die Liste, bei nächster Gelegenheit holte er sich die rumänische Antwort ab. Mitunter rief er die auf seiner Liste stehenden Leute an, bevor er nach Bukarest kam, und teilte ihnen seine Ankunft mit. Obwohl er mich nie anrief, fand ich bei mehreren Gelegenheiten heraus, dass er in Bukarest war und wo er sich dort aufhielt. Ich rief ihn dann immer in seinem Hotel an und fragte, ob ich auf seiner Liste stünde. Ich wusste, dass diese Gespräche von der Securitate abgehört wurden, aber ich war bereit, einen weiteren Minuspunkt in meiner Akte zu riskieren. Als ich Jakober das erste Mal erreichte, sagte er nein; er schien sich nicht an meinen Namen zu erinnern; beim zweiten Mal bestätigte er, dass er mich auf seiner Liste habe, und er sagte, dass er auf eine Antwort warte; beim dritten Mal sagte er, dass er immer noch warte. Aber als er beim vierten Mal meinen Namen hörte, erwiderte er sofort: „Ja, natürlich weiß ich von Ihnen. Was ist eigentlich das Problem mit Ihnen, mein Junge?" Hierauf antwortete ich, dass ich zusammen mit meiner Familie gehen wolle – mir sei kein anderes Problem bekannt. „Aber da muss es irgendein anderes Problem mit Ihnen geben, weil Ihr Name abgelehnt wurde. Ich kann nichts für Sie tun." Wieder in London, gab er Rényi den deponierten Betrag zurück und sagte, dass er nichts für mich tun könne. Damit hatte Rényis Versuch, uns freizukaufen, Schiffbruch erlitten. In der Zwischenzeit hatte Rényi jedoch mehrere andere Dinge für uns getan: Im November 1961 übersandte man unsere brasilianischen Einreisevisa an die Brasilianische Botschaft in Wien, und ungefähr um dieselbe Zeit erhielten wir aus Paris einen Brief des französischen Reisebüros France-Voyage, in dem man uns informierte, dass sie für uns die Karten für ein Schiff hätten, das von Genua nach Santos fährt. Es war zwar schön, das zu wissen, aber es hatte in unserer Situation keinen praktischen Nutzen.

Sobald klar wurde, dass der Freikaufversuch gescheitert war, entschied ich, dass die Zeit gekommen sei, offen zu handeln. Obwohl nach der Ablehnung des Freikaufangebots unsere Chancen, aufgrund eines direkten Antrags auszuwandern, mehr als gering waren, wusste ich genug über die launische und unberechenbare Auswanderungspolitik der Partei, um die Hoffnung nicht aufzugeben. Außerdem hatte ich den Punkt erreicht, an dem ich bereit war, sogar für die allerkleinsten Erfolgsaussichten große Risiken auf mich zu nehmen. Und so reihte ich mich 1962 zusammen mit Edith an einem Frühjahrsmorgen um fünf Uhr in die Warteschlange vor der Passbehörde in der Straße Grădina cu Cai ein (ich erinnere mich gut an diesen ironischerweise pittoresk klingenden Namen der Straße, in der sich diese triste Behörde befand, die so vielen Menschen Qualen bereitete: „Garten mit Pferden" – bis heute weiß ich nicht, wie es zu diesem Namen gekommen ist). Zum Glück gab es unter den zwei- bis dreihundert wartenden Menschen niemanden, der uns kannte, so dass wir den Antrag unbemerkt ausfüllen und abgeben konnten. Unsere Arbeitgeber wurden über unseren Antrag nicht informiert, so dass wir vorläufig keine Folgen zu spüren bekamen.

Wir gehörten nun also zu jenen Leuten – normalerweise waren es immer einige Tausend –, die ihre Auswanderung beantragt hatten und nun auf die Genehmigung warteten. Die Wartezeit unter meinen Bekannten variierte von sechs Monaten bis zu vierzehn Jahren. Das Verfahren war vollkommen unvorhersehbar. Verschiedene Witze machten darüber die Runde. Einer von ihnen ging folgendermaßen: „Ich habe endlich herausgefunden, nach welchem Prinzip die Anträge ausgewählt werden." „Wie denn?" „Es hängt von der Körpergröße des Diensttuenden ab: Wenn er hochgewachsen ist, dann nimmt er einen Aktenordner aus den oberen Regalen; ist er kleinwüchsig, dann wählt er einen aus den unteren Regalen aus."

Wir weihten unsere Kinder immer noch nicht in unsere Entscheidung ein: Das hätte ihre ganze Welt auf den Kopf gestellt – möglicherweise umsonst, da es keinerlei Garantie gab, dass man uns die Auswanderung genehmigt. Jedoch begann ich 1962, Anna Englischunterricht zu geben, Vera sollte etwas später damit anfangen. Wir informierten Ediths Eltern über unseren Antrag. Meine Schwiegereltern wollten es auch gleich versuchen, aber wir rieten ihnen davon ab. Beide gehörten zu den älteren Menschen ohne technische Qualifikationen (das Kunstblumenhandwerk meiner Schwiegermutter zählte nicht dazu), so dass sie die Genehmigung vermutlich ohne Schwierigkeiten erhalten hätten. Wenn das aber geschähe, dann würden sie auswandern müssen, und es könnte sein, dass wir ihnen sehr lange Zeit nicht folgen dürfen, möglicherweise überhaupt nicht. Es könnte also der Fall eintreten, dass wir für unbestimmte Zeit voneinander getrennt werden. Deswegen sei es unserer Meinung nach besser für sie, den Auswanderungsantrag erst dann zu stellen, wenn unser Antrag genehmigt worden ist.

Ein Jahr zuvor, im September 1960, machten Edith und ich eine Reise nach Budapest. Das sollte für lange Zeit unsere letzte Auslandsreise sein: Nach unserem Auswanderungsantrag im Jahr 1962 durften wir das Land nicht mehr verlassen. Der Besuch in Budapest sollte zu einem wichtigen Ereignis in unseren Leben werden. Ich lernte viele neue und interessante Menschen kennen, zum Beispiel die mathematischen Ökonomen András Bródy, János Kornai und andere. Meine langen Gespräche mit ihnen waren lehrreich und gaben mir Auftrieb. Aber über diese persönlichen Kontakte hinaus erwies sich das kulturelle Leben in Budapest, das unvergleichlich farbiger und freier war als das in Bukarest, als wahrer Segen, den man kaum überschätzen konnte. Für jemanden, der die graue, deprimierende intellektuelle Atmosphäre im damaligen Rumänien nicht kannte, ist es schwer, das erhebende Gefühl zu verstehen, wenn sich die Fenster plötzlich öffnen – selbst wenn man von ihnen nicht in die Ferne blicken konnte. Im September 1960 hatte Budapest für uns diese Bedeutung, obwohl es nur die ungarische Hauptstadt war und nicht der Westen.

Zuerst sahen wir uns eine großartige Vorstellung von Friedrich Dürrenmatts Tragikomödie *Der Besuch der alten Dame* in einem der besten Theater von Budapest an. Jemand, der weder den Faschismus noch den Kommunismus erlebt hat, kann nicht begreifen, was mir Dürrenmatts Stück bedeutete. Es ist eine phantastische symbolische Geschichte der Korruption im weitesten und tiefsten Sinne des Wortes: Die Korruption einer ganzen Gesellschaft unter dem Druck einer Versuchung, die zu groß ist, um ihr widerstehen zu können. Kurz erzählt, Klara besucht im Nachkriegsdeutschland ihre Heimatstadt Güllen, eine wirtschaftlich ruinierte Kleinstadt. Klara war nach Amerika gegangen und hatte dort einen Multimillionär geheiratet, dessen Vermögen sie unlängst geerbt hatte. Als Klara noch in Güllen lebte, hatte sie eine Affäre mit Ill, der jetzt einer der meistgeachteten Kaufleute der Stadt ist. Dieser hatte sie geschwängert, aber seine Vaterschaft geleugnet. Bei ihrer Rückkehr verspricht Klara, einen märchenhaften Geldbetrag zu spenden, die Hälfte davon für die Stadt, während die andere Hälfte zu gleichen Teilen unter den Einwohnern aufgeteilt werden soll. Das würde ausreichen, um jedermanns existenziellen Bedarf lebenslang großzügig abzusichern. Aber Klara stellt eine Bedingung. Sie will, dass ihr Gerechtigkeit widerfährt: Jemand muss Ill töten, ihren früheren Liebhaber, der sie im Stich gelassen hatte. Alles das erfahren wir in den ersten zehn Minuten; der Rest des Stückes schildert die psychologische Transformation der Bürger von Güllen in den Wochen, die auf Klaras Ankündigung folgen.

Zuerst ist jeder über die unverschämte Arroganz des Angebots empört („Meine Dame, wir sind hier in Europa!" protestiert der Lateinlehrer). Die Bürger weisen das Angebot zurück und sichern Ill ihre Unterstützung zu. „Ich kann warten," sagt Klara und mietet sich für mehrere Wochen im Hotel ein. Dann beginnen auf einmal Leute, die bis über den Kopf in Schulden stecken und sich nicht einmal die allernotwendigsten Dinge leisten konnten, plötzlich auf Kredit zu kaufen. Erst ein Paar Schuhe, dann einen neuen Rock, als nächstes einen Tennisschläger und so weiter. Viele von ihnen kaufen in Ills Geschäft ein, und er fragt sich, wie sie das bezahlen wollen. Allmählich dämmert es ihm, dass alle mit dem Geld rechnen, das die alte

Dame ausgesetzt hat. Niemand will Ill töten oder will wissen, wer ihn töten wird, aber allmählich wird den Bürgern klar, dass Ill eines Tages getötet werden wird. Und allmählich sind die Einwohner davon überzeugt, dass er das eigentlich auch verdient. Es war ja nicht gerade schön, was er der armen Klara angetan hat. Als Ill erkennt, was in den Köpfen der Leute vorgeht – einschließlich in denen seines eigenen Sohnes und seiner eigenen Tochter, die ein Auto auf Kredit kaufen – versucht er in einer Nacht, die Stadt zu verlassen. Aber es stellt sich heraus, dass er beobachtet wird: Die Leute umringen ihn mit freundlichen und beruhigenden Worten; sie begleiten ihn zum Bahnhof, wobei sie die ganze Zeit bedauern, dass er weggehen will. Der Zug kommt an, aber als Ill versucht einzusteigen, wird er von Freunden umringt, die ihn umarmen und am Einsteigen hindern; der Zug fährt ohne ihn ab. An dieser Stelle begreift Ill, dass er verloren ist, und leistet keinen Widerstand mehr; er sagt dem Bürgermeister, dass er bereit sei, sich dem Wunsch der Mehrheit zu unterwerfen. Man stimmt ab und das Ergebnis ist einstimmig: Ill muss sterben; dies ist die Strafe für das, was er Klara angetan hat. Das Urteil wird kollektiv vollstreckt: Alle männlichen Bürger der Stadt legen ihre Hand auf das Messer, das Ills Herz durchbohrt. Der Mordszene folgt eine Gebetsszene, in der die Bürger von Güllen Gott darum bitten, ihnen Freude an ihrem neu gefundenen Reichtum zu gewähren und ihnen ein glückliches Leben „mit gutem Gewissen" zu bescheren.

Ich konnte der Versuchung nicht widerstehen, diese Geschichte hier zu erzählen, da sie eine unverhältnismäßig große Wirkung auf mich hatte. Als Ill auf seine Hinrichtung vorbereitet wurde, durchlebte ich meine eigenen beiden öffentlichen „Hinrichtungen" noch einmal, bei denen die Atmosphäre sehr ähnlich war. Zwar war in meinem Fall die treibende Kraft nicht die Versuchung, es waren Druck und Drohungen. Dessen ungeachtet war das Phänomen *mutatis mutandis* das gleiche: Eine ansonsten ehrbare Gemeinschaft normaler Menschen erklärte sich dazu bereit, etwas Fürchterliches zu tun – unter einem Druck oder einer Versuchung, die zu übermächtig waren, um widerstehen zu können. Ich hatte das Gefühl, dass Dürrenmatt auf wundervolle Weise den Geist einer Erscheinung eingefangen hat, die für unsere Zeiten typisch ist: typisch für den Nazismus, typisch für den Kommunismus und vielleicht typisch für unser Jahrhundert. Nachdem ich das Stück gesehen hatte, kaufte ich mir das Buch und las es mehrere Male. Das Stück ist es sogar wert, mehr gelesen als gesehen zu werden, denn es ist ein klassisches literarisches Werk, das in seiner Prägnanz etwas von Shakespeare in sich trägt: Jeder Halbsatz hat seine Bedeutung und fügt eine Nuance zu dem Bild hinzu, das gezeichnet wird.

Dürrenmatts Stück war die nachhaltigste, aber nicht die einzige Unterhaltung, die wir hatten. Wir sahen uns noch ein paar andere gute Bühnenstücke und einige sehr amüsante Musicals an. Danach kehrten wir gestärkt und mit offenerem Verstand nach Hause zurück und waren mehr denn je entschlossen, Rumänien zu verlassen. Tatsächlich stellten wir bald nach dieser Reise einen formellen Antrag auf Übersiedlung nach Ungarn. Diese Art von Auswanderungsantrag – von einem sozialistischen Land in ein anderes – wurde (von den rumänischen Behörden) auf einer ganz anderen Grundlage bearbeitet als ein Antrag auf Übersiedlung in ein kapitalistisches Land: Solch ein Antrag trug weder dasselbe Stigma noch

löste er dieselbe Vergeltung aus. Unser Antrag wurde jedoch umgehend abgelehnt –
selbstverständlich ohne Angabe von Gründen.

* * *

Das Institut, in dem ich arbeitete, wurde 1962 von einem Skandal mit politischen Dimensionen erschüttert. Eine der Konstruktionszeichnerinnen, eine sehr
nette, gebildete und angenehme Dame um die fünfzig, sehr belesen und welterfah-
ren, stammte – wie wir wussten – aus einer berühmten rumänischen Adelsfamilie:
Deswegen hatte sie eine untergeordnete und schlecht bezahlte Arbeit. Eines Tages erzählte sie ihren Freunden im Büro vollkommen unerwartet, dass man sie am
nächsten Tag wahrscheinlich entlassen würde. Warum? Zwölf Jahre lang hatte sie
im Institut als Informantin der Securitate gearbeitet; sie musste über ihre Kollegen
berichten, Gespräche wiedergeben, an denen sie teilgenommen hatte oder von denen sie etwas gehört hatte, und sie musste den Leuten gelegentlich provozierende
Fragen stellen und über die Antworten berichten. Man hatte sie hierzu erpresst –
zunächst wegen ihrer familiären Abstammung und dann durch die Drohung, man
würde durchsickern lassen, was sie bereits berichtet hat. Im Laufe der Jahre wurde
sie immer tiefer in die Sache hineingezogen und jetzt hatte sie plötzlich den Punkt
erreicht, an dem sie genug hatte: sie musste aussteigen, was auch immer die Folgen
waren. Die Securitate forderte ihre sofortige Entlassung. Naftali, der Direktor, sagte,
dass er die Angelegenheit mit der Partei diskutieren möchte. Er sagte der Partei (und
informierte seine Kollegen darüber), dass die betreffende Dame eine seiner besten
Zeichnerinnen sei, geschickt und gewissenhaft, und dass das Institut ihre Dienste
brauche. Er argumentierte auch, dass man der Securitate nicht gestatten dürfe, das
Institut zum Begleichen ihrer Rechnungen zu benutzen. Aber alles war vergeblich –
er wurde dazu gezwungen, sie zu entlassen. Er tat es schließlich, beschaffte ihr aber
vorher mit Hilfe eines Freundes eine – ebenfalls schlecht bezahlte – Arbeit in einem
anderen Institut.

Die politische Atmosphäre unter den meisten Ingenieuren und anderen Angestellten des Instituts war totale Apathie in Verbindung mit einem kategorischen
Zweifel an allem, worüber die Zeitungen berichteten. Es waren diese politisch
anders gesinnten oder bestenfalls gleichgültigen, gelangweilten Massen von Menschen, die in jedem Jahr drei- oder viermal hinausgeschleift wurden, um anlässlich
diverser Jahrestage – zu den nationalen Feiertagen am 1. Mai, 23. August (Tag der
Befreiung) und 7. November (Jahrestag der Oktoberrevolution) – oder wenn Staatsmänner aus befreundeten Ländern zu Besuch kamen, begeistert zu demonstrieren,
Losungen zu skandieren, Fähnchen zu schwenken und rhythmisch zu klatschen. Am
Tag der Befreiung (23. August) 1952, zehn Tage nach meiner Verhaftung, wurde
Edith als Neuangestellte des Wissenschaftsverlages aufgefordert, an der Demons-
tration teilzunehmen, im Sprechchor zu rufen und ein Lenin-Buch zu schwenken.
Soviel zur „Begeisterung" der Demonstranten, von der leichtgläubige Pressekorres-
pondenten aus dem Westen oft berichteten. Bei unseren Demonstrationen Anfang
der sechziger Jahre marschierten wir in Zehnerreihen mit einem Agitator an jedem
Reihenende. Ich erinnere mich lebhaft an Orădeanu, einen äußerst fähigen Ingenieur

Mitte vierzig, der immer unter Gedächtnisschwund litt, wenn er mit Parteikadern sprach: Er hatte nämlich die Antwort „nein" aus seinem Wortschatz gestrichen. Er wurde zu unserem Agitator ernannt. Er marschierte rechts von unserer Reihe und einen halben Schritt vor uns, so dass er unsere Gesichter sehen konnte, als wir mit lautem Gebrüll gleichsam als Echo das wiedergaben, was er uns von einem kleinen Handzettel vorsprach – das waren unsere „spontanen" Losungen. Er vermied es immer, mir in die Augen zu sehen, nicht weil er wusste, was ich dachte – jeder, einschließlich er selbst, dachte das Gleiche –, sondern weil ich eine Grimasse schnitt oder etwas anderes machte, um ihn zum Lachen zu bringen oder ihn sonstwie von seiner Funktion abzuhalten.

Manchmal entbehrten diese Märsche und Demonstrationen nicht einer gewissen Komik. Um 1960 kam Sukarno, der Präsident Indonesiens, zu einem Staatsbesuch nach Rumänien. Sukarno gab sich als Sozialist marxistischer Prägung aus. Ganz Bukarest wurde zu einem riesigen Umzug beordert und wir marschierten auf den größten Platz der Stadt, der eine halbe Million grenzenlos begeisterter Demonstranten fasste. Sukarno muss sehr beeindruckt gewesen sein, wieviele Menschen über Indonesien Bescheid wussten, obwohl neun von zehn Anwesenden keine Ahnung hatten, wo sein Land liegt. Als Sukarnos Konvoi eintraf, kam dieser äußerst elegante alte Herr in Gesellschaft seiner vier jungen, aufreizenden und auffallenden Konkubinen an. („Wahrscheinlich seine Töchter", meinte ein Parteiagitator, aber irgendjemand machte eine sarkastische Bemerkung, so dass dem Agitator die Erklärung im Hals stecken blieb.) Dann wurde der große Führer von unserem Ministerpräsidenten herzlich als Genosse und sozialistischer Kampfgefährte begrüßt, der das gleiche Ziel wie wir verfolge, obwohl sich der Weg seiner Nation manchmal geringfügig von dem unsrigen unterscheide. Anschließend trat Sukarno auf die Rednerbühne und wollte mit seiner Ansprache beginnen. Aber er sah sich außerstande zu beginnen; das Toben der Menge zwang ihn, wie es bei solchen Anlässen üblich ist, zu warten, bis sich die Begeisterung etwas gelegt hatte. Dann begann er zu reden und sagte: „Ich bin ein Schüler von Marx und Engels und ich bewundere die gleichen großen Revolutionäre, die die Bannerträger des rumänischen Volkes sind: Lenin, Trotzki und Stalin." Ein Westler kann sich das Ausmaß des Frevels nicht vorstellen, den Sukarno begangen hatte, als er den Namen des Verräters Trotzki zusammen mit Lenin und Stalin nannte. Es war gleichsam so, als ob jemand im Petersdom in Rom aufgestanden wäre und eine leidenschaftliche Liebesszene zwischen dem Teufel und Jungfrau Maria beschrieben hätte. Ich lachte minutenlang laut. Die Politiker auf der Tribüne versuchten, die Fassung zu bewahren und ihre Abscheu zu unterdrücken. Die am folgenden Tag erschienenen Zeitungen strichen den unerwünschten Namen natürlich aus der Rede.

Der Zweifel an allem, was die offiziellen Informationskanäle meldeten, und der hieraus resultierende Zynismus nahmen derart zügellose Ausmaße an, dass sogar gebildete Leute wie meine Ingenieurkollegen einen Gutteil ihrer Fähigkeit einbüßten, zwischen Wahrheit und Lüge zu unterscheiden. Als die Sowjets 1961 das erste bemannte Raumschiff mit Juri Gagarin an Bord starteten, war ich sehr beeindruckt und versuchte, das Ereignis mit meinen Kollegen zu diskutieren: Ich war schon immer von dem Gegensatz fasziniert, der zwischen dem im Allgemeinen niedrigen sowjetischen Lebensstandard und der schlechten Qualität der zivilen Industrieprodukte einerseits und den militärisch herausragenden Leistungen andererseits bestand. Aber es war sehr schwer, mit meinen Kollegen vernünftig zu diskutieren, da sie sich einfach weigerten, die Gagarin-Story zu glauben. Sie taten die Geschichte als „Propaganda wie alles andere" ab. Ich argumentierte vergeblich, dass ich mit meinem Glauben an diese Geschichte kein Einfaltspinsel sei, sondern dass sie wahr sein musste – sie ließ sich überprüfen –, und dass die Sowjets, wenn sie gelogen hätten, augenblicklich auffliegen würden.

Die Skepsis unter den Leuten war so stark, dass sie nicht einmal die Wahrheit glaubten. Zweifel und politische Apathie hatten sogar die nationalistischen Gefühle erstickt, die normalerweise tief unter der Oberfläche in der Gedankenwelt der meisten osteuropäischen Intellektuellen schlummerten. Niemand machte sich mehr etwas aus dem „Vaterland". Die meisten einfachen Leute – ausgenommen natürlich die Funktionäre – betrachteten den Wunsch, das „Vaterland" zu verlassen, nicht mehr als Verrat an irgendetwas. Von einigen jüdischen Ingenieuren im Institut war bekannt, dass sie einen Auswanderungsantrag gestellt hatten – das Institut war über den Antrag informiert worden. Die Betreffenden wurden degradiert, das heißt, auf der Leiter eine Stufe nach unten versetzt (das war Naftalis Politik als Direktor, um den Forderungen nach Bestrafung auf möglichst milde Weise nachzukommen), verrichteten aber ansonsten dieselbe Arbeit wie zuvor. Wurde einer der Auswanderungswilligen nach Jahren des Wartens benachrichtigt, dass sein Antrag genehmigt worden war, dann feierte er das Ereignis mit seinen zumeist nichtjüdischen Kollegen und Freunden, die ihm alle Glück für sein neues Leben im neuen Vaterland wünschten.

Es war für die Atmosphäre typisch, dass man alle unangenehmen Aktivitäten „freiwillig" und mit Begeisterung übernehmen musste. Eines Tages erhielt ich auf Arbeit eine schriftliche Mitteilung, dass ich zum „freiwilligen Feuerwehrmann" ernannt worden sei. Ich zeigte den Brief mehreren Kollegen, um ihre Reaktion zu sehen und zu fragen, was sie dachten. Niemand lachte. Sie verstanden einfach nicht, was ich an diesem Brief so unnatürlich oder überraschend fand.

An einem Tag im Jahr 1963 ließ mich Direktor Naftali dringend zu sich rufen. Er sagte mir, dass er mich für drei Wochen Vollzeitarbeit brauche und ich deswegen alles andere beiseite legen solle. Ich versuchte es mit dem Argument, dass ich gerade dabei sei, ein wichtiges Problem zu lösen, aber er unterbrach mich und sagte „Pass auf, als du mich brauchtest, war ich für dich da; jetzt brauche ich dich. Bist du bereit, zu tun, worum ich dich bitte, oder nicht?" Hierauf konnte es nur eine Antwort geben, und ich gab sie ohne zu zögern: „Natürlich".

Er erklärte mir dann, dass er am Vortag zur Stadtbezirksleitung der Partei gerufen worden sei, wo ihm der Parteisekretär Folgendes eröffnete: „Sie haben doch dort im Institut einen Einzelgänger, einen Ökonomen oder Mathematiker oder was auch immer, der diese ausgefallenen Transportpläne für Ihr Ministerium gemacht hat, die zu so großen Einsparungen führten. Leihen Sie uns diesen Mann für drei Wochen!"

„Sicher", sagte Naftali, „aber darf ich fragen, wofür Sie ihn brauchen?"

„Die wichtigste Fabrik in unserem Stadtbezirk ist Electronica", antwortete der Sekretär, „wie Sie wissen, werden dort Fernseher und Radios hergestellt. Es ist die

einzige derartige Firma im Land und die größte in Südosteuropa. Das Zentralkomitee beobachtet die Fabrik die ganze Zeit. Electronica ist jetzt in drei aufeinander
folgenden Quartalen weit unter den Planzielen geblieben. Wir haben versucht, etwas
dagegen zu tun, als der Plan das erste Mal nicht erfüllt wurde. Auch die Staatliche
Planungskommission hat sich mit der Sache beschäftigt, aber niemand weiß, woran
es liegt. Sind die Leute dort faul? Ist jemand darauf aus, den Plan zu sabotieren?
Wir wissen nur, dass sie dort Schwierigkeiten haben und dass es nicht besser wird,
sondern schlechter", sagte der Sekretär.

„Bei unseren Kontrollbesprechungen haben Sie sich mit diesen mathematischen
Transportplänen gerühmt, die Ihrem Ministerium große Einsparungen brachten. Ich
möchte mir den Mann, der die Pläne entwickelt hat, für drei Wochen ausleihen:
Vielleicht hat er ja eine mathematische Methode, mit der man die Probleme bei
Electronica beheben kann. Ich möchte, dass er dorthin geht, die Situation untersucht
und einen Bericht schreibt, was getan werden sollte."

„Ich konnte das nicht ablehnen", ergänzte mein Direktor, „und ich weiß, dass
du in Bezug auf mathematische Methoden mit drei Wochen nicht auskommst und
sicher viel mehr Zeit brauchst. Aber du hast einen gesunden Menschenverstand und
scharfe Augen. Vielleicht bemerkst du irgendetwas, das anderen nicht aufgefallen
ist. Du hast jetzt diesen Nimbus der erfolgreichen Transportpläne. Sie werden Dir
zuhören. Du bist nicht verpflichtet, mehr zu tun als zu versuchen, Ihnen zu helfen.
Gib dein Bestes für diese drei Wochen, setze dazu deinen Verstand und deine ganze
Energie ein. Danach kannst du wieder zurückkommen und deine Arbeit bei uns
fortsetzen."

Ich hatte keine Wahl und sagte: „In Ordnung. Zwar habe ich keine Ahnung, ob
ich überhaupt begreifen werde, worum es geht. Aber ich werde mein Bestes tun,
dich nicht zu enttäuschen." Ich stellte alles andere zurück und ging am nächsten
Morgen zu Electronica, wo man mich bereits erwartete – und zwar mit beträchtlicher
Furcht, da ich der Mann war, den die Stadtbezirksleitung der Partei geschickt hatte.

Hätte mich nicht der Gedanke bedrückt, nicht zu wissen, was ich hier überhaupt
tun könnte, dann wäre ich über die Ironie der Situation amüsiert gewesen: Ich als
der Typ von der Partei, der überall Furcht verbreitet, dessen Schritten man besorgt
folgt, auf dessen Fragen gleichzeitig immer drei Leute eifrig antworten, wobei alle
offensichtlich begierig sind, meine Gunst zu erhaschen! Das Wort *Sabotage* machte
seit einigen Wochen die Runde, und jeder, der eine verantwortliche Position hatte, war zu Tode erschrocken. Obwohl die Tage der Vergangenheit angehörten, als
Menschen wegen angeblicher Sabotage routinemäßig eingesperrt wurden, war die
Erinnerung daran immer noch so lebendig, dass sich die Leute ziemlich unbehaglich
fühlten. Ich legte mir einen Aktionsplan zurecht. Ich beschloss, zuerst die grundlegenden Fakten zu sammeln, mir einen Überblick über den Produktionsprozess zu
verschaffen und mir alle relevanten Statistiken anzusehen – danach würde ich sehen, was ich tun könnte. Ich erwartete nicht, die notwendigen Statistiken griffbereit
vorzufinden, und bat deswegen um Hilfe: Ich brauchte einen Buchhalter oder Wirtschaftsplaner, der wusste, wo die von mir benötigten Informationen zu finden sind;
der Betreffende müsste natürlich mit einer Rechenmaschine bewaffnet sein und eine
schriftliche Anordnung des Direktors haben, dass jeder in der Fabrik verpflichtet ist,

unverzüglich auf unsere Fragen zu antworten. Ich bat um einen Mann und bekam zwei, mit zwei Rechenmaschinen. Mir wurde ein Büro zur Verfügung gestellt und man führte mich durch die Fabrik.

Der Werkleiter, ein Elektronikingenieur, machte auf mich den Eindruck eines verständigen, kompetenten und wendigen Mannes. Sein einziger Fehler, den ich im Zusammenhang mit der zu klärenden Angelegenheit erkennen konnte, bestand darin, dass er sich immer in Einzelheiten verlor und keinen Überblick über den Gesamtvorgang zu haben schien. Er war außerstande, die grundlegende Frage zu beantworten, warum das Werk systematisch hinter den Plan zurückgefallen war; er beteuerte laufend, dass er und seine Mitarbeiter ihr Bestes getan hätten und tun. Ich fragte, ob ihnen der Plan ohne ihre Zustimmung von oben aufgedrückt worden sei. Er verneinte das: Der Plan sei auf der Grundlage ihrer eigenen Vorschläge ausgearbeitet worden. Einige der Vorgaben waren entsprechend den Wünschen der Staatlichen Planungskommission erhöht worden, aber das sei auf angemessene Weise erfolgt. Ich bat um eine Aufschlüsselung des geplanten monatlichen Produktionsvolumens auf die einzelnen Produktionseinheiten und verglich das Ergebnis mit den Kapazitäten der betreffenden Einheiten. Dabei stellte ich fest, dass die Vorgaben weit unter den Produktionskapazitäten lagen.

Ich bat dann meine beiden Helfer darum, ein detailliertes Flussdiagramm für die Produktion der vergangenen zwölf Monate zusammenzustellen, gesondert für jeden Tag und für jede einzelne Fabrikabteilung – und allmählich begann sich das Bild zusammenzufügen. Anstelle von gleichmäßigen Linien für einen konstanten Output wiesen die Diagramme für die meisten Fabrikabteilungen schwankende Zickzacklinien aus. Der Ausstoß war eine Weile gleichmäßig, fiel dann scharf ab oder hörte vollkommen auf, stieg dann wieder auf das frühere Niveau an, fiel danach erneut ab und so weiter. Als ich um eine Erklärung bat, bekam ich mehrere, und zwar jeweils eine andere Erklärung für jede Produktionsabteilung. So lag etwa am 7. März der Ausstoßrückgang von Abteilung A daran, dass Abteilung B die am Vortag fälligen Teile nicht geliefert hatte – und ohne diese Teile konnte Abteilung A die von ihr herzustellenden Teile nicht montieren. Als ich mir das Flussdiagramm von Abteilung B anschaute, stellte ich fest, dass sie ihr Produktionsziel am 5. und 6. März tatsächlich nicht erreicht hatte, was teilweise daran lag, dass einige Belegschaftsmitglieder krankgeschrieben waren. Als ich fragte, aus welchem Grund das geschehen sei und welche Versuche gemacht worden seien, um die fehlenden Arbeitskräfte zu ersetzen, fand ich heraus, dass die Krankenscheine gefälscht waren: Der Abteilungsleiter hatte sich damit einverstanden erklärt, weil es in der Abteilung nichts zum Arbeiten gab; obwohl sie mit ihrem Plan im Rückstand lag, konnte sie die zwei fehlenden Tage nicht aufholen, weil die Schrauben, die eine Fabrik in Braşov hätte liefern sollen, nicht angekommen waren.

Nach und nach fand ich heraus, dass fast ohne Ausnahme jede Verzögerung oder Unterbrechung auf eine ausbleibende externe Materiallieferung zurückzuführen war. Alle Zickzacklinien in den Flussdiagrammen ließen sich im Allgemeinen auf diesen Grund zurückführen. Die Belegschaftsmitglieder, einschließlich des Werkleiters, waren sich dieser Tatsache entweder gar nicht oder nur vage bewusst, denn das Phänomen wurde durch die Komplexität des Produktionsprozesses verschleiert.

Die Firma Electronica verarbeitete immerhin ungefähr zehntausend verschiedene Teile. Die wichtigsten dieser Teile wurden von der Fabrik selbst hergestellt; wenn also solche Teile fehlten und die Produktion in Rückstand geriet, dann machte jeder diejenige Abteilung verantwortlich, die diese Teile herstellte. In Wirklichkeit verhielt es sich jedoch so, dass sich die Produktion eines von dieser Abteilung herzustellenden Teils deswegen verzögerte, weil eine andere Abteilung von Electronica ein anderes Teil nicht rechtzeitig geliefert hatte. Als ich diese Vorgänge eingehender untersuchte, stellte ich jedoch zwangsläufig fest, dass die Verzögerungen auf ungefähr sechzig wesentliche Teile zurückzuführen waren, die in anderen Fabriken hergestellt wurden und systematisch nicht rechtzeitig eintrafen.

Zwei Faktoren halfen mir zu diagnostizieren, woran es lag. Erstens veranlasste mich mein Interesse an der Input-Output-Analyse, nicht beim ersten Schritt Halt zu machen, wenn ein Input-Posten von einer Abteilung aus irgendeinem Grund nicht rechtzeitig an eine andere Abteilung geliefert wurde; stattdessen verfolgte ich die ganze Produktionskette von Anfang bis Ende. Zweitens kannte ich die fundamentale Unzulänglichkeit der sozialistischen Wirtschaft: Es handelte sich um eine Mangelwirtschaft, in welcher der Markt – wenn man den hier unzutreffenden Begriff überhaupt verwenden kann – aufgrund der Knappheit des Angebots nie ein Markt der Käufer war, sondern immer nur ein Markt der Verkäufer.

Ich zog meine Schlussfolgerung, nachdem ich ungefähr zehn Tage in der Fabrik verbracht hatte, und verwendete den Rest meiner Zeit, um die Überlegungen zu dokumentieren. Ich betrachtete die signifikantesten Produktionsrückgänge oder Produktionsunterbrechungen der letzten neun Monate und führte sie auf Lieferverzögerungen in Bezug auf Material oder Teile zurück, die von Fremdlieferanten hätten bereitgestellt werden müssen. Ich sprach mit dem Betriebsleiter und zeigte ihm das Ergebnis meiner Analyse. Seine Reaktion war, dass das zwar alles gut und schön sei, er aber nichts daran ändern könne – das Problem liege außerhalb seiner Reichweite. Ich fragte ihn, ob er irgendein Alarmsystem habe, das ihn warnt, wenn eine Lieferung nicht rechtzeitig ankommt. Er sagte, dass es kein solches System geben könne, da die Lieferungen nie pünktlich ankommen würden. Es berührte ihn nicht, als ich ihm sagte, dass sein Problem nicht einzigartig sei, dass aber andere Fabriken dennoch ihre Produktionsziele erreichten. „Vielleicht hängen andere Werke nicht in dem Maße von Fremdlieferanten ab", entgegnete er.

Da der Betriebsleiter insgesamt einen positiven Eindruck auf mich machte, wollte ich ihn nicht gegen mich aufbringen. Ich sagte ihm, ich sei davon überzeugt, dass er seine Fabrik tausendmal besser kennt als ich mit meinem zweiwöchigen Aufenthalt; mein Ziel sei es aber, ihm die Überlegungen eines Außenseiters mitzuteilen, die ihn vielleicht veranlassen könnten, einige Aspekte der Situation aus einem anderen Blickwinkel zu sehen. Ich versicherte ihm, dass es nicht mein Ziel sei, Fehler zu finden, sondern ihm bei der Lösung seines Problems zu helfen. Mein Eindruck sei, dass das Werk sehr gut geführt wird und dass die Belegschaft – vom Betriebsleiter bis zum Fachpersonal – gut qualifiziert ist und die Lage beherrscht. Die Schwierigkeiten seien in der Lieferkette zu suchen, und der einzige Schwachpunkt der Betriebsleitung liege offenbar darin, dass sie mit diesem Problem nicht zurechtkommt.

Ich gab dem Betriebsleiter mehrere Empfehlungen. Zunächst schlug ich ihm vor, er solle darüber nachdenken, einen anderen Materialbeschaffer zu nehmen und den jetzigen Materialbeschaffer woanders einzusetzen. Der für die Materialbeschaffung gegenwärtig zuständige Ingenieur sei zwar ein kompetenter und sachkundiger Mann, der die Stelle bekommen hat, weil er die zu kaufenden Teile und Materialien sowie die einschlägigen Qualitätsanforderungen gründlich kennt. Jedoch müsse der Materialbeschaffer viel mehr sein als nur ein technischer Experte: Er müsse ein einfallsreicher, wendiger Mann und ein unbeugsamer Kämpfer sein. Er müsse wissen, wie man die Lieferanten umwirbt, wie man ihnen schmeichelt oder ihnen droht; und er müsse den Beschaffungsplan als seinen eigenen betrachten, für dessen Erfüllung er genau so verantwortlich ist wie ein Abteilungsleiter für seinen eigenen Produktionsplan. Der Materialbeschaffer müsste sowohl fähig als auch willens sein, die Verantwortung für die Ausführung des Beschaffungsplanes zu akzeptieren. Er müsste gut mit den anderen Industrievertretern auskommen und Kontakte zum Ministerium und zur Staatlichen Planungskommission pflegen, um diese gelegentlich um Hilfe bitten zu können, damit sie sich bei einem Lieferanten telefonisch einschalten. Es war sogar wünschenswert, dass der Materialbeschaffer seine Verbindungen nutzt, um Probleme eines Lieferanten zu lösen; als Gegenleistung hierfür stand eine prompte Materiallieferung in Aussicht. Mit anderen Worten sollten Lieferverträge nicht einfach in der Erwartung unterschrieben werden, dass sie ausgeführt würden. Im Gegenteil: Man musste erwarten, dass der Vertrag nicht fristgemäß erfüllt wird – es sei denn, man setzte sich entschieden dafür ein. Ich fragte den Betriebsleiter, ob er seine Hauptlieferanten persönlich kenne. Er verneinte das. Ich schlug ihm vor, zu ihnen persönliche Verbindungen aufzubauen und zu pflegen: Er solle sie besuchen und zu Besuchen einladen, damit er im Falle eines Lieferproblems zum Telefonhörer greifen kann, um nicht mit einem Fremden, sondern mit einem freundlichen Menschen zu sprechen. Ich fragte ihn, ob Electronica Fernseher und Radios für das Militär produziere. Natürlich bejahte er das (ich hatte es vermutet, da Electronica die einzige Fabrik ihrer Art im Land war). Ich schlug ihm dann vor, er solle sich mit dem Verteidigungsministerium in Verbindung setzen, das er vorwarnen könne, wenn eine Lieferverzögerung die fristgemäße Bereitstellung von Fernsehern und Radios für die Armee gefährdete. Auf diese Weise könnte sich der Mann vom Verteidigungsministerium telefonisch direkt an den Lieferanten wenden. Es war weithin bekannt, dass die Betriebsleiter auf Anrufe der Partei, der Securitate und des Verteidigungsministeriums allergisch reagierten: Beschwerden von irgendeiner dieser Institutionen konnten ohne weiteres das Gespenst der Sabotage heraufbeschwören. In meinem Brief an die Bezirksleitung, der meinem Bericht beilag, machte ich auch folgenden Vorschlag: Wenn die Erfüllung des Produktionsplans von Electronica eine so hohe Priorität hat, dann wäre die Einrichtung eines Überwachungssystem hilfreich, das im Falle bestimmter kritischer Lieferverzögerungen einen Telefonanruf an die Parteiorganisation des säumigen Lieferanten auslösen würde.

Der Direktor und die Betriebsleitung von Electronica bedankten sich sowohl für die Beurteilung, die ich ihnen in meinem Bericht gab, als auch für meinen Rat und meine Empfehlungen. Was die Stadtbezirksleitung angeht, versuchte ich, persönliche Kontakte mit ihnen zu vermeiden, und schaffte es, niemandem zu begegnen.

Mein Direktor Naftali sagte, dass sie anscheinend zufrieden waren. Auch er hatte meinen Bericht gelesen und war ebenfalls zufrieden damit. So konnte ich – zu meiner großen Erleichterung – nach Ablauf der drei Wochen wirklich zu meiner Arbeit zurückkehren.

* * *

Bald nachdem ich begonnen hatte, auf dem Gebiet der mathematischen Programmierung zu arbeiten, nahm ich Verbindung zu einigen Leuten auf, die im Zentraldirektorat für Statistik arbeiteten (im DCS, wie das rumänische Akronym der Einrichtung lautete). Meine Freunde im DCS waren Vladimir Trebici, ein früherer Kollege am Institut für Wirtschaftswissenschaften und jetzt Leiter für Demographische Studien am DCS, sowie Petre Năvodaru, der Anfang der sechziger Jahre Stellvertretender Leiter des DCS wurde. Năvodaru war während des Krieges als Kommunist aktiv; er war ein bekannter Ökonom und Statistiker, der Bruder von Luisa Năvodaru, mit der ich Ende der vierziger Jahre befreundet war. Das DCS organisierte verschiedene Arten von wissenschaftlichen Zusammenkünften, beginnend mit wöchentlichen Seminaren zu verschiedenen Themen der mathematischen Statistik, aber, zum Teil auf meine Initiative, zunehmend auch zu Themen der Operationsforschung und der mathematischen Programmierung; es fanden auch Konferenzen über verschiedene Themen statt, und bei diesen Anlässen stellte ich einige meiner Arbeiten vor, die ich im vorhergehenden Kapitel erwähnt habe. Die wissenschaftlichen Aktivitäten wurden von Octav Onicescu geleitet, dem berühmten Wahrscheinlichkeitstheoretiker und Mitglied der Rumänischen Akademie der Wissenschaften, der damals, mit mehr als siebzig Jahren, immer noch aktiv war und sich für neue Entwicklungen interessierte. Onicescu und sein früherer Student Gheorghe Mihoc, ein weiterer namhafter Wahrscheinlichkeitstheoretiker und Mitglied der Akademie, waren an meiner Arbeit interessiert und luden mich regelmäßig zu Vorträgen über meine Forschungsarbeit ins wöchentliche Seminar des DCS ein. Mihoc war der Direktor des „Zentrums für Mathematische Statistik" der Akademie, ein Forschungsinstitut, das sich kurze Zeit zuvor vom Institut für Mathematik abgetrennt hatte und als eine Art Schwesterinstitut des Letzteren betrachtet wurde. Somit hatte ich um 1963 zusätzlich zu meinen Verbindungen zum Institut für Mathematik ein zweite Reihe von Kontakten zur Gruppe der Wahrscheinlichkeitstheoretiker und Statistiker um Onicescu und Mihoc aufgenommen, die im Zentrum für Mathematische Statistik arbeiteten. Ich ließ beide Gruppen wissen, dass ich daran interessiert sei, mich als Forscher einem der beiden Institute anzuschließen.

Diese beiden Gruppen standen natürlich in Kontakt zueinander; insbesondere beriet sich Mihoc, der Direktor des Zentrums, regelmäßig mit Moisil zu Fragen des Ausbaus der Einrichtung zu einem Forschungsinstitut der Akademie. Nach der Veröffentlichung meiner ersten Arbeit in den *Comptes Rendus* entschieden Moisil und Mihoc zusammen, dass es an der Zeit sei, mich als Mitarbeiter in eines ihrer Institute aufzunehmen. Moisil überbrachte mir die Nachricht und ergänzte sie durch folgende Einzelheiten: Er persönlich hätte mich gerne ins Institut für Mathematik übernommen, aber sie hätten derzeit keine offene Stelle, auf der sie mir ein anständiges Gehalt zahlen könnten. Anderseits hatte das Zentrum für Mathematische

Statistik, das erst unlängst gegründet worden war und immer noch wuchs, Gelder und Forschungsstellen für eine neue Fachgruppe für mathematische Programmierung, und Mihoc beabsichtigte, mich zum Leiter dieser Fachgruppe zu ernennen, und zwar zu einem Gehalt, das mit dem meiner damaligen Arbeit vergleichbar war oder sogar noch etwas höher lag. Moisil riet mir, Mihocs Angebot anzunehmen, und fügte hinzu, dass man immer noch versuchen könne, mich später an das Institut für Mathematik zurückzuversetzen, falls es mir aus irgendeinem Grund am Zentrum nicht gefiele.

Ich nahm Mihocs Angebot an, verabschiedete mich von meinen Kollegen im Institut für Forstwirtschaft und siedelte im Frühjahr 1964 in das Zentrum für Mathematische Statistik der Akademie über. Naftali hatte Verständnis für meinen Arbeitswechsel und beglückwünschte mich zu meiner Ernennung. Am Zentrum herrschte immer noch die vom Institut für Mathematik übernommene Institutsordnung. Es war noch nicht genügend viel Zeit vergangen, dass sich die Institutsordnung verschlechtern konnte, wie es früher oder später geschehen sollte. Mihoc war alles andere als ein Kämpfer und konnte dem Parteidruck nicht widerstehen, der sich im Laufe der Zeit ständig verstärkte. Als ich im Zentrum begann, stellte man mir in meiner Abteilung für Mathematische Programmierung sofort zwei junge Mitarbeiter an die Seite, die beiden stärksten Mathematikabsolventen in diesem Jahr: Cristian Bergthaller und Mihail Dragomirescu. Beide waren sehr begabt, aber auf unterschiedliche Weise. Dragomirescu hatte eine sehr starke geometrische Intuition, die er bei jedem Problem einsetzte; er brauchte diese Intuition aber auch, um einen Beweis zu verstehen: War keine geometrische Interpretation verfügbar oder möglich, dann hatte er Schwierigkeiten, einer Beweisführung zu folgen. Andererseits dachte Bergthaller in rein algebraischen Kategorien und geometrische Interpretationen waren ihm gleichgültig – diese halfen ihm nicht, wenn er über ein Problem nachdachte. Dragomirescu interessierte sich bald für nichtlineare Programmierung und begann, in dieser Richtung zu arbeiten. Bergthallers Interessen lagen mehr auf der diskreten Seite, also auf dem Gebiet der ganzzahligen Programmierung. Bald nachdem er Mitglied unserer Gruppe geworden war, veröffentlichte er eine erste Arbeit. Später, nachdem ich ausgewandert war und an der Carnegie Mellon University arbeitete, besuchte er mich für ein Semester, und wir schrieben eine gemeinsame Arbeit unter dem Titel „Benders's Method Revisited".

Im Jahr 1965 wurde Dragomirescu beschuldigt, homosexuell zu sein, und die Stadtbezirksleitung der Partei übte einigen Druck aus, ihn zu entlassen. Der Druck war jedoch nicht übermäßig, und als ich mit dem Leiter unserer Abteilung sprach und argumentierte, dass wir dem Druck widerstehen müssten, war er einverstanden. Obwohl man Dragomirescu nicht entließ, belastete ihn die Anschuldigung, und er wurde depressiv. Als ich versuchte, das Thema anzuschneiden, um seine Gefühle der Demütigung und Isolierung zu zerstreuen, sagte er, dass die Beschuldigungen falsch seien – eine einzige homosexuelle Begegnung, die er in seiner Jugend hatte, werde jetzt hervorgekramt und übertrieben dargestellt. Ich wusste vom Abteilungsleiter, dass die Situation eine ganz andere war, wollte mich aber nicht in Dragomirescus Privatsphäre einmischen und die Details seines Falles diskutieren. Stattdessen sagte ich ihm, dass ich nicht wisse, was wahr ist und was nicht, und dass ich auch gar nicht daran interessiert sei, es herauszufinden, sondern die ganze Sache für seine Privatangelegenheit halte. Ich wisse nur – sagte ich ihm –, dass er selbst dann, wenn er homosexuell sei, keinen Grund hätte, sich zu schämen oder deprimiert zu sein, denn diese Neigung sei ja nicht von ihm ausgesucht worden; vielmehr handele es sich um etwas Naturgegebenes, über das er keine Kontrolle habe. Anstatt deprimiert zu sein, solle er der Situation erhobenen Hauptes entgegentreten und mit sich selbst ins Reine kommen. „Jeder Mensch trägt sein Kreuz und das Leben geht weiter", sagte ich, „es gibt keinen Grund, sich dafür zu schämen. Mehrere Monate später, als er seine Depression überwunden zu haben schien, sagte er mir: „Sie ahnen ja gar nicht, wie viel mir dieses Gespräch bedeutet hat."

Die Zeit, die ich am Zentrum für Mathematische Statistik verbrachte, war beruflich erfolgreich. Ich schrieb mit Mihoc eine gemeinsame Arbeit, die 1965 unter dem Titel *The Problem of Optimal Timetables* erschien. Im Jahr 1963 hatte ich auf der Grundlage des als Aggregation bezeichneten Verfahrens eine schnelle iterative Methode für sehr große Transportprobleme entwickelt, die im Januar 1965 in *Operations Research* veröffentlicht wurde. Zusammen mit V. Sachelarescu publizierte ich 1964 auf Rumänisch eine Arbeit über die Anwendung der Mathematischen Programmierung auf die Arbeitsweise eines Sägewerks. Irgendwann begann ich, mich für Dekompositionstheorie zu interessieren. Hierbei handelt es sich um ein Verfahren zur Lösung großer linearer Programme, die eine gewisse Struktur haben: Man zerlegt die großen Programme in kleinere. Im Herbst 1964 entwickelte ich zwei Versionen einer neuen Dekompositionsmethode und schickte zwei Mitteilungen hierüber an Fortet in Paris, der sie Anfang 1965 im *Comptes Rendus* veröffentlichen ließ. Ich reichte eine längere und detailliertere englische Version zum *First World Congress of Econometrics* ein, der im September 1965 in Rom stattfand. Natürlich bekam ich keine Erlaubnis, am Kongress teilzunehmen, da ich keinen Reisepass für Auslandsreisen erhielt. Ich sorgte dafür, dass Kopien der vollständigen englischen Version auf dem Ökonometrie-Kongress verteilt wurden und reichte die Arbeit zur Veröffentlichung in *Operations Research* ein, wo sie ein Jahr später erschien. Außerdem arbeitete ich im Winter 1964–1965 eine neue Methode zur Lösung verallgemeinerter Transportprobleme aus. Diese Methode ist eine Verallgemeinerung von Ideen einer Veröffentlichung, die ich gemeinsam mit Laci Hammer über das parametrische Transportproblem verfasst hatte. Ich reichte meine Arbeit bei *Management Science* ein, wo sie Anfang 1966 erschien. Und schließlich entwickelte ich im Herbst 1965 eine neue Version meines additiven Algorithmus für die 0-1 Programmierung, wobei die lineare Programmierstruktur explizit verwendet wurde; ich verallgemeinerte die Methode auf den gemischten Fall, bei dem nur ein Teil der Variablen ganzzahlig sein muss. Ich schickte zwei Mitteilungen hierüber an Fortet, der sie Anfang 1966 publizieren ließ, und reichte die vollständige englische Version bei *Operations Research* ein, wo sie 1967 erschien.

Meine Forschungsstelle am Zentrum für Mathematische Statistik ermöglichte es mir, auch als Berater tätig zu sein, und wenn sich für mich interessante Gelegenheiten ergaben, neue Probleme kennenzulernen, dann verfolgte ich sie weiter. Auf diese Weise wurde ich Berater des Forschungsinstitutes für die Bauindustrie (INCERC), wo ich half, ein Verfahren zur Lösung kritischer Wegeprobleme in sogenannten PERT-Netzplänen zu entwickeln. Ich arbeitete auch einige Zeit als Berater des Energieforschungsinstitutes an einer Studie über „Mathematische Modelle zur Optimierung des Entwicklungsplanes für die Industrie der elektrischen Stromerzeugung".

Da ich etwas zusätzliches Geld verdiente, beschlossen wir im Herbst 1964, ein Auto zu kaufen. Das war ein großes Vorhaben, denn die Wartezeit dauerte ziemlich lange und die Kosten für ein Auto beliefen sich auf ungefähr drei Jahresgehälter. Es war hauptsächlich Ediths Wunsch; ich war nicht sehr begeistert von der Idee – nicht, dass ich nicht gerne ein Auto gehabt hätte, aber ich wollte alle unsere Bemühungen darauf konzentrieren, Rumänien zu verlassen. Außerdem waren wir trotz meines etwas höheren Gehalts weit davon entfernt, die erforderlichen Ersparnisse für ein Auto zu haben, und Kreditkäufe waren damals in Rumänien unbekannt. Edith verkaufte einen Perserteppich und ihren Pelzmantel; ihre Eltern steuerten fast die Hälfte des Betrages bei, den wir brauchten. Wir meldeten uns im Herbst für das Auto an und kamen Ende Januar 1965 an die Reihe. Im Februar hatten wir das Auto, einen FIAT 1100, der uns bald viel Freude machte. Wir unternahmen Wochenendausflüge in die Berge – nach Sinaia, Predeal und Brașov, aber auch Kurzausflüge an den Snagov-See und in die Stadt. Der Erwerb eines Autos bedeutete einen großen Sprung in unserem Lebensstandard.

An einem Tag im August 1964 wurde Sanyi Jakab im Rahmen einer Generalamnestie aus dem Gefängnis entlassen. Er kam zu uns nach Hause und blieb einige Monate bei uns. Er war nach zwölfeinhalb Jahren Gefangenschaft kaum mehr zu erkennen – und was für eine Gefangenschaft das war! Mit Ausnahme der letzten sechs Monate saß er in Einzelhaft, hatte nichts zum Lesen und Schreiben und war buchstäblich von der Außenwelt abgeschnitten. Zwölf Jahre Einzelhaft! Er war ungefähr fünf Zentimeter kleiner als zur Zeit seiner Verhaftung und hatte alle seine Zähne verloren; seine Haut hatte grünliche Farbe und er war überhaupt in einer schrecklichen körperlichen Verfassung. Auch seine geistige Frische und seine geistigen Fähigkeiten insgesamt schienen stark gelitten zu haben, aber wenigstens war er nicht wahnsinnig geworden, wie so viele andere in seiner Situation.

Er erzählte mir einiges über seine Verhöre zwischen März 1952, als er verhaftet worden war, und Oktober 1954, als der Prozess gegen seine Gruppe stattfand und er zu zwanzig Jahren Haft verurteilt wurde. Er wurde wochenlang Tag und Nacht verhört, ohne Schlaf, und brutal geschlagen, bis er in Ohnmacht fiel. Als er wieder zu sich kam, gingen die Prügel weiter. Sanyi war nach Luca der wichtigste Mann der sogenannten Luca-Gruppe; der für diese Gruppe zuständige Securitate-Offizier war kein anderer als Ferenc Butyka, ein früherer Parteifunktionär der Regionalleitung von Cluj in den Jahren 1946–1947 und jetzt Oberst der Securitate. Sowohl Sanyi als auch ich kannten Butyka gut, und Sanyi erzählte, dass es eine zusätzliche Folter für ihn gewesen sei, wenn Butyka die Prügel persönlich leitete, was häufig vorkam. Er sagte mir, dass er nach einer Weile die Schläge nicht mehr ertragen konnte und alles unterschrieb, was der Vernehmungsoffizier hören wollte. Beim nächsten Verhör habe er jedoch sein Geständnis widerrufen. Aber es reichte nicht, Geständnisse zu unterschreiben. Er wurde gezwungen, Straftaten zu erfinden, die er angeblich selbst begangen hatte; bei einer Gelegenheit erfand er eine Spionagegeschichte. Sein einziges Bestreben dabei sei es gewesen – sagte er –, keine Freunde in die Sache hineinzuziehen und die Geschichte so zu gestalten, dass sie sich leicht als falsch nachweisen ließ. Aber am Schluss spielten diese erfundenen Straftaten keine Rolle – im Prozess ging es um seine Aktivitäten als Stellvertretender Finanzminister, die als Aufeinanderfolge von Sabotageakten geschildert wurden und die darauf abgezielt hätten, der Partei und dem Land zu schaden. Sanyi hatte schon damals eine sehr schlechte Meinung von Luca, der sich schnell dafür entschieden hatte, bei seiner eigenen politischen und menschlichen Zerstörung – und der seiner Mitarbeiter – vollständig mit der Securitate zusammenzuarbeiten. Unter anderem sagte Luca aus, er selbst sei ein Agent und Informant der Siguranţa gewesen sei, des alten rumänischen Sicherheitsapparates. Als eine Gegenüberstellung zwischen Luca und Sanyi wegen eines Sabotageaktes erfolgte, den Sanyi angeblich begangen hatte, aber leugnete, bekräftigte Luca die falschen Anschuldigungen. Luca rauchte die ganze Zeit Zigaretten, schien gut ernährt zu sein und zeigte keine Zeichen von Schlafentzug. Luca bekam im gleichen Prozess lebenslänglich, in dem Sanyi zu zwanzig Jahren Haft verurteilt wurde; als die beiden auf demselben Lastwagen ins Gefängnis gefahren wurden, murmelte Luca zu Sanyi: „Man hat mich verraten und belogen – man hatte mir etwas anderes versprochen."

Edith und ich taten, was wir konnten, um Sanyis Weg zurück ins normale Leben zu erleichtern. Wir versuchten, ihn zu unterhalten, brachten ihn mit Freunden zusammen und sprachen lange mit ihm, um ihn darüber zu informieren, was sich in der Welt in den letzten zwölfeinhalb Jahren ereignet hatte. Es war nicht leicht. Nach einiger Zeit wurde er medizinisch untersucht und man stellte fest, dass sein Herz und seine Lungen ohne Befund sind. Er bekam Medikamente gegen seine Magenbeschwerden und einige Monate später ließ er sich seine Zähne durch Implantate ersetzen. Ein mit uns befreundeter Zahnarzt, Ferkó Halász aus Arad, führte den Eingriff durch. Halász war der Einzige im Land, der mit dieser neuen Technologie vertraut war. Für den Eingriff berechnete er Sanyi nichts. Bald nachdem Sanyi freigelassen worden war, begann er, eine Arbeitsstelle zu suchen und fand eine als Wirtschaftsplaner in einem mittelgroßen staatlichen Unternehmen in Bukarest. Er zog in eine eigene kleine Wohnung, kam aber auch weiterhin oft zu uns zu Besuch. Seine Frau Magda, die jahrelang Patientin der psychiatrischen Klinik in Cluj gewesen ist, wurde 1960 von ihrer Schwester nach Frankreich geholt und von dort nach Israel gebracht, wo sie unter ständiger medizinischer Aufsicht stand, manchmal in einer psychiatrischen Einrichtung und manchmal in privater Pflege. Viel später, in den siebziger Jahren, hatte Sanyi die Gelegenheit, nach Israel zu reisen und sie zu besuchen, aber Magda erkannte ihn nicht.

Meine Tochter Anna war sehr berührt und schockiert durch das, was Sanyi zugestoßen war. Sie war damals vierzehn Jahre alt und noch nicht mit den Schattenseiten unseres politischen Lebens konfrontiert worden. Sie wusste sehr wenig über die Umstände meiner Verhaftung und über meinen Ausschluss aus der Partei – da war sie ja noch ein kleines Kind. Auch kannte sie damals keine Einzelheiten von Sanyis Horrorgeschichte. Aber sie hat mitbekommen, dass er viele Jahre im Gefängnis saß, obwohl er ein guter Freund von mir war und deswegen offensichtlich kein „schlechter Mensch" sein konnte. Anna hatte um etwa dieselbe Zeit oder ein Jahr später einige weitere negative politische Erfahrungen. Die Pionierorganisation (also die Kommunistische Jugendorganisation) in ihrer Schule musste die Gruppenleiter der Klassen wählen, und die überwiegende Mehrheit von Annas Klasse wählte einen Jungen, der zwar ein sehr guter Schüler war, aber nicht den Vorstellungen des Klassenlehrers entsprach. Der Lehrer wollte, dass der Sohn eines Parteifunktionärs gewählt wird. Aber die Klasse blieb bei ihrem ursprünglichen Kandidaten und wählte ihn mit einer riesigen Mehrheit. Daraufhin erklärte der Lehrer die Abstimmung aus irgendeinem lächerlichen Grund für ungültig, verschob die Wahl auf unbestimmte Zeit und ernannte den Sohn des hohen Tiers zum zeitweiligen Gruppenratsvorsitzenden der Klasse. Anna war außer sich vor Empörung.

Anfang 1965 erfuhr ich, dass einige Leute über Jugoslawien in den Westen geflüchtet waren. Die Leute reisten zum Urlaub nach Jugoslawien und nutzten dort die ziemlich laxen Grenzkontrollen, um sich nach Italien abzusetzen. Ein solches Unternehmen war nicht ohne Risiken: Neben den erfolgreichen Fällen hat es auch solche gegeben, in denen die jugoslawischen Wachen an der italienischen Grenze diejenigen Personen zurückschickten, die kein entsprechendes Visum besaßen. Ich besprach mit Edith das Für und Wider eines solchen Unterfangens, und wir beschlossen, einen Reisepass für einen Familienurlaub an der dalmatinischen Küste zu beantragen. In Jugoslawien würden wir dann aufgrund unserer vor Ort gesammelten Informationen entscheiden, ob wir einen Grenzübertritt nach Italien versuchen sollten. Im März gingen wir noch einmal zur Passbehörde in der Straße mit dem ausgefallenen Namen („Garten mit Pferden") und beantragten einen Reisepass für einen dreiwöchigen Urlaub in Jugoslawien.

Ungefähr zwei Monate lang geschah überhaupt nichts, dann wurde ich irgendwann im Mai zur gleichen Passbehörde zitiert – vermutlich wollten sie auf unseren Antrag antworten. Ich erschien zum angegebenen Termin, und nach kurzer Wartezeit begleiteten mich zwei Zivilisten vom Wartezimmer in ein Büro. Sie ließen mich an einem Tisch Platz nehmen, schlossen das Fenster sorgfältig und setzten sich – mir gegenüber in einigem Abstand – an einen anderen Tisch. Als ich sie ansah, überkam mich das Gefühl, dass sie keine Beamten oder Angestellten der Passbehörde, sondern Securitate-Leute waren. Sie hatten etwas unangenehm Vertrautes an sich, und als sie das Fenster schlossen, schien diese Geste meinen Verdacht zu bestätigen: Wenn unser Gespräch auf Tonband aufgezeichnet werden sollte, dann mussten externe Lärmquellen eliminiert werden.

Der ältere der beiden Männer fragte mich, warum ich einen Reisepass nach Jugoslawien beantragt habe. „Aus dem in meinem Antrag genannten Grund", sagte ich, „um mit meiner Familie Urlaub an der dalmatinischen Küste zu machen". Ob ich denn nicht wisse – lautete die Antwort –, dass auch Rumänien eine herrliche Meeresküste hat, und ob das für mich nicht genug sei. Die Adria sei anders als das Schwarze Meer, entgegnete ich, und wir hätten die Absicht, unseren Horizont zu erweitern. An dieser Stelle sagte der Mann, dass er und sein Kollege von der Securitate seien und dass sie wüssten, dass ich und meine Frau vor einigen Jahren einen Auswanderungsantrag gestellt haben. Deshalb hätten sie den dringenden Verdacht, wir würden nach Jugoslawien reisen wollen, um von dort in den Westen zu flüchten. Aber was auch immer meine Absichten seien – fuhr er fort –, habe ihn die Naivität doch etwas überrascht, mit der ich einen Reisepass für Jugoslawien beantragt habe – ob ich denn nicht wisse, dass man nach einem Auswanderungsantrag keinen Antrag auf eine solche Kurzreise stellen darf? Ob ich denn darin keinen Widerspruch sähe? Ich antwortete, dass ich keinen Widerspruch erkennen könne: Zwar hätten wir drei Jahre zuvor tatsächlich einen Antrag auf Auswanderung gestellt, aber diesem Antrag sei nicht stattgegeben worden, und wir hätten unser normales Leben weiterführen müssen. Ein Urlaub sei Teil des normalen Lebens – argumentierte ich weiter –, und da es nun möglich geworden sei, die Adriaküste zu besuchen, könne ich keinen Grund erkennen, warum wir diese Gelegenheit nicht nutzen sollten. Und schließlich, was die Erwähnung meiner eventuellen Absichten angeht, sei mir ein illegaler Grenzübertritt nicht in den Sinn gekommen, und es gäbe auch keinerlei Anhaltspunkte, die eine solche Verdächtigung rechtfertigten.

Der Mann teilte mir hierauf mit, dass es meine Sache sei, das Verfahren gerecht zu finden oder nicht, aber so seien nun mal die Regeln: Wenn man die Auswanderung beantragt hat, kann man keinen Pass für eine Touristenreise bekommen. Dies sei die allgemeine Regel, fügte er hinzu, aber es gäbe Ausnahmen. Wenn ich wirklich den dringenden Wunsch hätte, Jugoslawien zu besuchen – *aus welchen Gründen auch immer* (er betonte diesen letzten Teil) –, dann wäre das durchaus nicht unmöglich: sie könnten mir dabei helfen. Sie seien in einer Position, eine solche Reise für mich zu arrangieren. Aber sie würden um eine Gegenleistung bitten. Zwar hätte ich den Wunsch nach Auswanderung geäußert und halte vielleicht noch immer daran fest. Aber möglicherweise hätte ich ja die Loyalität gegenüber dem Land, in dem ich geboren wurde und aufgewachsen bin, nicht vollständig über Bord geworfen, und kenne noch immer meine staatsbürgerlichen Pflichten. Wenn das wirklich so ist – fuhr er fort – und wenn ich bereit sei, ihnen als guter Staatsbürger zu helfen, dann könnten wir ins Geschäft kommen.

Ich dachte einen Moment lang nach und sagte dann: „Ja, vielleicht haben Sie Recht. Möglicherweise könnte ich Ihnen helfen. In den vergangenen Jahren habe ich Lösungsmethoden für Optimierungsprobleme entwickelt, die in jedem Bereich menschlicher Aktivität auftreten. Ich bin mir sicher, dass es auch bei Ihnen Planungsprobleme, Transportprobleme oder andere Optimierungsprobleme gibt. Ich helfe Ihnen gerne, Probleme dieser Art zu formulieren und zu lösen."

Einen Augenblick lang war es still und dann sagte der Mann: „Also das ist es eigentlich nicht, was wir mit Hilfe meinten."

„Es ist vielleicht nicht genau das, was Sie meinten," sagte ich, „aber das ist mein Fachgebiet, mein Beruf. Damit könnte ich für Sie nützlich sein."

„Wir möchten eine andere Art Hilfe von Ihnen", fuhr er fort. „Sie sind ein intelligenter Mann mit einer Menge Erfahrung. Wir wollen, dass Sie uns helfen, Feinde unseres Systems zu finden, Feinde unseres Volkes. Sie müssen keinen offenen Kontakt zu uns unterhalten. Sie erhalten eine Telefonnummer, die Sie anrufen, wenn Sie irgendetwas zu berichten haben; niemand wird etwas davon erfahren."

Ich versuchte, schnell zu denken. Diese beiden hatten mich in der Absicht hierher gerufen, mich als Informant für die Securitate zu rekrutieren. Sollte das etwa alles gewesen sein? Ich glaube nicht. Sie kannten meine Vergangenheit. Sie wussten, dass ich die wohl unwahrscheinlichste Person war, die ein Informant werden würde.

Warum also fragten sie mich? Weil die Bestechung, die sie mir anboten, enorm war;
sie sagten mir nämlich (nicht mit so vielen Worten, aber das war die Botschaft):
„Wenn du bereit bist, für uns zu arbeiten, dann helfen wir dir, einen Reisepass nach
Jugoslawien zu bekommen. Dort kannst du in den Westen flüchten. Du wirst tadellose politische Empfehlungen haben und du arbeitest für uns. Verstanden?" Ich hatte
verstanden.

Für einen Moment versuchte ich, die Folgen zu durchdenken, wenn ich das Angebot akzeptiert hätte. Wir würden nach Jugoslawien reisen und sobald wir die
Grenze nach Italien überschritten hätten, würde ich mich mit der US-Botschaft in
Verbindung setzen und sagen, dass ich geflüchtet bin, nachdem ich mich bereit erklärt hatte, für die Securitate zu arbeiten – ohne aber jemals die Absicht zu haben,
mich an diese Bereitschaftserklärung zu halten. Hierfür hat es in der Vergangenheit Präzedenzfälle gegeben. Andererseits konnte ich nicht glauben, dass mir die
Securitate erlauben würde, das Land auf der Grundlage des bloßen Versprechens zu
verlassen, für sie zu arbeiten. Sie sind vermutlich auf eine handfestere Verpflichtung
meinerseits aus, die aller Wahrscheinlichkeit nach für mich ungenießbar wäre. Also
sagte ich „Ihnen helfen, Volksfeinde zu entdecken? Aber dafür brauchen Sie mir
doch keine Gegenleistung zu geben. Ich kenne meine staatsbürgerlichen Pflichten
sehr gut: Seien Sie versichert, dass ich, sobald ich einem Feind begegne, die Behörden auch ohne irgendeine Sonderregelung alarmieren werde." Jetzt änderte der
Mann seinen Ton und fragte auf geschäftsmäßige Weise, ob ich eine gewisse Person
kenne – für den Betreffenden verwende ich hier das Pseudonym Landman (weiter
unten begründe ich, warum ich ihn nicht beim Namen nenne). Ja, antwortete ich,
er ist seit mehr als zehn Jahren ein Freund von mir, und ich kenne ihn ziemlich
gut. Was ich über Landman denke, fragte der Mann, und ob ich ihn beschreiben
und charakterisieren könne? Sicher, sagte ich, und schilderte Landmans fachlichen
Qualifikationen, seine Fähigkeiten – alles Dinge, von denen ich wusste, dass man
sie auch in seinem Lebenslauf finden könnte; ich fügte noch ein paar Worte über
seine Arbeitsgewohnheiten, Zuverlässigkeit und Ernsthaftigkeit hinzu. Ob ich mir
vorstellen könne, dass Landman reaktionäre Witze erzählt – fragte der Mann –, oder
dass er feindliche Bemerkungen über unsere Partei und über unser System macht?
Ich dachte einen Moment nach, lachte dann laut und sagte „Das ist ja wirklich eine
Überraschung. Ich dachte, dass Sie Löwen und Tiger jagen, aber keine Kaninchen."

„Wie meinen Sie das?" fragte der Mann.

„Ich dachte, Sie hätten die Absicht, Spione und Volksfeinde einzufangen, nicht
aber gelegentliche Schwätzer, die sich vor ihrem eigenen Schatten fürchten, wenn
sie ihn sehen." Ich hätte keine Ahnung, erklärte ich, ob Landman jemals einen re-
aktionären Witz erzählt hat – mir hat er jedenfalls keinen erzählt. Aber ich könne
mich für die Tatsache verbürgen, dass Landman kein gefährlicher Mann sei. „Er ist
ein Mann mit vielen Qualitäten", sagte ich, „aufrichtig, arbeitsam und tüchtig. Mut
oder Kühnheit gehören jedoch nicht zu den Eigenschaften, mit denen ihn die Natur
ausgestattet hat, und deswegen kann er nie zu einer Gefahr für das System werden.
Ich kann Ihnen nur dazu raten, nicht Ihre Zeit mit ihm zu vergeuden. Sollten Sie
aber über die Witze besorgt sein, die er erzählen könnte, dann müssen Sie ihm nur
eine ganz leichte Warnung geben, und ich garantiere Ihnen, dass er in den nächsten

fünf Jahren keinen einzigen Witz mehr erzählen wird, nicht einmal mitten in der Nacht unter seinem Kopfkissen." Das Bild, das ich von Landman zeichnete, war nicht ganz korrekt, zumindest war es deutlich übertrieben, aber ich wollte, dass die Securitate von ihm ablässt.

Als Nächstes fragte der Mann, ob ich Landman oft sähe und wann ich ihn das letzte Mal gesehen hätte? Ich sagte, dass ich ihn nicht regelmäßig sehe, aber ihm manchmal in einer Bibliothek begegnete oder ihn auf der Straße träfe. Bei solchen Gelegenheiten würden wir uns oft eine Weile unterhalten. Das letzte Mal muss ich ihm vor drei oder vier Monaten begegnet sein. Ob wir jemals miteinander telefoniert hätten, um ein Treffen zu verabreden? Ja, sagte ich, das sei vorgekommen, obwohl ich mich jetzt an keinen konkreten Fall erinnern könne. Ob ich bereit sei, Landman anzurufen und zu bitten, sich mit mir zu treffen? Sicher, sagte ich, warum nicht, wenn ich einen Grund dafür hätte; aber im Moment könne ich keinen solchen Grund erkennen. „Ich liefere Ihnen jetzt den Grund", sagte der Mann. „Wir möchten, dass Sie ihn an einer zwischen uns vereinbarten Stelle treffen, ihm einige Fragen stellen, die wir für Sie vorbereiten, und uns anschließend informieren, was er geantwortet hat". Das ist es also, sagte ich mir. Einige provokative Fragen und ich sollte über die Antworten berichten. Ich hätte keine Möglichkeit, die Securitate zu täuschen, da ich ja nicht wissen würde, ob der vereinbarte Treffpunkt – vielleicht eine besondere Parkbank – verwanzt ist; ebenso wenig würde ich wissen, ob Landman nicht seinerseits angeworben worden war, um über unser Gespräch zu berichten. Es wäre ein kleiner Schritt, der es mir leicht machen würde, die Schwelle zu überschreiten. Vielleicht wären die Fragen nicht mal besonders provozierend; vielleicht bestand der einzige Zweck der Übung gerade darin, dass ich ihnen einen ersten Schritt entgegenkommen sollte, so klein dieser Schritt auch sein mag. Der nächste Schritt würde sicher größer und auch schwerer abzulehnen sein. Dann wäre schließlich ein Präzedenzfall geschaffen worden: Ich hätte einen Auftrag der Securitate ausgeführt und über einen Freund berichtet, selbst wenn die im ersten Bericht enthaltenen Informationen völlig harmlos gewesen wären. Ein großes rotes Stoppschild erschien vor meinem inneren Auge.

„Nein", antwortete ich, „das kann ich nicht tun."

„Aber warum nicht?", fragte der Mann, „Sie kennen doch noch nicht einmal die Fragen, die Sie Landman stellen sollen; vielleicht sind es vollkommen belanglose Fragen. Warum sind Sie uns gegenüber so feindselig eingestellt? Sie haben doch gesagt, dass Sie bereit seien, uns zu helfen."

„Ich sage es immer noch und ich wiederhole es: Ich bin bereit, Ihnen auf die Weise zu helfen, in der ich es am effektivsten tun könnte, nämlich beim Modellieren von Optimierungsproblemen, die Sie möglicherweise haben, und beim Lösen dieser Probleme. Das ist mein Beruf, und das ist es, was ich tun kann. Die Sache, um die Sie mich bitten, ist etwas, auf das ich mich sehr schlecht verstehe. Das sollen andere tun, die sich dafür besser eignen. Eine solche Rolle liegt mir überhaupt nicht. Ich würde mich sofort verraten."

„Das soll nicht Ihre Sorge sein, überlassen Sie uns dieses Problem. Wir können Ihnen mit Ratschlägen helfen und Sie lehren, sich nicht zu verraten. Wir sind sehr erfahren und wissen, dass Sie schnell lernen."

Ich war mit meiner Geduld langsam am Ende: „Kann sein, aber vielleicht ist das etwas, was ich gar nicht lernen möchte."

„Warum nicht?"

Ich hätte gerne gesagt „Weil ich es abstoßend finde, weil ich Ihr System hasse, jeden auszuspionieren, und weil ich mich selbst hassen würde, wenn ich es täte." Aber es hätte keinen Sinn gehabt, meine Gesprächspartner noch mehr gegen mich aufzubringen, als ich es ohnehin schon getan hatte. Stattdessen sagte ich „Weil ich einen Beruf habe, den ich liebe und den ich nicht gegen etwas anderes eintauschen möchte. Was Sie mir vorschlagen, bedeutet, dass ich einen neuen Beruf erlernen soll, von dem ich absolut nichts verstehe. Nein, danke."

„Ist das Ihr letztes Wort?"

„Ja, es ist mein letztes Wort."

„Leider werden Sie in diesem Fall Ihre Urlaubspläne ändern müssen." Das war also das Ende unseres Urlaubs an der dalmatinischen Küste.

Meine erste Reaktion nach dieser Episode war der Drang, Landman zu warnen, dass die Securitate an ihm interessiert sei. Aber als ich über alles nochmals nachdachte, kam ich zu dem Schluss, dass das arrangierte Treffen mit Landman sehr wahrscheinlich ausschließlich dem Zweck gedient hätte, die Aufrichtigkeit meines Engagements auf die Probe zu stellen; das wiederum hätte bedeutet, dass Landman der Securitate über unser Gespräch berichten würde. Der Grund, warum das wahrscheinlich schien, bestand darin, dass ich keine andere Erklärung dafür finden konnte, warum die Securitate mich – der in ihren Augen ein viel größerer Fisch gewesen sein musste als Landman – dazu benutzen wollte, diese arme Seele in einem erbärmlichen Versuch zu verführen, etwas Dummes zu sagen. Das beabsichtigte Gespräch mit Landman ergab nur dann einen Sinn, wenn man es als Möglichkeit betrachtete, meine eigene Zuverlässigkeit zu testen und nicht die Zuverlässigkeit Landmans; hieraus aber würde folgen, dass Landman über das Treffen hätte berichten müssen. Da ich mir nicht sicher war, ob Landman für die Securitate arbeitete oder nicht – und da es viele aufrichtige, aber eingeschüchterte Menschen gab, die es taten – widerstand ich der Versuchung, ihn zu warnen. Bis zum heutigen Tage bin ich mir nicht sicher, wie es sich tatsächlich verhielt, und deswegen habe ich das Pseudonym Landman anstelle seines wirklichen Namens verwendet. Damit möchte ich vermeiden, ihn mit meinem vielleicht ungerechtfertigten Verdacht zu beleidigen.

Exodus

16

Im März 1965 starb Gheorghiu-Dej. Der neue Parteichef Nicolae Ceaușescu war sein Schüler im Doftana, dem Gefängnis, in dem sie während der Kriegsjahre eingesperrt waren. Ceaușescu war – gelinde gesagt – eine weniger eindrucksvolle Gestalt als Gheorghiu-Dej, weniger intelligent, aber ebenso schlau und vielleicht noch ehrgeiziger. Es gab keinen Grund, irgendeine Verbesserung der allgemeinen Situation zu erwarten – abgesehen von dem nicht zu unterschätzenden Umstand, dass man in einer sehr schlechten Lage immer hofft, die Dinge könnten sich nur zum Besseren wenden. Jedenfalls beschlossen Edith und ich kurz nach diesem Ereignis, unsere Auswanderungsversuche zu intensivieren. Nachdem unser Plan gescheitert war, einen Urlaub an der dalmatinischen Küste zu verbringen, beschlossen wir, unseren formellen Antrag auf Auswanderung zu wiederholen. Im Oktober 1965 gingen Edith und ich erneut zur Passbehörde, standen dort am frühen Morgen mehrere Stunden in der Warteschlange und füllten schließlich unsere Antragsformulare aus. Dieses Mal erzählte ich mehreren meiner Freunde, dass ich die Auswanderung beantragt habe – ich rechnete damit, dass sich die Sache herumsprechen würde und wollte nicht, dass meine Freunde es von anderen Leuten hören. Die meisten derjenigen, die meine Vorgeschichte, meine Beteiligung an der illegalen kommunistischen Bewegung, meine Funktionen als Diplomat in London und als Direktor im Außenministerium kannten, hielten mich für verrückt oder naiv, daran zu glauben, dass man mir die Auswanderung genehmigen würde. Ich erinnere mich an die Reaktion meines Freundes Petre Năvodaru, des stellvertretenden Leiters des Zentraldirektorats für Statistik. Er zitierte den berühmten Ausspruch, der Talleyrand zugeschrieben wird, dem französischen Diplomaten des 18./19. Jahrhunderts: *„C'est pire qu'un crime, c'est une faute!"* („Das ist schlimmer als ein Verbrechen, das ist ein Fehler!"). Als ich fragte, warum, sagte er „Weil es aussichtslos ist. Mit deiner Vergangenheit hast du keine Chance zu emigrieren."

Ende Dezember, zwei Monate, nachdem wir unseren Antrag eingereicht hatten, informierte die Passbehörde die Akademie über meinen Auswanderungsantrag, und ich wurde sofort aus meiner Stelle am Zentrum für Mathematische Statistik entlassen. Ich hatte die Ehre, dass Ilie Murgulescu, der Präsident der Rumänischen

E. Balas, *Der Wille zur Freiheit*, DOI 10.1007/978-3-642-23921-2_16,
© Springer-Verlag Berlin Heidelberg 2012

Akademie der Wissenschaften, meinen Entlassungsbrief eigenhändig unterschrieben hat. Ich erhielt den Brief am 30. oder 31. Dezember und sagte Edith, dass wir ein nettes Neujahrsgeschenk bekommen hätten. Die Nachricht, dass ich entlassen und nicht auf einen niedrigeren Posten versetzt worden bin, rief unter Mathematikern – und anderen Leuten in etwas größeren Kreisen – einige Bestürzung hervor. Vollbeschäftigung und die angebliche Abwesenheit von Arbeitslosigkeit waren eine der am höchsten geschätzten „Errungenschaften" des Systems, wodurch es seine Überlegenheit über den Kapitalismus bewies. Es galt als Skandal, wenn jemand keine Arbeit hatte. Mihoc, der Direktor des Zentrums, entschuldigte sich vielmals und versicherte mir, dass er nichts mit der Entscheidung zu tun habe: Die Entscheidung sei an höherer Stelle gefällt worden und er hätte nichts dagegen tun können. Offensichtlich sagte er die Wahrheit.

Ich erinnere mich an ein Gespräch aus dieser Zeit, dessen seltsamer Widerhall mir im späteren Leben mehrfach in den Ohren klang. Es war ein Gespräch mit Frau Bălescu, einer Dame Ende vierzig, die normalerweise meine mathematischen Arbeiten tippte. Sie war intelligent, sehr gebildet und interessierte sich für das Leben ihrer Kunden: Sie fragte, wie die Arbeiten aufgenommen worden seien, wie es den Familien ginge und so weiter, und sie erzählte auch von ihrem eigenen Leben, zum Beispiel vom Urlaub, von einem guten Film oder Bühnenstück. Sie stellte mir viele Fragen darüber, wie ich zur Mathematik gekommen sei und welche Methode ich angewandt hätte, um Mathematik zu lernen. Natürlich erzählte ich ihr, dass ich rausgeschmissen worden bin; sie war deswegen ziemlich mitgenommen. Die Tatsache, dass ich mit meiner Familie einen Auswanderungsantrag gestellt hatte, war neu für sie, und ich erzählte ihr offen, dass wir bereits einige Jahre zuvor einen Antrag gestellt hätten und dass unser jetziger Antrag ein neuer Versuch gewesen sei. Sie bemerkte, wie merkwürdig es sei, dass Juden, die früher traditionell diskriminiert worden sind, jetzt ein enormes Privileg gegenüber Nichtjuden hätten, weil sie einen Auswanderungsantrag stellen könnten.

Danach sagte sie „Herr Balas, ich verstehe, wie schlecht und frustriert Sie sich fühlen müssen, weil Ihre Auswanderungsversuche bereits seit so langer Zeit erfolglos geblieben sind. Aber ich möchte Ihnen etwas Nachdenkenswertes sagen. Das Leben ist so kompliziert und bringt so viele unvorhergesehene Drehungen und Wendungen mit sich, dass man kaum vorhersagen kann, ob sich ein Ereignis auf lange Sicht als gut oder schlecht erweisen wird. Ich hatte eine sehr gute Freundin, die nach dem Krieg mit ihrem Mann nach Kanada auswandern wollte. Es gelang ihnen zunächst nicht und meine Freundin war ziemlich verbittert. Einige Jahre später erhielten sie die Auswanderungsgenehmigung und meine Freundin war sehr glücklich. Nachdem sie und ihr Mann Rumänien verlassen hatten, schrieben wir uns gelegentlich. Fünf Jahre nach ihrer Ankunft in Kanada bekam sie Brustkrebs und starb kurze Zeit später."

Damals dachte ich nicht daran, dass ich mich an diese Geschichte erinnern würde. Aber im Frühjahr 1972, genau fünf Jahre nachdem Edith und ich in die Vereinigten Staaten gekommen waren, wurde bei Edith Brustkrebs diagnostiziert. Sie wurde operiert, aber fünfzehn Monate später traten lokale Metastasen auf. Die Fachliteratur gibt eine Wahrscheinlichkeit von nur vier Prozent dafür an, dass die

Patienten länger als fünf Jahre überleben. Ich erschauderte, als ich mich an Frau Bălescus Geschichte erinnerte, die mir sofort mit außergewöhnlicher Klarheit in den Sinn kam. Zu unserem Glück endete der unerwartete Schlag, den uns das Schicksal 1972 versetzt hat, nicht tragisch, sondern wendete sich zum Guten: Edith wurde wieder gesund und setzte ein erfülltes und produktives Leben fort. Aber sie war dem Tod sehr nahe.

Nachdem ich entlassen worden war, beschlossen wir, dass es nun an der Zeit sei, Anna zu informieren und sie in unsere Pläne einzuweihen. Ich erinnere mich nicht mehr genau daran, wann wir es Vera erzählten; wahrscheinlich etwas später. Anna war jetzt fünfzehneinhalb Jahre alt; sie hatte ein ziemlich beschütztes Leben und wusste wenig, wenn überhaupt, über unsere politischen Probleme. Gelegentlich war sie – wie ich bereits geschildert habe – mit gewissen Erscheinungen des Systems unzufrieden, aber sie war weit davon entfernt, an Auswanderung zu denken. Als sie erfuhr, dass wir unsere Auswanderung beantragt hatten, war sie überrascht, vielleicht sogar schockiert. Es bedurfte ziemlicher Mühe, ihr unsere persönlichen Motive und die allgemeine Situation zu erklären; aber sobald sie die Sache verstanden hatte, verinnerlichte sie allmählich unseren Standpunkt. Dennoch hatte sie, wie sich später herausstellte, auch weiterhin einige Zweifel, die sie uns aber nicht erzählte. Einige Jahre später reiste sie nach Abschluss des College nach Israel und von dort abenteuerlustig nach Rumänien, ohne uns vorher davon zu erzählen. Sie verbrachte eine Woche in Bukarest und berichtete uns erst nach ihrer Rückkehr von ihrem Abstecher. Danach fügte sie hinzu, dass sie von allen noch vorhandenen Zweifeln kuriert worden und uns zutiefst dankbar dafür sei, dass sie das kommunistische Rumänien mit uns verlassen konnte.

Um zu unserer Geschichte zurückzukehren: Es war jetzt Anfang Januar 1966. Ceauşescu war neun Monate zuvor an die Macht gekommen. Einige leichte und unstete politische Brisen wehten in Richtung einer strikteren „sozialistischen Rechtsstaatlichkeit". Dieses Codewort beinhaltete unter anderem eine striktere Einhaltung der Menschenrechte, bessere Beziehungen zum Westen und eine zivilisiertere Tonart der Presse. Ich beschloss, zwei Monate lang keine neue Arbeitsstelle zu suchen, sondern meinen Status als arbeitsloser Wissenschaftler dafür zu nutzen, mich mit ganzer Kraft für unseren Auswanderungsantrag einzusetzen. Ediths Arbeitsstelle war nicht benachrichtigt worden, so dass sie ihre Arbeit auch weiterhin behielt. Wir hatten eine kleine Bargeldreserve und konnten auch auf Ediths Eltern zählen. Innerhalb weniger Tage schrieb ich neun Eingaben, jeweils eine an jedes Partei- und Regierungsforum, das irgendwie an der Entscheidung bezüglich unseres Auswanderungsantrags hätte beteiligt gewesen sein können. Ich argumentierte, dass (1) alle Mitglieder meiner Familie, die den Krieg überlebt hatten (das heißt, die Rényis), im Ausland lebten, und (2) dass ich nicht in meinem Beruf arbeiten dürfe und arbeitslos sei, so dass ich für niemanden mehr nützlich sei. Unter Berücksichtigung dieser Tatsachen bat ich respektvoll darum, mir zusammen mit meiner Frau und meinen Kindern die Auswanderung zu genehmigen.

Ich erfuhr, dass es eine Staatliche Kommission für Reisepässe und Visa gab, die bestimmte Auswanderungsanträge bearbeitete. Die meisten Fälle wurden routinemäßig behandelt, aber diejenigen Anträge, die Fragen aufwarfen, wurden von dieser Kommission aufgegriffen. Ich fand auch heraus, dass der Leiter der Kommission, Alexandru Bârlădeanu, Stellvertretender Ministerpräsident war, und dass Gogu Rădulescu zu den Mitgliedern der Kommission gehörte. Rădulescu, der Handelsminister, war der Direktor des Instituts für Wirtschaftsforschung gewesen, als ich 1956 dort anfing, und wir waren damals eng befreundet. Ich hatte mit Gogu acht Jahre lang, seit seiner Beförderung zum Minister nicht mehr gesprochen, beschloss aber, ihn jetzt aufzusuchen.

Anstatt seine Sekretärin anzurufen und um einen Termin zu bitten, ging ich unangemeldet zu seinem Haus – zu einem Zeitpunkt, an dem er meines Wissens zu Hause war. Seine Frau Dorina öffnete die Tür und bat mich hinein; sie war einerseits erfreut, mich nach so vielen Jahren wiederzusehen, andererseits war sie aber auch verlegen. Ich sagte, dass ich gekommen sei, um Gogu zu sprechen, und sie ging nach oben, um ihn zu holen. Durch die offene Tür hörte ich zufällig den ersten Teil ihres Gesprächs. „Gogu, Egon ist hier und möchte mit dir sprechen." „Egon? Welcher Egon?" „Komm, sei doch nicht albern..." Die Tür schloss sich und ich hörte nicht, worüber sie sich noch unterhielten. Aber das, was ich gehört hatte, war genug, um meine Hoffnungen zu begraben, dass das geplante Gespräch zu einem Ergebnis führen würde. Egon war kein üblicher Name in Bukarest, und Gogu kannte niemand anderen mit diesem Namen, so dass seine Reaktion eindeutig eine spontane Selbstverteidigung war, ein Versuch, den unangenehmen Besucher auf Distanz zu halten. Es schoss mir durch den Kopf, das Haus sofort zu verlassen, aber ich zwang mich zu bleiben, bis Gogu einige Minuten später erschien. Als ich beschlossen hatte, ihn zu sprechen, war es ursprünglich meine Absicht, ihn an unser letztes Gespräch zu erinnern, das ein Jahrzehnt zuvor stattgefunden hatte; damals sagte er, dass er eine Position in der Regierung akzeptiere, um gelegentlich seinen Freunden und anderen anständigen Leuten zu helfen. Aber nach den Gesprächsfetzen, die ich gerade zufällig mitbekommen hatte, beschloss ich, nicht auf unsere ehemalige Freundschaft anzuspielen. Ich schilderte ihm einfach meine Situation und informierte ihn über den Inhalt meines Briefes an die Staatliche Kommission, deren Mitglied er war; ich überließ es seinem Gerechtigkeitssinn, den Auswanderungsantrag zu unterstützen oder nicht. Es muss ein sehr peinliches Gespräch gewesen sein, weil ich mich an nichts davon erinnere. Ich erinnere mich nur nebelhaft, dass ich Edith danach sagte, ich hätte mir diesen Besuch genauso gut ersparen können.

* * *

Alexandru Bârlădeanu, der Leiter der Staatlichen Kommission, kannte mich ebenfalls. Ich war zuversichtlich, dass er sich immer noch daran erinnerte, dass ich ihn um 1950, als er zu Gheorghiu-Dej gerufen worden war, ziemlich kurzfristig mit einem Vortrag auf der Parteischule vertreten hatte, wofür er damals wirklich dankbar zu sein schien. Ich bat seine Sekretärin um einen Termin und erhielt eine positiv interpretierbare Antwort, die besagte, dass er äußerst beschäftigt sei (außer seiner Funktion in der oben genannten Kommission bestand seine Hauptaufgabe als Stellvertretender Ministerpräsident in der Überwachung aller Wirtschaftsangelegenheiten), aber dass er mir etwas später einen Termin geben würde. Die Sekretärin bat um meine Telefonnummer und sagte, dass sie mich anrufen würde.

Ungefähr drei Wochen nach meiner Bitte bekam ich einen Termin bei Außen-minister Corneliu Mănescu. Der Außenminister war kein Verwandter von Manea Mănescu, mit dem ich 1949 am ISEP, an dem ich lehrte, einen Konflikt hatte. Corne-liu Mănescu wohnte in unserer Straße, einige Häuser von uns entfernt. Seine Tochter war eine Mitschülerin von Anna. Die Mädchen trafen sich öfter, und wir, die Eltern, wechselten gelegentlich einige Worte, wenn wir uns auf der Straße trafen. Mănescu war ein netter Mann mit einem relativ guten Ruf. Er war jedoch weder besonders mächtig noch einflussreich. Er empfing mich freundlich und zuvorkommend in sei-nem Büro im Außenministerium, dessen Schwelle ich – nach meiner Entlassung im Jahr 1952 – jetzt zum ersten Mal wieder übertrat. Er hörte sich an, was ich zu sagen hatte, und erklärte dann, dass er bei Problemen dieser Art keinen großen Einfluss habe, da diese Angelegenheiten von einer speziellen Staatlichen Kommission be-handelt würden. Auf jeden Fall würde er sich die Sache ansehen und mich wissen lassen, wenn er irgendetwas tun könnte, um mir zu helfen. Ich bedankte mich bei ihm und ging mit dem Gefühl weg, dass ich gut behandelt worden war, aber nichts erreicht hatte.

Nach einiger Überlegung entschied ich mich zu einem ungewöhnlichen Schritt: Ich bat um Anhörung bei General Negrea, dem Chef der Securitate, den ich noch nie persönlich getroffen hatte. Seine Sekretärin fragte nach dem Grund meiner Bit-te. Ich sagte, dass der Grund vertraulich sei und dass ich ihn nur General Negrea mitteilen würde. Sie bat mich, einige Tage später zurückzurufen; als ich das tat, sagte sie mir, dass der General sehr beschäftigt sei, aber sein Stellvertreter würde mich empfangen. Daraufhin antwortete ich ihr, dass ich warten könne, bis General Negrea Zeit hat; ich sei aber nicht bereit, mit irgendjemand anderem über die An-gelegenheit zu reden, in der ich mich an den General wenden wollte. Am nächsten Tag bekam ich für die darauf folgende Woche einen Termin bei Negrea. Als ich zur Anhörung erschien, saß ich allein in einem Wartezimmer – offensichtlich war mein Termin keine Routineangelegenheit. Nach kurzer Wartezeit führte mich ein Securitate-Offizier durch einige lange Korridore, und auf unserem Weg stellte ich mir vor, dass ich die gleichen Korridore mit verbundenen Augen durchquere und dabei am Arm geführt werde. Schließlich kamen wir am Büro des Chefs an.

Ich wurde hineingeführt, und man ließ mich vor einem Schreibtisch Platz neh-men. Mir gegenüber saß General Negrea und sah mich neugierig und erwartungsvoll an. Als ich zu sprechen begann und er merkte, warum ich ihn aufgesucht hatte, ver-riet sein Gesichtsausdruck, dass er enttäuscht war. Er hatte wohl damit gerechnet, dass ich ihm Informationen über irgendjemanden, über eine parteifeindliche Gruppe oder eine feindliche Aktivität liefern würde. Oder – wer weiß? –, vielleicht hatte er gehofft, ich sei zu ihm gekommen, um mich als Spion anzubieten. Jedenfalls war der General enttäuscht. Ich erklärte kurz meine Situation und gab dann den Grund dafür an, warum ich ihn in dieser Angelegenheit sprechen wolle. Ich sprach sehr höflich und respektvoll, aber gleichzeitig sehr bestimmt und direkt. Ich sagte, der Grund für die Ablehnung meines wiederholten Antrags auf Auswanderung könne nur sein, dass die Securitate gegen meine Emigration war. Ich sei gekommen – sagte ich –, um die Situation in dieser Hinsicht zu klären und hätte darauf bestanden, den General persönlich zu sprechen, weil ich meinen Fall seinem persönlichen Urteil und Gerechtigkeitssinn anvertrauen wollte. Es sei zwar richtig – sagte ich weiter –, dass ich als Diplomat in der Londoner Gesandtschaft und dann als Direktor im Außenministerium gearbeitet habe, aber die erstgenannte Tätigkeit hatte vor achtzehn Jahren stattgefunden und die zweite war vor vierzehn Jahren beendet worden. Nichts, womit ich damals zu tun hatte, könne heute immer noch geheim sein. Das Veto der Securitate gegen mein Auswanderungsersuchen – fügte ich hinzu –, sei ungerechtfertigt, da ich keine vertraulichen Informationen mehr habe, die Anlass zur Sorge geben könnten. Ich bat den General respektvoll darum, diese Tatsachen abzuwägen und das Auswanderungsverbot aufzuheben.

Negrea war offensichtlich von der direkten Art überrascht, mit der ich ihm das Problem schilderte, und er, der mächtige General, der über das Schicksal so vieler Menschen entschied, nahm eine defensive Haltung ein. Er habe sich meine Akte angesehen, bevor ich zu ihm kam – sagte er –, und er könne mir versichern, dass es nicht die Securitate war, die ein Veto gegen meinen Auswanderungsantrag eingelegt hatte. Tatsächlich – fuhr er fort –, habe die Securitate keinen Einwand dagegen, dass ich emigriere. Er denke, dass ich ein fähiger Mann sei und immer noch ein nützlicher Bürger des Landes sein könne, aber ich hätte es mir offenbar „in den Kopf gesetzt" auszuwandern. Es gehöre nicht in seine Zuständigkeit, mir bei der Lösung meines Problems zu helfen, aber ich solle wissen, dass die Securitate meinen Weggang nicht blockiere. Ich bedankte mich bei ihm für die Anhörung und für sein Verständnis. Ich schätzte das Gespräch insgesamt als positiv ein. Obwohl ich keinerlei Zusage in Bezug auf eine Unterstützung bei der Lösung meines Problems erhielt – tatsächlich war ja eine diesbezügliche Hilfe ausdrücklich verneint worden –, hatte sich Negrea dennoch eindeutig geäußert, dass die Securitate meine Auswanderung nicht blockierte und nicht blockieren würde. Wenn Negrea wirklich meinte, was er sagte, dann war eines der Haupthindernisse, vielleicht *das* Haupthindernis für meine Auswanderung verschwunden. Aber natürlich konnte ich nicht sicher sein, dass er es tatsächlich so meinte – meine früheren Erfahrungen mit seiner Institution hatten mir nicht gerade Vertrauen eingeflößt.

Ein anderer Funktionär, in dessen Büro ich anrief, war Avram Bunaciu, der Vorsitzende des „Ausschusses der Nationalversammlung für die Anwendung der Verfassung". Dieser seltsam klingende Name war ein Oxymoron: Die Aufgabe dieses kurz zuvor gegründeten parlamentarischen Ausschusses war es angeblich, als Wächter der Exekutive zu wirken und die Aktivitäten der Regierung dahingehend zu überwachen, wie sie die Vorschriften der Verfassung einhielt. Für jemanden aus dem Westen mag sich das wie eine harmlose oder sogar vernünftige Aufgabe anhören, aber für Menschen, die mit Gesellschaften sowjetischen Typs vertraut sind, klingt es urkomisch. Die Sache erinnert an ähnliche Namen in George Orwells Roman „1984", in dem die Gedankenpolizei das Ministerium der Liebe und das Propagandaministerium das Ministerium für Wahrheit ist. Die rumänische Verfassung gehörte – wie die sowjetische Verfassung – zu den demokratischsten der Welt: Man findet dort kaum eine Freiheit, die nicht garantiert wäre. Das einzige Problem war, dass niemand darauf achtete: Es war lediglich ein Stück Papier, das absolut nichts mit der rumänischen Realität zu tun hatte. Die Frage, ob der Verfassung die entsprechende Geltung verschafft wird, ähnelt der Frage, ob bei einem

Schwimmwettkampf in einem Fluss die Regel eingehalten wird, dass das Wasser während des Wettkampfs vollkommen unbeweglich bleibt. Der Ausschuss hatte absolut keine Macht; er hatte zwar dasselbe „Recht" wie jeder andere, die Tatsachen zu beobachten und darüber zu berichten, aber noch nie hatte jemand auch nur andeutungsweise von einem Problem gehört, das der Ausschuss aufgeworfen hätte. Mein Fall gehörte zweifellos in die Zuständigkeit des Ausschusses, denn das Verfahren meiner Entlassung und meine Verurteilung zur Arbeitslosigkeit verletzte eines meiner elementarsten Grundrechte, das Recht auf Arbeit.

Avram Bunaciu war während des Krieges ein kommunistischer Intellektueller und bekleidete nach Kriegsende mehrere hohe Positionen, hauptsächlich im Justizministerium. Kurzzeitig war er auch Justizminister oder Stellvertretender Justizminister. Anfang 1952 wurde er Stellvertretender Außenminister, einige Monate bevor man die „Rechtsabweichler" entdeckte und ich entlassen wurde. Er kannte mich also seit jenen Tagen und hatte, obwohl wir nicht zusammengearbeitet haben, genug über mich gehört, um sich eine Meinung zu bilden. Ich kannte ihn nicht gut, aber das wenige, was ich über ihn wusste, war positiv: Ein anständiger Mann, der nie vom Antisemitismus angesteckt wurde, intelligent, nicht übermäßig mutig, aber jemand, der versuchte, seine Integrität zu wahren; er war nicht in die allgemeinen Machtkämpfe und die damit einhergehende Korruption verwickelt. Das erklärt teilweise, warum er auf den Posten des Vorsitzenden des neuen Ausschusses gewählt worden war: Seine Person verlieh dem Ausschuss einige Glaubwürdigkeit.

Ich rief an einem Nachmittag in Bunacius Büro an und hatte folgendes Gespräch mit seiner Sekretärin: „Ich heiße Soundso und hätte gerne einen Termin bei Dr. Bunaciu".

„In Ordnung. Wann möchten Sie kommen?"

„Jederzeit, wenn es sein Terminkalender erlaubt. Ich habe keinen besonderen Vorschlag, aber je eher, desto besser."

„Wie wäre es morgen früh um neun?"

„Das passt ausgezeichnet."

Ich hatte bereits vermutet, dass Bunaciu nicht allzu eingespannt war. Mir wäre es jedoch nie in den Sinn gekommen, dass er überhaupt nichts zu tun hatte. So schien es aber tatsächlich zu sein, wie ich nicht nur aus meinem Gespräch mit seiner Sekretärin schlussfolgerte, sondern auch aus der Tatsache, dass ich am folgenden Morgen der einzige Besucher in seinem Büro war. Dort las er gerade eine Zeitung und verwickelte mich dann in ein langes Gespräch, dessen Zeitdauer für ihn sichtlich keine Rolle spielte.

Bunaciu fragte nicht, warum ich gekommen sei. Er begrüßte mich wie einen alten Bekannten, den er jahrelang nicht gesehen hatte, an den er sich aber gerne erinnerte. Er habe von meinen „Missgeschicken" gehört – sagte er –, von meinen zwei Jahren Gefängnishaft; er habe sich sehr gefreut, als er erfuhr, dass ich unschuldig sei und man mich freigelassen habe. Er sagte, er habe dann meine Karriere als Ökonom verfolgt und sei betrübt gewesen, als er von dem „Missgeschick" mit dem Buch hörte, das ich geschrieben hatte. Vielleicht hätte ich etwas sorgfältiger nachdenken sollen, bevor ich es veröffentlichte: Aber manchmal machen wir eben unabsichtlich Fehler, die wir später bedauern. Jedenfalls freue er sich – sagte er weiter –, wie schnell und vollständig ich mich wieder aufgerappelt hätte und Mathematiker geworden sei; er bewundere mich deswegen. Dann erzählte er mir einige Dinge über seine eigene Karriere in den gleichen Jahren: Ein kurzer Aufenthalt im Außenministerium, wo er jedoch das Gefühl gehabt habe, nicht seiner Qualifikation entsprechend eingesetzt zu sein, und dann die Jahre im Justizministerium, wo er sich an seinem Arbeitsplatz ausgekannt habe, aber Probleme anderer Art gehabt hätte.

Bunaciu wusste noch nicht, dass ich einen Auswanderungsantrag gestellt hatte und deswegen entlassen worden bin. Er war überrascht, als ich es ihm sagte. Er stimmte mir zu, dass mein Status als Arbeitsloser der Verfassung widerspräche und dass er in seiner Funktion der richtige Ansprechpartner für mein Problem sei. Er könne jedoch seine Überraschung und seine Bedenken nicht verhehlen, dass ich den Punkt erreicht hätte, auswandern zu wollen. Wie sei es möglich, dass ein so fähiger und wertvoller Mensch wie ich den Beschluss fasst, das Land zu verlassen? Das sei eine Schande, ein großer Fehlschlag „für uns", das heißt, für die Partei und für das System. „Wir brauchen Menschen wie Sie," sagte er. Dann begann er, ausführlich zu argumentieren, dass ich in meiner – teilweise legitimen – Reaktion auf die unfaire Art, in der ich behandelt worden sei, den falschen Schluss gezogen hätte, als ich mich für den äußersten Schritt der Auswanderung entschied. Das sei meinerseits eine voreilige Entscheidung gewesen – fuhr er fort –, eine Entscheidung mit gravierenden, aber bei weitem nicht unheilvollen Folgen. Ich müsse diese Entscheidung überdenken. Es wäre absurd, wenn das Land einen Mann wie mich verlieren würde; es müsse eine Möglichkeit geben, mich unterzubringen und mir eine entsprechende Arbeit zu verschaffen. „Wir brauchen Menschen wie Sie," wiederholte er. Danach sagte er, dass er die Angelegenheit mit der Partei besprechen werde und dass er sicher sei, eine akzeptable Lösung für mich zu finden; er habe zwar nicht die Hoffnung, Murgulescus Entscheidung bezüglich meiner Entlassung rückgängig zu machen, aber er sei zuversichtlich, dass die Partei für mich eine entsprechende Arbeitsumgebung finden würde, in der ich – wie er sich ausdrückte – „meine Talente voll entfalten" könne.

Die Unterhaltung wurde mir zunehmend peinlich, weil ich vor einem offensichtlich anständigen Menschen saß – oder zumindest vor einem Menschen, der anständig auf meine Situation reagierte –, und ich ihn enttäuschen musste, wenn ich ihm klarmachte, dass er keine andere Arbeitsstelle für mich suchen solle. Wie könnte ich ihm nur verständlich machen, dass ich meinen Rubicon bereits vor ziemlich langer Zeit überschritten hatte? Dass ich seine Ideale – die einmal meine eigenen Ideale waren – nicht mehr teilte? Dass mich der Aufbau der kommunistischen Gesellschaft nicht mehr interessierte und ich dabei nicht mehr nützlich sein wollte? Ich wusste nicht recht, was ich sagen sollte; aber ich wusste, dass ich ihn davon abhalten musste, entsprechend seinem Vorschlag vorzugehen, da es ihm vielleicht gelingen könnte, jemanden in der Partei davon zu überzeugen, mir eine akzeptable Arbeit unter der Bedingung anzubieten, dass ich meine Auswanderungspläne aufgebe, wozu ich aber nicht bereit war. Wenn ich nämlich dann das „großzügige" Angebot der Partei ablehne, dann würde man das als eine offenkundig „feindselige Handlungsweise" interpretieren, die gewiss nicht mit einer Auswanderungsurkunde belohnt werden sollte.

Ich gab Bunaciu ungefähr folgende Antwort: „Ich bin von Ihrer aufrichtigen Sorge und Hilfsbereitschaft sehr gerührt. Dennoch muss ich Ihr Angebot ablehnen. Lassen Sie mich erklären, warum. Vielleicht haben Sie Recht, wenn Sie sagen, dass es meinerseits ein Fehler war, einen Auswanderungsantrag zu stellen. Aber es ist ein Fehler, den ich bereits begangen habe –, und wenn es sich schon einmal so verhält, dann gibt es keinen Weg zurück: *alea jacta est*. Wir wollen uns hier nichts vormachen. Sie wissen doch genauso gut wie ich, dass man mit dem Stigma eines angehenden Emigranten in den Augen der Partei ein Verräter ist, und dass keine noch so große Selbstkritik und keine noch so bedeutenden Arbeitsleistungen diesen Schandfleck jemals tilgen können. Man bleibt für den Rest seiner Tage ein Ausgestoßener. Es gibt also für mich wirklich keinen Weg zurück: Wer A gesagt hat, muss auch B sagen. Ich bitte Sie deswegen, von der Möglichkeit abzusehen, die Sie vorgeschlagen haben. Versuchen Sie bitte nicht, jemanden davon zu überzeugen, eine ansprechende Arbeit für mich zu finden. Ich weiß nicht, ob Sie mir bei der Auswanderung helfen möchten, da Sie diese als einen Fehler betrachten; und selbst wenn Sie mir helfen wollten, weiß ich nicht, ob Sie es könnten. Wenn Sie es tun, dann wäre ich Ihnen für immer dankbar. Wenn Sie aber aus irgendeinem Grund «nein» sagen, dann verstehe ich das vollkommen und werde es Ihnen nicht ankreiden. Aber bitte versuchen Sie nicht, irgendjemanden davon zu überzeugen, mich durch ein Arbeitsangebot hier halten zu wollen.“

Einige Momente lang war es still. Dann antwortete er: „Was Sie sagen, macht mich traurig, aber ich muss es akzeptieren. Ich habe keine Ahnung, ob ich in der Lage sein werde, Sie bezüglich der Auswanderungsgenehmigung zu unterstützen, aber ich werde es versuchen. Sie sollen jedoch wissen, dass Sie in meinen Augen derselbe Egon Balas bleiben, den ich seit vielen Jahren kenne. Ich weiß nicht, wie sich Ihr Leben gestalten wird, wenn Ihnen die Auswanderung gelingt. Aber in einem bin ich mir sicher: Wohin Sie auch immer gehen – wir werden noch große Dinge von Ihnen hören.“ Ich verließ diese Anhörung mit einem erhebenden Gefühl – dem Gefühl, das einen überkommt, wenn man plötzlich einem unerwarteten Anstand begegnet. Ich hatte keine Ergebnisse von unserem Gespräch erwartet, vor allem weil Bunaciu nicht viel Gewicht in führenden Kreisen zu haben schien. Dennoch hatte ich nach dem Gespräch ein gutes Gefühl. Ich habe nie erfahren, ob er irgendetwas für mich getan hat oder ob er eine Rolle dabei gespielt hat, dass ich schließlich die Auswanderungsgenehmigung erhielt.

Von all den Leuten, die ich sprechen wollte, blieb jetzt nur noch Bârlădeanu übrig. Aber er war als Leiter der Staatlichen Kommission für Reisepässe und Visa eine der zentralen Figuren in meinem Drama. Darüber hinaus war er einer derjenigen, mit deren Hilfe ich rechnete. Einerseits hatte er nämlich viele Jahre zuvor gute Erfahrungen mit mir gemacht, und ich war zuversichtlich, dass er das nicht vergessen hat; andererseits gehörte er nicht zu meinen Freunden oder früheren Freunden wie Gogu, die vielleicht das Gefühl haben könnten, ins Gerede zu kommen, wenn sie mir helfen. Bârlădeanus Sekretärin hatte um meine Telefonnummer gebeten, um mich anzurufen, wenn ihr Chef ein paar freie Minuten hat, aber diese Minuten schienen nie zu kommen. Nach einer Weile rief ich die Sekretärin wieder an, und sie beruhigte mich, dass ich auf der Kurzliste derjenigen stünde, die der Minister sprechen wolle;

er werde jedoch in so viele Richtungen gezerrt, dass man unmöglich vorhersagen könne, wann er empfangsbereit sei. Ich spürte, dass das keine Lüge war, und dass sie mich auch nicht einfach nur loswerden wollte. Sie sprach rücksichtsvoll und respektvoll mit mir. Da sie mich nie gesehen hatte, konnte ihr Umgangston eigentlich nur die Haltung ihres Chefs widerspiegeln. Deswegen legte ich die Karten offen auf den Tisch und schilderte ihr mein Problem. Ich sagte ihr auch, dass ich Bârlădeanu nicht in seiner Eigenschaft als Stellvertretender Ministerpräsident sprechen möchte, sondern als Leiter der Staatlichen Kommission für Reisepässe und Visa. Ich fügte hinzu, dass ich Bârlădeanu einen Einschreibebrief geschickt hätte, in dem ich mein Anliegen im Detail beschrieben habe, und gab ihr die Registriernummer des Briefes. Bald danach, Anfang März, teilte sie mir mit, dass ihr Chef meinen Brief erhalten habe und von meinem Problem wisse. „Er hat immer noch keinen Weg gefunden, Sie in seinen Zeitplan aufzunehmen", sagte sie, „aber er weiß über Ihren Fall Bescheid, und ich kann Ihnen mitteilen, dass er Sie in Kürze empfangen wird, weil Ihre Akte auf seinem Schreibtisch liegt." Das war eine ausgezeichnete Nachricht, und ich fühlte mich sehr ermutigt.

Im März 1966 begann ich, Arbeit zu suchen. Zu diesem Zeitpunkt hatte ich das Gefühl, meinen Status als arbeitsloser Wissenschaftler maximal im Interesse einer Auswanderungsgenehmigung genutzt zu haben. Ich hatte neun Briefe geschrieben: Außer den von mir bereits genannten waren es Briefe an Ceauşescu, den Generalsekretär der Kommunistischen Partei, an Ion Gheorghe Maurer, den Präsidenten der Republik, an Chivu Stoica, den Ministerpräsidenten, und an Gheorghe Apostol, den Vorsitzenden des Gewerkschaftsrates. Die Arbeitslosigkeit bereitete mir jetzt auch finanzielle Sorgen, und das Opfer, diesen Zustand zu verlängern, wurde zu kostspielig. Mein erster Gedanke war zu versuchen, an meinen früheren Arbeitsplatz zurückzukehren, der inzwischen zum Institut für Forstwirtschaftliche Studien und Planungen (ISPF) umgetauft worden war. Naftali, der Institutsdirektor, hatte sich sehr gut zu mir verhalten. Wäre ich aus einem anderen Grund entlassen worden als wegen meines Auswanderungsersuchens, dann hätte ich mich an ihn wenden können, und er hätte mir sicher geholfen, sogar wenn es etwas riskant für ihn gewesen wäre. Aber er war jüdischer Abstammung und musste – wie jeder Jude in einer verantwortlichen Position – seine Systemloyalität gegen Vorwürfe der Sympathie für Israel unter Beweis stellen. Also verwarf ich diese Idee sofort als undurchführbar. Danach dachte ich an das Institut für Forstwirtschaftsforschung (INCEF), das sich Anfang der sechziger Jahre vom Planungsinstitut abgespalten hatte. Ich wandte mich an V. Sachelarescu, den Ingenieur, mit dem ich 1963 eine gemeinsame Arbeit über mathematische Programmierung im Sägewerk geschrieben hatte. Er war Forscher im INCEF, hatte dort weder eine Funktion noch irgendwelchen Einfluss, aber er hatte mit mir zusammen gearbeitet, kannte meine Qualifikationen und konnte mit den anderen über mich sprechen. Insbesondere bat ich ihn darum, sich wegen meiner Stellensuche mit Iacovlev in Verbindung zu setzen, einem der Gruppenleiter, über ich gehört hatte, dass er mutig seine Meinung vertrete. Zwei Tage später rief mich Iacovlev an, und nach einigen Gesprächen wurde ich zum 1. April 1966 als Mitglied seiner Arbeitsgruppe eingestellt.

Während meiner relativ kurzen Zeit am INCEF genoss ich volle Freiheit, meinen Forschungsinteressen nachzugehen. In dieser Zeit erhielt ich von der Fachzeitschrift *Operations Research* den Korrekturabzug meiner dort eingereichten Arbeit über Dekomposition. Ich änderte die Bezeichnung meiner Arbeitsstelle in INCEF um (erwähnte aber den Namen meiner früheren Arbeitsstelle), und der Name meines neuen Instituts erschien dadurch zum ersten Mal in einer weltweit verbreiteten Fachzeitschrift, die nichts mit der Forstwirtschaft zu tun hatte.

Während meiner Tätigkeit am INCEF begann ich auch mit einer neuen Arbeit über ein graphentheoretisches Modell zum Thema „machine sequencing" und reichte die Ergebnisse unter dem Titel „Finding a Minimaximal Path in a Disjunctive PERT Network" für einen Vortrag auf der bevorstehenden Tagung „Théorie des Graphes: Journées Internationales d'Étude" ein, die im Juli 1966 in Rom stattfinden sollte. Der Vorsitzende des Programmkomitees der Konferenz, der französische Graphentheoretiker Claude Berge, bestätigte die Annahme meiner Arbeit. Wie schon in früheren solchen Fällen, vervielfältigte ich meine Arbeit und schickte eine Anzahl von Kopien nach Rom, damit sie auf der Konferenz verteilt würden; ich erklärte auch, dass ich außerstande sei, persönlich teilzunehmen.

Irgendwann Mitte April rief mich Edith im Büro an. Sie konnte mich nicht finden – ich war neu im Institut, die Leute kannten meine Durchwahlnummer nicht, und ich war gerade bei jemand anderem im Büro, als der Anruf kam. Da Edith nicht zu mir durchkam, hinterließ sie eine Nachricht für mich, die ich ein paar Stunden später erhielt. Als ich sie zurückrief, sagte sie mir, dass Bârlădeanus Sekretärin dringend mit mir sprechen wolle. Ich rief die Sekretärin an, die mir sagte, dass Bârlădeanu an diesem Vormittag drei Leute auf seiner Anhörungsliste habe, aber einer von ihnen nicht kommen könne. Deswegen habe sie sich gedacht, mich als Ersatz einzuschieben, zumal ich auf der Liste ebenfalls ziemlich weit oben stünde. Als ich zurückrief, war Bârlădeanu jedoch ins Büro des Ministerpräsidenten gerufen worden, und die Anhörungen für diesen Tag waren vorbei. Die Sekretärin versprach, mich anzurufen, sobald sich eine andere Möglichkeit böte. Ich fühlte mich schrecklich frustriert: Hier war die Gelegenheit, auf die ich fast drei Monate gewartet hatte, und nun hatte ich das Pech, die Chance zu verpassen – wer weiß, wann sich die nächste Möglichkeit ergibt. Aber ich blieb mit Bârlădeanus Sekretärin in Verbindung und rief sie alle drei Tage an, stets ermutigte sie mich: Sie sagte mir zum Beispiel, dass der Chef zu einer Sitzung des Regierungsausschusses gegangen sei, und sie denke, dass dort auch mein Fall diskutiert wird.

Um diese Zeit erhielt ich einen Telefonanruf von Edith. Sie fragte mich, ob ich nach Hause kommen könne, weil ein ausländischer Besucher auf mich warte. Ich ging nach Hause und traf den jungen bulgarischen Mathematiker Marinow, der in Trondheim, Norwegen, seine Doktorarbeit schrieb. Er erzählte mir, dass einige norwegische Kollegen meine Arbeit mit Interesse verfolgten und dass sie mit meinem additiven Algorithmus und den Entwicklungen vertraut seien, die der Algorithmus in der Literatur ausgelöst habe. Da Marinow gerade auf dem Weg nach Bulgarien war, um einen Monat Urlaub zu machen, hatten ihn die Norweger darum gebeten, seine Reise für ein bis zwei Tage in Bukarest zu unterbrechen und mir eine Nachricht zu überbringen. Er sei die Nacht zuvor angekommen und am Morgen ins

Zentrum für Mathematische Statistik gegangen; dort habe man ihm erzählt, dass ich diese Einrichtung verlassen hätte. Niemand habe ihm jedoch sagen können, wo ich arbeite. Nachdem er vergeblich versucht habe, mich ausfindig zu machen, sei er wieder gegangen. Aber dann sei ihm jemand aus dem Zentrum nachgelaufen (der sich offensichtlich nicht in Gegenwart der anderen äußern wollte), habe ihn auf der Straße eingeholt und ihm meine Privatadresse gegeben. Auf diese Weise habe er mich gefunden. Die Nachricht der Norweger war, dass sie von meinem Auswanderungsantrag gehört hatten und wussten, dass man mir die Emigration nicht genehmigt hat. Sie wussten auch, dass es unorthodoxe Möglichkeiten gab, Leute aus Rumänien herauszuholen: durch Intervention von hoher Stelle, durch Geld oder andere Mittel. Insbesondere würden die Norweger gerne wissen, was sie tun könnten, um mir bei der Auswanderung zu helfen.

Ich dachte über die Bedeutung dieser Nachricht nach. Zuerst musste ich Marinows Papiere irgendwie überprüfen, so dass ich ihn in ein Gespräch über das Leben in Trondheim verwickelte und ihn unter einem Vorwand dazu brachte, mir seinen Reisepass zu zeigen. Wir unterhielten uns auch ein bisschen über Bulgarien. Ich war bald davon überzeugt, dass er mir im Großen und Ganzen die Wahrheit erzählt hatte und dass er nicht von der Securitate geschickt worden war. Danach versuchte ich, so viel wie möglich über die Kollegen in Trondheim herauszufinden, die mir die Nachricht übermittelt hatten. Ich schrieb mir ihre Namen auf, entschied mich aber, nicht über Marinow zu antworten. Einerseits hatte er vor, einen Monat in Bulgarien zu verbringen, und hätte deswegen ohnehin mehrere Wochen lang keine Nachricht weiterleiten können. Andererseits machte er zwar einen ausgezeichneten Eindruck auf mich, aber ich war mir nicht sicher, wie sehr ich ihm vertrauen konnte. Nun, da ich Namen und Adressen hatte, würde ich andere Wege finden, eine Nachricht zu übermitteln, wenn ich einen konkreten Vorschlag hatte. Ich bat Marinow darum, den Norwegern folgende mündliche Nachricht zu überbringen: Ich sei sehr beeindruckt und dankbar für das Angebot, mir zu helfen, aber ich hätte meinen Auswanderungsantrag unlängst erneut eingereicht, und dieser Antrag würde gegenwärtig von den zuständigen Behörden bearbeitet. Ich würde nichts in die Wege leiten wollen, was dieses Verfahren beeinträchtigen könnte; sollte mein Antrag jedoch wieder abgelehnt werden, dann würde ich es die norwegischen Kollegen wissen lassen und vielleicht um ihre Hilfe bitten. Abgesehen von der Nachricht, hatte ich mit Marinow ein langes Gespräch über technische Dinge: Er sollte vor allem das Gefühl bekommen, dass sich sein Zwischenaufenthalt in Bukarest gelohnt hat. Ich lud ihn zum Abendessen und zu einer Stadtbesichtigung ein; am darauf folgenden Tag reiste er weiter und war zufrieden, seinen Auftrag erfolgreich ausgeführt zu haben.

Auch in der zweiten Aprilhälfte rief ich Bârlădeanus Sekretärin alle drei oder vier Tage an. Von ihr erfuhr ich die ersten Anzeichen, dass das Eis schließlich gebrochen war. Bei einem meiner Anrufe gegen Ende April – ich hatte sie schon eine Woche lang nicht mehr erreicht, weil ich sie nicht finden konnte –, fragte sie: „Haben Sie es noch nicht gehört?"

„Nein", sagte ich, „was hätte ich hören sollen?"

Sie antwortete etwas zögerlich: „Soviel ich weiß, ist Ihr Fall erledigt worden".

„In welchem Sinn erledigt? Positiv oder negativ?"

„Ihr Antrag ist genehmigt worden, soviel ich weiß," antwortete sie. „Sie sollten
bald eine Information über die positive Entscheidung bekommen."

Das hörte sich wunderbar an. Ich rief Edith sofort an, um es ihr zu sagen, machte
sie aber auf die Einschränkung „soviel ich weiß" aufmerksam. Einige Tage lang
tat sich nichts und ich rief Bârlădeanus Sekretärin erneut an. Ich informierte sie,
dass ich noch keinerlei Benachrichtigung bekommen hätte; ob sie mir nicht sagen
könne, wo ich mich erkundigen muss – dann würde ich sie nicht länger stören. Ich
fragte sie auch, ob sie sich sicher sei, dass mein Antrag genehmigt worden war. Sie
antwortete, dass sie sich wirklich sicher sei; sie hätte nach unserem letzten Gespräch
den Stand der Dinge überprüft. Ich müsse niemanden anrufen, fügte sie hinzu; man
würde mich ohnehin bald informieren. Diese Dinge dauern eine Weile, ergänzte sie.
Ich bat sie darum, ihrem Chef meinen tief empfundenen Dank zu übermitteln.

Eine Woche verging, vielleicht waren es auch zehn Tage, ohne dass irgendetwas
geschah. Ich saß wie auf glühenden Kohlen. An einem Morgen Anfang Mai rief
mich Edith wieder im Institut an. „Sie haben sich die Wohnung angesehen," sagte
sie. Mir fiel ein riesiger Stein vom Herzen. Das erste Zeichen, das darauf hindeutete,
dass man den Antrag eines angehenden Auswanderers genehmigt hatte, war weder
eine offizielle Ankündigung noch ein Anruf von der Passbehörde oder irgendetwas
Ähnliches, sondern ein harmloser Besuch von Angestellten des Städtischen Wohnungsamtes, die ohne Angabe von Gründen darum baten, sich die Wohnung ansehen
zu dürfen. Weil es eine lange Schlange von Menschen gab, die darauf warteten, in
eine freie Wohnung zu ziehen, wurde das Städtische Wohnungsamt benachrichtigt,
sobald ein Auswanderungsantrag genehmigt worden war – auf diese Weise konnte
man schnell entscheiden, wer die Wohnung bekommt, wenn sie frei wird. Genau das
war in unserem Fall geschehen. Edith sagte mir später, dass zwei gut gekleidete Herren zu unserer Wohnung gekommen seien und sich als Angestellte des Städtischen
Wohnungsamtes vorgestellt hätten. Edith erkannte natürlich sofort die Bedeutung
dieses Besuches. Sie bat die Herren einzutreten, und fragte „Hängt das mit unserem Auswanderungsantrag zusammen?" „Nein", antwortete einer der beiden, „wir
wissen nichts davon; wir haben nichts damit zu tun. Dies ist nur eine routinemäßige
Inspektion." Sie maßen die Wohnung aus, machten sich ein paar Notizen und besprachen einige Einzelheiten. Bevor sie gingen, sagten sie Edith höflich: „Sie haben
wirklich eine schöne Wohnung."

Wir waren natürlich sehr aufgeregt. Edith überlegte, ob wir anfangen sollten,
unsere Habe zu liquidieren, aber wir beschlossen, nichts zu tun, solange wir nichts
Genaues wüssten. Dann aber würden wir alles so schnell wie möglich erledigen, um
keinen einzigen Tag zu verlieren. Schwierigkeiten in letzter Minute waren durchaus
nichts Ungewöhnliches. Oft kam es vor, dass die Behörden im letzten Augenblick
ihre Meinung änderten – zum Beispiel aufgrund einer Denunziation oder wegen
einer angeblichen Enthüllung der Securitate. Es hat Fälle gegeben, bei denen die
Auswanderungspapiere den Emigranten drei Tage vor ihrer geplanten Abreise wieder abgenommen worden sind. Es hat auch Fälle gegeben, bei denen Emigranten,
die gültige Auswanderungsdokumente hatten, vor dem Start wieder aus dem Flugzeug geholt worden sind. Ich wusste sogar von einem Fall, in dem ein Mann, der
die Auswanderungsgenehmigung erhalten hatte, all seine Sachen verkaufte, seinen

Freunden „Auf Wiedersehen" sagte und in das Flugzeug nach Wien einstieg – Wien war damals der Transitort für die Ausreise nach Israel. Der Mann kam sicher auf dem Wiener Flughafen an, verließ das Flugzeug und stellte sich in die Schlange zur Passkontrolle, als der Lautsprecher seinen Namen ausrief: „Herr Soundso hat etwas im Flugzeug vergessen. Er möge bitte zurück zur Maschine gehen, um sich den betreffenden Gegenstand abzuholen." Er ging zum Flugzeug zurück, stieg nochmals ein, um den angeblich liegengelassenen Gegenstand wieder an sich zu nehmen – und wachte fünf Stunden später in Bukarest auf, wo ihn die Securitate zu verhören begann, weil sie in letzter Minute irgendwelche Informationen über ihn erhalten hatten.

Es kamen noch weitere Besucher vom Wohnungsamt, in Begleitung verschiedener Personen, die wie Kandidaten für die Wohnung aussahen. Das waren alles positive Zeichen, dass unser Antrag genehmigt worden war, aber auch viele positive Zeichen bedeuteten noch keine Gewissheit. Es gab jedoch noch ein anderes Zeichen, nach dem man Ausschau halten konnte. Das Auswanderungsdokument war eine Reisebescheinigung, die auf einem einzigen Blatt Papier stand. Auf der Vorderseite befanden sich das Foto des Emigranten sowie Name, Geburtsdatum, Geburtsort, Anschrift und das Ausstellungsdatum; auf der Rückseite waren das rumänische Ausreisevisum, das israelische Einwanderungsvisum und ein italienisches Transitvisum. Alle Auswanderer mussten – ganz gleich, wohin sie zu gehen beabsichtigten – ein israelisches Einwanderungsvisum haben. Diejenigen, die anderswohin zu gehen beabsichtigten, mussten ihren Bestimmungsort in Neapel ändern, das der neue Transitort nach Israel war. Um die Kontakte zu minimieren, welche die angehenden Auswanderer mit ausländischen Botschaften haben sollten, beschaffte das Rumänische Außenministerium die notwendigen Visa und übergab den Emigranten die Reisedokumente zusammen mit den bereits eingestempelten Visa. Man konnte also herausfinden, ob der Auswanderungsantrag genehmigt worden war, indem man bei der Israelischen Botschaft in Bukarest nachfragte, ob das Rumänische Außenministerium im Namen des Betreffenden ein Reisedokument mit der Bitte um ein Einwanderungsvisum übersandt hatte. Die Israelische Botschaft registrierte die von ihr ausgestellten Einwanderungsvisa und erteilte auf Anfrage die entsprechende Auskunft. Zwar bedeutete der Gang zur Israelischen Botschaft, dass man am Eingang von der Securitate fotografiert wurde, aber in dieser Phase des Spiels interessierte mich das nicht mehr: Ich hatte einen guten Grund, dorthin zu gehen, um mich nach dem Status meines Visums zu erkundigen. Ich ging Mitte Mai dorthin und man sagte mir, dass mein Reisedokument noch nicht eingetroffen sei. Man gab mir eine Telefonnummer, damit ich nicht immer persönlich vorbeikommen müsse, und ich meldete mich alle paar Tage, um den neuesten Stand zu erfahren. Schließlich teilte man mir in den ersten Junitagen mit, dass das israelische Einwanderungsvisum am 31. Mai in unsere Reisedokumente eingestempelt worden war. Jetzt hatten wir also den schlagenden Beweis, dass die gültigen, unterschriebenen und abgestempelten Reisedokumente tatsächlich existierten. Das war es.

Nunmehr begannen wir, uns auf die Reise vorzubereiten. Da man pro Kopf nur fünfundzwanzig Kilo persönliche Dinge aus dem Land ausführen durfte, mussten wir fast alles verkaufen, was wir besaßen. Das Geld konnten wir natürlich nicht auf legale Weise mitnehmen – wir ließen es bei Ediths Eltern, und sie fanden Wege, um es an uns weiterzuleiten. Mir machte es nichts aus, Dinge wie Stiefel, Mäntel und Anzüge zurückzulassen, aber ich wollte meine Bücher nicht verlieren. Man konnte Bücher per Post ins Ausland schicken, aber um zu gewährleisten, dass sich darunter keine geheimen oder subversiven Materialien befinden, musste der Absender jedes Buch einzeln abzeichnen. Wir wählten ein paar hundert unserer Lieblingsbücher aus und beauftragten Anna, die Bände in Pakete zulässigen Gewichts zu verpacken und auf der Hauptpost aufzugeben. Vera half ihr dabei. Ungefähr zwei Wochen lang brachten sie täglich zwanzig bis dreißig Bücher zur Post und sandten sie auf dem Landweg an Károly Lébi, Ediths Onkel in Israel, der uns die Bücher später in die Vereinigten Staaten nachschickte.

In der ersten Juliwoche wurden wir schließlich zur Passbehörde bestellt, um unsere Reisedokumente abzuholen. Wir erhielten drei Dokumente, eins für Edith und Vera (Kinder unter vierzehn waren im Dokument ihrer Mutter eingetragen), eins für Anna und eins für mich. Die Unterlagen waren vom 14. Mai 1966 datiert, die rumänischen Ausreisevisa trugen dasselbe Datum, die israelischen Einwanderungsvisa waren vom 31. Mai datiert und die italienischen Transitvisa vom 10. Juni. (Ich habe mich nicht an diese Datumsangaben erinnert, aber wir haben die Dokumente bis zum heutigen Tag aufbewahrt).[1] Ich ging sofort zum Büro von TAROM, der rumänischen Fluggesellschaft, um Karten für den nächsten verfügbaren Flug nach Neapel zu bekommen. Für die Tickets mussten wir nichts bezahlen – Israel hatte mit der rumänischen Regierung vereinbart, für das Flugticket eines jeden Emigranten aufzukommen. Wir mussten jedoch eine Reihe von Gebühren zahlen. Es gab wöchentlich zwei Flüge nach Neapel. Die relativ langsamen, propellergesteuerten Flugzeuge waren nur mit Emigranten besetzt. Der erste Flug, der freie Sitze hatte, war am 26. Juli. Das wurde unser Flug.

Wir setzten jetzt ein Inserat für den Verkauf unserer Habe in die Zeitung. Das Auto ließ sich am leichtesten verkaufen, da es lange Wartelisten für Autos aller Marken gab und unser FIAT 1100 relativ neu und in ausgezeichnetem Zustand war. Noch an dem Vormittag, als unser Inserat erschien, kamen mehrere Leute, um den Wagen zu besichtigen, und wir verkauften ihn noch am gleichen Vormittag zum Neupreis. Die anderen Dinge dauerten einige Tage länger.

Es war ein langes und kompliziertes Verfahren, das Gepäck von fünfundzwanzig Kilo pro Kopf durch den Zoll abfertigen zu lassen. Das Ganze dauerte mehrere Tage, und man wusste nicht genau, wann die Taschen und Koffer an die Reihe kommen und wann die Formalitäten abgeschlossen sein würden. Anstatt zu riskieren, den Flug am 26. Juli zu verpassen, beschlossen wir, „mit leichtem Gepäck" zu reisen, wenn ich einmal diesen normalerweise angenehm klingenden Ausdruck zur Schilderung einer Situation benutzen darf, in der wir im Grunde genommen alles, was wir besaßen, zurücklassen mussten. Wir beschlossen, das Verfahren zu vermeiden,

---

[1] Diese Reisedokumente waren vom Innenministerium auf einem einzelnen Blatt Papier ausgestellt worden, auf dem sich Name, Geburtsdatum, Geburtsort, ein Foto des Inhabers sowie das Ausstellungsdatum und die Gültigkeitsdauer (ein Jahr) befanden; ferner stand dort die Warnung: „Kann nicht in einen Reisepass umgetauscht werden – kann nicht verlängert werden".

das ich gerade beschrieben habe, und nur das Standardgepäck von bis zu zehn Kilogramm pro Kopf mitzunehmen. Dieses Gepäck konnte am Tag vor dem Abflug vom Zoll abgefertigt und danach aufgegeben werden.

Wir verbrachten auch eine Menge Zeit damit, Adressen und Telefonnummern auswendig zu lernen. Es war nicht nur verboten, Bargeld jeglicher Art beziehungsweise Gegenstände jeglicher Form aus Gold, Silber und Platin (einschließlich Trauringe und anderen Schmuck) ins Ausland mitzunehmen; man durfte auch keinerlei schriftliches Material – wie etwa Notizblöcke und Adressbücher – mitführen. Also mussten wir uns diejenigen Adressen und Telefonnummern einprägen, die uns notwendig erschienen. Zur Sicherheit musste jede Telefonnummer von mindestens zwei Familienmitgliedern eingepaukt werden: Sollte jemand von uns die betreffende Nummer vergessen, dann würde sich ein anderer daran erinnern.

Unser Flugzeug startete am späten Nachmittag. Ediths Eltern, Bandi und Juci Klein sowie Sanyi Jakab begleiteten uns zum Flughafen und winkten, bis das Flugzeug abhob. Die meisten von ihnen sollten uns bald folgen: Meine Schwiegereltern beantragten die Auswanderung, nachdem wir Rumänien verlassen hatten, und folgten uns ein gutes Jahr später. Bandi und Juci Klein wanderten Ende der sechziger Jahre nach Westdeutschland aus. Sanyi blieb bis in die achtziger Jahre in Bukarest und emigrierte dann nach Schweden.

* * *

Der sechs Jahre dauernde Kampf, aus Rumänien herauszukommen, hat sich meinem Bewusstsein offenbar tief eingeprägt. Noch viele Jahre nach unserem Weggang hatte ich den folgenden immer wiederkehrenden Traum: „Ich gehe auf einer der Hauptstraßen von Bukarest spazieren, auf einem Boulevard. Das Wetter ist schön, die Sonne scheint. Ich genieße den Spaziergang, bin in gelöster Stimmung und fühle mich wohl. Aber plötzlich dämmert es mir, dass ich in einer Falle sitze: Ich hatte mich verlocken lassen, zu einem Besuch zurückzukommen, und nun lässt man mich nie wieder von dort weg." Es ist schwer, den abrupten Übergang von dem angenehmen Gefühl des Spaziergangs auf einem sonnigen Bukarester Boulevard zu der beklemmenden Empfindung zu beschreiben, dass alles unwiederbringlich zu Ende ist. Bei diesem Traum bin ich jedesmal schweißgebadet aufgewacht, und es hat immer Minuten gedauert, bis ich mich davon überzeugt hatte, dass alles nur ein Albtraum war. Dieses Thema kehrte in vielen Variationen immer wieder. Allen Variationen gemeinsam war der grauenhafte Übergang von einer angenehmen und gelösten Stimmung irgendwo in Bukarest zu der plötzlichen Erkenntnis, dass ich wieder ein Gefangener geworden bin, dem alle Fluchtwege versperrt sind.

* * *

Als das Flugzeug an diesem sonnigen späten Nachmittag des 26. Juli 1966 abhob, blickten wir alle vier auf Bukarest zurück, das sich in der Ferne verlor. Was mich betrifft, war es ein überaus glücklicher Abschied: Ich bereute nichts und hatte das erhebende Gefühl, auf dem Weg in die Freiheit zu sein. Es war schon dunkel, als wir vom Flugzeug die Lichter von Triest sahen. Die Helligkeit stand im krassen Gegensatz zur fahlen nächtlichen Beleuchtung von Bukarest und den anderen rumänischen Städten. Als das Flugzeug über die Adria und dann über die italienische Halbinsel flog, waren meine Gedanken auf die unmittelbaren Probleme gerichtet, die uns nach der Landung in Neapel erwarten würden. Die fernere Zukunft lag unter einem dichten Schleier. Hätte ich diesen Schleier ein wenig lüften können, dann hätte ich gesehen, wie ich in den nächsten drei Jahrzehnten die Gipfel meines Berufes erobere. Oder ich hätte gesehen, wie Edith eine wagemutige neue Laufbahn einschlägt, ihr früheres Hobby zu ihrem neuen Beruf macht und eine bekannte Kunsthistorikerin wird. Oder ich hätte Anna als Psychoanalytikerin gesehen und Vera als Mathematik- und Physiklehrerin, beide als glückliche Mütter. Und schließlich hätte ich gesehen, wie Anfang bis Mitte der achtziger Jahre unsere „Drei Musketiere" ankommen, wie ich unsere drei Enkel gerne nenne. All das stand in den Sternen, aber ich konnte damals nichts davon voraussehen.

Bald nach Mitternacht landete unser Flugzeug auf italienischem Boden, und wir kamen auf einem Terminal in Neapel an. Ich fühlte mich ausgezeichnet. Wie sich später herausstellte, hatten meine Frau und meine Töchter gemischte Gefühle, aber sie spürten meinen Enthusiasmus und leisteten ihm wenig Widerstand. An diesem frühen Morgen des 27. Juli 1966 hatte ich das Gefühl, mir seien Flügel gewachsen, und ich sei bereit zu fliegen, um unser neues Leben zu organisieren.

Epilog

An einem Sommerabend des Jahres 1996, dreißig Jahren nach unserem denkwürdigen Auszug aus dem kommunistischen Paradies, dachte ich über meine Laufbahn nach. Die letzten drei Jahrzehnte lebte ich das glückliche und kreative Leben eines erfolgreichen Wissenschaftlers. Jedes neue Ergebnis war etwas Spannendes. Ich hatte meine Tage – und einen guten Teil meiner Nächte – damit verbracht, überwiegend das zu tun, was ich am liebsten tat: Probleme, die mich faszinierten, zu untersuchen – und oft zu lösen –, mit begabten Studenten zu arbeiten und Fachgebiete zu lehren, die nach meinem Geschmack waren. Ich genoss die Achtung meiner Kollegen, veröffentlichte viel, hielt überall auf der Welt Vorträge auf internationalen Konferenzen und wurde Mitherausgeber von acht oder neun Fachzeitschriften. Ich war gerade zum Thomas Lord Professor für Operations Research ernannt worden, eine Ehre, die mir von der Carnegie Mellon University erwiesen wurde – zusätzlich zur Universitätsprofessur, die ich einige Jahre zuvor erhalten hatte. Im Vorjahr war mir der John von Neumann Theory Prize zuerkannt worden, die höchste Ehre in meinem Beruf.

Ich hatte also am dreißigsten Jahrestag unserer Auswanderung aus Rumänien allen Grund, zufrieden zu sein und mit Stolz auf meine Leistungen in diesen drei Jahrzehnten zurückzublicken. Gleichzeitig stellte sich mir jedoch eine Frage, auf die ich keine Antwort hatte. Wie hing alles das mit meinem früheren Leben zusammen? Mein Leben schien eindeutig in zwei unterschiedliche Teile aufgeteilt zu sein, deren einzige Verbindung die Person des Handlungsträgers war. Um eine mathematische Metapher zu verwenden: Der Raum meines Lebens zerfiel nicht nur in zwei Unterräume, sondern diese schienen sogar orthogonal zu sein. Die Sorgen, die Ziele, die Ereignisse, die Freuden und die Leiden meines gegenwärtigen Lebens schienen radikal anders zu sein als diejenigen meiner Tage vor dem Exodus. Genauer gesagt, gab es eine Brücke: Die Jahre zwischen 1959 – als ich begann, mich zum mathematischen Programmierer umzuschulen – und 1966 – dem Jahr unserer Auswanderung – können als Auftakt zu dem betrachtet werden, was danach folgte. Aber abgesehen von dieser Übergangszeit schien die Vergangenheit aus meinem neuen Leben spurlos verschwunden zu sein. Gelegentlich erzählte ich diese oder jene Episode aus meinem früheren Leben meinen Freunden – gerne auch jungen Leuten, so als ob ich das Gefühl gehabt hätte, ihnen die eine oder andere nützliche Erfahrung aus meiner Vergangenheit zu übermitteln –, aber das war alles. Ansonsten war es so, als ob es die Vergangenheit nie gegeben hätte, oder zumindest

E. Balas, *Der Wille zur Freiheit*, DOI 10.1007/978-3-642-23921-2,
© Springer-Verlag Berlin Heidelberg 2012

schien es so. Musste es wirklich so geschehen? Waren die ersten Jahrzehnte meines Lebens vollkommen umsonst und unwiderruflich für immer verloren? Dieser dreißigste Jahrestag unserer Auswanderung löste in mir eine Kette von Gedanken aus, die bald zu dem Entschluss führten, dieses Buch zu schreiben. Es muss einen Weg geben, glaubte ich, meine Erfahrungen vor der Vergessenheit zu bewahren. Ich verspürte den Wunsch, meine Vergangenheit bekannt zu machen, damit auch andere die Beweggründe und das Leben von Menschen verstehen, denen es ähnlich wie mir ergangen ist. Möglicherweise können die Leser auch etwas daraus lernen. Darüber hinaus hat wohl auch der Gesichtspunkt seine Berechtigung, dass jemand, der wie ich solche Dinge durchgemacht hat, auch Zeugnis dafür ablegen sollte. Und so begann ich zu schreiben.

* * *

Im Folgenden schildere ich kurz, was in meinem Leben geschehen ist, nachdem meine Familie und ich Rumänien verlassen haben. Im Sommer 1966, als es uns endlich gelang, den Eisernen Vorhang hinter uns zu lassen, überquerte ich im wahrsten Sinne des Wortes eine Wasserscheide. Von da an behandelte mich das Schicksal vollkommen anders: Zuvor musste ich mir alles, was ich erreicht hatte, hart erkämpfen und dabei tausende Hindernisse überwinden; in der Freien Welt dagegen schienen mir alle Wege offen zu stehen und alles, was ich mir wünschte, schien in Reichweite zu sein. Bald nach unserer Ankunft in Italien wurde uns eine Reihe von glücklichen Schicksalswendungen zuteil. Ich bekam für die Zeit, in der wir auf ein Einreisevisum in die Staaten warten mussten, eine ideale Arbeit: ein Forschungsstipendium am International Computing Center in Rom (dessen Direktor Claude Berge war). Wir konnten Anna und Vera als Schülerinnen auf die Amerikanische Schule in Rom schicken; beide erhielten ein Stipendium, das ihre Ausbildungskosten abdeckte. Außerdem konnte ich mich für jeweils ein Doktorprogramm an der Universität Brüssel und an der Universität Paris einschreiben; im Rahmen dieser Programme erhielt ich die Doktorgrade in Wirtschaftswissenschaften und in Mathematik. Die einzige Schwierigkeit war, dass ich – bei der Beantragung des amerikanischen Einwanderungsvisums – in Anbetracht meiner kommunistischen Vergangenheit viel gründlicher überprüft worden bin als die meisten anderen Antragsteller: Das Genehmigungsverfahren dauerte acht Monate anstelle der üblichen drei oder vier. Alles andere ging reibungslos.

Als wir uns noch in Italien aufhielten, erhielt ich Angebote für Gaststellen von der Stanford University und dem Carnegie Institute of Technology, zwei führenden Zentren in meinem Beruf. Nach einem kurzen Aufenthalt an der Universität Toronto erhielten wir im Frühjahr 1967 unsere Einwanderungsvisa für die USA und zogen nach Stanford um. Dort verbrachte ich fünf aufregende Monate in George Dantzigs Gruppe, die damals als die weltweit stärkste auf dem Gebiet der Operationsforschung angesehen wurde. Das war eine überaus fesselnde Erfahrung und ich lernte eine Menge. Ich schlief wenig, arbeitete hart und tat alles, was ich konnte, um die Lücken in meiner mathematischen Bildung so schnell wie möglich zu schließen.

Egon im Jahr 1985

Im Herbst 1967 zogen wir nach Pittsburgh, wo ich an der Graduate School of Industrial Administration (besser bekannt als GSIA) des Carnegie Institute of Technology zu arbeiten begann, das gerade mit dem Mellon Institute zur Carnegie Mellon University fusionierte. Diese Graduate School erwies sich als ideal für meine beruflichen Bedürfnisse und Ziele. In den fünfziger Jahren war sie der Schauplatz der ersten industriellen Anwendungen der Operationsforschung. Es war eine Bildungseinrichtung, in der man fachübergreifende Forschung und interdisziplinäre Arbeit umfassend förderte und unkonventionelle Ansätze enthusiastisch unterstützte, wenn sie vielversprechend waren. Eine geringe Lehrbelastung erlaubte es mir, den Großteil meiner Zeit für die Forschung zu verwenden. Der berufliche Spielraum, den ich genoss, war Teil der allgemeinen Atmosphäre der Freiheit, die für mich das dominierende Merkmal meines neuen Lebens in Amerika war. Bei meinem ersten Gastaufenthalt am GSIA (an dessen Fakultät man natürlich über meine Vergangenheit informiert war) gab mir einer meiner neuen Kollegen eine Broschüre, die mich über meine Rechte im Falle einer Verhaftung aufklärte. Darin stand, dass ich keine Frage beantworten müsse, ohne vorher mit meinem Rechtsanwalt gesprochen zu haben. Ich stellte mir vor, dass ich meinem Vernehmungsoffizier im Malmezon vor der Beantwortung seiner Fragen gesagt hätte, ich wolle meinen Rechtsanwalt sprechen; er hätte sicher seinen Ohren nicht getraut.

Beruflich waren meine ersten sieben oder acht Jahre beim GSIA wahrscheinlich die erfolgreichste Zeit meines Lebens. Die späten sechziger und frühen siebziger Jahre waren die Zeit, in der ich mir auf dem Gebiet der ganzzahligen Programmierung einen Namen machte. Ich erhielt Einladungen zu Vorträgen und Seminaren; darüber hinaus wurde ich auch von Firmen wie Control Data und ähnlichen Unternehmen angestellt, um weltweit in den größeren Hauptstädten eintägige Seminare zur ganzzahligen Programmierung zu halten. Andererseits erfreute sich zwar mein additiver Algorithmus ziemlich großer Popularität – Jahre später wurde er für die Zeit zwischen 1954 und 1982 als der am häufigsten zitierte Artikel der Zeitschrift *Operations Research* identifiziert –, aber ich verspürte den Drang, mich mehr in die Struktur des von mir untersuchten Problems zu vertiefen. Auf diese Weise entwickelte ich in der Zeit 1969–1974 einen neuen Ansatz, der auf der so genannten konvexen Analysis beruht. Mein Ansatz, der unter der Bezeichnung „disjunktive Programmierung" zirkulierte, wurde von den Fachleuten nicht sofort akzeptiert. In der Tat wurde meine wichtigste Arbeit zu diesem Thema damals nicht publiziert, weil ich mich weigerte, den Artikel entsprechend dem Geschmack eines Gutachters zu überarbeiten. Aber als wir sechzehn Jahre später zusammen mit zwei Kollegen denselben Ansatz aus einer anderen Perspektive unter dem Namen „lift-and-project" erneut aufgriffen und in einem effizienten Computer-Code implementierten, fand er umfassende Anerkennung als einer der fruchtbarsten Wege zur Behandlung des Problems. Im Ergebnis wurde meine unveröffentlichte Arbeit von 1974 fünfundzwanzig Jahre später publiziert: Man hatte mich um das Manuskript gebeten, zu dem zwei namhafte Kollegen ein Vorwort schrieben und die Bedeutung der Arbeit für das Fachgebiet schilderten.

Noch 1976, als Amerika mit den Folgen des arabischen Ölembargos kämpfte, habe ich als Freiwilliger ein Semester bei der Federal Energy Administration (FEA) in Washington übernommen, um dort als Wissenschaftler zu arbeiten, den die Carnegie Mellon University als „Leiharbeiter" entsandt hatte. Der US-Kongress hatte gerade ein Gesetz zum Anlegen einer strategischen Erdölreserve verabschiedet, um künftige Krisen dieser Art zu vermeiden. Die FEA wollte die optimale Größe der Erdölreserve bestimmen und man bat mich, an dieser Bestimmung teilzunehmen. Ich stellte fest, dass alle Studien, die sich mit dieser Frage beschäftigten, von einer Grundannahme ausgingen, die ich nicht akzeptierte: Sie nahmen die Wahrscheinlichkeit eines zukünftigen Embargos als gegeben an und versuchten, die Kosten zu minimieren, die durch ein derartiges Ereignis für das Land entstehen würden. Ich war der Ansicht, dass die Wahrscheinlichkeit eines künftigen Embargos nicht als gegeben vorausgesetzt werden sollte – das heißt, man sollte diese Wahrscheinlichkeit nicht als unabhängig von der Existenz und der Größe der strategischen Erdölreserve betrachten. Eine der Aufgaben der Erdölreserve bestand ja in der Abschreckung: Jedem Land, das potentiell ein Embargo verhängen könnte, sollte die klare Botschaft vermittelt werden, dass man die USA mit dieser Waffe nicht verwunden kann. Deswegen stellte ich ein spieltheoretisches Modell auf, in dem das Ereignis eines zukünftigen Embargos nicht gegeben ist, sondern Bestandteil der Strategien für einen potentiellen Feind oder für eine potentielle Koalition von Feinden ist, während die strategischen Erdölreserven unterschiedlicher Größen Bestandteil der Strategien sind, die den USA zur Verfügung stehen. Ich arbeitete auch eine Lösungsmethode für das hieraus resultierende Bimatrix-Spiel aus und konnte auf diese Weise Vorschläge zur wünschenswerten Reservegröße machen. Meine Studie trug dazu bei, die Debatte auf eine größere Erdölreserve zu orientieren als ursprünglich vorgesehen war. Meine diesbezüglichen Vorschläge wurden in einem zusammenfassenden Bericht im *Congressional Record* eingetragen.

Edith, Egon und Anna im Jahr 1998

Nach 1976 setzte ich meine Forschungsarbeit über verschiedene Aspekte der ganzzahligen und der kombinatorischen Optimierung fort, wobei ich mich auf effiziente Lösungsmethoden für Probleme mit praktischen Anwendungen konzentrierte. Dabei vernachlässigte ich aber auch die Theorie nicht, um die von uns betrachteten Strukturen besser zu verstehen. Im Jahr 1980 erhielt ich einen Senior US Scientist Award der Alexander-von-Humboldt-Stiftung und verbrachte ein Jahr an der Universität zu Köln. Während meines dortigen Aufenthaltes entwickelte ich zusammen mit einem kanadischen Kollegen die Methode, die unter der Bezeichnung „erweiterte Formulierung und Projektion" (extended formulation and projection) bekannt wurde. Ab Ende der achtziger Jahre arbeitete ich zehn Jahre lang mit einem italienischen Kollegen über die Theorie der optimalen Anordnung von Objekten, unter den Fachleuten als Problem des Handelsreisenden (Traveling Salesman Problem) bekannt. Dieses Problem war zum klassischen Prüfstand für neue Ideen und Ansätze auf dem Gebiet der kombinatorischen Optimierung geworden.

Gelegentlich war ich auch als Berater für die Industrie tätig, und manchmal führten diese Aktivitäten zu neuen wissenschaftlichen Entdeckungen. In den achtziger Jahren interessierte ich mich für Ablaufplanungen unterschiedlicher Art und entwickelte effiziente Verfahren für mehrere von ihnen. Eines dieser Verfahren war das Ergebnis einer Arbeit, die ich zusammen mit einem meiner früheren Doktoranden verfasste: Es handelte sich um ein Ablaufplanungssystem für Stahlwalzwerke, das

Anfang 1991 in den Clevelander Werken von LTV Steel eingeführt und sieben Jahre später immer noch täglich verwendet wurde.

Ich habe etwa 180 Artikel in Fachzeitschriften veröffentlicht. Ungefähr die Hälfte dieser Arbeiten entstand in Zusammenarbeit mit etwa fünfzig Mitautoren – die Hälfte von ihnen waren frühere Studenten von mir. Meine Mitautoren kommen aus den USA, Kanada, Großbritannien, Deutschland, der Schweiz, Italien, Holland, Dänemark, Schweden, Ungarn, Rumänien, Tschechien, Griechenland, China, Taiwan, Australien, Argentinien und Peru.

Abgesehen von meiner Forschungsarbeit war ich auch immer in die Lehre eingebunden. Im Laufe der Jahre habe ich eine Vielzahl von Vorlesungen gehalten, hauptsächlich für Doktoranden, aber auch im Master-Studiengang und gelegentlich für Studenten der unteren Studienjahre. Vor einigen Jahren habe ich mit einem interdisziplinären Doktorprogramm zum Thema „Algorithmen, Kombinatorik und Optimierung" (Algorithms, Combinatorics and Optimization, ACO) begonnen, das gemeinsam vom GSIA und den Fachbereichen für Mathematik und Informatik angeboten wird. Wie sich herausstellte, füllte dieses Programm eine wesentliche Lücke und stieß auf außerordentliches Interesse. Damals war das ACO-Programm das weltweit erste seiner Art, danach folgten mehrere: Mitte der neunziger Jahre wurden zwei ähnliche Programme angeboten, eins in den USA und eins in Deutschland.

* * *

Und jetzt noch einige Worte über meine Familie.

Edith hatte in Amerika eine bemerkenswerte berufliche Laufbahn. Bald nach unserem Umzug nach Pittsburgh beschloss sie, die Möglichkeiten unserer neuen Umgebung zu nutzen und ihren früheren Beruf zu wechseln: Sie machte ihr langjähriges Hobby zum neuen Beruf und wurde Kunsthistorikerin mit einem Doktorgrad der Universität Pittsburgh. Aber unser Glück erstreckte sich nicht auf alle Bereiche des Lebens: Im Frühjahr 1972 bekam Edith Brustkrebs, und bald darauf hatte sie einen Rückfall. Die Aussichten waren damals ziemlich düster, und alles sprach gegen eine Besserung. Aber die Krankheit wurde erfolgreich behandelt, und trotz einiger weiterer Episoden hatte und hat Edith ein glückliches und überaus aktives Berufs- und Privatleben. Sie wurde Professorin der Kunstgeschichte an der Carnegie Mellon University und veröffentlichte mehr als zwei Dutzend Arbeiten in Fachzeitschriften. Sie blieb auch weiterhin eine aktive Schwimmerin und Tennisspielerin, und wir bereisten zusammen die Welt. Im Jahr 1978 veröffentlichte sie ein Buch über die Bildhauerkunst Constantin Brâncuşis. Edith wies in diesem Buch dokumentarisch nach, dass die stilistischen Wurzeln des Werkes von Brâncuşi in der rumänischen Volkskunst zu suchen sind. Später wandte sie sich der Kunst der Renaissance zu. Ihr 1995 erschienenes Buch über Michelangelo und die Medici-Kapelle bietet eine neue Interpretation dieses Meisterwerkes – bis dahin hatten sich schon Hunderte von Gelehrten an derartigen Interpretationen versucht. Ediths drittes Buch handelt von der Kunst des Bildhauers Joseph Csaky (József Csáky), eines in Ungarn geborenen französischen Künstlers des frühen zwanzigsten Jahrhunderts.

Edith, Anna und Vera im Jahr 1998

Auch unsere Töchter waren in Amerika erfolgreich, obwohl ihnen die persönlichen Schwierigkeiten nicht erspart geblieben sind, die es wohl überall gibt. Anna studierte an der Brandeis University und am Albert Einstein College of Medicine. Nach dem Erhalt des Arztdiploms spezialisierte sie sich auf Psychiatrie und wurde Psychoanalytikerin. Sie lebt in New York zusammen mit ihrem Mann, dem Psychoanalytiker Sherwood Waldron, und ihrem 1986 geborenen Sohn Alex. Sie hat eine Privatpraxis und lehrt auch am Psychoanalytic Institute.

Vera studierte Bildende Künste, beendete ihr Studium aber ohne Abschluss. Sie heiratete Vaios Koutsoyannis, einen griechischen Immigranten. Beide zogen nach Florida und bekamen zwei Kinder: John wurde 1981 geboren, Robert 1985. Anfang der neunziger Jahre wurde die Ehe geschieden. Vera bildete sich weiter, zunächst an einem Junior College, wo sie nach ihrem Abschluss die Abschiedsrede hielt. Danach studierte sie an der Florida Atlantic University und wurde schließlich eine erfolgreiche High-School-Lehrerin für Mathematik und Physik. Sie lebt mit ihren beiden Söhnen in Coral Springs, Florida.

* * *

Zum Schluss komme ich auf die Frage zurück, die ich oben gestellt habe: Gibt es irgendeinen Zusammenhang zwischen meinem Leben in Amerika während der letzten vier Jahrzehnte, das im Grunde genommen eine Folge von Siegen, unterbrochen von seltenen kleineren Rückschlägen, war, und meinem früheren Leben in Osteuropa mit dem ständigen schwindelerregenden Auf und Ab, mit den schrecklichen Schicksalsschlägen und einem Verlauf, der eher einem Hindernisrennen glich? Die Überwindung dieser Hindernisse erforderte bestimmte persönliche Eigenschaften. Spielten die gleichen Eigenschaften irgendeine Rolle bei den Erfolgen meines späteren Lebens? Und trugen meine früheren Lebenserfahrungen auf gewisse Weise zu den Leistungen bei, die ich in meinem neuen Lebens erzielte? Ich kann nur versuchen, diese Fragen zögernd und bruchstückhaft zu beantworten.

Die skizzierte Schilderung meiner Forschungslaufbahn könnte den falschen Eindruck vermittelt haben, dass das Leben eines Wissenschaftlers eine Folge von angenehmen Unternehmungen mit glücklichem Ausgang ist. Nichts könnte weiter von der Wahrheit entfernt sein. In meinem Leben als Forscher kam und kommt es zu häufigen Perioden der Spannung: Jedesmal, wenn sich eine neue Entdeckung am Horizont abzeichnet, ist ein gewaltiges Maß an Anstrengung und Konzentration erforderlich, um der Natur das Geheimnis nach und nach zu entreißen. Das neue Ergebnis scheint mitunter greifbar nahe zu sein, so dass man es nur noch aufschreiben muss. Im nächsten Moment scheint jedoch alles nur eine Illusion gewesen zu sein: Nichts funktioniert, wenn man die Bestandteile zusammenfügen möchte. Endlich gelingt es dir, deine Ergebnisse in einem Satz zu formulieren, und du glaubst, den Satz bewiesen zu haben. Dann gehst du die logischen Schritte deines Beweises zum dritten oder vierten Mal durch und entdeckst plötzlich eine kleine, bedeutungslos erscheinende Lücke. Aber wenn du dich daran machst, die Lücke zu schließen, dann wird sie plötzlich zu einem klaffenden Loch. Es stellt sich heraus, dass die vermeintlich richtige Aussage nur unter bestimmten Bedingungen wahr ist. Vielleicht gibt es etwas Ähnliches, das auch unter allgemeineren Bedingungen gilt, aber es ist nicht das, was du ursprünglich gedacht hast. Also engst du dein Ergebnis zunächst auf den als richtig erkannten Spezialfall ein und tastest dich zu einem allgemeineren Ergebnis vor, das auch außerhalb der einschränkenden Voraussetzungen gilt. Und so weiter . . . das ist das Aroma mathematischer Entdeckungen. Die erlebst du als einen ungleichmäßigen und oft hektischen Prozess mit halbdurchwachten und schlaflosen

Egon und seine drei Enkelsöhne im Jahr 1998

Nächten. Dieser Prozess erfordert eine leidenschaftliche Konzentration, bei der man alles andere für eine Weile vergisst. Um erfolgreich zu sein, muss man ein „inneres Feuer" haben. Und zweifellos hilft es, wenn man ausdauernd ist, angesichts von Schwierigkeiten nicht aufgibt und bei Rückschlägen nicht mutlos wird – wenn man es immer wieder probiert, bis man endlich den richtigen Weg findet.

Wie haben die Ereignisse meines früheren Lebens meine anschließende Laufbahn beeinflusst? Natürlich weiß ich nicht, was aus mir geworden wäre, wenn ich diese Erfahrungen nicht gemacht hätte. Meine Erfahrungen haben mich sicher abgehärtet, stärker und widerstandsfähiger gemacht; ihnen habe ich es zu verdanken, dass ich mich durch Schwierigkeiten nicht abschrecken und durch Rückschläge nicht entmutigen lasse. Schließlich konnte ich aktuelle Unannehmlichkeiten, Missgeschicke oder Niederlagen jederzeit mit den schrecklichen Ereignissen meiner Vergangenheit vergleichen – das hat mich in dem Gefühl bestärkt, dass sich die Gegenwart in Wirklichkeit nicht mit dem vergleichen ließ, was ich in der Vergangenheit durchgemacht hatte. Meine früheren Erfahrungen halfen mir auch, die Menschen besser zu beurteilen – die Gelegenheit, die menschliche Natur unter extremen Bedingungen zu beobachten, ist ein nicht zu unterschätzender Faktor. Meine Erfahrungen hatten einen entscheidenden Einfluss auf mein Wertesystem.

Meine Kollegen und meine Studenten kennen mich als jemanden, der für seine Überzeugungen einsteht und sich nicht so leicht einschüchtern lässt. Es gibt wahrscheinlich keine Drohungen, die an diejenigen herankommen, die ich durchlebt habe. Ich verhalte mich selten neutral gegenüber den Dingen, die um mich herum geschehen. Menschen, denen auf die eine oder andere Weise Unrecht widerfährt, wissen, dass sie auf meine aktive Unterstützung zählen können. Wenn es gilt, Menschen zu beurteilen, dann versuche ich, ihre Leistungen im richtigen Verhältnis zu sehen: Welche Hindernisse mussten sie überwinden? Bei der Wahl meiner Freunde lege ich großen Wert auf Charakter, geistige Unabhängigkeit und Mut. „Den wahren Freund erkennt man in der Not", sagt ein Sprichwort, und ich versuche manchmal, mir vorzustellen, wie sich dieser oder jener verhalten könnte, wenn ich aus irgendeinem Grund angegriffen würde, obwohl es unwahrscheinlich ist, dass sich meine beiden öffentlichen politischen Hinrichtungen in den fünfziger Jahren – im Außenministerium und im Institut für Wirtschaftsforschung – jemals wiederholen.

Ich möchte auch noch etwas darüber sagen, wie sich meine politischen Ansichten im Westen entwickelten. Vor allem habe ich nie das Interesse daran verloren, was in der Welt im Großen geschieht. Ich bin gerne gut informiert und verfolge die Weltereignisse lieber durch die Presse als durch das Fernsehen. Ich brauche nicht zu sagen, dass ich ein entschiedener Gegner der osteuropäischen kommunistischen Regime war – und nicht nur der osteuropäischen –, bevor sie gestürzt wurden. Ich brauche auch nicht zu sagen, dass ich jubilierte, als das sowjetische Imperium auseinanderfiel. Ich bin nach wie vor gegen Totalitarismus jeglicher Spielart – ganz gleich, ob es sich um Faschismus oder Kommunismus handelt –, und Freiheit ist mein höchster politischer Wert. Ich hasse Ungerechtigkeit und möchte die größtmögliche soziale Gerechtigkeit verwirklicht sehen, ohne dass dadurch die Grundfreiheiten bedroht werden. Wenn ich aber zwischen Freiheit und Gleichheit wählen müsste, dann würde ich mich für die Freiheit entscheiden: Ich bin davon überzeugt, dass Gleichheit auf Kosten der Freiheit nur kurzlebig und freudlos wäre. Ich bin auch unbedingt dafür, dass die USA eine starke internationale Rolle spielen, denn ich betrachte die Vereinigten Staaten als Hauptgaranten der Freiheit in der Welt. Mitunter finde ich unsere führenden Politiker in Angelegenheiten der internationalen Politik naiv und habe das Gefühl, dass sie nicht immer Freund von Feind unterscheiden können und nicht immer wissen, was schlecht für Amerika und für die Welt ist. Aber schließlich bin ich kein Politiker, sondern nur ein Mathematiker.

Personenverzeichnis

Sachverzeichnis